生态系统过程与变化丛书

孙鸿烈　陈宜瑜　秦大河　主编

“十三五”国家重点图书出版规划项目

生态系统过程与变化丛书

孙鸿烈　陈宜瑜　秦大河　主编

水域生态系统过程与变化

秦伯强　等著

高等教育出版社·北京

内容简介

本书是一本全面介绍我国水域生态系统近30年发展变化的“断代史”，亦是一本兼顾科研实践与应用服务的“科普集”。系统阐述水域生态系统监测技术与方法，融数据分析与机制解析为一体，注重理论与应用相结合。适合从事湖泊、湿地和海湾生态学研究的相关科研、教学和产业人员参考，亦可供关心水域生态系统安全与可持续发展的社会公众阅读学习。

图书在版编目(CIP)数据

水域生态系统过程与变化/秦伯强等著.--北京：高等教育出版社,2019.11

(生态系统过程与变化丛书/孙鸿烈,陈宜瑜,秦大河主编)

ISBN 978-7-04-051858-0

Ⅰ.①水… Ⅱ.①秦… Ⅲ.①水域-生态系统-研究-中国 Ⅳ.①P344.2

中国版本图书馆CIP数据核字(2019)第081070号

策划编辑 李冰祥 柳丽丽　责任编辑 殷 鸽 柳丽丽 关 焱　封面设计 王凌波　版式设计 童 丹
插图绘制 于 博　责任校对 陈 杨　责任印制 赵义民

出版发行 高等教育出版社
社　　址 北京市西城区德外大街4号
邮政编码 100120
印　　刷 北京盛通印刷股份有限公司
开　　本 787mm×1092mm 1/16
印　　张 25.75
字　　数 650千字
插　　页 8
购书热线 010-58581118
咨询电话 400-810-0598
网　　址 http://www.hep.edu.cn
　　　　 http://www.hep.com.cn
网上订购 http://www.hepmall.com.cn
　　　　 http://www.hepmall.com
　　　　 http://www.hepmall.cn
版　　次 2019年11月第1版
印　　次 2019年11月第1次印刷
定　　价 268.00元

本书如有缺页、倒页、脱页等质量问题，请到所购图书销售部门联系调换

物 料 号 51858-00
审 图 号 GS（2019）115号
SHUIYU SHENGTAI XITONG GUOCHENG YU BIANHUA

生态系统过程与变化丛书编委会

主要作者

第 1 章　秦伯强

第 2 章　谢　平

第 3 章　朱广伟

第 4 章　徐力刚

第 5 章　谢永宏

第 6 章　宋长春

第 7 章　孙晓霞

第 8 章　王友绍

第 9 章　周伟华

第 10 章　朱广伟

丛 书 序

生态系统是地球生命支持系统。我国人多地少,生态脆弱,人类活动和气候变化导致生态系统退化,影响经济社会的可持续发展。如何实现生态保护与社会经济发展的双赢,是我国可持续发展面临的长期挑战。

20 世纪 50 年代,中国科学院为开展资源与环境研究,陆续在各地建立了一批野外观测试验站。在此基础上,80 年代组建了中国生态系统研究网络(CERN),从单个站点到区域和国家尺度对生态环境开展了长期监测研究,为生态系统合理利用、保护与治理提供了科技支撑。

CERN 由分布在全国不同区域的 44 个生态系统观测试验站、5 个学科分中心和 1 个综合中心组成,分别由中国科学院地理科学与资源研究所等 21 个研究所管理。CERN 的生态站包括农田、森林、草原、荒漠、沼泽、湖泊、海洋和城市等生态系统类型。学科分中心分别管理各生态站所记录的水分、土壤、大气、生物等数据。综合中心则针对国家需求和学科发展适时组织台站间的综合研究。

CERN 的研究成果深入揭示了各类生态系统的结构、功能与变化机理,促进了我国生态系统的研究,实现了生态学研究走向国际前沿的跨越发展。“中国生态系统研究网络的创建及其观测研究和试验示范”项目获得了 2012 年度国家科学技术进步奖一等奖,并被列为中国科学院“十二五”期间的 25 项重大科技成果之一。同时,CERN 已成为我国生态系统研究人才培养和国际合作交流的基地,在国内外产生了重要影响。

2015 年,CERN 启动了“生态系统过程与变化丛书”的编写,以期系统梳理 CERN 长期的监测试验数据,总结生态系统理论研究与实际应用的成果,预测各类生态系统变化的趋势与前景。

2019 年 6 月

目　录

第 1 章　绪论*

我国幅员辽阔、地貌复杂，其中湖泊、湿地类型多样、分布广泛；同时在漫长的海岸线上拥有众多海湾。长期以来，湖泊、湿地和海湾不仅一直是我国水产品的主要生产基地，而且在供水、航运、防洪和休闲旅游等方面发挥着多种生态服务功能，与国家的经济发展及人民生活关系密切。但是，人类的工程建设、过度开垦和污染物排放等活动，以及气候变化等环境因子的作用，正以前所未有的速度影响和改变着湖泊、湿地和海湾生态系统的结构与功能，进一步影响其生态服务功能。中国科学院南京地理与湖泊研究所 2005—2006 年调查表明，我国现有面积 1 km^2 以上湖泊 2693 个，总面积 81745 km^2，其中 51%分布于青藏高原地区。近 40 年来，我国消失湖泊 200 多个，湖泊面积下降 8%，水质下降则更为明显；长江中下游地区富营养化湖泊占比超过了 60%，湖泊的数量、面积和生态质量均显著下降（杨桂山等，2010）。最典型的是污染和富营养化导致的蓝藻水华暴发，直接威胁着许多湖泊的饮用水安全供给。2007 年发生在无锡市的饮用水危机事件，根本原因就是蓝藻水华暴发污染了取水口（Qin et al.，2010）。此外，在沿江湖泊建立闸坝隔离了江、湖生态系统，对白鳍豚、扬子鳄、江豚及一系列游泳动物的栖息地产生重要影响（邢领航等，2013），甚至引发部分物种灭绝。长江三峡大坝的建设对洞庭湖、鄱阳湖的水文特征产生影响（王学雷和姜刘志，2015），进而影响到湿地的生态系统结构。

我国湿地分布主要包括东北沼泽湿地、长江（淮河）中下游洲滩湿地和青藏高原高寒草甸湿地三大区域。由于气候变化、农业活动（牛振国等，2012）以及各类开发活动的推进，三大湿地的面积和质量均呈现明显的下降趋势。根据调查，中国湿地面积约为 324097 km^2，其中以内陆沼泽（35%）和湖泊湿地（26%）为主，但在最近 20 年间面积已减少了约 33%。

近年来，虽然我国近海水域重污染海域的范围已有所减少，但局部海域污染严重的状况仍然存在。影响全国近岸海域水质的主要污染因子依然是无机氮和活性磷酸盐，部分海域有重金属和石油类污染，少数海域还有有毒有害物等污染现象，部分水域溶解氧、化学需氧量、汞、pH 和非离子氨超标（中华人民共和国环境保护部，2017）。伴随着近海海湾水环境质量的下降，出现赤潮、水母和浒苔灾害等生态系统退化现象。所有这一切，又与陆地经济发展和人类活动有关（吕永龙等，2016）。

为了能够监测湖泊、湿地和海湾生态系统的长期变化，中国科学院从 1988 年开始对森林、草原、荒漠、农田和水体等主要生态系统进行监测，并于同年启动建设中国生态系统研究网络（CERN）。首批五种生态系统类型共有野外站 29 个；其中水体站 5 个。目前，水体站已扩展为 8 个，涵盖了湖泊、湿地和海湾三种水体生态系统类型（图 1.1），包括位于江苏省无锡市的太湖湖泊生态系统研究站（简称太湖站，隶属中国科学院南京地理与湖泊研究所，东经 120°13′，北纬

---

* 本章作者为中国科学院南京地理与湖泊研究所秦伯强。

31°24′)；位于湖北省武汉市的东湖湖泊生态系统试验站（简称东湖站，隶属中国科学院水生生物研究所，东经 114°23′，北纬 30°33′)；位于江西省九江市的鄱阳湖湖泊湿地观测研究站（简称鄱阳湖站，隶属中国科学院南京地理与湖泊研究所，东经 116°02′，北纬 29°28′)；位于黑龙江省同江市的三江平原沼泽湿地生态试验站（简称三江站，隶属中国科学院东北地理与农业生态研究所，东经 133°31′，北纬 47°35′)；位于湖南省岳阳市的洞庭湖湿地生态系统观测研究站（简称洞庭湖站，隶属中国科学院亚热带农业生态研究所，东经 112°48′，北纬 29°30′)；位于山东省青岛市的胶州湾海洋生态系统研究站（简称胶州湾站，隶属中国科学院海洋研究所，东经 119°56′，北纬 35°43′)；位于广东省深圳市的大亚湾海洋生物综合实验站（简称大亚湾站，隶属中国科学院南海海洋研究所，东经 114°31′，北纬 22°31′)；位于海南省三亚市的海南热带海洋生物实验站（简称三亚站，隶属中国科学院南海海洋研究所，东经 109°28′，北纬 18°13′)。从生态系统类型上分，东湖站、太湖站和鄱阳湖站分别代表着城市湖泊、大型浅水湖泊和洪泛平原通江湖泊生态系统；三江站与洞庭湖站分别代表着沼泽湿地与河流洲滩湿地生态系统；胶州湾站、大亚湾站和三亚站则分别代表了温带、亚热带和热带海洋（海湾）生态系统。

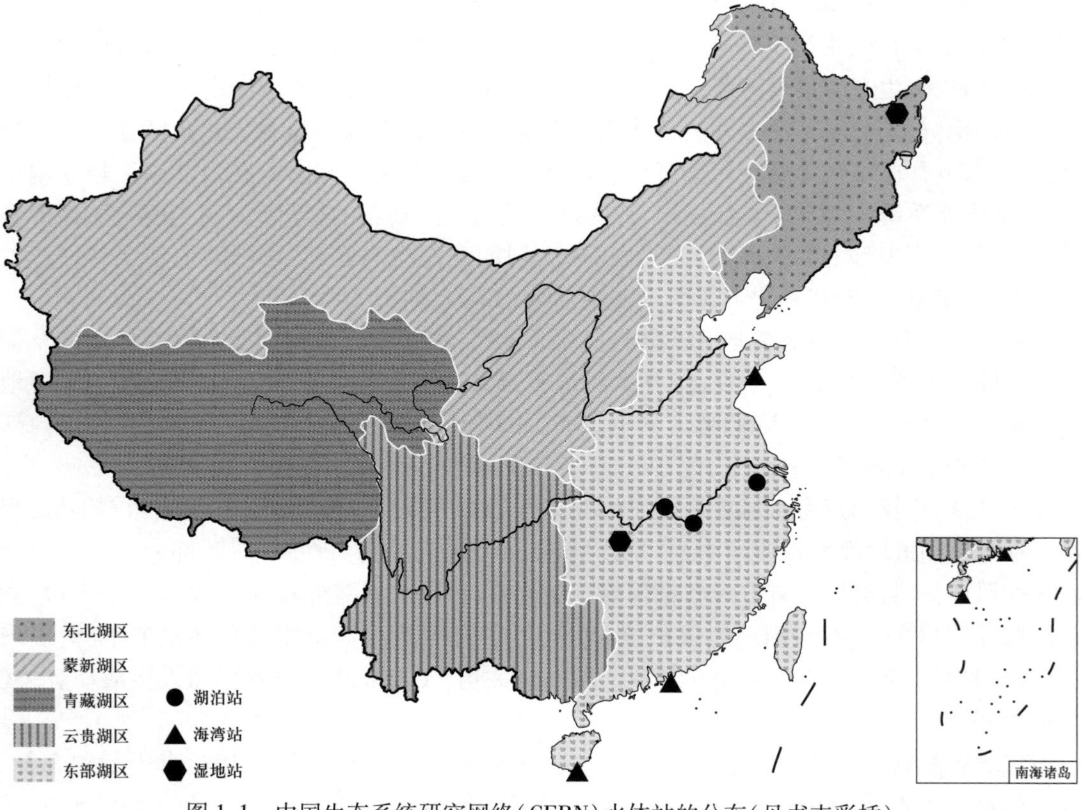

图 1.1 中国生态系统研究网络（CERN）水体站的分布（见书末彩插）

中国生态系统研究网络是国家创新体系的重要组成部分。而水体站都是针对特定或典型生态系统类型设立的，是国家在湖泊、湿地和海湾生态环境监测、实验和示范乃至生态文明建设中重要的科技支撑平台。通过对我国典型湖泊、湿地和海湾实施长期规范的生态系统结构和功能的定位监测和研究，定期发布典型湖泊、湿地和海湾水域生态环境质量评估报告，以指导相关部门及地方的湖泊、湿地和海湾生态质量监测研究、资源利用、污染防治、生态安全保障及生态服务功能提升等管理实践，服务于国家重大生态战略决策。其主要的作用与使命包括以下3个方面。

（1）监测功能

我国湖泊湿地类型众多，海岸线漫长，从节约资源与降低成本出发，我们目前只能选择有代表性的生态系统类型进行长期定位监测，揭示典型湖泊、湿地与海洋生态系统的环境变化及生态系统演替。探索和建立我国水域生态系统长期监测方法与指标体系，构建国家级的重要湖泊、湿地和海湾生态环境监控网络，定期发布国家级重要湖泊、湿地与海湾的生态质量评估报告。

（2）研究功能

基于研究站的固定和流动科研队伍，依托研究站丰富的监测数据，深入研究我国典型湖泊、湿地和海湾生态系统演替的驱动机制，研究气候变化导致的自然环境变化与人类活动导致的生态系统胁迫对生态系统演变的驱动作用，揭示生态系统对环境变化的响应特征与反馈机制，阐明生态系统长期变化与环境因素之间的相互作用关系。

（3）示范功能

通过长期监测与研究，在深入认识典型生态系统类型演替的机制规律基础上，探索生态保护与修复的方法与技术，指导各级管理部门开展湖泊、湿地和海湾的生态环境保护、资源开发利用及其关联社会生产活动的政策制定和管理决策；并通过技术与工程示范，引领国家其他行业部门和地区对湖泊、湿地和海湾生态环境的监测、管理与保护实践。

经过近30年的运行，CERN水体站在构建我国水域生态环境变化长期监测指标和方法体系，揭示生态系统演替规律与方向，指导生态服务功能修复与提升，科学有效地服务于地方社会经济发展等方面都做出了重要的贡献。

（1）为认知我国重要湖泊、湿地和海湾的长期生态变化规律提供统一规范的基础数据

生态系统演替往往是一个长期过程，特别是大型海湾、湖泊和湿地生态系统，一旦其生态系统结构功能受损或被破坏，则修复的难度会很大，所需的修复时间也很长。例如，经过近30年的观测发现，太湖整体水环境平均每10年下降一个等级，但在不同湖区又呈现不同的变化特点：北部藻型生态系统中蓝藻在浮游植物中占据优势地位，并随着营养盐浓度的升高不断加强，导致蓝藻水华频繁暴发；同时，位于东南部分水域的草型生态系统却随着营养盐的增加而持续退化，覆盖面积在逐步下降。在这个过程中，人类活动与气候变化都起到了重要的推动作用。对武汉东湖的长期监测也见证了东湖水环境从20世纪80年代的下降和蓝藻水华频发，到近年通过控源截污治理开始趋于好转；但是，健康良性的生态系统却尚未恢复，充分说明湖泊生态系统响应与环境变化的滞后效应。这些对于其他富营养化湖泊的治理具有非常重要的借鉴意义。海湾生态系统的长期监测也发现了气候变化导致的珊瑚礁白化，以及气候变化与人类活动叠加导致的物种小型化等生态系统退化问题，不断地警示和促进着我们对于资源开发利用和环境保护的科学探索与研究。

（2）为我国湖泊、湿地和海湾的生态修复与保护提供重要的理论指导与技术支撑

2007年5月发生在无锡市的蓝藻水华危机事件，引起了各级政府的高度重视。太湖站通过自身长期的监测研究，为辨析污染物主要来源和分布区域，科学指导太湖近10年的大规模污染治理做出了重要贡献，强调生态修复必须遵循“先改善环境、后修复生态”的科学理念，并率先提出了“先控源截污、再生态修复、后流域管理”的长效治理策略。这些研究成果为我国湖泊富营养化治理提供了理论指导。

(3) 为湖泊、湿地和海湾生态研究及管理培养大量专业技术人才

对生态学而言,野外调查与研究能力是认知生态学客观规律、获得有价值科学发现的重要方法。对于湖泊、湿地、海湾等生态资源的管理者而言,了解生态资源的价值和动态变化特征、保护手段等知识也极其重要。湖泊、湿地和海湾等国家野外科学观测研究站已经成为我国相关领域研究及管理人员的"孵化器",作为支撑平台和研究与教学基地,服务于高水平人才队伍的培养建设。

(4) 为我国湖泊、湿地和海湾相关领域重大决策提供科技服务支撑

例如在东湖站开展的非经典生物操作理论与方法研究,为当地蓝藻水华控制起到了关键的示范和引领作用;三亚站在热带珊瑚礁退化机理研究基础上开展的生态修复与保护实践,为珊瑚礁生态保护与恢复提供了重要的科学依据;胶州湾站开展的近海水产养殖生态环境研究,为渔业生产及生态环境保护提供了重要的理论指导与技术支撑。

本书是各个水体生态站基于30多年积累的观测数据对典型生态系统类型长期变化进行的分析与判断,并通过对人类活动与气候变化驱动机制的研究,确定目前各自生态系统类型的演变阶段及其发展方向;进一步探索我国重要的典型生态系统保护、管理、修复与调控的技术途径,为国家生态文明建设提供强有力的科技支撑。

借此专著,向中国生态系统研究网络成立30周年献礼。

参 考 文 献

吕永龙,苑晶晶,李奇锋,等. 2016. 陆源人类活动对近海生态系统的影响. 生态学报,(5):1183-1191.

牛振国,张海英,王显威,等. 2012. 1978—2008年中国湿地类型变化. 科学通报,16:1400-1411.

王学雷,姜刘志. 2015. 三峡工程蓄水前后长江中下游环境流特征变化研究. 华中师范大学学报(自然科学版),(5):797-804.

邢领航,刘孟凯,黄国兵. 2013. 葛洲坝坝下江段水温变化影响因素分析. 长江科学院院报,30(8):90-96.

杨桂山,马荣华,张路,等. 2010. 中国湖泊现状及面临的重大问题与保护策略. 湖泊科学,22(6):799-810.

中华人民共和国环境保护部. 2017. 2016中国环境状况公报.

Qin B Q,Zhu G W,Guang G,et al. 2010. A drinking water crisis in Lake Taihu,China:Linkage to climatic variability and lake management. Environmental Management,45(1):105-112.

第2章　东湖城市湖泊生态系统过程与变化*

东湖位于湖北省武汉市内，北纬30°33′，东经114°23′，是长江中游附近的中型浅水湖泊，是我国最大的城中湖。20世纪60年代前东湖是一个没有分割的统一水体，水生植被覆盖率达80%，60年代后期东湖被人工分为若干相对独立的湖区，主要包括郭郑湖、汤菱湖、后湖、团湖等十余个子湖。自20世纪60年代起，武汉东湖经历了江湖阻隔(60年代初)、草鱼开荒(70年代初)、蓝藻水华暴发(70年代中期至80年代中期)及非蓝藻水华期(80年代后期至今)，生态系统逐渐退化。近20年来，武汉市各级政府对东湖水环境保护工作高度重视，大力推进各项水环境保护措施与治理工程，出台了多项严格的水环境保护政策，扭转了东湖水环境的恶化趋势，并最终使东湖水质逐渐好转。东湖站自1980年建站以来，见证了城市湖泊——武汉东湖过去近60年来的发展历程，依托长期定位观测数据和原位实验研究，提出了一系列湖泊生态系统修复理论。本章基于东湖站的长期监测、科学研究和工程示范，介绍了东湖近年水生生态系统关键因子的变化、东湖流域污染状况和东湖水生态修复工程应用情况，并分析了东湖水质变化的主要原因，探讨了东湖典型生态学问题及其过程机制。

2.1　城市湖泊生态系统功能及东湖概况

城市湖泊是城市重要的水体形态，对城市的发展建设起着重要的作用。城市湖泊与社会的关系最为密切，为人们提供了一系列重要的服务功能：① 为居民提供集中饮用水水源，具有水源涵养(蓄洪防旱)功能；② 净化一定的入湖污染物，提升环境承载力；③ 保护城市的水生生物和鸟类多样性；④ 调节气候，改善人居环境，美化城市；⑤ 提供生态游憩场所；⑥ 提供公众教育场所。这些功能对提升公众生态环境保护意识以及生态文明建设具有重要意义。然而，城市湖泊也承受着巨大的环境扰动或压力——大量的生活污水(包括餐饮废水)、工农业废水以及城市人流、车流经由大气污染带来的间接输入，使很多城市湖泊变成了纳污之地，生态环境承载能力消耗殆尽，水质和生态环境急剧恶化。天然湖泊需要经过几千年或更长时间才能形成的富营养化过程，在城市湖泊中可能只需要几十年甚至几年时间就会出现。党的十八大以来，党中央、国务院明确指出："水环境保护事关人民群众切身利益，事关全面建成小康社会，事关实现中华民族伟大复兴中国梦"。当前，我国一些地区水环境质量差、水生态受损重、环境隐患多等问题十分

* 本章作者为中国科学院水生生物研究所谢平、沈宏、张霄林、苏豪杰、张萌、邓绪伟、陈隽、何君、过龙根、曹特和倪乐意。

突出，影响和损害群众健康，不利于经济社会持续发展。为切实加大水污染防治力度，保障国家水安全，国家制定了水污染防治行动计划（简称"水十条"），并在"水十条"中要求"全面贯彻党的十八大和十八届二中、三中、四中全会精神，大力推进生态文明建设，以改善水环境质量为核心，对江河湖海实施分流域、分区域、分阶段科学治理，系统推进水污染防治、水生态保护和水资源管理"。在党的十九大报告中，以习近平新时代中国特色社会主义思想为指导，要求"加快水污染防治，实施流域环境……综合治理"。

2.1.1　东湖流域概况

东湖位于武汉市东部核心区域，是武汉的城市"绿心"，在武汉城市发展中起着举足轻重的作用。东湖风景区自然景观优美，历史悠久，文化深厚，湖水辽阔清幽，碧波万顷，岸线曲折，岬湾交错，湖岸景观丰富多姿，是国家5A级旅游景区，全国文明风景旅游区示范点，首批国家重点风景名胜区。东湖是中国最大的城中湖，由郭郑湖、汤菱湖、菱角湖、小潭湖、筲箕湖、团湖、后湖、喻家湖、庙湖、水果湖、天鹅湖等十余个子湖组成，通过青山港与长江连接。东湖现状水域面积约33 km^2，是杭州西湖的6倍，平均水深3 m，最深6 m，湖岸线长119.9 km。东湖常水位在19.59~20.07 m，规划控制水位在19.15~19.65 m，在19.15 m水位时相应容积为5699.9万m^3（含水果湖容积）。东湖具备调蓄、养殖和景观娱乐等功能。水果湖位于东湖流域最西边，向东与东湖的郭郑湖通过双湖桥相通，向西通过楚河与沙湖连通，汛期是东湖的排水通道之一。水果湖水域面积0.123 km^2，岸线总长1.6 km，规划控制水位在19.15~19.65 m。水果湖现状水体功能以雨水调蓄、景观娱乐为主。杨春湖位于东湖流域东北区域，三环线西侧，友谊大道南侧，通过东杨港同青山港及长江相连。现控制水域面积约0.6 km^2，岸线长度4.5 km，规划控制水位在19.15~19.65 m。在19.15 m水位时，相应容积为20.9万m^3。杨春湖现状功能包括调蓄、养殖和景观娱乐等。东湖水系现状及各湖泊汇水单元见图2.1。

2.1.2　东湖流域水系变迁

城市湖泊的水系发展与变迁与城市文明的发现息息相关，随着城市的发展，东湖水系一直在变化，具体见图2.2。东湖流域属于东沙湖水系中的东湖水系，水系主要由东湖、杨春湖及连通外围沙湖与长江的港渠组成。从三国时期开始，沙湖、东湖和白洋湖就通过天然港渠相连，共同汇入长江。当时整个长江南岸湖泊面积广阔，江与湖互相连通，无人工堤防防御水患，每年夏季长江涨水，或春天水势稍大，江南便至漫淹，江水将沙湖、郭郑湖连成一片，自江岸直抵磨盘诸山（今磨山）一带，尽成泽国。光绪二十五年（1899年），为解决武昌地区的水患，湖广总督张之洞着手筑堤防御外江之水泛涨，建水闸宣内湖之水，修筑了武青堤（自武胜门外新河起经红关至青山一带）及相应的武丰闸，东湖由与长江相连的天然湖泊转变为人工控制湖泊。1957年，武钢建青山江心泵站和落步嘴闸，青山港用作供水渠道，东湖与长江完全隔绝，东湖水为武钢除长江外的又一工业水源。1978年，为解决东湖和沙湖地区内涝水患，修建了罗家路泵站和罗家路自排闸，东湖水重又由港渠经排水泵站和排水闸直接流入长江。后来为解决沙湖污染导致污水入东湖的问题，在东湖和沙湖之间的新沟渠上建设了新沟闸，控制沙湖水进入东湖。2011年，在"大东湖"六湖（东湖、沙湖、严西湖、严东湖、北湖和杨春湖）连通方案实施背景下，连接东湖和沙湖的楚河（东沙湖渠）开挖完成，从此在西南角新增了一个出湖口，提高了东湖水动力条件和流域的排涝能力。

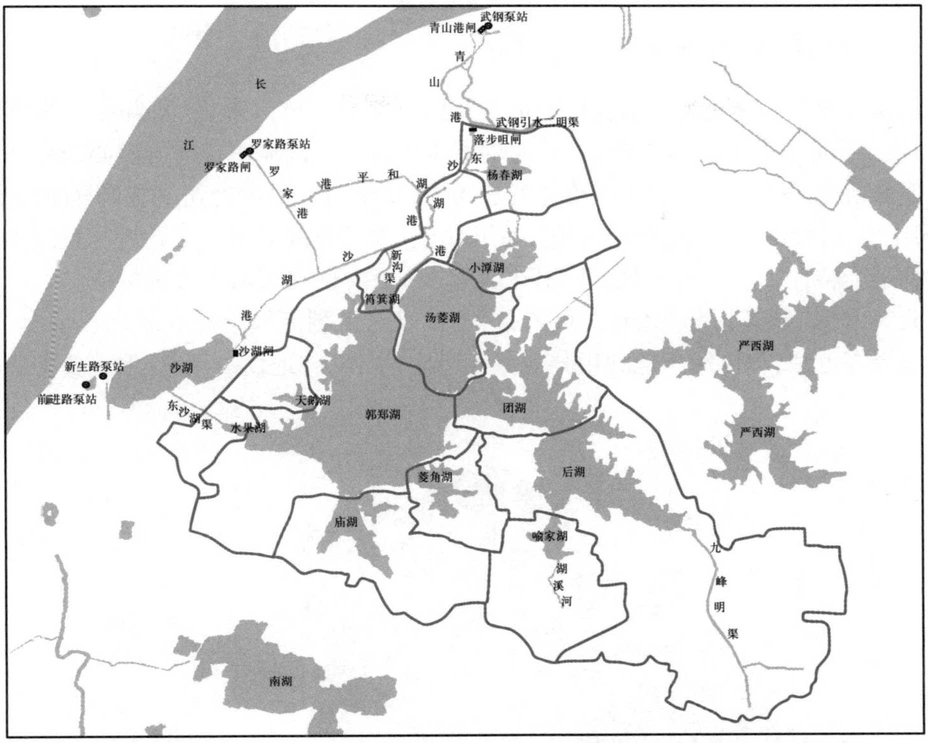

图 2.1　东湖水系现状及湖泊汇水单元(图中绿线范围)示意图(见书末彩插)

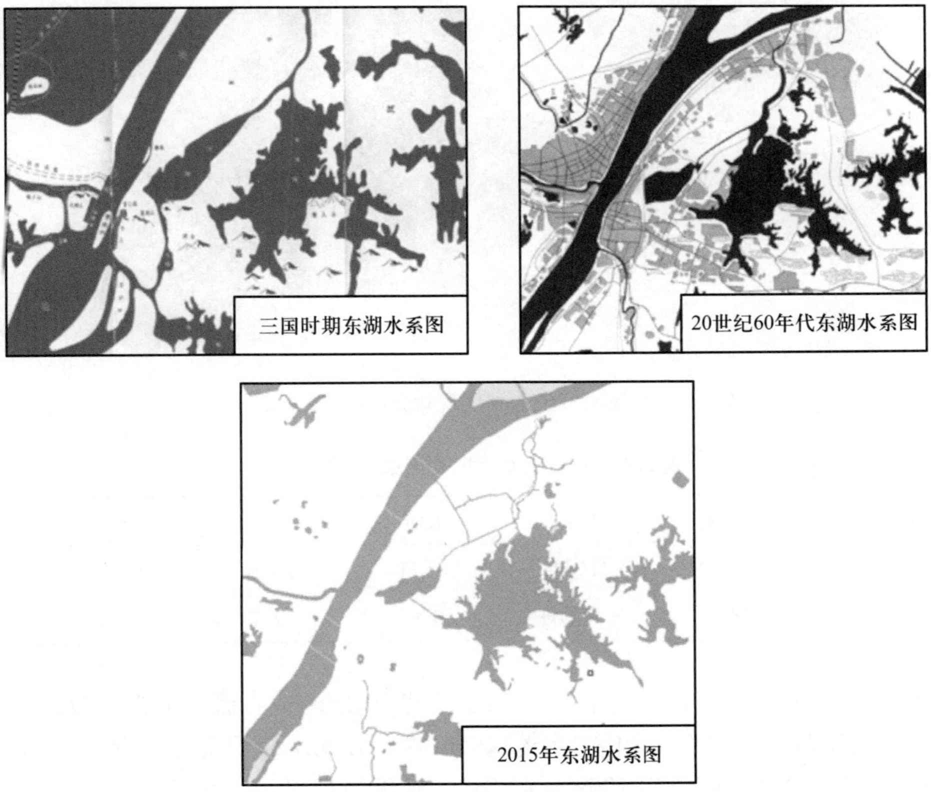

图 2.2　东湖流域水系历史演变图(见书末彩插)

2.1.3 东湖流域土地利用与发展

城市化是土地利用与土地覆盖变化的最主要内容之一。近年来,伴随着经济的快速发展和人口增长,武汉市正在经历着大规模的、快速的城市化过程。以城镇扩展为核心内容的城市土地利用变化成为研究的热点。在快速城市化的过程中,城市与乡村的经济和人口等相互渗透与扩散,使得城市边缘区域成为土地利用与覆盖变化最快、最显著的区域。东湖地区是以大面积湖泊及其周边林地为特征,城镇、农田等多种土地利用方式并存的典型城市湖泊区域。

根据武汉市2015年土地利用状况调查,得到武汉市东湖流域土地利用现状情况(图2.3)。通过遥感解译等方法,将流域土地利用分为城镇用地、水体、林地、农田和裸地。各类型分布面积见表2.1。

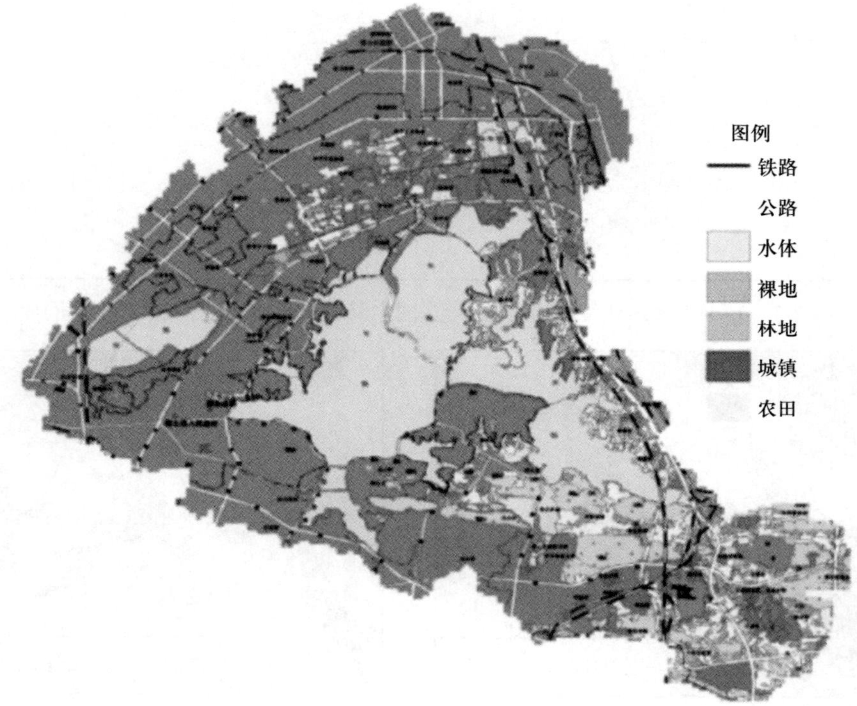

图2.3 东湖流域土地利用现状分布图(见书末彩插)

表2.1 东湖流域土地利用面积(2015年)

指标	全流域	城镇	水体	林地	农田	裸地
面积/km^2	177.30	115.41	37.11	16.16	6.84	1.78
占比/%	100	65.09	20.93	9.11	3.86	1.00

从上表可以得出,城镇面积占据流域面积的65.09%,已经成为流域最为典型的景观。相比于1999年数据,城镇面积增长2.2倍。水体、林地、农田和裸地面积快速减少,其中水体面积仅为1999年的88%,林地面积仅为1999年的31%,农田面积仅为1999年的28%,裸地面积为

1999 年的 30%。面积减少最多的分别为林地(减少 36 km^2)和农田(减少 17.9 km^2),水体面积减少约 5 km^2。图 2.4 展示了东湖流域水体面积和城镇面积的历史变化趋势。相比于 1987 年,城镇面积增加了近 7 倍,水体面积减少 31%,这表明城镇化导致水体面积缩小。

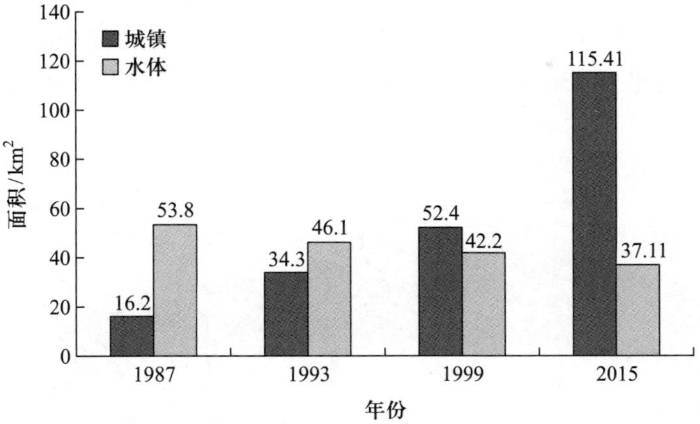

图 2.4 东湖流域水体面积与城镇面积变化

2.1.4 东湖站区域代表性

东湖水质变化与武汉城市发展息息相关,经历了水质良好、污染恶化到通过修复而逐渐好转的过程。20 世纪 60 年代以前,东湖湖水清澈见底,水草丰茂,游鱼可见;60—70 年代水质仍较好;进入 80 年代,随着城市化及工业化的快速推进,入湖废污水量急剧上升,水质快速恶化;到 20 世纪末,东湖水质变为劣 V 类。自 90 年代至今,武汉市各级政府对东湖实施了水环境治理、底泥清淤和生态系统调控等工程。目前,东湖全湖整体水质基本维持在Ⅳ类,个别月份(2015 年 1 月、2 月、5 月,2016 年 7 月)水质达到Ⅲ类。

东湖湖泊生态系统试验站(简称“东湖站”)所在区域代表了我国受东亚季风气候影响的东部平原(长江中下游)城市或城郊湖泊,同时也代表了长江中下游众多浅水湖泊从通江到非通江,从天然湖泊到城市湖泊的发展历程。

2.2 东湖生态系统定位观测与研究方案

东湖站于 1980 年正式建站(东湖站的前身中国科学院水生生物研究所淡水生态学研究室对武汉东湖的生态学研究始于 1955 年),是首批 29 个 CERN 站成员之一。2001 年,入选国家重点野外科学研究观测台站试点站;2006 年,成为国家重点野外科学研究试验站。针对日趋恶化的水生态环境,东湖站以武汉东湖的长期生态学观测为基础,深入开展湖泊生态系统过程和机制研究,并开展水生态修复示范,为维护和改善长江中下游湖泊的生态环境,保护淡水资源提供理论依据和技术支撑。

2.2.1　东湖长期观测方案

东湖站从1988年起，在东湖的主体湖区郭郑湖和汤菱湖设立了3个长期观测位点：Ⅰ站（30°551′E，114°363′N）、Ⅱ站（30°560′E，114°385′N）和Ⅲ站（30°586′E，114°408′N）。武汉东沙连通工程实施后，沙湖与东湖通过人工河道楚河相连。因此，东湖站于2015年起，在沙湖和水果湖设立了长期观测点位Ⅳ站（30°346′E，114°194′N）和Ⅴ站（30°331′E，114°204′N）（图2.5）。

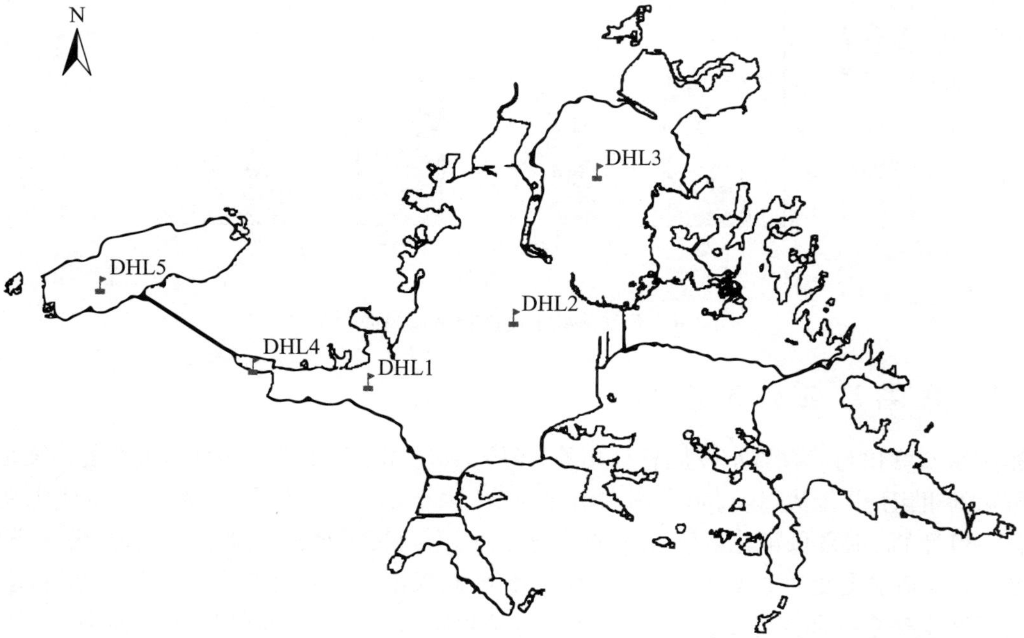

图2.5　东湖的长期观测位点（Ⅰ、Ⅱ、Ⅲ）和2015年起新增位点（Ⅳ、Ⅴ）

东湖站的监测内容有湖泊理化特征长期监测、湖泊生物群落长期监测和湖泊气象要素长期监测。其中，湖泊理化特征长期监测指标包括水深、透明度、溶解氧、pH、电导率、水色、固体悬浮物、浊度、NH_4^+-N、NO_3^--N、NO_2^--N、TDN、TN、PO_4^{3-}-P、TDP和TP等；底质指标包括含水量、总氮、总磷等；以及水动力学指标，如风向、湖流和水位等。监测频度为每月1次。湖泊生物群落长期监测指标主要包括浮游植物、浮游动物、底栖动物、叶绿素a（Chl a）、初级生产力、细菌、水生植物、鱼类等。监测频度每月1次（其中水生植物和鱼类为每年1次）。气象要素监测包括人工观测和自动观测，监测频度每日3次，主要指标有温度、相对湿度、露点温度、水汽压、气压、海平面气压、2分钟平均风、10分钟最大风、10分钟平均风、1小时平均风、降水、感雨时间，0 cm、5 cm、10 cm、15 cm、20 cm、40 cm 、60 cm和100 cm地温，各月逐日太阳辐射总量，各月逐日太阳辐射极值及出现时间，每日逐时太阳辐射和逐时太阳辐射累计值。

随着城市化的发展，东湖的生态系统受到人类活动的干扰越来越强，为了及时掌控生态系统变化过程和原因，东湖站从2016年开始，对未设长期观测点位的湖区，进行补充采样调查；对东湖的污染源进行调查和监测，监测频率为每年1次，污染源调查和监测包括：点源污染调查及其污染负荷估算、面源污染调查及其污染负荷估算、内源污染调查及其污染负荷、入湖降尘污染负荷和湖上移动源污染。此外，对东湖每年进行的各类水体修复工程和流域内进行的污染控制技术工程进行调查。

2.2.2 生态修复试验方法

由水体富营养化及水生植被衰退引起的水生态系统崩溃和水质恶化是很多国家面临的难题(Bröenmark and Weisner,1992;Królikowska,1997;Nichols and Lathrop,1994;Orth and Moore,1983;Ozimek and Kowalczewski,1984),我国的众多湖泊也深受其害(Ni,1996;Ni,2001a,b;Yu et al.,2000)。东湖富营养化状况从20世纪60年代开始加剧,水生植被大面积衰退,生态系统发生明显的逆行演替(retrogressive succession)(严国安等,1997;于丹等,1998),蓝藻水华在20世纪80年代曾大面积暴发(刘建康等,1995;严国安等,1997),水质恶化,以子湖之一的水果湖为甚(刘建康等,1995)。大型水生植物在维持湖泊的清水稳态(Scheffer et al.,1993;Scheffer et al.,2001)和物种多样性(Wetzel,1983)、介导湖泊的氮磷生物地球化学循环(Nogueira et al.,1996)以及健康生态服务(Canfield et al.,2000)功能上起到关键作用,其中沉水植被的作用尤为显著(Hosper and Meijer,1993;James et al.,2004;Scheffer,1998)。因此,在受损湖泊进行水生植被(特别是沉水植被)的修复和重建被认为是改善湖泊水质和恢复湖泊生态的重要手段(许木启,1998)。我国已在几个重要的湖泊(如滇池、太湖、巢湖、五里湖、武汉月湖等)进行大面积水生植被重建的尝试,结果表明水生植被重建困难重重,初步建立起来的植被缺乏稳定性,当人工辅助修复措施移除后,水生植被随即崩溃。这可能是多方面原因造成的。首先,富营养湖泊中松软的底质、大量的悬浮物、过高的氮和磷等营养盐含量、水下弱光等因素都不利于水生植物的生长;其次,不同水生植物的耐污能力存在巨大差异,人为选择一种或少数几种水生植物进行植被重建会减少筛选出合适植物的概率,也弱化了不同植物间的相互作用,使得植被恢复的成功率下降。因此,在东湖及长江中下游类似湖泊进行沉水植被修复,需要具备何种环境条件,如何对其进行生态修复,是我们研究的主要方向。

(1) 长江中下游湖泊群落水平下的沉水植物碳、氮、磷化学计量特征试验设计

2014年6—8月对长江中下游的太湖、高邮湖、骆马湖、龙感湖、赤湖、花园湖、武昌湖、野猪湖、武湖、斧头湖、梁子湖、洪湖、崇湖、西凉湖共14个湖泊进行沉水植物的调查与采集(图2.6)。采集植物之前,对植物所在区域的水深(water depth,WD)、透明度(secchi-depth,SD)以及水下的光合有效辐射进行测定,并采集底泥与水体样品。透明度和水深分别用直径为30 cm的透明度盘和测深锤测定。水下光合有效辐射用照度计(Li-COR UWQ7839,Li-Cor,Lincoln,NE)测定。底泥用柱状采泥器采集表层0~10 cm获得,水样用采水器在水下0.5 m处获取。水生植物使用水下镰刀(0.2 m^2)进行采集,每个采样点随机采集至少3个样方,每个样方采集到的沉水植物洗去泥沙和杂物,沥干浮水,按类别分拣并分别称取鲜重。每个物种取2~3株地上部分样品(包括茎和叶)装进封口袋并贴上防水标签。水样、底泥以及植物样品一并放入便携式冰箱带回实验室进一步处理。

水生植物样品与底泥在80℃烘箱里烘干至恒重,用研钵磨碎后过100目筛,用元素分析仪(Flash EA 1112 series,CE Instruments,Italy)测定C、N含量,用硫酸-过氧化氢消解植物样品,硫酸-高氯酸消解底泥样品,钼锑抗分光光度法分别测定P含量。用质量法测定底泥含水率(sediment water content,S-WC),即先将底泥于105±1℃条件下烘干至恒重,以前后质量的差值计算含水率。水样中测定总氮(TN),总磷(TP)和叶绿素a(Chlorophyll a,Chl a)的含量,测定方法参照中国生态系统研究网络观测与分析标准方法(黄祥飞,2000)。

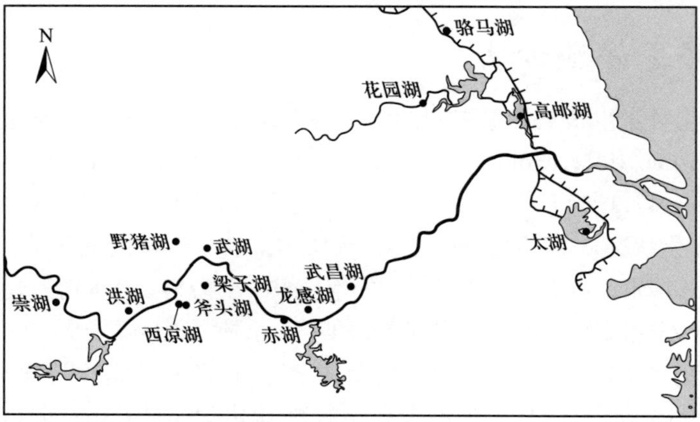

图2.6 长江中下游14个采样湖泊分布图

(2) 东湖水生植被重建及水质改善试验设计

试验区位于武汉东湖的水果湖湾(E30°34′,N114°23′),平均水深1.5 m,试验区在20世纪70年代水生植被就已经消失。试验区共设2个围隔(每个24 m×25 m)进行水生植被恢复及水质改善研究,以试验区外的东湖常规监测Ⅰ站(图2.7)作为水质对照研究。人工构建围隔的操作工艺流程如图2.8所示。本研究选用14种常见的水生植物在试验区进行移栽。在水深0~1 m及以下的沿岸带移栽挺水植物香蒲、芦苇和莲,浮叶植物白睡莲、睡莲、黄睡莲、菱和黄花荇菜,以及沉水植物苦草、菹草和大茨藻;在水深1.0~1.9 m区域移栽沉水植物金鱼藻和穗花狐尾藻,

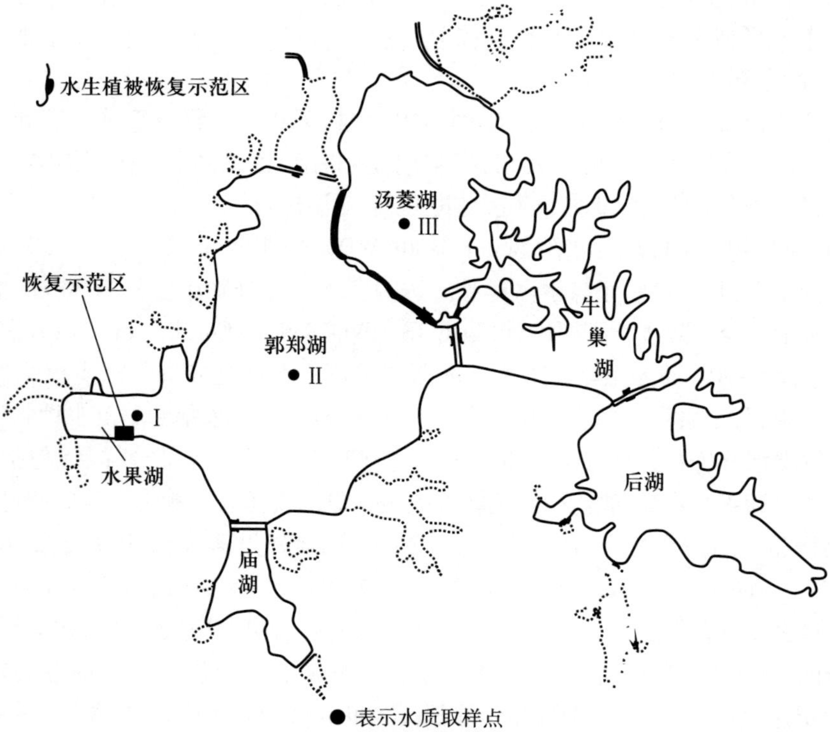

图2.7 水生植被恢复示范区位置示意图

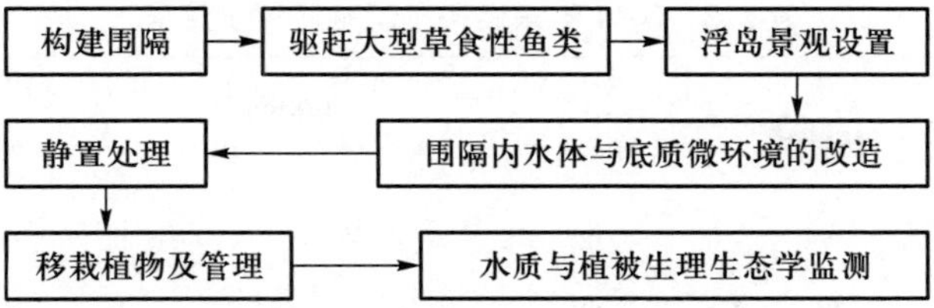

图 2.8　围隔水生植物人工恢复操作工艺流程

浮叶植物菱和黄花荇菜。工程于 2006 年 4 月开工，试验区的各种水生植物的构建于同年 6 月完成。在每个围隔内构建 2 座人工浮岛，面积大约 20 m^2，主要种植景观效果较好的彩叶草（*Coleus scutellarioides*（L.）Benth.）。植物移栽完成 2 个月后，每月中旬目测评估植被分布面积，在每个围隔内选择 3 个样点进行水生植物的生物量调查及水样和底泥样品采集，并进行分析。

2.3　东湖水生生态系统关键生态因子变化特征

2.3.1　东湖水质变化特征

通过对东湖湖泊生态系统试验站长期观测数据的整理，结果表明：20 世纪 60 年代以前，东湖湖水清澈见底，水草丰茂，游鱼可见。1960 年，水质为Ⅱ～Ⅲ类。到 20 世纪 80 年代中期（水华暴发期间 1980—1985 年），TN 浓度曾上升到 5.16 $mg \cdot L^{-1}$，TP 浓度上升到 0.47 $mg \cdot L^{-1}$。水华消失后，水体 TP 下降明显，但 TN 变化波动很大。到现阶段，TN 浓度在 1.0～2.9 $mg \cdot L^{-1}$间波动，TP 浓度在 0.05～0.2 $mg \cdot L^{-1}$间波动。近 10 年 TN、TP 浓度变化趋势见图 2.9。

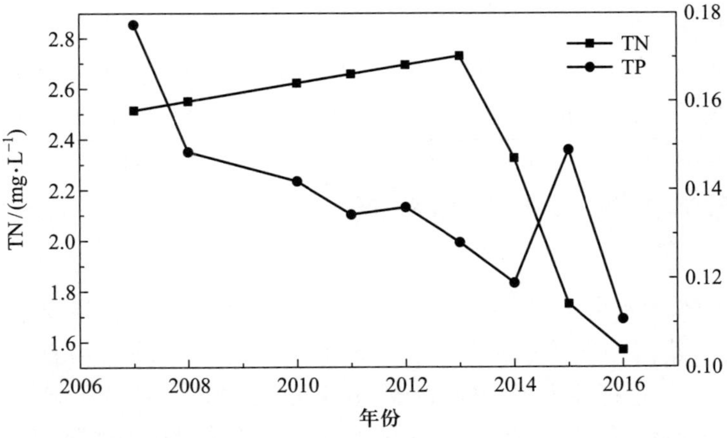

图 2.9　东湖近 10 年 TN、TP 浓度变化趋势（2007—2016 年）

从连续 3 年逐月的监测数据来看，东湖全湖整体水质基本维持在Ⅳ类，个别月份能达到Ⅲ类，在 2015 年的 1 月、2 月、5 月和 2016 年的 7 月，全湖水质达到Ⅲ类。但是在局部湖区也曾出现Ⅴ类或劣Ⅴ类水质，比如，2015 年 9 月和 11 月的汤菱湖，以及 2016 年 8 月和 11 月的水果湖均为Ⅴ类水，一般是由于 TP 超标导致东湖出现Ⅴ类水质（表 2.2～表 2.4）。

表 2.2 2014 年东湖各子湖水质评价结果

2014 年	1 月	2 月	3 月	4 月	5 月	6 月	7 月	8 月	9 月	10 月	11 月	12 月	全年
水果湖	Ⅴ	Ⅲ	Ⅴ	Ⅴ	Ⅴ	Ⅴ	Ⅴ	Ⅴ	Ⅴ	Ⅴ	Ⅴ	Ⅴ	Ⅴ
汤菱湖	Ⅴ	Ⅴ	Ⅴ	Ⅴ	Ⅲ	Ⅴ	Ⅴ	Ⅴ	Ⅲ	Ⅴ	Ⅴ	Ⅴ	Ⅳ
郭郑湖	Ⅴ	Ⅲ	Ⅳ	Ⅴ	Ⅲ	Ⅴ	Ⅴ	Ⅴ	Ⅴ	Ⅴ	Ⅴ	Ⅴ	Ⅳ
后湖	Ⅴ	Ⅴ	Ⅴ	Ⅲ	Ⅴ	Ⅴ	Ⅴ	Ⅴ	Ⅴ	Ⅴ	Ⅴ	Ⅴ	Ⅴ
东湖全湖	Ⅴ	Ⅳ	Ⅴ	Ⅴ	Ⅳ	Ⅴ	Ⅴ	Ⅴ	Ⅳ	Ⅴ	Ⅴ	Ⅴ	Ⅳ

表 2.3 2015 年东湖各子湖水质评价结果

2015 年	1 月	2 月	3 月	4 月	5 月	6 月	7 月	8 月	9 月	10 月	11 月	12 月	全年
水果湖	Ⅲ	Ⅲ	Ⅳ	Ⅳ	Ⅳ	Ⅳ	Ⅳ	Ⅳ	Ⅴ	Ⅳ	Ⅳ	Ⅳ	Ⅳ
汤菱湖	Ⅳ	Ⅲ	Ⅳ	Ⅲ	Ⅲ	Ⅳ	Ⅳ	Ⅳ	Ⅴ	Ⅳ	Ⅴ	Ⅳ	Ⅳ
郭郑湖	Ⅲ	Ⅲ	Ⅳ	Ⅳ	Ⅲ	Ⅳ	Ⅳ	Ⅳ	Ⅳ	Ⅳ	Ⅳ	Ⅳ	Ⅳ
后湖	Ⅲ	Ⅲ	Ⅳ	Ⅳ	Ⅲ	Ⅳ	Ⅳ	Ⅳ	Ⅳ	Ⅳ	Ⅳ	Ⅳ	Ⅳ
东湖全湖	Ⅲ	Ⅲ	Ⅳ	Ⅳ	Ⅲ	Ⅳ	Ⅳ	Ⅳ	Ⅳ	Ⅳ	Ⅳ	Ⅳ	Ⅳ

表 2.4 2016 年东湖各子湖水质评价结果

2016 年	1 月	2 月	3 月	4 月	5 月	6 月	7 月	8 月	9 月	10 月	11 月	12 月	全年
水果湖	Ⅳ	Ⅲ	Ⅲ	Ⅳ	Ⅳ	Ⅳ	Ⅲ	Ⅴ	Ⅳ	Ⅳ	Ⅴ	Ⅲ	Ⅳ
汤菱湖	Ⅳ	Ⅳ	Ⅲ	Ⅳ	Ⅳ	Ⅳ	Ⅲ	Ⅳ	Ⅳ	Ⅳ	Ⅳ	Ⅲ	Ⅳ
郭郑湖	Ⅲ	Ⅳ	Ⅲ	Ⅳ	Ⅳ	Ⅳ	Ⅲ	Ⅳ	Ⅳ	Ⅳ	Ⅳ	Ⅲ	Ⅳ
后湖	Ⅳ	Ⅳ	Ⅳ	Ⅳ	Ⅳ	Ⅳ	Ⅲ	Ⅲ	Ⅳ	Ⅳ	Ⅳ	Ⅳ	Ⅳ
东湖全湖	Ⅳ	Ⅳ	Ⅳ	Ⅳ	Ⅳ	Ⅳ	Ⅲ	Ⅳ	Ⅳ	Ⅳ	Ⅳ	Ⅳ	Ⅳ

2.3.2 东湖水生生物现状变化特征

(1) 浮游植物

在 2016 年 3 月的东湖水生态调查中,共检出浮游植物 7 门 39 属,包括蓝藻门、绿藻门、硅藻门、隐藻门、裸藻门、甲藻门和金藻门。其中,绿藻门(15 属)以小球藻和衣藻占优势;硅藻门(9 属)以脆杆藻、小环藻、针杆藻为优势种;蓝藻门(5 属)以鱼腥藻和伪鱼腥藻为优势种。东湖浮游植物总体密度较高,平均密度达到 7.52×10^{7} cells · L^{-1},以绿藻(小球藻)和蓝藻(伪鱼腥藻)为优势种,而这些优势物种也是导致藻类水华的物种。各子湖中,汤菱湖浮游植物密度最低(5.6×10^{6} cells · L^{-1}),水果湖最高(2.89×10^{8} cells · L^{-1}),此外,后湖和庙湖的浮游植物密度也已超过10^{8} cells · L^{-1}。东湖浮游植物平均生物量为 22.65 mg · L^{-1}。其中,水果湖最高(126.66 mg · L^{-1});庙湖(30.96 mg · L^{-1})和菱角湖(28.12 mg · L^{-1})次之,汤菱湖最低(2.56 mg · L^{-1})。东湖浮游植物的密度和生物量与水质和富营养化程度密切相关。

（2）浮游动物

调查分析发现，东湖有浮游动物 30 种（属），其中轮虫 17 种（属），枝角类 8 种，桡足类 5 种。轮虫中的优势种（属）为针簇多肢轮虫、角突臂尾轮虫和螺形龟甲轮虫；枝角类的优势种为点滴尖额蚤、简弧象鼻蚤和圆形盘肠蚤；桡足类优势种为广布中剑水蚤和近邻剑水蚤。从密度来看，轮虫占浮游动物中的绝对优势，枝角类很少，桡足类主要以幼体为主。水果湖的浮游动物密度最大（19952 个 · L^{-1}）；其次是庙湖（8523 个 · L^{-1}），而小潭湖、汤菱湖和天鹅湖的浮游动物密度最低，均值仅 1120～1455 个 · L^{-1}。

轮虫是东湖浮游动物在生物量方面的绝对优势类群，而枝角类的比重很小。水果湖也是浮游动物生物量（15.21 mg · L^{-1}）最高的湖区，而汤菱湖的浮游动物生物量最低（0.52 mg · L^{-1}）。从东湖浮游动物的种类组成和密度来看，东湖浮游动物的多样性很低，各子湖之间优势种的差异较小，但密度和生物量变化较大。

（3）大型底栖动物

本次调查共发现大型底栖动物 11 属 14 种，包括水生昆虫、寡毛类和软体动物三大类。目前东湖各湖区大型底栖动物物种丰度都相对较低，种类比较单一。水生昆虫主要有红裸须摇蚊、前突摇蚊属、菱跗摇蚊属、中国长足摇蚊；寡毛类主要为霍甫水丝蚓和苏氏尾鳃蚓；软体动物只有在湖滨带和敞水区分别有部分环棱螺属和球蚬属的类群。从密度来看，郭郑湖（2736 个 · m^{-2}）和喻家湖（3630 个 · m^{-2}）以水生昆虫占绝对优势；水果湖以寡毛类（33472 个 · m^{-2}）占优势，优势种为耐低氧的霍甫水丝蚓和苏氏尾鳃蚓；其他湖区水生昆虫和寡毛类比例相当，生物量的变化也和密度完全一致。

东湖大型底栖动物中的苏氏尾鳃蚓和霍甫水丝蚓是最具代表性的耐污种类，主要分布在水果湖内，水果湖基底的大量有机碎屑为这些耐污种提供了生存条件。

（4）水生植物

1950—2008 年的调查和观测数据显示，曾在东湖出现的水生植物有 36 科 64 属，共计 111 种。自 20 世纪 60 年代以来，东湖水生植被的种类不断减少，生物量降低，分布面积缩小，植被严重退化，挺水、浮叶和沉水植物分布面积很少，虽然近几年水生植被面积有所增加，但覆盖率仍不足 4%；现存植物区系以耐污种类为主，多样性低，植被资源呈退化趋势；水生植被演替到菱+莲+穗花狐尾藻占优势的阶段，部分湖区呈现次生裸地，沉水植被完全退化。根据 2015 年调查（图 2.10），东湖目前有严格意义上的水生植物 21 种，全湖植被覆盖率约为 3.75%，湖区内的水生植被主要以浮叶植物为主，优势群落结构为菱+莲。而沉水植被仅在局部湖汊的浅水区有断续分布，沉水植被覆盖率不足 1%，并且以穗花狐尾藻+大茨藻组成的耐污群落为主。2016 年 5 月，东湖水生植物调查中共发现水生植物 31 种，沉水植物优势种为菹草，浮叶植物优势种为莲，挺水植物优势种为芦苇和菰。沉水植物最大分布水深在汤菱湖，可以达到 2.4 m。整体上，水生植物多分布在东湖的东侧子湖，包括汤菱湖、小潭湖、团湖和后湖的东南岸都是水生植物的主要分布区。而郭郑湖、庙湖、喻家湖、水果湖的水生植物分布较少，或仅有零星斑块分布。从分布面积来看，汤菱湖的水生植物分布面积最大，约占到汤菱湖面积的 1/3，目前优势种为菹草（图 2.11）。从物种多样性来看，团湖和后湖的多样性水平较高，并且群落结构比较完整，具有从沉水植物到岸上挺水植物连续的水生植被。在本次调查中测定了水生植物的分布面积，整个东湖目前水生植被面积为 1.16 km^2，占整个水域面积的 3.4%，与往年的调查结果基本持平。但是随

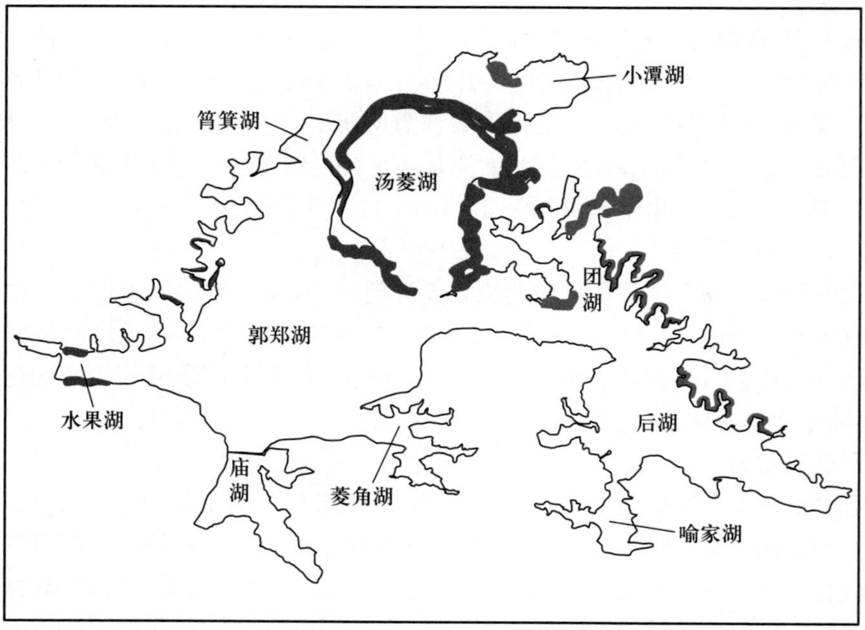

图2.10 2015年5月东湖水生植被覆盖区域

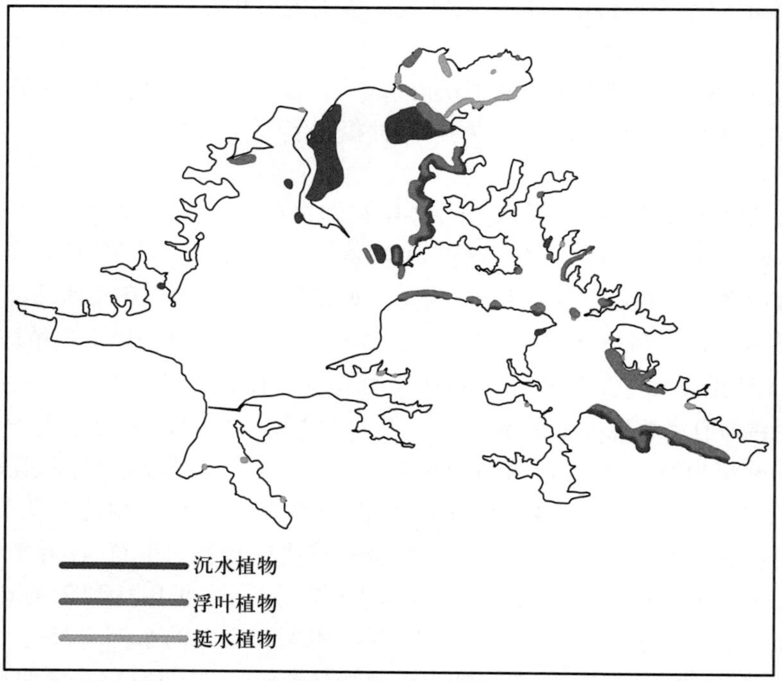

图2.11 2016年5月东湖水生植被覆盖区域(见书末彩插)

着季节的变化,东湖水生植被的物种组成结构也将逐步演替。进入夏季后,菹草将大量死亡,沉水植被将演变为以耐污种金鱼藻和穗花狐尾藻为优势的群落结构,并伴随有苦草、大茨藻、马来眼子菜等物种;以菱和莲为优势的浮叶植物将大量生长,将成为对水生植被覆盖率贡献最高的种群;挺水植物的覆盖面积也将进一步加大,物种多样性将进一步增加。2008 年、2015 年和 2016 年东湖水生植被概况详见表 2.5~表 2.7。

表 2.5　2008 年东湖水生植被概况

子湖名称	平均生物量/(g·m^{-2})	覆盖率/%	优势种
水果湖	203	7.63	金鱼藻、穗花狐尾藻
郭郑湖	550.6	1.25	金鱼藻、穗花狐尾藻
汤菱湖	1150.4	12.33	菱、穗花狐尾藻
菱角湖	0	0	
筲箕湖	725.6	6.45	金鱼藻、穗花狐尾藻
小潭湖	550	1.55	穗花狐尾藻
团湖	1180	4.85	莲、大茨藻、穗花狐尾藻
后湖	1255	3.56	金鱼藻、穗花狐尾藻、水葫芦
喻家湖	1174.2	5.12	菱、穗花狐尾藻
庙湖	0	0	
天鹅湖	0	0	
全湖	617.16	3.89	

表 2.6　2015 年东湖水生植被概况

子湖名称	平均生物量/(g·m^{-2})	覆盖率/%	优势种
水果湖	1629.7	12.28	水鳖、金鱼藻
郭郑湖	1859.8	0.99	金鱼藻、穗花狐尾藻、荇菜
汤菱湖	2238.7	13.03	菱、莲、水葫芦、穗花狐尾藻
菱角湖	0	0	
筲箕湖	1451.1	13.66	菱、穗花狐尾藻
小潭湖	1905.3	1.58	穗花狐尾藻
团湖	1179.2	4.72	荇菜、大茨藻、穗花狐尾藻、莲
后湖	641.5	1.18	金鱼藻、穗花狐尾藻、水葫芦
喻家湖	1758.3	7.94	菱、穗花狐尾藻
庙湖	0	0	
天鹅湖	0	0	
全湖	1582.95	3.75	

表2.7　2016年东湖水生植被概况

子湖名称	平均生物量/($g \cdot m^{-2}$)	覆盖率/%	优势种
水果湖	506.23	5.46	穗花狐尾藻
郭郑湖	1152.82	1.1	穗花狐尾藻、金鱼藻
汤菱湖	1177.5	30.25	菹草、菱
菱角湖	0	0	
筲箕湖	320	0.25	菰、菹草
小潭湖	450	0.45	菰、菱
团湖	1254.56	3.55	菱、大茨藻、穗花狐尾藻
后湖	1056.94	1.15	菱、穗花狐尾藻
喻家湖	0	0	
庙湖	0	0	
天鹅湖	0	0	
全湖	538	3.84	

2.3.3　东湖污染源状况

(1) 点源污染及负荷状况

根据调查统计,东湖流域已不存在工业废水排口,有8个生活污水排口和16个分散污水处理设施排口。其中,8个生活污水排口年污水入湖量为2941.44万t,按照受纳水体统计,菱角湖3个,小潭湖1个,筲箕湖1个,后湖2个,庙湖1个;16座分散污水处理设施年尾水入湖量为211.70万t,按照受纳水体统计,郭郑湖3座、菱角湖5座、小潭湖1座、团湖1座、后湖4座、喻家湖2座。表2.8和表2.9分别为东湖流域生活污水排口和分散污水处理设施基本信息统计。

表2.8　东湖流域分布生活污水排口统计

序号	排口名称	受纳水体	污水来源	入湖量/(万t·年$^{-1}$)
1	全军绿化基地排口	庙湖	绿化基地、原广州军区武汉测绘大队及周边生活污水	25.54
2	东湖医院污水2号排口	菱角湖	东湖医院家属区污水	3.65
3	菱角湖大桥1号排口	菱角湖	八一路延长线农村生活污水	3.66
4	方家湾排口	菱角湖	方家村、西头村等村落居民生活污水	16.43
5	九峰明渠	后湖	关东街部分	671.02
6	东头村排口	后湖	东头村生活污水	1.84
7	后街1号、2号管	小潭湖	后街生活污水	5.48
8	落步嘴污水处理厂	筲箕湖	污水处理厂尾水	2213.84
	合计			2941.46

表 2.9 东湖流域分散污水处理设施统计表

序号	类型	排口名称	受纳水体	规模 /($t\cdot d^{-1}$)	入湖量 /(万 $t\cdot$ 年$^{-1}$)	尾水水质
1	居民区	滨湖村污水处理站	后湖	500	18.25	地表水Ⅳ类
2		桥梁村污水处理站:小李村	菱角湖	250	9.13	一级 B
3		先锋村污水处理站	小潭湖	1000	36.5	一级 B
4		建强村	后湖	400	14.6	一级 B
5	餐饮	桥梁磨山餐饮污水处理项目:1 号站(雅合睿景)	菱角湖	600	21.9	地表水Ⅳ类
6		桥梁磨山餐饮污水处理项目:2 号站(白宫旁)	后湖	600	21.9	地表水Ⅳ类
7		桥梁磨山餐饮污水处理项目:3 号站	后湖	100	3.65	地表水Ⅳ类
8	景区	磨山小区	菱角湖	200	7.3	一级 A
9		沙滩浴场	郭郑湖	250	9.13	一级 A
10		磨山南大门	郭郑湖	30	1.1	城市污水再利用、城市杂用水水质
11		马鞍山森林公园烧烤区	喻家湖	220	7.3	地表水Ⅳ类
12		松鸽坪污水处理站	喻家湖	20	0.73	地表水Ⅳ类
13		磨山樱花园	郭郑湖	200	7.3	一级 A
14		落雁景区(落雁岛排口)	团湖	600	21.9	一级 A
15		东湖医院	菱角湖	350	12.78	一级 A
16		武汉园林技工学校	菱角湖	500	18.25	一级 A
合计				5820	211.72	

根据现状污染负荷调查,东湖流域点源污水入湖量为 3153.14 万 $t\cdot$ 年$^{-1}$,COD、NH_3-N、TN 和 TP 入湖量分别为 1793.07 $t\cdot$ 年$^{-1}$、140.61 $t\cdot$ 年$^{-1}$、485.30 $t\cdot$ 年$^{-1}$和 32.34 $t\cdot$ 年$^{-1}$。其中,筲箕湖接纳了落步嘴污水处理厂尾水,后湖接纳了王家店污水处理厂尾水。东湖流域现状点源入湖负荷详见表 2.10。

(2)面源污染及负荷状况

根据调查统计,东湖流域分布雨水口 175 个,其中郭郑湖 75 个、汤菱湖 11 个、小潭湖 4 个、簸箕湖 6 个、团湖 25 个、后湖 1 个、喻家湖 3 个、庙湖 50 个;季节性排口 9 个,其中郭郑湖 1 个、汤菱湖 1 个、庙湖 6 个、水果湖 1 个。

表 2.10　东湖流域现状点源入湖负荷统计

序号	子湖名称	排口/个	入湖量/(万 t·年$^{-1}$)	COD/(t·年$^{-1}$)	NH_3-N/(t·年$^{-1}$)	TN/(t·年$^{-1}$)	TP/(t·年$^{-1}$)
1	郭郑湖	3	17.52	8.76	0.88	2.63	0.09
2	汤菱湖	0					
3	菱角湖	8	93.08	114.27	11.28	17.40	1.49
4	小潭湖	1	5.48	19.16	1.92	2.19	0.27
5	筲箕湖	1	2213.84	463.36	7.53	278.94	14.61
6	团湖	2	58.40	32.85	4.02	10.59	0.47
7	后湖	6	731.26	1062.89	105.92	163.22	14.12
8	喻家湖	2	8.03	2.41	0.12	0.12	0.01
9	庙湖	1	25.54	89.37	8.94	10.21	1.28
10	天鹅湖	0					
11	水果湖	0					
合计		24	3153.15	1793.07	140.61	485.30	32.34

根据土地利用类型和现状水平及2014年日降雨过程，采用径流曲线法计算径流过程，根据国家高技术研究发展计划(863)项目课题“武汉市汉阳地区水环境质量改善技术与综合示范”研究成果，确定面源污染物浓度(COD、NH_3-N、TN和TP浓度的平均值分别为275 mg·L^{-1}、7 mg·L^{-1}、17.1 mg·L^{-1}和2.32 mg·L^{-1})，再根据入湖径流的污染物浓度计算入湖面源污染负荷，计算结果见表2.11。可以看出，郭郑湖、喻家湖、庙湖和水果湖在暴雨期间受雨污合流排口冲击负荷的影响较大，是今后东湖周边城市面源污染治理的重点之一。

表 2.11　各子湖面源污染负荷现状

湖泊名称	COD		NH_3-N		TN		TP	
	总负荷/(t·年$^{-1}$)	季节性排口暴雨期间冲击负荷占比/%	总负荷/(t·年$^{-1}$)	季节性排口暴雨期间冲击负荷占比/%	总负荷/(t·年$^{-1}$)	季节性排口暴雨期间冲击负荷占比/%	总负荷/(t·年$^{-1}$)	季节性排口暴雨期间冲击负荷占比/%
郭郑湖	726.82	25	19.32	28	44.80	24	6.41	33
汤菱湖	325.91	0	8.30	0	20.27	0	2.75	0
菱角湖	249.79	0	6.36	0	15.53	0	2.11	0
小潭湖	463.73	0	11.80	0	28.84	0	3.91	0
筲箕湖	81.90	0	2.08	0	5.09	0	0.69	0
团湖	573.55	0	14.60	0	35.66	0	4.84	0

续表

湖泊名称	COD		NH_3-N		TN		TP	
	总负荷/(t·年$^{-1}$)	季节性排口暴雨期间冲击负荷占比/%	总负荷/(t·年$^{-1}$)	季节性排口暴雨期间冲击负荷占比/%	总负荷/(t·年$^{-1}$)	季节性排口暴雨期间冲击负荷占比/%	总负荷/(t·年$^{-1}$)	季节性排口暴雨期间冲击负荷占比/%
后湖	2466.70	0	62.79	0	153.38	0	20.81	0
喻家湖	646.20	54	22.54	67	48.42	62	2.50	50
庙湖	1330.16	43	36.46	47	81.46	42	12.12	47
天鹅湖	167.69	0	3.05	0	5.96	0	0.20	0
水果湖	99.01	90	2.97	90	5.94	90	0.99	90
合计	7131.46		190.27		445.35		57.33	

降尘污染物是指在空气环境条件下,依靠重力自然降落于水面的空气颗粒物,这些颗粒物源于多种途径,并且具有形态学、化学、物理学和热力学等多方面的特性,粒径多在 10 μm 以上。但在静止的空气中,10 μm 以下的尘粒也能沉降。此外,当空气湿度较大或者发生降水时,气溶胶通过冲刷作用也可以降落于地表形成降尘。根据武汉理工大学相关研究成果,武汉市东湖地区降尘中 COD 平均含量为 0.0893 g·m^{-2}·d^{-1},TN 为 0.0108 g·m^{-2}·d^{-1},TP 为 0.541 mg·m^{-2}·d^{-1}。根据各子湖面积换算,通过降尘形式进入东湖水体的污染物量分别为 COD 1096.60 t·年$^{-1}$,TN 133.09 t·年$^{-1}$,TP 6.67 t·年$^{-1}$。各子湖降尘污染物入湖量的详细情况见表 2.12。

表 2.12 各子湖降尘污染物入湖量详细情况

湖泊名称	水域面积/km^2	COD/(t·年$^{-1}$)	TN/(t·年$^{-1}$)	TP/(t·年$^{-1}$)
郭郑湖	12.79	415.38	50.41	2.52
汤菱湖	5.86	190.32	23.10	1.16
菱角湖	1.00	32.54	3.95	0.20
小潭湖	1.60	52.05	6.32	0.32
筲箕湖	0.42	13.54	1.64	0.08
团湖	4.49	145.95	17.71	0.89
后湖	5.02	163.21	19.81	0.99
喻家湖	0.52	16.78	2.04	0.10
庙湖	1.71	55.53	6.74	0.34
天鹅湖	0.22	7.08	0.86	0.04
水果湖	0.13	4.22	0.51	0.03
总计	33.76	1096.60	133.09	6.67

(3) 内源污染及负荷状况

东湖淤泥深度为 12~136 cm,平均值为 69±28 cm,由于水果湖、庙湖等湖区实施过清淤工程，目前东湖沉积物的分布是极不均匀的。沉积物含水率、淤泥厚度、沉积物总碳（TC）和总氮（TN）含量分布见图 2.12。沉积物总磷（TP）含量分布见图 2.13，其中铝结合态磷（Al-P）、铁结合态磷（Fe-P）、闭蓄态磷（O-P）、钙结合态磷（Ca-P）含量分别为 0.03±0.04 mg·g^{-1}、0.18±0.20 mg·g^{-1}、0.45±0.31 mg·g^{-1}和 0.15±0.08 mg·g^{-1}（图 2.14）。底泥各层中含水率、TN、TC 和 TP 的情况详见表 2.13。整体而言，东湖沉积物中表层（0～5 cm）底泥的营养盐含量无论是 TC、TN 还是 TP 均高于底层（5～10 cm），如表层 TN 含量为 3.08±1.01 mg·g^{-1}，而底层 TN 含量为 2.69±0.95 mg·g^{-1}，但无显著性差异（表 2.13）。

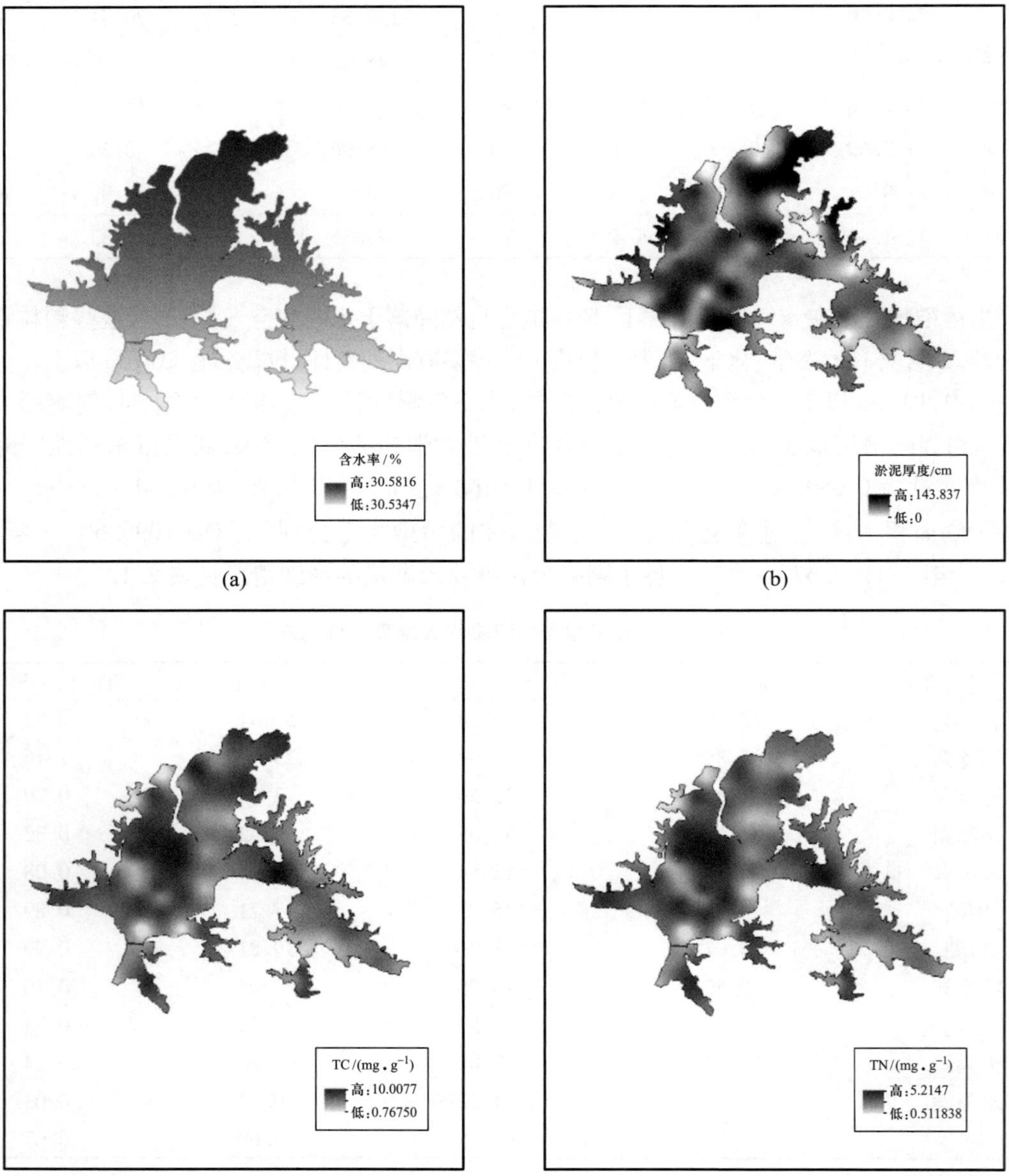

图 2.12 东湖沉积物含水率（a）、淤泥厚度（b）、沉积物 TC（c）及 TN（d）含量分布图

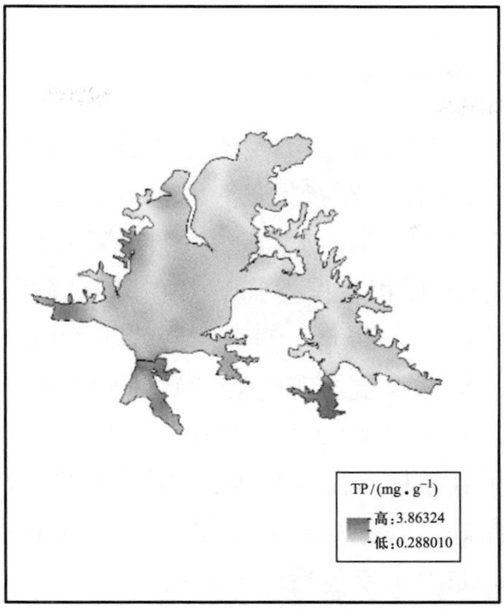

图 2.13　东湖沉积物 TP 含量分布图(见书末彩插)

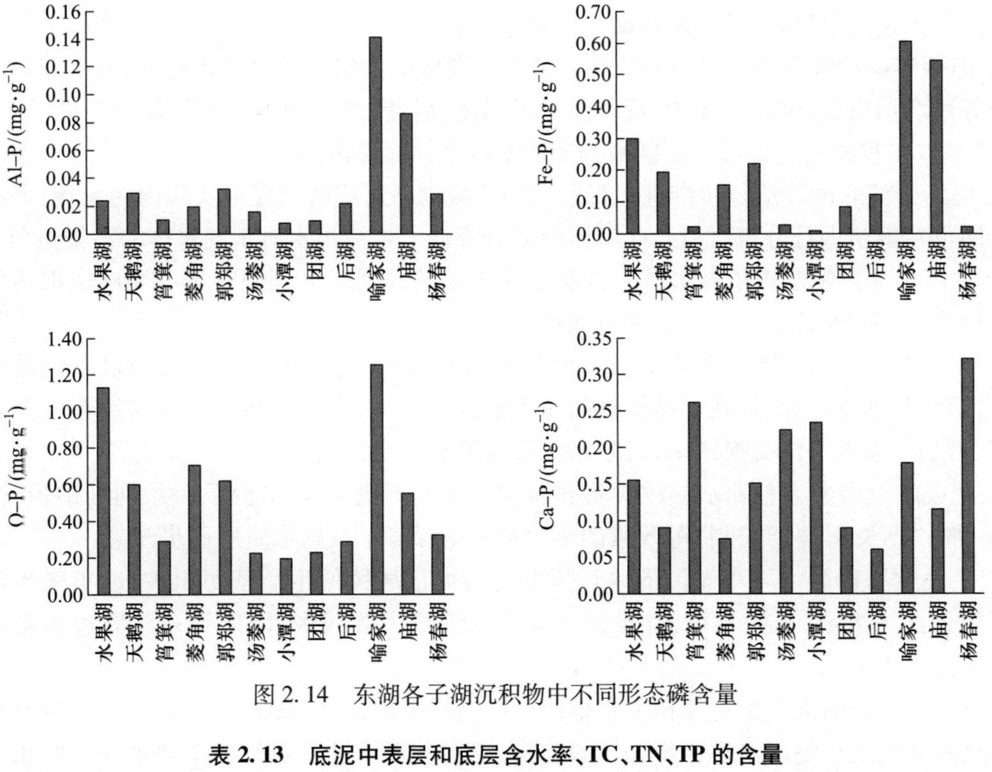

图 2.14　东湖各子湖沉积物中不同形态磷含量

表 2.13　底泥中表层和底层含水率、TC、TN、TP 的含量

	含水率/%	TN/(mg·g^{-1})	TC/(mg·g^{-1})	TP/(mg·g^{-1})
表层(0~5 cm)	0.66±0.10	3.08±1.01	30.80±9.39	1.08±0.64
底层(5~10 cm)	0.61±0.11	2.69±0.95	26.49±9.61	0.82±0.46
混合(0~10 cm)	0.64±0.10	2.89±0.86	28.65±8.13	0.95±0.49

2.3.4 东湖水质变化原因分析

根据中国科学院水生生物研究所东湖湖泊生态系统试验站在东湖的长期连续监测数据,21世纪初期(2003年、2004年)东湖水质主要指标(TN、TP)在总体变化趋势上出现"拐点",说明东湖截污及综合治理初见成效,已初步控制了水质恶化的趋势。但由于20世纪末东湖水体的高度富营养化,在21世纪初东湖整体水质仍在Ⅳ类到Ⅴ类之间"徘徊",并且藻类水华在某些年份的局部湖区仍有发生,这一状态持续了十余年。直到最近两年(2015年、2016年),在长期坚持不懈的截污治污等工作的支撑下,东湖水质才出现第二个明显好转的节点,东湖全湖整体水质基本维持在Ⅳ类,个别月份(2015年1月、2月、5月,2016年7月)水质达到Ⅲ类。2016年3月对东湖全面的水质监测数据表明,东湖整体水质为Ⅳ类,特别是郭郑湖敞水区水质已接近Ⅲ类。各项监测结果表明,东湖水质正在向好转的趋势发展,湖泊整体水质有望在"十三五"阶段达到Ⅲ类。综合各种因素,东湖水质好转的原因主要包括以下几点。

① 东湖周边环湖截污已见成效。20世纪末至21世纪,通过新建污水处理厂、污水泵站提升与新建、配套管网建设等措施,东湖周边排污口大幅削减,目前共实施点源污染控制工程13项,已全部关闭工业废水排口,并大幅削减生活污水排口。

② 面源污染控制措施取得一定效果。目前东湖周边共实施沟塘湿地建设、分散式污水处理厂建设等面源污染控制措施24项,重点削减了团湖、后湖、汤菱湖等区域的面源污染。"海绵城市建设"试点工程的实施将进一步削减初期雨水带来的面源污染。

③ 雨污分流管网改造稳步推进。目前东湖流域内新建成区已完全实现雨污分流,原有雨污合流管网也在逐步进行分流改造。此项措施显著降低了生活污水对东湖水体的污染负荷。

④ 内源削减措施改善子湖水质。目前已在水果湖、庙湖、天鹅湖等子湖实施底泥清淤和生态修复措施10项,改善了子湖的水环境现状。

⑤ 大东湖水网连通增加水体交换。大东湖水网构建之前,东湖水体仅通过东湖港外排入江,通过楚河与沙湖连通后,在泵站抽排的作用下,增加了由新生路泵站和罗家路泵站外排入江的渠道,增加了东湖水体交换速率,对东湖水质改善有一定作用。

⑥ 相关政策出台为东湖水质改善提供保障。武汉市近年来出台了一系列湖泊保护政策,"三线一路""湖长制""河长制"等政策的出台和实施保障了东湖水质的逐步改善。

⑦ 全民素质提高。城市湖泊的水环境变化与城市居民的生活密切相关,近年来水环境保护的意识已深入人心,乱丢垃圾、乱排污水等现象已经大幅减少,降低了东湖周边的面源污染负荷。

通过各级政府的大力推进和相关企事业单位的积极配合,以及全民参与,东湖水质在经过十余年的反复波动之后终于出现初步好转的趋势,更加坚定了进一步改善东湖水环境和水生态系统的信心。但是仍有一些问题需要注意,主要包括以下几方面。

① 污水处理厂尾水提标。目前东湖周边污水处理厂尾水虽然达到一级A类排放标准,但是针对地表水质标准和东湖水质管理目标仍有很大差距,需要在"十三五"阶段提升污水处理厂尾水至地表水Ⅳ类到Ⅴ类标准,才能保障东湖水体的逐步改善。

② 部分子湖水质仍较差。东湖水质目前特点为大湖面敞水区水质较好,而个别子湖水质较

差，这与水体流动性、周边截污措施、内源污染负荷、生态系统退化等有关，为了保证东湖整体水质目标，不能忽视子湖水质的改善工作，需要对个别子湖采取强化的水环境保护和水生态修复措施。

③ 雨污分流需要持续推动。每逢暴雨，东湖周边老城区的雨污合流排水系统都给东湖带来严重的污染负荷。雨污管网改造是一项长期的工作，同时需要结合泵站提升、初期雨水调蓄等措施。但是雨污分流是未来城市发展和城市湖泊保护的必要措施，因此需要继续推动建成区的雨污分流改造工作。

④ 逐步修复东湖生态系统。截污控污等措施是湖泊生态系统修复的基础，而生态系统的修复是维持湖泊水环境良好状态的条件。在具备条件的湖区逐步实施水生态系统修复，增加湖泊草型生态系统弹性能力是实现东湖向清水湖泊转变的关键因素，也是维持东湖水质良好的必要保障。

2.3.5 东湖水生生态修复工程情况

东湖为典型的半封闭浅水湖泊，20 世纪 60 年代以前，东湖处于受干扰较少的自然状态，水质状况良好。然而，随着东湖周边人口剧增及社会、经济的迅速发展，大量未经处理的生活污水和工业废水流入东湖，导致东湖水污染加剧，水质下降。据调查统计，高峰期东湖流域入湖污水总量约 30 万吨/日。20 世纪 80 年代初，东湖污染问题得到了社会各界的高度关注。在随后近三十年的时间里，省、市、区各级政府采取了多项措施对东湖水污染进行治理，并取得了明显成效：通过点源截污，初步控制了水质恶化趋势；通过监督工业污染企业，基本遏制了工业污染；通过疏浚底泥，减轻内源污染；通过制定渔业养殖管理办法，逐步实现规范化养殖；建立相关制度，逐步提高保护水平。

(1) 点源控制措施

为保护东湖，国家科委和建设部将东湖污染防治研究列为“八五”国家科技攻关项目，武汉市也将东湖治理纳入“八五”建设计划。1985 年，以沙湖污水处理系统建设为标志，东湖一期治理工程正式启动。1990 年 10 月，日处理能力 5 万吨的沙湖污水处理厂（一期）及 12 km 的配套管网建成投入运行，1993 年实现二级处理，主要负责收集水果湖、茶港和卓刀泉一带的污水。

1997 年，借助“世行贷款武汉市城市污水综合治理工程”启动了东湖污染二期治理。先后建设了东湖周边的沙湖（扩建）、二郎庙、龙王嘴三座污水处理厂，以及配套污水收集主干管。三厂的规模分别为 10 万吨/日、18 万吨/日、15 万吨/日，配套收集主干管总长 65 km，中途提升泵站 8 座。该工程于 2002 年底完成。通过常年监测，2003 年东湖水质开始好转，部分严重污染湖汊黑臭程度减轻，部分水体由劣Ⅴ类向Ⅴ类转变。

2002 年，为进一步解决东湖水体点源污染问题，使各设施配套并尽早发挥效益，开始实施了东湖茶港、水果湖截污工程，新建了水果湖泵站并配套建设截污管道。该工程主要解决东湖西南区的水污染问题。截流了 12 个排污口，日平均截流污水约 13 万吨，主要排污口的旱季污水和初期雨水已不再排入东湖。此外，为了加大截污效果，根据现场条件又新增了 5 个排污口截流，实现截流 70%的入湖污染，对水果湖及东湖水质改善起到重要作用。同年，启动了八一路泵站改造工程，将原泵站设计规模由 $0.2\ m^3 \cdot s^{-1}$ 调整为 $0.4\ m^3 \cdot s^{-1}$，并对所有机电设备进行了更换。八一路泵站系统属于沙湖污水处理厂服务区域，其服务范围为珞珈山路、广八路以东，卓刀泉、营盘山以北,包括武汉体育学院、湖北省假肢厂、湖北省医学科学院、国家安全局等单位,服务面积为 2.80 km^2,泵站改造后充分发挥了区域污水收集作用。

2003 年底,在世行中期调整项目中进一步完善东湖周边收集管网,提升污水处理厂的处理规模和能力,以有效解决东湖外源污染,最大限度地遏制东湖水体的恶化。

2005 年,启动喻家湖和庙湖截污工程。2006 年 10 月,耗资 2800 万元的喻家湖截污工程完工,每天可将 5 万吨污水从喻家湖泵站提升至虹景泵站,然后输送至龙王嘴污水处理厂。2008 年 5 月,官桥湖(庙湖)截污工程完工,工程耗资 4200 万元。该工程每天可将 4.3 万吨污水,经湖滨泵站提升后通过得胜山隧道接入龙王嘴污水处理厂。随着 2014 年龙王嘴污水处理厂改扩建工程完工,实现了对庙湖周边紫菘明渠和洪山财政局排口的截流。

2006 年实施了"清水入湖"计划,对一些小型合流排污口进行截流。卓刀泉北路、东湖南路以及茶港地区均已完成截污工程,但由于上述地区雨污并未分离,每逢暴雨天气,泵站提升能力有限,导致大量污水随着雨水涌入郭郑湖和官桥湖,形成季节性排污口,造成水体污染。

2007 年 5 月开始的"清水入湖"二期截污工程——东湖截污工程对天鹅湖主要污水排口(黄鹂小区排口与文华学院雨污排口)实施了截污。利用黄鹂小区污水处理站的进水泵房,将污水提升至博物馆路上的现状污水管网。对天鹅湖西侧文华学院截污工程,建设截污泵站 1 处,将原文华学院区域以及东湖路以西的污水截流至市政污水管网。

2009 年,东湖村、鱼光村污水已经纳入市政管网。洪山区厂前村、白马州村、北洋桥村的生活污水已进入污水处理厂。

2009 年落雁路改造时,沿线均已铺设污水管网。随着 2015 年底黄家大湾污水提升工程完工,该路段沿线的湖光村、先锋村及武汉科技大学城市学院的生活污水经污水管网收集后排入黄家大湾污水系统,最后排入落步嘴污水处理厂,不再通过先锋明渠、小潭湖等排口集中或散排进入东湖。

2010 年,二郎庙污水处理厂二期扩建工程(新增规模 6 万吨/日)和落步嘴污水处理厂建设工程(规模 12 万吨/日)完工,新增污水处理能力 18 万吨/日。

2012 年,大东湖生态水网构建工程集中解决东湖污水排放问题。针对东湖喻家湖、庙湖、先锋明渠和九峰沟这 4 个较大的排污口,通过截污改造,喻家湖和庙湖排污口的污水通过东湖新技术开发区得胜山隧道,进入龙王嘴污水处理厂。针对九峰沟排污口,在东湖高新区建成日处理能力达 2 万吨的王家店污水处理厂,实现了对九峰沟周边部分排污口的截污,减少了九峰沟入湖负荷。

2015 年底,黄家大湾污水抽升泵站及配套污水管网相继建成,武汉科技大学城市学院、西藏中学及周边单位生活及生产污水已具备接入落雁路污水主干管的条件。

与此同时,通过监督工业污染企业,基本遏制了工业污染。"九五""十五"期间严格执行《环境保护法》,通过加强对污染企业的监督管理,开展达标排放考核、排污口规范化整治、实施污水达标排放许可证制度和推进清洁生产等措施,对东湖区域内的重点污染企业实施监控,对削减东湖污染负荷起到了积极有效的作用。

(2) 面源控制措施

东湖流域面源污染控制工作日益受到重视,相关面源控制工程措施陆续实施,取得了一定的治理效果。2009 年,取缔了东湖风景名胜区内的经营性畜禽养殖。

2010 年，武汉市完成了庙湖水环境污染综合示范工程。根据武汉市东湖部分区域水环境污染综合治理示范工程可行性研究报告，本项目在东湖庙湖及周边区域建设 3 个污染控制示范工程，包括庙湖湖区水体修复示范工程、东湖风景名胜区成片餐饮服务区餐饮污染综合控制工程和景区农村面源污染控制示范工程，旨在削减排入东湖的污染物，改善东湖水体的水质和景区生态环境。该示范工程完成后，庙湖面源污染负荷得到了有效削减。

2011 年以来，东湖流域已陆续建成分散污水处理站 16 处，处理总规模 5820 $t \cdot d^{-1}$，污水处理站设计出水水质均达到《城镇污水处理厂污染物排放标准(GB 18918—2002)》中的一级 B 标准，排入村庄临近湖泊，对村庄分散污水和农田径流产生的面源污染起到一定的控制作用。另外，该项目在磨山村、桥梁村、建强村、滨湖村、新武东村、先锋村、湖光村等村庄建设了一片农村垃圾清运站，共处理生活垃圾 45.8 $t \cdot d^{-1}$，对农村地区生活垃圾乱堆乱放造成面源污染发挥了很好的治理效果。

2012 年以来，已经实施的东沙湖雨水调蓄工程和天鹅湖雨水调蓄工程既是对点源污染截污的有效措施，也是城市面源污染的控制措施。其中东沙湖雨水调蓄工程对水果湖和茶港片区的初期雨水进行收集和调蓄，水果湖箱涵汇流面积 2.27 km^2，设计汇流量 21.9 $m^3 \cdot s^{-1}$，茶港箱涵汇流面积为 5.0 km^2，设计汇流量 35.0 $m^3 \cdot s^{-1}$。天鹅湖调蓄池汇流面积 2.66 km^2，汇水区内雨水汇集后集中从西部和北部两个排口由现状管涵排入天鹅湖。西部排口位于湖泊西部老年大学岸边，汇集天鹅湖以西约 0.5 km^2 地区的雨水，北部排口位于博物馆路靠近东湖宾馆大门处岸边，汇集天鹅湖以北约 1.2 km^2 的雨水。通过上述雨水调蓄措施，上述区域城市初期雨水形成的面源污染得到较好治理。但是，大暴雨期间，受调节池容量限制，大量溢流污水会随径流排入东湖。

2014 年，武汉市完成东湖国家湿地公园建设，总面积 10.2 km^2。东湖国家湿地公园是东湖风景名胜区中少量保有原生湿地的区域，具有江汉平原典型的水生态特征，既有多功能的湿地资源和良好的植被条件，又有曲折的港湾湖汊和优美的自然景观。东湖国家湿地公园的建设，对于东湖生态环境的改善、生态质量的提高有着极其重要的作用，也是武汉生态市建设的一项相当重要的内容。该工程是东湖面源治理措施的重要组成部分，对提高面源负荷削减能力有重要作用。

2015 年，落雁东片区生态修复一期工程完工，工程建设了生态草沟、植被隔离带等，对面源污染起到较好的阻控作用。例如，青王路至长咀段、落雁北门至高铁段主要在道路两侧增设浅碟形生态沟。

此外，东湖湖滨区域陆续建设了一批塘-湿地系统，如磨山植物园、先锋村、湖光村等，这些措施对面源污染，尤其是农村和农业面源起到较好的净化作用。磨山植物园塘-湿地系统位于磨山植物园内，由多个梯级生态塘及周边沟渠系统构成。生态塘内种植莲藕、菖蒲等水生植物，对周边面源污染能够起到逐级净化作用。先锋村分布有塘-湿地系统四处，一处位于居民点内部的水塘，香蒲生长茂盛；两处位于农田与湖滨的过渡区，水生植物发育良好，以香蒲为主；一处位于先锋明渠左侧，入湖口形成大片湿地，水生植物群落丰富。湖光村塘-湿地系统共有两处，一处位于湖滨，岸边形成良好的湿地系统，对周边居民的生活污水起到净化作用；一处位于农田之间，香蒲生长茂盛，对农田径流及周边生活污水起到净化和阻控作用。

(3) 内源控制措施

2003 年以来，先后对东湖子湖水果湖、庙湖、百花塘、郭郑湖五处天然游泳场及北湖进行了清淤，水体水质明显改善。

2004 年，启动水果湖清淤工程，2005 年完成，累计清淤 12 万 m^3。

2008 年，实施天鹅湖主湖底泥清淤工程，共清淤 3 万 m^3。

2008 年 1 月，开始实施沿湖栈桥工程，建设环湖步道 170 m。

2009 年底，全面禁止东湖水域范围内“三网”（围网、拦网、网箱）养殖。

“十二五”期间，完成了长天楼、东湖大门北侧、天鹅湖等处 2 万 m^3清淤量。

（4）生态水利工程措施

2006 年，启动大东湖生态水网构建工程和“清水入湖”计划。

2011 年，按照大东湖生态水网总体方案，建成东湖与沙湖之间的连通渠道——东沙湖渠（楚河），全长 1706 m。东沙湖渠是大东湖中心区景观生态结构中重要的景观生态通廊和水上交通通廊，渠道紧邻东沙大道，按水循环引水流量要求，渠道为双向渠，设计流量 10~20 $m^3 \cdot s^{-1}$。

（5）管理措施

通过制定管理办法，逐步规范渔业养殖。高密度渔业养殖进一步加剧了东湖部分水体的污染程度。因水质污染、气候突变等综合因素的影响，死鱼现象时有发生。2003 年以来东湖每年逐步削减鱼苗投放量，东湖养殖密度下降，2007 年全面取缔了珍珠养殖。

通过建立相关制度，逐步提高保护水平。面对湖泊水体污染和水面填占的严峻形势，加强了水环境、水资源的治理保护和开发利用一体化管理。2002 年 3 月以来，陆续颁布实施了《武汉市湖泊保护条例》（全国第一部对湖泊进行全面、综合性管理的地方性法规），制定了《武汉市湖泊保护条例实施细则》《武汉市湖泊执法巡查制度》《武汉市湖泊审批听证管理办法》《武汉市城市排水条例》等，对非法填占湖泊、违法排污行为进行严厉打击。与此同时，制定了《武汉市中心城区湖泊保护规划（2004—2020）》，划定湖泊保护的水域保护线、绿地控制线、建筑控制线（简称“三线”）。

2.4 东湖典型生态学问题及其过程机制

通过监测发现，尽管水质明显改善，东湖水生态系统结构并未出现显著变化，藻类密度依旧较高，浮游动物、底栖动物的种群结构依旧未变，水生植物群落盖度十几年来仍未明显提升。水质究竟改善到何种程度才能恢复东湖湖水清澈见底、水草丰茂、游鱼可见的良性水生态系统呢？为了探究这个问题，我们应用化学计量学研究了长江中下游 14 个湖泊群落水平下沉水植物碳、氮、磷化学计量特征及其影响因素，并对东湖水生植被重建及水质改善进行了试验研究与探索。

2.4.1 长江中下游湖泊沉水植物碳、氮、磷化学计量特征及其影响因素

沉水植物是湖泊中重要的初级生产者，在维持清水状态方面发挥着独特的作用（Scheffer et al.，1992）。与陆生植物不同，沉水植物的生长不仅受到养分条件的限制，还会受到低光照条件的胁迫（Cronin and Lodge，2003；Cao et al.，2011）。而且，沉水植物吸收氮磷等营养元素既可以通过根部从沉积物中获取，也可以通过枝叶从水体中获取（Barko and Smart，1986；Rattray et al.，

1991)。因此,沉水植物 C、N、P 的化学计量特征会受到多方面因素的影响。虽然大型沉水植物的生长不易受沉积物营养条件的制约,但是研究表明沉积物条件却可以决定沉水植物的生活型(Chambers,1987)。例如,在沉积物贫瘠时,生物量较低的底栖型植被占据优势;而在沉积物肥沃时,生物量较高的冠层型植被占据优势地位。此外,沉积物类型(沙质或黏质)会影响沉水植物生物量的分配关系(Xie et al.,2005),从而导致沉水植被化学计量特征的变化。另一方面,虽然根生大型沉水植物主要是从沉积物中而不是从上覆水中吸收营养,但上覆水中的光照条件会影响植物光合作用的强弱从而改变化学计量特征(Sterner et al.,1997;Sterner and Elser,2002)。有研究表明,低光照条件或者水位的增加会迫使沉水植物分配更多的生物量到茎,使其可以伸展到水面以减轻低光照条件的限制(Fu et al.,2012),导致沉水植物茎中 C∶N,C∶P 和 N∶P 的升高(Li et al.,2015)。因此,底泥与上覆水的物理化学特性可能是影响沉水植物化学计量特征的两个重要变异来源。

生态化学计量学综合了生物学、化学和物理学的基本原理,利用生态过程中多重化学元素的平衡关系,为研究 C、N、P 等元素在生态系统过程中的耦合关系提供了一种综合方法(Elser et al.,2000;贺金生和韩兴国,2010)。目前,化学计量学作为一种新的生态学研究工具已经被应用于分子、细胞、个体、群落以及生态系统等各个层次(Elser et al.,1996;程滨等,2010)。氮和磷是生物体的重要组成成分,是生命活动过程必需的大量营养元素,也是生态系统中生物生长的重要限制因子(Güsewell,2004)。氮磷比不仅是决定群落结构和功能的关键指标,还可以作为环境判断因子,特别是土壤对植物生长的养分供应状况的指标(Güsewell,2004;Aerts and Chapin,2000);碳氮比(C∶N)和碳磷比(C∶P)则表述了生物量与养分之间的比值关系,即养分利用效率(Vitousek,1982)。因此,生物体内任一元素的稀缺或过量都会导致内部元素比例失衡,从而影响到整个生态学过程,如生态系统的初级生产力以及种群动态等(Elser et al.,2007;LeBauer and Treseder,2008;Andersen et al.,2004)。

目前国内对水生态系统的生态计量学研究主要是针对植物物种水平的调查以及个体水平的研究(Xia et al.,2014;郝贝贝等,2013;李威等,2014;Xing et al.,2013),基于群落水平的研究较少。那么群落水平下沉水植物的 C、N、P 的化学计量特征是怎样的?底泥与上覆水是如何对沉水植物群落化学计量特征产生影响的?其相对重要性如何?基于以上问题,我们对长江中下游 14 个湖泊沉水植被展开调查,分析了群落水平沉水植物 C、N、P 的化学计量特征,并研究了其与环境因子的关系,以期为我国区域群落沉水植物元素计量学研究及沉水植被的恢复提供数据支持。

(1) 长江中下游 14 个湖泊的环境特征

对所调查的 14 个湖泊共计 126 个水生植物群落所在区域的环境进行分析,结果表明,底泥总碳(sediment total carbon,S-C)平均含量为(20.26±14.78)$mg \cdot g^{-1}$,底泥总氮(sediment total nitrogen,S-N)平均含量为(2.03 ± 1.06)$mg \cdot g^{-1}$,底泥总磷(sediment total phosphorus,S-P)平均含量为(0.56 ± 0.16)$mg \cdot g^{-1}$,含水率为 49% ± 13%。底泥氮含量与碳含量(r = 0.882,$p<0.001$)和含水率($r=0.793$,$p<0.001$)之间具有较高的相关关系,而与底泥磷含量($r=0.279$,$p=0.002$)之间的相关关系较弱(图 2.15)。水体总氮平均值为(0.71±0.19)$mg \cdot L^{-1}$,总磷为(0.04±0.03)$mg \cdot L^{-1}$,消光系数为 2.47±1.09。

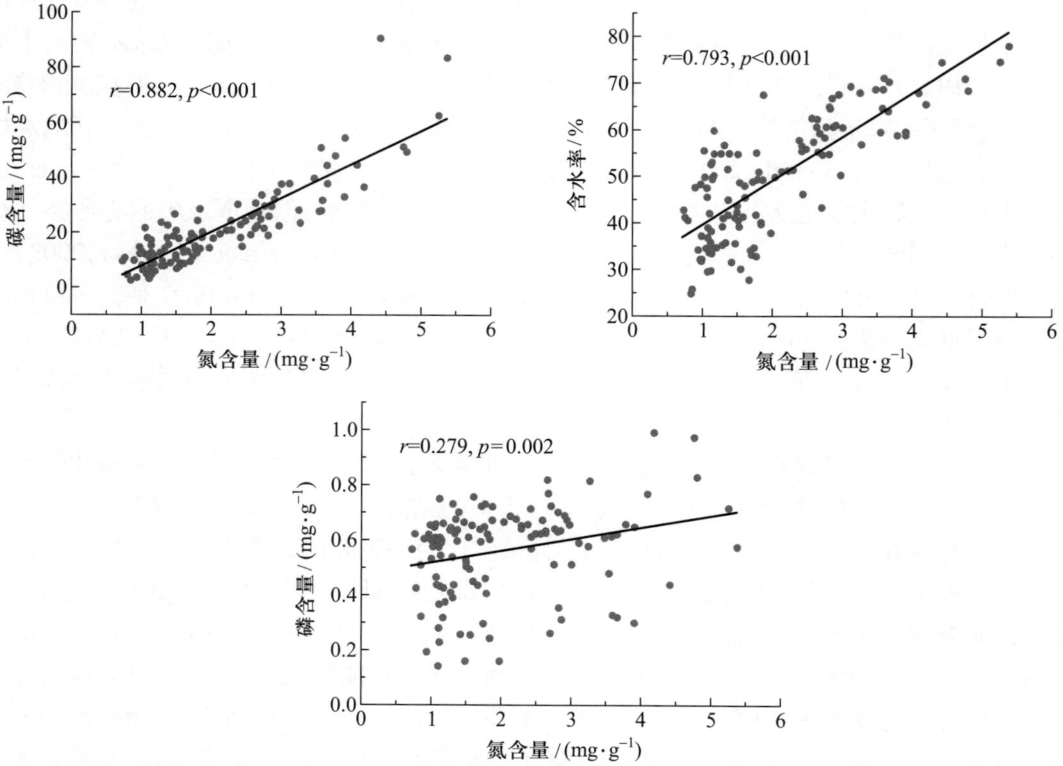

图 2.15 底泥氮含量分别与碳含量、含水率和磷含量之间的相关关系

(2) 沉水植物群落 C、N、P 生态化学计量学特征及其与环境因子的关系

沉水植物群落 C 含量平均值为(386.93±25.80) mg · g^{-1},范围为 315.98~441.97 mg · g^{-1},N 和 P 含量的平均值分别为(26.10±4.84) mg · g^{-1}和(2.64±0.99) mg · g^{-1},范围分别为 13.75~40.89 mg · g^{-1}和 1.01~5.92 mg · g^{-1}。三种元素含量的变异系数由大到小为 P>N>C。由于 P 含量变化较大,导致 C : P 和 N : P 变幅较大(变异系数分别为 44.30%和 34.10%)(图 2.16)。

Pearson 相关分析结果表明(表 2.14),沉水植物群落 C 含量与 N 含量没有相关性($r=0.066$,$p=0.462$),而与 P 含量之间具有显著的负相关关系($r=-0.254$,$p=0.004$)。这说明 C 元素作为植物体内干物质的最主要元素,与营养元素 N 和 P 之间的耦合关系并不一致。N 和 P 含量之间具有极显著的相关关系($r=0.578$,$p<0.001$),说明 N 和 P 作为蛋白质和 RNA 的重要元素,在共同执行生命活动中具有较强的耦合关系。但同时我们发现,N : P 与 P 含量之间具有极显著的负相关关系($r=-0.799$,$p<0.001$)而与 N 无负相关关系($r=-0.139$,$p=0.121$),由此可见沉水植物群落 P 含量的变异对 N : P 的动态变化起主导作用。

冗余分析(RDA)解释了总变异的 30.2%($df=15$, $F=3.17$, $p=0.001$)。在 $p<0.01$ 水平下,对沉水植物群落化学计量特征具有显著影响的环境因子为底泥总磷($r^2=0.1367$, $p=0.002$),底泥氮磷比(sediment nitrogen to phosphorus ratio, S-N : P)($r^2=0.0989$, $p=0.002$),水深($r^2=0.1504$, $p=0.002$),消光系数($r^2=0.1301$, $p=0.001$)(表 2.15)。偏冗余分析结果表明,底泥和水体分别独自解释了总变异的 5.21%和 10.19%,其交互作用解释了化学计量特征总变异的 5.25%。

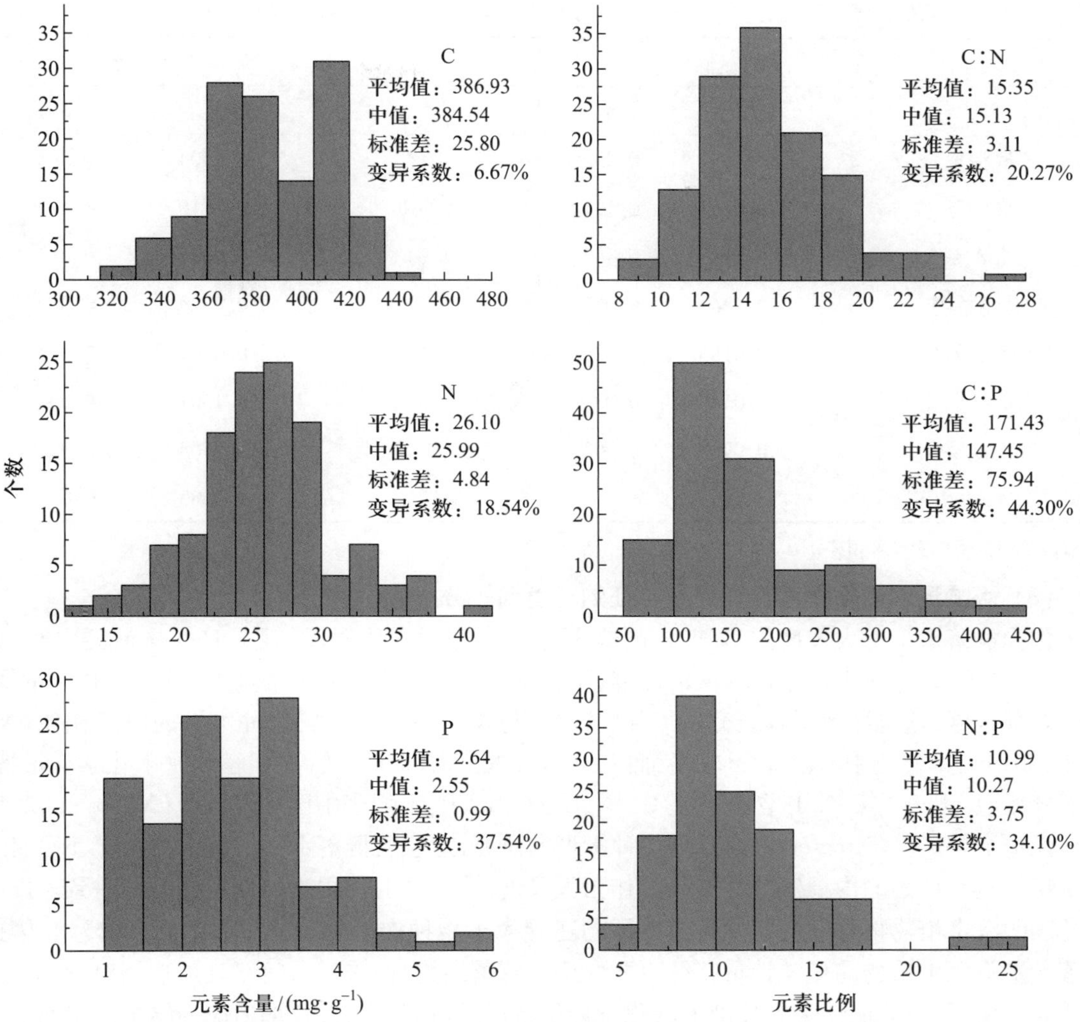

图 2.16　沉水植物群落碳、氮、磷元素含量和比值频率直方图（$n=126$）

表 2.14　沉水植物群落碳、氮、磷化学计量特征之间的相关关系（$n=126$）

	C	N	P	C∶N	C∶P	N∶P
C	1					
N	0.066	1				
P	−0.254**	0.578**	1			
C∶N	0.220*	−0.922**	−0.635**	1		
C∶P	0.292**	−0.539**	−0.887**	0.654**	1	
N∶P	0.280**	−0.139	−0.799**	0.239**	0.878**	1

注：* 代表 $p<0.05$，显著相关；** 代表 $p<0.01$，极显著相关。

表 2.15　底泥、上覆水与沉水植物群落化学计量特征之间的 RDA 分析结果

底泥			上覆水		
	r^2	p		r^2	p
底泥氮	0.0204	0.295	水深	0.1504	**0.002**
底泥碳	0.0264	0.191	透明度	0.0116	0.479
含水率	0.012	0.492	总氮	0.0674	0.012
底泥总磷	**0.1367**	**0.002**	总磷	0.0729	0.012
底泥碳氮比	0.0183	0.324	叶绿素	0.0462	0.035
底泥碳磷比	0.0547	0.039	消光系数	**0.1301**	**0.001**
底泥氮磷比	**0.0989**	**0.002**	透明度水深比	0.0563	0.022
—	—	—	氮磷比	0.0585	0.03

注：黑体数字代表显著相关，$p<0.01$。

（3）影响沉水植物群落化学计量特征的环境因子分析

作为群落水平上大尺度的 C、N、P 化学计量研究，通过对比发现（表 2.16），本研究中 C 含量高于 Xia 等（2014）在中国东部区域的研究，N 含量与中国东部区域水平基本一致，而 P 含量低于中国东部区域，这也导致了本研究中 C : P 较高；与长江中下游区域物种水平的研究相比（Xing et al.，2013），本研究中 C、N 含量较高，而 P 含量较低。研究还发现，在群落水平下化学计量特征的变异系数，无论是 C、N、P 含量还是 C : N、C : P、N : P，都低于中国东部区域（Xia et al.，2014）和长江中下游区域（Xing et al.，2013）物种水平的研究，这说明群落水平下沉水植物 C、N、P 化学计量特征具有更高的内稳定性。本研究作为大尺度的空间调查，很难做到取样时间一致。此外，研究表明沉水植物物种间的化学计量特征的变异大于物种内部的变异（Li et al.，2013）。因此，群落水平下沉水植物的化学计量特征主要取决于群落结构，而采样时间对其影响相对较小。

通常情况下，我们认为大尺度上的化学计量特征是对环境条件长期适应的结果。然而，这并不意味着外界环境条件不会对 C、N、P 化学计量特征产生影响。其中，外界营养条件是影响沉生植物 C、N、P 化学计量特征的重要因素，而底泥是根生沉水植物生长所需营养物质的重要来源。本研究中，底泥总磷和氮磷比均会对沉水植物群落化学计量特征产生显著影响。本次调查底泥总氮、总磷含量平均值分别为 2.03 $mg \cdot g^{-1}$ 和 0.56 $mg \cdot g^{-1}$，与云南高原湖泊洱海相比（总氮 4.2 $mg \cdot g^{-1}$、总磷 0.90 $mg \cdot g^{-1}$）较低（赵海超等，2013 a，b）。这可能是长江中下游湖泊大多是浅水湖泊，底泥受风浪的影响较大，营养物质频繁的再悬浮所致。此外，本次调查无论是底泥总氮、总磷还是含水率都显著低于无沉水植物分布的东湖湖泊（总氮 4.55 $mg \cdot g^{-1}$、总磷 0.73 $mg \cdot g^{-1}$；含水率 76%，苏豪杰，未发表数据）。这说明长江中下游湖泊底质的营养条件并不会限制沉水植物的发展。相反，调查中发现，沉水植物更喜分布在营养含量较低、底质较硬的区域，使得根生沉水植物可以牢固地定植于水体中，抗风浪等外界干扰能力更强。本研究还发现，底泥氮与碳含量之间有较强的相关性，但与磷之间的耦合关系较弱。底泥 N、P 元素的这种非同步关系可能会导致沉水植物“供应-需求”上的错配矛盾，从而导致水生植物化学计量特征的变化。本研究通过 Monte Carlo 置换检验筛选显著的环境因子发现，底泥的氮磷比会对沉水植物群落化学计量特征

表 2.16 长江中下游及中国东部区域沉水植物在物种和群落水平下的化学计量特征

化学计量指标	数值	中国东部区域（物种水平）(Xia et al.,2014)	长江中下游（物种水平）(Xing et al.,2013)	长江中下游（群落水平）
C	平均值/($mg \cdot L^{-1}$)	337.00	325.72	386.93
	CV/%	12.41	10.67	6.67
N	平均值/($mg \cdot L^{-1}$)	26.60	14.12	26.10
	CV/%	32.76	30.38	18.54
P	平均值/($mg \cdot L^{-1}$)	3.52	4.03	2.64
	CV/%	45.01	68.24	37.54
C∶N	平均值/($mg \cdot L^{-1}$)	14.00	24.88	15.35
	CV/%	35.08	28.90	20.27
C∶P	平均值/($mg \cdot L^{-1}$)	123.00	106.84	171.43
	CV/%	64.66	62.44	44.30
N∶P	平均值/($mg \cdot L^{-1}$)	9.15	4.23	10.99
	CV/%	64.06	40.90	34.10

产生显著影响($p<0.01$)，恰好验证了这一观点。此外，我们还可以根据植物组织中 N∶P 来判断环境中的养分状况。当植物 N∶P<14 时，表现为受 N 的限制；当 N∶P>16 时，表现为受 P 的限制(Elser，1996)。本研究中沉水植物群落 N∶P 平均值为 10.99±3.75，表明长江中下游湖泊沉水植物群落磷过量而氮相对不足。

光照是影响沉水植物 C、N、P 化学计量特征的另一个重要因素。李威等(2014)在洱海研究中发现，随着水深的增加，苦草叶片 C 含量、C∶N 和 C∶P 均随水深增加而降低，N 和 P 的含量则随水深增加而升高。然而在我们的研究中却有着截然不同的研究结果，即 C∶N、C∶P 和 N∶P 随着水深增加而增加，而 N 和 P 含量则随水深的增加而减小。这说明沉水植物在群落和物种水平下对水深的响应是不同的。这可能是由于不同的沉水植物对水深的响应具有不同的生长和代谢策略所导致的(Yuan et al.,2016)。随水深的增加，沉水植物群落 C∶N、C∶P 的增加可能有以下两方面的原因。第一，马来眼子菜和狐尾藻等冠层型植物为了减弱低光照的胁迫，伸长茎以获得光照，因此支持结构投入较多，从而导致 C∶N 和 C∶P 升高；第二，随着水深的增加，C∶N 和 C∶P 较高的沉水植物(如马来眼子菜、狐尾藻等)较其他沉水植物更具有竞争优势，导致这些植物在群落结构中的比例升高，从而导致 C∶N 和 C∶P 升高。根据我们的调查，在浊度较高的浅水湖泊中，狐尾藻和马来眼子菜能够通过伸长茎将叶“漂浮”于水面。在水深小于株高的情况下，水深和透明度都已不再是其生长的限制因素，因而在竞争中能够占据优势。因此，根据我们的结果可以推测，狐尾藻和马来眼子菜等冠层型植物更能够适应浊度较高的浅水湖泊环境（图 2.17）。

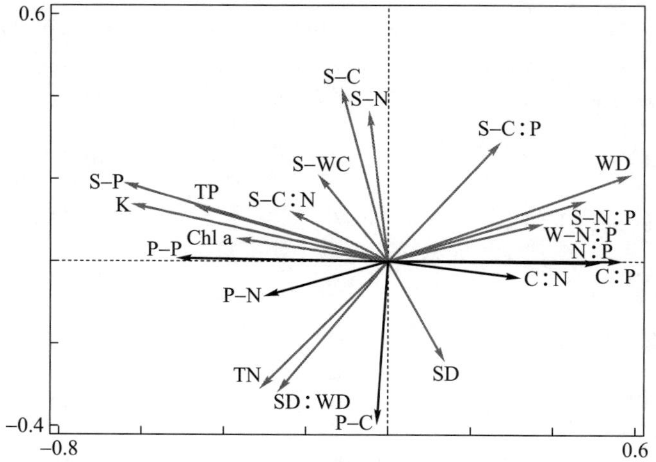

图 2.17 环境因子与沉水植物群落化学计量特征之间的 RDA 分析

变差分解结果表明，底泥和水体均会对沉水植物群落化学计量特征产生显著的影响，说明沉水植物 N、P 组织营养浓度与湖泊的富营养化状态有关（吴爱平，2005）。水体比底泥的影响作用更为明显，可能是因为长江中下游湖泊多数为富营养化湖泊，营养条件已不再是限制水生植物生长的制约因素，而由富营养化所引起的低透明度、高消光系数等水体环境条件则严重影响了沉水植物的光合作用，进而导致内部化学元素失衡及沉水植物的消亡。这与 Xing 等（2013）在长江中下游湖泊研究所得出的结论是一致的。因此，根据我们的结果可以推测，在恢复湖泊水生植被的实践过程中，对于上覆水光照条件（如水位、透明度和消光系数等）的控制相对于底泥可能更加迫切。

2.4.2 东湖水生植被重建及水质改善试验研究

根据我们的监测和研究结果，东湖已具备了水生植物恢复的营养条件。本研究采用多种措施对试验区的底质和水质进行适当改善，依据自然湖泊中水生植被分布和植物种类组成的特点，选用 14 种常见的土著水生植物在试验区进行移栽与人工构建，监测植物的生长情况和水质指标，分析了水生植被恢复与水质的关系，并探讨水生植被恢复成败的可能因素。

（1）水生植物恢复效果

移栽的 14 种水生植物全部存活，并建立起相对稳定的群落。在水生植物移栽的初期，经过改善的水质和底质均较适合沉水植物的生长，金鱼藻和苦草都可以在水深 1.5 m 处存活，这一时期以沉水植被为主。移栽 2 个月后植被总盖度达到 90% 以上，约 58.3% 的水面为金鱼藻所覆盖，苦草和睡莲的盖度也较高。此后，金鱼藻和苦草的优势逐步被菱、穗花狐尾藻和大茨藻所取代。菱的盖度最高时达到围隔内水面的 80% 以上。芦苇和香蒲的种群扩增较慢，盖度分别只有 0.25% 和 0.33%。围隔内虽未引入浮萍，但其曾一度迅速发展，盖度达到围隔面积的 13.3%。此外，围隔内有大量水绵（*Spirogyra* sp.）生长，水生植被重建 2 个月后，青虾（*Macrobrachium nipponense*）、环棱螺（*Bellamya* sp.）随处可见（图 2.18）。

图 2.18 人工浮岛和试验围隔内的水生植物群落

(2) 水生植物重建对水质的影响

水生植物移栽 4 个月后,试验围隔内除 NO_3^--N 外,湖水中的各种营养盐含量以及底泥中 TP 的含量均比围隔外的东湖 I 站大幅降低,其中围隔中水体 TP 降低幅度最大,降到 0.08 $mg \cdot L^{-1}$ 以下。围隔内的透明度(SD)与水下消光系数(K_d)显著低于围隔外的东湖 I 站;围隔内的色度、Chl a 含量和可溶性 SiO_2 含量显著低于围隔外的东湖 I 站;围隔内溶解氧和脱镁叶绿素 a 含量比围隔外显著下降(表 2.17)。总体上看,植被重建后围隔内的水质得到改善,特别是水的色度、透明度和叶绿素含量等表观指标和水柱溶解氧含量和光消减率的改善最为显著。营养指标如铵态氮、水柱 TP 和 TN 等的降低达到 30%~50%。

(3) 围隔内环境因子与植物群落结构间的相关关系

从东湖的情况来看,由于人为干扰作用,植物群落呈现出逐渐严重的逆行演替;超富营养的水果湖医水质恶化严重早在 20 世纪 90 年代初就成为次生裸地,并且非常难以成功开展恢复工作(邱东茹等,1997),目前该实验围隔在较短的时间内成功地构建了水生植物群落。主成分分析(PCA)发现,围隔的植物群落重要值偏向于第一象限,主要受到水体总磷(TP_W)、铵态氮浓度、电导率、水下消光系数以及底泥总磷(TP_S)影响(图 2.19)。表明群落组成和结构受到这些主要因素的影响。

(4) 植物体内氮、磷含量与环境因子的关系

沉水植物穗花狐尾藻、苦草、金鱼藻和大茨藻的磷含量高于浮叶植物菱、荇菜和水鳖以及挺水植物莲。挺水植物莲的氮含量显著低于沉水植物穗花狐尾藻、苦草和金鱼藻($p<0.05$)。各种植物的氮、磷含量见图 2.20。植物种类序列上 PCCA 分析结果见图 2.21,分析结果表明,前两个主成分的累计贡献率为 77.50%,第一主成分主要与 K_d、pH、COND(电导率)、DO、ORP、TP_S、NH_4^+、NC_3^-、PO_4^{3-}、TN_W、SD、高锰酸盐指数和 TP_W 呈正相关,与 DO、碱度和 pH 呈负相关;第二主成分主要与 TP_S、碱度、K_d、TPW、DIC 和 Chl a 呈正相关,与 SD、DOC 呈负相关。pH、COND、ORP、TPs、DO、碱度、K_d、PO_4^{3-}、NO_3^-、TP_W 和 DIC 对两主成分轴的影响最大。即这些主要的环境梯度对水生植物群落中各层片上优势物种体内的 TN、TP 含量影响最大。

(5) 水生植被重建效果分析

Gerloff 和 Krombholz(1966)发现水生植物生长需求的组织氮和磷的最低含量分别是 1.3% 和 0.13%。本原位研究显示,各种常见土著水生植物体内 TN 和 TP 含量都远超过这个极限,并且不同物种间的累积能力的差异很大。表明这些土著水生植物对水柱营养都具备过剩富集的能力。这一结果对湖滨带植被恢复的物种筛选具有现实意义。

表 2.17 试验围隔内和东湖Ⅰ站的水质指标对比

水质指标	围隔区	对照区(东湖Ⅰ站)	p
	平均值(最小值~最大值)		
NH_4^+-N/(mg·L^{-1})	0.159(0.053~0.247)	0.234(0.127~0.324)	0.294
PO_4^{3-}-P/(mg·L^{-1})	0.012(0.008~0.016)	0.012(0.008~0.172)	0.825
NO_3^--N/(mg·L^{-1})	0.674(0.573~0.853)	0.528(0.513~0.552)	0.087
TDP/(mg·L^{-1})	0.051(0.042~0.062)	0.053(0.046~0.061)	0.846
TP_W/(mg·L^{-1})	0.064(0.055~0.078)	0.092(0.072~0.133)	0.076
TDN/(mg·L^{-1})	1.030(0.498~1.399)	1.158(0.645~1.868)	0.798
TN_W/(mg·L^{-1})	1.388(0.921~1.767)	1.606(1.298~1.795)	0.482
SD/m	1.276(1.02~1.56)	0.46(0.40~0.55)	**0**
色度/°	21(15~28)	44(32~48)	**0.001**
COD_{Mn}/(mg·L^{-1})	4.98(4.65~5.68)	5.65(4.73~6.78)	0.192
Chl a/(μg·L^{-1})	24.53(11.72~37.70)	54.40(37.70~63.51)	**0.007**
Chl a-Mg/(μg·L^{-1})	64.3(31.7~91.9)	158(89.7~236.4)	**0.018**
pH	7.51(7.82~8.51)	8.09(7.23~7.98)	0.094
电导率(COND)/(mS·m^{-1})	41.37(39.13~44.6)	41.29(39.8~43.53)	0.997
浊度/NTU	8.17(0~22.67)	22.9(14.8~34.9)	0.067
溶解氧(DO)/(mg·L^{-1})	5.76(4.34~6.08)	8.38(7.11~10.40)	**0.032**
总悬浮固体量(TDS)/(mg·L^{-1})	0.269(0.254~0.289)	0.268(0.259~0.282)	0.993
氧化还原电位(ORP)/mV	145(115~187)	145(112~200)	0.75
K_d/m^{-1}	1.73(1.57~2.45)	3.03(2.74~3.478)	**0**
SiO_2/(mg·L^{-1})	2.56(1.53~3.48)	5.39(3.48~6.80)	**0.004**
底泥总磷(TP_s)/P%	0.154(0.116~0.192)	0.171(0.170~0.172)	0.484

注:黑体数值表示 $p<0.05$。

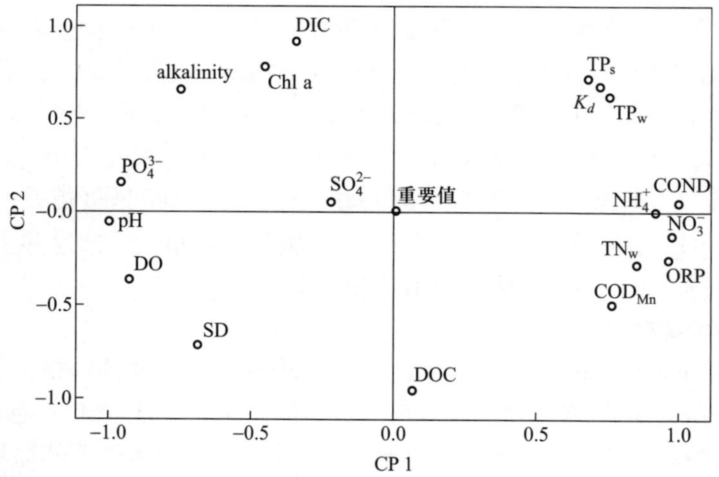

图 2.19 围隔内环境因子-植物群落的重要值的主成分分析(PCA)散点图

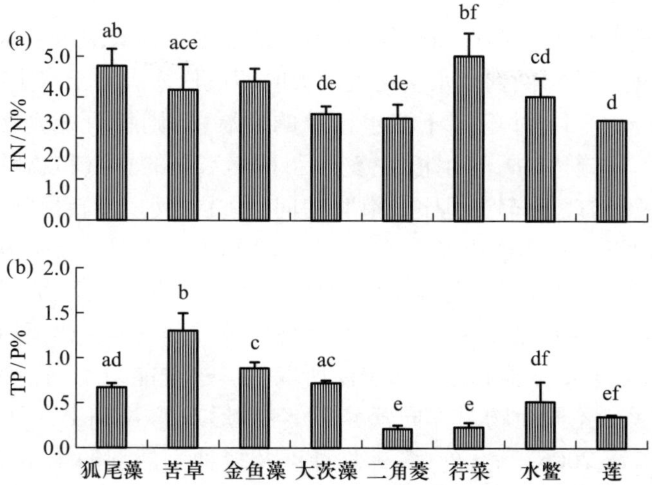

图 2.20　围隔内水生植物的氮(a)、磷(b)含量

注:不同字母表示具有显著性差异(p<0.05)。

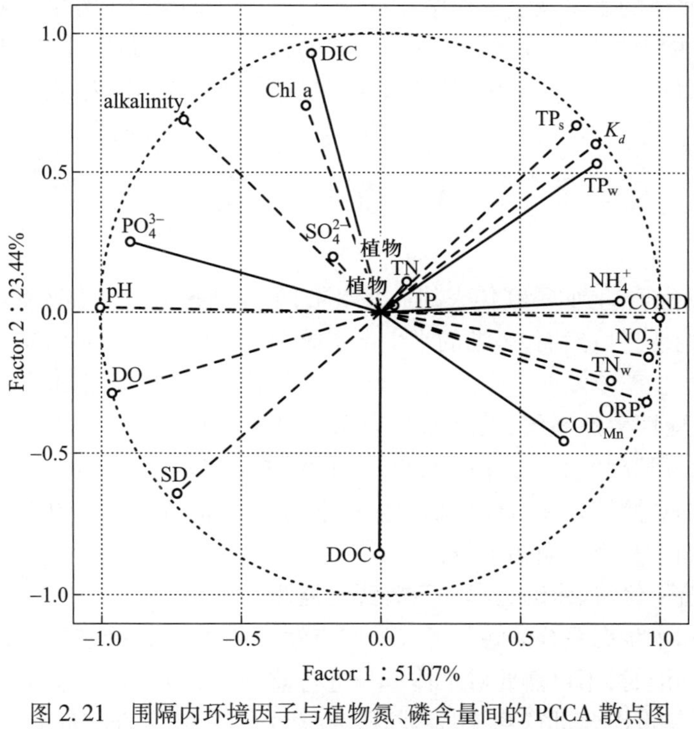

图 2.21　围隔内环境因子与植物氮、磷含量间的 PCCA 散点图

本研究结果表明,通过建立围隔并适当改善水质和底质微环境后可以成功重建水生植被,水生植被的重建又进一步改善了围隔内的水质和生物群落,使得围隔内的生态系统得到良性循环。Scheffer(1998)提出的"浅水湖泊稳态转换"理论阐明了在适当的营养条件下(TP = 0.05 ~ 0.15 $mg \cdot L^{-1}$),浅水湖泊可处于两个不同的状态,浮游植物占优势的"浊水态"和沉水植物占优势的"清水态"。该理论认为,大型沉水植物在维持湖泊的清水稳态中起到关键作用,主要的机制包括:① 与浮游植物竞争养分和光照;② 释放化感物质抑制浮游植物的生长;③ 为植食性浮

游动物提供繁育场所和庇护；④ 为附着藻类提供生长基质，增加对养分的吸收；⑤ 加速悬浮物的沉降和减少底泥的再悬浮等。因此，在受损湖泊中恢复水生植被对改善水质起到重要的作用，但是湖水的营养盐浓度需要降低到比水生植被消失时期更低才有利于水生植被的修复。湖水的 TN 含量一般要小于 2 $mg \cdot L^{-1}$ 才有利于沉水植被的发展，否则将可能延缓湖泊生态恢复进程（Sagrario et al.，2005）。本研究中，水生植被修复后，围隔水体的总氮和总磷含量大幅减少，它们的浓度已经低于“浅水湖泊稳态转换理论”指明的向“稳定清水态”转换需要的临界值（Sagrario et al.，2005；Scheffer，1998），水体透明度显著提高（$p<0.001$），实现了水体从浊水态向清水态的快速转换。这一结果表明，通过在富营养湖泊中建立围隔，采用“化整为零”的策略逐步恢复水生植被是一个可行方案。本研究发现，试验期间优势植被类群发生变化，移栽初期的优势植被类群以金鱼藻为主，但后来逐步被菱和穗花狐尾藻所取代。这可能与不同植物的最佳生长季节和耐污能力存在差异有关。不同植物对不同营养（如各种形态的 N 和 P）吸收偏好的差异最终能协同改善水质（李睿华等，2006）。此外，多种物种以及多种生活型的水生植物的有机组合能提高小生境的生物多样性，并最终增强人工恢复群落的抗逆和抗干扰能力。因此，同时移栽多种水生植物可以增加植被恢复的成效。

在重富营养化水体的水草恢复工作中，应重视苦草的长期管理和维护，同时，对莲的选择要谨慎，由于它的促淤能力往往导致富营养底质营养的快速释放，经过 3 年的长期观测发现这不利于水质清澈的长期保持。但总体来讲，该植被重建工程的生态构建和净化效果尚佳。

2.5　展　　望

2017 年起，东湖水质达到了 40 年来的最好水平，主体湖区由劣Ⅴ类转变成Ⅲ～Ⅳ类，东湖站也见证了东湖水质的变迁。然而，东湖的水生态系统和水生生物群落结构尚未发生明显的转变，目前东湖已具备了水生态修复的基本水质，如何将东湖恢复到 20 世纪 60 年代“清澈见底，水草丰茂，游鱼可见”的良性生态系统，实现水生态系统良性的自我维持是我们需要思考的科学问题，也给我们的监测、研究和示范工作提出了更高的要求。

从东湖站的长期观测结果和目前面临的生态学问题来看，东湖湖泊生态系统长期定位观测研究未来需要加强如下几个方面的工作：

（1）加强社会流域经济、水动力学和污染源的监测

东湖水质变迁和水生态系统演替与武汉的城市发展息息相关，受多重因素的影响极为复杂。当我们在研究城市湖泊时，不仅需要对水体本身进行监测和研究，对其流域经济发展、污染源控制、水文动力学特征等也需要进行系统监测与研究，建立一套科学的长期观测体系。

（2）加强在线监测能力，提升信息化水平

目前，我国尚缺乏快速、信息化与高度集成的城市湖泊生态系统监控与管理技术综合平台，无法实时准确掌握湖泊生态系统各组分的动态变化规律及关键驱动因子，妨碍了对湖泊保护与水生态修复机理的深刻认识。信息化是当今世界经济社会发展的大趋势，是科学技术发展和管理创新的有效途径，为可持续发展提供保障。近年来，国际长期生态学研究显示，区域综合研究、立体观测、大型联网观测越来越重要。建立快速监测体系和数据传输体系，实现数据共享，联网研究,有助于国家掌控目标区域的水质污染状况、生态结构变化和发展趋势。尤其是在应对突发的水环境问题时,快速在线联网观测研究显得尤其重要。因此,需建设自动/半自动湖泊生态多组分在线监测技术以及监测数据分析与集成的方法,为城市湖泊生态系统管理提供决策支撑。

(3) 加强对极端天气过程和突发水环境事件对城市湖泊生态系统影响的研究

全球变化和人类活动干扰正改变着湖泊生态系统的自然过程和变率,并导致全球许多生态系统普遍出现退化趋势。城市湖泊受到的各种干扰更多更强,在天然湖泊需要经过几千年或更长时间才能完成的富营养化过程,在城市湖泊中可能只需要几十年甚至几年时间就会出现。因此,研究极端气候(持续高温、暴雨等)和突发水环境事件(水华、水污染等)双重驱动下,湖泊生态系统如何响应,不仅可以对城市湖泊生态系统环境变化进行即时评估,还可预测城市湖泊环境变化的未来趋势并提出相应的对策与建议,对城市湖泊的修复与管理具有重要的科学意义。

参 考 文 献

程滨,赵永军,张文广,等. 2010. 生态化学计量学研究进展. 生态学报,30(6):1628-1637.

国家环境保护总局《水和废水监测分析方法》编委会. 2002. 水和废水监测分析方法(第四版). 北京:中国环境科学出版社.

郝贝贝,吴昊平,史俏,等. 2013. 云南高原 10 个湖泊沉水植物的碳、氮、磷化学计量学特征. 湖泊科学. 25(4):539-544.

贺金生,韩兴国. 2010. 生态化学计量学:探索从个体到生态系统的统一化理论. 植物生态学报,34(1):2-6.

黄祥飞. 2000. 湖泊生态调查观测与分析. 北京:中国标准出版社.

黄祥飞,陈伟民,蔡启铭. 1999. 湖泊生态调查观测与分析:中国生态系统研究网络观测与分析标准方法. 北京:中国标准出版社.

李睿华,管运涛,何苗,等. 2006. 用美人蕉、香根草、荆三棱植物带处理受污染河水. 清华大学学报(自然科学版),46(1):366-370.

李威,何亮,朱天顺,等. 2014. 洱海苦草(*Vallisneria natans*)水深分布和叶片 C、N、P 化学计量学对不同水深的响应. 湖泊科学,26(1):585-592.

刘建康,黄祥飞,林婉莲,等. 1995. 东湖生态学研究. 北京:科学出版社,51-53.

鲁如坤. 2000. 土壤农业化学分析方法. 北京:中国农业科技出版社.

邱东茹,吴振斌,刘保元,等. 1997. 武汉东湖水生植被的恢复试验研究. 湖泊科学,9(2):168-174.

吴爱平,吴世凯,倪乐意. 2005. 长江中游浅水湖泊水生植物氮磷含量与水柱营养的关系. 水生生物学报,29(4):406-412.

许木启,黄玉瑶. 1998. 受损水域生态系统恢复与重建研究. 生态学报,18(5):547-558.

严国安,邱东茹,马剑敏,等. 1997. 武汉东湖水生植物群落演替的研究. 植物生态学报,21(4):319-327.

于丹,种云霄,涂芒辉,等. 1998. 中国水生高等植物受危种的研究. 生物多样性,6(1):13-21

赵海超,王圣瑞,焦立新,等. 2013a. 洱海沉积物中不同形态磷的时空分布特征. 环境科学研究,26(3):227-234.

赵海超,王圣瑞,焦立新,等. 2013b. 洱海沉积物中不同形态氮的时空分布特征. 环境科学研究,26(3):235-242.

Aerts R,Chapin F S Ⅲ. 2000. The mineral nutrition of wild plants revisited:A re-evaluation of processes and patterns. Advances in Ecological Research,30(8):1-67.

Andersen T,Elser J J,Hessen D O. 2004. Stoichiometry and population dynamics. Ecology letters,7(9):884-900.

Barko J W, Smart R M. 1986. Sediment-related mechanisms of growth limitation in submersed macrophytes. Ecology, 67(5): 1328–1340.

Brönmark C, Weisner S E B. 1992. Indirect effects of fish community structure on submerged vegetation in shallow eutrophic lakes: An alternative mechanism. Hydrobiologia, 243–244(1): 293–301.

Canfield D E, Bachmann R W, Hoyer M V. 2000. A management alternative for Lake Apopka. Lake and Reservoir Management, 16(3): 205–221.

Cao T, Ni L Y, Xie P, et al. 2011. Effects of moderate ammonium enrichment on three submersed macrophytes under contrasting light availability. Freshwater Biology, 56(8): 1620–1629.

Chambers P A. 1987. Light and nutrients in the control of aquatic plant community structure. II. In situ observations. Journal of Ecology, 75(3): 621–628.

Cronin G, Lodge D M. 2003. Effects of light and nutrient availability on the growth, allocation, carbon/nitrogen balance, phenolic chemistry, and resistance to herbivory of two freshwater macrophytes. Oecologia, 137(1): 32–41.

Elser J J, Bracken M E, Cleland E E, et al. 2007. Global analysis of nitrogen and phosphorus limitation of primary producers in freshwater, marine and terrestrial ecosystems. Ecology Letters, 10(12): 1135–1142.

Elser J J, Dobberfuhl D R, MacKay N A, et al. 1996. Organism size, life history, and N : P stoichiometry toward a unified view of cellular and ecosystem processes. BioScience, 46(9): 674–684.

Elser J J, Sterner R W, Gorokhova E, et al. 2000. Biological stoichiometry from genes to ecosystems. Ecology letters, 3(6): 540–550.

Fu H, Yuan G X, Cao T, et al. 2012. An alternative mechanism for shade adaptation: Implication of allometric responses of three submersed macrophytes to water depth. Ecological research, 27(6): 1087–1094.

Gerloff G C, Krombholz P H. 1966. Tissue analysis as a measure of nutrient availability for the growth of angiosperm aquatic plant. Limnology & Oceanography, 11(4): 529–537.

Güsewell S. 2004. N : P ratios in terrestrial plants: Variation and functional significance. New Phytologist, 164(2): 243–266.

Hosper H, Meijer M L. 1993. Biomanipulation, will it work for your lake? A simple test for the assessment of chances for clear water, following drastic fish-stock reduction in shallow, eutrophic lakes. Ecological Engineering, 2(1): 63–72.

James W F, Barko J W, Butler M G. 2004. Shear stress and sediment resuspension in relation to submersed macrophyte biomass. Hydrobiologia, 515(1–3): 181–191.

Jeppesen E, Jensen J P, Lauridsen T, et al. 2010. Does high nitrogen loading prevent clear water conditions in shallow lakes at moderately high phosphorus concentrations? Freshwater Biology, 50(1): 27–41.

Kirk J T O. 1994. Light and Photosynthesis in Aquatic Ecosystems, 2nd Edition. New York: Cambridge University Press.

Krause-Jensen D, Sand-Jensen K. 1998. Light attenuation and photosynthesis of aquatic plant communities. Limnology and Oceanography, 43(3): 396–407.

Królikowska J. 1997. Eutrophication processes in a shallow, macrophyte-dominated lake—Species differentiation, biomass and the distribution of submerged macrophytes in Lake Łuknajno (Poland). Springer Netherlands.

LeBauer D S, Treseder K K. 2008. Nitrogen limitation of net primary productivity in terrestrial ecosystems is globally distributed. Ecology, 89(2): 371–379.

Li W, Cao T, Ni L Y, et al. 2013. Effects of water depth on carbon, nitrogen and phosphorus stoichiometry of five submersed macrophytes in an in situ experiment. Ecological Engineering, 61: 358–365.

Li W, Cao T, Ni L Y, et al. 2015. Size-dependent C, N and P stoichiometry of three submersed macrophytes along water depth gradients. Environmental Earth Sciences, 74(5): 3733–3738.

Manly B F J. 2006. Randomization, bootstrap and Monte Carlo methods in biology. CRC Press.

Ni L. 1996. Long-term changes of the structure and biodiversity of aquatic vegetation of Lake Donghu, Wuhan. Acta Hydrobiologica Sinica, 20:60–74.

Ni L. 2001a. Effects of water column nutrient enrichment on the growth of *potamogeton maackianus* A. Been. Journal of Aquatic Plant Management, 39(1):83–87.

Ni L. 2001b. Growth of *Potamogeton maackianus* under low-light stress in Eutrophic Water. Journal of Freshwater Ecology, 16(2):249–256.

Nichols S A, Lathrop R C. 1994. Cultural impacts on macrophytes in the Yahara lakes since the late 1800s. Aquatic Botany, 47(3–4):225–247.

Nogueira F, Esteves F A de, Prast A E. 1996. Nitrogen and phosphorus concentration of different structures of the aquatic macrophytes Eichhornia azurea Kunth and Scirpus cubensis Poepp & Kunth in relation to water level variation in Lagoa Infernão(São Paulo, Brazil). Hydrobiologia, 328(3):199–205.

Orth R J, Moore K A. 1983. Chesapeake bay: An unprecedented decline in submerged aquatic vegetation. Science, 222 (4619):51–53.

OzimekT, Kowalczewski A. 1984. Long-term changes of the submerged macrophytes in eutrophic lake Mikołajskie(North Poland). Aquatic Botany, 19(1–2):1–11.

Rattray M, Howard-Williams C, Brown J. 1991. Sediment and water as sources of nitrogen and phosphorus for submerged rooted aquatic macrophytes. Aquatic Botany, 40(3):225–237.

Sagrario M A G, Jeppesen E, Joan G S, et al. 2005. Does high nitrogen loading prevent clear-water conditions in shallow lakes at moderately high phosphorus concentrations? Freshwater Biology, 50(1): 27–41.

Scheffer M, De Redelijkheid M R, Noppert F. 1992. Distribution and dynamics of submerged vegetation in a chain of shallow eutrophic lakes. Aquatic Botany, 42(3):199–216.

Scheffer M. 1998. The Ecology of Shallow Lakes. Chapman and Hall(Population & Community Biology, 22).

Scheffer M, Carpenter S, Foley J A, et al. 2001. Catastrophic shifts in ecosystems. Nature, 413(6856):591–596.

Scheffer M, Hosper S H, Meijer M L, et al. 1993. Alternate equilibria in shallow lakes. Trends in Ecology & Evolution, 8 (8):275–279.

Sterner R W, Elser J J. 2002. Ecological stoichiometry: The biology of elements from molecules to the biosphere. Princeton University Press, Princeton, New Jersey, USA.

Sterner R W, Elser J J, Fee E J, et al. 1997. The light : nutrient relation in lakes: The balance of energy and materials affects ecosystem structure and process. American Naturalist, 150(6):663–684.

Vitousek P. 1982. Nutrient cycling and nutrient use efficiency. American Naturalist, 119(4):553–572.

Wetzel R G. 1983. Structure and productivity of aquatic ecosystems. Limnology, 129–150.

Xia C X, Yu D, Wang Z, et al. 2014. Stoichiometry patterns of leaf carbon, nitrogen and phosphorous in aquatic macrophytes in eastern China. Ecological Engineering, 70(5):406–413.

Xie Y H, An S Q, Wu B F. 2005. Resource allocation in the submerged plant Vallisneria natans related to sediment type, rather than water-column nutrients. Freshwater Biology, 50(3):391–402.

Xing W, Wu H P, Hao B B, et al. 2013. Stoichiometric characteristics and responses of submerged macrophytes to eutrophication in lakes along the middle and lower reaches of the Yangtze River. Ecological Engineering, 54:16–21.

Yu G Y, Liu Y D, Qiu C Q, et al. 2000. Macrophyte succession in Dianchi Lake and relations with the environment. Journal of Lakeence, 12(1):73–80.

Yuan G X, Fu H, Zhong J Y, et al. 2016. Growth and C/N metabolism of three submersed macrophytes in response to water depths. Environmental and Experimental Botany, 122:94–99.

第3章　太湖大型浅水湖泊生态系统过程与变化*

太湖是我国第三大淡水湖，位于长江下游平原河网地区，水面面积2300余 km^2，但是平均水深却不足2 m，而且湖底十分平坦，是我国乃至世界上极具代表性的“极浅水”大型湖泊，水文、气象和底质等环境因子对湖泊生态系统格局及变化有着重要而复杂的影响，特别适宜开展长期生态学定位观测研究。此外，太湖地处长三角城市群的中心位置，是我国经济发展的热点区域，一方面以其生态系统服务功能为流域社会经济发展提供巨大的支撑，另一方面，也承受着区域经济发展对湖泊生态系统服务日益增长的需求压力。因此，认知以太湖为代表的大型浅水湖泊生态系统的演变过程与机理，对区域社会经济可持续发展具有重大意义。

基于中国科学院南京地理与湖泊研究所1960年以来对太湖生态系统的长期观测研究积累，中国科学院生态系统研究网络（CERN）太湖湖泊生态系统研究站（以下简称“太湖站”）于1988年在无锡太湖梅梁湾之滨建成，开始对太湖生态系统长期定位观测，致力于对太湖这种大型浅水湖泊生态系统结构和功能演替机制的研究。在前期积累和长期定位观测的基础上，已经出版了《太湖综合调查初步报告》《太湖环境质量调查研究》《太湖》《太湖环境生态研究（一）》（蔡启铭，1998）《太湖流域自然资源地图集》《太湖生态环境图集》《太湖水环境及其污染控制》《太湖水环境演化过程与机理》和《中国生态系统定位观测与研究数据集·湖泊湿地海湾生态系统卷·江苏太湖站（1991—2006）》（秦伯强和胡春华，2010）等系列专著，在深入认知太湖生态过程和机制、科学优化太湖流域环境治理与生态修复等方面均发挥了引领作用。

2007年以来，太湖流域的环境治理与生态修复进入了一个全方位、高投入的阶段，实施了一系列重大水环境治理工程。而自2005年起，太湖站就已调整了湖体定位监测方案，加密点位、加大频次和增加监测指标，获得了更加全面的太湖生态系统结构数据。这些监测数据可以反映太湖近年来的生态系统变化，对了解太湖流域的水环境治理工程效果也有参考价值。本章主要依托太湖站2005—2015年的生态监测数据，系统分析了2005年以来太湖生态系统变化过程，评估了蓝藻水华治理效果及水质波动原因，探讨了太湖富营养化控制及水生态功能提升的技术途径。

3.1　太湖流域自然背景特征

太湖流域包括太湖、太湖平原及其西部的丘陵山地，总面积约36500 km^2（孙顺才和黄漪平，

* 本章作者为中国科学院南京地理与湖泊研究所朱广伟、秦伯强、许海、施坤、龚志军、蔡永久、李未、董百丽、朱梦圆、闵屾、沈睿杰和钟春妮。

1993）。流域地形以平原为主，占总面积的75%，丘陵山区（包括河谷平原在内）约占25%。其中，河流、湖泊等水域面积占平原地形的17.5%。湖泊方面，据国家“六五”科技攻关调查，流域内大于0.5 km^2的湖泊189个，水面面积共计3158.97 km^2，其中面积超过40 km^2的湖泊有6个，分别为太湖、滆湖、阳澄湖、长荡湖（洮湖）、淀山湖和澄湖（中国科学院南京地理与湖泊研究所，1991）。因此，平原河网地貌是太湖流域的典型特征。

太湖流域主要受东南季风气候影响，四季分明，无霜期长，降雨丰沛。太阳辐射年总量的多年平均值为4500 $MJ \cdot m^{-2}$，以夏季最高，占全年的31%～34%（倪勇和朱成德，2005）。据太湖沿岸常州、无锡和苏州三市1961—1990年气象资料统计，流域全年日照时数为1927.8～2019.8 h，其中冬季占20%～21%，春季占24%，夏季占31%，秋季占24%～25%。据湖区各气象站1956—1985年同步资料，太湖湖区年平均气温为15.3～16.0 ℃，极端最高气温为38.4～39.8 ℃，极端最低气温为-8.7～14.3 ℃。夏季盛行东南风，冬季受北方高压气团控制而盛行偏北风。据东山站1956—1983年的资料统计，流域年平均风速3.3～4.2 $m \cdot s^{-1}$，其中8级以上大风日为3～20 d；多年降雨量年均值为1100～1200 mm，年降雨量为723～1467 mm，平均值1122 mm（倪勇和朱成德，2005）。

太湖流域河网纵横，水系十分发达。据1960年中国科学院南京地理研究所（1965）的调查，当时太湖出入湖河港多达315条（包括63条死水河港）。后期太湖大堤建成之后，出入湖河道为219条，其中江苏、浙江两省水利部门进行环太湖巡测的较大河道143条（孙顺才和黄漪平，1993）。主要入湖水系包括发源于天目山的苕溪水系，经由湖州小梅口、长兜港、大钱港及长兴的合溪、夹浦等入湖；发源于茅山及苏、浙、皖交界山区的南溪水系（有成荆溪水系），经由宜兴、武进等地的河港入湖；以及发源于茅山以东、滨江高地以南、锡澄运河以西的洮、滆、运河地区来水。主要出湖水系为运河水系和黄浦江水系。

太湖出入湖河道虽然众多，但是流量一般不大，且频繁发生往复流。如根据无锡梁溪河蠡桥的资料，水情偏丰的1983年，倒灌天数占全年的28%；水情偏平的1964年，倒灌天数占全年的56%；水情偏枯的1979年，倒灌天数占全年的55%（孙顺才和黄漪平，1993）。此外，自2000年开始的“引江济太”工程，本着“以动制静、以清释污、以丰补枯、改善水质”的原则，每年根据太湖具体的水情、藻情实施补水，显著影响了太湖的水量平衡。

太湖流域是我国人口稠密、经济活跃的区域之一。在20世纪80年代，太湖流域就以不足全国国土面积0.4%的土地，养育了全国3%的人口，工农业总产值占全国的12%，人口密度平均超过900人$\cdot km^{-2}$（中国科学院南京地理与湖泊研究所，1991）。近年来，随着长三角人口的进一步集聚，太湖流域的人口密度已经超过1200人$\cdot km^{-2}$。产业结构方面，据1996—2007年的统计，不含上海的GDP总量为18132.52亿元，其中常州市武进区、无锡市区、江阴、常熟和张家港共同构成的北部重污染控制区GDP总量为6795.24亿元；常州丹徒、丹阳、金坛、溧阳、宜兴市、句容市和南京市高淳区等构成的湖西重污染控制区GDP总量为1749.09亿元；杭州、余杭、临安、湖州、德清、长兴和安吉构成的浙西污染控制区GDP总量为3496.46亿元；嘉兴、嘉善、海盐、海宁、平湖和桐乡构成的南部太浦污染控制区GDP总量为1584.36亿元；苏州、昆山、吴江和太仓构成的东部污染控制区GDP总量为4505.36亿元（余辉，2014）。近年来，随着社会经济结构的转型，流域GDP总量及其区域构成又发生了较大的变化。稠密的人口和高度集约的经济对太湖流域的水生态服务能力构成了极大的挑战。

太湖流域的土地利用强度很高。在行政区划上,太湖流域土地构成中上海占14.1%,江苏占51.8%,浙江占33.7%,安徽占0.4%。人均土地1.68亩,垦殖指数高达48.6%。据国家“六五”科技攻关期间统计数据,耕地、园地和精养鱼池等集约型农业用地占55%,耕地复垦指数为210%。耕地又分为水田、旱地和菜地,其中水田占88%。农业用地及其产业结构方面,1987年统计的种植业总面积为4102.68万亩,其中小麦占15.7%,水稻占49.4%,油菜占10.9%。此外,太湖流域是我国茶叶的重要产地,有天目山、莫干山、太华山、茅山以及西湖龙井、苏州碧螺春等著名茶叶产地。在1985年累计茶园面积约32万亩(中国科学院南京地理与湖泊研究所,1991)。近年来,农业产业结构也发生了较大变化,主要是蔬菜、水产养殖、茶果园等经济收入高的种养业用地面积增加。据2016年宜兴市的统计年鉴,宜兴市2015年的小麦种植面积44.5万亩,油菜3.1万亩,水稻45.09万亩,蔬菜26.2万亩,茶园面积7.49万亩,果树面积10.43万亩,水产养殖20.77万亩(《宜兴年鉴2016》,2017)。

3.1.1 太湖湖体水文基本特征

大型、浅水是太湖最重要的水文特征。据测量,截止到1984年,太湖湖泊面积为2427.8 km^2,除去湖中51个岛屿外,实际水面面积2338.1 km^2,平均水深1.89 m,最大水深2.6 m,湖泊南北长68.5 km,东西平均宽34 km,最宽处56 km,是一个典型的大型浅水湖泊(孙顺才和黄漪平,1993)。这里的平均水深和最大水深是指多年平均水位条件下的平均水深和最大水深。由于太湖水位年际、年内的变化都很大,因此湖体中的实际点位水深因水情不同有较大差异。此外,太湖的这一形态特征数据是在太湖大堤建成之后的数据。与20世纪60年代相比,由于围垦等原因,太湖面积已经减少了139.9 km^2(孙顺才和黄漪平,1993)。

风浪较大、对底泥的扰动强度大,是太湖重要的水动力特点。据李一平等人在观测基础上的数值模拟,10 $m \cdot s^{-1}$的东南风持续作用1小时后,湖体波高可稳定达到45 cm,而20 $m \cdot s^{-1}$的东南风持续作用1小时以上时,湖体波高可稳定达到约85 cm(李一平等,2008)。据中国科学院南京地理研究所1981—1984年在东太湖的波浪观测,在最高风速13.5 $m \cdot s^{-1}$的条件下,平均波高最大为34.50 cm,最大波高为56.00 cm(孙顺才和黄漪平,1993)。风驱作用下的波浪水动力是引发湖体底泥再悬浮的首要动力,显著大于湖流的影响。据罗潋葱和秦伯强(2003)对湖流及波动引发的湖底切应力对比发现,太湖一般波浪引起的湖底切应力比湖流引起的湖底切应力大1~2个数量级。太湖较大强度的底泥再悬浮过程均是由波浪引发的。在波浪引发底泥再悬浮过程中,猝发扫略等偶然强扰动事件往往是底泥大量悬浮的主要驱动力(Li et al.,2017a)。

太湖的湖流总体不大。由于地势平坦、湖面开阔,太湖的湖流主要是吞吐流和风生流两种。吞吐流相对较大,主要出现在河口地区。据姜加虎等人1987年在太湖大浦口的定位观测,表层流的平均值可达26.8 cm,极大值则能达到80.7 cm(姜加虎等,1991)。开阔湖面则以风生流为主,吞吐流影响极小。据罗潋葱等人2003年1月在太湖梅梁湾的观测,在水面风速2.5~4.4 $m \cdot s^{-1}$条件下,表层流速最大仅为8 $cm \cdot s^{-1}$,流速缓慢(罗潋葱等,2004)。

太湖的水温与气温接近,且年变化相似,但水温变幅较气温小。据记录,在20世纪60年代以前,太湖滨岸带结冰现象比较普遍,历史上甚至发生过全湖封冻,如“万历八年(1580年),冬大雪,太湖冰……人皆履冰而行”(中国科学院南京地理研究所,1965)。1959年对太湖西山、吴溇、大浦三个水文站的年水温统计表明,西山年平均水温17.6 ℃,吴溇年平均水温17.0 ℃,大浦年平均水温16.9 ℃(中国科学院南京地理研究所,1965)。另据1964—1986年太湖洞庭西山站水温统计,历年平均水温17.1 ℃,最高水温38.1 ℃,最低水温0 ℃。据太湖站水文站点每日3次(8:00、13:00、20:00)于水下0.5 m测定的水温值统计,2005—2016年平均水温为17.26 ℃,最低温0.02 ℃,最高温36.03 ℃。

3.1.2 太湖生态系统基本特征

作为一个在洪泛平原上发育起来的大型浅水湖泊,太湖营养本底较高、易于富营养化。对湖泊富营养化机制的研究表明,长江中下游地区的湖泊富营养化与长江洪水泛滥有着非常密切的关系(秦伯强等,2006):洪水泛滥会把上游各种有机或无机物质携带下来,其中包括许多营养物质,在中下游平缓平原上的湖泊中逐步沉淀(Philips,1989),形成较高的营养盐本底。长江中游龙感湖、太白湖沉积记录的反演结果证实,这些湖泊在历史上营养本底已经较高、易于在人类活动影响下出现富营养化的特征(羊向东等,2001,2006)。

草、藻型生态系统共存是太湖这种大型浅水湖泊的另一个生态系统结构特征。湖汊众多,平均水深不足2 m,年内水位落差可能超过2 m,这些湖泊地貌和水文特征造就了太湖的许多湾区,传统上可以发育沉水植被系统和浮叶植被系统;在滨岸带则可以发育芦苇等挺水植被系统;而湖心的开敞湖区则因风浪大、水体浑浊等原因难以形成水草群落,而发育了以浮游藻类为主要初级生产者的藻型生态系统。在1960年夏季开展的太湖资源综合调查中发现,太湖的东太湖、胥口湾等区域大量生长沉水植物,整个太湖沿岸基本都有挺水植物分布。这种草、藻型生态系统共存的特征,增加了太湖生态系统结构的多样性和复杂性。

现有的文献资料表明,自1949年以来,太湖浮游植物群落结构中蓝藻在开敞水体中的数量都占优势(朱树屏和杨光圻,1959);但是,蓝藻水华成为环境问题则是从20世纪70年代以后。总体上太湖的浮游植物群落结构呈现蓝藻-绿藻-硅藻-隐藻型,四个门的藻类在数量和生物量上占据优势,在季节上呈现明显的相互演替,在空间上因水草及出入湖河口的影响也呈现较大的不同。

3.1.3 太湖鱼类与渔业状况

太湖是我国五大淡水湖之一,水位稳定,利于多种鱼类生长,水产资源丰富。1952—2003年全湖水产品总捕捞量为4060.7~30516.5 t,其中鱼类占总捕捞量的85%~95%(表3.1)。据《太湖鱼类志》记录,太湖共有107种鱼类,隶属于14目、25科、73属。由于20世纪50—60年代沿江和沿湖大量闸坝的兴建、60—70年代"围湖造田"及破坏性渔具渔法使用等,洄游性、半洄游性鱼类及沿岸带产卵的定居性鱼类资源不断减少,而湖泊敞水性低龄鱼种数量在人为繁殖和保护下逐步增加,形成以刀鲚、银鱼为主体,年变幅较大的鱼类资源格局(倪勇,2005)。现在太湖的主要经济鱼类资源有刀鲚、银鱼、鲌类、鲤鱼、鲫鱼、团头鲂、草鱼、青鱼、鲢鱼、鳙鱼、鳗鱼、花䱻、鲇鱼、鳜鱼、乌鳢、河川沙塘鳢和似刺鳊鮈等20余种。2002年9月至2006年1月,朱松泉等人多次在太湖进行鱼类标本采样和调查,共获得鱼类18科、60种,与《太湖鱼类志》的107种比较,除放流鱼团头舫是共有的,鲮鱼、银鲫鱼和尼罗罗非鱼是新增的移植鱼外,实际减少了55种,包括中华鲟、鳗鲡、鲥、胭脂鱼、宽鳍鱲、马口鱼、尖头鱥、青鱼、草鱼、鳡鱼、鯮鱼、鳤鱼、贝氏鲦、鲂鱼、尖头鲌、寡鳞飘鱼、飘鱼、银鲴、黄尾鲴、细鳞鲴、圆吻鲴、唇䱻、银鮈、点纹银鮈、铜鱼、吻鮈、福建小鳔鮈、小口小鳔鮈、蛇鮈、长蛇鮈、光唇蛇鮈、鲢鱼、鳙鱼、无须鱊、大口鱊、花斑副沙鳅、中华花鳅、长须黄颡鱼、长吻鮠、条纹拟鲿、圆尾拟鲿、乌苏里拟鲿、大鳍鳠、鲮、鲻、松江鲈、中国花鲈、斑鳜、长身鳜、香鮨、波氏吻虾虎鱼、须鳗虾虎鱼、月鳢、窄体舌鳎和暗纹东方鲀等。

表 3.1 太湖 1952—2003 年水产品捕捞量 （单位：t）

年份	刀鲚	银鱼	鲌类（红白条）	鲤鱼、鲫鱼、鳊（鲂）鱼	鲢鱼、鳙鱼	草鱼、青鱼	其他	总捕捞量
1952	640.5	524.0	225.0	739.1	638.4	114.1	1179.6	4060.7
1953	1690.0	611.0	345.1	1018.0	675.0	182.5	1101.3	5622.9
1954	903.0	1111.0	423.5	1103.0	900.0	349.5	978.8	5768.8
1955	1890.8	1686.8	410.5	1203.1	948.0	180.8	414.6	6734.6
1956	2051.5	593.3	510.1	1379.0	1025.0	177.0	1006.5	6742.4
1957	2970.0	495.0	400.6	1195.1	842.5	250.5	1327.7	7481.4
1958	3677.5	445.0	530.0	1785.0	1550.0	251.0	700.3	8938.8
1959	4551.3	567.8					4722.5	9841.6
1960	3557.0	431.5					4138.6	8127.1
1961	3795.7	467.5					3915.3	8178.5
1962	3759.0	349.6					3589.0	7697.6
1963	4717.2	349.6					3485.5	8552.3
1964	6584.9	678.5					3318.0	10581.4
1965	5878.3	601.7					3898.1	10378.1
1966	6926.1	585.8					3789.7	11301.6
1967	7290.1	666.7					3378.1	11334.9
1968	5006.4	641.7					3831.4	9479.5
1969	6787.5	739.8					4203.2	11730.5
1970	6102.3	490.7					3519.4	10112.4
1971	6276.8	484.5					3029.6	9790.9
1972	5139.5	766.6					4007.6	9913.7
1973	6640.5	886.8	404.3	894.7	866.3	86.7	1784.7	11564.0
1974	5759.6	847.7	184.9	587.9	385.5	105.3	2201.0	10071.9
1975	5750.0	846.8	350.8	569.5	1046.9	156.5	2024.8	10745.3

续表

年份	刀鲚	银鱼	鲌类（红白条）	鲤鱼、鲫鱼、鳊(鲂)鱼	鲢鱼、鳙鱼	草鱼、青鱼	其他	总捕捞量
1976	6268.2	836.0	156.2	278.3	712.1	71.7	3205.0	11527.5
1977	5826.6	827.8	213.3	1079.2	1301.9	263.3	2853.7	12365.8
1978	7830.5	602.8	118.8	824.0	355.4	274.5	3249.2	13255.2
1979	8236.9	539.8	168.3	350.9	295.3	856.8	3250.3	13698.3
1980	5667.9	713.0	232.6	267.7	1195.4	808.3	2720.8	11605.7
1981	6573.0	1165.0	219.2	426.3	620.9	208.4	2809.8	12022.6
1982	6211.9	903.5	198.4	670.0	686.9	198.4	4703.9	13573.0
1983	7052.2	851.1	304.4	989.5	1318.0	240.0	4561.0	15316.2
1984	5135.7	974.7	339.1	1030.3	1992.5	346.9	4377.9	14197.1
1985	5477.4	2179.7	782.1	1074.5	1933.9	491.2	3401.3	15340.1
1986	5014.5	2158.8	916.5	1022.7	1461.3	457.8	3377.1	14408.7
1987	4791.1	1535.6	1090.8	1506.3	1183.5	545.5	3600.2	14253.0
1988	6141.0	1822.0	937.0	1353.7	1557.0	368.1	3801.0	15979.8
1989	7460.5	1509.1	518.3	1089.8	1249.5	361.3	3054.0	15242.5
1990	8142.3	1479.3	551.4	991.6	719.4	230.6	3629.0	15743.6
1991	6634.2	2008.6	731.6	1151.9	1461.2	495.5	3402.1	15885.1
1992	4625.4	1696.9	732.7	1118.0	1379.7	435.5	3815.9	13804.1
1993	3486.5	1763.5	922.3	1173.9	1670.1	454.7	4601.4	14072.4
1994	6706.6	1118.2	302.0	1074.6	1212.5	426.2	3730.8	14570.9
1995	12739.7	540.2	128.0	1270.5	614.5	356.1	3358.3	19007.3
1996	12964.5	500.1	162.7	1134.3	653.1	378.7	4057.7	19851.1
1997	14983.2	909.8	154.7	1355.2	950.0	393.2	4524.8	23270.9
1998	11304.3	1152.1	102.8	1626.4	1500.9	263.5	4915.8	20865.8
1999	10912.5	1546.9	119.7	2547.6	1105.6	725.2	4668.0	21625.3
2000	12755.8	1605.5	172.6	3708.7	1618.6	418.7	4930.7	25210.6
2001	15568.7	670.8	133.6	3494.4	1066.5	453.3	3821.6	25208.9
2002	19571.0	987.5	166.3	3594.6	1074.9	301.9	4820.3	30516.5
2003	19747.5	745.9	153.8	2747.9	1219.6	328.6	4826.0	29769.3

注：1959—1972年鲌类、鲤鱼、鲫鱼、鳊(鲂)鱼、鲢鱼、鳙鱼、草鱼、青鱼的捕捞量统计入“其他”项。“总捕捞量”不包括蚬和螺蛳。“其他”包括虾、蟹和小杂鱼。

太湖1953年即开始探索进行渔业资源保护，逐步实施了禁捕期、禁捕区和渔具管控等行政措施。1960年3月30日，原吴县人民委员会由县长签署颁布了吴渔字第003号《关于规定一九六〇年保护太湖资源有关禁渔区、禁渔期的通告》。1976年3月，在东太湖划定水草覆盖面积较大的8 km^2水域作为鲤、鲫鱼的季节性繁保区。1978年起，整个东太湖120 km^2水域禁捕1个月。1981年起，将东山、西山之间的33.33 km^2水域划为常年繁保区。1984年1月14日，由江苏省水产局发布《江苏省太湖渔业生产管理委员会关于太湖实施半年封湖休渔的暂行规定》，规定每年3月1日至8月31日为封湖禁渔期，每年发布1次并延续至今，而且从1995年开始延长封湖休渔期为每年2月1日至8月31日（倪勇和朱成德，2005）。

此外，养殖渔业在太湖发展迅速。1976年至1978年，常州市太滆公社、吴江红光渔业开始尝试网箱养殖。1982年起，中国科学院南京地理研究所在东太湖探索网围养鱼，此后网围养鱼在东太湖大面积铺开。1991年之后，由于河蟹的经济价值高，网围养鱼全面向河蟹养殖转变；至1997年，面积达到了26.841 km^2，占太湖网围养殖总面积的83%。

作为太湖水体食物链的顶端，鱼类群落结构与组成及渔业活动对太湖水质和生态系统结构都产生了重要的影响。目前刀鲚和太湖短吻银鱼是太湖最主要的经济鱼类，占渔获物60%以上，它们均以浮游动物为食，加上鳙鱼及大多数鱼类的幼鱼阶段也主要以浮游动物为食，故对浮游动物形成巨大的捕食压力，这与太湖蓝藻水华问题日趋严重密切相关。基于“生物操纵”和“营养级联动假说”的食物链调控理论，太湖渔业结构如果能够进行合理地调整和控制，可望对太湖富营养化水体起到调节作用，达到“以渔改水”的目的。为此，谷孝鸿等（2009）提出了严格控制网箭规格和捕捞强度、调整太湖休湖时间、合理调整放流鱼种结构和比例等兼顾自然渔业的可持续发展和水环境改善的建议措施。1998年，太湖水质治理的“零点行动”之后，江苏省人民政府专门为太湖发出“关于对太湖网围养殖治理整顿的通告”，原则上同意在国务院批准的10 km^2基础上再增加6.67 km^2的轮养面积，以控制网围养殖规模（倪勇和朱成德，2005）。2007年太湖无锡“水危机事件”之后，政府更进一步地加强了对东太湖网围养殖的整顿力度。

3.2　太湖生态系统定位观测与研究方案

太湖站1986年建站，前身是位于宜兴东氿的中科院南京地理研究所宜兴湖泊综合试验站（孙鸿烈等，2016）。1986年，迁至无锡市滨湖区吴塘社区康山村，地处太湖梅梁湾口东岸，接近贡湖湾。1988年，太湖站成为中国生态系统研究网络（CERN）的第一批野外站成员之一，对太湖生态系统的定位观测自1991年步入正轨。

太湖站对太湖湖泊生态系统的观测内容分为两部分：CERN长期定位观测与科研项目观测研究。其中，CERN长期定位观测又包括了站区气象水文因子自动和人工监测及湖体定点定期监测两部分。科研项目方面，自2005年以来，太湖站先后承担了中国科学院知识创新工程重要方向项目“湖泊污染物迁移转化的关键过程及其生态控制”（KZCX2-YW-419）、中国科学院知识创新工程重大项目“湖泊富营养化过程监测与水华灾害预警技术研究与系统集成”（KZCX1-YW-14）、国家水体污染控制与治理科技重大专项“太湖湖体氮磷污染与蓝藻水华控制技术与工程示范”课题（2009ZX07101-013）、“太湖‘湖泛’与水华灾害应急处置技术研究及工程示范”课题

(2012ZX07101-010)等,以及多项国家自然科学基金项目和地方委托任务。根据项目需要,对太湖的底泥性质、蓝藻水华、营养盐、藻类群落结构、底栖生物群落结构、湖流、波浪及入湖河流等开展了系统的样品和数据采集。这些数据与定位观测相补充,加深了对太湖大型浅水湖泊生态系统过程与变化机制的认识。

3.2.1　水文气象定位观测方案

气象观测方面,在太湖站站区设立了 Waisala M520 气象自动监测站,实施逐时气象信息采集。主要监测指标包括气温、气压、降水、风速、风向、地温、土壤温度、太阳辐射、蒸发量等。同时每天3次人工观测气压、气温、湿度、地温、蒸发量、降水、日照时数、风速、风向和云量等信息,作为自动监测系统的补充。

水文观测方面,每天早上8∶00、中午14∶00、晚上20∶00分三次记录站区码头的表层水温(0 cm)及水下50 cm水温,同时读取水尺的水位值。

3.2.2　湖体定点监测方案

建站以来,太湖湖体定点监测方案不断地发展完善,经历了三个阶段(图3.1):

第一阶段(1991—1997年):以梅梁湾梁溪河口至太湖湖心为剖面的9个逐月监测点位,监测指标包括透明度(SD)、水温(WT)、水深(WD)、悬浮颗粒物(SS)、电导率(EC)等物理指标,pH、高锰酸盐指数(COD_{Mn})、铵态氮(NH_4^+-N)、硝态氮(NO_3^--N)、亚硝态氮(NO_2^--N)、总氮(TN)、

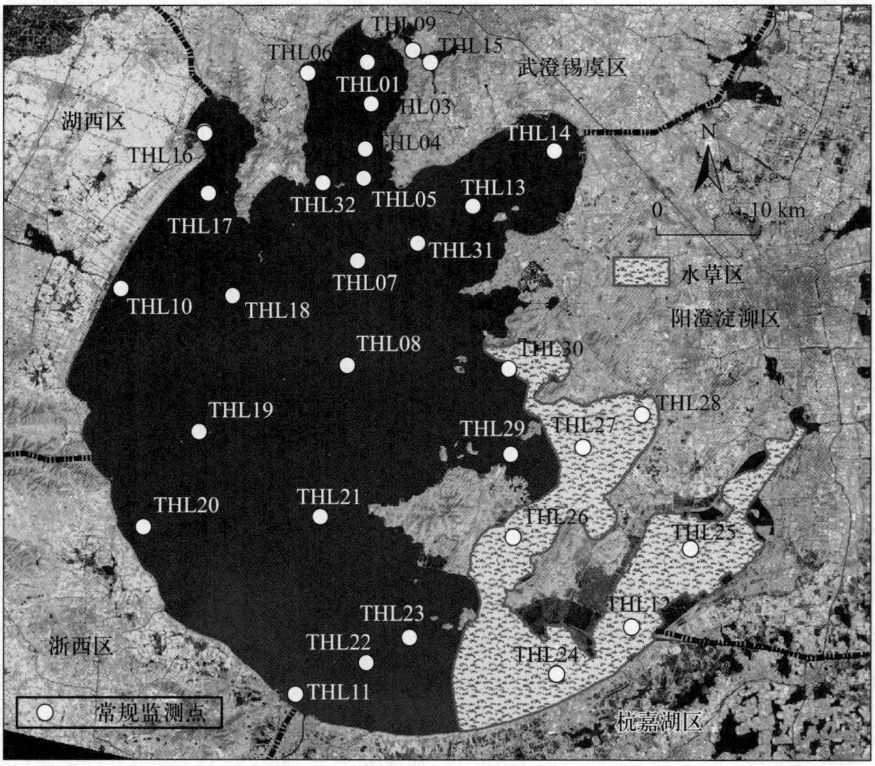

图3.1　太湖站湖体生态系统定点监测点位图(见书末彩插)

磷酸根(PO_4^{3-}-P)、总磷(TP)、硅酸盐(SiO_3^{2-})、碱度(Alk)、叶绿素 a(Chl a)、脱镁叶绿素(Pa)、钾离子(K^+)、钠离子(Na^+)、钙离子(Ca^{2+})、镁离子(Mg^{2+})、氯离子(Cl^-)、硫酸根(SO_4^{2-})等水化学指标,以及浮游植物和浮游动物群落结构。

第二阶段(1998—2004 年):在上述 9 个逐月监测点位的基础上,增加了五里湖、宜兴大浦河口、湖州小梅河口、苏州东太湖太浦河口及贡湖湾共 5 个逐季度监测点位(2 月、5 月、8 月和 11 月),水质指标增加了溶解性总氮(DTN)、溶解性总磷(DTP)、溶解氧(DO)及氟离子(F^-),并从 2004 年起开始逐季度监测底栖生物群落结构。

第三阶段(2005 年至今):监测点位在去掉 THL02 的基础上增加了 19 个点位,按照不同湖区、不同断面进行布设,全湖共布设 32 个定位观测点位,其中 14 个为逐月监测点位,18 个为 2 月、5 月、8 月和 11 月每年调查 4 次的点位,监测指标又增加了水下光照强度(LC)、水色(WC)、溶解性有机碳(DOC)和 5 日生化需氧量(BOD_5)等,并增加了浮游植物初级生产力(PP)、浮游细菌总数(逐季度)、水生植物群落结构(2 次/年)等生物指标,以及表层底泥总氮(STN)、表层底泥总磷(STP)、表层底泥有机质(SOM)和表层底泥粒度分布(SPZ)等底泥属性指标(每年 1 次)。

3.2.3 主要理化和生物指标分析方法

湖体监测时,利用 GPS 定位抵达设定点位(位置精度约 100 m),现场用赛氏透明度盘获得水体透明度(SD,单位:m),水温计获得水下 50 cm 的水温,测深杆测定水深和软泥深度。

用于分析水相营养盐和叶绿素 a 含量的水样为水柱中表、中、底三层混合样。现场用 2.5 L 有机玻璃采水器分别采集水下 20 cm(表层)、水深一半处(中层)及水底泥上 20 cm(底层)的水样,混匀后灌装于 5 L 水样桶中,带回实验室再进行营养盐和浮游植物叶绿素 a 指标分析。

样品带回实验室后立即进行各指标测定的预处理。其中,叶绿素 a 测定的预处理是先用直径 47 mm 的 GF/F 玻璃纤维滤膜(Whatman 公司,孔径约 0.7 μm)将浮游植物过滤到膜上,再将滤膜置于 10 mL 的锥形离心管中,加盖后避光冷冻保存 24 小时以上。测定前,用适量煮沸的 90%乙醇提取滤膜上的色素,提取液再用 GF/C 玻璃纤维滤膜(Whatman 公司,孔径约 1.2 μm)过滤后,暗光环境下用分光光度法测定。水体 TN、TP 测定是将采集水样混匀,分取水样 25 mL 进行水样消解和含量测定。因此,TN、TP 包括了水相、藻颗粒和水体无机悬浮物中的氮、磷含量。DTN、DTP 测定样品则先将混合水样过 GF/F 滤膜,再按照 TN、TP 的水样消解及测定方法进行分析。NH_4^+-N、NO_3^--N、NO_2^--N 及 PO_4^{3-}-P 等也是取混合水样过 GF/F 滤膜的滤后样进行测定。水体 COD_{Mn}的测定则采用高锰酸钾氧化滴定法。

叶绿素 a 的检测方法参照陈宇炜等(2006)改进的乙醇提取、分光光度法,比色波长分别为 650 nm 和 750 nm。TN、DTN 的测定采用过硫酸钾氧化、紫外分光光度法(参考 GB 11894—89),测定波长为 210 nm;TP、DTP 测定采用过硫酸钾氧化、钼锑抗显色分光光度法(参考 GB 11893—89),测定波长为 700 nm;NH_4^+-N 的测定采用纳氏试剂分光光度法(参考 GB 7479—87),测定波长为 420 nm;NO_3^--N 的测定采用酚二磺酸分光光度法(参考 GB 7480—87),测定波长为 410 nm;NO_2^--N的测定采用盐酸萘乙二酰光度法,测定波长为 543 nm;PO_4^{3-}-P 的测定采用钼锑抗显色分光光度法(参考 GB 6903—86),测定波长为 700 nm。以上分光光度测定仪器均为岛津 UV-2450 型分光光度计。K^+、Na^+、Ca^{2+}、Mg^{2+}、Cl^-、SO_4^{2-}等测定采用离子色谱法。

3.3 太湖关键生态因子的长期变化特征

湖泊的关键生态因子包括气象因子,水位、水深、水温、湖流、波浪、水下光场、浊度、颗粒物含量等湖泊物理因子,水体碳、氮、磷、铁、硫、硅等水化学因子,以及湖泊浮游植物、浮游动物、底栖生物、微生物、大型水生植物、鱼类等生物因子,以及湖底沉积物理化属性因子等。湖泊的水下地形、湖滨带地貌、出入湖河流及其流量的时空变化等是影响湖泊生态系统演替的关键生态因子。本文主要就观测数据较为完整的水文气象因子、水化学因子及主要生物因子的长期变化进行分析。

3.3.1 太湖水文气象因子长期变化

(1) 水位

据中国科学院南京地理研究所(1965)总结1960年以前的数据,太湖多年平均水位为2.82~3.13 m,平均值约在3.00 m(吴淞基面),历年年较差为0.7~2.4 m。环湖的吴溇、南库、瓜泾口、胥口、沙墩港、梁溪口、百渎港、大浦口、乌溪口、大钱和小梅口等特征水位站长期观测结果显示,1925—1960年的最高水位为4.56~5.02 m,主要出现在1931年、1954年及1956年;最低水位为1.82~2.32 m,主要出现在1925年、1934年、1956年及1958年。据孙顺才和黄漪平(1993)总结的1954—1988年太湖湖区特征水位值,大浦口、百渎港、望亭、胥口、洞庭西山和吴溇6个水位站多年平均水位值分别为3.12 m、3.07 m、3.07 m、3.00 m、3.04 m和3.08 m,最高水位分别为4.73~4.98 m,均出现在1954年7—8月;最低水位为1.76~2.25 m,分别出现在1959年、1963年、1965年、1967年、1972年、1973年、1978年。近年来,因为太湖大堤工程日趋完善,太湖水位有增高的趋势(邓越等,2015)。据太湖站2005—2016年的逐日水位测定(图3.2),太湖站观测点12年水位平均值为3.28 m,最高值为4.79 m(2016年7月8日),最低值为2.77 m(2011年

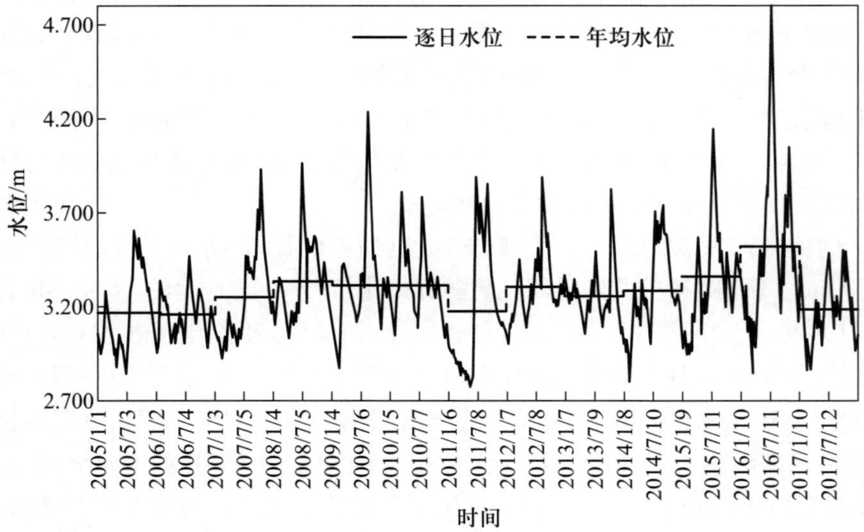

图3.2 2005—2017年太湖站观测点逐日水位值

5 月 20 日)，可见近年来，由于太湖大堤的调控及“引江济太”等水量保障措施实施，太湖的最低水位明显增高(朱广伟等，2018)。特别是 2015 年及 2016 年的水位值明显高于其余各年，而 2016 年最高。年内的水位差可以在一定程度上反映年内湖体的换水情况。2005—2016 年每年的年内水位差值分别为 0.762 m、0.524 m、1.015 m、0.938 m、1.368 m、0.812 m、1.124 m、0.884 m、0.824 m、0.948 m、1.214 m、1.961 m，其中 2007 年、2009 年、2011 年、2015 年和 2016 年的年内水位差均超过了 1 m，2016 年的水位差接近 2 m。此外，太湖每年均有一个快速水位上涨期，其发生时间的早晚对藻类生长状况可能有影响。例如 2007 年发生在 4 月 26 至 7 月 11 日，2015 年和 2016 年分别发生在 5 月 22 日至 7 月 13 日和 4 月 25 日至 7 月 10 日，其共同特征是水位快速上涨开始的时间都比较早，而这三年的蓝藻水华情况也比较严重。

(2) 水温

根据太湖站观测点的数据，2005—2017 年年均水温分别为 18.3 ℃、19.3 ℃、20.2 ℃、18.7 ℃、18.3 ℃、18.3 ℃、18.2 ℃、18.3 ℃、18.9 ℃、18.7 ℃、18.8 ℃、19.0 ℃、19.5 ℃，最高值为 2007 年的 20.2 ℃，其次为 2017 年的 19.5 ℃。从逐日水温来看(图 3.3)，2007 年、2013 年、2016 年和 2017 年均出现了超过 35 ℃的水温。研究表明，较高的水温更有利于蓝藻生长，为藻类水华灾害性暴发提供环境基础。

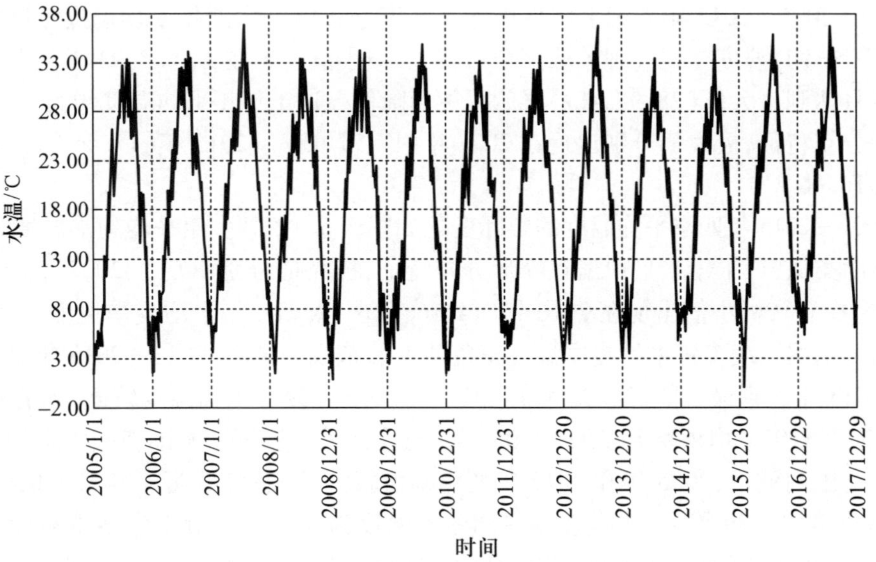

图 3.3　2005—2017 年太湖站观测点逐日水温值

(3) 降雨

2005—2017 年的月累积降雨量及年累积降雨量如图 3.4。从图中可以看出，2005—2016 年的年累积降雨量呈现显著的两段式增长：第一段，由 2005 年的年累积降雨 885.0 mm 增加到 2009 年的 1201.4 mm；第二段由 2010 年的年累积降雨 776.4 mm 增加到 2016 年的 1714.3 mm，增量超过一倍。多年的年降雨量最低值是 2010 年，最高值在 2016 年。就月降雨量而言，大多数年份 1 年中有 1 次月降雨量超过 200 mm，2016 年多达 4 个月(6—9 月)，而 2010 年和 2012 年则没有发生月累积量超过 200 mm 的降雨。

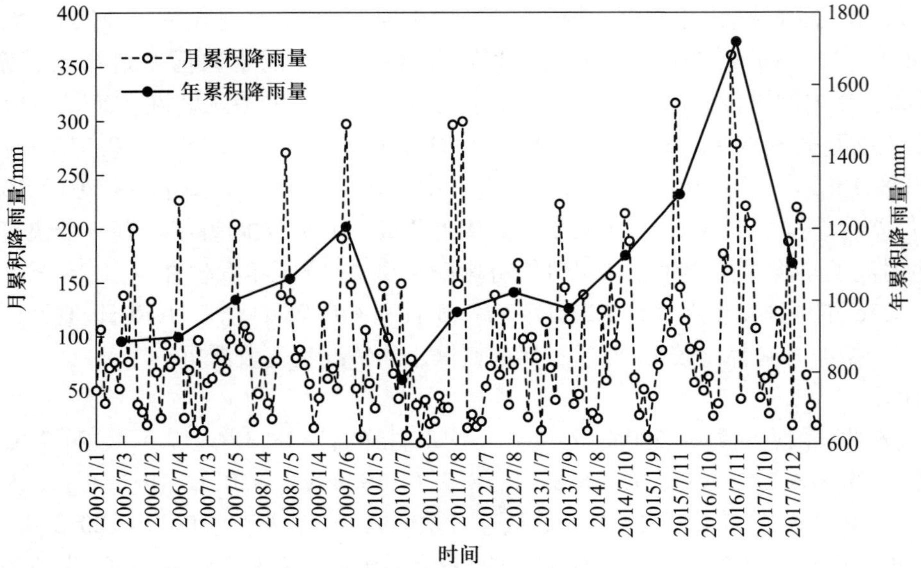

图 3.4　2005—2017 年太湖站观测点月累积及年累积降雨量(朱广伟等,2018)

(4) 气温

图 3.5 为 2005—2015 年太湖多年平均逐月温度分布以及太湖年平均温度年际变化。由图可见,多年平均逐月温度变化呈现单峰形分布特征,极小值出现在 1 月(3.93 ℃),从 1 月开始逐渐增温至 7 月达到最大值(28.97 ℃),之后再逐渐降低。近十年年平均温度约为 17.02 ℃,总体呈现双峰形分布特征,极大值分别出现在 2007 年(17.77 ℃)和 2013 年(17.46 ℃),极小值出现在 2011 年(16.56 ℃)。

太湖 2005—2015 年四季平均温度的年际变化如图 3.6。太湖多年平均春季温度为 16.16 ℃。与年平均温度类似,近十年来呈现出双峰形分布特征,极大值分别出现在 2007 年(16.96 ℃)和 2014 年(16.78 ℃),极小值出现在 2010 年(14.16 ℃)。太湖多年平均夏季温度为 27.5 ℃。近十年夏季温度基本围绕多年平均夏季温度正负差 1 ℃范围内波动,2013—2015 年夏季温度波动幅度较大,2013 年达到最大值(28.93 ℃),2014 年、2015 年夏季平均温度较低,分别为 25.9 ℃和 26.03 ℃。太湖多年平均秋季温度为 19.05 ℃。近十年秋季温度基本围绕多年平均秋季温度正负差 0.5 ℃范围内波动;2005 年和 2012 年变化幅度较大,2005 年为近十年最大值(19.64 ℃),2012 年为最小值(17.99 ℃)。太湖多年平均冬季温度为 5.4 ℃。近十年冬季温度大致呈现出先升高再降低再升高的波动过程,2007 年冬季温度最高(6.99 ℃),2012 年冬季温度最低(4.42 ℃)。

(5) 太阳辐射

图 3.7 为 2005—2015 年太湖多年平均日太阳辐射总量的逐月分布以及太湖年平均日太阳辐射总量的年际变化曲线。由图可见,多年平均日太阳辐射总量从 1 月(7.7 $MJ \cdot m^{-2}$)开始逐渐增大,5 月达到 17.74 $MJ \cdot m^{-2}$之后略有回落,7 月又增大至全年最高值(17.79 $MJ \cdot m^{-2}$),之后再逐渐减少。统计期间,太湖年平均日太阳辐射总量约为 13.03 $MJ \cdot m^{-2}$。除 2013 年(13.74 $MJ \cdot m^{-2}$)出现极大值以外,年平均日太阳辐射总量基本呈现出逐年减少的趋势,2015 年平均日太阳辐射总量为近十年最低值(12.22 $MJ \cdot m^{-2}$)。

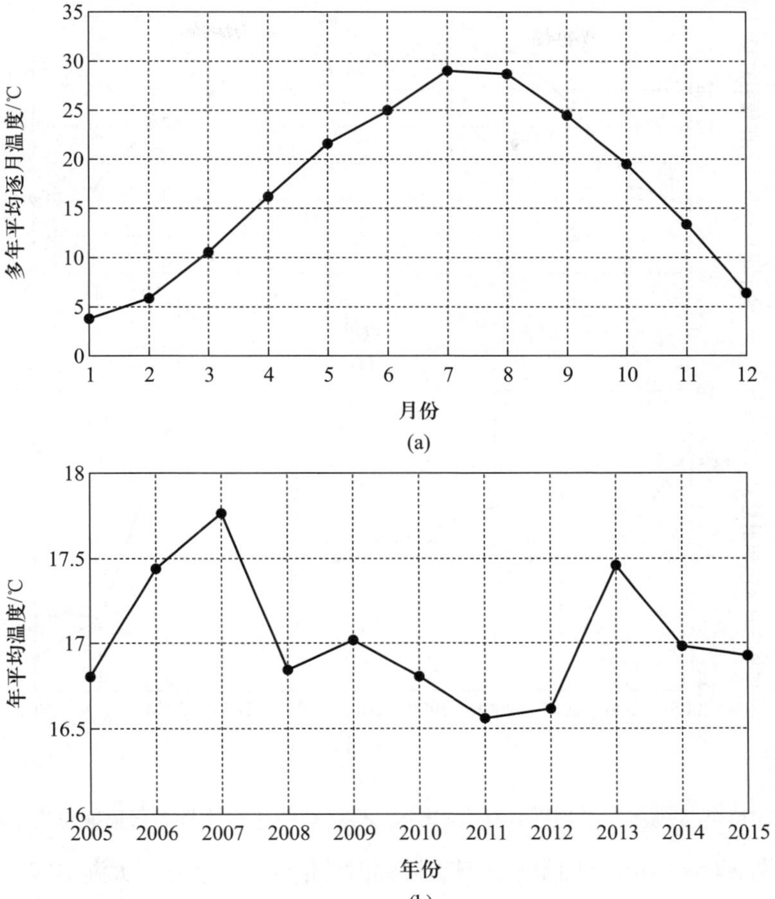

图 3.5 2005—2015 年太湖多年平均逐月温度分布(a)以及年平均温度变化曲线(b)

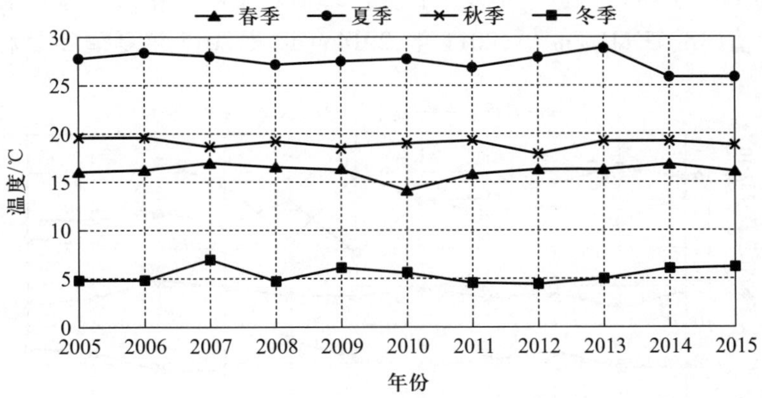

图 3.6 2005—2015 年太湖四季平均温度年际变化曲线

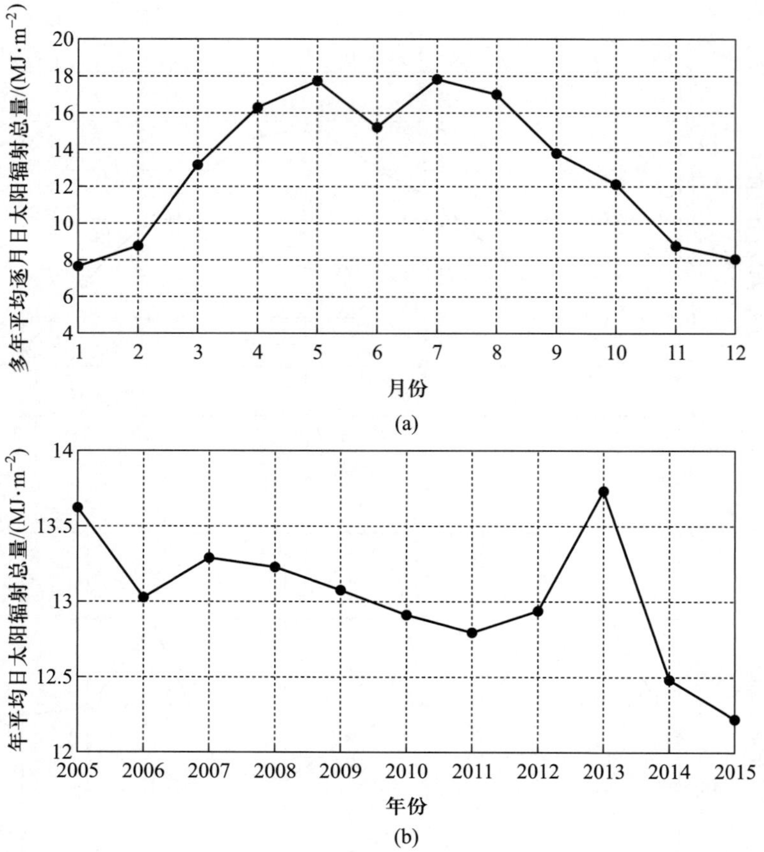

图 3.7 2005—2015 年太湖多年平均逐月日太阳辐射总量(a)及年平均日太阳辐射总量年际变化曲线(b)

图 3.8 为太湖 2005—2015 年四季平均日太阳辐射总量的年际变化。太湖多年平均春季日太阳辐射总量为 15.72 $MJ \cdot m^{-2}$。近十年春季日太阳辐射总量基本围绕多年平均值正负差 1 $MJ \cdot m^{-2}$范围内波动,但 2010 年仅为 13.72 $MJ \cdot m^{-2}$,是近十年的最小值,呈现较大波动。太湖多年平均夏季日太阳辐射总量为 16.66 $MJ \cdot m^{-2}$。近十年夏季日太阳辐射总量的变化形式与夏季温度变化类似,2013 年出现最大值(18.53 $MJ \cdot m^{-2}$),2011 年、2014 年以及 2015 年夏季日太阳辐射总量较少。

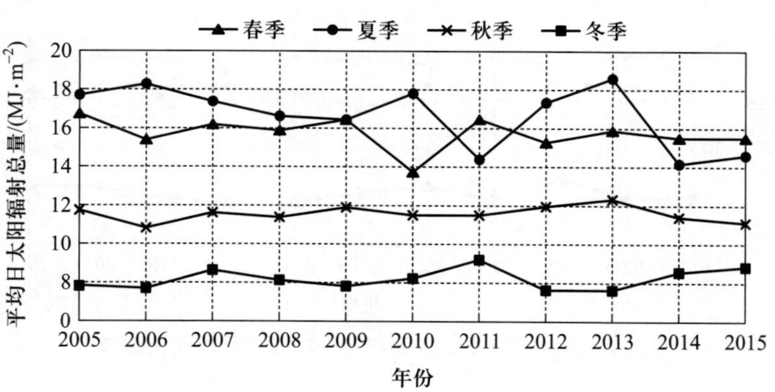

图 3.8 2005—2015 年太湖四季平均日太阳辐射总量年际变化曲线

太湖多年平均秋季日太阳辐射总量为 11.56 MJ · m^{-2}。2006 年秋季日太阳辐射总量为近 10 年来最小值(10.81 MJ · m^{-2}),随后开始震荡上升,2013 年达到最大值(12.29 MJ · m^{-2}),2014—2015 年再逐渐减小。太湖多年平均冬季日太阳辐射总量为 8.19 MJ · m^{-2}。近十年冬季日太阳辐射总量基本围绕多年平均值正负差 0.6 MJ · m^{-2}范围内波动,但 2011 年波动较大,出现了 9.22 MJ · m^{-2}的近十年最大值。

(6) 风速

图 3.9 为 2005—2015 年太湖多年平均风速逐月变化以及年平均风速的年际变化曲线。由图可见,太湖多年逐月平均风速最大值出现在 2 月(2.79 m · s^{-1}),随后震荡减小至 10 月出现最小值(2.16 m · s^{-1}),11—12 月又有所增大;而年平均风速则呈现显著的下降趋势,从 2005 年的 2.82 m · s^{-1}持续下降至 2015 年的 2.03 m · s^{-1};2005—2015 年太湖四季平均风速年际变化曲线也证实了这一情况。图 3.10 表明,太湖四季的平均风速整体而言是春、冬两季风速较高,其次为夏季,秋季较低,但近年来振荡下降非常明显,从 2005 年的 2.57~2.98 m · s^{-1}下降到 2015 年的 1.93~2.29 m · s^{-1}。

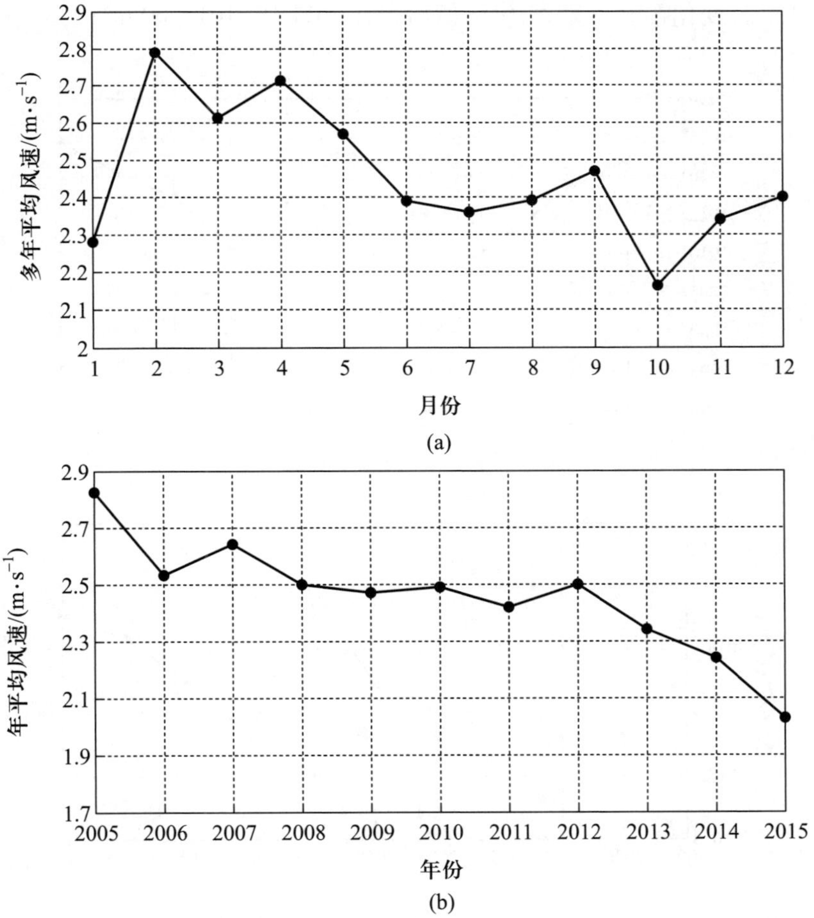

图 3.9 2005—2015 年太湖多年平均风速逐月变化(a)以及年平平均风速的年际变化曲线(b)

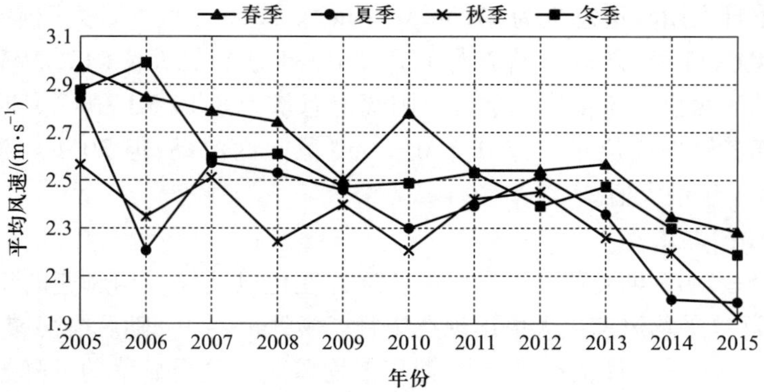

图3.10　2005—2015年太湖四季平均风速年际变化曲线

(7) 气压

图3.11为2005—2015年太湖多年平均气压的逐月变化以及年平均气压的年际变化曲线。由图可见，太湖多年平均逐月气压呈现先降后升的变化特征，夏季气压较低，极小值1002.49 hPa出现在7月；冬季气压偏高，极大值1025.51 hPa出现在1月。近十年年平均气压约为1014.26 hPa，且变化幅度不显著，极大值出现在2011年(1015.00 hPa)，极小值出现在2007年(1013.82 hPa)。

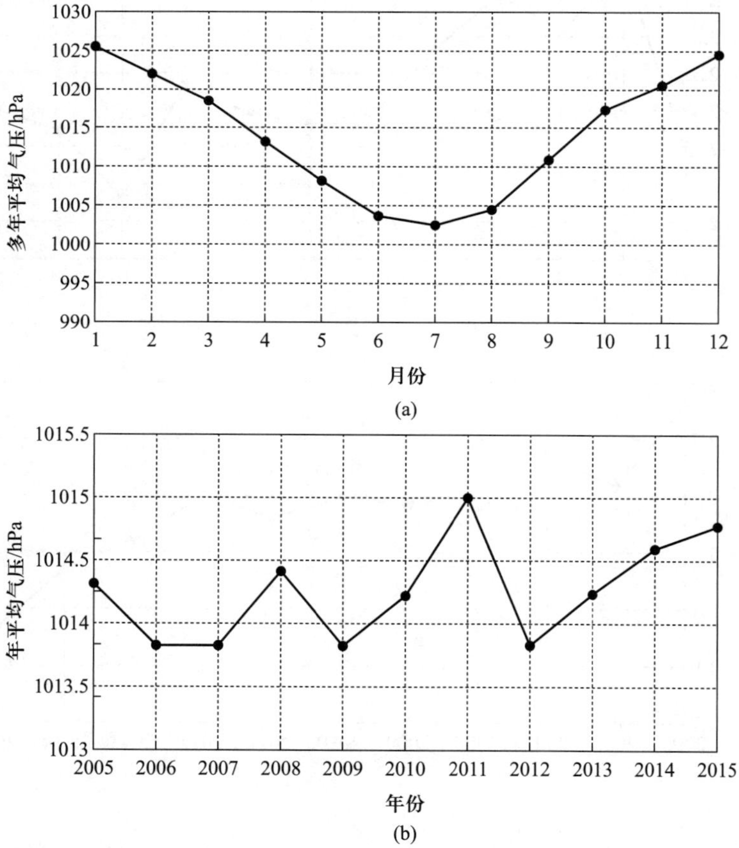

图3.11　2005—2015年太湖多年平均气压逐月变化(a)以及年平均气压的年际变化曲线(b)

太湖2005—2015年四季平均气压的年际变化如图3.12。太湖多年平均春季气压为1013.34 hPa。2005—2008年春季平均气压在均值以下震荡变化，2009—2011年增加至1014 hPa以上，2012年再次下降，随后在均值附近震荡变化。太湖多年平均夏季气压为1003.47 hPa。近十年夏季平均气压呈现增-减-增的三段过程：从2005年至2010年（1005.29 hPa）增加到近十年以来的最大值，随后在2012年减至近十年最小值（1002.59 hPa），之后再次逐渐增大。太湖多年平均秋季气压为1016.22 hPa。近十年秋季平均气压基本围绕多年平均值正负差1 hPa范围内波动，变化幅度不明显。太湖多年平均冬季气压为1023.96 hPa。近十年冬季平均气压呈现出与春季平均气压几乎相反的变化形式。2005—2008年冬季平均气压基本在均值之上震荡变化，2009—2011年冬季平均气压减少至1023 hPa以下，2012年冬季气压再次上升至在均值附近震荡变化。

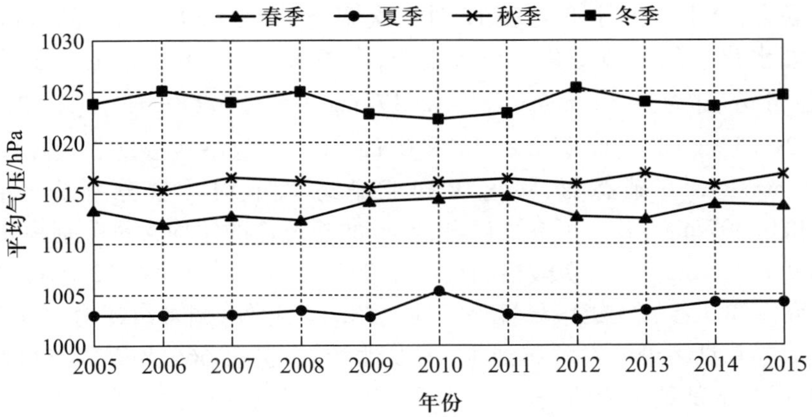

图3.12　2005—2015年太湖四季平均气压年际变化曲线

3.3.2　太湖水化学因子长期变化

(1) 太湖水化学因子的历史变化

作为一个换水周期不足1年的浅水湖泊，太湖湖体的水化学成分受流域入湖水化学组分影响很大。总体而言，太湖的水化学性质呈现氮、磷营养盐偏高，悬浮物含量偏多，受风浪扰动作用大，受湖体藻类和水草生长等初级生产力影响显著等浅水、富营养化湖泊的特征。

朱树屏和杨光圻（1959）是较早开展太湖水化学特征周年变化的研究者，在1949年10月至1950年10月，即对太湖五里湖及梅梁湾北部水域的水体理化性质进行了逐月调查，包括水温、透明度、pH、碱度、磷酸根、硝酸根、铵态氮、硅酸盐、溶解性有机质、钙和铁等指标。从调查结果看，当时的水质已经初步富营养化，各指标都呈现较大的季节变化，pH为7.5~9.0，表层水体碱度为44.8~88.5，磷酸根含量为0.009~0.154 mg·L^{-1}，硝酸根含量为0.12~0.58 mg·L^{-1}，硅酸盐含量为0.5~12.0 mg·L^{-1}，溶解性有机质含量为0.05~1.5 mg·L^{-1}，铵态氮含量为0.03~0.16 mg·L^{-1}，铁含量为0.13~0.36 mg·L^{-1}，钙含量为9.33~10.80 mg·L^{-1}。这次调查详细记录了表层和底层水体的差别，发现了不同月份之间因温度、生物生长、风浪和外源入流等因素变化而对主要水化学指标产生的巨大影响。尽管观测点位只有五里湖和梅梁湾北部两个点，但是对于认识太湖的主要水化学特征提供了极好的文献记录。

1960年6月15日至8月25日，中国科学院南京地理研究所（1965）组织的太湖综合调查中，在全湖布设了135个点，采集水样299个，进一步分析了全湖的水化学特征。调查结果表明，全湖的钙离子含量为6～16 mg·L^{-1}，钾、钠离子含量为5～>20 mg·L^{-1}，镁离子含量为4～6 mg·L^{-1}，碳酸氢根含量为<45～70 mg·L^{-1}，氯离子含量为<10～20 mg·L^{-1}，硫酸根含量为2.20～18.24 mg·L^{-1}，硝酸根含量为0.05～0.09 mg·L^{-1}，铵根离子含量为0.02～0.04 mg·L^{-1}，磷酸根含量为0.01～0.28 mg·L^{-1}等。需要指出的是，尽管当时调查布点广、全湖代表性好，但由于调查季节仅为夏季，结论的全年代表性有所不足。

1980年，在江苏省科学技术委员会和长江水源保护局“太湖环境质量评价”（J79-154文）项目资助下，无锡市环境保护局、中国科学院南京地理研究所、浙江省嘉兴地区环境保护办公室、南京大学、上海师范大学、无锡市环境保护监测研究所、无锡电影胶片厂和嘉兴地区环境监测站等部门联合，分别于5月、9月和12月3次调查了太湖50个点位的水质状况，较为系统地掌握了太湖水化学的季节变化。结果表明，全湖K^+、Na^+、Mg^{2+}、Ca^{2+}、Cl^-、SO_4^{2-}、HCO_3^-和CO_3^{2-}的年均含量分别为2.82 mg·L^{-1}、12.17 mg·L^{-1}、5.68 mg·L^{-1}、21.30 mg·L^{-1}、13.68 mg·L^{-1}、21.69 mg·L^{-1}、76.35 mg·L^{-1}和0 mg·L^{-1}，高锰酸盐指数为1.01～5.21 mg·L^{-1}，平均值为2.83 mg·L^{-1}。硝态氮、铵态氮和亚硝态氮年均含量分别为0.785 mg·L^{-1}、0.103 mg·L^{-1}和0.007 mg·L^{-1}，可溶性磷酸盐、硅酸盐及铁的年均含量分别为0.03 mg·L^{-1}、5.92 mg·L^{-1}和0.045 mg·L^{-1}，磷酸根的最高值0.09 mg·L^{-1}出现在12月的东太湖（上海师院环境保护研究室和江苏省无锡市环境保护局，1983）。此外，调查组还对水体汞、铬、砷、铅、锌、钴、镍、锰、钼等常见污染元素及石油类、挥发性酚、有机氯666及氰等有机污染指标进行了测定，这些指标基本都处于清洁、较清洁水平（上海师院环境保护研究室和江苏省无锡市环境保护局，1983）。

1987—1988年，中国科学院南京地理与湖泊研究所再次组织了全太湖主要水质指标调查，监测月份包括3月、5月、7月、12月。结果表明，水体总有机碳（TOC）、硝态氮、亚硝态氮、铵态氮、总有机氮（TON）、总氮、磷酸根、总有机磷（TOP）、总磷和硅酸盐等主要水质指标的年均值分别为7.34 mg·L^{-1}、0.948 mg·L^{-1}、0.018 mg·L^{-1}、0.189 mg·L^{-1}、0.685 mg·L^{-1}、1.840 mg·L^{-1}、0.012 mg·L^{-1}、0.022 mg·L^{-1}、0.032 mg·L^{-1}和3.20 mg·L^{-1}；K^+、Na^+、Ca^{2+}和Mg^{2+}四大阳离子含量分别为2.34 mg·L^{-1}、15.27 mg·L^{-1}、22.5 mg·L^{-1}和6.40 mg·L^{-1}（孙顺才和黄漪平，1993）。其中总氮和总磷的浓度范围分别为0.248～9.64 mg·L^{-1}和0～0.608 mg·L^{-1}。较之前的调查结果看，水体中氮、磷含量均有增加，富营养化问题已经比较突出。此外，调查结果显示，3月的总磷和总氮含量显著高于其他调查月份，呈现明显的农业面源污染特征。

1992—1993年，基于两年的多季节调查，范成新等人总结了当时的太湖水化学特征：总有机碳平均值为7.92 mg·L^{-1}、总氮、总无机氮、铵态氮、硝态氮和亚硝态氮平均值分别为1.64 mg·L^{-1}、0.521 mg·L^{-1}、0.142 mg·L^{-1}、0.474 mg·L^{-1}和0.005 mg·L^{-1}；总磷、有机磷及磷酸根平均含量分别为0.071 mg·L^{-1}、0.036 mg·L^{-1}和0.021 mg·L^{-1}（黄漪平，2001）。

太湖站自1991年开始系统监测湖体氮、磷和有机质等相关水质指标（图3.13）。对太湖站1991—2006年逐月监测结果的分析表明，2000年以后太湖水体的总氮和总磷含量再次出现升高趋势，富营养化程度有所加重，与 2000 年以后的蓝藻水华加重、暴发面积增加、暴发时间延长等有关，也与部分湖湾的沉水植被生态系统衰退有关（朱广伟，2008）。

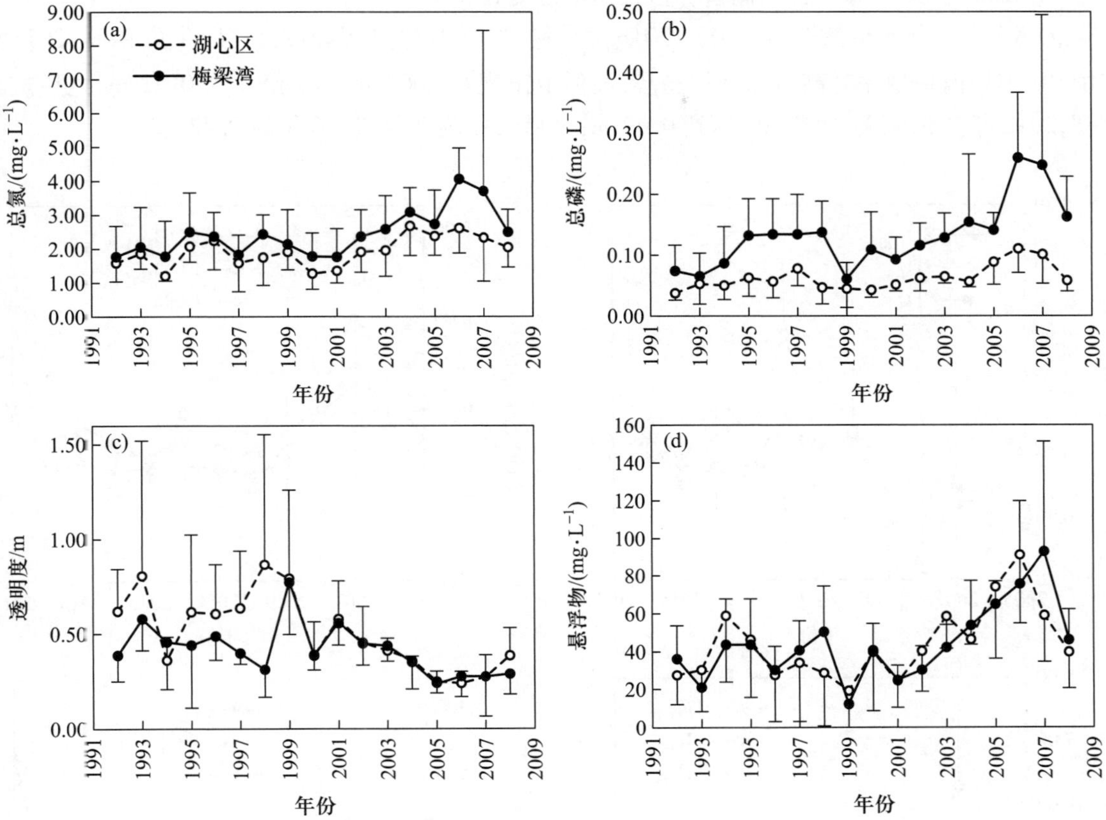

图 3.13 梅梁湾及湖心区夏季水体总氮、总磷、透明度及悬浮物变化趋势

自 2005 年起，太湖站的湖体监测点位由 13 个调整到 32 个，监测范围拓展到全湖。以 2005 年与 2016 年四个季度（2 月、5 月、8 月和 11 月）的全湖 32 个点位监测结果为代表，对这两年的主要水化学特征进行了对比分析。首先在营养盐方面，2005 年的全湖平均高锰酸盐指数（COD_{Mn}）、总氮、溶解性总氮、硝态氮、亚硝态氮、铵态氮、总磷、溶解性总磷、磷酸根和硅酸盐分别为 4.59 mg · L^{-1}、3.44 mg · L^{-1}、2.68 mg · L^{-1}、0.837 mg · L^{-1}、0.049 mg · L^{-1}、0.83 mg · L^{-1}、0.118 mg · L^{-1}、0.023 mg · L^{-1}、0.006 mg · L^{-1}和 2.17 mg · L^{-1}。相应地，2016 年上述各指标的浓度分别为 4.45 mg · L^{-1}、2.16 mg · L^{-1}、1.44 mg · L^{-1}、0.40 mg · L^{-1}、0.015 mg · L^{-1}、0.20 mg · L^{-1}、0.119 mg · L^{-1}、0.037 mg · L^{-1}、0.020 mg · L^{-1}和 2.30 mg · L^{-1}。从两年的对比可以看出，2016 年较 2005 年氮的下降明显，磷的变化不大；而与 1987—1988 年的调查结果相比，氮仍偏高，磷增高的幅度也较大。

其次，就离子特征而言，2005 年全湖平均的 K^+、Na^+、Ca^{2+}、Mg^{2+}、F^-、Cl^- 和 SO_4^{2-} 含量分别为 5.6 mg · L^{-1}、51.6 mg · L^{-1}、34.7 mg · L^{-1}、8.8 mg · L^{-1}、0.6 mg · L^{-1}、59.8 mg · L^{-1}和 79.1 mg · L^{-1}，而 2016 年上述指标平均值分别为 4.6 mg · L^{-1}、30.2 mg · L^{-1}、34.5 mg · L^{-1}、7.4 mg · L^{-1}、0.5 mg · L^{-1}、34.9 mg · L^{-1}和 47.1 mg · L^{-1}。就 K^+、Na^+、Ca^{2+}、Mg^{2+} 四大阳离子总含量而言，1980 年

为41.97 $mg \cdot L^{-1}$,1987—1988年为46.51 $mg \cdot L^{-1}$,2005年为100.7 $mg \cdot L^{-1}$,而2016年为76.7 $mg \cdot L^{-1}$,数据的变化从一定程度上反映出了流域水资源利用强度的变化过程。

(2)2005—2017年北部太湖营养盐及透明度变化特征

北部太湖多年水体透明度(SD)、COD_{Mn}、总氮、总磷变化过程如图3.14(朱广伟等,2018)。其中SD年均值呈现先升高后降低的趋势,最低值出现在2005年,年均SD为0.32 m;之后震荡升高,2012年达到最大,年均SD达到0.47 m;之后又震荡下降,2016年为0.43 m。

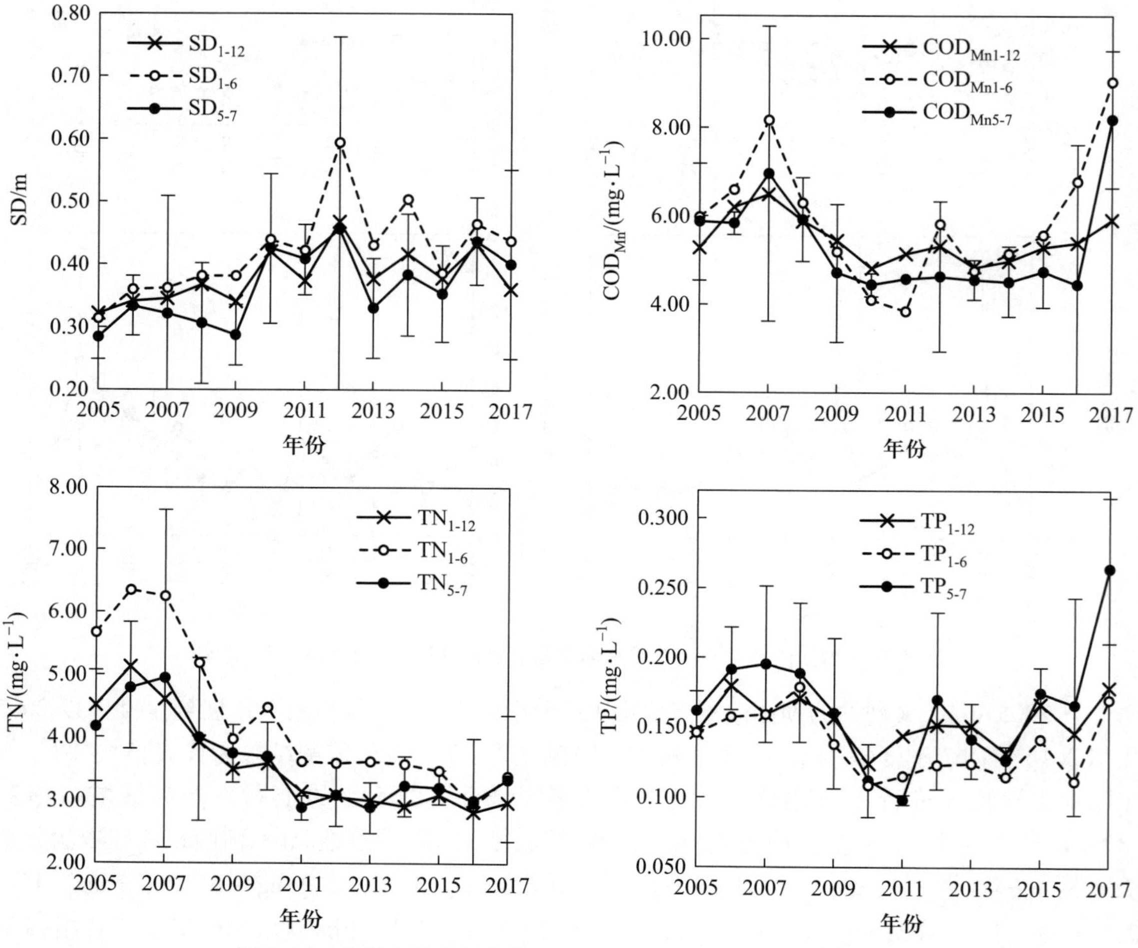

图3.14 北部太湖多年水体SD、COD_{Mn}、总氮和总磷年变化特征

浅水湖泊的水体SD主要受两种因素影响:无机悬浮颗粒物及有机质或者藻类生物量。而对于大型浅水湖泊而言,无机悬浮颗粒物含量受风浪扰动下的底泥再悬浮过程的影响很大(Zhu et al.,2015a),而底泥的悬浮程度受水深的影响。2005—2006年水体SD偏低,与当时湖体水位偏低有关。而2012年之后的SD下降,则与水体藻类生物量增高有关。此外,多年上半年水体透明度均值(SD_{1-6})一般都大于年均值(SD_{1-12}),又大于5—7月均值(SD_{5-7})(图3.14),主要原因是1—4月总体SD较高,而5—7月由于藻类疯长或者梅雨等的影响,水体浑浊度开始明显变高。从多年平均值看,1—12月逐月水体SD分别为0.49 m、0.45 m、0.42 m、0.42 m、0.30 m、

0.44 m、0.35 m、0.30 m、0.31 m、0.32 m、0.39 m、0.41 m，5 月和 8 月是 SD 最低的月份，而冬春季总体偏高，主要原因是春夏季节藻类生物量较高。

COD_{Mn}则呈现两个明显的峰值：2007 年的峰值和 2017 年的峰值，1—6 月平均值分别为 8.15 mg·L^{-1}和 8.99 mg·L^{-1}，2017 年的峰值还略高于 2007 年的峰值。从月平均值看，1－12 月平均值分别为 4.95 mg·L^{-1}、4.76 mg·L^{-1}、4.78 mg·L^{-1}、4.87 mg·L^{-1}、5.80 mg·L^{-1}、5.62 mg·L^{-1}、6.15 mg·L^{-1}、5.93 mg·L^{-1}、6.34 mg·L^{-1}、5.80 mg·L^{-1}、5.10 mg·L^{-1}、5.02 mg·L^{-1}，5 月之后的蓝藻水华对水体 COD_{Mn} 的贡献明显，而峰值 9 月和 7 月说明夏季的降雨可能对 COD_{Mn}的水相累积有影响。

总氮则表现出明显的下降趋势：峰值出现在 2006—2007 年，1—6 月总氮最高值为 6.37 mg·L^{-1}（2006 年），年平均最高值也是 2006 年，为 5.13 mg·L^{-1}，之后快速下降，至 2011 年之后，下降趋势放缓，但总体仍呈下降趋势。至 2016 年，北部太湖总氮年均值为 2.81 mg·L^{-1}，较 2006 年的峰值下降了 45%。就月变化而言，1—12 月北部太湖总氮平均值分别为 4.03 mg·L^{-1}、4.57 mg·L^{-1}、4.96 mg·L^{-1}、4.53 mg·L^{-1}、4.25 mg·L^{-1}、3.56 mg·L^{-1}、3.03 mg·L^{-1}、2.44 mg·L^{-1}、2.64 mg·L^{-1}、2.58 mg·L^{-1}、2.82 mg·L^{-1}、3.25 mg·L^{-1}，冬春季节显著高于夏秋季节，最低值出现在 8 月，最高值出现在 3 月，说明北部太湖水体氮污染受到流域城镇生活污水和春耕的明显影响。这与许海等文献的分析结果一致（Xu et al.，2010），也与流域中的农业区水库——天目湖沙河水库的氮素逐月变化特征类似（Zhu et al.，2015b）。而夏季水相氮素的快速下降，既与水体藻类的快速吸收利用有关，也与夏季水华期湖体反硝化脱氮能力大幅度提升（Chen et al.，2012；Zhao et al.，2015），以及整个流域浅水湖泊和湿地生态系统中反硝化脱氮速率随温度升高而提高有关。

总磷的变化趋势与 COD_{Mn} 较为相似。总体呈现双峰状，就年均值而言，峰值出现在 2006 年（0.179 mg·L^{-1}），2016 年的年均值为 0.145 mg·L^{-1}，较 2006 年的峰值下降了 19%，也较 2005—2016 年的 12 年均值（0.152 mg·L^{-1}）低。然而，2017 年无论是上半年平均值（0.169 mg·L^{-1}），还是 5—7 月的平均值（0.263 mg·L^{-1}），均出现了明显的反弹。特别是 5—7 月平均值，达到了 13 年来的最高值，与 2017 年整体水相藻类生物量偏高有关。就各个月份的情况看，13 年来多年 1—12 月北部太湖水相总磷平均值分别为 0.121 mg·L^{-1}、0.129 mg·L^{-1}、0.126 mg·L^{-1}、0.129 mg·L^{-1}、0.157 mg·L^{-1}、0.158 mg·L^{-1}、0.180 mg·L^{-1}、0.192 mg·L^{-1}、0.208 mg·L^{-1}、0.171 mg·L^{-1}、0.141 mg·L^{-1}、0.132 mg·L^{-1}，5 月开始水相总磷显著升高，9 月达到最大，与水华过程、夏季降水补给等均有关系。

太湖作为大型浅水和富营养化湖泊，水相水华颗粒物及底泥悬浮颗粒物对水相总氮、总磷均会造成较大的影响（Zhu et al.，2005，2014），因此，对水相溶解性总磷（DTP）、溶解性总氮（DTN）和铵态氮（NH_4^+－N）进行了变化特征分析（朱广伟等，2018），如图 3.15。

从 2005 年 1 月以来 156 个月的监测情况看，北部太湖 DTP 平均值为 0.052 mg·L^{-1}，相当于总磷平均值（0.154 mg·L^{-1}）的 34%，说明太湖这种底泥易悬浮、藻类生物量偏高的水体，颗粒态磷是水体磷形态的主要组分。从北部太湖 DTP 含量的月平均值看，13 年来也有两个峰值过程：2008 年和 2015 年，其月均 DTP 含量峰值分别为 0.107 mg·L^{-1}（2008 年 2 月）及 0.103 mg·L^{-1}（2015 年 9 月）。就本调查而言，即便是水体的 DTP，在北部太湖地区水相含量还是较高的。多年的月变化来看，1—12 月逐月平均 DTP 含量分别为 0.054 mg·L^{-1}、0.060 mg·L^{-1}、0.055 mg·L^{-1}、

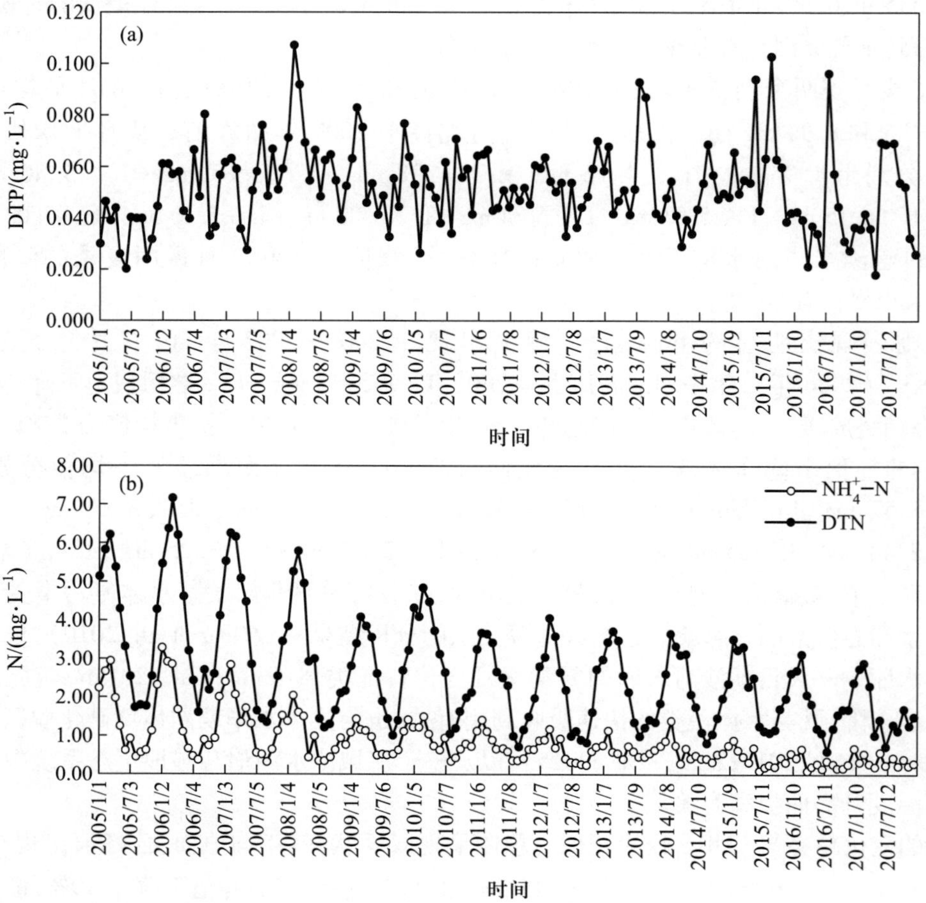

图 3.15　北部太湖 2005—2017 年水相 DTP、DTN、NH_4^+-N 月变化过程

0.045 mg · L^{-1}、0.042 mg · L^{-1}、0.047 mg · L^{-1}、0.051 mg · L^{-1}、0.058 mg · L^{-1}、0.063 mg · L^{-1}、0.051 mg · L^{-1}、0.047 mg · L^{-1}、0.048 mg · L^{-1}，最高值出现在 9 月，最低值出现在 5 月，但总体上月变化之间差别不大。

北部太湖水相中 NH_4^+-N 则呈现极显著的季节变化：多年平均 1—12 月 NH_4^+-N 含量平均值分别为 1.31 mg · L^{-1}、1.50 mg · L^{-1}、1.33 mg · L^{-1}、0.90 mg · L^{-1}、0.72 mg · L^{-1}、0.64 mg · L^{-1}、0.45 mg · L^{-1}、0.37 mg · L^{-1}、0.40 mg · L^{-1}、0.46 mg · L^{-1}、0.70 mg · L^{-1}、0.94 mg · L^{-1}，呈现明显的年度单峰单谷变化特征，最高值出现在相对降雨量较少、稀释作用较弱、温度较低、水体微生物活性较低的 2 月，而最低值出现在 8 月。同样，DTN 呈现类似的单峰年变化规律，多年平均 1—12 月 DTN 平均值分别为 3.54 mg · L^{-1}、4.13 mg · L^{-1}、4.45 mg · L^{-1}、3.91 mg · L^{-1}、3.03 mg · L^{-1}、2.45 mg · L^{-1}、1.60 mg · L^{-1}、1.20 mg · L^{-1}、1.25 mg · L^{-1}、1.48 mg · L^{-1}、1.93 mg · L^{-1}、2.53 mg · L^{-1}，最高值出现在农耕施肥活动较为活跃的 3 月，最低值与 NH_4^+-N 一样，出现在 8 月。

DTN 与 NH_4^+-N 的峰值相差一个月，NH_4^+-N 的峰值出现在干旱少雨且气温较低的春耕之前，而 DTN 峰值则与春雨峰值及春耕活动强度峰值相近，这说明，春耕等春季面源污染对 DTN 的影响较大，而 NH_4^+-N 则更多受城镇生活污水的影响。所监测的 156 个月中，NH_4^+-N 平均值为

0.81 mg · L^{-1},DTN 平均值为 2.63 mg · L^{-1},总氮平均值为 3.55 mg · L^{-1}。NH_4^+-N 平均占 DTN 的 31%,DTN 占总氮的 74%。由于一般生活污水排放的 NH_4^+-N 在迁移过程中也有相当一部分会转化成硝态氮(NO_3^--N),因此,可以初步判断,就北部太湖水体氮的来源而言,生活污水和面源污染占据的比重相近。这与 Li 等(2017b)采用同位素方法获得的北部太湖入湖河道直湖港氮来源中生活污水比重可能超过 50%的研究结果相近。

与 DTP 不同,DTN 和 NH_4^+-N 显示了明显的逐年下降趋势。以上半年均值而言,2005—2017 年 DTN 的平均值分别为 5.01 mg · L^{-1}、5.47 mg · L^{-1}、5.03 mg · L^{-1}、4.27 mg · L^{-1}、3.37 mg · L^{-1}、4.08 mg · L^{-1}、3.17 mg · L^{-1}、3.03 mg · L^{-1}、3.03 mg · L^{-1}、2.97 mg · L^{-1}、2.84 mg · L^{-1}、2.24 mg · L^{-1}、2.11 mg · L^{-1},2017 年相对于年均峰值(2006 年)而言,下降了 61%;而 NH_4^+-N 的平均值分别为 1.94 mg · L^{-1}、2.06 mg · L^{-1}、1.93 mg · L^{-1}、1.31 mg · L^{-1}、1.03 mg · L^{-1}、1.03 mg · L^{-1}、0.97 mg · L^{-1}、0.81 mg · L^{-1}、0.68 mg · L^{-1}、0.71 mg · L^{-1}、0.61 mg · L^{-1}、0.36 mg · L^{-1}、0.42 mg · L^{-1},2017 年相比峰值而言(2006 年),下降了 80%。这表明 2007 年以来,太湖流域的水污染治理取得了巨大的成效,对北部太湖的氮污染起到了明显的减轻作用。

(3) 北部太湖营养盐和叶绿素 a 含量的分区差异

北部太湖 4 个湖区的水文条件和污染源有所不同:西北湖区是太湖污染的主要入湖区,入湖负荷较高的几个河流均从西北湖区入湖;贡湖湾本来是以出水为主,外源氮、磷进入贡湖湾时已经过了西部湖区的初步降解,但“引江济太”的入湖河道望虞河位于贡湖湾东口,因此该湖湾有时又是来水入湖区;梅梁湾在“引江济太”工程实施之前,是主要的污染入湖区,主要入湖河道梁溪河、直湖港分别纳入了无锡市及常州地区的河道来水,但是在“引江济太”实施之后,特别是 2007 年以后,对直湖港进行了严格的入湖管控,大多数时间是关闭的,而梁溪河则承担了调水入锡的功能,绝大多数时间,梁溪河是通过泵站调太湖水进入无锡市区;而湖心区(这里指的是北部太湖的湖心区)与各个水域的交换紧密,水文方面受西北湖区、贡湖湾及南部湖区的影响都较大。

2005 年以来,北部太湖各个湖区水体中叶绿素 a(Chl a)、DTN、DTP 及 SD 的月变化可以看出,不同湖区 Chl a 月均值呈现一定的差异性,其中峰值大多出现在西北湖区以及梅梁湾(朱广伟等,2018)。就 Chl a 多年平均值而言,西北湖区、梅梁湾、湖心区及贡湖湾分别为 40.8 μg · L^{-1}、38.7 μg · L^{-1}、17.9 μg · L^{-1}、17.7 μg · L^{-1},西北湖区与梅梁湾显著高于湖心区及贡湖湾,这与两个水域相对容易成为蓝藻水华的堆积区有关(图 3.16)。此外,极端峰值自 2015 年以来明显增高,2015 年 10 月的西北湖区、2016 年 7 月的梅梁湾、2017 年 7 月的西北湖区、2017 年 9 月的湖心区均出现了超过 300 μg · L^{-1}的极高值,反映了近 3 年蓝藻水华的极端状况事件在增加。

DTN 则显示出极显著的空间差异。多年 DTN 平均值在西北湖区、梅梁湾、湖心区及贡湖湾分别为 4.26 mg · L^{-1}、2.40 mg · L^{-1}、1.93 mg · L^{-1}、1.72 mg · L^{-1},西北湖区显著高于其他湖区。梅梁湾在 2010 年以前与湖心区及贡湖湾的差别还比较大,但在 2011 年以后,DTN 月变化与贡湖湾、湖心区越来越接近,形成了三区均一化的特点。例如,在 2005—2007 年,梅梁湾、湖心区和贡湖湾的 DTN 平均值分别为 4.09 mg · L^{-1}、2.25 mg · L^{-1}和 2.20 mg · L^{-1},这在早期数据分析中也显示出了较大的空间差异(朱广伟,2009)。而到了 2015—2017 年,三区的 DTN 浓度平均值分别为 1.48 mg · L^{-1}、1.58 mg · L^{-1}、1.28 mg · L^{-1},差距已经很小了。同样,DTP 也显示了梅梁湾与

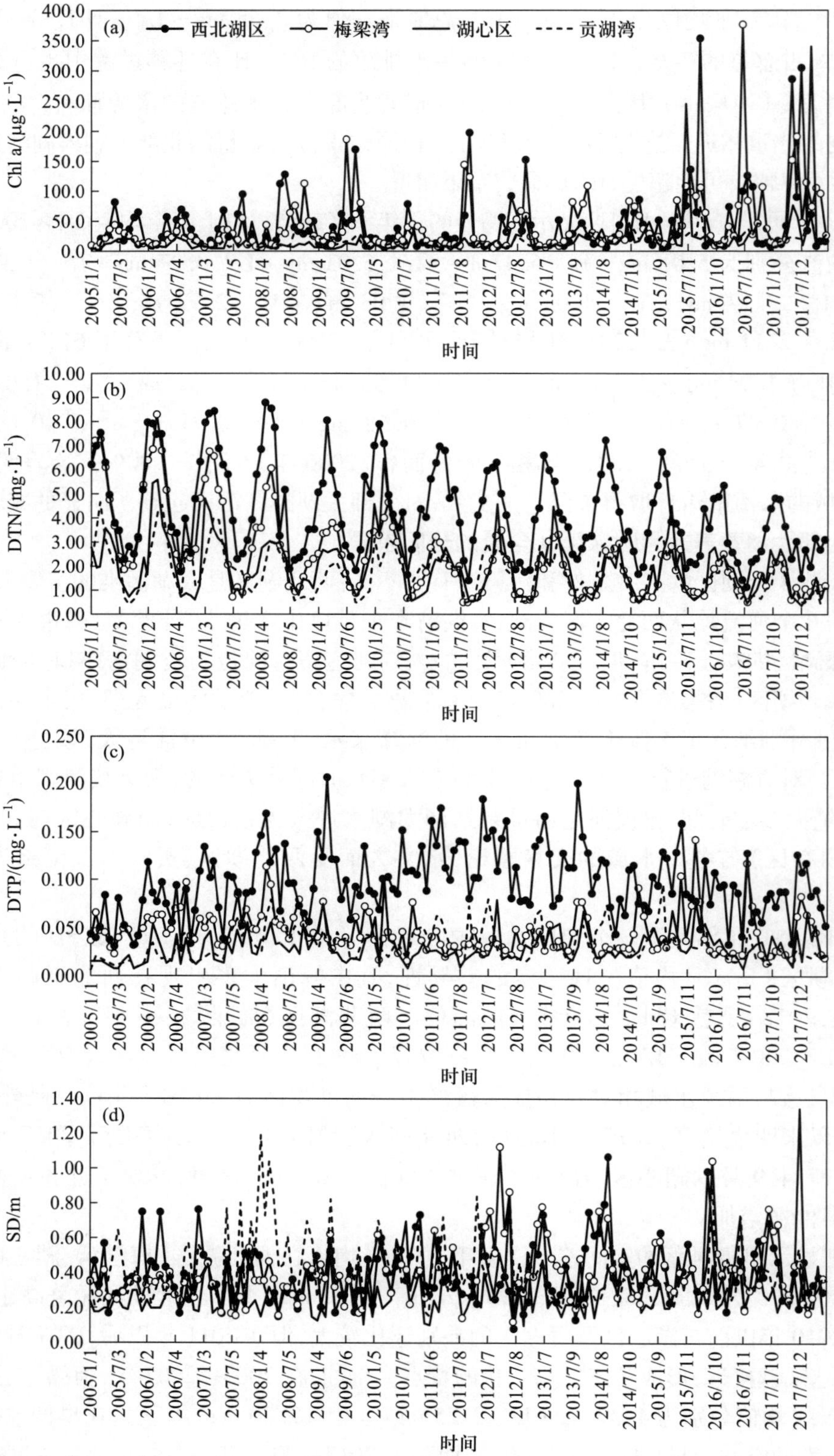

图 3.16 2005—2017 年北部太湖西北湖区、梅梁湾、湖心区及贡湖湾的水质参数变化

湖心区、贡湖湾逐步均一化的趋势，以及西北湖区显著高于其他 3 个湖区的特点。2005—2017 年西北湖区、梅梁湾、湖心区及贡湖湾的 DTP 多年平均值分别为 0.097 mg·L^{-1}、0.044 mg·L^{-1}、0.030 mg·L^{-1}、0.032 mg·L^{-1}，西北湖区比其余 3 区高出 1 倍多，这与西北湖区的入湖污染有关。与北部太湖平均 DTP 浓度变化趋势不同，西北湖区的 DTP 浓度多年变化趋势呈现单峰特征，在 2011—2012 年总体水平较高，而 2005—2006 年及 2014—2017 年总体水平偏低，这与其余三区的变化不同，也与水体 Chl a 的变化趋势不一致。

在 2005—2007 年，梅梁湾、湖心区、贡湖湾 3 个湖区的 DTP 平均值分别为 0.051 mg·L^{-1}、0.023 mg·L^{-1}、0.023 mg·L^{-1}，而 2015—2017 年 3 个湖区的平均值分别为 0.043 mg·L^{-1}、0.035 mg·L^{-1}、0.027 mg·L^{-1}，梅梁湾的平均值显著下降，而湖心区、贡湖湾的平均值则明显上升。事实上，2008—2014 年梅梁湾、湖心区、贡湖湾的 DTP 平均值分别为 0.042 mg·L^{-1}、0.031 mg·L^{-1}、0.037 mg·L^{-1}，3 个湖区差异更小。这可能与贡湖湾入流量增加、呈现更明显的外源影响的水文变化有关。

从 4 个湖区的 SD 多年变化（图 3.16），似乎看不出湖区之间的显著差别。2005—2017 年西北湖区、梅梁湾、湖心区、贡湖湾的 SD 平均值分别为 0.39 m、0.39 m、0.30 m、0.40 m，除了湖区最开敞、受风浪影响大的湖心区 SD 偏低外，其余三个湖区基本上没差别。此外，湖区间的差异在不同季节不同，冬季三个湾区与湖心区的差别更大一些，10 月至次年 4 月的西北湖区、梅梁湾、湖心区及贡湖湾的 SD 多年平均值分别为 0.45 m、0.45 m、0.27 m、0.43 m，湖心区与其他湖区的差别更大；而 5—9 月水华明显期，4 个湖区的 SD 平均值分别为 0.32 m、0.34 m、0.35 m、0.38 m，湖心区与其他三个湾区没有差别，反而是西北湖区的平均值更低些，这可能主要是蓝藻水华堆积所致。

3.3.3　太湖浮游植物群落结构长期变化

（1）太湖浮游植物群落结构的演替历史

1960 年夏季，依据全太湖 177 个测点定性样品，鉴定出浮游植物 91 属，隶属于 7 门、16 目、38 科，包括列鞘藻属（*Oedogonium*）、硬毛藻属（*Chaetomorpha*）、刚毛藻属（*Cladophora*）、水绵属（*Spirogyra*）等附生藻属（中国科学院南京地理研究所，1965）。其中金藻门 1 个属，黄藻门 2 个属，甲藻门 2 个属，硅藻门 18 个属，裸藻门 5 个属，绿藻门 48 个属，蓝藻门 15 个属。组成方面，在数量上蓝藻占绝对优势，平均蓝藻门的细胞数占总量的 96.63%，绿藻占 2.25%，硅、甲、黄、裸 4 个门藻数量占总量的不足 1%。蓝藻的分布几乎遍布全湖，以微囊藻属某种（*Microcystis* spp.）和项圈藻属（*Anabaena*）数量最多、分布最广。硅藻在东太湖占优势，其中以直链硅藻属（*Melosira*）为主。

1980 年夏季调查时，检测到 8 门 56 属。从门上，增加了隐藻门（3 个属），从总属方面有较大减少（上海师院环境保护研究室和江苏省无锡市环境保护局，1983）。在数量上，与 1960 年相比有所增多，西太湖和东太湖的浮游藻类数量分别从 22162 个·L^{-1}和 7878 个·L^{-1}增加到918400 个·L^{-1}及 137100 个·L^{-1}，发现在梅梁湾、五里湖，每逢夏季出现大量“水华”现象。此外，在组成上，蓝藻比例较 60 年代急剧上升，表现出了富营养化状况。

1988 年调查时，发现 97 个种，其中绿藻门 39 种，硅藻门 25 种，蓝藻门 19 种，金藻门 5 种，隐藻门、甲藻门、裸藻门各 3 种（孙顺才和黄漪平，1993）。蓝藻门已经从生物量上占据优势,平均占总生物量的37.7%;隐藻门次之,占总生物量的24.8%;硅藻门占21.6%,绿藻门占11.9%,裸藻门、金藻门、甲藻门分别占1.9%、1.5%、0.6%。同时,湖体的蓝藻水华已经比较普遍:湖面上5月初便可见条带状水华,7、8月达到高峰,一直要延续到11月初。水华的优势种为铜绿微囊藻(*Microcystis aeruginosa*)、水华微囊藻(*Micorcystis flosaquae*)和色球藻属某种(*Chroococcus* spp.),隐藻门在春季、夏季占优势,优势种为啮蚀隐藻(*Cryptomonas erosa*)。硅藻门在春秋季生物量较多,优势种为小环藻属某种(*Cyclotella* spp.)、颗粒直链藻(*Melosira granulata*)和舟形藻属某种(*Navicula* sp.)。

2005—2016年对太湖站32个常规监测点位全年监测,共鉴定96个种属,隶属于7门,其中蓝藻门16个种属,绿藻门49个种属,硅藻门18个种属,裸藻门5个种属,甲藻门4个种属,隐藻门和金藻门各2个种属。具体浮游植物名录见表3.2。

表3.2 2005—2016年太湖浮游植物名录

门类	中文名称	拉丁名
蓝藻门	铜绿微囊藻	*Microcystis aeruginosa*
	水华微囊藻	*Microcystis flosaquae*
	惠氏微囊藻	*Microcystis wesenbergii*
	水华鱼腥藻	*Anabaena flosaquae*
	束丝藻属某种	*Aphanizomenon* sp.
	色球藻属某种	*Chroococcus* sp.
	蓝纤维藻属某种	*Dactylococcopsis* sp.
	隐球藻属某种	*Aphanocapsa* sp.
	拟项圈藻属某种	*Anabaenopsis* sp.
	伪鱼腥藻属某种	*Pseudoanabaena* sp.
	尖头藻属某种	*Raphidiopsis* sp.
	席藻属某种	*Phormidium* sp.
	平裂藻属某种	*Merismopedia* sp.
	浮丝藻属某种	*Planktothrix* sp.
	螺旋藻属某种	*Spirulina* sp.
	湖丝藻属某种	*Limnolothix* sp.
隐藻门	蓝隐藻属某种	*Chroomonas* sp.
	啮蚀隐藻	*Cryptomonas erosa*
甲藻门	拟多甲藻属某种	*Peridiniopsis* sp.
	角甲藻属某种	*Cetratium* sp.
	薄甲藻属某种	*Glenodinium* sp.
	多甲藻属某种	*Peridinium* sp.
金藻门	锥囊藻属某种	*Dinobryon* sp.
	鱼鳞藻属某种	*Mallomonas* sp.

续表

门类	中文名称	拉丁名
裸藻门	裸藻属某种	*Englena* sp.
	陀螺藻属某种	*Strombomonas* sp.
	鳞孔藻属某种	*Lepocinclis* sp.
	扁裸藻属某种	*Phacus* sp.
	囊裸藻属某种	*Trachelomonas* sp.
硅藻门	曲壳藻属某种	*Achnanthes* sp.
	星杆藻属某种	*Asterionella* sp.
	羽纹藻属某种	*Pinnularia* sp.
	异极藻属某种	*Gomphonema* sp.
	颗粒直链藻	*Melosira granulata*
	卵形藻属某种	*Cocconeis* sp.
	小环藻属某种	*Cyclotella* sp.
	脆杆藻属某种	*Fragilaria* sp.
	布纹藻属某种	*Gyrosigma* sp.
	舟形藻属某种	*Navicula* sp.
	菱形藻属某种	*Nitzschia* sp.
	针杆藻属某种	*Synedra* sp.
	桥弯藻属某种	*Cymbella* sp.
	双菱藻属某种	*Surirella* sp.
	短缝藻属某种	*Eunotia* sp.
	四棘藻属某种	*Attheya* sp.
	棒杆藻属某种	*Rhopalodia* sp.
	根管藻属某种	*Rhizosolenia* sp.
绿藻门	集星藻属某种	*Actinastrum* sp.
	纤维藻属某种	*Ankistrodesmus* sp.
	小球藻属某种	*Chlorella* sp.
	新月藻属某种	*Closterium* sp.
	拟新月藻属某种	*Closteriopsis* sp.
	空星藻属某种	*Coelastrum* sp.
	鼓藻属某种	*Cosmarium* sp.
	四足十字藻	*Crucigenia tetrapedia*
	四角十字藻	*Crucigenia quadrata*
	华美十字藻	*Crucigenia lauterbornei*
	铜钱十字藻	*Crucigenia fenestrata*
	空球藻属某种	*Eudorina* sp.

续表

门类	中文名称	拉丁名
绿藻门	卵囊藻属某种	*Oocystis* sp.
	实球藻属某种	*Pandorina* sp.
	单角盘星藻	*Pediastrum simplex*
	二角盘星藻	*Pediastrum duplex*
	短棘盘星藻	*Pediastrum boryanum*
	四尾栅藻	*Scenedesmus quadricauda*
	二形栅藻	*Scenedesmus dimorphus*
	双对栅藻	*Scenedesmus bijugatus*
	盘状栅藻	*Scenedesmus disciformis*
	齿牙栅藻	*Scenedesmus denticulatus*
	斜生栅藻	*Scenedesmus obliquus*
	弓形藻属某种	*Schroederia* sp.
	角星鼓藻属某种	*Staurastrum* sp.
	具尾四角藻	*Tetraedron caudatum*
	微小四角藻	*Tetraedron minimum*
	三角四角藻	*Tetraedron trigonum*
	小形四角藻	*Tetraedron gracile*
	丝藻属某种	*Ulothrix* sp.
	并联藻属某种	*Quadrigula* sp.
	游丝藻属某种	*Planctonema* sp.
	四棘鼓藻属某种	*Arthrodesmus* sp.
	转板藻属某种	*Mougeotia* sp.
	微芒藻属某种	*Micractinium* sp.
	四孢藻属某种	*Tetraspora* sp.
	四鞭藻属某种	*Carteria* sp.
	衣藻属某种	*Chlamydomonas* sp.
	月牙藻属某种	*Selenastrum* sp.
	四星藻属某种	*Tetrastum* sp.
	四刺藻属某种	*Treubaria* sp.
	柄球藻属某种	*Stylosphaeridium* sp.
	蹄形藻属某种	*Kirchneriella* sp.
	网球藻属某种	*Dictyosphaeria* sp.
	顶棘藻属某种	*Lagerheimiella* sp.
	多芒藻属某种	*Golenkinia* sp.
	韦斯藻属某种	*Westella* sp.
	肾形藻属某种	*Nephrocytium* sp.
	细丝藻属某种	*Sinocylindra* sp.

（2）2005—2016 年北部太湖浮游植物密度的动态变化

太湖浮游植物主要由七个门类组成，包括蓝藻门、硅藻门、绿藻门、隐藻门、裸藻门、甲藻门和金藻门。其中蓝藻门、硅藻门和绿藻门的藻类细胞密度较大，是主要优势浮游植物门类，但细胞密度月份间变化幅度较大，甲藻门和金藻门细胞密度较低。

2005—2016 年太湖北部 14 个点平均蓝藻细胞密度变化范围为（3.8～282785）$\times10^4$个 · L^{-1}，最低值出现在 2006 年 3 月，最高值出现在 2016 年 7 月，多年平均为 16050$\times10^4$个 · L^{-1}（图 3.17）。硅藻细胞密度变化范围为（1.07～1312）$\times10^4$个 · L^{-1}，最低值出现在 2010 年 12 月，最高值出现在 2009 年 3 月，多年平均为 119$\times10^4$ 个 · L^{-1}；绿藻细胞密度最低值出现在 2010 年 12 月，最高值出现在 2007 年 8 月，变化范围为（1.8～9193）$\times10^4$个 · L^{-1}，多年平均为 189$\times10^4$个 · L^{-1}；隐藻细胞密度变化范围为（0.67～297）$\times10^4$ 个 · L^{-1}，最低值出现在 2010 年 12 月，最高值出现在 2014 年

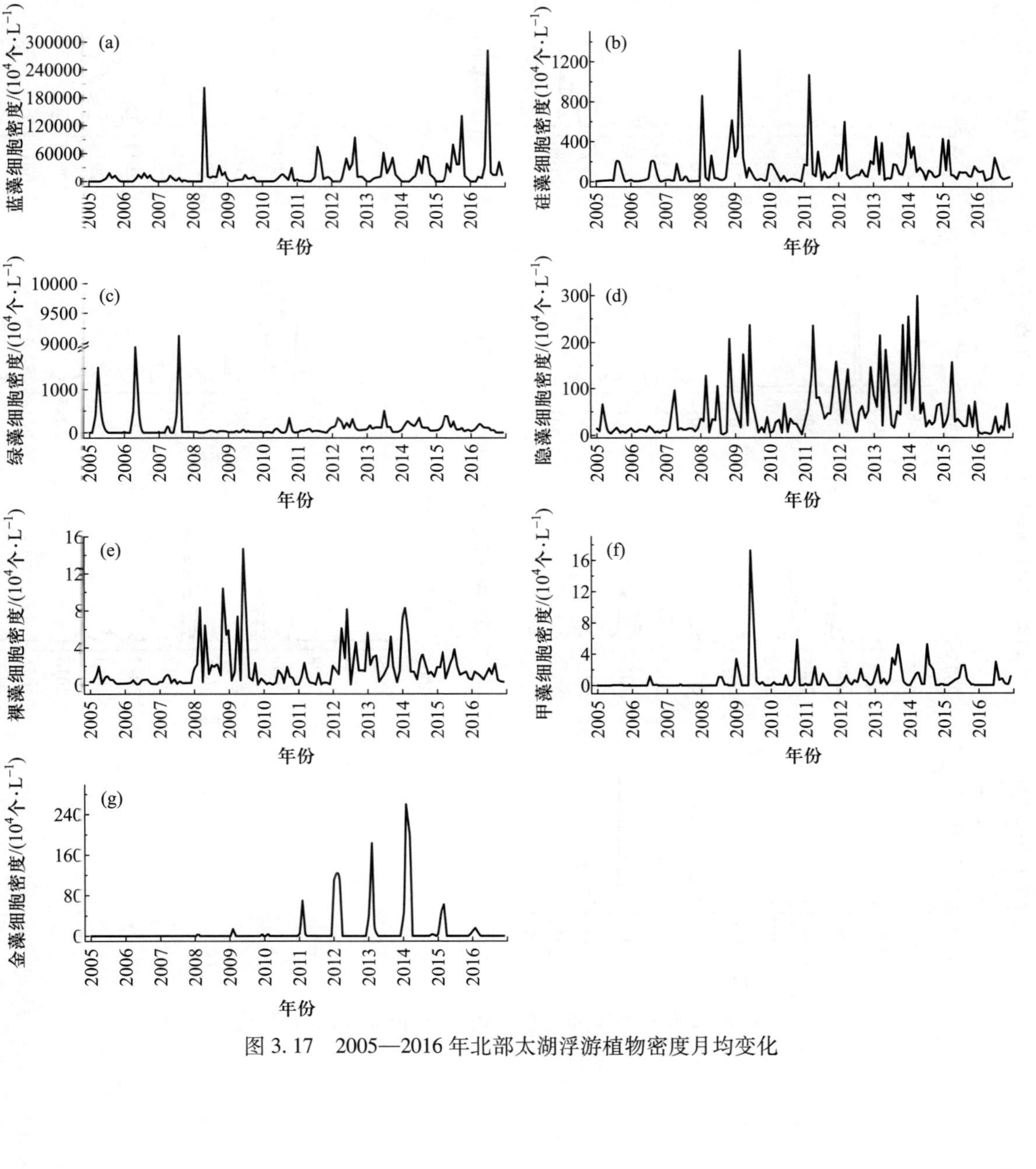

图 3.17　2005—2016 年北部太湖浮游植物密度月均变化

4月，多年平均为47×10⁴个·L⁻¹；裸藻的细胞密度变化范围为0～14.78×10⁴个·L⁻¹，最低值出现在2010—2012年，最高值出现在2009年6月，多年平均为1.66×10⁴个·L⁻¹；甲藻细胞密度的变化范围为（0～17.25）×10⁴个·L⁻¹，多年平均为0.705×10⁴个·L⁻¹；金藻细胞密度的变化范围为（0～260）×10⁴个·L⁻¹，高值出现在2012—2014年少数年份，多年平均为9.29×10⁴个·L⁻¹。

（3）2005—2016年北部太湖浮游植物生物量的动态变化

从生物量上看，蓝藻生物量的变化范围为0.002～169 mg·L⁻¹，多年平均为6.08 mg·L⁻¹；硅藻生物量变化范围为0～14.4 mg·L⁻¹，多年平均为1.36 mg·L⁻¹；绿藻生物量变化范围为0.006～14.1 mg·L⁻¹，多年平均为0.47 mg·L⁻¹；隐藻生物量变化范围为0.01～9.4 mg·L⁻¹，多年平均为0.81 mg·L⁻¹；其余三个门类藻类的生物量相对较低（图3.18）。

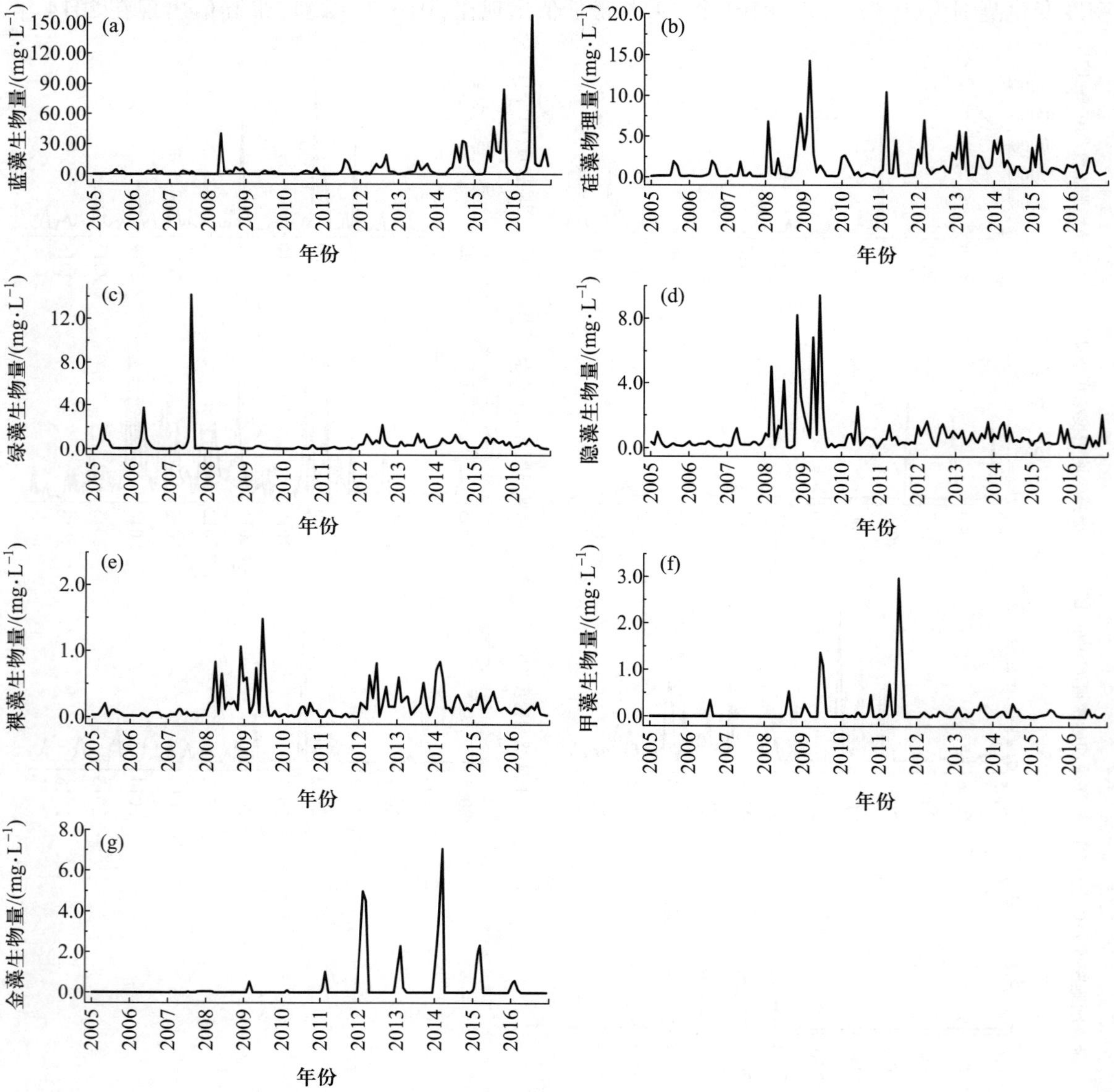

图3.18　2005—2016年北部太湖浮游植物生物量月均变化

（4）2005—2016 年北部太湖浮游植物种群结构的年变化

从 2005—2016 年历史变化看，蓝藻无论是细胞密度还是生物量都有逐年升高的趋势，尤其是生物量表现得更明显。硅藻在 2007 年以后也有增加的趋势，而且维持在相对稳定的水平。2007 年以后，绿藻细胞密度和生物量均降低，但 2012 年又开始增加，并维持在相对稳定的水平。2007 年以后，裸藻和甲藻的数量开始上升，最近几年喜欢干净水体的金藻数量有增加的趋势（图 3.19，图 3.20）。

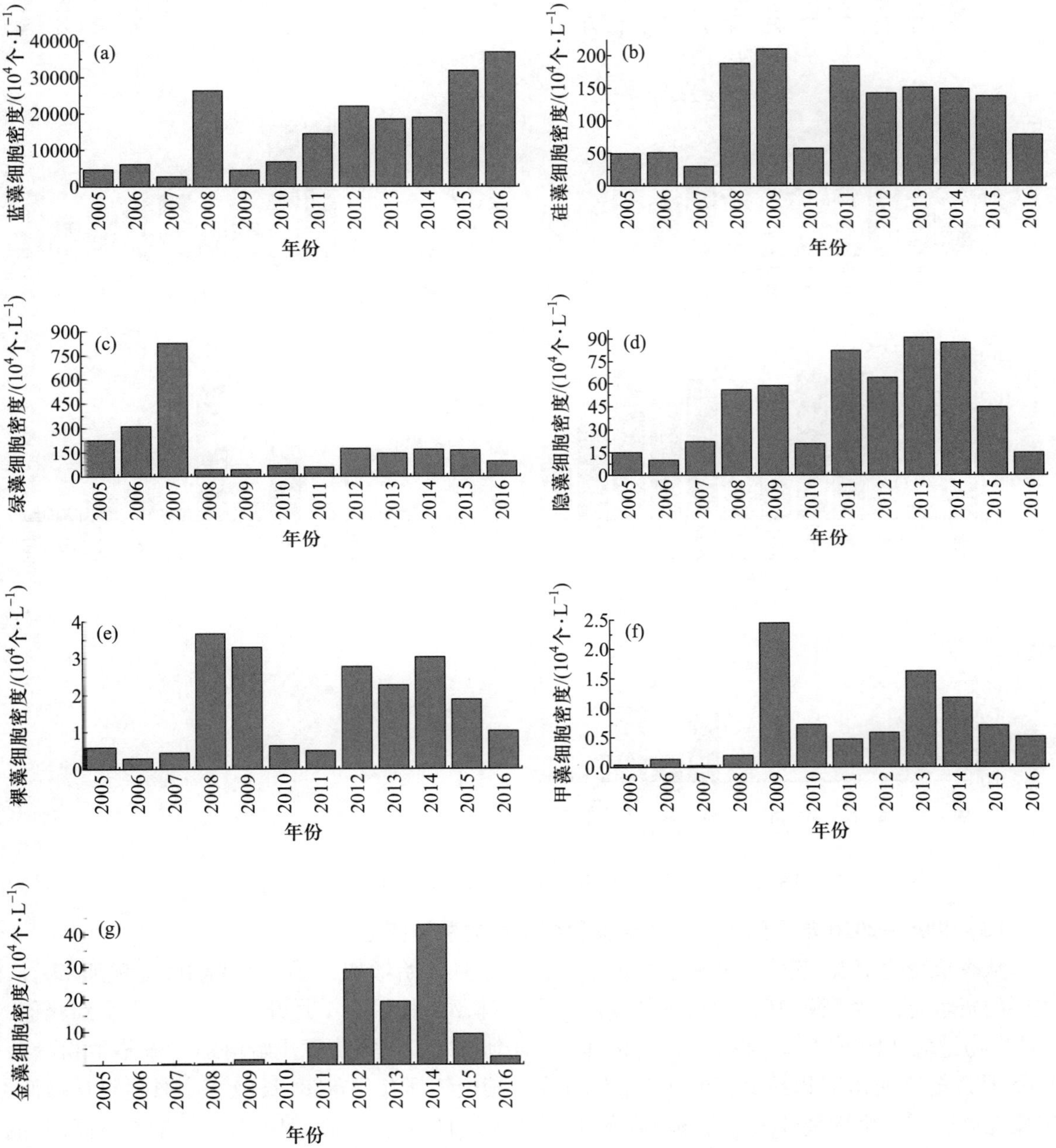

图 3.19　2005—2016 年北部太湖浮游植物密度年变化

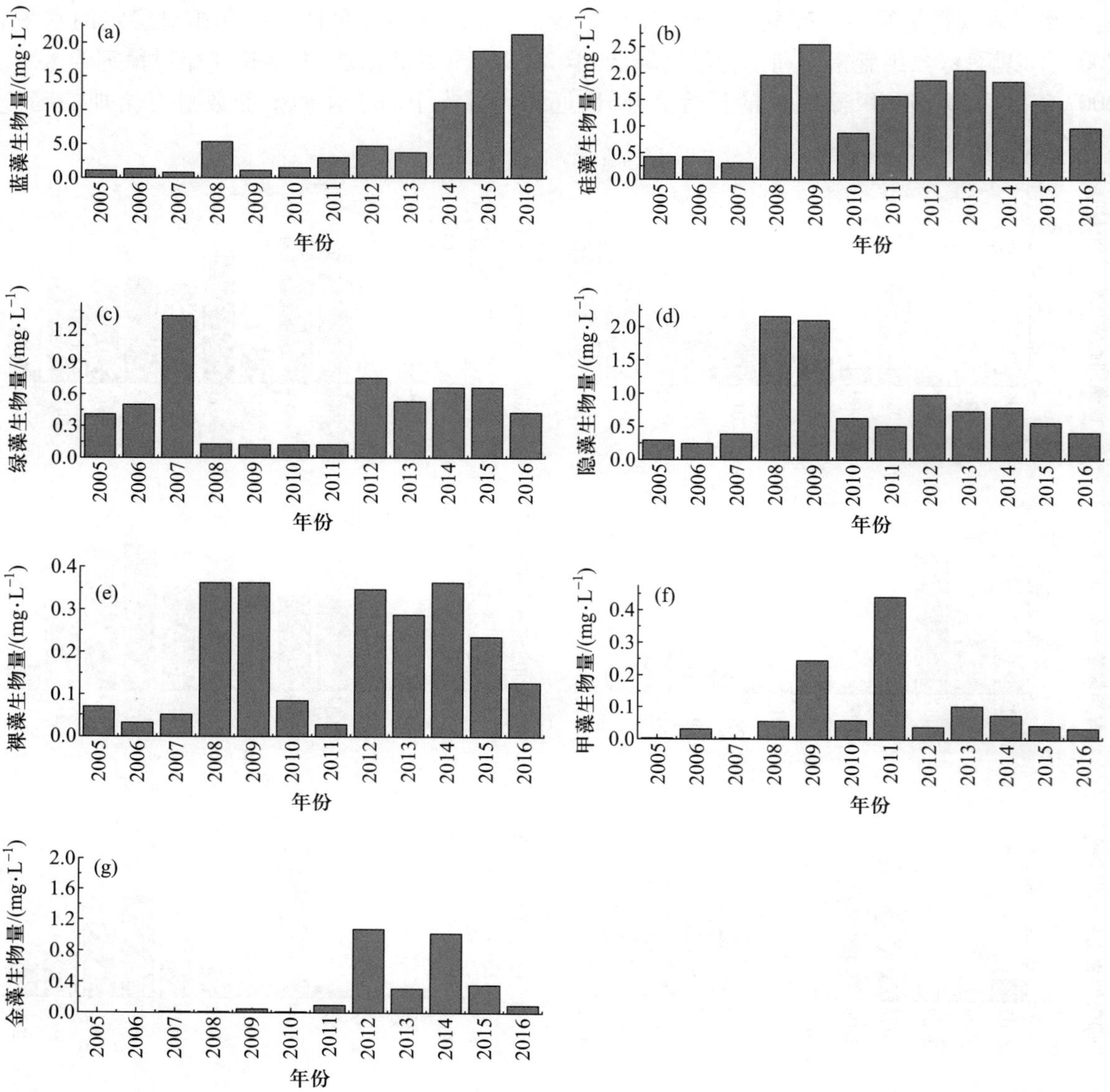

图3.20　2005—2016年北部太湖浮游植物生物量年变化

(5) 2005—2016年北部太湖浮游植物种群结构的季节变化

从季节变化上看,蓝藻密度和生物量主要是从5月开始增加,7月达到峰值,持续到12月,主要的贡献者是微囊藻,其变化趋势与蓝藻一致。硅藻生物量从1月开始增加,3月达到峰值,4月生物量就开始下降,并维持在稳定的水平,直到12月生物量又开始增加。绿藻生物量从1—5月逐渐增加,8月以后又逐渐减少。隐藻在太湖全年都有分布,8、9、10三个月生物量略低。甲藻在高温天气生物量升高。金藻只在冬季(1、2、3月)生物量升高,但绝对生物量并不高,其他月份密度和生物量都很低(图3.21)。

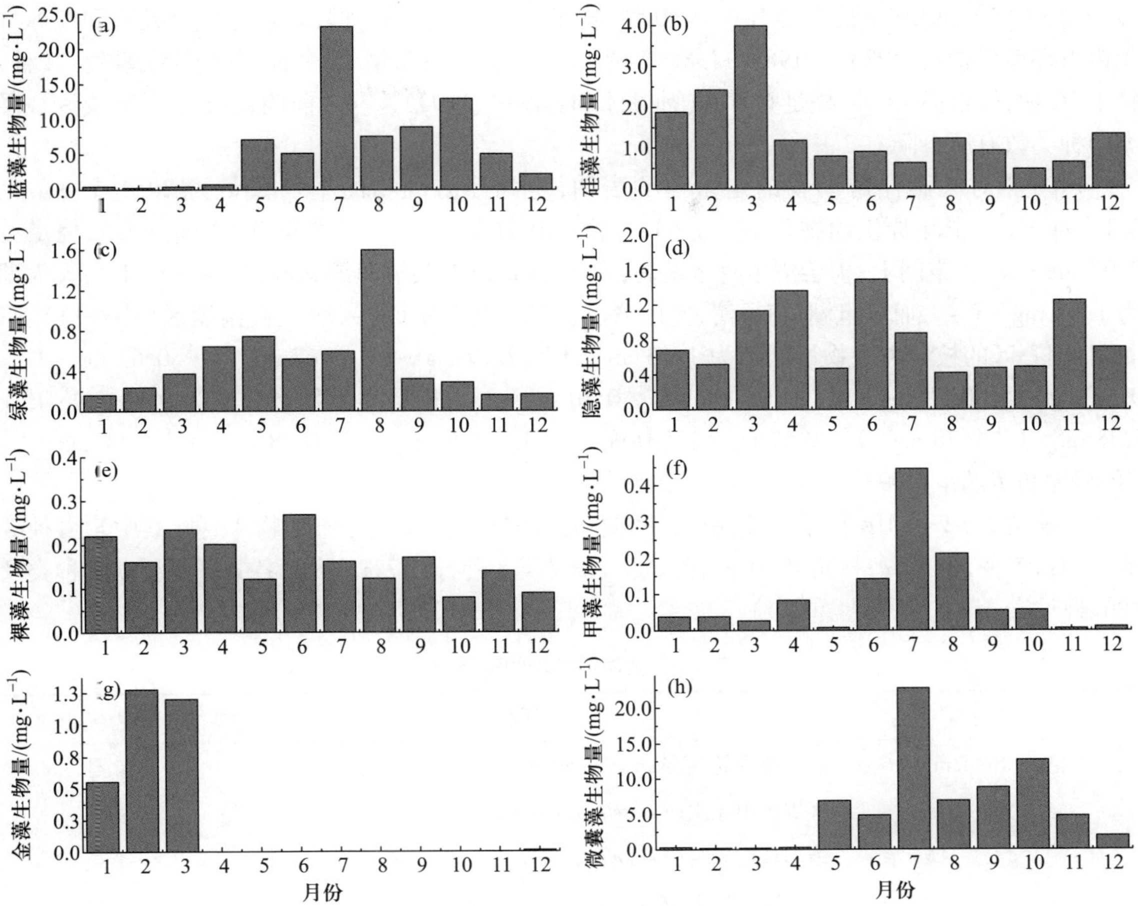

图 3.21 2005—2016 年平均浮游植物生物量的季节变化

3.3.4 太湖浮游动物群落结构长期变化

(1) 太湖浮游动物群落结构演替历史

1960 年夏季全太湖 177 个浮游生物定性调查时,共鉴定出浮游动物 57 属,其中包括原生动物 16 属,腔肠动物 1 属,轮虫 20 属,枝角类 11 属,桡足类 9 属(中国科学院南京地理研究所,1965)。从其中 32 个定量样点看,浮游动物的平均数量为 3290 个 · L^{-1},其中原生动物占 84.30%,轮虫占 11.02%,枝角类和桡足类合计占 4.77%,其中枝角类的数量为 56 个 · L^{-1},桡足类的数量为 97 个 · L^{-1}。调查中发现的 11 种枝角类为罪女溞属某种(*Sida* sp.)、秀体溞属某种(*Diaphanosoma* sp.)、网纹溞属某种(*Ceriodaphnia* sp.)、裸腹溞属某种(*Moina* sp.)、象鼻溞属某种(*Bosmina* sp.)、基合溞属某种(*Bosminopsis* sp.)、弯尾溞属某种(*Camptocercus* sp.)、尖额溞属某种(*Alona* sp.)、盘肠溞属某种(*Chydorus* sp.)、锐额溞属某种(*Alonella* sp.)和薄皮溞属某种(*Leptodora* sp.),发现的 9 种桡足类为剑溞属某种(*Cyclops* sp.)、中剑溞属某种(*Mesocyclops* sp.)、温剑溞属某种(*Thermocyclops* sp.)、真剑溞属某种(*Eucyclops* sp.)、华镖溞属某种(*Sinocalanus* sp.)、许镖溞属某种(*Schmackeria* sp.)、新镖溞属某种(*Neodiaptomus* sp.)、荡镖溞属某种(*Neutrodiaptomus* sp.)和猛溞属某种(*Canthocamptus* sp.)。1980 年多季节调查时,共检出浮游动物 126

种，隶属4门8纲，其中枝角类有6科40种，桡足类有9属（上海师院环境保护研究室和江苏省无锡市环境保护局，1983）。1987—1988年调查时，检出浮游动物79个种，其中原生动物22种，轮虫30种，枝角类19种，桡足类8种（孙顺才和黄漪平，1993）。与之前调查相比，枝角类和桡足类的种类数有所下降。

1988年对太湖浮游动物的定量监测表明，全湖浮游动物的平均数量为2054个·L^{-1}、2.14 mg·L^{-1}，其中原生动物0.09 mg·L^{-1}，轮虫0.26 mg·L^{-1}，枝角类0.82 mg·L^{-1}，桡足类0.97 mg·L^{-1}。空间上，梅梁湾生物量最高，为4.64 mg·L^{-1}；五里湖其次，4.24 mg·L^{-1}；大太湖为1.93 mg·L^{-1}。而五里湖、梅梁湾、竺山湾、贡湖湾、湖西岸（宜兴滩）、西南湖区（小梅口）、东太湖、湖心区的枝角类生物量分别为1.13 mg·L^{-1}、2.79 mg·L^{-1}、0.67 mg·L^{-1}、0.63 mg·L^{-1}、0.55 mg·L^{-1}、0.79 mg·L^{-1}、0.08 mg·L^{-1}、0.80 mg·L^{-1}，桡足类生物量分别为0.88 mg·L^{-1}、1.18 mg·L^{-1}、0.18 mg·L^{-1}、0.57 mg·L^{-1}、0.96 mg·L^{-1}、1.54 mg·L^{-1}、0.48 mg·L^{-1}、0.90 mg·L^{-1}（孙顺才和黄漪平，1993）。

太湖站2012—2016年常规监测中，不包括原生动物，共发现浮游动物47种，其中轮虫种类最多，有25种，占53%；枝角类14种，占30%；桡足类8种，占17%。太湖各类群浮游动物种类及优势种见表3.3。

表3.3　太湖浮游动物种类列表

类别	属种	是否优势种
轮虫（Rotifera）	曲腿龟甲轮虫（*Keratella valga*）	是
	螺旋龟甲轮虫（*Keratella cochlearis*）	是
	矩形龟甲轮虫（*Keratella quadrata*）	是
	萼花臂尾轮虫（*Brachionus calyciflorus*）	是
	角突臂尾轮虫（*Brachionus angularis*）	是
	尾突臂尾轮虫（*Brachionus caudatus*）	是
	壶状臂尾轮虫（*Brachionus urceus*）	
	剪形臂尾轮虫（*Brachionus farficula*）	
	镰状臂尾轮虫（*Brachionus falcatus*）	
	方形臂尾轮虫（*Brachionus quadridentatus*）	
	蒲达臂尾轮虫（*Brachionus budapestiensis*）	
	裂足臂尾轮虫（*Brachionus diversicornis*）	
	针簇多肢轮虫（*Polyarthra trigla*）	是
	晶囊轮虫属某种（*Asplanchna* sp.）	
	月形腔轮虫（*Lecane luna* Muller.）	
	盘状鞍甲轮虫（*Lepadella patella*）	
	大肚须足轮虫（*Euehlalns dilatata*）	
	异尾轮虫属某种（*Trichocerca* sp.）	

续表

类别	属种	是否优势种
轮虫(Rotifera)	独角聚花轮虫(*Conochilus dossuarius*)	
	长三肢轮虫(*Filinia longiseta*)	是
	奇异巨腕轮虫(*Hexarthra mira*)	是
	梳状疣毛轮虫(*Synchaeta pectinata*)	
	月形单趾轮虫(*Monostyla lunaris* Ehrenberg.)	
	尖角单趾轮虫(*Monostyla closterocerca* Schmarda.)	
	龟纹轮虫属某种(*Anuraeopsis* sp.)	
枝角类(Cladocera)	简弧象鼻溞(*Bosmina coregoni*)	是
	长额象鼻溞(*Bosmina longirostris*)	是
	透明溞(*Daphnia hyalina*)	是
	长刺溞(*Daphnia longispina*)	
	蚤体溞(*Daphnia pulex*)	
	晶莹仙达溞(*Sida crystallina*)	
	颈沟基合溞(*Bosminopsis deitersi* Richard.)	
	短尾秀体溞(*Diaphanosoma brachyurum*)	是
	长肢秀体溞(*Diaphanosoma bergianum* Fischer.)	是
	角突网纹溞(*Ceriodaphnia cornuta*)	是
	多刺裸腹溞(*Moina macrocopa*)	
	矩形尖额溞(*Alona rectangula*)	
	圆形盘肠溞(*Chydorus sphaerius*)	
	透明薄皮溞(*Leptodora kindti*)	
桡足类(Copepoda)	英勇剑水蚤(*Cyclops strennus*)	
	近邻剑水蚤(*Cyclops vicinus*)	
	跨立小剑水蚤(*Microcyclops varicans*)	
	广布中剑水蚤(*Mesocyclops leuckarti*)	是
	指状许水蚤(*Schmackeria inopinus*)	是
	中华窄腹剑水蚤(*Limnoithona sinensis*)	是
	汤匙华哲水蚤(*Sinocalanus dorrii*)	是
	无节幼体(*Nauplius*)	

（2）2007—2015 年太湖浮游动物密度的时间变化

以太湖站 2007—2015 年北太湖 14 个监测点的浮游动物数量统计分析，太湖浮游动物的群落结构及组成变化如下。

轮虫：如图 3.22 所示，2007—2015 年北太湖轮虫密度变化范围在 3.7～2496 个 · L^{-1}，最低值和最高值分别为 2015 年 4 月和 2011 年 2 月，多年 1—12 月北太湖逐月轮虫密度分别为 381 个 · L^{-1}、595 个 · L^{-1}、408 个 · L^{-1}、206 个 · L^{-1}、142 个 · L^{-1}、186 个 · L^{-1}、207 个 · L^{-1}、232 个 · L^{-1}、185 个 · L^{-1}、241 个 · L^{-1}、146 个 · L^{-1}、148 个 · L^{-1}，可见轮虫 1—3 月密度显著高于其他月份。

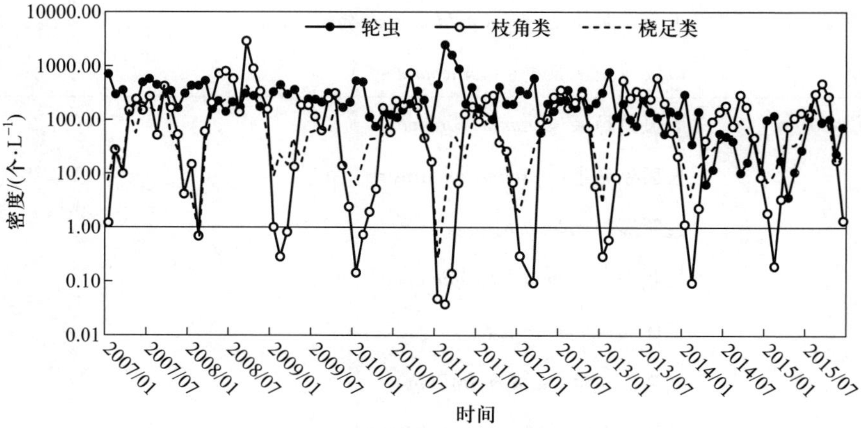

图 3.22　2007—2015 年北太湖浮游动物密度月均变化

枝角类：如图 3.22 所示，2007—2015 年北太湖枝角类密度变化范围在 0～2792 个 · L^{-1}，最低值和最高值分别为 2011 年 2 月和 2008 年 9 月，多年 1—12 月北太湖逐月枝角类密度分别为 2 个 · L^{-1}、3 个 · L^{-1}、9 个 · L^{-1}、125 个 · L^{-1}、221 个 · L^{-1}、246 个 · L^{-1}、247 个 · L^{-1}、163 个 · L^{-1}、671 个 · L^{-1}、279 个 · L^{-1}、73 个 · L^{-1}、25 个 · L^{-1}，可见 4—10 月枝角类密度显著高于其他月份，其中 9 月密度最高，其原因应该是 9 月太湖开捕，使鱼类对枝角类的抑制急剧降低，枝角类种群迅速扩张。

桡足类：如图 3.22 所示，2007—2015 年北太湖桡足类密度变化范围在 0.3～412 个 · L^{-1}，最低值和最高值分别为 2011 年 1 月和 2008 年 9 月，多年 1—12 月北太湖逐月桡足类密度分别为 6 个 · L^{-1}、16 个 · L^{-1}、34 个 · L^{-1}、58 个 · L^{-1}、57 个 · L^{-1}、130 个 · L^{-1}、157 个 · L^{-1}、143 个 · L^{-1}、163 个 · L^{-1}、132 个 · L^{-1}、66 个 · L^{-1}、26 个 · L^{-1}，可见 6—10 月桡足类密度显著高于其他月份。

（3）2007—2015 年太湖浮游动物生物量的时间变化

以太湖站 2007—2015 年北太湖 14 个监测点的浮游动物生物量进行统计分析，太湖浮游动物的群落结构及组成变化如下。

轮虫：如图 3.23 所示，2007—2015 年北太湖轮虫生物量变化范围在 0.012～2.361 mg · L^{-1}，最低值和最高值分别为 2014 年 12 月和 2011 年 2 月，多年 1—12 月北太湖逐月轮虫生物量分别为 0.990 mg · L^{-1}、0.952 mg · L^{-1}、0.795 mg · L^{-1}、0.578 mg · L^{-1}、0.422 mg · L^{-1}、0.465 mg · L^{-1}、0.491 mg · L^{-1}、0.477 mg · L^{-1}、0.524 mg · L^{-1}、0.602 mg · L^{-1}、0.331 mg · L^{-1}、0.356 mg · L^{-1}，可见

1—3 月轮虫生物量显著高于其他月份。

枝角类：如图 3.23 所示，2007—2015 年北太湖枝角类生物量变化范围在 0~88.417 mg·L^{-1}，最低值和最高值分别为 2012 年 2 月和 2008 年 9 月，多年 1—12 月北太湖逐月枝角类生物量分别为 0.201 mg·L^{-1}、0.211 mg·L^{-1}、1.099 mg·L^{-1}、4.095 mg·L^{-1}、7.650 mg·L^{-1}、5.526 mg·L^{-1}、6.471 mg·L^{-1}、3.001 mg·L^{-1}、18.718 mg·L^{-1}、7.666 mg·L^{-1}、2.125 mg·L^{-1}、0.735 mg·L^{-1}，可见 4—10 月枝角类生物量显著高于其他月份，其中 9 月生物量最高。

桡足类：如图 3.23 所示，2007—2015 年北太湖桡足类生物量变化范围在 0.005~26.245 mg·L^{-1}，最低值和最高值分别为 2011 年 1 月和 2008 年 9 月，多年 1—12 月北太湖逐月桡足类生物量分别为 0.176 mg·L^{-1}、0.340 mg·L^{-1}、0.674 mg·L^{-1}、2.528 mg·L^{-1}、2.313 mg·L^{-1}、4.273 mg·L^{-1}、4.268 mg·L^{-1}、4.002 mg·L^{-1}、6.491 mg·L^{-1}、3.996 mg·L^{-1}、2.355 mg·L^{-1}、0.950 mg·L^{-1}，可见 6—10 月桡足类生物量显著高于其他月份。

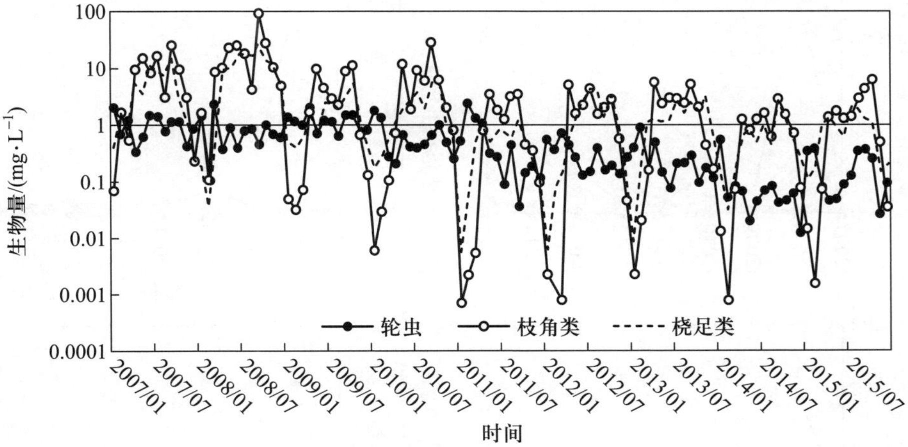

图 3.23 2007—2015 年北太湖浮游动物生物量月均变化

(4) 2007—2015 年太湖浮游动物的季节变化

轮虫：如图 3.24 所示，2007—2015 年北太湖轮虫密度表现出明显的季节差异，四季多年平均轮虫密度分别为春季 343 个·L^{-1}、夏季 278 个·L^{-1}、秋季 191 个·L^{-1}、冬季 463 个·L^{-1}，总体表现为冬季高，秋季低。其中 2011 年春季、夏季和冬季轮虫密度分别为 996 个·L^{-1}、892 个·L^{-1}、1450 个·L^{-1}，异常高于同季节其他年份，秋季轮虫密度最高的是 2007 年的 304 个·L^{-1}，而 2011 年秋季轮虫密度为 280 个·L^{-1}，与其他年份无明显差异。

2007—2015 年北太湖四季多年平均轮虫生物量分别为春季 0.719 mg·L^{-1}、夏季 0.651 mg·L^{-1}、秋季 0.498 mg·L^{-1}、冬季 0.976 mg·L^{-1}，与轮虫密度变化表现出了较好的一致性。有意思的是，轮虫密度异常高的 2011 年，轮虫生物量却并未显著高于其他年份，推测 2011 年可能某种微小型轮虫种群发生了爆发性增长。北太湖四季多年平均轮虫生物量最高的分别为 2010 年春季 1.279 mg·L^{-1}、2007 年夏季 1.356 mg·L^{-1}、2009 年秋季 1.140 mg·L^{-1}、2007 年冬季 1.687 mg·L^{-1}。

枝角类：如图 3.24 所示，枝角类密度季节差异十分显著，2007—2015 年北太湖四季平均枝角类密度分别为春季 25 个·L^{-1}、夏季 112 个·L^{-1}、秋季 289 个·L^{-1}、冬季 2 个·L^{-1}。表现为秋季最高，夏季其次，春冬两季极低，其中 2008 年秋季枝角类密度异常高于其他年份同季，达到了

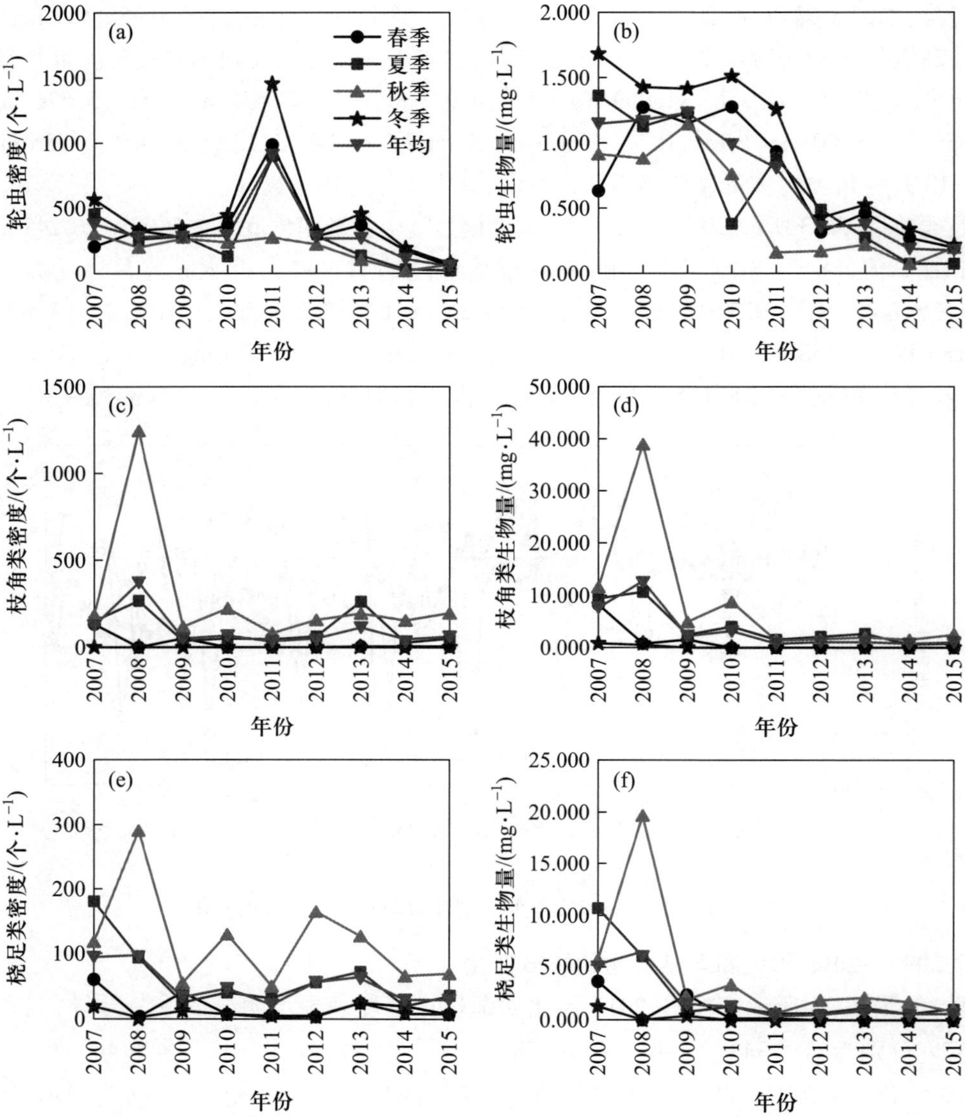

图 3.24　2007—2015 年北太湖各湖区浮游动物密度的季节变化

1234 个 · L^{-1},其他季节北太湖枝角类密度最高的分别为 2007 年春季 140 个 · L^{-1}、2008 年夏季 268 个 · L^{-1}、2007 年冬季 12 个 · L^{-1}。

2007—2015 年北太湖四季多年平均枝角类生物量分别为春季 1.243 mg · L^{-1}、夏季 3.821 mg · L^{-1}、秋季 8.152 mg · L^{-1}、冬季 0.172 mg · L^{-1},与枝角类密度变化表现出了较好的一致性。北太湖四季多年平均枝角类生物量最高的分别为 2007 年春季 8.405 mg · L^{-1}、2008 年夏季 10.641 mg · L^{-1}、2008 年秋季 39.089 mg · L^{-1}、2007 年冬季 0.745 mg · L^{-1}。

桡足类:如图 3.24 所示,桡足类密度季节差异显著,2007—2015 年北太湖四季平均桡足类密度分别为春季 20 个 · L^{-1}、夏季 62 个 · L^{-1}、秋季 119 个 · L^{-1}、冬季 10 个 · L^{-1}。表现为秋季最高,夏季其次,春冬两季低,其中 2008 年秋季桡足类密度显著高于其他年份同季,为

291 个 · L^{-1},其他季节北太湖桡足类密度最高的分别为 2007 年春季 61 个 · L^{-1}、2007 年夏季 179 个 · L^{-1}、2013 年冬季 25 个 · L^{-1}。

2007—2015 年北太湖四季多年平均桡足类生物量分别为春季 0.814 mg · L^{-1}、夏季 2.594 mg · L^{-1}、秋季 4.240 mg · L^{-1}、冬季 0.255 mg · L^{-1},与桡足类密度变化表现出了较好的一致性。北太湖四季多年平均桡足类生物量最高的分别为 2007 年春季 3.643 mg · L^{-1}、2008 年夏季 10.770 mg · L^{-1}、2008 年秋季 19.768 mg · L^{-1}、2007 年冬季 1.164 mg · L^{-1}。

(5) 2007—2015 年太湖浮游动物密度和生物量的分区差异

以太湖站北太湖 14 个逐月监测点数据为基础,分析获得北太湖各湖区浮游动物密度变化(图 3.25)。由图可知,2007—2015 年北太湖四个湖区浮游动物密度具有明显差异,多年浮游动物平均密度从高至低依次为西北湖区(NW)2682 个 · L^{-1}、梅梁湾(ML)2068 个 · L^{-1}、贡湖湾(GH)1597 个 · L^{-1}和湖心(HX)1310 个 · L^{-1}。其中轮虫对浮游动物密度贡献最大,西北湖区轮虫密度占到了浮游动物总密度的 78%,其他三个湖区分别为梅梁湾 59%、贡湖湾 68%和湖心 51%;北太湖四个湖区枝角类密度分别占该湖区浮游动物总密度的比例为西北湖区 16%、梅梁湾 29%、贡湖湾 18%、湖心 30%;桡足类占比分别为西北湖区 6%、梅梁湾 12%、贡湖湾 14%、湖心 19%,可见四个湖区浮游动物组成也有较大差异。一般认为,水体富营养化水平增加,轮虫密度也随之增加,而枝角类和桡足类密度则随水体营养程度增加而减少。本次研究中,西北湖区轮虫密度最大,为 2087 个 · L^{-1};梅梁湾和贡湖湾其次,分别为 1235 个 · L^{-1}和 1094 个 · L^{-1};湖心最小,为 685 个 · L^{-1},显示出富营养水平西北湖区>梅梁湾、贡湖湾>湖心。

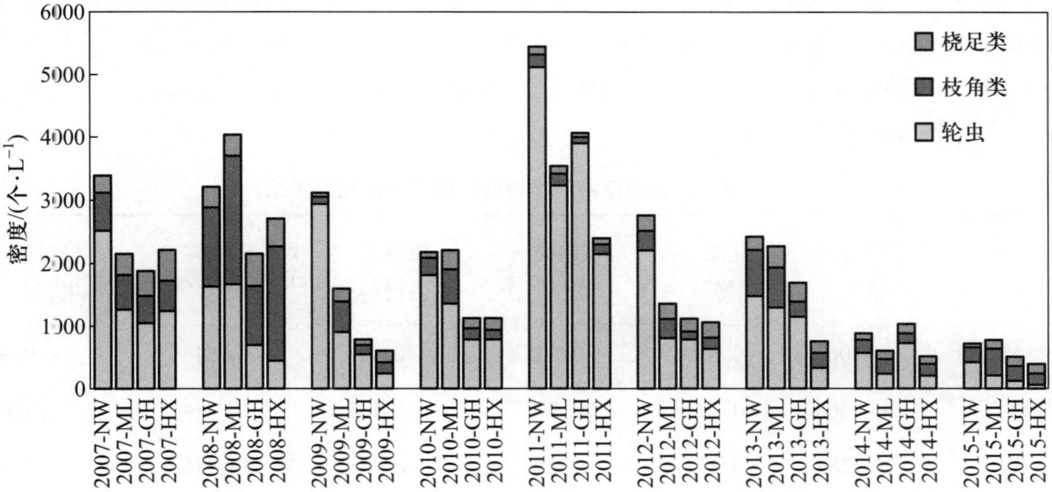

图 3.25 2007—2015 年北太湖各湖区浮游动物密度变化

生物量方面的时空变化如图 3.26。2007—2015 年北太湖四个湖区浮游动物平均生物量分别为西北湖区 24.176 mg · L^{-1}、梅梁湾 29.787 mg · L^{-1}、贡湖湾 19.969 mg · L^{-1}、湖心 22.610 mg · L^{-1}。2008—2010 年梅梁湾浮游动物总生物量显著高于其他湖区,其余年份各湖区之间浮游动物生物量差异并不显著,且自 2008 年后有较明显的下降趋势。从浮游动物生物量贡献上来看,枝角类和桡足类贡献较大,北太湖四个湖区枝角类生物量分别占该湖区浮游动物总生物量的比值为西北湖区 55%、梅梁湾 64%、贡湖湾 44%、湖心 55%;桡足类占比分别为西北湖区 24%、梅梁湾

27%、贡湖湾 45%、湖心 39%；轮虫虽然在数量上占优，但由于个体微小，所以在生物量上占比较少，分别为西北湖区 21%、梅梁湾 9%、贡湖湾 11%、湖心 6%。

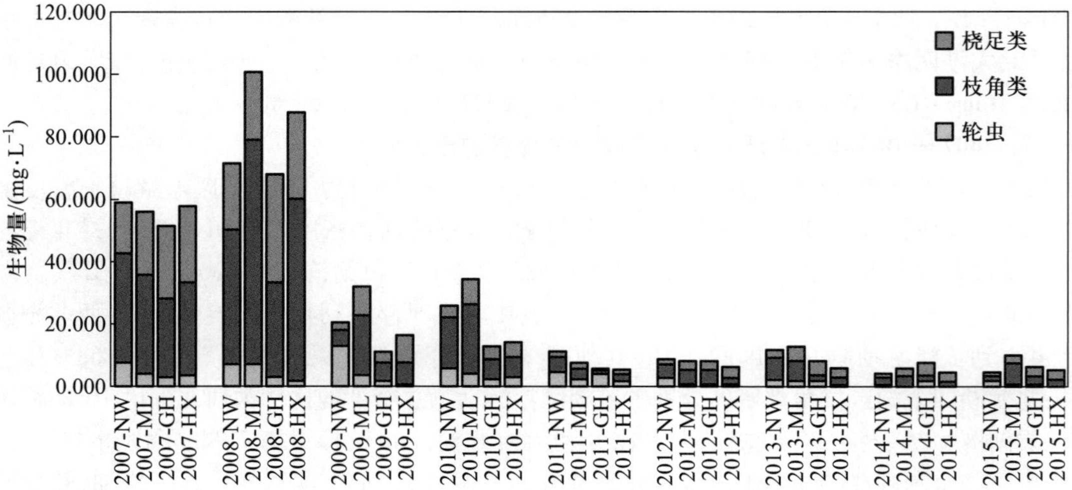

图 3.26 2007—2015 年北太湖各湖区浮游动物生物量变化

（6）2005—2015 年太湖浮游动物与营养盐及叶绿素 a 之间的关系

表 3.4 显示了浮游动物与各理化因子以及叶绿素 a 之间的关系。由表可知，浮游动物密度和生物量与叶绿素 a 和透明度均不相关；轮虫生物量与 NH_4^+-N 和 DTN 呈极显著正相关（$p<0.01$），与 TN 呈显著正相关（$p<0.05$）；枝角类密度与 DTP 呈显著正相关，生物量与 NH_4^+-N 以及 TN 均呈显著正相关；桡足类密度与 DTN、TN 呈显著正相关，生物量与 NH_4^+-N 呈显著正相关，与 DTN、TN 呈极显著正相关。

表 3.4 北太湖浮游动物与各环境因子间相互关系

	轮虫密度	轮虫生物量	枝角类密度	枝角类生物量	桡足类密度	桡足类生物量
鱼类捕捞量	−0.062	−0.825**	−0.707*	−0.923**	−0.815**	−0.953**
叶绿素 a	−0.466	−0.423	0.067	−0.135	−0.314	−0.170
SD	−0.187	−0.553	−0.275	−0.378	−0.186	−0.436
NH_4^+-N	0.280	0.842**	0.359	0.675*	0.662	0.759*
DTN	0.127	0.824**	0.431	0.747*	0.696*	0.799**
TN	0.101	0.781*	0.478	0.782*	0.741*	0.852**
DTP	−0.161	0.256	0.705*	0.580	0.448	0.533
TP	−0.146	0.127	0.529	0.465	0.440	0.495

注：$n=9$；*，$p<0.05$，显著相关；**，$p<0.01$，极显著相关。

浮游动物以细菌、原生动物、有机碎屑和小型藻类为食，相关性分析显示，北太湖浮游动物密度和生物量与叶绿素 a 无相关性，但浮游动物生物量与 NH_4^+-N、DTN 以及 TN 却呈显著性相关。NH_4^+-N 主要来源之一为水生动植物代谢产物和死亡后分解，而太湖占优势的浮游植物为微囊藻，在野外以群体形式存在，一般认为浮游动物无法直接滤食，但其死亡、腐烂后形成的有机碎屑应可以被浮游动物所利用。上述的相关性显示，太湖浮游动物可能主要利用动植物分解后的有机残渣，而非直接捕食成群的活体微囊藻。

（7）2006—2015 年太湖浮游动物与鱼类之间的关系

浮游动物作为小型鱼类和滤食性鱼类的主要食物来源，如表 3.4 所示，太湖鱼类捕捞量与三大类浮游动物生物量均呈极显著负相关，即鱼产量越高，浮游动物生物量越低。轮虫密度与鱼产量无相关性主要可能是由于鱼类倾向捕食大型的浮游动物，而密度较高、体型小的轮虫可以较好地躲避鱼类的捕食。图 3.27 显示，自 2008 年以来，太湖鱼类年捕捞量逐渐增大，且刀鲚等小型鱼类在鱼产量中占据了很高的比重，仅刀鲚就占到了总捕捞量的 45%~60%（陈卫东等，2017），很好地解释了自 2008 年以来浮游动物生物量快速下降的趋势，以及 9 月枝角类密度和生物量显著升高的现象。

本次研究发现，作为鱼类最主要的食物的枝角类在 2007—2015 年生物量/密度值具有显著的下降趋势，表明枝角类体型快速小型化（图 3.28）。

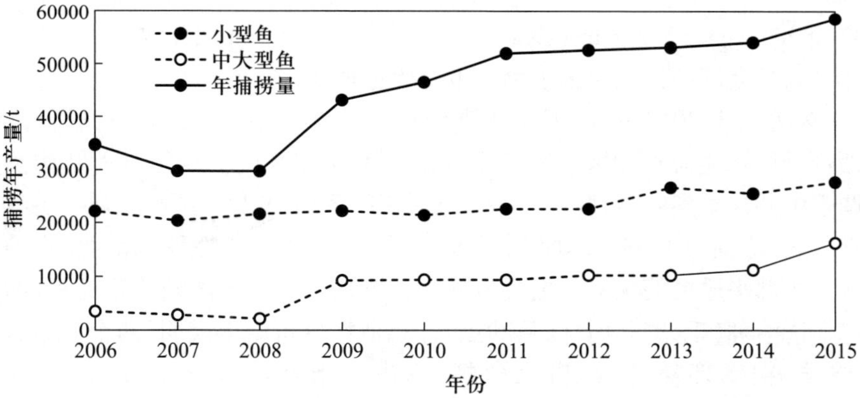

图 3.27 2006—2015 年太湖捕捞渔业年产量（引自陈卫东等，2017）

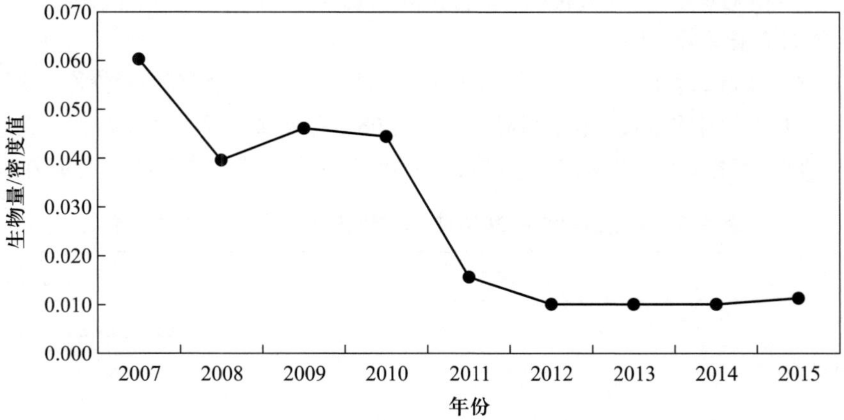

图 3.28 2007—2015 年北太湖枝角类生物量/密度值变化

3.3.5 太湖底栖动物群落结构长期变化

(1) 太湖底栖动物群落结构演替历史

据1960年夏季全湖162个测点调查发现,太湖底栖动物有42种,其中腔肠动物1种,轮虫3种,环节动物7种,苔藓动物1种,软体动物16种,节肢动物14种(中国科学院南京地理研究所,1965)。调查中发现,东太湖的水草区与西太湖开敞湖区底栖动物群落结构和生物量差别大,滨岸带湖湖心区差别也大。底质、水草、水深是影响底栖动物种类分布与生物量的主要因素。

1980年进行的分区多季节调查共发现大型底栖无脊椎动物48个属种,包括腔肠动物门1种,环节动物门8种,苔藓动物门1种,软体动物门24种,节肢动物门8种,节肢动物门昆虫纲幼虫6种(上海师院环境保护研究室和江苏省无锡市环境保护局,1983)。1988年的周年调查发现底栖动物59种,包括腔肠动物1种,环节动物8种,软体动物23种,节肢动物27种(孙顺才和黄漪平,1993)。从三次调查看,主要增加的是软体动物、节肢动物等季节变化较大的物种。据1988年的调查结果分析,太湖的大型无脊椎动物的优势种为:河蚬(*Corbicula fluminea*)、水丝蚓属某种(*Limnodrilus* sp.)、光滑狭口螺(*Stenothyra glalora*)、摇蚊幼虫(Chironomidae larvae)、颤蚓属某种(Tubifieidae sp.)、沙蚕属某种(*Nephtys* sp.)、环棱螺属某种(*Ballamya* sp.)和田螺[*Cipangopaludina chinensis* (Gray)]8种,平均密度分别为117.99个·m^{-2}、6.46个·m^{-2}、14.72个·m^{-2}、8.47个·m^{-2}、5.33个·m^{-2}、9.65个·m^{-2}、3.07个·m^{-2}、4.54个·m^{-2}。其中河蚬密度最大、分布最广,是太湖底栖无脊椎动物的主要优势种类。

此外,蔡永久等人于2012年10月对太湖流域93个样点大型底栖动物进行调查(张又等,2015),分析西部丘陵水生态功能区和东部平原水生态功能区底栖动物群落结构及其与环境因子的关系。调查中共采集到底栖动物104种,隶属4门8纲19目46科85属。各样点的底栖动物总密度差别很大,范围为1.33~39080个·m^{-2}。西部丘陵区的物种丰富度、物种多样性均高于东部平原区。东部平原区的优势种主要为铜锈环棱螺和霍甫水丝蚓等耐污种,而西部丘陵区的优势种中包括清洁种(毛翅目和蜉蝣目幼虫)。相似性分析结果表明,两个生态区底栖动物群落具有显著差异,铜锈环棱螺、霍甫水丝蚓、锯齿新米虾(*Neocaridina denticulata*)、大沼螺(*Parafossarulus eximius*)、苏氏尾鳃蚓(*Branchiura sowerbyi*)等是造成两个生态区之间群落结构差异的主要原因。典范对应分析结果表明,影响底栖动物群落结构的主要因素为栖境多样性、营养状态及底质异质性(张又等,2015)。

太湖站自2005年起,每年的2月、5月、8月和11月对太湖32个监测点位采样鉴定底栖动物状况。其中2007—2016年十年间,共监测到底栖动物68种,隶属于7个纲,见表3.5。需要说明的是,太湖站的常规监测并未就滨岸带布设点位,因此生活在滨岸带的许多物种可能并未采到。

表3.5 太湖站2007—2016年32个监测点位汇总的物种名录

纲	种	拉丁文名称
寡毛纲 Oligochaeta	印西头鳃虫	*Branchiodrilus hortensis*
	尾盘虫	*Dero* sp.
	厚唇嫩丝蚓属某种	*Teneridrilus* sp.

续表

纲	种	拉丁文名称
寡毛纲 Oligochaeta	管水蚓属某种	*Aulodrilus* sp.
	苏氏尾鳃蚓	*Branchiura sowerbyi*
	巨毛水丝蚓	*Limnodrilus grandisetosus*
	霍甫水丝蚓	*Limnodrilus hoffmeisteri*
	中华河蚓	*Rhyacodrilus sinicus*
多毛纲 Polychaeta	寡鳃齿吻沙蚕	*Nephtys oligobranchia*
	日本沙蚕	*Nereis japonica*
	尖刺缨虫	*Potamilla acuminata*
	背蚓虫	*Notomastus latericeus*
	吻蛇稚虫	*Boccardia proboscidea*
蛭纲 Hirudinea	巴蛭属某种	*Barbronia* sp.
	扁舌蛭	*Glossiphonia complanata*
	宽身舌蛭	*Glossiphonia lata*
	泽蛭属某种	*Helobdella* sp.
昆虫纲 Insecta	水叶甲属某种	*Donacia* sp.
	羽摇蚊	*Chironomus plumosus*
	菱跗摇蚊属属某种	*Clinotanypus* sp.
	林间环足摇蚊属某种	*Cricotopus* sp.
	隐摇蚊属某种	*Cryptochironomus* sp.
	二叉摇蚊属某种	*Dicrotendipus* sp.
	分离恩非摇蚊	*Einfeldia dissidens*
	德永雕翅摇蚊	*Glyptotendipes tokunagai*
	哈摇蚊属某种	*Harnischia* sp.
	多巴小摇蚊	*Microchironomus tabarui*
	软铗小摇蚊	*Microchironomus tener*
	直突摇蚊属某种	*Orthocladius* sp.
	梯形多足摇蚊	*Ploypedilum scalaenum*
	花翅前突摇蚊	*Proclakius choreus*
	红裸须摇蚊	*Propsilocerus akamusi*
	中国长足摇蚊	*Tanypus chinensis*
	长跗摇蚊属某种	*Tanytarsus* sp.

续表

纲	种	拉丁文名称
昆虫纲 Insecta	蜉蝣属某种	*Ephemera* sp.
	小蟌属某种	*Agriocnemis* sp.
	硕春蜓属某种	*Megalogomphus* sp.
	低头石蚕属某种	*Neureclipsis* sp.
软甲纲 Malacostraca	太湖大螯蜚	*Grandidierella taihuensis*
	蜾蠃蜚属某种	*Corophium* sp.
	中华齿米虾	*Neocaridina denticulata*
	秀丽白虾	*Exopalaemon modestus*
	日本沼虾	*Macrobrachium nipponense*
	中华急游水虱	*Tachaea chinensis*
	拟背尾水虱属某种	*Paranthura* sp.
	团水虱属某种	*Sphaeroma* sp.
双壳纲 Bivalvia	淡水壳菜	*Limnoperna fortunei*
	三角帆蚌	*Hyriopsis cumingii*
	背瘤丽蚌	*Lamprotula leai*
	剑状矛蚌	*Lanceolaria gladiola*
	短褶矛蚌	*Lanceolaria glayana*
	射线裂脊蚌	*Schistodesmus lampreyanus*
	中国尖嵴蚌	*Acuticosta chinensis*
	背角无齿蚌	*Anodonta woodiana*
	扭蚌	*Arconaia lanceolata*
	圆顶珠蚌	*Unio douglasiae*
	河蚬	*Corbicula fluminea*
	中国淡水蛏	*Novaculina chinensis*
	湖球蚬	*Sphaerium lacustre*
腹足纲 Gastropoda	椭圆萝卜螺	*Radix swinhoei*
	大脐圆扁螺	*Hippeutis umbilicalis*
	尖口圆扁螺	*Hippeutis cantori*
	长角涵螺	*Alocinma longicornis*
	大沼螺	*Parafossarulus eximius*
	纹沼螺	*Parafossarulus striatulus*
	方格短沟蜷	*Semisulcospira cancelata*
	光滑狭口螺	*Stenothyra glabra*
	铜锈环棱螺	*Bellamya aeruginosa*

此外，通过2007年2月至2008年11月对太湖大型底栖动物进行的为期两周年的季度调查发现，30个采样点共记录底栖动物3门7纲19科40种。底栖动物平均密度和生物量空间差异较大：平均密度高值出现在梅梁湾、竺山湾及河口，主要为寡毛纲颤蚓类；平均生物量高值出现在贡湖湾、西湖区、东太湖和东部湖湾，主要为软体动物。霍甫水丝蚓（*Limnodrilus hoffmeisteri*）、中华河蚓（*Rhyacodrilus sinicus*）、河蚬（*Corbicula fluminea*）、铜锈环棱螺（*Bellamya aeruginosa*）、中国长足摇蚊（*Tanypus chinensis*）和钩虾属某种（*Gammarus* sp.）是该阶段太湖大型底栖动物的优势种。聚类分析将30个采样点分成3组，相似性分析检验表明，各聚类组大型底栖动物群落具有显著差异（$p<0.05$）。多样性分析结果表明，东太湖和东部湖湾物种多样性、丰富度和均匀度最高，优势种为腹足纲螺类；梅梁湾、竺山湾及河口多样性最低、密度最高，霍甫水丝蚓和中华河蚓在该区占据绝对优势；贡湖湾、湖心和西湖区多样性处于中等水平，其优势种为河蚬。研究结果表明，营养水平、底质类型以及水生植被的分布是决定太湖大型底栖动物群落结构及多样性的关键因子（蔡永久等，2010）。

（2）2005—2016年太湖底栖动物年均数量和生物量变化规律

2005—2016年，每年的2、5、8、11月对太湖8个湖区（32个采样点）进行底栖动物样品采集。经统计分析，2005—2016年，太湖底栖动物数量整体呈现下降的趋势。2007年底栖动物数量最高，为4259个·m^{-2}；2014年数量最低，为632个·m^{-2}。2005—2016年，太湖底栖动物生物量整体变化规律不明显，2009年太湖的生物量最高，为262 g·m^{-2}；2006年生物量最低，为96 g·m^{-2}（图3.29）。

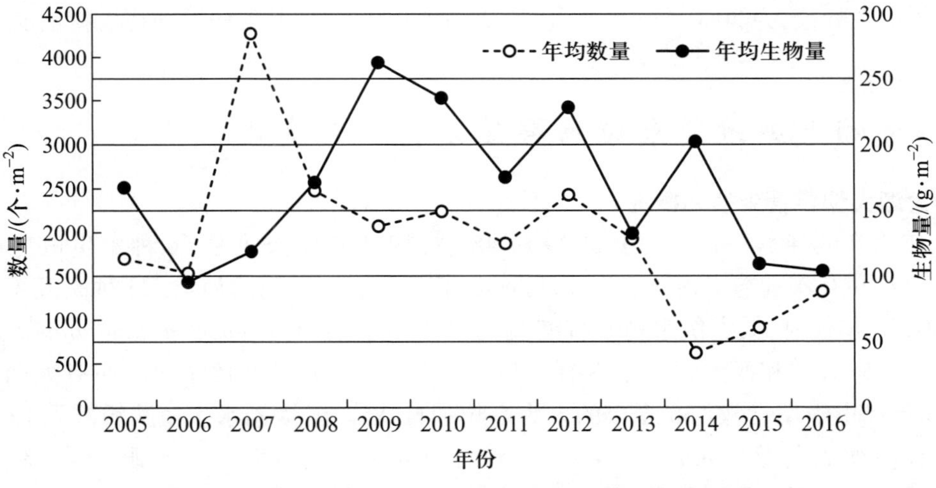

图3.29　太湖2005—2016年底栖动物年均数量和生物量

（3）2005—2016年太湖底栖动物时空分布规律

2005—2016年太湖底栖动物数量整体呈现北部高、南部低的规律，其中太湖北部的竺山湾最高，月平均数量为8090个·m^{-2}；胥口湾底栖动物数量最低，月平均数量为391个·m^{-2}。经统计分析，2005—2016年太湖不同湖区底栖动物生物量整体变化规律不明显，其中贡湖湾的月平均生物量最高，为327 g·m^{-2}；五里湖的月平均生物量最低，为47 g·m^{-2}（图3.30）。

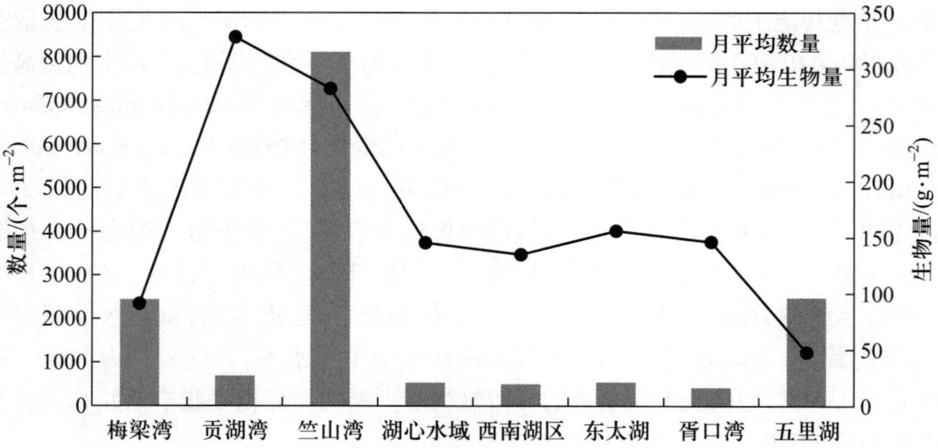

图 3.30 太湖 2005—2016 年不同湖区底栖动物月平均数量和月平均生物量

太湖各湖区 2005—2016 年软体动物数量分析表明,2008 年竺山湾软体动物密度最高,达到 14587 个 · m^{-2};生物量的变化,贡湖湾和竺山湾相对比较高。太湖各湖区 2005—2016 年水生环节动物数量分析表明,竺山湾水生环节动物密度最高。时间上,东太湖在 2007 年水生环节动物生物量出现一个峰值,湖心水域 2009 年也出现一个峰值。太湖各湖区 2005—2016 年水生昆虫动物数量分析表明,五里湖水生昆虫密度最高。时间上,五里湖 2012 年水生昆虫生物量出现一个峰值。太湖各湖区 2005—2016 年其他底栖动物数量分析表明,2011 年竺山湾其他底栖动物密度出现了一个峰值,为 2040 个 · m^{-2};此外,贡湖湾 2005 年的其他底栖动物生物量也出现一个峰值。

3.3.6 太湖大型维管束植物群落结构长期变化

(1) 太湖大型维管束植物概况

1960 年采到的种类有 66 种,隶属 29 科 48 属,1981 年调查也是 66 种水生植物,隶属 30 科 51 属。与 1960 年的名录对比,43 种是近 40 年记录中均出现的种类,23 种是互不相同的。20 世纪 50、60 年代时,太湖沉水植物优势种为马来眼子菜(*Potamogeton malaianus* Miq.)。沉水植物除了在东太湖和西太湖沿岸带有大量生长外,在五里湖等其他湖区亦有大面积出现。而到了 90 年代中晚期,经过 30 多年的人为影响和自然演变,太湖水生植物锐减到 17 种,沉水植物优势种演变为苦草(*Vallisneria natans*)。目前太湖主要分布有马来眼子菜、荇菜(*Nymphoides peltatum*)、苦草、轮叶黑藻、菱(*Trapa natans* L.)、狐尾藻(*Myriophyllum spicatum*)、伊乐藻(*Elodea nuttallii*)、金鱼藻(*Ceratophyllum demersum* L.)和小茨藻(*Najas minor* All.)10 种水生植物,生长于 6 个植被群丛中(表 3.6),包括马来眼子菜群丛、荇菜群丛、荇菜-马来眼子菜群丛、苦草群丛、苦草-伊乐藻群丛以及小茨藻群丛(马荣华等,2010)。沉水植物是太湖水生植物的主导植被类型,以马来眼子菜和苦草分布最广泛。

表 3.6 太湖沉水植物主要种类

主要科	属数	种数	主要属	种	编码
眼子菜科 Potamogetonaceae	1	4	眼子菜属 *Potamogeton*	马来眼子菜 *Potamogeton malaianus* Miq.	P_1
				菹草 *Potamogeton crispus*	P_2
				佛朗眼子菜 *Potamogeton franchetii* A. Benn. et Baag	P_3
				微齿眼子菜 *Potamogeton maackianus* A. Bennett	P_4
狸藻科 Lentibulariaceae	1	1	狸藻属 *Utricularia*	狸藻 *Utricularia aurea* Lour	L_1
金鱼藻科 Ceratophyllaceae	1	1	金鱼藻属 *Ceratophyllum*	金鱼藻 *Ceratophyllum demersum* L.	C_1
小二仙草科 Haloragidacere	1	2	狐尾藻属 *Myriophyllum*	聚草(穗花狐尾藻) *Myriophyllum spicatum* L.	M_1
				乌苏里聚藻 *Myriophyllum propinquum* A. Cunn.	M_2
茨藻科 Najadaceae	1	2	茨藻属 *Najas*	小茨藻 *Najas minor* All.	N_1
				草茨藻 *Najas graminea* Del.	N_2
水鳖科 Hydrocharitaceae	4	4	伊乐藻属 *Elodea*	伊乐藻 *Elodea nuttallii*(Planch.)ST John	H_1
			黑藻属 *Hydrilla*	轮叶黑藻 *Hydrilla verticillata*	H_2
			苦草属 *Vallisneria*	苦草 *Vallisneria natans*	H_3
			水车前属 *Ottelia*	水车前 *Ottelia alismoides*(L.)Pers.	H_4

(2) 太湖大型维管束植物长期变化

20 世纪 60 年代前,太湖湖区水生高等植物繁茂(伍献文,1962);60 年代后,水生高等植物开始衰退;到 70 年代,除东太湖及西太湖局部岸边有少量水生植物分布外,太湖区内水生高等植物绝迹,“水下森林”消失,生态系统失去平衡(张圣照等,1998)。

历年太湖水生植物分布表明(董百丽,2011),太湖的沉水植物主要分布在东部各湖湾:贡湖湾、镇湖湾、光福湾、胥口湾、东山湾、东太湖,西山和东山相连的湖区以及东太湖和南太湖相连的湖区:三山、泽山、大雷山附近及以南;另外,北部、西部和南部沿岸区有少量其他水生植被(主要是芦苇)。

20世纪60年代,太湖水生植物分布较为广泛,从各分布区特点看,东太湖水草种类最丰富,分布面也最广,66种植物都能在该区及附近水域找到,水草总量占全湖80%以上,沉水植物优势种为马来眼子菜和苦草;其次为西太湖沿岸,优势种为芦苇;最低为西太湖湖心及岛屿附近,湖心为无草区,岛屿附近主要分布着芦苇,但岛屿之间有成片马来眼子菜(如东洞庭山与西洞庭山之间)与其他种类水草出现,竺山湖也有沉水植物出现(图3.31)。

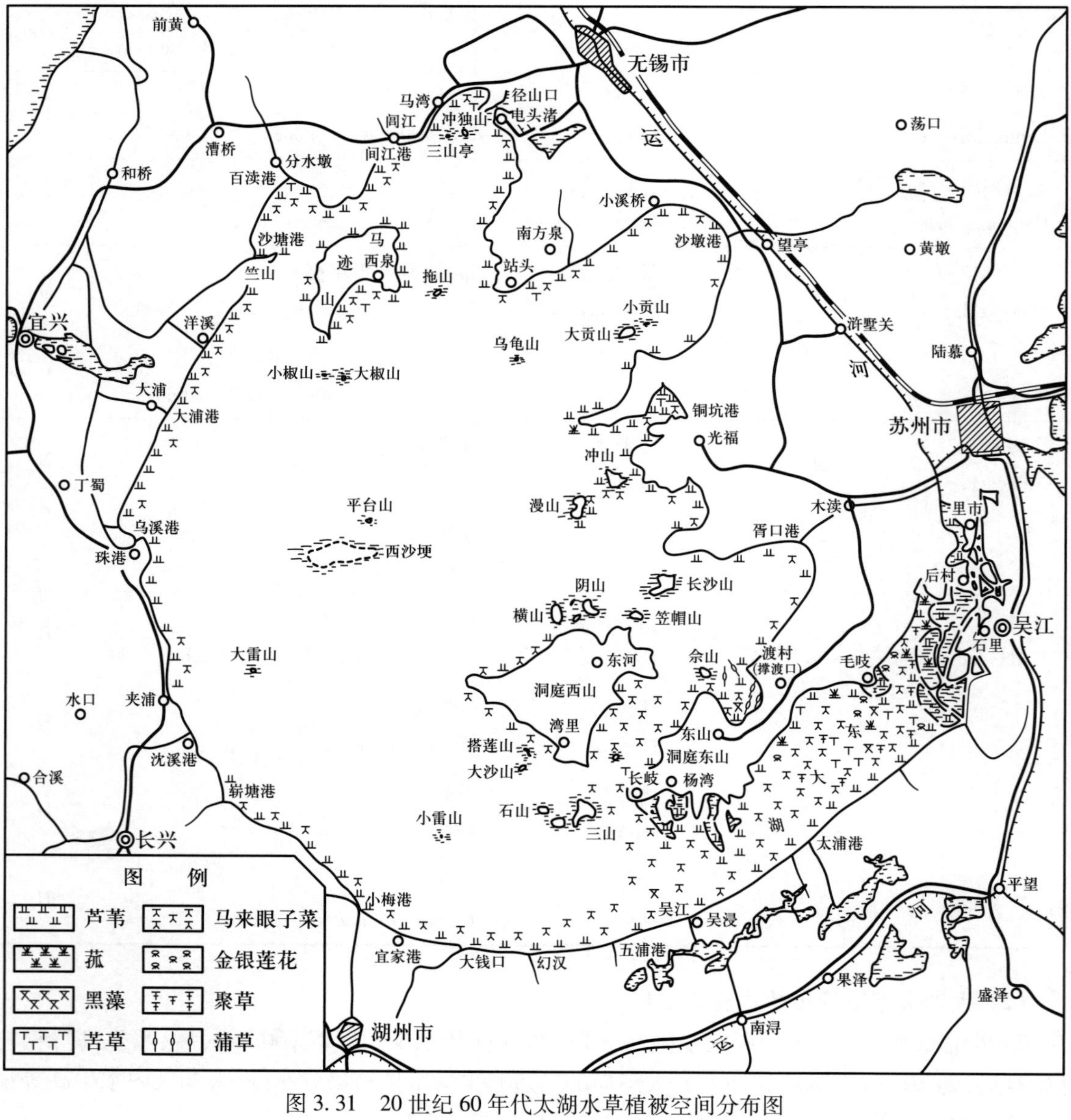

图3.31　20世纪60年代太湖水草植被空间分布图

80 年代太湖水生植物主要分布在东太湖，水生植物种类和分布最多，产量占全湖 80.2%（图 3.32）。沉水植物主要分布在东太湖及竺山湖和杨湾一带，优势种为苦草、马来眼子菜、聚草和轮叶黑藻（孙顺才和黄漪平，1993）。

图 3.32 20 世纪 80 年代太湖水草植被空间分布图

90 年代初期，太湖水生植物主要分布在东太湖、胥口湾、望亭湾及竺山湖区北部，其中东太湖生长最好，沉水植物优势种为苦草和微齿眼子菜。胥口湾主要为沉水植物，近岸以苦草占优势，外围以马来眼子菜为主。望亭湾有较大面积的沉水植被，近岸以微齿眼子菜为主，中间带为马来眼子菜与黑藻混生，靠近大贡山一带优势种为马来眼子菜。竺山湖有小面积苦草，长势良好。

90 年代末期，太湖水生植物分布特点是：东太湖几乎 100% 被水生植物覆盖，水生植物种类在各植被区域中也最丰富，微齿眼子菜、马来眼子菜、苦草、芦苇、茭草、荇菜和沼针蔺（*Butomus*

umbellatus L.)等为建群种(图3.33)。其他如菹草、穗花狐尾藻(聚草)等为伴生种,以微齿眼子菜为主要种类。微齿眼子菜占沉水植物区面积约40%,分布于西部沿岸区、北部湖心区及北部沿岸;马来眼子菜在湖心区形成优势,并向北部近岸带扩展;苦草则主要分布于与东太湖交接的西南部区域;从东茭嘴至横径沿岸有分布较大面积的伊乐藻。沿洞庭东山北(胥湖)向东和向北沿岸带直到贡湖北岸(四个湖湾),水草生长有三个特点:北部疏,南部密,优势种群均为马来眼子菜。东茭嘴西部至泽山以南以及洞庭东山南部水域,水草覆盖率由西向东逐渐增加,优势种群为马来眼子菜及个别点的轮叶黑藻。在洞庭东山西南延伸至南部沿岸,沉水植物生长较为旺盛,优势种为马来眼子菜。西部及北部湖区的沿岸带分布着以芦苇为主的大型水生植物,在大钱口东西两侧的沿岸带分布着马来眼子菜等沉水植物。万椟口附近水域,分布着较大量的沉水植物,

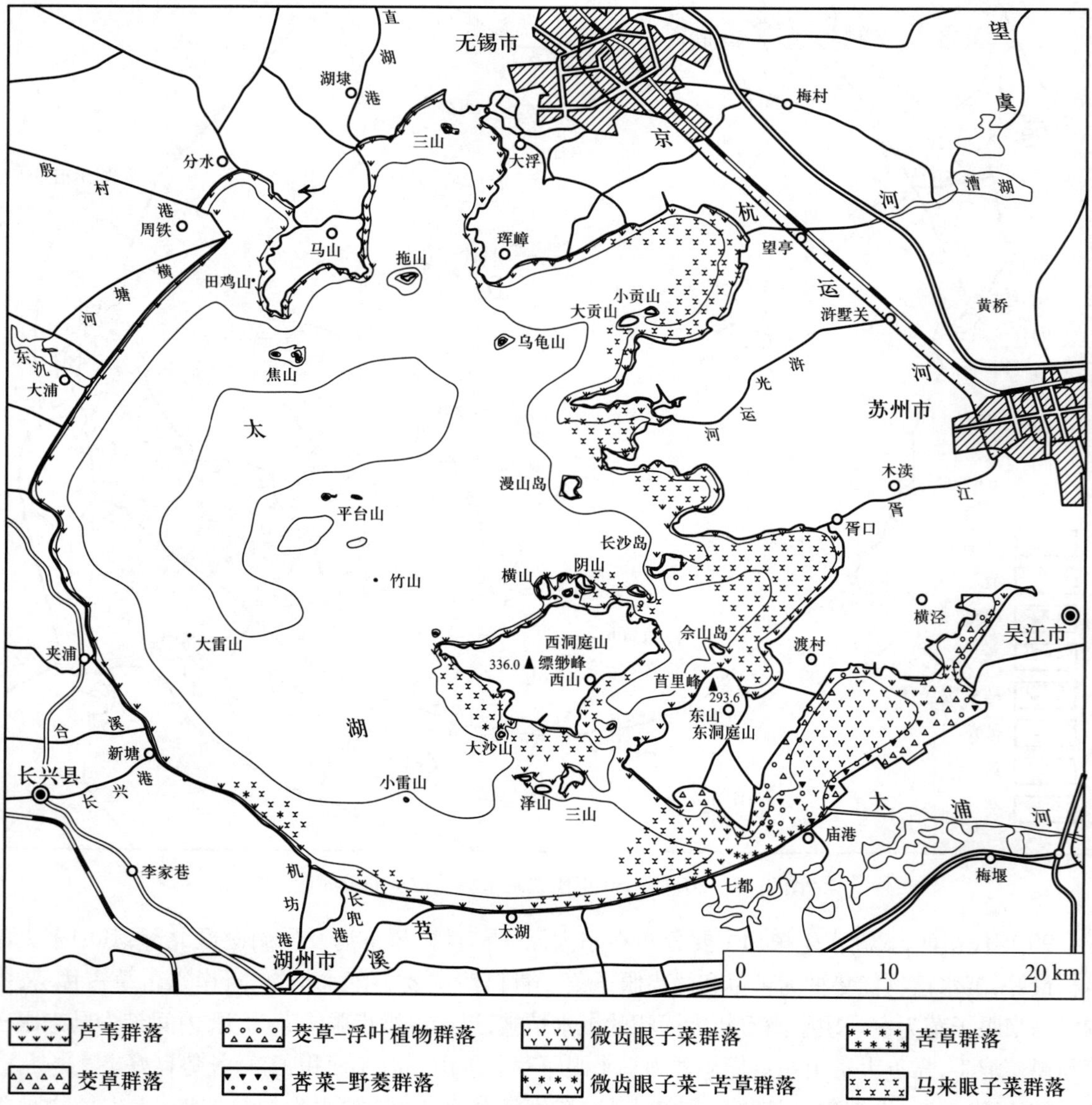

图3.33 1997年太湖水生植物分布(秦伯强等,2004)

苦草为主要优势种。竺山湖未见水生植物。

2001—2003 年，东太湖与中心湖区相连水域的沉水植物向着东太湖湖口的方向退化，其他水生植被的分布区有所扩展；2001 年竺山湖有小面积沉水植物出现，后两年则消失。2000 年以来太湖沉水植物优势种为马来眼子菜和苦草（由于同一植被类型同一年份不同季节分布没有差别，因此，2003 年沉水植物分布以秋天为例）。

2007 年夏季，沉水植物分布呈现减少的趋势，主要发生在东太湖，贡湖湾、胥口湾、东山湾及三山岛附近等也出现减少现象，其中贡湖湾几乎全部消失，仅在南岸及大贡山附近有片状分布；胥口湾航道东侧以及东山湾水生植被也大幅减少；值得注意的是，小雷山南部沿岸湖区的沉水植物却大幅增加，顺着沿岸向西、向北生长。竺山湖无沉水植物出现。马来眼子菜大面积片状分布区主要集中在泽山、三山和小雷山以南水域，在胥口湾、光福湾和镇湖湾有小面积簇状分布；而苦草主要分布在东太湖、胥口湾以及西山岛和洞庭东山之间的水域，南太湖也有少量分布。

2008 年夏季，太湖沉水植物分布继续呈现减少的趋势，主要发生在镇湖湾、光福湾及小雷山南部的太湖沿岸一带，其中镇湖湾除了沿岸有零星小片外，沉水植物几乎全部消失；光福湾湖心区沉水植物消失，密度明显减小；贡湖湾沉水植物几乎完全消失。

2009 年夏季，太湖沉水植物分布面积相比 2008 年还要少，主要发生在东太湖，水草密度有所下降；胥口湾和光福湾以及小雷山以南沉水植物覆盖密度都明显减少。

2010 年夏季，太湖沉水植物分布有所增加，主要发生在贡湖湾东南沿岸带、胥口湾北部和小雷山以南太湖南岸带。

20 世纪 60 年代以来，太湖沉水植物的空间分布在面积上出现一定的年际变化（图 3.34），存在着较为明显的时间拐点，但半个世纪以来沉水植物分布呈现总体下降的趋势（董百丽，2011）。20 世纪 60 年代沉水植物面积约 530 km^2，到了 80 年代缩减至大约 400 km^2，直至 90 年代初期还是不断减少的趋势，至 1997 年沉水植物有所恢复，达到 80 年代初期的水平；2000 年后，沉水植物分布面积变化不显著，2004 年略有增加，而 2007 年则显著下降，2009 年则达到历年的最低点，2010 年分布面积有所增加。

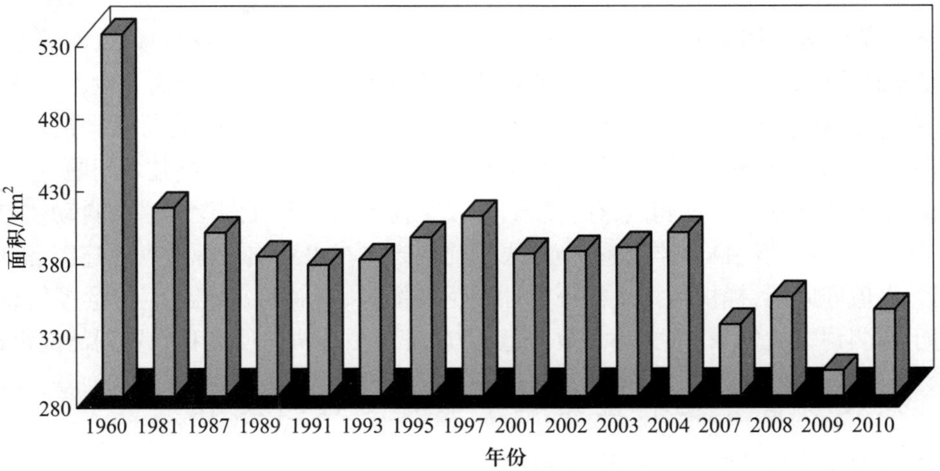

图 3.34　太湖沉水植物分布面积年际变化

3.4 太湖蓝藻水华灾害的监测与预警技术

2007年5月底发生在无锡市的太湖饮用水危机事件,直接原因是太湖富营养化导致蓝藻水华暴发,使得饮用水水源地受到污染(秦伯强等,2007)。我国湖泊富营养化主要发生于改革开放以后,90年代趋于严重(金相灿等,1990)。对湖泊富营养化的机理及控制技术的大规模探索研究主要是在"十五"期间进行的。虽然从理论和实践等方面都取得了巨大的进步(Qin et al.,2007),对湖泊富营养化治理也提出了许多战略性的建议,如在"十五"工作基础上提出湖泊治理需遵循先控源截污、然后进行生态恢复、最后流域管理的新思路(秦伯强等,2006)。但是,以往的研究仍然以基础研究和富营养化水体的治理技术研究为主,缺乏对蓝藻水华等富营养化问题的预测、预警技术研究。

从学科发展来看,许多基础问题没有解决与传统湖沼学研究方法的局限性有很大关系(秦伯强等,2010)。依靠人工方法,在湖泊中采取水样,带回实验室进行分析,常常需要很长时间才能获得数据。如反映蓝藻水华生物量的叶绿素a浓度,室内测定一般需要48小时,因而无法对水质状况做出快速、实时的诊断,也无法捕捉蓝藻水华发生的全过程。同时,很难在多角度的空间上观测到在不同时间尺度上发生的营养盐释放、蓝藻复苏、水华暴发等多种现象和过程。而且传统的方法常常受制于天气、人员等条件,监测的范围、频率和时段非常有限。以前传统的人工局部布点监测,不管监测点的布设有多密,监测的频率有多高,但是从空间分布还是时间序列的角度看,这些监测数据都相当"离散",往往无法捕捉到蓝藻水华短时间尺度上的变化,而蓝藻水华的形成、漂移和堆积有时就发生在数小时或1~2天的时间尺度上(秦伯强等,2010)。

近年来,随着监测和观测技术的迅速发展,各种在线检测仪器、传感器技术、无线通信网络技术和高分辨率、多极化航天遥感数据成为主流信息源,为水环境的定量监测和生物过程的研究提供了新的技术手段。利用这种多源异构数据进行高频率监测,得到了许多在以往传统监测方法中无法获取的实时数据和现象。国外目前正在开展的原位高频率自动观测技术,以及在此基础上发展的预测和预警技术,突破了传统的湖沼学研究方法。美国国家科学基金委员会大力支持和推进的"全球湖泊生态观测网络"(Global Lake Ecological Observatory Network,GLEON)项目,将数据无线传输技术、探头传感器监测技术、大型数据库管理技术应用到湖沼学中,大大提高了对湖沼学研究的步伐(Porter et al.,2005;Hanson,2007,2008)。这些新技术和新方法的应用,为湖沼学带来一场深刻的变革,将最终解决湖泊生态恢复、环境管理和生态灾害的预测预警等一系列技术问题。

正是基于上述技术的发展和国家的需求,开发了蓝藻水华及其湖泛灾害的自动监测平台,旨在提供一种浅水湖泊湖泛自动监测系统,解决目前缺乏对浅水湖泊藻源性湖泛连续、高频及实时监测长期无人值守问题,提供直接表征藻源性湖泛的图像、溶解氧、浊度、生物量等信息,同时可以提供用于预测预警的气象、水文等参数信息,为准备预测及快速反应和处置湖泛提供保障。

3.4.1 太湖富营养化和蓝藻水华的自动监测技术

(1) 蓝藻水华及湖泛灾害自动监测指标的筛选

完成这一课题任务主要的研究方法是野外调查和室内试验。研究污染源(蓝藻水华)和污染物（蓝藻死亡后形成的污水团的有机污染物、异味物质）及有毒有害物质（包括藻毒素）的致灾机理、监控指标体系及其判别阈值。通过对典型富营养化湖泊蓝藻水华发生前、发生中和发生后及其致灾过程的高频率观测调查，筛选各种监控指标，确定其判断阈值，包括蓝藻暴发前的休眠体复活、暴发中的细胞增殖过程和死亡后指标判断。研究蓝藻水华暴发前、暴发中和暴发后的各种指示性标志，建立表征蓝藻水华暴发到致灾的指标体系及判别标准。

这些指标的筛选过程实际上就是对蓝藻水华暴发机制的揭示过程。从这一点上看，这部分内容是有很大难度的。因为，到目前为止，虽然蓝藻水华发生的一般机制已经为大家所熟知，但是，具体到每一次水华发生的机理仍然不是很清楚。这种机制上的问题，也使得预测和预警蓝藻水华成为一个比较困难的事情。

指标的筛选同时还要兼顾目前自动探测仪器所能够实现的程度。表 3.7 是与湖泊富营养化及蓝藻水华监控有关的湖泊物理、化学和生物监控指标。这些监控指标是监控和预测蓝藻水华所必需的指标。作为一个高频、自动的监控系统，我们当然希望所有的监控指标都能够实现实时、在线、高频和自动的监测。但是实际上，只有一部分指标可以满足这样的要求，而部分化学指标、大部分生物指标却无法实现。在这种情况下，人工监测作为一种补充是必须的。而且，从表中也可以看出，人工监测对于许多指标而言，精度都较高。这也从侧面反映出目前在线、自动监测方法仍然受制于检测探头的发展。

表 3.7　湖泊富营养化和蓝藻水华监测指标及其监测方法和精度（秦伯强等，2010）

指标类别	指标	遥感监测	自动高频原位监测	人工采样监测
物理指标	风速、风向		高	高
	气温、水温	中	高	高
	湖流、波浪		高	
	透明度	中	高	高
	太阳辐射		高	高
化学指标	各类氮、磷浓度		中	√/高
	溶解氧		高	高
	悬浮物、浊度	中	高	高
	化学耗氧量	低	中	√/高
	有毒有害物			√/高
生物指标	叶绿素	中	中	√/高
	藻蓝素	中	中	√/高
	藻毒素			√/高
	细菌数量和活性			√/高
	浮游生物、底栖生物			√/高
	沉水植物	低		√/高

注：√，建议辅以人工采样监测的指标。

(2) 蓝藻水华自动监测平台构建

该系统包括支撑平台、警示系统、供电系统、数据采集和传输系统、数据中心。支撑平台由不锈钢板和钢管构成。整个平台由 5 根大口径管桩支撑。平台上部固定有 3 根不同高度用于承载不同仪器或设备的不锈钢柱、小型吊机、用于安放数据传输及供电系统的不锈钢箱体及太阳能帆板。除此之外,在平台侧面有梯子,平台外部由一圈由钢桩和管构成的保护围栏保护,围栏上安装有警示标语(图 3.35)。平台需高于所在水域历史最高水位,并在平台表面铺设不锈钢板。平台中心的仪器投放圆孔下面焊接有四周及底部镂空的不锈钢套筒,用于悬挂水质仪。主要仪器设备包括:湖流-波浪仪、多功能水质仪、气象站、摄像头及溶解氧-水温传感器。供电系统主要由风力发电机太阳能电池、控制器及蓄电池构成。外围保护围桩主要由水泥桩和镀锌管构成。另架三根不锈钢柱用于安装航标灯、避雷针、摄像头、风力发电机和气象站。

图 3.35 蓝藻水华自动监测平台(见书末彩插)

依据蓝藻水华及“湖泛”的特征,监测参数的选取依据以下原则:① 与湖泛密切相关;② 能够实现自动监测,尽量少的维护操作;③ 更高的性价比及稳定性。据此选择图像、风速、风向、气温、气压、相对湿度、降水、三维湖流-波浪、溶解氧-水温、叶绿素 a、藻密度、浊度、pH、氧化还原电位作为监测参数。其中监测叶绿素 a、藻密度、浊度、pH、氧化还原电位等参数时选用美国 YSI 公司生产的 YSI-6600V2 多功能水质仪,YSI-6600V2 被安放在平台圆孔下部一根直径 15 cm、四周镂空、直抵水土界面的不锈钢管内,能够随水位自动运动,始终保证仪器能够记录水面下 1 m 处的水质;监测溶解氧-水温时采用加拿大 RBR 公司生产的溶解氧-水温传感器,使用一根绳子将多个传感器连接一个测流剖面系统,并将其悬挂在平台的一侧的保护围栏上,能够实时监测表、中及底三层水体的溶解氧及水温;监测湖流-波浪时采用美国 Sontek 公司生产的浅水式声学多普勒流速仪(XR),XR 被固定在一块 1 m×1 m、厚度为 2 cm 的不锈钢板上,将此仪器放置在平台一侧的水底,采用坐底式实时监测平台水域的流速及波浪;图像通过固定在航标灯下部的摄像头采集,该摄像头可变焦,可全角度拍摄,可以记录平台周边 1 km 内的水色变化;风速、风向、气温、气压、相对湿度、降水等参数使用芬兰维萨拉公司的便携式气象站(WXT520)记录,WXT520 被安装在平台上一根 4 m 高、直径为10 cm的不锈钢柱上。为保证高时间分辨率记录湖泛时间,上述仪器的数据采集时间间隔均设置为15 min。此外,传感器由蓄电池提供的电力驱动,同时又将记录的数据通过自配电缆传给数据采集-传输系统。

数据采集-传输系统相连接,收到数据后,通过通信模块、借助商用 3G 无线网络将数据传给数据中心。数据中心软件将自动完成多种采集数据的分类、插值、存储、发布等操作。最终用户可以通过 IE 浏览平台实时高频捕捉湖泛信息,并据此对未来湖泛状况做出预测预警。

3.4.2 太湖蓝藻水华的遥感反演技术

(1) 蓝藻水华面积、频次、生物量遥感估算方法

由于蓝藻水华(藻华)分布的时空变化性较强,因此简单地使用某一瞬时的藻华面积不能反映藻华分布的动态变化。因此,可以利用遥感影像大尺度、周期性的优势,利用藻华出现频次对藻华的时空动态变化进行研究。具体方法如下(Shi et al.,2017):

首先,根据目视鉴别的结果,剔除受云、太阳耀斑及气溶胶影响严重的影像,选取高质量的 MODIS 影像;其次,对选取的 MODIS 影像进行 *FAI* 指数的计算;最后,根据 *FAI* 指数计算若干时段中每一像元 j 处藻华信号出现的频次 *VPF*。

FAI 指数的计算是通过对 MODIS 影像瑞利散射校正后的遥感反射率[$R_{rc}(\lambda)$,λ 为波长,nm]进行如下波段运算获得:

$$FAI=R_{rc}(859)-R'_{rc}(859) \tag{3-1}$$

$$R'_{rc}(859)=R_{rc}(645)+[R_{rc}(1240)-R_{rc}(645)]\cdot(859-645)/(1240-645) \tag{3-2}$$

VPF 的定义为:当 *FAI* 大于阈值 T_{FAI},将该像元 j 在 *FAI* 层赋值为 1;否则,即赋值为 0。进而在包含 n 幅影像的某一影像集中,每个像素点上的 *VPF* 即可表示为

$$VPF(j)=\frac{\sum_{i=1}^{n}FAI(j,i)}{n} \tag{3-3}$$

式中,$VPF(j)$ 指像元 j 在影像集 n 中植被信号出现的频次,代表总影像数量 n 中像元 j 值为 1 的频次。为了避免水生植被区域对藻华出现频次计算的影响,在分析中剔除了水生植被区域。

反演结果表明,在空间上太湖的藻华易发区域位于北部的竺山湾、梅梁湾以及西北沿岸带。在年际变化上,2003—2014 年全太湖藻型区域的藻华出现频次呈现出先上升后降低的趋势。2003—2005 年,太湖藻型区域的藻华发生频次较低(0.05~0.08),主要集中在竺山湾内及梅梁湾沿岸带。2006 年藻华出现频次升至 0.13,2007 年达到最高(0.14),这两年在竺山湾、梅梁湾及西部沿岸带发生藻华现象的时间占到全年的 30%以上。随后藻华区域的藻华出现频次有所降低,2008—2014 年出现频次变化范围为 0.10~0.07,藻华高发区域仍集中在竺山湾、梅梁湾及西部沿岸带。

在月变化上,太湖藻华出现频次同样呈现出先升高后降低的趋势。1—3 月,太湖的藻华出

现频次均在 0.02 左右，基本无藻华现象发生。到 7、8 月，藻华出现频次分别升至 0.12 和 0.16。全年藻华出现频次的最高值出现在 9 月，为 0.18。随后，随着温度的降低，藻华出现频次逐渐降低至 12 月的 0.06。

在季节上，夏季和秋季的藻华出现频次显著高于冬季和春季。冬、春、夏、秋的藻华出现频次分别为：0.04、0.06、0.12 和 0.13。春季，仅在竺山湾及梅梁湾的沿岸带有小面积藻华暴发。夏季的主要藻华高发区域集中在竺山湾内、西部沿岸带及梅梁湾沿岸带。秋季的藻华高发区域分布范围较广，覆盖太湖西北部区域。冬季在整个藻华区域的藻华出现频次较低。

(2) 藻类生物量(叶绿素 a 浓度)遥感估算及动态变化

利用 2003—2012 年在太湖进行的多次广泛的生物光学调查数据和对应 MODIS 数据，首先分析了叶绿素 a(Chl a)浓度与 MODIS 影像经瑞利散射校正后各波段反射率及可能的波段组合之间的关系，通过决定系数、相对误差、均方根误差等统计参数比选，确定了能够反映太湖 Chl a 变化的 MODIS 光谱指数($R^2=0.72$)，即利用 645 nm 和 859 nm 反射率组合与叶绿素浓度相关性最高，构建了太湖叶绿素遥感估算模型。利用该指数和地面实测 Chl a 数据，建立并校验了基于 MODIS 数据的太湖 Chl a 遥感估算模型(图 3.36)。估算模型平均相对误差为 27.1%，相对误差的变化范围为 0.4%~64.5%，相对误差低于 20%的样本数占整个验证样本数的 40%以上，相对误差低于 30%的样本数占 60%，模型的均方根误差为 15.0 $\mu g \cdot L^{-1}$。

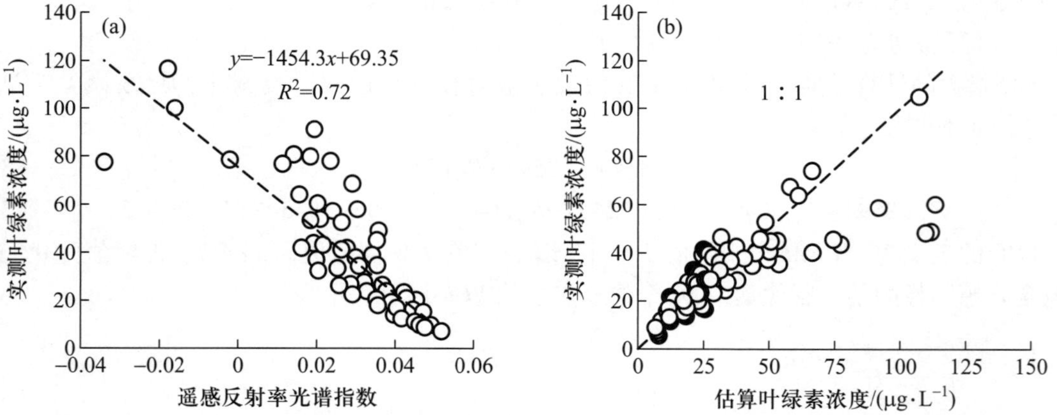

图 3.36　叶绿素 a 遥感估算模型构建(a)及验证(b)

基于此模型，结合太湖 2003—2013 年 MODIS 大气校正产品，获得太湖 Chl a 分布的时空格局，并发现太湖 Chl a 存在高度时空异质性：夏秋季 Chl a 显著高于冬春季，竺山湾、梅梁湾 Chl a 明显高于湖心区。利用 *FAI* 指数提取了 2003—2013 年太湖不同区域藻华面积的变化，结果显示，太湖藻华面积大致呈现逐年增加的趋势[Bloom area = 3.9 × year − 7646 ($R^2=0.78$, $p<0.001$)]。最后基于太湖长时间 MODIS 数据提取的叶绿素数据和藻华面积，探究了浮游植物生物量对营养盐及气象条件变化的响应。结果表明，太湖水体叶绿素的变化主要受温度以及磷的影响，随着温度和磷浓度的升高而增加。不同区域叶绿素浓度对温度的响应不同，梅梁湾、竺山湾等营养盐较为充足的区域，叶绿素对温度的变化较为敏感。藻华面积主要受大气压强及风速等物理因素的控制，气压越高、风速越低，太湖藻华面积越小。

3.4.3　太湖蓝藻水华及湖泛的预测预警技术

在国家水专项课题“太湖‘湖泛’与水华灾害应急处置技术研究及工程示范”的资助下，2012—2016 年构建了以太湖三维水动力模型为核心，耦合了太湖蓝藻生长模型与湖泛形成的溶解氧模型的湖泛发生的预测预报模型（Li et al.，2014），并实施了水华期《太湖蓝藻及湖泛监测预警半周报》。结合风场预报和降水预报，预测蓝藻生物量及湖泛的空间分布；并建立概率经验公式，计算未来三天湖泛易发水域发生湖泛的概率；对于发生湖泛概率较大的区域，进一步确定发生湖泛的位置和面积。

（1）水动力模型

在 σ 坐标下，描述浅水湖泊水流运动的三维水动力守恒型方程组为

$$\frac{\partial \zeta}{\partial t}+\frac{\partial Du}{\partial x}+\frac{\partial Dv}{\partial y}+\frac{\partial w}{\partial \sigma}=0 \tag{3-4}$$

$$\begin{aligned}\frac{\partial uD}{\partial t}+\frac{\partial u^2D}{\partial x}+\frac{\partial uvD}{\partial y}+\frac{\partial uw}{\partial \sigma}-fvD=&-gD\frac{\partial \zeta}{\partial x}-\frac{gD}{\rho_0}\left[\frac{\partial}{\partial x}\left(D\int_{\sigma}^{0}\rho \mathrm{d}\sigma'\right)+\sigma\rho\frac{\partial D}{\partial x}\right]\\&+\frac{1}{D}\frac{\partial}{\partial \sigma}\left(K_m\frac{\partial u}{\partial \sigma}\right)+\frac{\partial}{\partial x}\left[2A_mD\frac{\partial u}{\partial x}\right]+\frac{\partial}{\partial y}\left[A_mD\left(\frac{\partial u}{\partial y}+\frac{\partial v}{\partial x}\right)\right]\end{aligned} \tag{3-5}$$

$$\begin{aligned}\frac{\partial vD}{\partial t}+\frac{\partial uvD}{\partial x}+\frac{\partial v^2D}{\partial y}+\frac{\partial vw}{\partial \sigma}+fuD=&-gD\frac{\partial \zeta}{\partial y}-\frac{gD}{\rho_0}\left[\frac{\partial}{\partial y}\left(D\int_{\sigma}^{0}\rho \mathrm{d}\sigma'\right)+\sigma\rho\frac{\partial D}{\partial y}\right]\\&+\frac{1}{D}\frac{\partial}{\partial \sigma}\left(K_m\frac{\partial v}{\partial \sigma}\right)+\frac{\partial}{\partial x}\left[A_mD\left(\frac{\partial u}{\partial y}+\frac{\partial v}{\partial x}\right)\right]+\frac{\partial}{\partial y}\left[2A_mD\frac{\partial v}{\partial y}\right]\end{aligned} \tag{3-6}$$

式中，u、v、w 分别为沿 x、y、σ 方向的流速分量（$\mathrm{m\cdot s^{-1}}$）；ζ 为水位（m）；$D=h+\zeta$ 为全水深（m）；ρ 为密度（$\mathrm{kg\cdot m^{-3}}$）；g 为重力加速度（$\mathrm{m\cdot s^{-2}}$）；f 为柯氏力系数；A_m、K_m 分别为水平、垂向紊动黏性系数。

采用无结构网格下的有限体积模型对控制方程进行求解。求解区域平面采用无结构网格（三角形）剖分，使计算边界更加精确地拟合岸界；垂直方向采用 σ 坐标转换，使整个水域具有相同的垂向分层数。控制方程为时均化的 N-S 方程与封闭它的湍流闭合子模型，离散方法采用有限体积思想，所有物理变量设置在三角单元的中心。采用内、外模分离技术对控制方程组在每一个三角单元上的积分形式进行数值求解，先求解二维外模式获得自由表面和垂向平均流速，其中外模式的时间离散采用牛顿向前差分格式，空间离散采用二阶精度的 Roe 型数值通量和一阶精度的分片常数逼近重构方式；再求解三维内模式获得三维流场，其中时间离散采用牛顿向前差分格式，空间对流项采用二阶精度的迎风格式，垂直扩散项采用显式格式。由于内外模时间步长不同，在计算过程中必须在每一个内模步长中进行外、内模流场的一致性检验。

（2）水质模型

在水动力要素影响下，水质参数浓度的输运方程为

$$\frac{\partial DC}{\partial t}+\frac{\partial DuC}{\partial x}+\frac{\partial DvC}{\partial y}+\frac{\partial \omega C}{\partial \sigma}=\frac{\partial}{\partial x}\left(A_HD\frac{\partial C}{\partial x}\right)+\frac{\partial}{\partial y}\left(A_HD\frac{\partial C}{\partial y}\right)+\frac{\partial}{\partial \sigma}\left(\frac{K_H}{D}\frac{\partial C}{\partial \sigma}\right)+S_K \tag{3-7}$$

式中，C 代表物质浓度。当 C 为 Chl a 浓度时，动力反应项 S_K 分别考虑藻类的生长、死亡和沉降作用。当 C 为溶解氧浓度时，动力反应项 S_K 分别考虑大气富氧、水体中光合作用对溶解氧的增加以及水生植物呼吸作用、降解生物需氧量（BOD）、硝化反应耗氧和底泥需氧量对溶解氧的减

少作用。水质参数输运模型的求解过程采取与水动力模型内模式相同的离散方式。

（3）模型驱动力

驱动水动力-水质耦合数值模型运行的外力作用主要为未来三天的风应力（V_x，V_y），V_x、V_y分别为 x、y 方向上的风速值，单位为 $\mathrm{m \cdot s^{-1}}$。风应力由太湖风场数值模式提供。

（4）模型的运算流程

通过模型运算，可以得到未来三天全湖每个计算网格内叶绿素 a 和溶解氧浓度随时间变化的数值，进而得到全湖的时空分布。运算流程如图 3.37 所示。

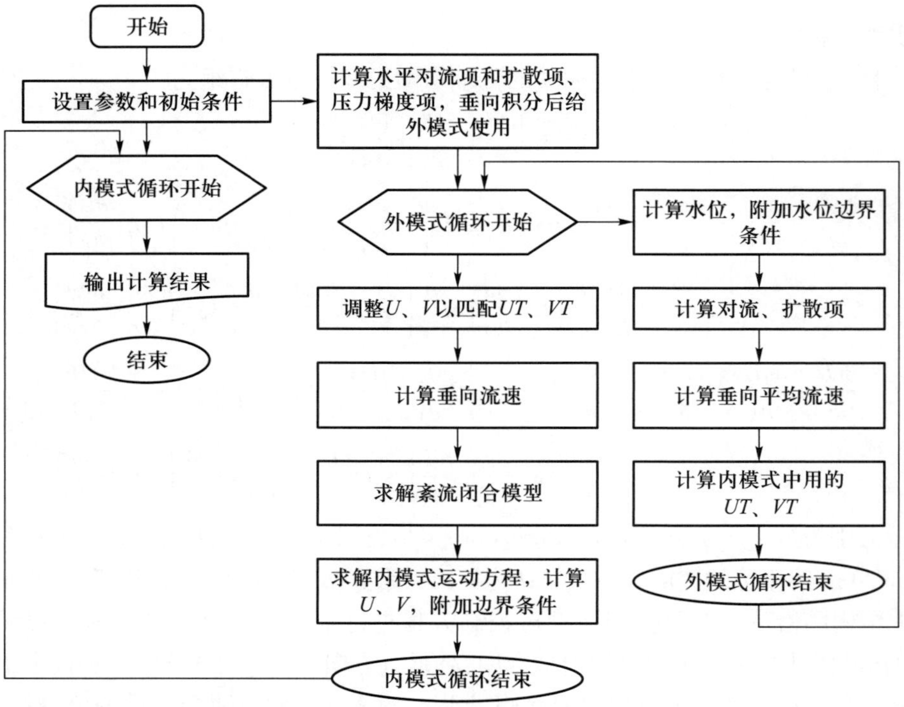

图 3.37　浅水湖泊三维水动力-水质耦合数值模型计算流程图

（5）湖泛发生概率经验公式

除了预测未来 3D Chl a 和溶解氧浓度的分布动态以外，在特定敏感水域（取水口、旅游区等），预测湖泛出现的概率及强度也十分重要。由于藻源性湖泛的发生不仅需要较高的藻类生物量作为物质基础，还需要较低的风速（$\leqslant 2.6\ \mathrm{m \cdot s^{-1}}$）、较高的气温（25℃以上）、较少的降雨（连续 5~7 天均为晴朗无降水）等适宜的气象条件作为触发因子，而且溶解氧浓度（$\leqslant 2.0\ \mathrm{mg \cdot L^{-1}}$）作为联系湖泊水文、理化和生物过程的关键因子，是湖泛形成和消散的核心因素。因此在湖泛的短期预报中，选取在实际观测中较易获取的水体中藻类浓度、溶解氧浓度指标以及风速、降雨等气象因子，形成夏季藻源性湖泛的概率经验公式：

$$F = f_1(N_{1_t}) \times f_2(V) \times f_3(R) \times f_4(N_{2_t}) \tag{3-8}$$

且四种因子的概率赋值分别按表 3.8 进行。式中，$f_1(N_{1_t})$为由 t 时刻叶绿素引起的概率，$f_2(V)$为由风速条件引起的概率，$f_3(R)$为由降雨条件引起的概率，$f_4(N_{2_t})$为由 t 时刻溶解氧溶度引起的概率。在全湖每个计算网格上利用此概率预报模型，可以得到全湖湖泛发生的概率分布。

表 3.8 叶绿素 a、溶解氧浓度、风速、降雨与湖泛发生概率的对应表

叶绿素 a /(μg·L⁻¹)	$f(N_{1_t})$	风速 /(m·s⁻¹)	$f(V)$	降雨	$f(R)$	溶解氧浓度 /(mg·L⁻¹)	$f(N_{2_t})$
60.0 以上	1	1~2 级 (0.3~3.3)	1	晴、多云	1	1.0	1
50.0	0.9	3 级(3.4~5.4)	0.9	阴、小雨	0.9	2.0	0.8
40.0	0.8	4 级(5.5~7.9)	0.8	阵雨、雷阵雨	0.8	4.0	0.6
20.0	0.7	5 级(8.0~10.7)	0.7	中雨	0.7	6.0	0.4
10.0	0.4	5 级以上(>10.8)	0.5	大、暴雨	0	8.0	0

(6) 预警半周报的制定

基于各种监测手段(遥感卫片、地面在线监测和人工巡测)获得叶绿素浓度、溶解氧浓度、藻蓝素浓度、水温、浊度、透明度和氮、磷营养盐浓度等现状参数;利用空间网格划分和插值算法,将监测点位的水环境参数插值到全湖,其空间分布作为水质数值模型的初始条件;以未来三天风场时空分布作为模型驱动力,驱动三维水动力-水质耦合数值模型进行运算,得到未来三天浅水湖泊 Chl a 和溶解氧浓度的时空分布;利用 Chl a 和溶解氧浓度的时空分布,结合降水等气象参数建立概率经验公式,计算未来三天湖泛易发水域发生湖泛的概率;对于发生湖泛概率较大的区域,进一步确定发生湖泛的位置和面积。将预报结果制作成湖泛监测预警半周报(半周报格式如图 3.38 所示),发送至湖泊各级管理部门。

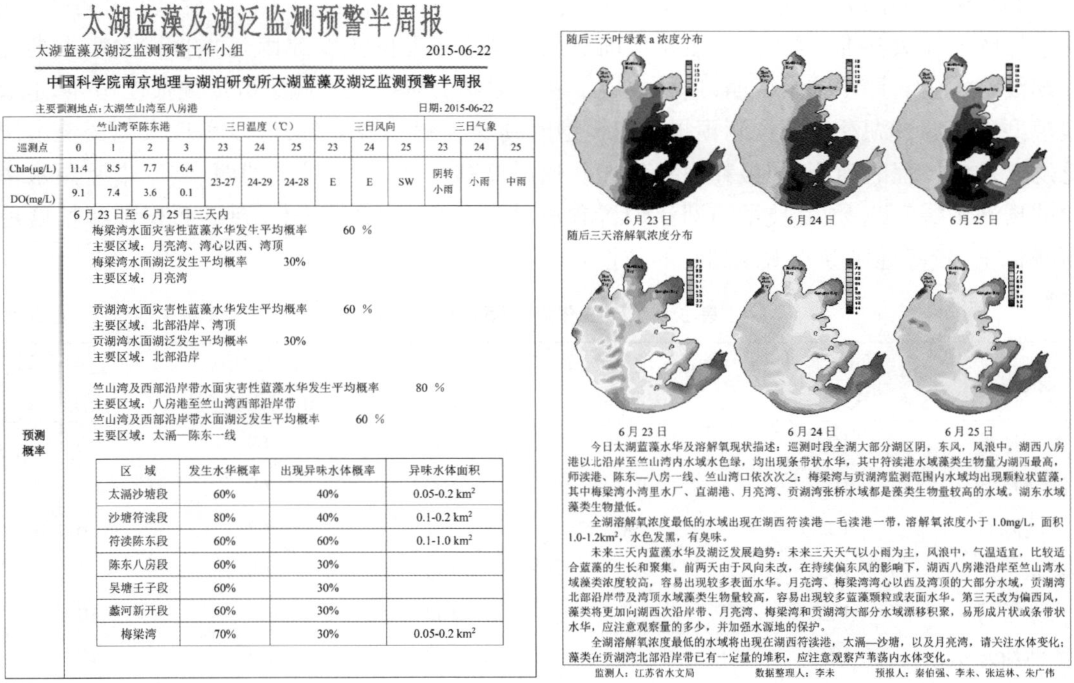

太湖蓝藻及湖泛监测预警半周报

太湖蓝藻及湖泛监测预警工作小组 2015-06-22

中国科学院南京地理与湖泊研究所太湖蓝藻及湖泛监测预警半周报

主要巡测地点:太湖竺山湾至八房港 日期:2015-06-22

	竺山湾至陈东港				三日温度(℃)			三日风向			三日气象		
巡测点	0	1	2	3	23	24	25	23	24	25	23	24	25
Chla(μg/L)	11.4	8.5	7.7	6.4	23-27	24-29	24-28	E	E	SW	阴转小雨	小雨	中雨
DO(mg/L)	9.1	7.4	3.6	0.1									

预测概率

6 月 23 日至 6 月 25 日三天内

梅梁湾水面灾害性蓝藻水华发生平均概率 60 %
主要区域:月亮湾、湾心以西、湾顶
梅梁湾水面湖泛发生平均概率 30%
主要区域:月亮湾

贡湖湾水面灾害性蓝藻水华发生平均概率 60 %
主要区域:北部沿岸、湾顶
贡湖湾水面湖泛发生平均概率 30%
主要区域:北部沿岸

竺山湾及西部沿岸带水面灾害性蓝藻水华发生平均概率 80 %
主要区域:八房港至竺山湾西部沿岸带
竺山湾及西部沿岸带水面湖泛发生平均概率 60 %
主要区域:太滆—陈东一线

区 域	发生水华概率	出现异味水体概率	异味水体面积
太滆沙塘段	60%	40%	0.05-0.2 km²
沙塘符渎段	80%	40%	0.1-0.2 km²
符渎陈东段	60%	60%	0.1-1.0 km²
陈东八房段	60%	30%	
吴塘壬子段	60%	30%	
蠡河新开段	60%	30%	
梅梁湾	70%	30%	0.05-0.2 km²

今日太湖蓝藻水华及溶解氧现状描述:巡测时段全湖大部分湖区阴,东风,风浪中。湖西八房港以北沿岸至竺山湾内水域水色绿,均出现条带状水华,其中符渎港水域藻类生物量为湖西最高,师渎港、陈东—八房一线、竺山湾口依次次之;梅梁湾与贡湖湾监测范围内水域均出现颗粒状蓝藻,其中梅梁湾小湾里水厂、直湖港、月亮湾、贡湖湾张桥水域都是藻类生物量较高的水域。湖东水域藻类生物量低。

全湖溶解氧浓度最低的水域出现在湖西符渎港—毛渎港一带,溶解氧浓度小于 1.0mg/L,面积 1.0-1.2km²,水色发黑,有臭味。

未来三天内蓝藻水华及湖泛发展趋势:未来三天天气以小雨为主,风浪中,气温适宜,比较适合蓝藻的生长和聚集。前两天由于风向未改,在持续偏东风的影响下,湖西八房港沿岸至竺山湾水域藻类浓度较高,容易出现较多表面水华。月亮湾、梅梁湾湾心以西及湾顶的大部分水域,贡湖湾北部沿岸带及湾顶水域藻类生物量较高,容易出现较多蓝藻颗粒或表面水华。第三天改为偏西风,藻类将更加向湖西次沿岸带、月亮湾、梅梁湾和贡湖湾大部分水域漂移积聚,易形成片状或条带状水华,应注意观察量的多少,并加强水源地的保护。

全湖溶解氧浓度最低的水域将出现在湖西符渎港,太滆—沙塘,以及月亮湾,请关注水体变化;藻类在贡湖湾北部沿岸带已有一定量的堆积,应注意观察芦苇荡内水体变化。

监测人:江苏省水文局 数据整理人:李未 预报人:秦伯强、李未、张运林、朱广伟

图 3.38 发布蓝藻及湖泛预警半周报样稿(见书末彩插)

(7) 预报精度的评估

以太湖站发布的2015年湖泛半周报为例,讨论预报精度的评估。将竺山湾及西部沿岸带离岸2 km范围水域分成4段,太滆港到沙塘港为第1段(太滆沙塘段),沙塘港到符渎港为第2段(沙塘符渎段),符渎港到陈东港为第3段(符渎陈东段),陈东港到八房港为第4段(陈东八房段);将贡湖湾北面取水口沿岸带离岸2 km范围分成2段,吴塘门港到壬子港为第5段(吴塘壬子段),蠡河到新开港为第6段(蠡河新开段)。湖泛预测位置准确性以预测点与上述6段范围的吻合性判断,预测发生段与实际发生段吻合则为预测准确,主预测精度的百分比则以全年预测精度的平均值计算。

参照《江苏省太湖蓝藻暴发应急预案》湖泛事件分级标准,在该预案最低级"一般湖泛事件"下进一步划分亚级,其中50 km^2以上的湖泛事件为一般湖泛事件亚Ⅰ级,10~50 km^2的湖泛事件为亚Ⅱ级,3~10 km^2的湖泛事件为亚Ⅲ级,小于3 km^2的湖泛事件为亚Ⅳ级,湖泛面积预测按湖泛级别预报,若级别预报准确即视为面积预测精度为100%,最后的面积预测精度为全年预测精度的平均值。

根据上述评估标准,湖泛预报位置的评估方法为:分别比较前述7段(包括梅梁湾)湖泛易发水域在未来三天的湖泛预报概率与人工巡查结果,如果某段水域预报概率大于50%且真实发生了湖泛,则说明预报正确;如果某段水域预报概率小于50%且没有发生湖泛,则说明预报正确;如果某段水域预报概率大于50%却没有发生湖泛,则说明预报错误;如果某段水域预报概率小于50%却发生了湖泛,则说明预报错误。进一步,在某段水域真实发生湖泛的前提下,预报面积的评估方法为:湖泛预报面积与实际发生面积在同一级别内,则说明预报正确;反之则是预报错误。

利用此评估方法对2015年度42期湖泛预报结果进行评估,结果如表3.9所示,位置预测精度和面积预测精度均达到了课题组对本技术的考核指标(湖泛位置预测精度达70%以上,面积预测精度达60%)。由于2015年发生的5次小型湖泛位置相对集中,主要在湖西区的符渎陈东段水域和梅梁湾的部分水域,因此湖泛位置预报正确率总体较高。发生的湖泛规模很小,均属于湖泛事件的亚Ⅳ级标准,湖西区几段水域面积预测精度较低的主要原因是预报发生小型湖泛而实际却没有发生。评估结果说明,这种集成了基于太湖流域中尺度风场数值预报模型、降水数值预报模型和藻源性湖泛短期预测预报数值模型的湖泛预测预警平台,可以实现太湖蓝藻水华及湖泛发生发展过程的预测、预报和对外发布。通过2008—2016年对太湖西、北岸带蓝藻水华及湖泛的预测预警实践,预警技术的湖泛位置预测精度可以达90%以上,湖泛面积预测精度可以达60%以上,较好地服务于太湖湖泛的防控。

表3.9　2015年湖泛预报精度统计

预报水域	可检验天数/d	位置预测正确天数/d	位置预测精度/%	面积预测正确天数/d	面积预测精度/%
太滆沙塘	102	102	100	69	67.6
沙塘符渎	102	102	100	69	67.6
符渎陈东	102	96	94.1	63	61.8
陈东八房	102	102	100	99	97.1
吴塘壬子	105	105	100	105	100
蠡河新开	105	105	100	105	100
梅梁湾	105	102	97.1	76	72.4

3.5 太湖蓝藻水华灾害的长期变化及控制策略

富营养化是全球湖泊面临的最普遍的生态问题之一。富营养化问题从20世纪40—50年代就开始受到关注(Hasler,1947;Edmondson et al.,1956),60—70年代得到普遍关注和治理(Lund,1967;Grundy,1971),至今仍在发达国家和发展中国家产生危害(Conley et al.,2009;Griffin,2017)。比如从20世纪60年代就受到关注并开展了大量治理工程的五大湖之一伊利湖(Davis,1964),近10年来蓝藻水华又呈现较严重的态势,2015年还造成湖滨60万人口的Toledo市城市供水中断2天(Steffen et al.,2017)。治理多年的日本霞浦湖,水华问题也未彻底解决(Tomioka et al.,2011)。由此可见,在应对湖泊富营养化问题方面,全世界都面临极大的挑战。

太湖是我国蓝藻水华问题出现最早、治理时间最长、投入最大的大型湖泊之一。据沈炳康报道,1960年太湖考察时就偶尔发现蓝藻水华,1970年后在梅梁湾西北沿岸带夏季水华已经比较常见,1988年就出现过约1000 km^2面积的蓝藻水华,1991年7月,蓝藻水华一度严重影响了无锡市的城市供水,以及社会发展和城市形象(沈炳康,1992)。从20世纪90年代以来,太湖的富营养化治理就作为国家水环境治理的标志性工程推进(解振华,1996),1998年实施了"零点行动"(孙卫红,2003)。2007年5月发生在无锡沙渚水厂的饮用水危机事件(Qin et al.,2010),更是将太湖富营养化和蓝藻水华灾害防控治理提升到一个新的高度,实施了从流域到湖体的一系列环境治理和生态修复工程。从水利和环保部门的监测结果看,无论是入湖河流(易娟等,2016),还是湖体关键水质断面(戴秀丽等,2016),太湖流域的营养盐都出现了下降趋势,取得了部分治理效果。然而,就遥感监测的蓝藻水华面积而言,近年来下降趋势不明显(Shi et al.,2017)。太湖藻类生物量季节变化和水华灾害同时受气象条件的较大影响(李洪利等,2015;Paerl and Huisman.,2008;金颖薇等,2015),给蓝藻水华的控制带来了较大的挑战。

目前由于人类活动引起的水体富营养化和蓝藻水华已经引起社会的广泛关注。通过削减营养盐输入来改善湖泊水质、遏止蓝藻水华,是当前解决太湖水环境问题的根本办法。藻类生长所需的营养盐中,氮和磷是最为关键的生源要素。磷的主要来源是河道输入,而氮的来源除了河道输入外,部分具有固氮能力的藻类能够直接固定大气中的氮从而增加水生态系统的氮负荷。这也使氮的控制比磷更加困难。控氮还是控磷是我们当前急需解决的湖泊富营养化控制的策略问题。太湖站科研人员采用实验湖沼学方法,通过长期对太湖蓝藻水华与氮磷营养盐关系的生态学研究,提出"太湖蓝藻水华控制需要采取氮、磷营养盐同时控制的策略"的结论。因此,太湖富营养化控制的实践中采取制磷措施的同时也不能放弃氮的控制。

3.5.1 太湖蓝藻水华面积变化

施坤等人利用2003年以来可以获得的遥感影像数据,解译了2003—2016年太湖蓝藻水华的面积变化(Shi et al.,2017),如图3.39。从图中可以看出,从2006年开始,蓝藻水华的面积增大。就可获得影像的平均值而言,2003—2016年蓝藻水华面积分别为116 km^2、132 km^2、133 km^2、193 km^2、209 km^2、151 km^2、143 km^2、161 km^2、147 km^2、149 km^2、168 km^2、163 km^2、139 km^2、128 km^2(相应的统计天数分别为122、162、138、135、132、144、128、137、124、122、144、

62、64、79)。从统计结果看,2007年平均蓝藻水华面积最大,2008年以后年变化不大,2016年平均值较小,但是还是大于2003年的年均面积。尽管遥感影像受天气影响大,数据的代表性有一定的问题,但是本数据每年的解译天数还是相当多,应当具有参考价值。

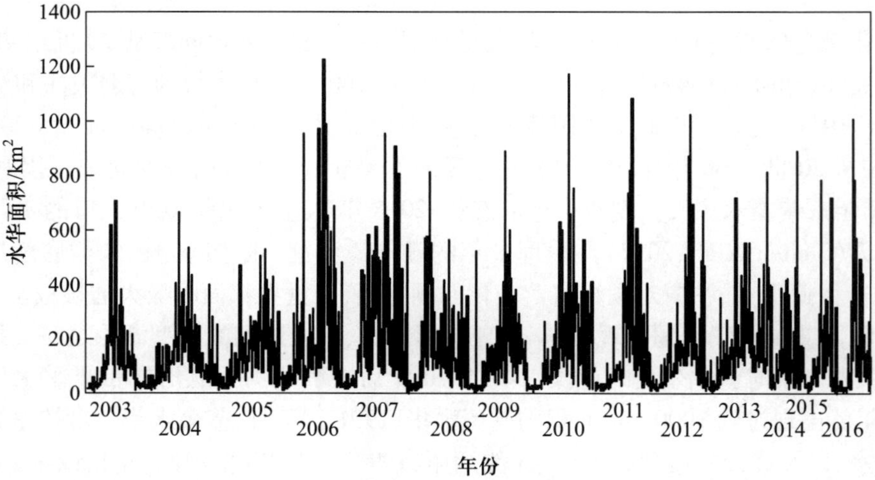

图3.39　2003—2016年太湖遥感监测蓝藻水华面积(部分数据来自Shi et al.,2017)

3.5.2　北太湖叶绿素a年变化特征

2005—2017年北太湖水体叶绿素a(Chl a)的年均值(Chl $a_{1—12}$)、上半年平均值(Chl $a_{1—6}$)及水华灾害敏感期的5—7月平均值(Chl $a_{5—7}$)变化如图3.40。从2005—2017年多年北太湖水体浮游植物Chl a浓度看,多年1—12月逐月北太湖Chl a浓度分别为11.7 μg·L^{-1}、11.9 μg·L^{-1}、12.2 μg·L^{-1}、19.4 μg·L^{-1}、35.8 μg·L^{-1}、38.5 μg·L^{-1}、63.2 μg·L^{-1}、55.2 μg·L^{-1}、58.7 μg·L^{-1}、45.2 μg·L^{-1}、29.0 μg·L^{-1}、16.1 μg·L^{-1},11月至4月浓度显著低于5—10月,5月是藻类开始显著生长的季节,对整年藻类水华情势具有重要的指示意义(朱广伟等,2018)。

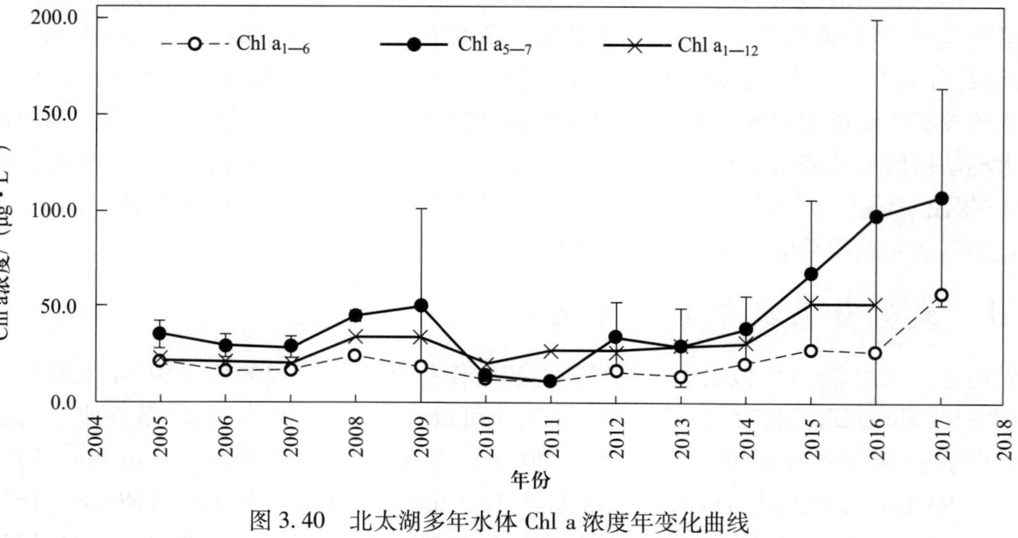

图3.40　北太湖多年水体Chl a浓度年变化曲线

13 年来，Chl a 年平均浓度呈现两个峰值：2008—2009 年的峰值及 2015—2017 年的峰值，且后者明显高于前者。就 1—6 月的北太湖 Chl a 平均浓度而言，2017 年平均值为 56.5 $\mu g \cdot L^{-1}$，为 13 年来最高。而 5—7 月的北太湖 Chl a 平均浓度，2015—2017 年分别为 66.8 $\mu g \cdot L^{-1}$、97.9 $\mu g \cdot L^{-1}$、107.1 $\mu g \cdot L^{-1}$，呈现增高趋势，多年的平均低值出现在 2010—2011 年。年均值 2010 年最低，为 19.2 $\mu g \cdot L^{-1}$，而 1—6 月和 5—7 月均值的低值出现在 2011 年，分别为 11.0 $\mu g \cdot L^{-1}$和 10.8 $\mu g \cdot L^{-1}$。相比较而言，发生无锡饮用水危机事件的 2007 年，整个北太湖的 Chl a 年平均浓度不是最高，其原因是该年前 3 个月藻类生物量并不高，1—3 月平均值分别为 7.0 $\mu g \cdot L^{-1}$、9.4 $\mu g \cdot L^{-1}$、5.4 $\mu g \cdot L^{-1}$，较多年平均值偏低，且 6 月初以后“引江济太”水量加大，也拉低了夏季之后的藻类峰值，因此，就全年数据而言，平均值不高。但是多年监测的第二高值出现在该年 6 月的 THL04 号点，Chl a 浓度达到 390.6 $\mu g \cdot L^{-1}$，因显著异于其他点位而在统计中剔除，未计算在内。

从 Chl a_{5-7}的误差线可以发现，高峰值出现的年份，时空异质性往往较大，因此误差值也显著大于其他年份（图 3.40）。在具体的观测中发现，峰值出现的阶段，藻类的堆积现象相对较严重，不同月份之间的差异更显著。

3.5.3　北太湖 Chl a 浓度与营养盐的相关性分析

相关分析常常是用来判别因果关系的前提。北太湖 2005—2017 年 156 个月 14 个样点 Chl a 浓度与各主要营养盐浓度、透明度的相关关系如表 3.10。从表中可以看出，Chl a 浓度与主要营养盐浓度及透明度均显著相关，但是对不同形态营养盐浓度的相关关系并不一致。如 Chl a 与水相总磷（TP）显著正相关，但是与溶解性总磷（DTP）相关性不显著；与总氮（TN）显著正相关，但与溶解性总氮（DTN）、氨氮（NH_4^+-N）显著负相关。表 3.10 的相关系数是建立在月尺度监测数据上的同步参数间相关关系，包括了各指标间的同步季节变化信息。由于本监测测定的水体 TN、TP 包含了藻体等生物体内氮、磷及无机颗粒态氮、磷，因此，Chl a 浓度与 TP、TN 的正相关关系反映出北太湖藻类的季节性生长、蓝藻水华过程对水相 TN、TP 含量的极显著影响：湖体 Chl a 浓度与颗粒态氮、磷（PP、PN）的关系密切，说明藻类生物体含有的氮、磷是水相氮、磷的重要组成部分。藻类生长，特别是蓝藻水华，能够通过改变水相 pH 的“泵吸作用”（Xie et al., 2003），以及水华堆积之后的溶解氧效应（Zhu et al., 2013a），大大加快底泥磷的释放，既能快速缓解水相藻类生长的磷需求，还能通过生物富集，反而使得夏季水相总磷浓度增高，甚至使得滤后测定到的 DTP 含量也同步增高。因此，Chl a 浓度与 TP 的相关，主要反映的是蓝藻水华或藻类的季节性增殖带来的水质生态反馈效应，既不能表明藻类生物量受到 TP 浓度的影响，也不能说明水相磷含量对藻类生长无关。

DTP 与 Chl a 相关性不显著（表 3.10），说明了北太湖这种夏季高藻、水动力扰乱强烈、外源补给量大的浅水湖泊，无论是水相磷的含量，还是水相藻类 Chl a 含量，均有着十分复杂的影响机制。通过 DTP 与 Chl a 两者的不相关可以判断，目前的夏季水相磷浓度并没有对夏季同期藻类的生长起到十分明显的限制作用，因此两者既没有明显正相关，也没有明显负相关。Xu 等（2015）研究太湖藻类生长受限的水相磷浓度提出，水相 TP 浓度应低于 0.05 $mg \cdot L^{-1}$才对藻类生物量高低起到明显影响。目前北太湖水相 TP 仍明显高于此值，即使是水相 DTP 也高于此临界值。

表 3.10　北太湖 2005—2017 年监测的水相 Chl a 浓度及相关营养盐指标相关性矩阵

	SD	COD_{Mn}	NH_4^+-N	DTN	TN	DTP	TP	PN	PP
COD_{Mn}	-0.250**								
NH_4^+-N	0.029	0.150**							
DTN	0.073**	0.063**	0.852**						
TN	-0.089**	0.530**	0.757**	0.850**					
DTP	-0.041	0.181**	0.551**	0.504**	0.475**				
TP	-0.328**	0.803**	0.272**	0.183**	0.596**	0.511**			
PN	-0.294**	0.884**	-0.067**	-0.150**	0.394**	0.010	0.797**		
PP	-0.359**	0.846**	0.090**	0.007	0.491**	0.186**	0.939**	0.908**	
Chl a	-0.206**	0.757**	-0.111**	-0.183**	0.293**	0.029	0.721**	0.869**	0.813**

注：n=2182；*，显著相关；**，极显著相关。

Chl a 与 TN 正相关，但是与 DTN、NH_4^+-N 等溶解态氮含量均呈负相关关系，这主要是由于藻类大量生长对氮的吸收利用、氮的外源补给峰值与湖体藻类生长峰值季节上不同步，以及温度升高造成的水湖体脱氮能力增加造成的。对于第一方面，图 3.41 的结果证明了生物积累从水相中吸收氮的重要性。而对于年度氮外源补给峰值与藻类生长生物量峰值之间的不同步，在许多研究中均发现，湖体或水库中氮的浓度峰值一般出现在初春，3 月居多，而由于当时气温较低，水体藻类生长受到温度限制，生物量在一年中并不高。随后，氮的外源补给下降，而水相氮的吸收利用及反硝化脱氮能力加强，浓度下降；同时随着温度增加，Chl a 含量逐步增加。采用相关分析，往往得出两者负相关的结果。比如在淀山湖（汪益嫔等，2010）、红枫湖（邓河霞等，2011）、南漪湖（彭水秀等，2016）、南太湖（于瑞君等，2013；毕京博等，2016）、五里湖（范成新等，2004）等研究中均发现，Chl a 与 TN 为负相关关系。这里的负相关，主要是由两者年度峰值的季节错位造成的。

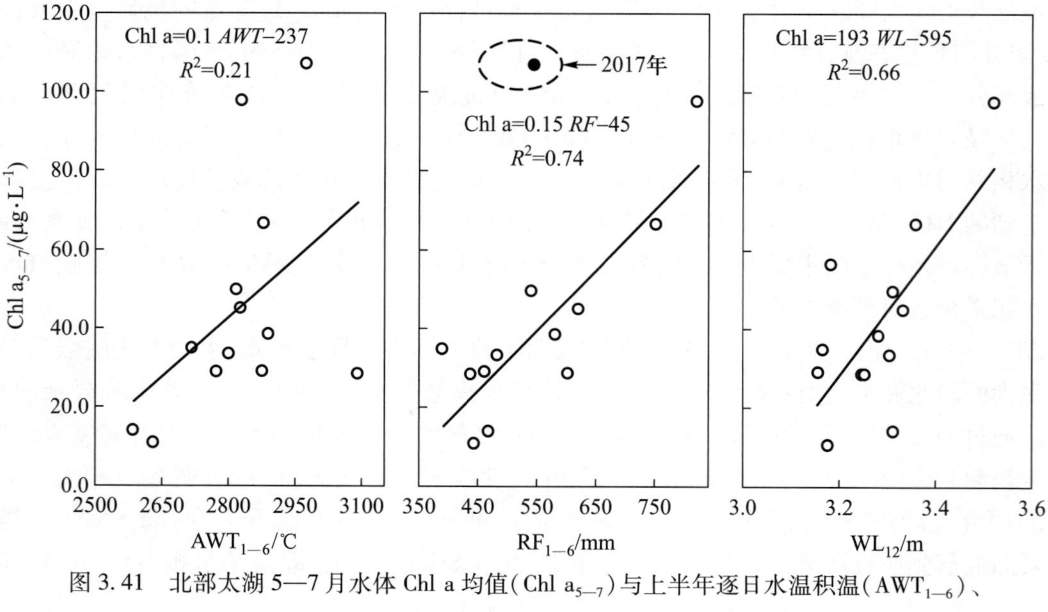

图 3.41　北部太湖 5—7 月水体 Chl a 均值（Chl a_{5-7}）与上半年逐日水温积温（AWT_{1-6}）、降雨量（RF_{1-6}）、年均水位（WL_{12}）的关系

相对于磷而言，北太湖水相中氮的主要形态是溶解态，底泥再悬浮补给相对于生物脱氮及吸收利用消耗量而言，比例更低。据范成新等（2004，2006）估算的底泥内源氮、磷负荷，以及赵林林等（2013）估算的太湖水相 TN、TP 赋存量，底泥的内源补给相对于水相氮的影响要明显小于对水相磷的影响。而许多研究都表明，藻类生长季，特别是蓝藻水华生消过程本身，对太湖氮的脱除能力还是很强的（Chen et al.，2012；黎丽雯等，2013；徐徽等，2009）。这是夏季氮含量下降的重要原因之一。

据许海等的长期历史数据分析表明，太湖年平均叶绿素与总磷相关性较好，各个时段均显著相关，但与总氮的相关性在 2007 年以后减弱（Xu et al.，2017）。太湖夏季叶绿素与春季总磷相关性很差，仅在 1997—2001 年存在相关性，与总氮仅在 1997—2006 年存在显著相关性。而夏季水华时期叶绿素与夏季总氮和总磷存在显著的正相关。

3.5.4　水文气象条件对北太湖 Chl a 的影响

除了营养盐条件之外，气温、降雨、光照、水动力条件、换水过程等水文气象条件对藻类的异常增殖、蓝藻水华过程也起着至关重要的作用（Paerl and Huisman，2008；Wu et al.，2015；Beaver et al.，2013；Isles et al.，2015）。太湖的前期研究表明，温度、降水、风场、气候事件等对蓝藻水华的形成及水体藻类和营养盐的时空场分布都有较大的影响（李洪利等，2015；朱广伟，2009；Bowes et al.，2016；谢小萍等，2016；Zhang et al.，2016；Zhou et al.，2016）。李洪利等（2015）在分析 1985—2011 年太湖 Chl a 的影响因素时发现，气温在调节太湖 Chl a 年际变化过程中发挥着主导作用，Zhou 等（2016）在分析滇池 1991—2013 年气象条件对水体 Chl a 的影响时发现，Chl a 与多年的平均气温、最高气温、最低气温之间均有显著正相关关系，而降雨则能改变 Chl a 与氮、磷的统计关系。Zhang 等（2016）通过遥感反演揭示出台风雨等极端降雨事件对太湖湖体大范围的透明度影响很大，进而对藻类的生长和生物量空间分配产生巨大影响，进而统计分析揭示了近 50 年来极端降雨频次增加的现象。而 Yang 等（2016）通过对 2007—2015 年大于 300 km^2水华事件气象学特征分析发现，暴雨和强风等极端天气事件诱发了 50% 以上的大面积水华事件。Wu 等（2015）对太湖流域 2000—2012 年的风场变化与蓝藻水华面积的关系分析表明，区域尺度的年平均风速的下降，也可能对蓝藻水华面积有贡献。这些研究意味着，作为一种初级生产者，湖库水体中藻类生物量、Chl a 浓度受水文气象条件的影响可能会超过营养盐的影响。

每年 5—7 月是藻类水华最关键的季节。这个季节蓝藻水华严重程度、发生早晚，对于一年的蓝藻水华情势预测、防控工作部署都有重要意义。通过对 5—7 月北部太湖水体 Chl a 浓度（Chl $a_{5—7}$）与不同时段的水温、水温积温及降雨量的分析发现，上半年 1—6 月的逐日水温积温（$AWT_{1—6}$）、降雨量（$RF_{1—6}$）及年均水位（WL_{12}）与 5—7 月 Chl $a_{5—7}$ 均具有很好的相关性，见图 3.41（朱广伟等，2018）。

从图 3.41 可以看出，5—7 月北部太湖水体平均 Chl a 含量与上半年的逐日水温积温呈显著正相关（$\gamma=0.454, p<0.001, n=13$），说明上半年的积温情况对于春末夏初的第一轮大规模蓝藻水华强度有较强的决定作用。此外，除了 2017 年的情况之外，2005—2016 年的 5—7 月 Chl a 含量也与上半年总降雨量关系密切（$\gamma=0.857, p<0.001, n=12$），说明春季外源负荷对春末夏初的蓝藻水华强度有重要的影响。Xu 等（2017）在分析 1992—2012 年的春季总氮负荷与夏季 Chl a 含量之间关系时发现，春季的氮、磷负荷与夏季的全湖平均 Chl a 显著相关，从一个方面说明了太湖氮的补给程

度对蓝藻生物量还是有很大影响的，而影响春季氮、磷负荷的重要因素是春季的降雨量。此外，2005—2016年的5—7月Chl a含量也与年均水位（WL_{12}）关系密切（$\gamma=0.815, p<0.001, n=12$）。水位是与降雨量密切相关的因素，因此，水位首先反映出降雨的影响。其次，水位高，平均水深大，底层水体缺氧的概率大，氮、磷的内源释放强度偏大，有利于蓝藻生长中的营养盐补给。

3.5.5 太湖蓝藻控制的氮、磷限制因子及阈值

长期以来，国际上一直在争论，控制水华应采用控磷法，还是同时控磷和氮。20世纪70年代，Schindler（1997）根据加拿大实验湖区227号湖长期的大规模实验结果认为，磷是主要的限制因子。该研究结果使“削减磷负荷”成为北美和欧洲进行湖泊管理的主要策略，并由此提升了水质（National Research Council，1992）。以此为基础，许多河口和沿海生态系统的环境管理部门也开始采用磷控制的措施。最近，加拿大和美国的科学家基于长期实验湖沼学研究提出了湖泊富营养化治理无须控氮只需控磷的观点（Schindler et al.，2008）。国内王海军和王洪铸（2009）也认为，富营养化治理应放宽控氮、集中控磷。争论的原因在于对湖泊浮游植物生长究竟是磷限制还是氮限制还没有一致的观点。一般来说，在海水中氮是主要的限制因子，而在淡水中磷是主要的限制因子。但Hecky和Kilham（1998）在总结大量的实验数据和野外观察结果后认为，磷是淡水湖泊中浮游植物生长的限制因子，而把氮看作是海洋生态系统中浮游植物的限制性营养元素的结论仍然存在较大的争议。很多研究显示，一些淡水湖泊中氮也是限制因子（Temponeras et al.，2000；Nalewajko and Murphy，2001）。Maberly等（2002）报道，欧洲30个湖泊中63%被氮与磷共同限制，而只有24%的湖泊被磷单独限制。其他的一些研究也表明，氮限制和氮与磷的共同限制比以前认为的还要普遍（Elser et al.，1990；Dzialowski et al.，2005）。然而在像太湖这样的浅水湖泊中，究竟该采取单独控磷还是氮、磷同时控制策略呢？

Xu等（2010）在太湖开展了不同季节梅梁湾水体氮、磷添加对水体浮游植物生物量变化（以水体Chl a表征）的原位实验。结果发现，太湖梅梁湾夏季呈现明显的氮限制特征（图3.42），夏季单独补充氮比单独补充磷对藻类生长的刺激作用更大。当然，氮、磷共同添加，所产生的藻类生物量增加最大。这说明，对于太湖这样的浅水湖泊，由于底泥和水体中的磷循环迅速，磷的控制短期内不能起到效果，想要有效地控制 *Microcystis* spp.水华，应该同时控制好氮和磷。

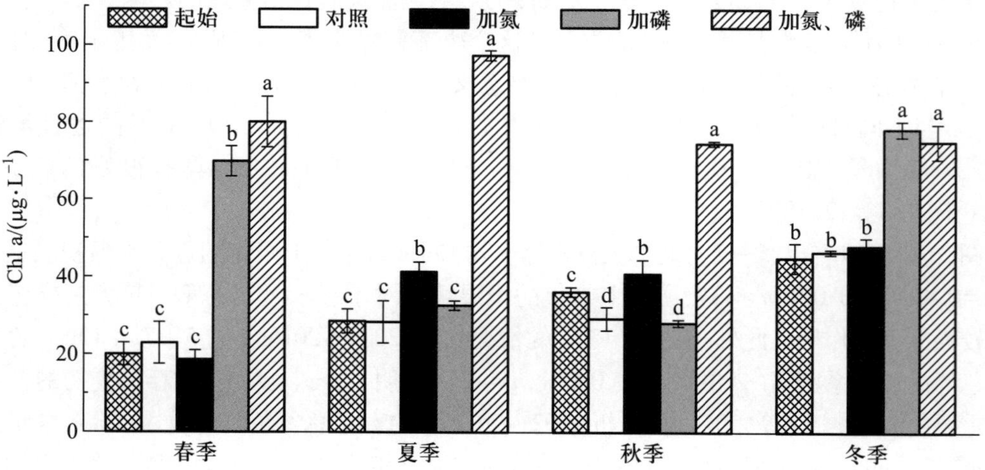

图3.42　Chl a对氮、磷添加的响应

通过各种技术(内源的控制技术、面源的控制技术、大气污染的控制技术、生态修复技术、湖滨带恢复技术等)对水体氮、磷营养盐进行干预,降低水体氮、磷水平,是目前控制蓝藻水华广泛采用的办法。然而,氮、磷需要降到什么程度才能限制藻类生长,这个问题的答案对采取管理策略控制氮、磷浓度和负荷具有重要意义。王霞等(2006)通过室内单株铜绿微囊藻的培养实验发现,铜绿微囊藻最大比增长率能快速增加的磷浓度为0.005~0.025 mg·L^{-1},快速增加的氮浓度为0.03~0.55 mg·L^{-1}。郑朔方等(2005)应用Monod方程考察氮、磷营养盐对铜绿微囊藻生长的影响时发现,铜绿微囊藻增加速度较快的总磷浓度区间为0.005~0.2 mg·L^{-1},总氮浓度区间为0.01~2.00 mg·L^{-1}。Yin等(1992)在9—10月通过围隔实验研究了巢湖蓝藻生长的磷阈值发现,磷浓度低于0.019 mg·L^{-1}后,蓝藻的生长才受到限制。濮培民等(2005)根据我国湖泊和美国Okeechobee湖资料,通过湖泊污染物质动力学方程确定了控制藻类暴发的总磷阈值为0.035 mg·L^{-1},总氮阈值为0.350 mg·L^{-1}(滇池)和1.050 mg·L^{-1}(太湖)。太湖站科研人员通过野外原位营养盐加富的生物实验发现,夏季蓝藻水华暴发期间,蓝藻生物量快速增加的无机氮上限浓度阈值为0.40 mg·L^{-1},无机磷上限浓度阈值为0.035 mg·L^{-1}(图3.43),相当于太湖总氮浓度为0.80 mg·L^{-1},总磷浓度为0.080 mg·L^{-1}。

分析太湖氮、磷营养盐浓度的历史数据可以发现,太湖在1960年总无机氮(TIN)浓度是0.05 mg·L^{-1},反应磷(SRP)浓度是0.02 mg·L^{-1},营养水平较低(表3.11)。

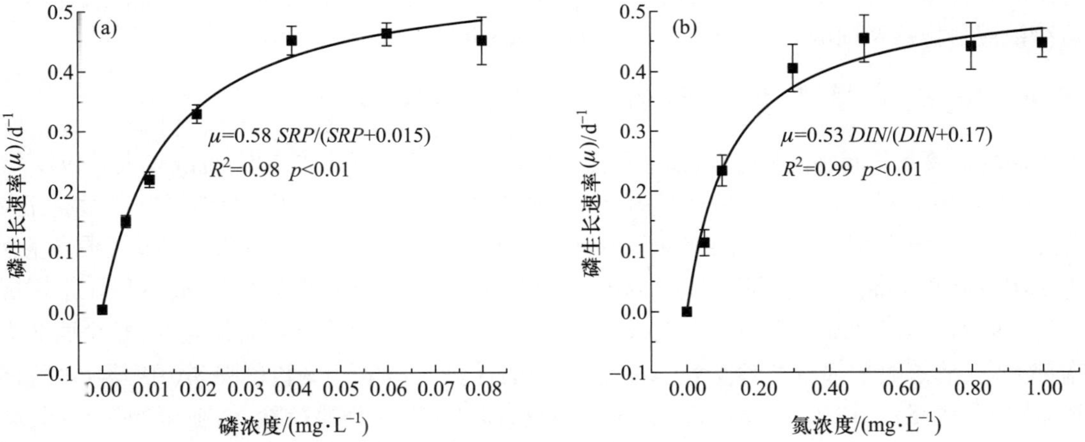

图3.43 太湖蓝藻对不同氮、磷浓度的生长响应曲线

表3.11 太湖水质的长期变化 (单位:mg·L^{-1})

年份	TIN	TN	SRP	TP	数据来源
1960	0.05		0.02		中国科学院南京地理研究所(1965)
1981	0.89	0.90	0.014		孙顺才和黄漪平(1993)
1988	1.11	1.84	0.012	0.032	孙顺才和黄漪平(1993)
1994	1.14	2.05	0.010	0.086	SEPA(2000)
1995	1.16	3.14	0.011	0.111	SEPA(2000)
1998	1.58	2.34	0.007	0.085	太湖站(TLLER)
1999	1.79	2.57	0.004	0.105	太湖站(TLLER)

到 1981 年,TIN 比 1960 年增加了 18 倍,达 0.89 mg · L^{-1},SRP 保持稳定(孙顺才和黄漪平,1993),已经是中营养状态。太湖在 1987 年左右进入富营养化阶段,1988 年 TIN 浓度为 1.12 mg · L^{-1},TP 浓度达 0.032 mg · L^{-1}。1980—1981 年的研究表明,沿岸区浮游植物主要由蓝藻和硅藻占优势,但这时蓝藻并未出现灾害性增长;1987 年 6 月太湖首次暴发了大面积的蓝藻水华,之后蓝藻水华每年夏季均会发生,面积逐步扩大。从 1960 年的贫营养水平到 1987 年蓝藻暴发,水体磷水平变化不大,在 0.012~0.02 mg · L^{-1},这个范围的磷似乎能满足蓝藻大量生长的要求。水生态系统对磷的缓冲能力很大,底泥可以储存大量历史遗留的磷,使水相磷的浓度保持相对稳定。但无机氮浓度变化很大,从 0.05 mg · L^{-1}增加到 1.11 mg · L^{-1},已经达到蓝藻快速生长的饱和浓度,蓝藻在这种氮浓度下会以很快的速度大量繁殖,形成水华。太湖目前大部分时间的氮、磷浓度仍高于这些阈值,这也解释了为何太湖经过多年治理,蓝藻水华依然发生。

控制太湖氮、磷浓度以致限制蓝藻的生长,短期内具有非常大的难度,因此从水质安全和控制成本的角度考虑,控制蓝藻的生物量在可接受的范围可作为氮、磷控制的目标。根据野外观测和实验室分析,将叶绿素 a 浓度 20 μg · L^{-1}定义为蓝藻水华的发生阈值。根据生物实验建立的蓝藻生物量与营养盐浓度之间的关系,计算出控制蓝藻生物量达到阈值以下的氮、磷浓度分别为:TN 浓度在 1.3 mg · L^{-1}以下,TP 浓度在 0.08 mg · L^{-1}以下。基于“外源入湖负荷等于出湖负荷与湖内各种生物过程的损失量”的质量守恒模型假设和蓝藻控制的氮、磷浓度阈值,计算的外源负荷消减目标:TN 削减 60%~70%,TP 削减 20%~46%(Xu et al.,2015)。

3.5.6 太湖蓝藻水华控制的挑战与治理对策

太湖的蓝藻水华问题由来已久,治理历史也较长,问题的解决绝非易事,挑战较大。1949 年 10 月至 1950 年 10 月对太湖北部区域进行周年水质调查时就发现,夏季局部水体鱼腥藻、微囊藻及腔球藻等富营养化藻属滋生,影响水色(朱樹屏和杨光圻,1959)。当时的水体秋冬季磷酸根含量大部分为 0.016~0.059 mg · L^{-1},夏秋季为 0.001~0.018 mg · L^{-1};硝酸根含量 0.54 mg · L^{-1}(朱樹屏和杨光圻,1959)。在 1960 年中国科学院南京地理研究所组织的全太湖综合调查时,整个西北太湖及南部太湖,蓝藻数量都占绝对优势,而蓝藻门中的优势属是微囊藻和鱼腥藻(中国科学院南京地理研究所,1965)。1980—1982 年对太湖水质调查时发现,水体硝酸盐(含亚硝酸盐)含量均值为 1.54 mg · L^{-1},磷酸盐为 0.016 mg · L^{-1}(江苏省环境卫生监测站和无锡市环境卫生监测站,1984)。1987—1988 年中国科学院南京地理与湖泊研究所对全太湖调查时发现,5 月湖面上已经可见条带水华,8 月达到高峰,一直延续到 11 月,优势种为铜绿微囊藻、水华微囊藻及色球藻属,其时的年均水体 TN 含量为 1.84 mg · L^{-1},年均 TP 含量为 0.032 mg · L^{-1}(孙顺才和黄漪平,1993)。在 1991 年因蓝藻水华问题严重影响了无锡市城市供水之后(沈炳康,1992),太湖蓝藻水华的治理就得到高度关注,成为国家重点关注水环境治理项目(解振华,1996)。在国家的高度重视和各级部门的努力下,1998 年太湖实施了“零点行动”治理工程。然而,水质的响应并不明显,1999 年的多项富营养化指标反而超过 1998 年(孙卫红,2003)。2007 年 5 月,蓝藻水华引发无锡市供水危机以来,太湖流域投入的蓝藻水华治理资金和工程更是空前,但是从近 3 年的北部太湖 Chl a 和营养盐含量情况看,蓝藻水华暴发的物质基础仍然丰富,夏季大面积蓝藻水华暴发的根本态势仍未改变。

从北部太湖水体营养盐长期变化来看,2007 年以来采取的一系列污染治理工程的效果还是非常显著的。北部太湖水体各形态氮含量在近10年来大幅度下降,反映出控源截污及生态修复的明显效果。然而目前的营养盐浓度并未降低到Xu等(2015)提出的能够足以显著控制水体藻类生物量的水平,特别是西北湖区,还在从“污水湖”向“自然湖泊状态”过渡,湖体藻类状况、蓝藻水华状态仍处于水文气象条件主控的格局。因此,随着近年来水文气象条件变化、极端气象事件频发,蓝藻水华状况甚至有恶化趋势。相关统计分析表明,近年来的水文、气象条件的极端情况发生频次在增加(Yang et al.,2016; Zhou et al.,2017),这给太湖的蓝藻水华治理提出了更大的挑战。

湖泊蓝藻水华控制是一个国际难题,特别是浅水湖泊中的治理。然而,国际上许多湖泊的治理经验表明,外源氮、磷的有效削减是最终控制湖体蓝藻水华的根本途径(Smith et al.,2016)。尽管近年来的极端天气和水文气象条件给太湖的蓝藻水华治理带来极大的挑战,然而,从治理和管理角度,除了加强蓝藻水华灾害应对技术和措施之外,仍需要将入湖氮、磷负荷削减作为最重要的治理手段。否则,太湖的蓝藻水华问题只能更加严重。从氮、磷的变化曲线看,氮的治理效果明显好于磷,这与太湖这种浅水湖泊巨大的内源磷缓冲能力有关(Zhu et al.,2013b)。因此,在营养盐控制方面,氮、磷均需要关注,而不是照搬北美、北欧等温带地区生长期较短的湖泊经验(Carpenter,2008),采取单一控磷的措施。此外,从2005年以来的监测结果看,目前太湖流域采取的控磷措施还不够有效。磷是一种相对保守的元素,较少像氮一样转化成气态离开。磷的控制关键是固定。从太湖流域目前的治理措施看,进一步加大污水处理厂的除磷效率,提升点源控制效果,以及进一步加强流域湿地系统建设,加强面源磷的拦截能力,是相对可行的控磷途径。

参 考 文 献

毕京博,郑俊,沈玉凤,等. 2012. 南太湖入湖口叶绿素a时空变化及其与环境因子的关系. 水生态学杂志,33(6):7-13.

蔡启铭. 1998. 太湖环境生态研究. 北京:气象出版社.

蔡永久,龚志军,秦伯强. 2010. 太湖大型底栖动物群落结构及多样性. 生物多样性,18(1):50-59.

陈卫东,生楠,朱法明. 2017. 太湖渔业资源现状及产业发展对策. 安徽农业科学,45(7):226-228.

陈宇炜,陈开宁,胡耀辉. 2006. 浮游植物叶绿素a测定的“热乙醇法”及其测定误差的探讨. 湖泊科学,18(5):550-552.

戴秀丽,钱佩琪,叶凉,等. 2016. 太湖水体氮、磷浓度演变趋势(1985—2015年). 湖泊科学,28(5):935-943.

邓河霞,夏品华,林陶,等. 2011. 贵州高原红枫湖水库叶绿素a浓度的时空分布及其与环境因子关系. 农业环境科学学报,30(8):1630-1637.

邓越,吴浩云,孙大勇,等. 2015. 环太湖大堤防洪能力浅析.中国防汛抗旱,25(5):72-75.

董百丽. 2011. 太湖沉水植物群落及其环境因子对生境异质性的响应. 中国科学院南京地理与湖泊研究所博士后出站报告.

范成新,张路,包先明,等. 2006. 太湖沉积物-水界面生源要素迁移机制及定量化——2. 磷释放的热力学机制及源-汇转化. 湖泊科学,18(3):207-217.

范成新,张路,秦伯强,等. 2004. 太湖沉积物-水界面生源要素迁移机制及定量化——1. 铵态氮释放速率的空间差异及源-汇通量. 湖泊科学,16(1):10-20.

谷孝鸿,朱松泉,吴林坤,等. 2009. 太湖自然渔业及其发展策略. 湖泊科学,21(1):94-100.
黄漪平. 2001. 太湖水环境及其污染控制. 北京:科学出版社.
江苏省环境卫生监测站,无锡市环境卫生监测站. 1984. 全球水质监测系统太湖水质1980—1982年监测报告. 江苏医药,491(9):27-30.
姜加虎,焦春萌,黄群,等. 1991. 太湖大浦口湖区湖流特征分析. 海洋湖沼通报,(2):16-22.
金相灿,刘鸿亮,屠清瑛,等. 1990. 中国湖泊富营养化. 北京:中国环境科学出版社.
金颖薇,朱广伟,许海,等. 2015. 太湖水华期营养盐空间分异特征与赋存量估算. 环境科学,36(3):936-945.
黎丽雯,潘纲,李梁,等. 2013. 蓝藻对太湖底泥反硝化过程的影响和机理分析. 湖泊科学,25(5):628-634.
李洪利,王坚红,程军,等. 2015. 太湖叶绿素a年际变化的主要驱动因子及未来气候的影响. 生态学杂志,34(5):1332-1341.
李一平,逄勇,刘兴平,等. 2008. 太湖波浪数值模拟. 湖泊科学,20(1):117-122.
罗潋葱,秦伯强.2003.基于三维浅水模式的太湖水动力数值试验——盛行风作用下的太湖流场特征.水动力研究与进展(A辑),18(6):686-691.
罗潋葱,秦伯强,朱广伟,等. 2004. 太湖梅梁湾冬季湖流特征. 湖泊科学,16(1):73-76.
马荣华,段洪涛,唐军武,等. 2010. 湖泊水环境遥感. 北京:科学出版社.
倪勇,朱成德. 2005. 太湖鱼类志. 上海:上海科学技术出版社.
彭水秀,张坤,李晓明,等. 2016. 南漪湖春夏季节叶绿素a浓度变化及其与环境因子间的关系. 淮北师范大学学报(自然科学版),37(1):57-61.
濮培民,李正魁,王国祥. 2005. 提高水体净化能力控制湖泊富营养化. 生态学报,25(10):2757-2763.
秦伯强,胡春华. 2010. 中国生态系统定位观测与研究数据集·湖泊湿地海湾生态系统卷·江苏太湖站(1991—2006).北京:中国农业出版社.
秦伯强,胡维平,陈伟民,等. 2004. 太湖水环境演化过程与机理. 北京:科学出版社.
秦伯强,王小冬,汤祥明,等. 2007. 太湖富营养化与蓝藻水华引起的饮用水危机——原因与对策. 地球科学进展,22(9):896-906.
秦伯强,杨柳燕,陈非洲,等. 2006. 湖泊富营养化发生机制与控制技术及应用. 科学通报,51(16):1857-1866.
秦伯强,朱广伟. 2006. 长江中下游地区湖泊水和沉积物中营养盐的赋存、循环及其交换特征. 中国科学(D辑:地球科学),49(S1):1-13.
秦伯强,朱广伟,张运林,等. 2010. 高频无线自动监测技术在湖泊蓝藻水华监测和预测中的应用. 科研信息化技术及应用,(3):61-70.
上海师院环境保护研究室,江苏省无锡市环境保护局. 1983. 太湖环境质量调查研究. 上海师范学院学报自然科学版环境保护专辑,上海师范学院学报编辑部出版.
沈炳康. 1992. 太湖蓝藻暴发的水文成因和治理方案初议. 水资源保护,8(2):11-14.
孙鸿烈,陈宜瑜,等. 2016. 中国生态系统研究网络建设访谈录(下). 长沙:湖南教育出版社.
孙顺才,黄漪平. 1993. 太湖. 北京:海洋出版社.
孙卫红. 2003. "零点行动"前后太湖水质比较分析. 江苏环境科技,16(1):35-36.
汪益嫔,由文辉,胡雪芹,等. 2010. 淀山湖蓝藻季节动态及其影响因子. 生态学杂志,29(12):2477-2485.
王海军,王洪铸. 2009. 富营养化治理应放宽控氮、集中控磷. 自然科学进展,19(6):599-604.
王霞,吕宪国,闰伯茄,等. 2006. 基于富营养化闭值的松花湖水环境容量分析. 湖泊科学,18(5):503-508.
伍献文. 1962. 五里湖1951年湖泊学调查. 水生生物学集刊,1:63-113.
解振华. 1996. 要依法管理环境就要靠数据说话. 中国环境监测,12(5):1.
谢小萍,李亚春,杭鑫,等. 2016. 气温对太湖蓝藻复苏和休眠进程的影响. 湖泊科学,28(4):818-824.
徐徽,张路,商景阁,等. 2009. 太湖梅梁湾水土界面反硝化和厌氧氨氧化. 湖泊科学,21(6):775-781.

羊向东,沈吉,董旭辉,等. 2006. 长江中下游浅水湖泊历史时期营养态演化及其与水生生态系统的关系——以龙感湖、太白湖为例. 中国科学(D辑),49(S1):51-61.

羊向东,王苏民,沈吉,等. 2001. 近0.3 ka来龙感湖流域人类活动的湖泊环境响应. 中国科学(D辑),31(12):1031-1038.

易娟,徐枫,高怡,等. 2016. 2007年以来环太湖22条主要河流水质变化及其对太湖的影响. 湖泊科学,28(6):1167-1174.

宜兴市史志办公室.2017.宜兴年鉴(2016).北京:方志出版社.

于瑞君,李学法,马惠群. 2013. 五里湖叶绿素与环境因子间相关性分析. 水电能源科学,31(6):69-71.

余辉. 2014. 太湖流域水污染及富营养化综合控制研究. 北京:科学出版社.

张圣照,王国祥,濮培民. 1998. 太湖藻型富营养化对水生高等植物的影响及植被的恢复. 植物资源与环境,7(4):52-57.

张又,刘凌,蔡永久,等. 2015. 太湖流域河流及溪流大型底栖动物群落结构及影响因素. 中国环境科学,35(5):1535-1546.

赵林林,朱广伟,顾钊,等. 2013. 太湖水体氮、磷赋存量的逐月变化规律研究. 水文,33(5):28-33.

郑朔方,杨苏文,金相灿. 2005. 铜绿微囊藻生长的营养动力学. 环境科学,26(2):152-156.

中国科学院南京地理研究所. 1965. 太湖综合调查初步报告。北京:科学出版社.

中国科学院南京地理与湖泊研究所,水利部太湖流域管理局. 1991. 太湖流域自然资源地图集. 北京:科学出版社.

朱广伟. 2008. 太湖富营养化现状及原因分析. 湖泊科学,20(1):21-26.

朱广伟. 2009. 太湖水质的时空分异特征及其与水华的关系. 长江流域资源与环境,18(5):439-445.

朱广伟,秦伯强,张运林,等. 2018. 2005—2017年北部太湖水体叶绿素a和营养盐变化及影响因素. 湖泊科学,30(2):18-34.

朱樹屏,杨光圻. 1959. 太湖北部湖水中几种理化性质的周年变化. 海洋与湖沼,1959,2(3):146-162.

Beaver J R,Casamatta D A,East T L,et al. 2013. Extreme weather events influence the phytoplankton community structure in a large lowland subtropical lake (Lake Okeechobee,Florida,USA). Hydrobiologia,709(1):213-226.

Bowes M J,Loewenthal M,Read D S,et al. 2016. Identifying multiple stressor controls on phytoplankton dynamics in the River Thames (UK) using high-frequency water quality data. Science of the Total Environment,569-570:1489-1499.

Carpenter S R. 2008. Phosphorus control is critical to mitigating eutrophication. Proceedings of the National Academy of Sciences USA,105(32):11039-11040.

Chen X,Yang L,Xiao L,et al. 2012. Nitrogen removal by denitrification during cyanobacterial bloom in Lake Taihu. Journal of Freshwater Ecology,27(2):243-258.

Conley D J,Paerl H W,Howarth R W,et al. 2009. Controlling eutrophication:Nitrogen and phosphorus. Science,323(5917):1014-1015.

Davis C C. 1964. Evidence for the eutrophication of Lake Erie from phytoplankton records. Limnology and Oceanography,9(3):275-283.

Dzialowski A R,Wang S H,Lim N C,et al. 2005. Nutrient limitation of phytoplankton growth in central plains reservoirs,USA. Journal of Plankton Research,27(6):587-595.

Edmondson W T,Anderson G C,Peterson D R. 1956. Artificial eutrophication of Lake Washington. Limnology and Oceanography,1(1):47-53.

Elser J J,Marzolf E R,Goldman C R. 1990. Phosphorus and nitrogen limitation of phytoplankton growth in the freshwaters of North America:A review and critique of experimental enrichments. Canadian Journal of Fishery and Aquatic Science,47(7):1468-1477.

Griffin C. 2017. Expending toxic algal blooms. Science,356(6339):713-714.

Grundy R D. 1971. Strategies for control man-made eutrophication. Environmental Science and Technology,5(12):1184-1190.

Hanson P C. 2007. A grassroots approach to sensor and science networks. Frontiers in Ecology and the Environment,5(7):343.

Hanson P C. 2008. New ecological insights through the Global Lake Ecological Observatory Network (GLEON). Ecological Science,27(5):300-302.

Hasler A D. 1947. Eutrophication of lakes by domestic drainage. Ecology,28(4):383-395.

Hecky R E,Kilham P. 1988. Nutrient limitation of phytoplankton in freshwater and marine environments:A review of recent evidence on the effects of enrichment. Limnology and Oceanography,33(4):796-822.

Isles P,Giles C D,Gearhart T A,et al. 2015. Dynamic internal drivers of a historically severe cyanobacteria bloom in Lake Champlain revealed through comprehensive monitoring. Journal of Great Lakes Research,41(3):818-829.

Li D,Jiang X,Zheng B. 2017a. Using $\delta^{15}N$ and $\delta^{18}O$ signatures to evaluate nitrate sources and transformations in four inflowing rivers,north of Taihu Lake. Water,9(5):345.

Li W,Qin B,Zhu G. 2014. Forecasting short-term cyanobacterial blooms in Lake Taihu,China,using a coupled hydrodynamic-algal biomass model. Ecohydrology,7(2):794-802.

Li Y,Tang C,Wang J,et al. 2017b. Effect of wave-current interactions on sediment resuspension in large shallow Lake Taihu,China. Environmental Science and Pollution Research,24(4):4029-4039.

Lund J W. 1967. Eutrophication. Nature,214(5088):557-558.

Maberly S C,King L,Dent M M,et al. 2002. Nutrient limitation of phytoplankton and periphyton growth in upland lakes. Freshwater Biology,47(11):2136-2152.

Nalewajko C,Murphy T P. 2001. Effects of temperature and availability of nitrogen and phosphorus on the abundance of *Anabaena* and *Microcystis* in Lake Biwa,Japan:An experimental approach. Limnology,2(1):45-48.

National Research Council. 1992. *Restoration of Aquatic Ecosystems*. National Academies Press.

Paerl H W,Huisman J. 2008. Bloom like it hot. Science,320(5872):57-58.

Phillips J D. 1989. Fluvial sediment storage in wetlands. JAWRA Journal of the American Water Resources Association,25(4):867-873.

Porter J,Arzberger P,Braun H W,et al. 2005. Wireless sensor networks for ecology. BioScience,55(7):561-572.

Qin B Q,Liu Z W,Havens K. 2007. Eutrophication of shallow lakes with special reference to Lake Taihu,China. Hydrobiologia,581(1):1-2.

Qin B,Zhu G,Gao G,et al. 2010. A drinking water crisis in Lake Taihu,China:Linkage to climatic variability and lake management. Environmental Management,45(1):105-112.

Schindler D W. 1977. Evolution of phosphorus limitation in lakes. Science,195(4275):260-262.

Schindler D W,Hecky R E,Findlay D L. 2008. Eutrophication of lakes cannot be controlled by reducing nitrogen input:Results of a 37 year whole ecosystem experiment. Proceedings of the National Academy of Science USA,105(32):254-258.

Shi K,Zhang Y,Zhou Y,et al. 2017. Long-term MODIS observations of cyanobacterial dynamics in Lake Taihu:Responses to nutrient enrichment and meteorological factors. Scientific Reports,7(1):40326.

Smith V H,Wood S A,McBride C G,et al. 2016. Phosphorus and nitrogen loading restraints are essential for successful eutrophication control of Lake Rotorua,New Zealand. Inland Waters,6(2):273-283.

Steffen M M,Davis T W,McKay R M L,et al. 2017. Ecophysiological examination of the Lake Erie *Microcystis* bloom in 2014:Linkages between biology and the water supply shutdown of Toledo, OH. Environmental Science and

Technology, 51(12): 6745-6755.

Temponeras M, Kristiansen J, Moustaka-Gouni E. 2000. Seasonal variation in phytoplankton composition and physical-chemical features of the shallow Lake Doirani, Macedonia, Greece. Hydrobiologia, 424(1): 109-122.

Tomioka N, Imai A, Komatsu K. 2011. Effect of light availability on *Microcystis aeruginosa* blooms in shallow hypereutrophic Lake Kasumigaura. Journal of Plankton Research, 33(8): 1263-1273.

Wu T, Qin B, Brookes J D, et al. 2015. The influence of changes in wind patterns on the areal extension of surface cyanobacterial blooms in a large shallow lake in China. Science of the Total Environment, 518-519: 24-30.

Xie L Q, Xie P, Tang H J. 2003. Enhancement of dissolved phosphorus release from sediment to lake water by *Microcystis* blooms—An enclosure experiment in a hyper-eutrophic, subtropical Chinese lake. Environmental Pollution, 122(3): 391-399.

Xu H, Paerl H W, Qin B, et al. 2010. Nitrogen and phosphorus inputs control phytoplankton growth in eutrophic Lake Taihu, China. Limnology and Oceanography, 55(1): 420-432.

Xu H, Paerl H W, Qin B, et al. 2015. Determining critical nutrient thresholds needed to control harmful cyanobacterial blooms in eutrophic Lake Taihu, China. Environmental Science and Technology, 49(2): 1051-1059.

Xu H, Paerl H W, Zhu G, et al. 2017. Long-term nutrient trends and harmful cyanobacterial bloom potential in hypertrophic Lake Taihu, China. Hydrobiologia, 787(1): 229-242.

Yang Z, Zhang M, Shi X, et al. 2016. Nutrient reduction magnifies the impact of extreme weather on cyanobacterial bloom formation in large shallow Lake Taihu (China). Water Research, 103: 302-310.

Yin C, Lan Z, Zhao M, et al. 1992. Determination of phosphorus concentration threshold for algal growth in eutrophic Chaohu Lake, China. Journal of Environmental Science and Health, Part A: Environmental Science and Engineering and Toxicology, 27(2): 433-443.

Zhang Y, Shi K, Zhou Y, et al. 2016. Monitoring the river plume induced by heavy rainfall events in large, shallow, Lake Taihu using MODIS 250 m imagery. Remote Sensing of Environment, 173: 109-121.

Zhao Y, Xia Y, Ti C, et al. 2015. Nitrogen removal capacity of the river network in a high nitrogen loading region. Environmental Science and Technology, 49(3): 1427-1435.

Zhou Q, Zhang Y, Lin D, et al. 2016. The relationships of meteorological factors and nutrient levels with phytoplankton biomass in a shallow eutrophic lake dominated by cyanobacteria, Lake Dianchi from 1991 to 2013. Environmental Science and Pollution Research, 23(15): 15616-15626.

Zhou Z, Liu S, Hu Y, et al. 2017. Analysis of precipitation extremes in the Taihu Basin of China based on the regional Lmoment method. Hydrology Research, 48(2): 468-479.

Zhu G, Cui Y, Han X, et al. 2015a. Response of phytoplankton to nutrient reduction in Shahe Reservoir, Taihu catchment, China. Journal of Freshwater Ecology, 30(1): 41-58.

Zhu G, Qin B, Gao G. 2005. Direct evidence of phosphorus outbreak release from sediment to overlying water in a large shallow lake caused by strong wind wave disturbance. Chinese Science Bulletin, 50(6): 577-582.

Zhu M, Paerl H, Zhu G, et al. 2014. The role of tropical cyclones in stimulating cyanobacterial (*Microcystis* spp.) blooms in hypertrophic Lake Taihu, China. Harmful Algae, 39: 310-321.

Zhu M, Zhu G, Li W, et al. 2013a. Estimation of the algal-available phosphorus pool in sediments of a large, shallow eutrophic lake (Taihu, China) using profiled SMT fractional analysis. Environmental Pollution, 173: 216-223.

Zhu M, Zhu G, Nurminen L, et al. 2015b. The influence of macrophytes on sediment resuspension and the effect of associated nutrients in a shallow and large lake (Lake Taihu, China). PLoS One, 10(6): e0127915.

Zhu M, Zhu G, Zhao L, et al. 2013b. Influence of algal bloom degradation on nutrient release at the sediment-water interface in Lake Taihu, China. Environmental Science and Pollution Research, 20(3): 1803-1811.

第4章　鄱阳湖水域-湿地生态系统过程与变化*

鄱阳湖作为我国第一大淡水湖，是一个季节性涨水湖泊，也是与长江自然相通的最大湖泊，在长江中下游湖泊群中具有区域代表性；又因其每年都要经历干-湿-干交替过程，形成“洪水一片、枯水一线”的独特湿地景观，具有“高水是湖、低水似河”的独特自然地理景观。中国科学院鄱阳湖湖泊湿地观测研究站（简称鄱阳湖站）位于江西省九江市庐山市境内，是一个以鄱阳湖为典型研究对象，以湖泊与湿地生态系统相互作用为观测研究内容的野外定位研究站。鄱阳湖站于2012年4月正式加入CERN网络台站序列。目前，鄱阳湖站已积累大量的水、土、气、生监测数据，为研究所和相关重大科研项目实施提供了良好的野外工作平台和常规监测数据。经过近几年的建设，鄱阳湖站的综合实力不断提升，已初步建设成鄱阳湖流域生态环境研究的资料数据中心，我国湖泊科学理论实践野外基地，湖泊资源优化利用与生态系统恢复的示范基地，湖泊科学研究的人才培养基地与国际浅水湖泊科学交流基地。本章主要依托鄱阳湖站收集的水文生态监测数据，系统阐明了鄱阳湖水域-湿地生态系统关键生态因子变化过程，分析了鄱阳湖生态系统结构变化特征，探讨了鄱阳湖生态系统面临的挑战。

4.1　鄱阳湖站常规监测数据结构和观测目标

鄱阳湖站瞄准长江中游大型通江湖泊水安全与湿地生态保护等国家战略需求，开展长期的水文、水环境和生态观测，研究气候变化和人类活动对鄱阳湖水量平衡、湖泊水环境、水生态与洲滩湿地生态的影响机制，发展大型通江湖泊水文水动力与水环境水生态的联合观测和耦合模拟方法，丰富大型洪泛型湖泊湿地研究的基础理论，提升我国湖泊湿地科学研究的国际地位。鄱阳湖站也将建设为国家湖泊湿地科学的研究基地、湖泊湿地科普宣传与教育基地、湖泊湿地研究的合作与学术交流基地。本节详细介绍了鄱阳湖站常规的监测目的、监测点位以及监测内容。

4.1.1　监测目的

湖泊湿地生态系统长期定位观测是采用科学的、定量的方法在时间和空间上对系统内的水

---

*　本章作者为中国科学院南京地理与湖泊研究所徐力刚、范宏翔、张奇、王晓龙、李相虎、李云良、蔡永久、胡耀辉、刘霞和吴召仕。

文气象指标、水域指标、湿地土壤和生物指标等特征要素与功能要素进行野外定位观察与测量，是定量获取湿地生态系统状况及其变化特征信息的过程。定位观测以揭示湖泊湿地生态系统的形成和演化规律为主要目的，为构建湿地生态系统定量模型、阐明湿地演替和退化的原因、评价湿地生态系统的健康状况、探索湿地保护途径等提供可靠的基础数据，为完善国际湿地科学研究做出贡献。

4.1.2 监测点位与频次

（1）气象要素监测

鄱阳湖站在星子站区配置了 CERN 网络标准气象场，购置了维萨拉自动气象站和国家标准人工观测气象场，布设了 E601 标准蒸发池，观测系统按照国家气象台站网络的监测项目和规范来设置，包括人工观测和自动观测两套系统，人工观测为每天 7：30、13：30 和 19：30 共观测三次，自动观测系统每 5 分钟记录一个数据。

（2）水域常规监测

由于鄱阳湖特殊的水文情势，即具有“丰水为湖、枯水成河”的特点，年内湖区水位变化可达 14 m，本监测方案水域监测点位包括 6 个常规湖面点，2 个常规监测断面，2 个自动监测点（表 4.1）。

表 4.1 鄱阳湖站常规监测点位位置表

监测点编号	地理位置名称	GPS 点位（经纬度）		点位性质	点位代表性
PYH1	湖口，石钟山对岸，距离长江口 1 km 左右	116. 21288 E	29. 74754 N	常规湖面点	丰枯期鄱阳湖与长江交汇湖面
PYH2	棠荫与都昌之间	116. 28533 E	29. 15118 N	常规湖面点	丰枯期中部湖面
PYH2	星子石油码头（鄱阳湖站边）	116. 05437 E	29. 44136 N	常规湖面点	丰枯期北部县城影响湖面
PYH3	渚溪口（饶河口）	116. 04900 E	29. 30980 N	常规湖面点	丰枯期二河交汇湖面
PYH4	都昌县城边	116. 18500 E	29. 24720 N	常规湖面点	丰枯期中部县城影响湖面
PYH5	棠荫	116. 37165 E	29. 07796 N	常规湖面点	丰枯期南部湖面
PYH6	南部湖面	116. 42198 E	28. 94039 N	常规湖面点	南部湖面
ZD1	蛇山岛	116. 29792 E	29. 15790 N	自动监测点	蛇山岛
ZD2	星子	116. 04657 E	29. 43967 N	自动监测点	星子

4.1.3 监测内容与要素

鄱阳湖站水域生态系统水域要素观测主要参照 CERN 水体分中心的监测标准,同时考虑了土壤分中心和大气分中心对数据的要求。主要分为:① 气象水文要素;② 湖泊水环境要素;③ 湖泊水生态要素;④ 洲滩湿地要素。具体监测内容如表 4.2 所示。

表 4.2 鄱阳湖站常规监测内容与要素

监测要素		监测内容
气象水文要素	气象指标	人工观测:天气状况、天气现象、气压、风速、风向、空气温度(定时温度、最高温度和最低温度)、空气湿度、降雨量、水面蒸发、地表温度(定时地表温度、最高地表温度和最低地表温度)、土壤温度(观测深度为 0 cm、5 cm、10 cm、20 cm、40 cm 和 60 cm)、日照时数和云量 自动观测:土壤温度(观测深度为 0 cm、5 cm、10 cm、20 cm、40 cm 和 60 cm)、空气湿度、降雨量、水面蒸发、空气温度、风速、风向、总辐射、净辐射、紫外辐射、反射辐射、光合有效辐射
	湖泊水体水文指标	湖泊水深、风速、风向、流速、流向
湖泊水环境要素	水体理化指标	碱度、硅酸盐、磷酸盐、亚硝酸盐氮、硝酸盐氮、氨态氮、硫酸盐、溶解性总碳、化学需氧量、生化需氧量、总磷、总氮、钾离子、钠离子、钙离子、镁离子、氯化物、总硬度、水色、电导率、水下辐射、总有机碳、总无机碳、悬浮质、溶解性总氮、溶解性总磷、pH、温度、溶解氧、浊度、盐度
	底质指标	含水率、全磷、全氮、砾石百分比、砂土百分比、粉砂土百分比、黏土百分比、底质名称、烧失量(loss on ignition, LOI)、pH、氧化还原电位(Eh)
湖泊水生态要素	浮游植物指标	隐藻、甲藻、金藻、黄藻、硅藻、裸藻、绿藻、蓝藻、浮游植物总量、浮游植物生物量、浮游植物优势种
	浮游动物指标	枝角类数量、枝角类生物量、桡足类数量、桡足类生物量、浮游动物总量、浮游动物生物量、浮游动物优势种
	底栖动物指标	软体动物数量、软体动物生物量、水生环节动物数量、水生环节动物生物量、水生昆虫数量、水生昆虫生物量、底栖动物数量、底栖动物生物量
	水生植物指标	水生植物种类、1 m^2生物量湿重、1 m^2生物量干重
洲滩湿地要素	环境因子指标	地下水埋深
	土壤养分指标	有机质、各形态氮、磷、钾

(1) 湖区水文水动力要素监测

鄱阳湖站常规水文水动力监测要素包括水深、流速以及流向。其余水文数据通过与江西省水文局共享获得,其水文要素监测指标主要有地表水位、流速、水量、沙量等。定期监测湖口(江-湖水量交换控制站)、外洲、李家渡、梅港、渡峰坑、虎山、虬津、万家埠、石门街、梓坊(流域来水控制站),以及星子、棠荫、都昌、吴城(湖区水文站)等水文观测站水位、流量、流向与含沙量等指标,历史资料可追溯到1950年。

此外,鄱阳湖站通过声学多普勒流速剖面仪对常规观测点的水深、水深平均流速、流向以及流速垂线分布等进行定期测量。

(2) 水体理化指标监测

鄱阳湖水体理化特性监测项目主要参照CERN水体分中心标准规定,主要包括pH、水温、透明度等。

4.2 鄱阳湖水域-湿地生态系统基本特征

鄱阳湖属于典型的亚热带湿润季风性气候区的大型浅水湖泊,既具有典型的洪泛平原高营养本底湖泊的特点,又有季节性水位变幅巨大、与江河关系密切等独特性。鄱阳湖湿地属于典型的淡水湖泊湿地,兼有水体和陆地的双重特征,集中体现了以湿地为主要特征的环境多样性、生物多样性和文化多样性的统一。本节详细分析了鄱阳湖水域-湿地生态系统的基本特征。

4.2.1 鄱阳湖流域概况

鄱阳湖位于江西省北部,是我国最大的淡水湖,且属世界六大湿地之一,主湖体地理坐标为115°47′ E—116°45′ E,28°22′ N—29°45′ N,由赣江、抚河、信江、饶河和修水五大河流尾闾相接,并呈辐射状流向鄱阳湖(陈格君,2013),总流域面积 16.2×10^4 km^2,是省内诸河、湖水汇入长江的总通道,是长江水量调节器(陈宜瑜,2003)。

沿鄱阳湖共12个县、市,包括南昌市、南昌县、进贤县、余干县、鄱阳县、都昌县、湖口县、九江市、庐山市、永修县、新建区、德安县。鄱阳湖水系总人口为 4286.1×10^4 人,其中城镇人口 469.56×10^4 人,流域GDP为 3922.74×10^8 元。

鄱阳湖流域地势边高中低,湖盆自东向西,由南向北倾斜,高程在1~12 m。湖底平坦,湖水不深,平均为8.4 m(安树青等,2007)。鄱阳湖流域内地貌形态呈现多样化,山地、丘陵、平原交错分布,与河床的往返摆动、分叉等相互作用形成扇形冲-溢平原地貌特征。河流入湖口区则因为泥沙的沉积作用形成沙坝、天然堤等三角洲地貌,大部分的湖岸由松散的堆积物组成,湖口、都昌一带的湖岸则由大量的基岩组成。鄱阳湖平原大部分为海拔50 m以下的地形,除平原边缘区主要为红土岗丘外,中部主要是五大河流冲淤而成的泛滥平原,平原地表覆盖红土及河流冲积物,水网密布,是典型的湿地地貌,主要有潮间带滩涂和入湖三角洲形成的湖岸湿地、季节性漫滩与泛滥洼地形成的河流湿地、水位消落区滩地与入湖三角洲形成的湖泊湿地等主要湿地地貌类型。

鄱阳湖所在地区属亚热带湿润性季风气候,热量充足,降水丰沛,无霜期长,四季分明。年平均气温在 16 ~ 19 ℃，极端最高气温 41.2 ℃，极端最低气温 - 18.9 ℃。年平均降水量为 1470 mm，主要集中在4—6月，占全年降水量的 47.4%。年平均蒸发量为 1300 ~ 1800 mm，年平均无霜期为 246 ~ 284 天。湖区年平均风速在 3.5 $m \cdot s^{-1}$ 以上，最大风速可达 12 ~ 17 $m \cdot s^{-1}$，全年风向以偏北风为主，冬季多北风，夏季多南风，属风能资源丰富区。由于鄱阳湖地处中纬度，季风气候明显，同时境内水陆相间，丘陵起伏，又形成了不同的局地小气候。

鄱阳湖是吞吐型、季节性淡水湖泊，高水湖相，低水河相(白军红，2005)。丰、枯水期的湖泊面积和容积相差极大，湖口历年最高水位 21.69 m 时，湖体面积为 3.21×10^3 km^2，湖体容积 252×10^8 m^3；湖口历年最低水位 5.90 m 时，湖体面积仅为 146 km^2，相差 22 倍；湖体容积仅 4.5×10^8 m^3，相差 56 倍。

鄱阳湖作为世界典型的湿地生态系统，生物物种极其丰富(官少飞等，1991)。每年吸引数十万计的濒危珍稀水禽来过冬，包括白鹤、白枕鹤、白头鹤等约 155 种候鸟。越冬候鸟大多栖息在高程 12 ~ 16 m 的湿地植被带，主要集中在吴城镇附近的蚌湖、南湖、沙湖等地(官少飞等，1987)。目前已鉴定鄱阳湖有鱼类 136 种，贝类 87 种，水生维管束植物 102 种，浮游生物 266 种。鄱阳湖鱼类占我国淡水鱼类种数的 16.39%，占长江水系鱼类种数的 36.76%，占江西鱼类种数的 66.34%。

4.2.2 鄱阳湖水文过程特征

鄱阳湖是我国最大的淡水湖泊，也是长江中下游最大的通江湖泊，其巨大的水位变幅不仅形成了面积广阔的湿地，而且湿地类型复杂多样，湿地生物种类丰富，植被从湖心到高滩呈带状分布。鄱阳湖湿地的水分来源主要是降水补给与流域来水，季节性的水位变幅主要源于降雨的时空分布不均和特殊的江湖关系。鄱阳湖的赣、抚、信、修、饶五大水系入湖水量的 54%集中在 4—6 月，形成鄱阳湖夏季的高水位；7—9 月，虽然五大水系早汛已过，但此时正值长江大汛，江水猛涨，对鄱阳湖出现顶托甚至"倒灌"，从而继续维持或抬高鄱阳湖水位；10 月至翌年 3 月枯水期间，流域来水迅速减少，长江水位也不断降低，湖水迅速泄入长江(朱海虹，1989)。鄱阳湖水位的涨退使位于湖滨洲滩的带状植被带经历"出露-淹没-出露"的周期性变化过程，是形成鄱阳湖丰富的物种多样性的主要原因。

4.2.3 鄱阳湖湿地生态系统基本特征

鄱阳湖湿地主要育有草甸土、草甸沼泽土和水下沉积物等类型的湿地土壤，南山、矶山岛为红壤土。草甸土分布在湖滩草洲，其土层深厚，土体疏松多孔，通透性良好；半腐烂根茎多，富有弹性；根系密集于 3 cm 以下，土壤表现强酸性，氧化还原电位在 600 ~ 700 mV(李云良等，2010)。草甸沼泽土处于枯水期水位波动带，植被较稀疏，交替生长水生植物和湿生植物。土壤质地较黏重，表层土湿时呈泥糊状，干时呈屑片状，土壤 pH 在 5.0 ~ 5.6，有机质含量 5%左右。水下沉积物分布在常年积水地带，质地较上述两种土类黏重，一般属极细粉砂黏土，色泽青灰，只在水土交界面为黄棕色氧化薄层，pH 在 6.2 ~ 7.4，氧化还原电位平均为 168 mV，有机质含量的平均值为 1.660%，总氮平均值为 0.143%(李云良等，2013)。表 4.3 列出了鄱阳湖湿地土壤类型与相应的环境信息，这种不同的湿地土壤随湿地景观的变化而产生土壤-植被关系的变化，进而影响到湿地的有机碳储存(陆健健等，2006)。

表 4.3 鄱阳湖湿地的土壤类型

沉积单元	高程/m	出露天数/d	土壤类型	植被类型与群落
草滩上部	16~18	260	草甸土	湿生植物,芦苇+荻+薹草
草滩中部	14~16	250~200	草甸土	湿生植物,薹草+委陵菜
过渡带	12~14	152~135	沼泽草甸土	湿生与水生植物,薹草+马来眼子菜+苦草
泥滩	<12	<135	水下沉积物	水生植物,马来眼子菜+苦草+黑藻

鄱阳湖湿地水生动植物资源十分丰富,种类繁多,数量巨大。以植物为例,现有植物380余种,单位面积生物量高达1208 $g \cdot m^{-2}$,水生植物有28科、56属、95种3变种,包含属数最多的依次是禾本科、莎草科与菊科,分别为11属、6属和4属;种最多的依次是莎草科、禾本科与蓼科,分别有22种、13种和10种(吕宪国等,2008)。鄱阳湖湿地水生植物群落从岸边向湖心随水深的变化呈不规则的带状分布,可分为四个植物带:分布高程在13.00~15.00 m的湿生植物带,种类主要有薹草、野古菜、萝子草、稗草、牛毛毡、芦、荻等;分布高程在12.00~15.00 m的挺水植物带,种类主要有芦、荻、菰、水蓼、早苗蓼、白茅、莲、白菖蒲等;分布高程在11.00~13.00 m的浮叶植物带,种类主要有菱、蕃菜、金银莲花、芡实等;分布高程在9.00~12.00 m的沉水植物带,种类主要有马来眼子菜、黑藻、苦草、小茨藻、大茨藻、聚草、金鱼藻等。湿生植被中以灰化薹草群丛为主要代表,其次是"荻+芦苇-灰化薹草群丛"和"荫草+马蓝群丛";而沉水植被中以密齿苦草群丛为主要代表,其次是范草群丛、"竹叶眼子菜+穗花狐尾藻群丛"与"野菱+双角菱群丛"(倪晋仁等,1998)。

4.3 鄱阳湖水域生态系统关键生态因子变化

鄱阳湖是我国最大的淡水湖泊,也是长江中下游最大的通江湖泊,降雨的时空分布不均和特殊的江湖关系形成了其巨大的水位变幅。本节利用鄱阳湖站收集和监测的气象水文数据,从水文、水质以及生物的角度详细分析了鄱阳湖水域生态系统关键因子的变化特征。

4.3.1 水文因子

(1) 鄱阳湖水位年际变化特征

从图4.1可以得知,鄱阳湖年最高水位(1953—2014年)变化在15.91~22.43 m,多年平均值为19.04 m,其中以1998年最高水位为最高,1972年最高水位为最低。年最低水位(1953—2012年)变化在7.02~9.35 m,多年平均值为7.90 m,其中以1954年年最低水位为最高,2004年年最低水位为最低。年内水位变幅(1953—2014年)变化在7.67~14.19 m,年内水位变幅均值为11.14 m,其中以1998年和1999年的年内水位变幅为最高(均为14.19 m),以2001年的年内水位变幅为最低。年际间水位变幅最大值为15.41 m,为1998年最高水位与2004年最低水位两者之差。

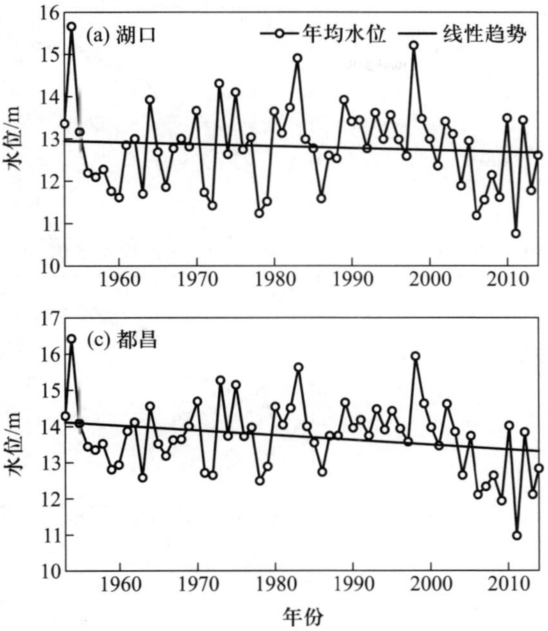

图 4.1 1953—2014 年鄱阳湖水位年际变化特征

鄱阳湖年均水位(1953—2014 年)变化在 10.96~16.03 m,多年平均水位为 13.25 m,其中以 1954 年平均水位为最高,2011 年平均水位为最低(图 4.2)。据相关资料记载,1954 年江淮中下游流域梅雨期比常年延迟 1 个月,梅雨期大概维持 50 天,且在梅雨期间下雨的天数较多,降雨覆盖范围广泛。从 1954 年 4 月鄱阳湖水系就开始降大雨和暴雨;5 月雨区主要集中在长江以南,湖南、江西、安徽南部等地雨量均大于 300 mm,其中鄱阳湖水系达到 500 mm 以上。从 2011 年 1 月下旬开始鄱阳湖流域降水一直偏少,且同时“五河”进入鄱阳湖的水量较少,加上长江上中游来水量也比常年偏少,从而导致鄱阳湖严重枯水长期持续,尽管随着后期雨季的到来,在一定程度上缓解了鄱阳湖干旱的趋势,然而水位较正常年份偏低的局面仍然会维持半个月左右。据闵骞和占腊生(2013)研究结果报道,鄱阳湖枯水变化主要是由流域内的降水变化决定,同时也与鄱阳湖湖盆形态变化密切相关,而三峡水库调度运行并不是导致鄱阳湖枯水的主要原因。

(2) 鄱阳湖水位空间分布格局与基本特征

鄱阳湖水位在年内的空间分布格局上差异显著(图 4.3),例如低水位季节的 1 月(月平均水位约 7 m),只有湖泊主河道有着少量的水,大部分区域水深较浅,下游主河道洲滩区域基本呈现出露状态,尤以湖区中西部区域的出露较为明显。低水位季节的空间水位梯度极其显著,水位总体呈南高北低、东高西低的分布趋势。低水位季节的空间水位总体分布格局为:湖区南部水位(邻近抚河与信江入湖河口的湖泊上游高地区域)>湖区东部湖湾区水位(邻近修水入湖河口处)>湖区中下游水位(基本处于中游都昌站与下游星子站之间)>湖区最下游水位(湖口水道区),这种具有区域性的水位空间格局可能更多地由湖盆地形决定,主要发生在每年的 1—5 月。进入 6 月后,东西方向上的空间水位梯度几乎消失,但南北方向上的水位梯度仍然存在,该时期湖区中上游大部分区域(都昌以上)水位几乎保持一致,水位空间分布格局为:湖区中上游水位(都昌站以上广大湖域)>湖区下游水位(都昌站至湖口之间)。全湖区水位相对较高的 7、8 月(月平均

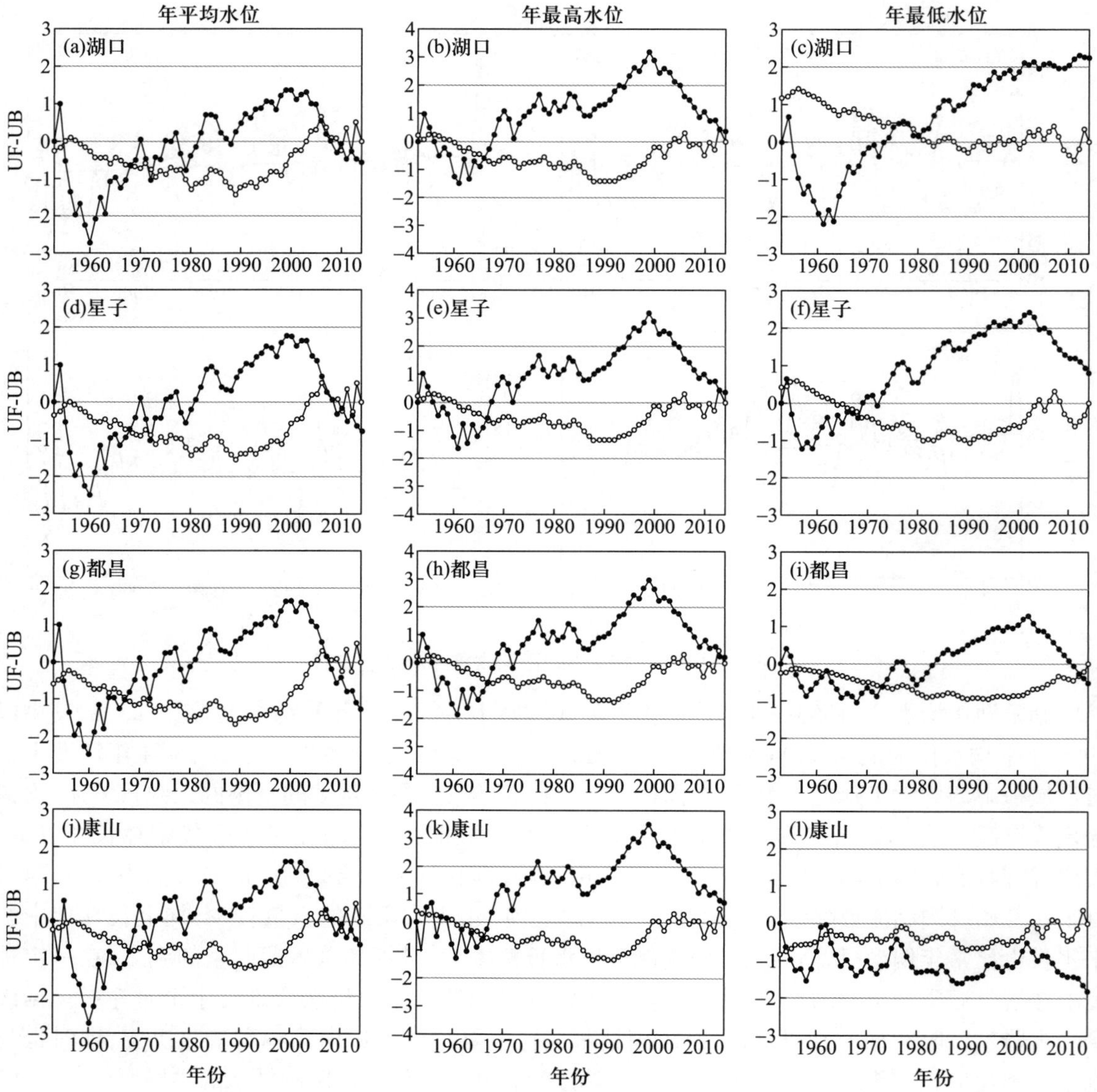

图 4.2　1953—2014 年鄱阳湖年特征水位趋势检验

水位可达 18 m)，整个湖泊保持着较高的水位，且整个湖区水面近似呈水平状，该时期的空间水位梯度不管是南北还是东西方向上，几乎都不明显。9、10 月以后，湖区空间水位梯度便再次呈现出来，南北方向上的水位梯度十分明显。该时期的水位空间分布格局为：湖区上游水位(湖区东南部)>湖区中下游水位(棠荫站以下广大湖域)。但 10 月的空间水位格局与 6 月呈现高度的相似性，因湖水加速排泄至长江，导致该时期湖泊水位整体偏低。11、12 月为湖泊水位下降幅度最大的季节，主要是因为长江干流水位偏低导致湖泊蓄量锐减，该时期的空间水位分布格局基本与 1—5 月相似。总之，鄱阳湖低水位季节呈现空间显著的水位差异及水位梯度，该时期的湖水位具有明显的区域性分布特征，而高水位季节的大湖面特征使其空间水位梯度近乎消失。

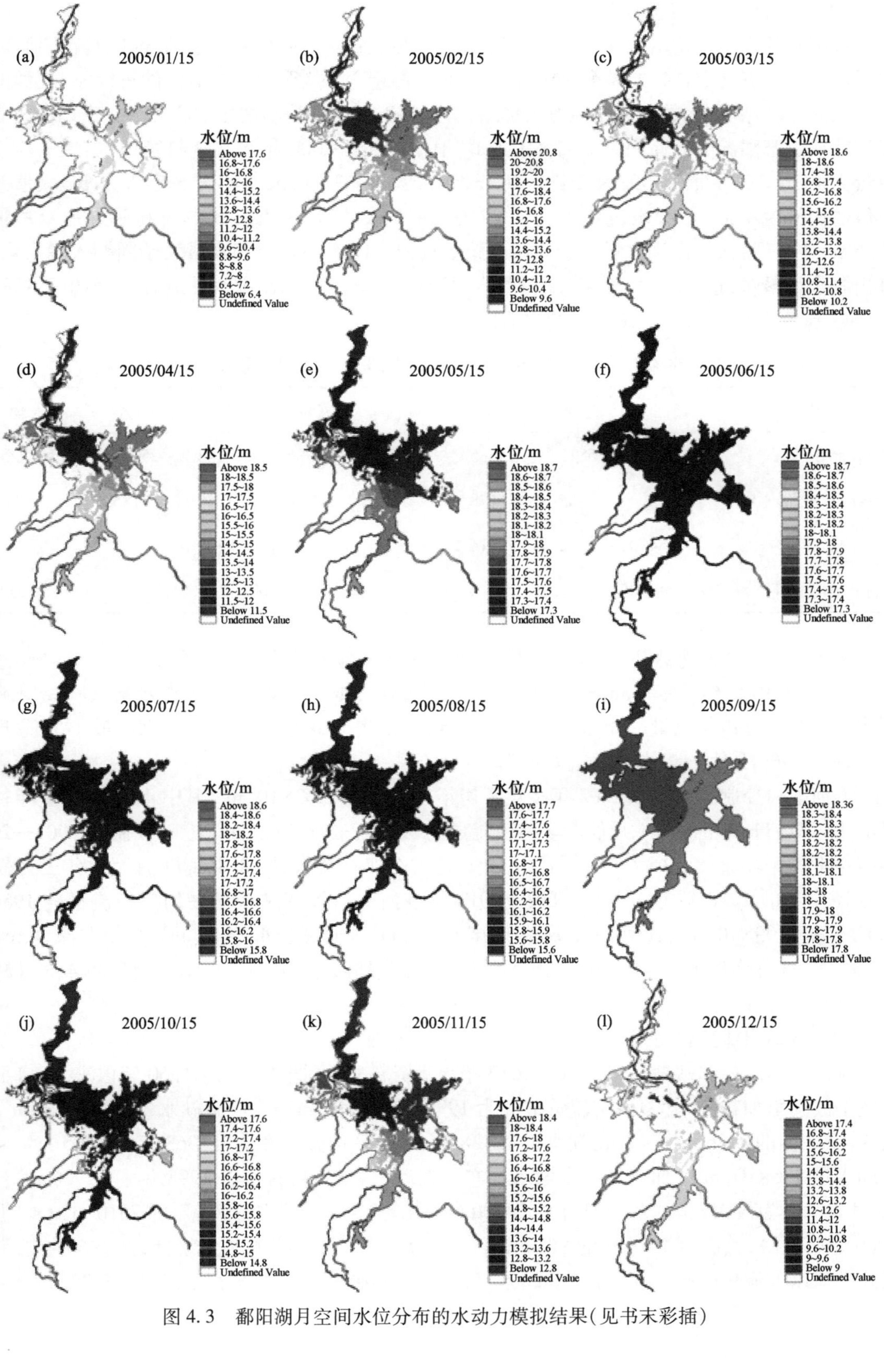

图 4.3 鄱阳湖月空间水位分布的水动力模拟结果(见书末彩插)

(3)“五河”入湖径流变化特征

鄱阳湖的入湖水量由五河和湖区区间径流组成。鄱阳湖水系主要包括赣江、抚河、信江、饶河、修水五河,五河七口控制站分别为赣江的外洲站、抚河的李家渡站、信江的梅港站、饶河的虎山站和渡峰坑站、修水的虬津站和万家埠站,本次将五河七口控制站相加合并成一个站分析入湖径流特征。鄱阳湖流域面积为 $16.2\times10^4\,km^2$,根据1956—2000年水文资料统计,多年平均年径流量为 $1436\times10^8\,m^3$,以1998年 $2429\times10^8\,m^3$ 为最大,1963年 $558.3\times10^8\,m^3$ 为最小,最大值与最小值的比值为4.4。出湖水量集中在4—7月,占年总量的53.7%,其中5、6两月占年总量的30.6%。1—7月入江出湖水量小于同期入湖水量,9—12月各月出湖水量大于同期入湖水量。6月出湖水量最多,达 $224.4\times10^8\,m^3$;1月最少,只有 $44.2\times10^8\,m^3$;出湖水量最大、最小相差 $108.1\times10^8\,m^3$,比值为5.1,大于入湖水量的比值(表4.4)。

表4.4 1956—2000年鄱阳湖流域多年平均入湖水量组成表

水系	赣江	抚河	信江	饶河	修水	五河合计	湖区	入湖
面积/km^2	80948	15811	15535	11387	13462	137143	25082	162225
年平均径流量/$10^8\,m^3$	675	155	178	118	123	1250	185.9	1436
占五河/%	54.05	12.41	14.25	9.44	9.85	100		
占入湖总水量/%	47.05	10.80	12.41	8.22	8.57	87.05	12.95	100.00

鄱阳湖流域4月进入汛期,暴雨频繁,洪水不断。入湖水量主要集中在4—7月,占全年总量的61.4%,其中5、6两月占36.3%。7月雨季基本结束,转入干旱季节,入湖水量急剧减少,9月至次年2月各月占年总量的比重都小于5%。最大出现于6月,占全年19.3%,最小出现于12月,只占2.9%,最大与最小的比值为6.7。

五河七口控制站1956—2002年多年平均年径流量为 $1262\times10^8\,m^3$,其中4—6月占全年径流量的49.8%,11月至次年1月仅占全年径流量的9.8%(表4.5)。五河七口控制站2003—2012年多年平均年径流量 $1163\times10^8\,m^3$,其中4—6月占全年径流量的48.4%,11月至次年1月仅占全年径流量的12.0%(表4.6)。2003—2012年五河七口控制站多年平均年径流量较1956—2002年减少 $99\times10^8\,m^3$,其中4—7月减少 $98.6\times10^8\,m^3$,8月减少 $4.7\times10^8\,m^3$,9、10月减少 $16.4\times10^8\,m^3$,1—3月增加 $10.7\times10^8\,m^3$。最大月平均径流量均减小;最小月平均径流量除4、5月减小外,其他月增加。

(4)湖口出流变化特征

鄱阳湖出湖控制站湖口站1960—2012年观测资料显示(图4.4),自1960年以来,湖口平均流量呈波动增加趋势,其中平均流量最大为1998年的 $8392\,m^3\cdot s^{-1}$,出湖水量 $2647\times10^8\,m^3$;其次为1973年的 $7426\,m^3\cdot s^{-1}$,出湖水量 $2342\times10^8\,m^3$。平均流量最小为1963年的 $1795\,m^3\cdot s^{-1}$,出湖水量 $566\times10^8\,m^3$。而年最大出湖水量亦呈波动增大趋势,其中以1998年的 $31900\,m^3\cdot s^{-1}$(6月26日)为最大,其次为1993年的 $24300\,m^3\cdot s^{-1}$(7月7日);以1963年的 $7310\,m^3\cdot s^{-1}$ 为最小(6月22日),其次为1979年的 $8630\,m^3\cdot s^{-1}$(10月7日)。同时,根据统计,自1960年以来鄱阳湖湖口以大流量出流的时间呈增加趋势(图4.5)。其中以大于95%分位点流量($12200\,m^3\cdot s^{-1}$)

表 4.5　五河七口控制站径流特征统计分析表(1956—2002 年)

月份	1	2	3	4	5	6	7	8	9	10	11	12
平均流量/($m^3 \cdot s^{-1}$)	1530	2350	4230	6790	7980	9230	5280	3050	2510	1890	1740	1440
年内分配/%	3.2	4.5	9.0	13.9	16.9	19.0	11.2	6.5	5.2	4.0	3.6	3.0
最大月均流量/($m^3 \cdot s^{-1}$)	7400	7800	12140	14280	15560	19840	11180	8380	8830	4130	5760	4890
出现年份	1998	1998	1998	1973	1975	1998	1997	1997	1961	2002	2002	1997
最小月均流量/($m^3 \cdot s^{-1}$)	441	682	1230	2100	3860	3340	1130	925	691	449	552	409
出现年份	1968	1963	1977	1963	1985	1991	1971	1963	1963	1963	1958	1958

表 4.6　五河七口控制站径流特征统计分析表(2003—2012 年)

月份	1	2	3	4	5	6	7	8	9	10	11	12
平均流量/($m^3 \cdot s^{-1}$)	1700	2480	4340	5690	7020	8730	4100	2880	2350	1430	1870	1690
年内分配/%	3.9	5.2	10	12.7	16.2	19.5	9.4	6.6	5.2	3.3	4.2	3.9
最大月均流量/($m^3 \cdot s^{-1}$)	3070	4790	8850	11650	11670	15340	7010	5130	3190	1780	3960	4030
出现年份	2003	2005	2012	2010	2010	2010	2010	2012	2012	2010	2012	2012
最小月均流量/($m^3 \cdot s^{-1}$)	821	1280	2170	1860	3090	4370	2050	1840	1440	935	912	982
出现年份	2004	2004	2011	2011	2011	2004	2003	2003	2009	2004	2003	2003

出流的天数在 1973 年多达 99 天,之后虽有波动,但整体呈微弱的增加趋势,而以大于 85%分位点流量(8500 $m^3 \cdot s^{-1}$)出流的天数呈较明显的增加趋势,在 1998 年和 1999 年更是多达 166 天和 138 天。

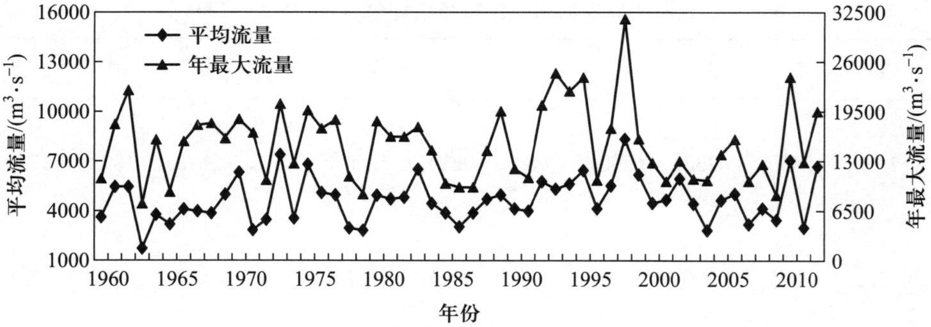

图 4.4　湖口站平均流量和年最大流量年际变化

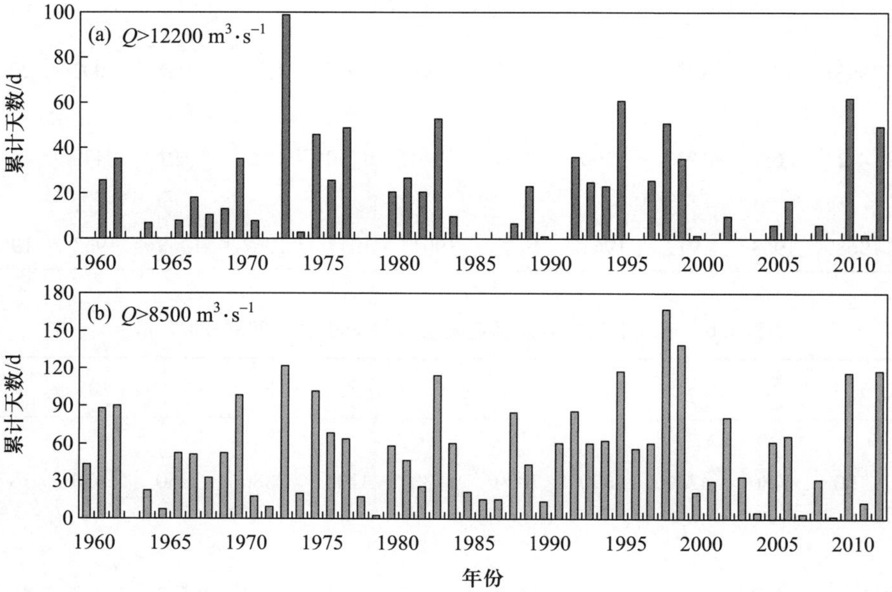

图 4.5　湖口站出流流量大于 12200 $m^3 \cdot s^{-1}$和 8500 $m^3 \cdot s^{-1}$出现天数年际变化

在 2003—2009 年，平均流量、平均最大流量以及大于 12200 $m^3 \cdot s^{-1}$和 8500 $m^3 \cdot s^{-1}$流量出流的天数都大幅减小，分别比 1960—1991 年平均低 466 $m^3 \cdot s^{-1}$、2965 $m^3 \cdot s^{-1}$、12.9 天和 18.4 天，降幅分别为 10.6%、20.0%、75.7%和 38.5%。在 2010—2012 年，平均流量、平均最大流量以及大于 12200 $m^3 \cdot s^{-1}$和 8500 $m^3 \cdot s^{-1}$流量出流的天数再次大幅增加，平均流量和大于 8500 $m^3 \cdot s^{-1}$流量出流的天数达到与 1995—2002 年基本持平的水平，平均最大流量比 1995—2002 年平均高近 2000 $m^3 \cdot s^{-1}$，而大于 12200 $m^3 \cdot s^{-1}$流量出流的天数更是达到历史新高，比 1960—1991 年平均多 20.9 天。

4.3.2　水质因子

相关研究（孙晓山，2009）表明，20 世纪 80 年代鄱阳湖水质以Ⅰ、Ⅱ类水为主，占 85%，Ⅲ类水占 15%，水质呈缓慢下降趋势；90 年代仍以Ⅰ、Ⅱ类水为主，占 70%，Ⅲ类水占 30%，水质下降趋势加快；进入 21 世纪，特别是 2003 年以后，Ⅰ、Ⅱ类水仅占 50%，Ⅲ类水占 32%，劣Ⅲ类水占

18%,水质下降趋势明显。汛期水质明显好于枯水期水质,多年平均汛期Ⅱ类水所占比例比非汛期高15%。根据鄱阳湖地表水环境监测的系列数据对鄱阳湖的水质演变情况进行了分析。

(1) 鄱阳湖水环境质量评价

通过对鄱阳湖站历年水质监测数据的分析,从水温、pH、透明度、溶解氧、高锰酸盐指数、氨氮、总氮、总磷、石油类、铜、锌、氟化物等26项监测指标中,选择高锰酸盐指数、总氮和总磷作为主要评价因子。本研究通过分析2003—2012年湖区水质现状(图4.6)发现,湖区超标项目主要是总氮和总磷两项,其他监测指标均符合《地表水环境质量标准》(GB 3838—2002)中Ⅲ类标准要求。

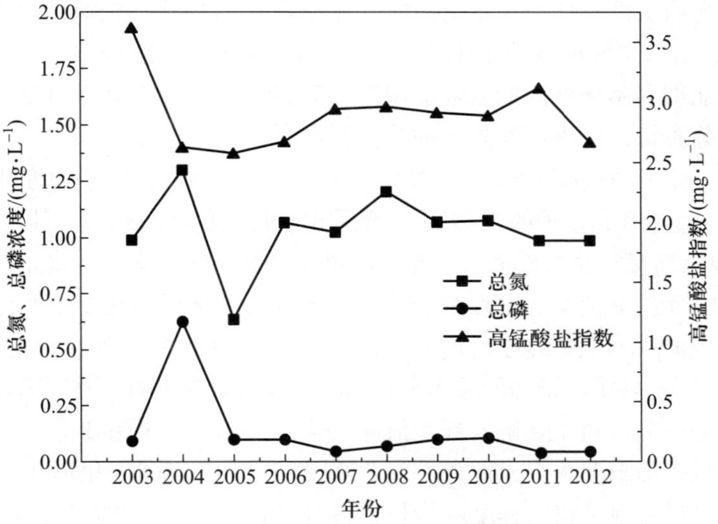

图4.6 2003—2012年湖区污染物浓度变化趋势图

如图4.6所示,2003—2012年总氮和总磷的变化趋势类似,2004年湖区氮磷浓度出现一个较大值,湖区水质类别属于劣Ⅴ类;2005年以后湖区波动幅度较小,水质基本达到Ⅳ类;2010年至2012年总氮、磷浓度呈下降趋势,2011年和2012年湖区水质均达到Ⅲ类标准。2003—2009年高锰酸盐指数年平均值呈波动趋势,2004年以后变化幅度不大,且均达到地表水Ⅱ类水质标准。

鄱阳湖流域4月进入汛期,"五河"入湖水量主要集中于4—6月,致使湖水水位上涨。7—9月,"五河"来水减少,长江进入主汛期,此时鄱阳湖水位又主要受长江洪水顶托或倒灌影响而壅高,水位过程变化缓慢,长期维持在高水位,10月以后才稳定退水。随水量变化,鄱阳湖水位升降幅度较大。汛期水位上升,湖面陡增,水面辽阔;枯水期水位下降,洲滩裸露,水流归槽,湖面仅剩几条蜿蜒曲折的水道。具有"枯水一线、洪水一片"的特点。

从不同水期湖区氮磷浓度变化趋势总体来看,丰水期水质优于枯水期,但是个别年份出现丰水期水质劣于枯水期的现象。由于非汛期和汛期湖面形态有着较大差异,其水环境容量也差别较大,汛期湖泊水环境容量远大于非汛期。但汛期内由于雨水冲刷,入湖的面源总量也大大增加。因此,有些年份的一些时段,会出现丰水期水质比枯水期差的情况。但总体来说,由于受到水量的影响,丰水期水质一般优于枯水期。

（2）鄱阳湖水环境变化特征

在2009年1月至2015年10月，鄱阳湖站开展了28次季节采样（1月、4月、7月和10月分别代表冬季、春季、夏季和秋季）。结果显示，鄱阳湖的透明度很低，平均值仅为0.37 m，最高不超过1.20 m，且80%以上的透明度值都低于0.5 m。浊度和总悬浮物含量相对较高，平均值分别为77.10 NTU① 和53.63 $mg \cdot L^{-1}$。高锰酸盐指数平均值为2.87 $mg \cdot L^{-1}$。鄱阳湖7年平均的营养盐浓度相对较高，总氮和总磷浓度的平均值分别为1.85 $mg \cdot L^{-1}$和0.011 $mg \cdot L^{-1}$；与20世纪80年代相比，总氮、总磷以及高锰酸盐指数均存在不同程度的上升，增幅分别为170.47%、44.74% 和86.36%，透明度则下降了46.25%。可以看出，鄱阳湖湖体水质在近30年内有了较大程度的恶化，特别是在透明度和总氮水平上，应引起各相关部门的警惕。

空间上，水下光照条件整体呈现出由南向北逐渐降低的趋势。全氮浓度在全湖的变化范围为1.42~2.38 $mg \cdot L^{-1}$，总磷的变化范围为0.07~0.16 $mg \cdot L^{-1}$，且53.33%的监测点位浓度值超过0.1 $mg \cdot L^{-1}$。北部和南部湖区的营养盐浓度较高，且整体上，氮元素和磷元素分别在北部和南部含量较高，其分布特征受内源和外源的共同影响。

鄱阳湖水体各理化因子均呈现较强的季节变化。水下光照条件的季节变化较为明显，透明度从冬季的0.30 m一直上升到夏季的0.49 m，在秋季出现最低值（0.28 m）。浊度、总悬浮物、各营养盐指标（除总磷）以及高锰酸盐指数也均表现出相同的季节变化趋势。整体而言，鄱阳湖水环境指标具有较为一致的季节变化趋势，浊度、总悬浮物以及各营养指标均在夏季取得最小值，这很可能与鄱阳湖的水位变化规律有关。夏季对应鄱阳湖的高水位，水量的增加在一定程度上稀释了湖体水环境指标浓度。此外，外源污染物的输入也是影响湖区水质变化的重要原因之一，主要入湖河流在各时期的变化也在一定程度上影响各环境指标，如绝大部分因子均在冬季取得最大值。

从年际水平来看，鄱阳湖水下光照条件在2009年至2015年间变化不大，如透明度的变幅仅5 cm。然而，营养盐则出现了较大程度的增长，特别是总氮浓度由2009年的1.51 $mg \cdot L^{-1}$增长至2015年的2.23 $mg \cdot L^{-1}$。与20世纪80年代末相比，鄱阳湖透明度由0.80 m下降至0.37 m，降幅超过50%。总氮平均浓度增加了1.70倍，总磷浓度则由0.076 $mg \cdot L^{-1}$上升为0.11 $mg \cdot L^{-1}$。高锰酸盐指数和叶绿素a也呈现出较为明显的增长，增幅分别为86.36% 和128.10%。

鄱阳湖水质评价结果表明，2009年至2015年，鄱阳湖综合营养状态指数（TLI）平均值为51.82，处于轻度富营养化状态，其中，叶绿素a、总磷、总氮、透明度（SD）和高锰酸盐指数的营养状态指数平均值分别为41.43、57.45、64.83、71.16和29.08，可见营养盐浓度较高以及透明度较低对鄱阳湖综合营养状态指数偏高的贡献较大。

由于自然资源丰富，鄱阳湖在当地的经济发展中起着举足轻重的作用。在人口众多和经济发展等多重压力下，流域自然资源的过度开采会引发众多环境问题，如污染源输入增加，进而导致水质下降等。虽然鄱阳湖的水质指标，特别是营养盐指标，在20世纪80年代处在一个相对较低的水平，但近年来已呈现出较高的增长速度，这种发展态势不容忽视。

（3）"五河"入湖水质演变分析

鄱阳湖承纳赣江、抚河、信江、饶河、修水五大河流及清丰山溪、博阳河、漳田河、潼津河等区间来水，构成了完整独立的鄱阳湖水系。湖区的污染物主要来源于"五河"，所以分析"五河"入

① NTU：nephelometric turbidity unit，散射浊度单位。

湖水质状况对鄱阳湖水质评价及鄱阳湖水质保护具有重要意义。为了更准确地分析“五河”入湖水质状况，本节综合环保部门和水文部门的监测数据，分析“五河”入湖监测断面高锰酸钾指数、总氮和总磷浓度三项指标。

2007—2012年，“五河”入湖断面水质均达到Ⅱ类水质标准，且历年变化幅度不大。不同部门的水质监测结果存在差异，主要是取样时间和取样地点不一致造成的。环境监测数据显示，“五河”入湖断面高锰酸钾指数总体呈现抚河>饶河>赣江>修水>信江的趋势。水文监测数据显示，“五河”入湖断面高锰酸钾指数总体呈现抚河、信江>饶河>赣江>修水的趋势。结合两个部门的数据进行分析，饶河和抚河对湖区高锰酸钾指数的贡献率最大。

由于水文部门未监测总氮浓度，所以用氨氮浓度作为氮素的评价指标进行“五河”入湖水质评价。2008—2012年，“五河”入湖断面总氮浓度基本都超过地表水Ⅲ类水质标准，2012年抚河入湖断面水质甚至达到劣Ⅴ类，2000—2012年除修水以外其他“四河”总氮浓度均高于湖区平均水平。总体来看“五河”入湖断面总氮浓度呈现抚河、赣江>饶河>信江>修水的趋势，抚河、赣江和饶河对湖区总氮浓度的贡献率较大。抚河入湖总氮浓度逐渐上升，2012年超过湖区平均水平和地表水Ⅲ类水质标准1.5倍，相对而言，修水水质较好，进入2009年以后均低于Ⅲ类水质标准，且波动幅度较小。2007—2011年除饶河以外“五河”入湖断面氨氮浓度基本都达到地表水Ⅲ类水质标准，修水、抚河和信江氨氮浓度均低于湖区平均水平，且变化幅度不大。总体来看“五河”入湖断面氨氮浓度呈现饶河>赣江>抚河>信江>修水的趋势。

2007—2012年，“五河”入湖断面水质均达到地表水Ⅲ类水质标准，不同部门的水质监测结果存在差异，主要是取样时间和取样地点不一致造成的。“五河”入湖断面总磷浓度呈波动趋势，总体来看赣江>抚河>信江>饶河>修水，抚河、赣江和饶河对湖区总磷浓度的贡献率较大。

结合鄱阳湖站和水文部门对“五河”入湖断面的监测数据进行分析可以发现，“五河”入湖所携带的氮磷负荷影响着湖区的水质状况，“五河”入湖氮磷负荷的减少使得湖区氮磷浓度有所下降，反之则会增加湖区的氮磷浓度。总体来看，饶河、赣江和抚河对湖区污染物浓度的贡献率较大，修水和信江次之，主要是因为饶河、赣江和抚河流域人口密集，工业污染源集中，农业面源污染情况较严重，因此控制“五河”的污染状况，减少“五河”入湖污染负荷，对于鄱阳湖水质的保护具有重要意义。

（4）鄱阳湖水环境演变驱动力分析

进入21世纪以来，受流域降水偏低、鄱阳湖水系入湖径流量减少、湖区入江水道采砂以及三峡水库蓄水等多种因素影响，鄱阳湖枯水期出现了时间提前、水位偏低、持续时间延长等现象。2003—2007年鄱阳湖连续出现较低水位，湖区部分水文站甚至出现历史同期最低水位。星子水文站2004年、2007年水位低于7.5 m（吴淞高程）的时间分别达到31天、21天。2006年星子站水位在10 m以下出现的时间较正常年份提前了75天，有65天实测水位低于历史同期最低水位。星子站在2006年8月22日—2007年5月2日更是出现了连续254天水位低于12 m的现象。2011年4月26日，星子站水位为9.38 m，低于1963年的历史同期最低纪录，比多年同期均值低4.1 m。枯水现象使得鄱阳湖水域面积明显缩小，水体的纳污能力和环境承载力降低，水质下降明显。

鄱阳湖生态经济区总面积$5.12\times10^4\ km^2$，占全省面积的30.76%。以不到全省三分之一的面积，承载了近一半的人口和60%的生产总值。鄱阳湖和“五河”尾闾是鄱阳湖生态经济区的主要水源地。随着鄱阳湖生态经济区的加速发展,其在全省的龙头作用将进一步增强,用水量也将大幅增加,同时对供水保证率的要求越来越高。据统计,近10年随着社会经济的快速发展,同时伴随鄱阳湖及流域径流量减少、水位降低的态势,鄱阳湖流域总用水量呈总体增加趋势。特别是在2007年达到$234\times10^8\ m^3$,即使在2010年的丰水年也达到$239.75\times10^8\ m^3$,这说明江西省用水量已呈现在较大基数基础上的总体增长趋势。这其中,农业用水受降水影响有一定波动,但变幅不大;生活和工业用水量增长较快。尤其是工业用水,万元工业增加值用水量从2001年的713 m^3降到2010年的132 m^3,而工业用水量却从2001年的$42.45\times10^8\ m^3$增长到2010年的$57.35\times10^8\ m^3$。用水量的增加必然导致废水量及排水量的增加。

农业面源污染负荷主要来源于畜禽养殖产生的粪便和废水、种植业化肥农药流失、水产养殖水域废水排放及农村生活污水和生活垃圾等四个方面。据资料介绍,2008年鄱阳湖区耕地平均施用化肥纯量478.7 $kg\cdot hm^{-2}$,是世界平均施用量的2.4倍,与1998年比较,平均每年增长2.5%。相关研究成果表明,化肥利用率只有30%~40%,其余60%~70%进入环境。1998—2008年的10年间,鄱阳湖区的农药用量以年均11.0%的速度增长,而农药施用后10%~20%附着在植物体上,80%~90%散落在土壤和水体里。近年来,鄱阳湖区规模化畜禽养殖以每年20%左右的速率递增,湖区耕地畜禽粪便负荷量达49.8 $t\cdot hm^{-2}$,超过耕地最大负荷量近一倍,这些畜禽粪便有相当数量未经处理流入环境。由于沿鄱阳湖区是重要的特色水产养殖基地,水产养殖占江西全省总量的60%以上,为了提高养殖水域的浮游生物的产量,大量投入化肥用于肥水,养殖水体出现富营养化。鄱阳湖流域农业面源主要污染物产生量中,总氮为$(10\sim12)\times10^4\ t\cdot$年$^{-1}$,总磷为$(5\sim6)\times10^4\ t\cdot$年$^{-1}$。其中畜牧养殖业(主要为规模化养殖企业和养殖小区)约占65%,种植业(田间尺度)约占25%,水产养殖业约占10%。

4.3.3　生物因子

(1)浮游植物种属变化趋势

1983—2013年鄱阳湖主湖区浮游植物基本组成变化不大,仍以绿藻、硅藻和蓝藻为三大主要门类,金藻门、裸藻门、黄藻门、甲藻门及隐藻门种属数目较少,各门类种属数目明显减少(表4.7)。20世纪80年代鄱阳湖浮游植物种属类别多样,其中1983—1987年,共鉴定浮游植物154属;90年代种属数目略有减少;2000年后,鄱阳湖浮游植物的种属数目下降至67属,该值仅为80年代藻类种属数目的一半,一些清水性种类如金藻门和黄藻门的种类数减少,甚至消失。

1983—2013年鄱阳湖浮游植物优势种属基本组成发生明显变化(表4.8)。20世纪80年代蓝藻门的主要优势种属为微囊藻、颤藻、鱼腥藻、束丝藻和色球藻;硅藻门的优势种属为直链藻、脆杆藻、舟形藻、异极藻、双菱藻、曲壳藻、等片藻和放射硅藻;绿藻门的主要优势种属为鼓藻、栅藻、水绵、丝藻、纤维藻、盘星藻、月牙藻、小球藻、新月藻、转板藻;隐藻门主要优势种为卵形隐藻;金藻门和黄藻门的主要优势种分别为花环锥囊藻和普通黄丝藻。90年代及2000年以后,鄱阳湖浮游植物优势种数目显著减少,且基本构成单一,其中微囊藻和鱼腥藻为蓝藻门的主要优势种属,硅藻门的主要优势种属为直链藻、脆杆藻、针杆藻、小环藻、布纹藻和桥弯藻,绿藻门的主要优势种属为鼓藻、栅藻、新月藻和星杆藻,隐藻和蓝隐藻为隐藻门的主要优势种属,多甲藻是甲藻门的主要优势种属。

表 4.7 鄱阳湖浮游植物种属数目变化

	1983—1987 年	1987—1993 年	1999.06	1999.09	2007—2008 年	2010—2013 年
绿藻门	78 属	98 种	39 种	109 种	32 属(种)	34 属 64 种
硅藻门	31 属	49 种	9 种	28 种	17 属(种)	17 属 30 种
蓝藻门	25 属	32 种	7 种	24 种	9 属(种)	6 属 22 种
金藻门	6 属	4 种			1 属(种)	1 属 2 种
裸藻门	6 属	7 种			4 属(种)	4 属 7 种
黄藻门	4 属	5 种				
甲藻门	3 属	7 种			1 属(种)	3 属 4 种
隐藻门	1 属	4 种			4 属(种)	2 属 4 种
总计	154 属	206 种	55 种	161 种	68 属(种)	67 属 133 种

注:1983—1987 年数据引自《鄱阳湖研究》;1987—1993 年数据引自谢欣铭等,2000;1999 年数据引自王天宇等,2004;2007—2008 年数据引自“中国湖泊水质、水量和生物资源调查”。

表 4.8 鄱阳湖浮游植物优势种变化

	1983—1987 年	1987—1993 年	2007—2008 年	2010—2013 年
蓝藻门				
微囊藻	√	√	√	√
颤藻	√	√		
悦目颤藻		√		
鱼腥藻	√	√		√
束丝藻		√		
色球藻		√		
蓝纤维藻				
硅藻门				
直链藻	√	√	√	√
脆杆藻	√	√	√	√
针杆藻			√	√
小环藻				√
舟形藻	√	√		
布纹藻			√	
桥弯藻			√	
异极藻	√			

续表

	1983—1987年	1987—1993年	2007—2008年	2010—2013年
双菱藻	√			
曲壳藻		√		
等片藻	√			
放射硅藻		√		
绿藻门				
鼓藻	√	√		√
新月鼓藻	√			
角星鼓藻	√			
多棘鼓藻	√			
栅藻		√		√
水绵	√			
丝藻		√		
纤维藻		√		
盘星藻	√	√		
月牙藻		√		
小球藻		√		
新月藻		√	√	
星杆藻				√
转板藻		√		
四球藻				
隐藻门				
隐藻				√
卵形隐藻		√	√	
马氏隐藻				
啮蚀隐藻				
蓝隐藻				√
金藻门				
花环锥囊藻		√		
密集钟罩藻			√	
黄藻门				
普通黄丝藻		√		
甲藻门				
多甲藻				√
合计	15	23	9	12

注：1983—1987年数据引自《鄱阳湖研究》；1987—1993年数据引自谢欣铭等，2000；2007—2008年数据引自“中国湖泊水质、水量和生物资源调查”。

(2) 浮游植物丰度及生物量变化趋势

1987—2013 年鄱阳湖浮游植物丰度整体呈增加趋势,峰值出现在 2012 年 10 月,达 6.4×10^{7} cell · L^{-1}(图 4.7);而浮游植物生物量总体呈先减少后增加的变化趋势,特别是 2012 年后,生物量增加幅度较大,峰值也是出现在 2012 年 10 月,达 14.0 mg · L^{-1}。

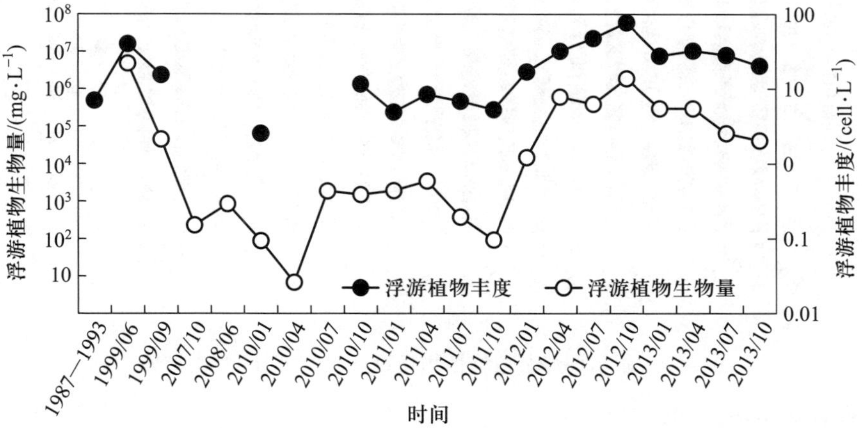

图 4.7　1987—2013 年鄱阳湖浮游植物生物量和丰度时间变化趋势

从浮游植物各门类丰度百分比值来看,1984 年鄱阳湖绿藻、硅藻和蓝藻丰度百分比值相差不大,分别为 42.5%、24.5%和 23.6%(图 4.8)。2010 年以后,蓝藻丰度呈现上升趋势,绿藻和硅藻丰度减少。2012 年 10 月,蓝藻丰度百分比值高达 92.1%。从季节变化趋势来看,冬春季 1 月和 4 月,硅藻丰度百分比值较夏秋季 7 月和 10 月增加,如 2011 年 1 月硅藻丰度百分比值达 54.1%,而夏秋季,蓝藻丰度百分比值最大。从浮游植物各门类生物量百分比值来看,硅藻是鄱阳湖浮游植物的绝对优势种(图 4.9)。

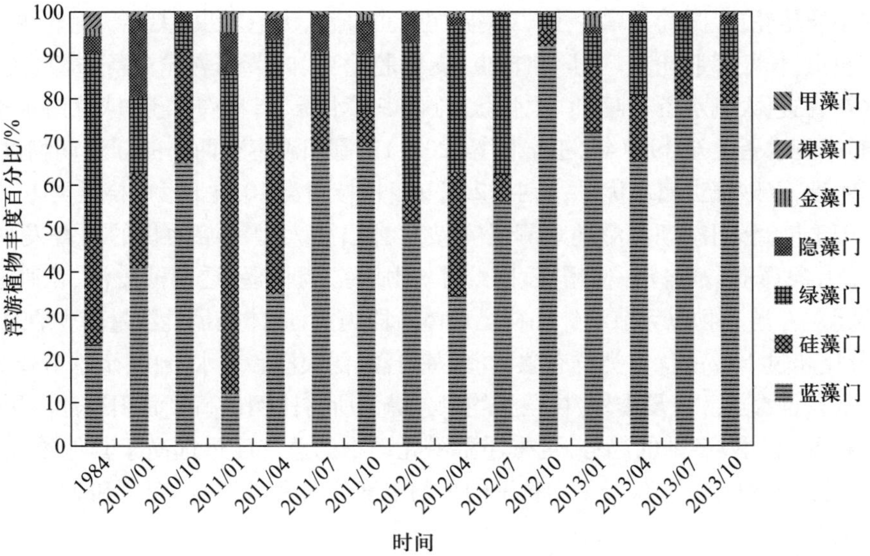

图 4.8　鄱阳湖浮游植物丰度百分比值-时间变化趋势

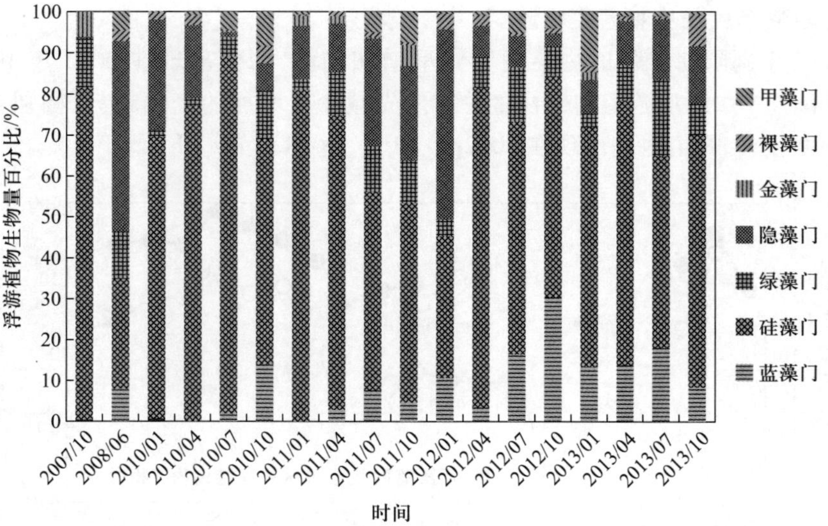

图4.9　鄱阳湖浮游植物生物量百分比值-时间变化趋势

(3) 浮游甲壳动物时间演变特征

1984年对鄱阳湖轮虫、枝角类及桡足类等浮游动物进行了调查，其中有轮虫种类12科59种、枝角类7科40种、桡足类5科13种。浮游动物总丰度为6.5~19.8个·L^{-1}，出现频率较高的种类为前节晶囊轮虫、螺形龟甲轮虫、针簇多枝轮虫、独角聚花轮虫、花篋臂尾轮虫和月形单趾轮虫以及短尾秀体溞、微型裸腹溞、象鼻溞和汤匙华哲水蚤等。1987—1989年，谢钦铭等(2000)共发现原生动物12目31科53属83种、轮虫20科33属85种、桡足类3目6科16属23种，其中出现频率较高的原生动物有淡水筒壳虫类、似铃虫、砂壳虫类、舟形虫、表壳虫、弹跳虫、急游虫、栉毛虫属、侠盗虫、喇叭虫、钟形虫属、瓜形帆口虫和鞘居虫等；轮虫为角突臂尾轮虫、壶状臂尾轮虫、萼花臂尾轮虫、剪形臂尾轮虫、裂足臂尾轮虫、螺形龟甲轮虫、曲腿龟甲轮虫、等刺异尾轮虫、鼠异尾轮虫、暗小异尾轮虫、圆筒异尾轮虫、二突异尾轮虫、梳状疣毛轮虫、尖尾疣毛轮虫、长圆疣毛轮虫、广生多肢轮虫、长肢多肢轮虫、月形腔轮虫、囊形腔轮虫、前节晶囊轮虫等；桡足类为近邻剑水蚤、英勇剑水蚤、白色大剑水蚤、神秘华哲水蚤、汤匙华哲水蚤、指状许水蚤、球状许水蚤、沟渠异足猛水蚤和广布中剑水蚤。至1999年，王金秋等(2003)对鄱阳湖春秋两季的浮游动物进行分析后发现原生动物24种，以砂壳虫属占优势；轮虫32属96种；枝角类10属14种；桡足类16种。

2009—2013年，鄱阳湖湖泊湿地观测研究站对鄱阳湖大型浮游动物的调查发现，鄱阳湖枝角类浮游动物有象鼻溞、基合溞、僧帽溞、网纹溞、裸腹溞、秀体溞、透明薄皮溞、长刺溞、平直溞和仙达溞等；桡足类浮游动物以无节幼体和桡足幼体阶段为主，成体桡足类数量较少。夏季浮游甲壳动物丰度百分比超过10%的优势类群有象鼻溞、基合溞、裸腹溞和哲水蚤；其余季节皆为无节幼体、象鼻溞、剑水蚤和哲水蚤。除夏季外，枝角类均以象鼻溞所占比例最高。鄱阳湖浮游甲壳动物总丰度呈现夏季>秋季>春季>冬季的趋势，夏季浮游甲壳动物的总丰度远远高于其他季节，达到44.59个·L^{-1}，冬季仅有0.89个·L^{-1}；春季和秋季的平均丰度分别为1.83个·L^{-1}和2.90个·L^{-1}，季节之间差异性达极显著水平(ANOVA，$p<0.001$)。

(4) 底栖动物时间演变特征

根据历史调查资料和2010年以来底栖动物监测结果，对比分析发现，底栖动物的总密度和生物量呈现降低趋势，但这种趋势在不同生物类群间差异显著。其中软体动物降低趋势最为明显，从 1992 年 578 个·m^{-2}降低至 2012 年的 149 个·m^{-2}，到 2014 年略有增加，至 207 个·m^{-2}。水生昆虫的密度也有降低的趋势。相比之下，环节动物的密度基本无显著变化，在 24~94 个·m^{-2}（表 4.9 和图 4.10）。进一步分析不同年份底栖动物的类群组成发现，软体动物一直是底栖动物的优势类群（图 4.11），占据总密度的 61.6%~79.3%，表明底栖动物类群组成方面未发生显著变化。底栖动物中寡毛类是水质有机物污染的指示生物。相关研究认为，颤蚓类的密度低于 100 个·m^{-2}则判断水体为不受污染，2010 年以后的调查结果以及历史资料中，寡毛类密度均低于 100 个·m^{-2}，还未达到水体受污染的标准，可认为鄱阳湖当前的水质较好。

表 4.9 鄱阳湖底栖动物密度和生物量变化趋势

年份	软体动物		环节动物		水生昆虫		总量	
	密度/(个·m^{-2})	生物量/(g·m^{-2})	密度/(个·m^{-2})	生物量/(g·m^{-2})	密度/(个·m^{-2})	生物量/(g·m^{-2})	密度/(个·m^{-2})	生物量/(g·m^{-2})
1992	578	249	56	0.58	90	0.96	724	250
1998	342	149	94	0.4	106	1.15	555	151
2004	213	/	29	/	46	/	313	/
2008	172	244	38	0.3	12	1.26	223	246
2012	149	169	36	0.39	21	0.19	228	131
2013	187	85	24	0.63	12	0.21	220	87
2014	207	194	30	0.20	19	0.35	267	195

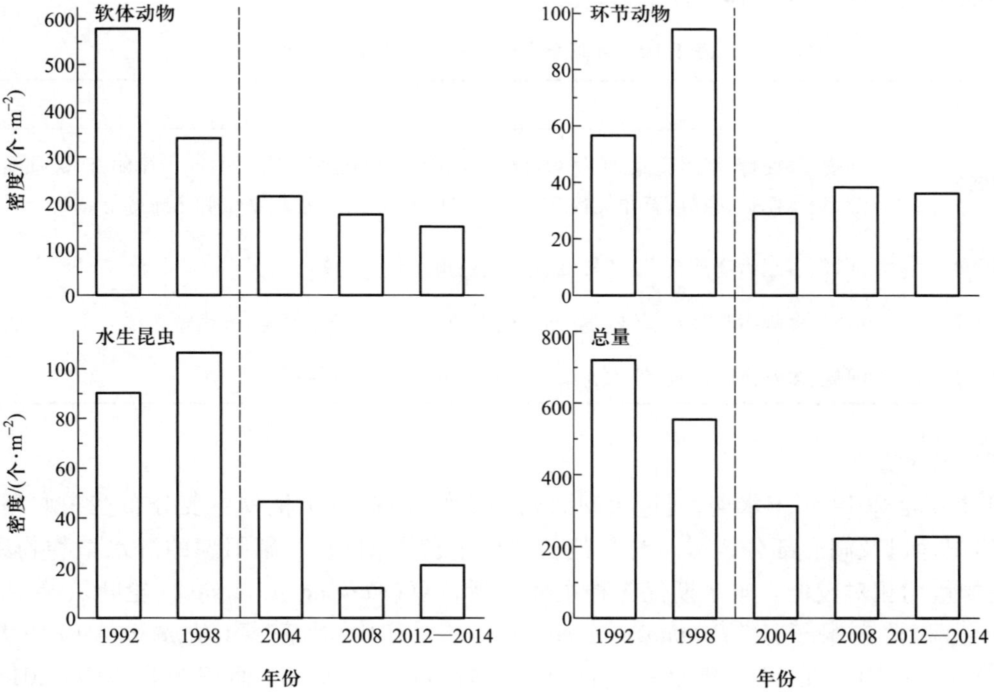

图 4.10 鄱阳湖底栖动物密度变化特征

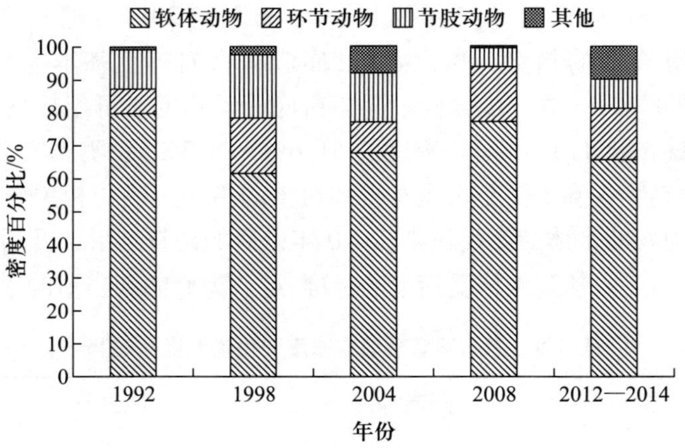

图 4.11　鄱阳湖底栖动物类群组成变化

分析不同年代底栖动物的优势种发现,与2010年相比,底栖动物优势种发生了较大变化,1992年底栖动物优势种种类较多,且包括较多的大型软体动物蚌类(表4.10)。1998年、2007年和2010年以后底栖动物优势种无显著变化。相关研究表明,近20年来由于环境变化及人类活动对鄱阳湖的干扰越加频繁,底栖动物的资源状况发生了变化,尤其是淡水蚌类受威胁最为严重,许多种类已很难采到活体标本,如龙骨蛏蚌、巴氏丽蚌等。鄱阳湖大型底栖动物的密度在逐渐减少,特别是软体动物的密度大幅度下降。这种变化预示着鄱阳湖的环境变化改变了底栖动物的群落结构,其主要原因可能是鄱阳湖近年来大规模的采沙活动破坏了蚌类的栖息环境,对蚌类产生危害,进而导致小个体软体动物转变为优势种。

表 4.10　鄱阳湖底栖动物优势种组成变化

年份	优势种
1992	河蚬、环棱螺、淡水壳菜、方格短沟蜷、萝卜螺、背瘤丽蚌、洞穴丽蚌、天津丽蚌、圆顶丽蚌、矛蚌、鱼尾楔蚌、扭蚌、背角无齿蚌、三角帆蚌、褶纹冠蚌、摇蚊幼虫和水蚯蚓等
1998	河蚬、多鳃齿吻沙蚕、豆螺科(纹沼螺、长角涵螺)、钩虾
2007	河蚬、多鳃齿吻沙蚕、环棱螺、苏氏尾鳃蚓、大沼螺、长角涵螺、方格短沟蜷
2010年以后	河蚬、多鳃齿吻沙蚕、淡水壳菜、钩虾、苏氏尾鳃蚓、环棱螺

(5) 沉水植物

2011年至2014年丰水期,通过大湖面调查我们发现,沉水植物主要分布在东北湖湾、蚌湖、南矶湿地以及湖心部分区域。与其他长江中下游湖泊相比,鄱阳湖的沉水植物物种多样性和生物量均相对较低。丰水期优势种主要包括苦草(*Vallisneria natans*)、轮叶黑藻(*Hydrilla verticillata*)和马来眼子菜(*Potamogeton malaianus*)。其中,小茨藻(*Najas minor*)和大茨藻(*Najas marina*)均只在2011年夏季发现,位于南矶湿地。从分布面积来看,其在2011年至2014年间有逐渐缩小的趋势。2011年,在所有的45个点位中,有5个点位沉水植物全覆盖;

2012 年,沉水植物覆盖面积占 10%左右;而到 2013 年至 2014 年,该比例有所下降。东北湖湾的平均水深较浅(约 3 m),且水文条件变化较小,这些条件有利于苦草和轮叶黑藻等沉水植物生长。然而在接下来的 3 年中,该区域的沉水植物锐减。我们推测,鄱阳湖较高的水体流速造成水下光照条件恶化以及近年来湖区的富营养化程度加重是影响湖区沉水植物分布面积的主要因素。

4.4 鄱阳湖湿地生态系统结构变化分析

鄱阳湖上接江西省境内赣江、抚河、信江、饶河与修水五大干流,下通长江,湖区水位受流域来水与长江的双重影响,水位季节性与年际间变幅巨大,形成洪水期“茫茫一片水连天”、枯水期“沉沉一线滩无边”的独特湿地生态景观。鄱阳湖多年月平均水位以 7 月最高,1 月最低,年内水位变幅大,季节性水位相差 10 m 左右;年际间水位变幅更大,最高水位与最低水位相差可达 16.7 m。这种高水位变幅在全球淡水湿地中也极为罕见。鄱阳湖地形地貌复杂多样,随着水位的涨落,呈现湖泊湿地、洲滩湿地、河流湿地、沼泽湿地、湖滨湿地、三角洲湿地以及人工湿地等多种湿地景观分布格局,形成了以湖泊湿地为核心的多类型复合的湿地生态系统类型。这种多类型湿地的复合体,体现了非地带性特点,在空间分布上呈现跨地带性、间断性和随机性,构成了鄱阳湖湿地生态系统的复杂性,奠定了孕育丰富生物多样性的基础。本节详细分析了鄱阳湖湿地生态系统结构的变化特征。

4.4.1 鄱阳湖湿地环境因子变化特征

土壤水指的是由地面向下至地下水面以上土壤层中的水分,是土壤的最重要组成部分之一。土壤水分存在土壤孔隙中,作为植物生存的基本生活因子,它不仅影响植物的个体发育,而且决定着植物的类型,并限制植被的分布。在各种因素的综合影响下,土壤含水量有着不同的变化过程:春季气温较低,地面蒸发弱,植被蒸腾作用弱,降雨量大于植物耗水量;夏季地面蒸发、植被蒸腾旺盛,土壤水分消耗迅速,高温少雨;冬季植物蒸腾作用弱,土壤水分消耗较少,降雨量小。本文根据野外自动环境监测系统的土壤含水量实时监测数据,探讨了鄱阳湖典型湿地土壤含水量的动态变化过程。

(1) 鄱阳湖洲滩湿地土壤含水量动态变化特征

鄱阳湖湿地不同层次土壤含水量的动态变化及其对降雨的响应关系如图 4.12 所示。从图中可以看出,鄱阳湖湿地土壤含水量随着土层深度的增加而增加,且不同深度土壤含水量的变化都和降雨量呈现出很好的对应关系,三条曲线变化特征基本一致。20 cm 处土壤含水量最低,主要因为表层土壤受地表气象因素的影响大,其水分易于被蒸发,而且鄱阳湖湿地的植被根系大多数集中在土壤的 20~30 cm 深处,对土壤水分的消耗大。50 cm 处的土壤起着承上启下的作用,土壤中重力水都渗到土壤下层,所以土壤含水量要比 100 cm 处的土壤含水量低。100 cm 处的土壤含水量最高,主要是由于鄱阳湖湿地的地下水位较浅,地下水在毛管力的作用下可以到达 100 cm 处。

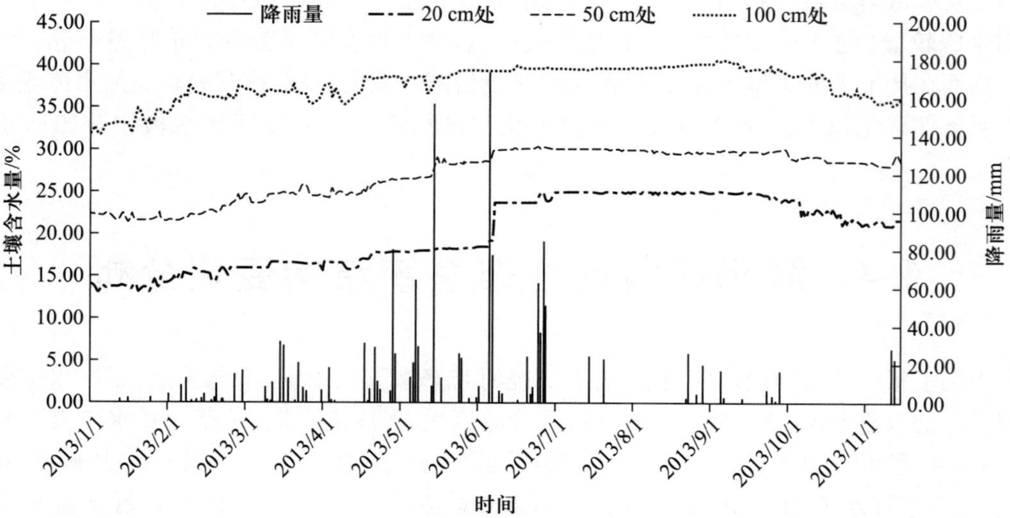

图 4.12　不同深度土壤含水量动态变化及其对降雨的响应关系

(2) 鄱阳湖洲滩湿地土壤养分动态变化特征

鄱阳湖典型洲滩不同植被带土壤有机碳以灰化薹草带与篱蒿带最高(表 4.11),春季分别为 17.021 $g \cdot kg^{-1}$ 和 16.354 $g \cdot kg^{-1}$,其中灰化薹草群落与 2012 年相似,篱蒿带高于 2012 年 15.2 $g \cdot kg^{-1}$;秋季则分别为 15.623 $g \cdot kg^{-1}$ 和 16.170 $g \cdot kg^{-1}$,与春季相比季节性差异不明显。虉草带春季与秋季有机碳含量分别为 10.124 $g \cdot kg^{-1}$ 与 9.445 $g \cdot kg^{-1}$,低于灰化薹草带与篱蒿带。泥滩带表层土壤有机碳仅分别为 6.838 $g \cdot kg^{-1}$(春季)与 6.227 $g \cdot kg^{-1}$(秋季),显著低于其他植被带。土壤有机碳主要来自植物凋落物及根系分解。鄱阳湖典型洲滩地表生物量越高,土壤有机碳含量也越高,表明植物对土壤有机碳的富集起到关键作用,也是湿地固碳功能的主要驱动因素,这也表明灰化薹草带与篱蒿带对鄱阳湖湿地生态功能的发挥起着重要作用,这两种植被带的群落演替或退化对鄱阳湖湿地生态系统土壤碳循环以及生物地球化学循环有着重要影响。

表 4.11　鄱阳湖典型洲滩植被带土壤有机碳、总氮与总磷含量

植被带	有机碳/($g \cdot kg^{-1}$)		总氮/($g \cdot kg^{-1}$)		总磷/($g \cdot kg^{-1}$)	
	春季	秋季	春季	秋季	春季	秋季
篱蒿带	16.354	16.170	1.57	1.61	0.884	0.853
灰化薹草带	17.021	15.623	1.52	1.49	0.850	0.827
虉草带	10.124	9.445	1.02	1.14	0.787	0.744
泥滩带	6.838	6.227	0.39	0.37	0.504	0.426

与有机碳相似,鄱阳湖典型洲滩不同植被带土壤总氮含量以篱蒿带与灰化薹草带最高,春季与秋季分别为 1.57 $g \cdot kg^{-1}$ 与 1.61 $g \cdot kg^{-1}$(篱蒿带),以及 1.52 $g \cdot kg^{-1}$ 与 1.49 $g \cdot kg^{-1}$(灰化薹草带),但两者差异不显著,季节性差异也不明显;其次为虉草带,春季与秋季分别为 1.02 $g \cdot kg^{-1}$ 和 1.14 $g \cdot kg^{-1}$,高于 2012 年的 0.84 $g \cdot kg^{-1}$ 与 0.90 $g \cdot kg^{-1}$;泥滩带总氮含量显著最低,仅分别为

0.39 g·kg^{-1}与0.37 g·kg^{-1}，也高于2012年监测值。

篱蒿带春季与秋季土壤总磷含量分别为0.884 g·kg^{-1}与0.853 g·kg^{-1}，季节差异不明显，但低于2012年观测的1.014 g·kg^{-1}与1.117 g·kg^{-1}；灰化薹草带(0.850 g·kg^{-1}与0.827g·kg^{-1})也略低于2012年表层土壤磷含量；虉草带总磷含量略低，为0.787 g·kg^{-1}与0.744 g·kg^{-1}，与2012年相近；三个群落带表层土壤总磷含量均显著高于泥滩带，后者春季与秋季土壤总磷含量分别仅为0.504 g·kg^{-1}与0.426 g·kg^{-1}，高于2012年观测值。植被不仅促进土壤有机碳的积累，也显著提高土壤中氮、磷等营养元素，从而改良土壤，提高湿地生产力与生态服务功能。鄱阳湖不同群落带对土壤养分的积累也不尽相同，低滩植被带如虉草带和泥滩带对土壤养分的蓄积明显低于篱蒿带与灰化薹草带，这表明鄱阳湖不同洲滩植被对土壤养分积累与理化性状改良效果也不尽相同。此外各群落有机碳、总氮与总磷含量季节性差异不明显，这也表明土壤养分季节变化较小，植被对土壤养分的积累是一个长期的演变过程。

4.4.2 鄱阳湖湿地植被的植物区系组成

根据多年的调查统计，鄱阳湖共有维管束植物90科257属475种(含种下单位)。其中蕨类植物12科13属14种，被子植物78科244属461种(双子叶植物60科176属324种；单子叶植物18科68属137种)。被子植物是鄱阳湖湿地植物区系的主要组成成分(表4.12)。鄱阳湖湿地维管束植物科内属种组成的数量分析见表4.13。

表4.12 鄱阳湖湿地植物区系组成成分表

科名	包含属数	包含种数
卷柏科 Selaginellaceae	1	1
水韭科 Isoetaceae	1	1
木贼科 Equisetaceae	2	2
海金沙科 Lygodiaceae	1	1
蕨科 Pteridiaceae	1	1
水蕨科 Parkeriaceae	1	2
鳞毛蕨科 Dryopteridaceae	1	1
水龙骨科 Polypodiaceae	1	1
凤尾蕨科 Pteridaceae	1	1
苹科 Marsileaceae	1	1
槐叶苹科 Salviniaceae	1	1
满江红科 Azollaceae	1	1
三白草科 Saururaceae	2	2
杨柳科 Salicaceae	2	4
胡桃科 Juglandaceae	1	1

续表

科名	包含属数	包含种数
桑科 Moraceae	4	4
荨麻科 Urticaceae	2	2
马兜铃科 Aristolochiaceae	1	1
蓼科 Polygonaceae	4	30
藜科 Chenopodiaceae	2	4
苋科 Amaranthaceae	4	8
商陆科 Phytolacaceae	1	1
番杏科 Aizoaceae	1	1
马齿苋科 Portulacaceae	1	1
石竹科 Caryophyllaceae	5	7
睡莲科 Nymphaeaceae	4	5
金鱼藻科 Ceratophyllaceae	1	3
毛茛科 Ranunculaceae	4	11
防己科 Menispermaceae	2	2
樟科 Lauraceae	1	1
罂粟科 Papaveraceae	1	3
白花菜科 Capparidaceae	1	1
十字花科 Cruciferae	7	12
茅膏菜科 Drosevaceae	1	1
景天科 Grassulaceae	1	2
蔷薇科 Rosaceae	7	12
豆科 Leguminosae	17	25
酢浆草科 Oxalidaceae	1	1
牻牛儿苗科 Geraniaceae	2	3
楝科 Meliaceae	1	1
远志科 Polygalaceae	1	1
大戟科 Euphorbiaceae	4	7
水马齿科 Callitrichaceae	1	2
鼠李科 Rhamnaceae	1	1
葡萄科 Vitaceae	3	4

续表

科名	包含属数	包含种数
锦葵科 Malvaceae	3	4
藤黄科 Guttiferae	1	4
堇菜科 Violaceae	1	4
千屈菜科 Lythraceae	3	5
菱科 Trapaceae	1	11
柳叶菜科 Onagraceae	2	5
小二仙草科 Haloragidaceae	2	4
伞形科 Umbelliferae	5	5
报春花科 Primulaceae	2	8
龙胆科 Gentianaceae	1	3
夹竹桃科 Apocynaceae	1	1
萝藦科 Asclepiadaceae	2	5
旋花科 Convolvulaceae	3	3
紫草科 Boraginaceae	1	1
马鞭草科 Verbenaceae	2	3
唇形科 Labiatae	11	17
茄科 Solanaceae	4	5
玄参科 Scrophulariaceae	4	11
胡麻科 Pedaliaceae	1	1
狸藻科 Lentibulariaceae	1	6
爵床科 Acanthaceae	2	2
车前科 Plantaginaceae	1	3
茜草科 Rubiaceae	3	5
败酱科 Valerianaceae	1	1
葫芦科 Cucurbitaceae	2	2
桔梗科 Campanulaceae	3	4
菊科 Compositae	22	37
香蒲科 Typhaceae	1	2
黑三棱科 Sparganiaceae	1	1
茨藻科 Najadaceae	2	7

续表

科名	包含属数	包含种数
水蕹科 Aponogetonaceae	1	1
泽泻科 Alismataceae	2	7
眼子菜科 Potamogetonaceae	1	8
水鳖科 Hydrocharitaceae	5	11
禾本科 Graminaceae	30	41
莎草科 Cyperaceae	8	31
天南星科 Araceae	4	5
浮萍科 Lemnaceae	3	3
谷精草科 Eriocaulaceae	1	4
鸭跖草科 Commelinaceae	2	4
雨久花科 Pontederiaceae	2	3
灯心草科 Juncaceae	1	4
百合科 Liliaceae	2	3
石蒜科 Amaryllidaceae	1	1
兰科 Orchidceae	1	1

表 4.13 鄱阳湖湿地维管束植物科内属种组成的数量分析

科内含种数	科数	占总科数/%	含属数	占总属数/%	含种数	占总种数/%
≥20 种	5	5.56	81	31.52	164	34.53
10~19 种	7	7.78	39	15.18	85	17.89
2~9 种	48	53.33	107	41.63	196	41.26
1 种	30	33.33	30	11.67	30	6.32
合计	90	100.00	257	100.00	475	100.00

从表 4.13 可以看出,鄱阳湖湿地维管束植物科内所含属数、种数差异较大。在 90 个科中,含 10 种以上的科共有 12 个,共含 120 属 249 种,虽只占总科数的 13.34%,但却占总属数的 46.70%,总种数的 52.42%,其中较大的科有 8 个:禾本科 41 种、菊科 37 种、莎草科 31 种、蓼科 30 种,豆科 25 种、唇形科 17 种、十字花科和蔷薇科各 12 种。它们在本区具有明显优势,占有主导地位,对本区植被的构成、动态和区系组成具有重要作用。含 2~9 种的科有 48 个,占总科数的 53.33%,属、种数分别占 41.63% 和 41.26%,本区内含 1 属 1 种的科也较多,为 30 科,占 33.33%,但属、种数仅占 11.67%和 6.32%,在本区植被组成中属于从属地位。含 10 种以上的属仅有蓼属(*Polygonum*)、薹草属(*Carex*)、菱属(*Trapa*)共 3 属 48 种,占总属数的 1.16%;含 5~9 种的属有 12 属,占 4.67%,主要有毛茛属(*Ranunculus*)7 种,珍珠菜属(*Lysimachia*)7 种,蒿属(*Artemisita*)7 种,眼子菜属(*Potamogeton*)8 种;含 2~4 个种的属有 71 属,占 27.63%;仅含 1 种的属有 171 属占 66.54%。由此可见,单少种属在本区系中占有绝对优势。

鄱阳湖湿地维管束植物属内种的组成见表 4.14。

表 4.14 鄱阳湖湿地维管束植物植物属内种的组成

属内含的种数	属数	占总属数/%	包含的种数	占总种数/%
10 种以上	3	1.16	48	10.10
5~9 种	12	4.67	71	14.95
2~4 种	71	27.63	185	38.95
1 种	171	66.54	171	36.00
合计	257	100.00	475	100.00

鄱阳湖洲滩湿地植物种群的空间分布还受到湖泊水位变化、土壤沉积类型、土壤养分和微地形变化的影响。不同种群占据不同的水分生态位,在年内存在水淹时长的差异。狗牙根、牛鞭草、阿齐薹草、看麦娘等主要分布在接近湖中岛屿和防洪堤的高滩地上,高程多在 15.5 m 以上,土壤含水量相对较低,每年仅在洪水季节被淹没,水淹时长一般不超过 30 d。南荻、蒌蒿主要分布在 13.5~15 m 处,水淹时长一般为 50 d 左右。糙叶薹草、灰化薹草、水田碎米荠要求土壤含水量较高,分布高程主要在 11.5~14 m,水淹时长一般在 80 d 以上。而牛毛毡、具刚毛荸荠、石龙芮、水蓼、翼果薹草主要分布于湖相沉积的近水处,土壤水分饱和,其分布对水因子的依赖性较强。芒尖薹草则小面积集中分布于洲滩地的洼地内。蓼子草、稻槎菜、虉草等则主要分布于河相沉程的河道两侧。

分布格局的形成是物种的生物学特性以及环境影响和生物适应共同作用的结果。湿地植物种群的聚集分布有利于增强种群的竞争力,也有利于种群对水位周期性变化的适应。表 4.15 显示

表 4.15 鄱阳湖湿地典型断面物种分布

梯度	代表性群落	生境特点	主要物种
高漫滩地上部	狗牙根群落	高程在 14.5~16.5 m,通常在防洪堤与河道两侧,水淹时长一般不超过一个月	狗牙根、牛鞭草、假俭草、鸡眼草、阿齐薹草、野古草、早熟禾、附地菜等
高漫滩地中部	南荻+芦苇-薹草	高程在 13~15.5 m,洪水水深不超过 2.5 m,淹水时长通常在 2 个月以内	南荻、芦苇、薹草某些种、下江委陵菜、鼠麴草、野胡萝卜、水田碎米荠、刺果酸模、蒌蒿、莎草、球果蔊菜、看麦娘、稻槎菜等
高漫滩地下部	薹草群落	高程在 11.5~14.5 m,土壤水分饱和,淹水时长 2~3 个月	薹草某些种、日本看麦娘、细叶猪殃殃、母草、蚊母草、茵草、水田碎米荠等
低漫滩地上部	针蔺群落	高程在 10.5~12 m,一年内有反复的淹露波动	针蔺、沼生水马齿、虉草、水田碎米荠、蓼子草、丛枝蓼、牛毛毡等
低漫滩地下部	荇菜群落、蓼子草群落、虉草群落等	高程 9.5~12.5 m,不同地段植物群落不同,也见有光泥滩或沙滩;丰水期生长有沉水植被	蓼子草、虉草、白花水八角、荇菜、针蔺、弹裂碎米荠、肉根毛茛、芫荽菊、灰化薹草、水茫草、蚊母草、牛毛毡等
常年积水洼地	苦草+轮叶黑藻群落	高程 8.5~11 m,常年有积水,仅在冬季斩秋湖时有短时出露	苦草、轮叶黑藻、菹草、大茨藻、小茨藻、轮叶狐尾藻、荇菜等

了鄱阳湖主要湿地植物在典型断面各生境类型中的分布。可见,鄱阳湖洲滩湿地优势种群的聚集分布是湿地植物在长期的进化中对湖泊生境适应的一种生态策略。

4.4.3 20 多年鄱阳湖湿地植被分布格局演变特征

图4.13为20多年来鄱阳湖湿地植被分布格局演变趋势结果(1989—2013年秋季,所有遥感影像选择当日星子水位低于吴淞高程10 m时拍摄,以保证所有洲滩湿地类型均已出露,避免水位过高导致水面覆盖的影响)。可以看出,从1983年至2013年,鄱阳湖水面面积变幅较大,1989年与2005年秋季水面面积明显高于其他年份,这与这两个年份长江洪水期后延、秋季水位较高有关。鄱阳湖水面面积变化春季取决于流域五河来水,而夏末秋初则受长江顶托与倒灌影响更为显著。薹草面积变幅在284~552 km^2,其中以2005年最低,1995年最高,年际分布差异较大,受湖泊水情变化极为显著。水生植被面积以1989年最低,仅为74 km^2,可能与该年秋季水位较高有关;2005年水生植被面积最高,为470 km^2,其次为2011年(411 km^2);从年际变化趋势看,2000年后水生植被面积要高于20世纪90年代。稀疏草洲面积变化区间为197~487 km^2,以1991年最低,最高为1999年,其次为2007年,总体呈逐步增加趋势。芦苇等高滩植物最大面积出现在2005年(541 km^2),其次为2007年(482 km^2),最低为1999年(123 km^2),与稀疏草洲变化趋势一致。总体上,20多年鄱阳湖湿地植被面积分布呈高滩植被挤占中低滩植被分布空间、中低滩植被向更低高程洲滩扩张态势,这种扩张趋势主要集中在南部湖区以及与江湖连通的大湖面周围洲滩。

4.4.4 鄱阳湖湿地植被景观高程分布特征

利用地理信息系统软件ARCGIS 9.3,结合鄱阳湖区1∶5000的DEM数据,对覆盖时间序列为1989—2010年的鄱阳湖湿地植被类型分布图集进行处理,提取鄱阳湖湿地植被景观分布高程信息,进一步分析湿地植被景观空间分布格局。

本研究首先构建局部湖区典型植被景观带在不同高程区间分布面积的直方图,由落入高程区间内的植被面积直方图观察植被高程分布特征。然后,以2.3%的典型植物群落分布高程范围确定该植被景观带在该湖区的高程分布下限,以植被高程分布下限的年际迁移量观察植被分布高程的变化趋势;最后,通过局部湖区高程数据和水位数据的空间归一化处理,得到植被高程分布下限迁移量 ΔH 和水位波动值 ΔW,以此分析典型植被景观带高程分布下限迁移量与水位波动值的联系,揭示关键水位波动变量对典型植被景观带分布高程的影响。

利用地理信息系统软件ARCGIS 9.3以及统计分析软件R 3.0.0,在对鄱阳湖区进行流域分割的基础上[6个局部湖区,即康山湖区、棠荫湖区、吴城(赣江)湖区、吴城(修水)湖区、都昌湖区、星子湖区],基于局部湖区10 m分辨率的DEM数据,在各局部湖区以高程数值变化范围以及0.5 m的高程间隔作为特征高程值,并以上述特征高程值绘制等高线,将各局部湖区洲滩湿地划分为相应的等高线间隔,即 $[min, min+0.5)$, $[min+0.5, min+1)$, $[min+1, min+1.5)$, …, $[max-0.5, max]$(其中 min 为该湖区最低高程,max 为该湖区最高高程),作为基本统计单元。然后,基于30 m分辨率的植被类型数据,计算各典型植被景观类型在特定高程区间内的相对丰度,进而得到以1989—2010年植被景观高程分布为样本的鄱阳湖区植被景观面积在相应高程

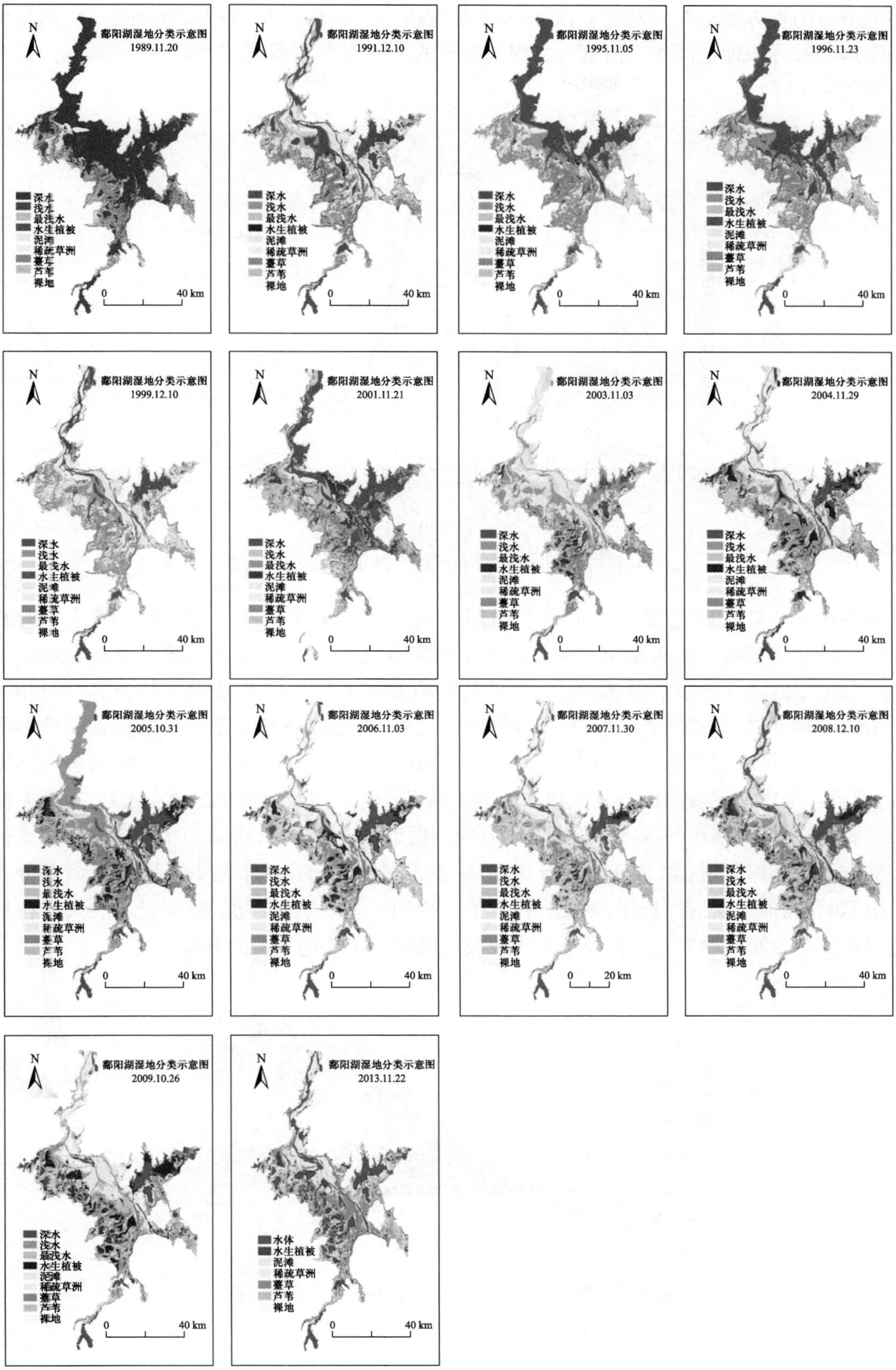

图 4.13 20 多年来鄱阳湖湿地植被分布格局演变(见书末彩插)

区间上分布的直方图。在此基础上,对该样本数据进行正态性检验,如果满足正态性,则得到鄱阳湖湿地植被分布理论高程。由落入高程区间内的面积直方图观察植被高程分布特征,其具体方法如图4.14所示。

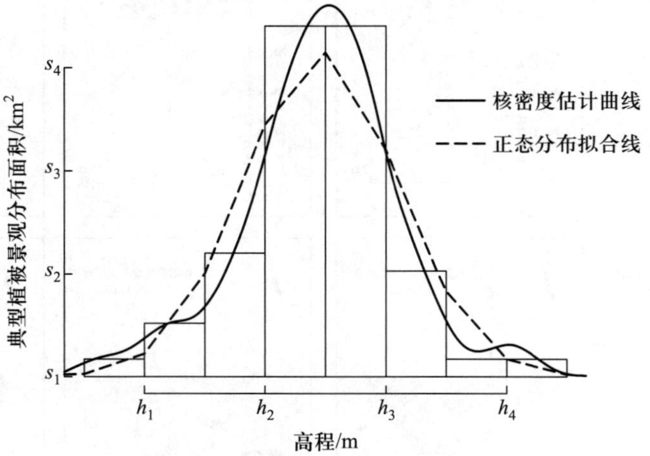

图4.14　面积-高程分布曲线及其正态拟合示意图

在各典型植被景观类型在特定高程区间内的相对丰度基础上,同样基于统计分析软件R 3.0.0,计算典型植被在高程区间上的累积分布概率,以 $p>2.3\%$ 的累积概率分布界线作为该植被景观类型的高程分布下限,即若2.3%的植被均分布在 H m以上,则高程值 H 作为该植被景观类型的分布下限,其具体方法如图4.15所示。此外,因遥感植被类型解译的误差与地形图的误差叠加,导致最终植被景观类型高程分布下限存在一定误差。本文将专业知识和统计学方法结合,即综合考虑特定观测值与其他样本值的关系以及各植被景观类型的分布关系,对误差值进行识别和删除,具体采用的规则如下:① 因原始数据近似正态分布,所以采用均数加减2.5倍标准差的方法识别离群值;② 因正常情况下薹草-虉草景观分布高程下限<南荻-芦苇景观分布高程下限,如观测值违反这一规律,则视为离群值。采用以上规则对离群值进行剔除后,对各典型植被景观类型分布高程变化趋势及其对水位波动的响应实施进一步的分析。

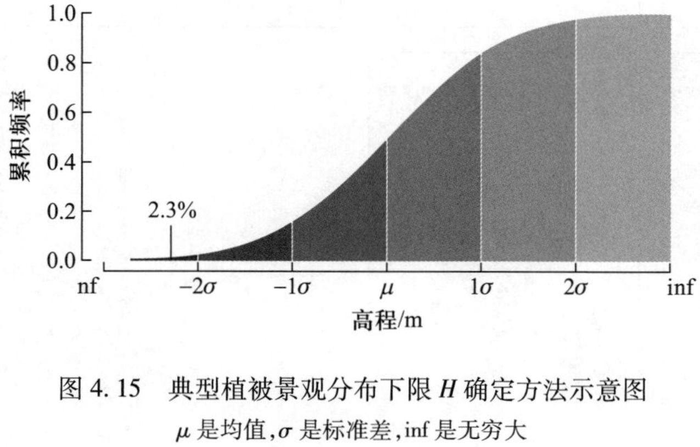

图4.15　典型植被景观分布下限 H 确定方法示意图

μ 是均值,σ 是标准差,inf是无穷大

1989—2010 年,全湖区薹草-虉草景观带的分布高程平均为 12.3 m,南荻-芦苇景观带分布高程平均为 13.5 m;两种典型植被景观带在很大的高程区间内处于交错分布的状态。两种典型植被景观带分布高程下限均表现出阶段性特征:1989—2000 年高于多年平均分布高程下限;2000—2004 年,基本在多年平均分布高程下限左右波动;而 2004—2010 年则显著低于多年平均高程分布下限。

1989—2010 年,两种典型植被景观分布高程下限表现出明显的空间差异,即南部靠上游的康山湖区高程分布下限下降幅度最小;北部靠下游的星子湖区高程分布下限下降幅度最大;中部靠中游的吴城(修水)湖区和吴城(赣江)湖区下降幅度小于同样位于中游的都昌湖区;棠荫湖区表现出与其他湖区截然相反的高程分布下限上升。

其可能的原因为:除棠荫湖区外,鄱阳湖其他湖区多为冲积三角洲洲滩,土壤透水性差,因此,水位下降的同时土壤仍具有较高的含水量足以支撑湿地植被的生长,其水位的波动导致湿地植被分布高程的下移而不是上移。上游的康山湖区因水位下降的幅度较小,植被分布下限的迁移量小;而处于下游的星子湖区因水位下降的幅度较大,植被分布下限的迁移量大;同样处于中游的两个吴城湖区,其植被分布下限迁移量均小于都昌湖区,其可能原因为:两个吴城湖区均处于鄱阳湖保护区,存在局部控湖工程的调节。由此可见,局部控湖工程的存在有利于洲滩典型植被景观分布面积的稳定。

棠荫湖区与其他湖区不同,其分布高程下限呈上升趋势。其可能的原因为:棠荫湖区为山区河流入湖的湖区,其水下地形存在无缓坡过渡入湖的特征,可供湿地植被生长的洲滩区域狭窄且面积较小;且相对于三角洲洲滩而言,存在土壤透水性更好的特点。因此,同样的水位下降幅度,棠荫湖区洲滩的出露面积狭小,出露区域因侵蚀严重不适合湿地植被的生长,因此,偏干的环境导致其面积集聚萎缩的情况下分布下限的上移。

4.5 鄱阳湖生态系统面临的挑战

鄱阳湖流域总面积占长江流域面积的 9%,占江西省国土面积的 93.9%,鄱阳湖流域的生态健康维系着流域内,特别是长江中下游的生态安全,是区域经济、社会、生态可持续发展的重要保障。在全面认识鄱阳湖流域基本特征的基础上,本节详细分析了鄱阳湖流域可能面临的挑战,为鄱阳湖全流域的综合管理提供科学的建议和对策。

4.5.1 极端气候——干旱和洪涝灾害频繁

鄱阳湖流域年降水总量在 1600 mm 以上,是长江流域降水最丰富的地区。但是由于气候异常及地形小气候的影响,鄱阳湖地区降水时空分布不均匀,影响水资源的分布,同时受人类活动的影响,水旱灾害频繁发生,是长江中下游水旱灾害的重灾区和多发区(郭华等,2006)。在过去半个世纪以来,鄱阳湖流域是长江流域夏季降水增加最显著、极端降水事件增加最显著的区域(姜彤等,2005;杨宏青等,2005;苏布达等,2006)。历年洪水统计也表明,该区域洪涝灾害有越来越频繁的趋势。20 世纪 90 年代与 50 年代相比,洪涝灾害发生的频率显著增加。大的洪涝灾害分别在 90 年代 1995 年、1996 年、1998 年和 1999 年共发生 4 次。1992—1999 年的 8 年内，鄱阳湖（都昌站）年最高水位超过 20 m 的就有 7 年，比历史上任何时段都更为频繁（闵骞，2002）。鄱阳湖地区除受洪水灾害的影响外，由于区域内降雨的季节变化和年际差异均很大，鄱阳湖的干旱灾害也异常严重，在湖区俗有“小旱年年有，大旱隔三五”的民谚。根据闵骞（2007）对湖区气象干旱指标的分析，近 50 年，鄱阳湖特旱年的出现频率为 10%，大旱年的出现频率为 12%，中旱年的出现频率为 28%。严重干旱（特旱和大旱）年的出现频率为 22%，平均 9 年出现两个严重干旱年；中等以上干旱年（特、大、中旱年）的出现频率达 50%，即平均每两年出现 1 个中等以上干旱年。由此可见，鄱阳湖区的干旱较频繁，是不可忽视的主要自然灾害现象之一。

有研究认为，鄱阳湖流域频发的水问题与全球气候变暖大环境下长江流域中游降水时空变化影响有关（金腊华等，2002；黄平和赵吉国，1997），但区域内人类活动（如土地利用/覆被变化、大型水利工程的建设）以及江湖关系的改变等对其的影响也起着极其重要的作用。20 世纪 80 年代以来，社会经济的快速发展以及大型水利工程的建设改变了鄱阳湖流域的下垫面特性以及鄱阳湖与周围水系的水交换关系，影响到流域的降雨-径流关系和鄱阳湖的水量平衡。全球变化引起的气候反常以及三峡工程的运行进一步加剧了鄱阳湖流域水量平衡关系的变化。鄱阳湖流域内水文站的径流观测数据表明，20 世纪 50 年代以来，径流量一直呈增长趋势，但到了 1997 年，径流量发生反转，呈下降趋势。近年来鄱阳湖又出现了持续低水位，特别是 2006—2007 年出现了水位持续下降的枯水事件，三峡工程的运行在一定程度上加速了湖泊低水位的出现（王云飞，1994）。2007 年 12 月，都昌水文站的水位曾连续 20 多天低于历史最低水位，鄱阳湖几近枯竭，对湖区上千万居民的用水产生了巨大的威胁，同时导致了湖区大面积水草和芦苇的枯死，严重危及鄱阳湖湿地的生态安全（闵骞和闵聃，2010）。

（1）鄱阳湖高洪水位年内分布特征

鄱阳湖最高水位一般出现在 7 月，达最高水位时各处水位基本一致，整个湖面呈一水平面。由鄱阳湖不同水位（19.0 m、20.0 m 和 21.0 m）在年内洪水期的出现频率（图 4.16）可看出，19 m 为警戒水位，自 6 月下旬其以上水位出现频率迅速增加，至 7 月中下旬达到最大，并在 8 月初快速下降并一直持续到汛期结束。而 20 m 以上水位发生频率比 19 m 小很多，最大值亦出现在 7 月中旬。但需要指出的是，8 月底至 9 月初 20 m 以上水位出现的频率也较高，需引起足够重视。21 m 以上水位出现的频率分布与 20 m 类似，但频率进一步降低。

（2）鄱阳湖洪水特征年际变化

鄱阳湖年最高水位整体呈上升趋势，M-K 统计量为 1.49，但 2000 年以后则有较明显的下降，最高水位逐年降低。突变检验发现，最高水位在 1965 年左右发生突变，之前为微弱下降，1965 年之后则呈明显上升趋势，尤其是在 20 世纪 90 年代，其上升趋势更是达到了 0.05 的显著性水平（图 4.17）。而最高水位出现时间虽有较大的波动，但整体仍呈上升趋势，M-K 统计量为 1.56，表明鄱阳湖最高水位出现时间有后延趋势。不过在 1965—1977 年以及 1989—2000 年这两个时段，鄱阳湖最高水位出现时间都较早（图 4.18）。突变检验发现，鄱阳湖最高水位出现时间在 2000 年左右出现突变，其前后两个时段变化趋势存在一定的差别。

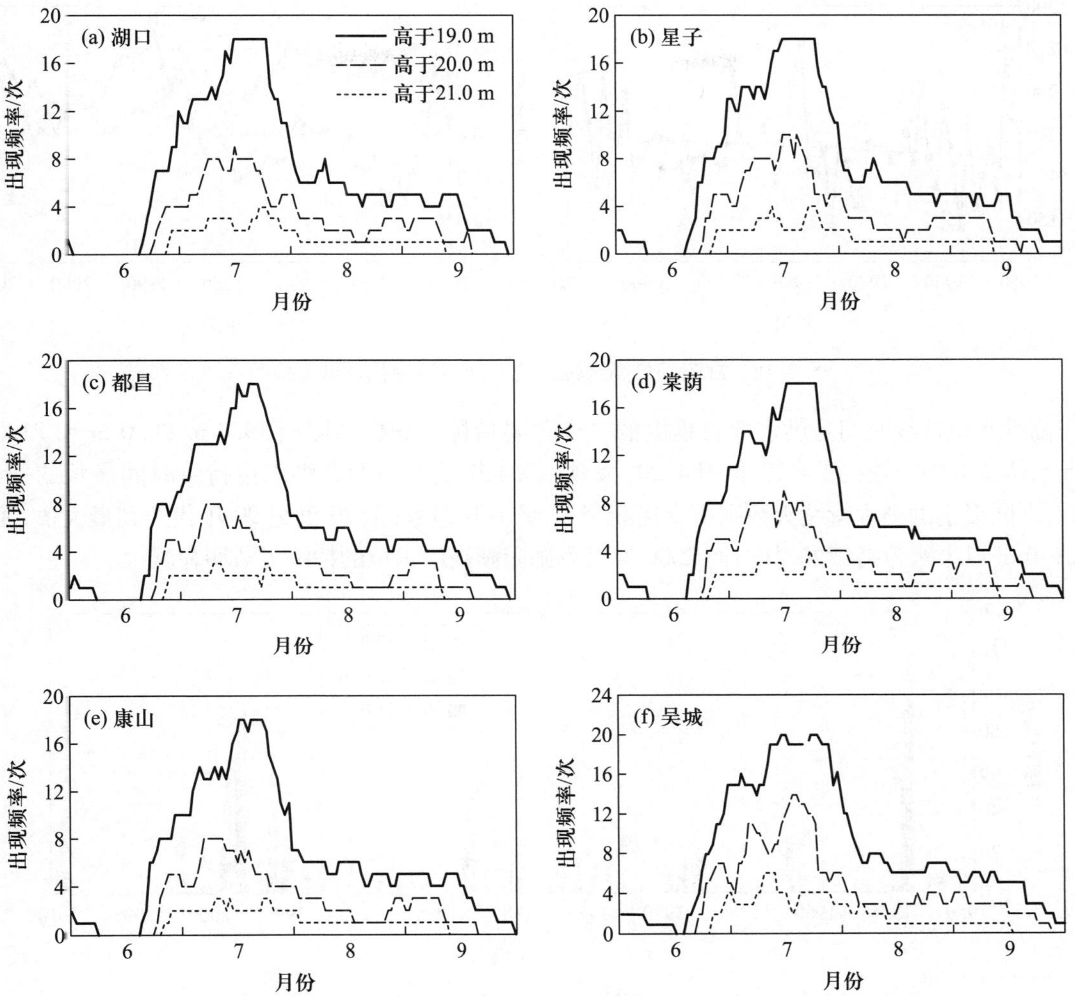

图 4.16　鄱阳湖不同水位在洪水期(6—9 月)出现频率变化

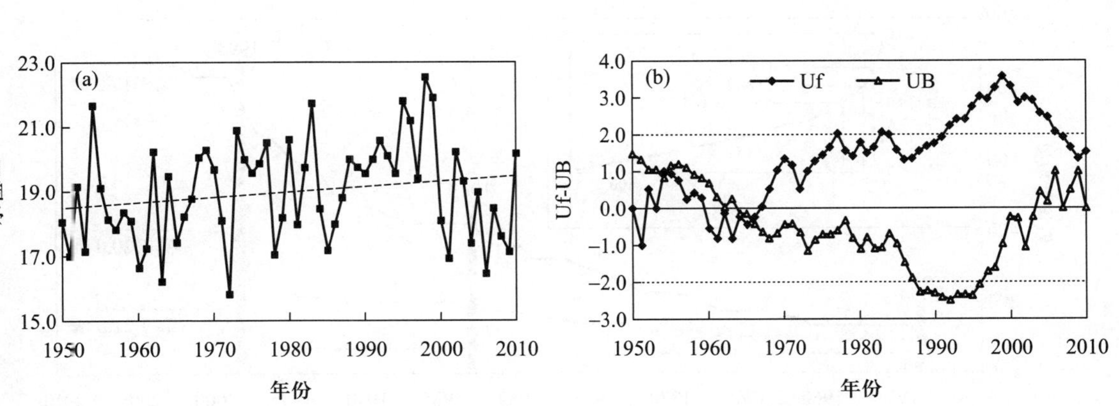

图 4.17　鄱阳湖年最高水位年际变化及突变检验

(Uf、UB 为统计量)

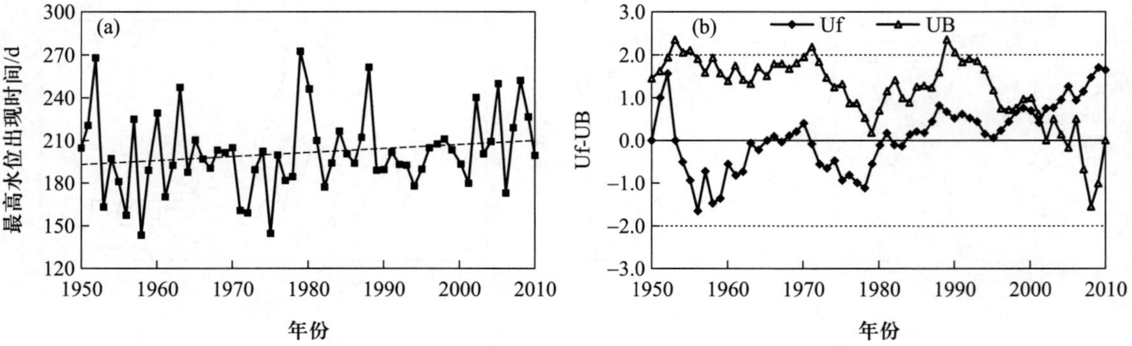

图 4.18　鄱阳湖最高水位出现时间年际变化及突变检验

高洪水位持续时间是洪水危害程度的一个重要指标。分析鄱阳湖 19.0 m、20.0 m 和 21.0 m 以上水位持续的天数(图 4.19 和图 4.20)发现,1954 年是鄱阳湖高洪水位持续时间最长的一年。之后,不同级别的洪水持续天数则由少逐渐变多,呈上升趋势;至 20 世纪 90 年代达到最大值,尤其是 21.0 m 以上水位持续的时间;而 2000 年以后鄱阳湖高洪水位的持续天数明显减少。

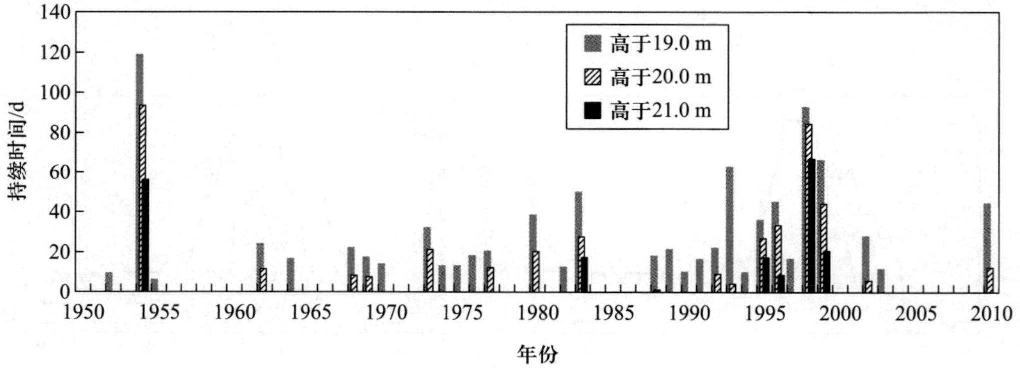

图 4.19　不同水位持续时间的年际变化

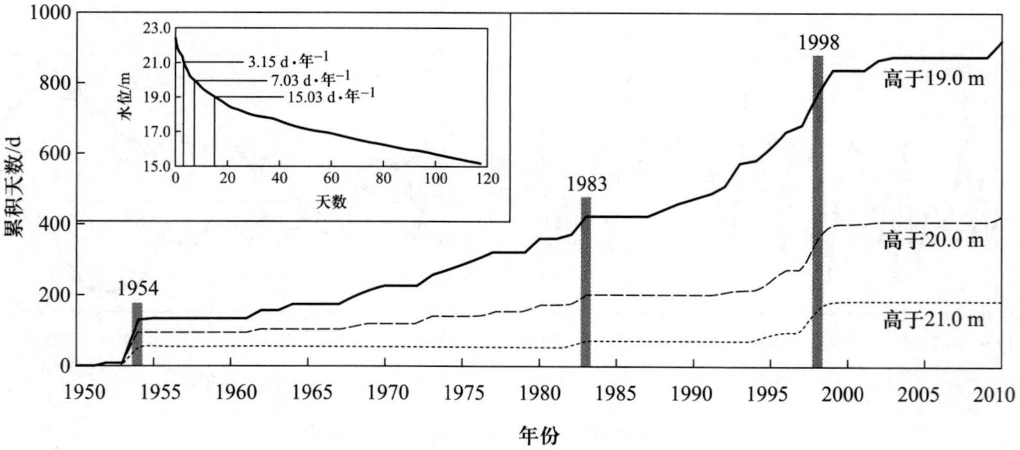

图 4.20　不同水位持续时间的累积变化

同时，从综合反映最高洪水位与洪水持续时间的洪水危害系数来看(图 4.21)，自 20 世纪 50 年代以来，洪水危害系数呈明显的波动上升趋势，在 90 年代末达到最大值，其中 1998 年洪水危害系数甚至超过了 1954 年大洪水，达到历史之最。自 2000 年以后，随着年最高水位的下降以及高洪水位持续时间的缩短，鄱阳湖洪水的危害程度减至较低的水平。

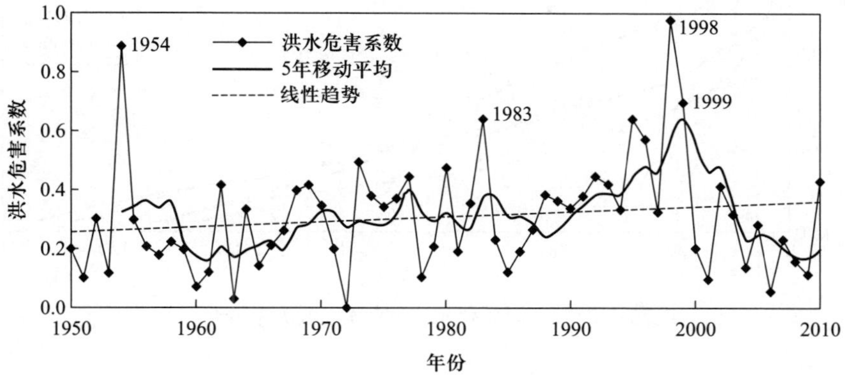

图 4.21　鄱阳湖洪水危害系数变化过程

(3) 鄱阳湖洪水特征年代际变化

以 10 年平均水位来看，20 世纪 90 年代较其他年代偏高 0.18~0.69 m，7 月偏高近 2 m，表明 90 年代平均水位居近 60 年来之首。自 20 世纪 60 年代至 90 年代，鄱阳湖平均水位呈稳定抬升态势；而 2000 年以后，则由于区域降水减少，“五河”入湖水量大幅减少，再加上长江干流水位偏低，进一步加速了鄱阳湖的出流，使鄱阳湖水位出现较大幅度的下降(图 4.22)。同时，不同年代的水位-持续天数关系曲线表明，在高水位阶段，相同水位所对应的持续时间以 20 世纪 90 年代为最长，50 年代、70 年代和 80 年代基本持平，而 60 年代和 2000 年以后的高洪水位持续时间最短(图 4.23)。

另外，从年最高水位来看，20 世纪 90 年代比其他年代平均偏高 1.51~2.23 m，说明 90 年代年最高水位的抬升幅度远较平均水位大得多，是 90 年代大洪水增多、高水位持续时间延长的客观反映。在 20 世纪 50 年代以来最高水位超过 20 m 的较大洪水中，有 6 次出现在 90 年代，占 46%；在最高水位超过 21 m 的 6 次大洪水中，4 次出现在 90 年代，占 67%。这表明，90 年代是 20 世纪 50 年代以来水情最恶劣的 10 年(图 4.24)。

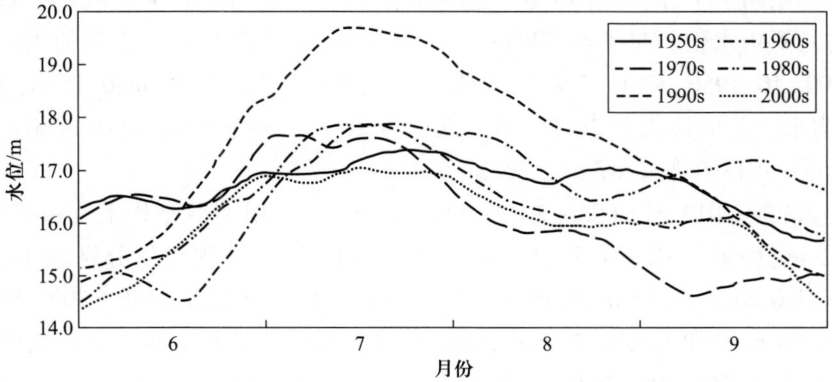

图 4.22　鄱阳湖丰水期不同年代平均水位变化

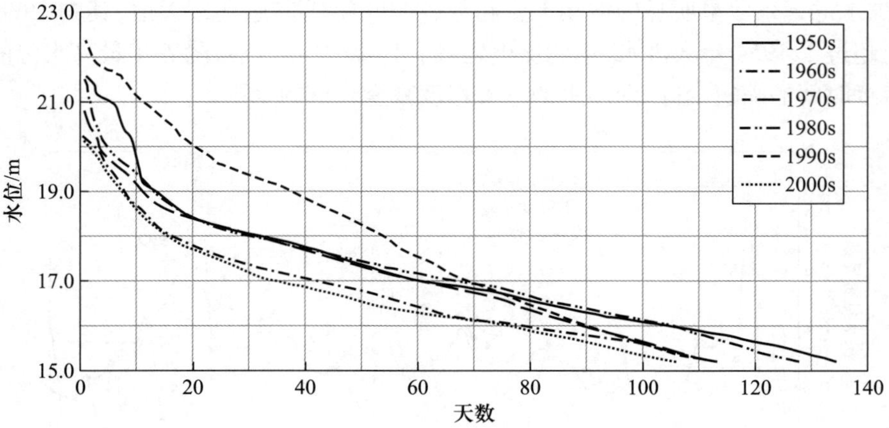

图 4.23 不同年代水位-持续天数关系变化

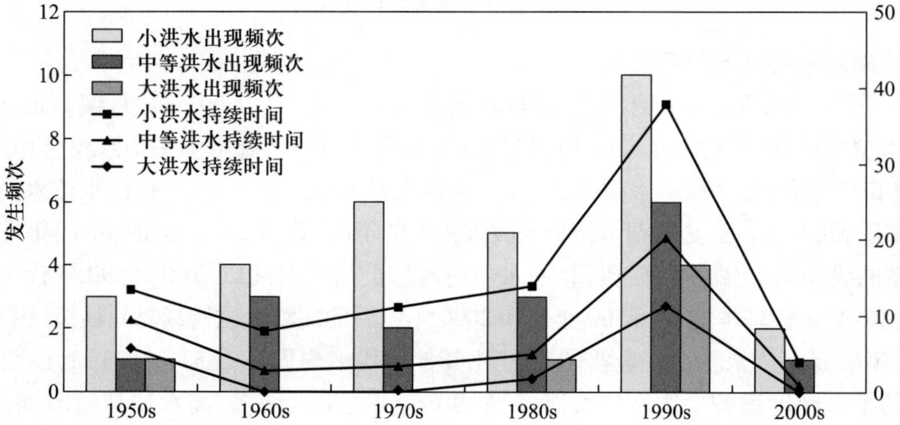

图 4.24 鄱阳湖不同程度洪水发生的频次及历时变化

（4）鄱阳湖年平均水位呈下降趋势

分别统计鄱阳湖星子、湖口站 1956—2013 年、1956—2002 年、2003—2013 年、2008—2013 年四个系列年的月平均水位。星子站 2003—2013 年、2008—2013 年两个系列年的月平均水位均低于 1956—2002 年、1956—2013 年两个系列，年平均水位分别低 0.97 m、0.78 m，年平均水位明显下降；月平均水位差值最大为 10 月，两个系列年 10 月平均水位较 1956—2002 年低2.49 m、2.78 m，较 1956—2013 年低 1.87 m、2.25 m。

湖口站的 2003—2013 年、2008—2013 年两个系列年 4—12 月月平均水位和年平均水位均低于 1956—2002 年、1956—2013 年平均水位：2003—2013 年年平均水位分别较 1956—2002 年、1956—2013 年低 0.81 m、0.57 m；2008—2013 年年平均水位分别较 1956—2002 年、1956—2013 年低 0.78 m、0.54 m，降低幅度均小于星子站。月平均水位差值最大也在 10 月，两个系列年 10 月平均水位分别较 1956—2002 年低 2.53 m、2.91 m，分别较 1956—2013 年低 1.89 m、2.27 m，差值与星子站基本一致，说明江湖水位均同步受长江来水影响。

(5) 湖区主要站最低水位分析

分别统计湖区主要控制站湖口、星子、都昌、棠荫和康山站的年最低水位(表 4.16)。从表中可以看出,星子站和康山站均在 2004 年出现历史最低水位,湖口站历史最低水位出现在 2003 年以前(1963 年),都昌站在 2012 年出现历史最低水位,棠荫站在 2007 年出现历史最低水位。即除湖口站外,湖区各个主要控制站实测最低水位均发生在 2003 年以后,即便是湖口站 2004 年也出现较枯水位 4.74 m。鄱阳湖各站年最低水位呈下降趋势,湖区主要控制站出现实测最低水位。

表 4.16　湖区及尾闾各站年最低水位表　　单位:m

年份	湖口站	星子站	都昌站	棠荫站	康山站
2003 年以前最低	4.02	5.26	6.97	9.25	10.38
2003	5.72	6.04	7.20	8.27	10.34
2004	4.74	5.22	7.07	8.24	10.26
2005	5.94	6.31	7.82	9.92	11.17
2006	5.46	5.91	7.45	9.60	10.88
2007	5.27	5.38	6.53	7.92	10.48
2008	5.28	5.48	6.40	8.13	10.59
2009	5.41	5.60	6.34	9.25	10.64
2010	5.65	5.85	6.50	9.50	10.82
2011	6.08	6.16	6.46	9.48	10.87
2012	5.79	5.90	6.27	9.59	10.77

4.5.2　人类活动对鄱阳湖生态系统的影响

鄱阳湖的水文情势受长江、流域来水组合所控制,湖区人类活动也在不同程度上影响着湖泊水情的变化。长江水情以及流域来水等外部环境的变化将导致鄱阳湖的水情发生变化,并进而驱动鄱阳湖湿地生境的变化,改变湿地植被的格局。

三峡工程在 2003 年建成并蓄水运行,长江水量的年内分配发生了明显的变化,这也使鄱阳湖的水情发生相应的规律性的调整。为了应对鄱阳湖的水情变化可能对湖泊环境与生态的影响,江西省相关部门提出了建设鄱阳湖水利枢纽工程、实现人工控制湖泊的设想,并开展了相关工程影响研究与工程的规划设计。这些工程建设势必对湖泊水文情势产生根本性的影响,也引起了很多争论。有必要从科学角度去认知这些要素所致的水情变化以及对湿地生态的影响。因此,本节利用建立的鄱阳湖生态水文模型,就三峡工程调蓄和规划中的鄱阳湖枢纽工程对鄱阳湖水情影响进行分析。

(1) 三峡工程蓄水对鄱阳湖湿地的影响

三峡工程于 2006 年 9 月 20 日 22 时开始启动 156 m 蓄水试验,10 月 27 日三峡水库坝前水位成功达到156 m高程,共历时37天。虽然2006年没有蓄水至175 m,但是蓄水调节的出库流量和入库流量削减的量值相当,而且2006年存在两个典型的削峰过程,对三峡工程运行的分析非常有代表性。

三峡工程蓄水仅改变了长江下泄流量,而不影响其他区域水量。若要识别三峡工程2006年蓄水的影响分量,可通过改变模型中的宜昌来流边界条件,获取现状和不蓄水情景的水情时空格局信息来对比分析。对于2006年蓄水的现状条件水情,可直接由宜昌实测流量和其他干支流实测入流代入计算。对于不蓄水的情形,需还原上游实际来水量作为宜昌入流边界代入模型计算,计算不蓄水情况下长江中游河湖系统内部的水情信息。长江上游实际来流过程根据清溪场流量过程和水流传播时间折算。蓄水前后宜昌流量过程比较如图4.25所示。

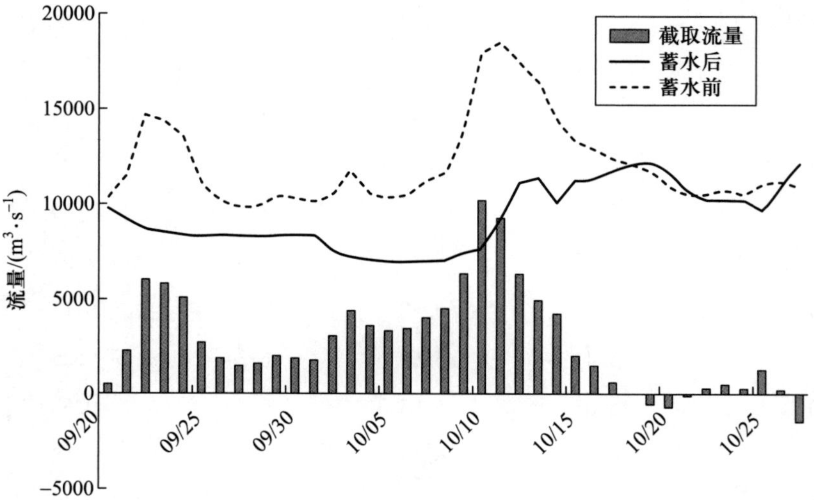

图4.25　三峡工程蓄水和不蓄水情景的宜昌流量过程及其差值

我们把鄱阳湖湿地生态水文模型与长江中游一维水动力学模型进行集成,获取三峡工程影响下以及没有三峡工程作用条件下鄱阳湖湖口的水位边界条件。通过模拟获取鄱阳湖在有/无三峡工程作用下的水情时空动态。图4.26展示了10月15日鄱阳湖全湖因三峡蓄水引起的水位降低值分布。从中可以看出,受长江水情影响,和长江距离越近、联系越紧密的水域受到影响越显著,鄱阳湖由北(湖口站)向南(康山站、波阳站)水位降低值逐级递减。北部与长江交汇的湖口站水位最大变幅为1.91 m,平均降低约0.94 m。湖泊水位代表站星子站和都昌站的水位最大降幅分别为1.55 m和1.12 m,平均降低约0.74 m和0.50 m。而南部湖区的康山站和波阳站则只有小幅变化,可以忽略。

从水位变化的时间过程来看,湖区水位降低呈现了单峰形,而不是三峡蓄水的双峰形状,体现了湖泊对水流的调蓄作用。这可以从流量变化过程看出,第一次拦蓄洪峰使出口流量一直比不蓄水情景要高,从而使得水位一直持续降低,并与第二次拦蓄洪峰的影响叠加在一起(图4.27)。同时,三峡蓄水使湖泊水位消落,洲滩出露提前。为了说明三峡蓄水对洲滩湿地水文的影响,以湖泊湿地淹水历时为水文指标,对2006年蓄水时段内的湿地淹没周期进行了统计分析。鄱阳湖湿地淹水历时及减少天数等值线如图4.28所示。在蓄水期间,鄱阳湖众

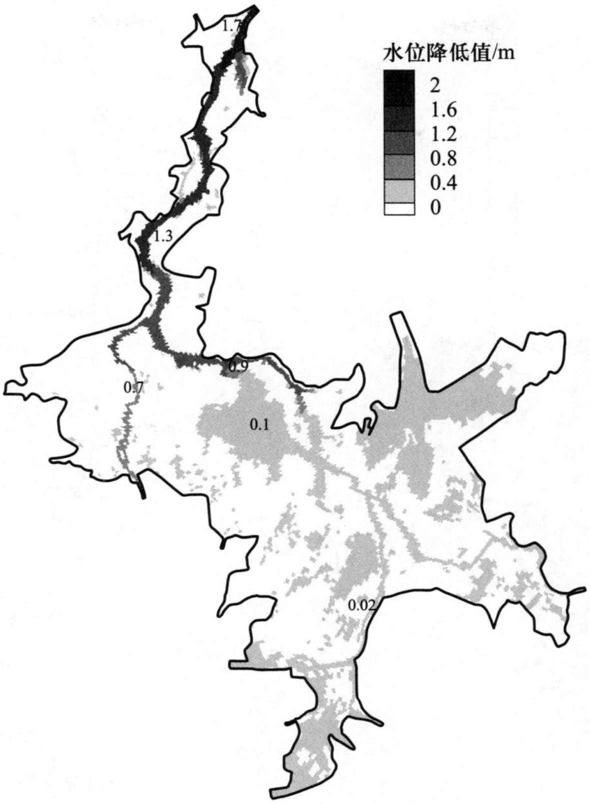

图 4.26　鄱阳湖水位降低值分布（10 月 15 日）

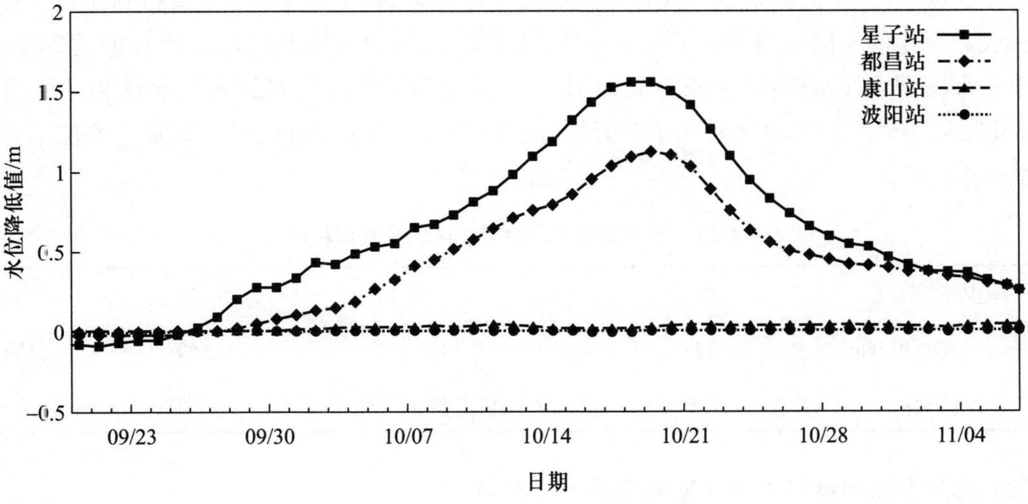

图 4.27　鄱阳湖湖区各主要站点水位降低量值过程线

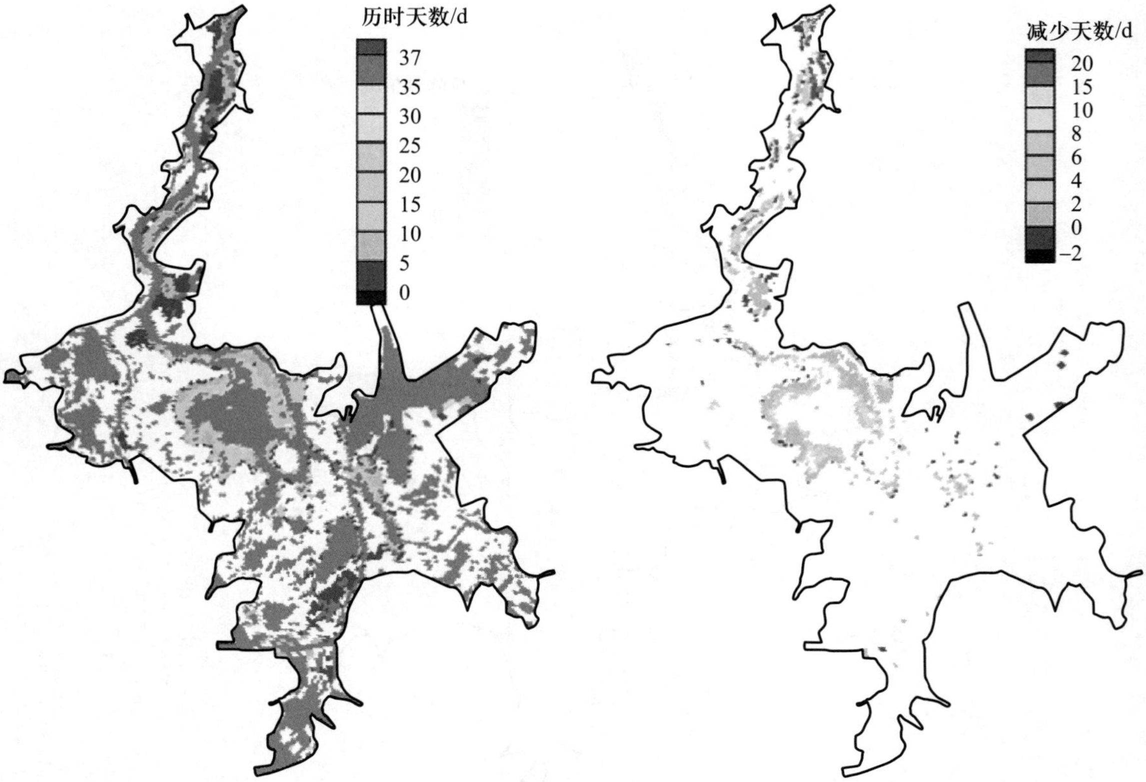

(a) 淹水历时　　(b) 淹水历时减少天数

图 4.28　鄱阳湖湿地淹水历时及其减少天数等值线(见书末彩插)

多洲滩已经出露,蚌湖、大池湖等已形成了各自较为独立的封闭水域,有的也只是通过小型水渠进行水量交换。因此,外湖对这些碟形洼地的淹水历时影响很小,计算中没有得到体现。我们根据淹没天数变化的不同量级进行了统计计算,结果显示,减少淹没天数大于 15 天的约 24 km^2,主要分布于鄱阳湖入江水道;减少淹没天数 10~15 天主要位于鄱阳湖的入江水道和开敞的大湖面,面积为 32 km^2;而 5~10 天和小于 5 天的分别为 59 km^2 和 154 km^2,这些区域主要位于开敞的大湖面(表 4.17)。

表 4.17　鄱阳湖淹水历时变化区域及其面积统计

减少淹没天数	>15 天	10~15 天	5~10 天	< 5 天
变化区域面积/km^2	24	32	59	154
位置	入江水道	入江水道和大湖面	大湖面	大湖面

(2) 鄱阳湖水利枢纽工程对湖泊湿地水情影响

鄱阳湖流域河川径流总量丰富,但季节和年际变化较大,地区分布差异大,所以兴建了很多水利工程,对天然水量进行调蓄利用。自 20 世纪 50 年代开始到 2000 年,江西省共建成各类水库9603座。其中，大型水库25座，中型水库211座，小(一)型水库1333座，小(二)型水库8034座。各类水库总库容达278.86×10^8 m^3，其中兴利库容157.06×10^8 m^3。典型的大型水库如赣江中游的万安水库、修水中游的柘林水库和抚河上游的洪门水库等。相对而言，信江流域水利工程设施较少，对降雨径流调蓄较小。大量流域水利工程设施增加了水资源的利用量，是造成径流损失的主要原因。表4.18列出了鄱阳湖流域的主要大中型水库(左长清，1999)，以赣江流域最多，抚河流域除了有大型水库——洪门水库外，还有赣抚平原灌区，是水资源利用强度最大的流域，信江和饶河流域水库相对较少。大部分水库都以防洪、灌溉和供水为主。水库的修建方便了工农业取水，同时增加了蒸发和渗漏损失量。

表4.18 鄱阳湖流域主要的大中型水库

水库名	所在河流	所在地	集水面积/km^2	总库容/10^8 m^3	兴利库容/10^8 m^3	调洪库容/10^8 m^3	建成/蓄水年份
万安	赣江	万安	36900	22.16	7.98		1994/1990
柘林	修水	永修	9340	79.2	34.4	32	1975/1972
长岗	赣江-贡水	兴国	4845	3.57	1.58	1.06	1965/
江口	赣江-袁河	新余	3900	8.9	3.4	3.66	1970/
上犹江	赣江-上犹江	上犹	2750	8.22	4.71	1.01	1957/
洪门	抚河-黎滩水	南城	2376	12.2	5.42		1969/
东津	修水-东津水	修水	1080	7.98	3.65		1995/
大塅	修水-山口水	铜鼓	610	1.15	0.77	0.15	
油罗口	赣江-章水	大余	557	1.16	0.54	0.3	
白云山	赣江-富水	吉安	464	1.14	0.81	0.24	1979/
社上	赣江-泸水	安福	427	2.03	1.41	0.6	1973/
团结	赣江-梅江	宁都	412	1.68	0.69	0.66	1978
七一	信江-金沙溪	玉山	324	2.49	0.77	0.51	1960
老营盘	赣江-云亭水	泰和	172	1.07	0.56	0.31	
共产主义	饶河-车溪水	乐平	155	1.63	0.69	0.81	1960/1959
龙潭	赣江-营前水	上犹	150	1.16	1.06		1996
军民	渣津河	波阳	133	2.16	1.41	0.73	1978
盘桥	清丰山溪秀水	丰城	91	1.55	0.75	0.84	1960
紫云山	清丰山溪秀水	丰城	82	1.4	0.74	0.54	1965
飞剑潭	赣江-绕市水	宜春	79.3	1.15	0.78	0.34	1960
滨田	饶河-滨田水	波阳	72.6	1.15	0.74	0.36	1960

近些年来,江西省提出了鄱阳湖水利枢纽工程(以下简称“控湖工程”)建设,并进行了前期研究和相关的推进工作。我们结合水动力模型计算、代表站水位数据和最新的数字高程模型(DEM),基于拟定的枢纽调度,分析控湖工程对鄱阳湖水情的影响。

根据江西省鄱阳湖水利枢纽建设办公室提供的枢纽建议调度方案函件(《关于省林业厅要求确认枢纽调度方案的复函》),鄱阳湖水利枢纽调度方案年内调度过程共分为五个时段(使用的高程为黄海高程),分别为(表 4.19):

表 4.19　鄱阳湖水利枢纽调度时段及调控目标

调度时段	起始时间	终止时间	调控目标
江湖连通期	3 月 11 日	8 月 31 日	江湖连通
枢纽蓄水期	9 月 1 日	9 月 15 日	14~15 m
三峡水库蓄水期	9 月 16 日	10 月 10 日	12 m
	10 月 11 日	10 月 31 日	11 m
补偿调节期	11 月 1 日	次年 1 月 10 日	11 m
低枯水期	1 月 11 日	2 月 10 日	10 m
	2 月 11 日	3 月 10 日	10~11 m

- 江湖连通期(3 月 11 日—8 月 31 日):闸门全开,江湖连通,江湖水流自由交换,不改变鄱阳湖作为长江洪水天然调蓄器的功能。
- 枢纽蓄水期(9 月 1 日—9 月 15 日):利用长江高水位期间,鄱阳湖洪水尾巴下闸节制湖水位,至 15 日水位一般控制在 14~15 m。
- 三峡水库蓄水期(9 月 16 日—10 月 31 日):9 月 16 日—10 月 10 日,考虑湖区灌溉需求,湖水位降至 12 m;10 月 11 日—10 月 31 日,水位由 12 m 降至 11 m。
- 补偿调节期(11 月 1 日—次年 1 月 10 日):水位在 11 m 波动。
- 低枯水期(1 月 11 日—3 月 10 日):1 月 10 日—2 月 10 日,湖区水位由 11 m 降至 10 m;2 月 11 日—3 月 10 日,湖水位节制在 10~11 m;3 月 11 日起,视长江、鄱阳湖来水情况逐渐调至天然状态(防止水位骤降),当来水量较大时,闸门全开。

为了控制湖区血吸虫,待枢纽工程按上述调度方式运行一段时间,对湖区湿地、鱼类的影响规律有深入研究后,再选取一个合适的典型年,保持 3—10 月水位不低于 14 m,进行一次血防调度,最大限度地杀灭钉螺。

长江对鄱阳湖水文情势的影响是动态的过程,即使在长江来水量改变相同的情况下,不同年份、不同季节、不同时刻鄱阳湖湿地的水情变化也是不一样的。为了使结果能够从平均特性去比较,考察长江对鄱阳湖水情影响的总体特征,计算中选用鄱阳湖五河多年平均来水量作为鄱阳湖入湖来水条件,出流条件按枢纽处的目标调控水位设定。具体计算的边界条件见表 4.20。其中湖泊入流给定各支的来水量,下游枢纽处出流以调控水位作为边界。

表 4.20 计算情景及入流条件

编号	调控水位/m	赣江	抚河	修水	信江	饶河	合成流量/($m^3 \cdot s^{-1}$)	备注
A	9	906	176	43	251	125	1502	1月来水
B	10	906	176	43	251	125	1502	
C	11	1504	323	70	449	253	2599	2月中旬—3月中旬来水平均
D	11	989	232	55	161	96	1532	11月至次年1月上旬
E	12	1117	132	48	181	96	1574	10月中下旬
F	14	1778	199	92	313	158	2540	9月上旬

为了分析恒定流计算得到水面分布结果的合理性,对鄱阳湖湖区历年各站实际观测水位与星子站水位的关系与计算成果进行对比,检验模拟结果的合理性。如图 4.29 所示(图中水位数据为吴淞高程),都昌、棠荫、康山和吴城四站和星子站计算水位关系点均落于历年实测水位关系点中心部位。这表明从平均意义上来看,模拟成果可靠地反映了湖区不同位置的水位分布,体现出鄱阳湖湖区倾斜水面这一典型特征。另外,从同为 11 m(黄海高程)调控水位的两个

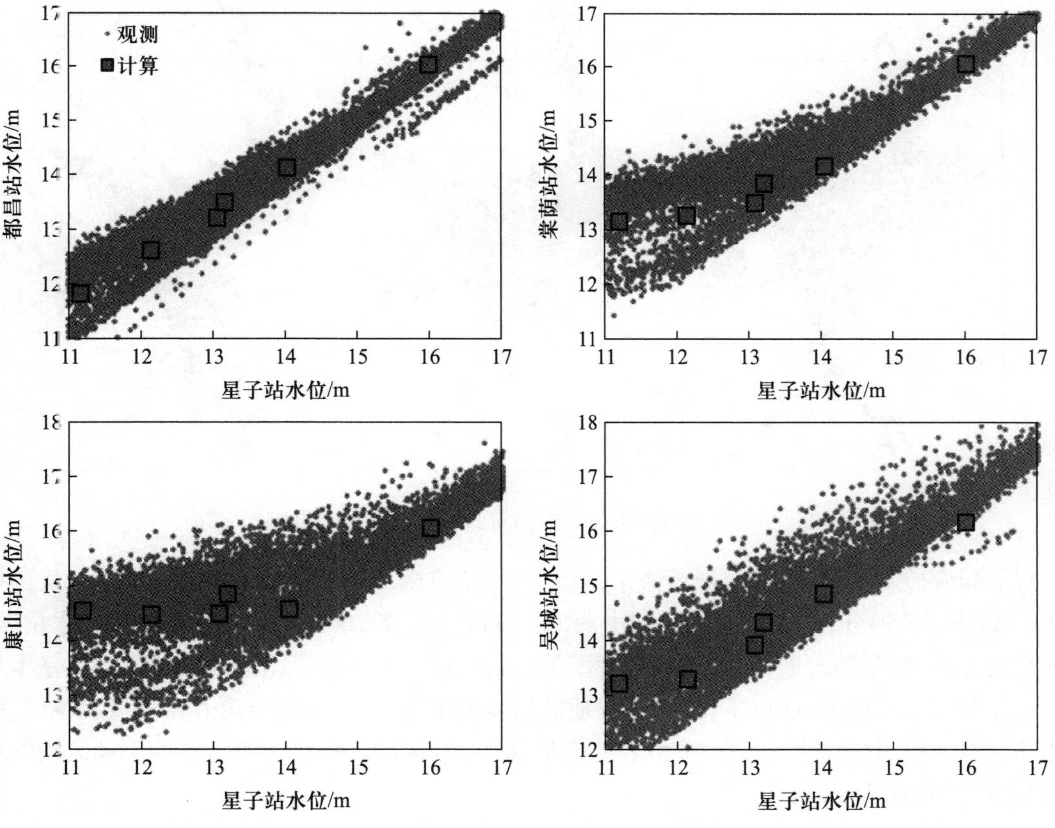

图 4.29 各站与星子站水位关系计算结果检验

方案计算结果可以看出，在“五河”来水量相对较大时，鄱阳湖南北水位落差增大。需要指出的是，湖泊水位是一个动态变化的过程，实际情况随着“五河”各支来水组合的不同，水位区间会有很大的波动。以星子站12 m（吴淞高程）为例，都昌站、吴城站水位波动范围达2 m以上，北部的康山站则高达3 m以上。在星子站14 m（吴淞高程）以下水位，南部湖区代表站棠荫站和康山站的水位和星子站水位基本没有直接的关系，其水位波动则主要由抚河、信江、饶河和赣江南支的来水决定（表4.20）。

利用基于不同情景条件下计算得到的鄱阳湖水位生成等值面与鄱阳湖地形作叠加分析，得到不同调控水位下鄱阳湖湿地淹水面积。其淹水范围分布如图4.30所示。

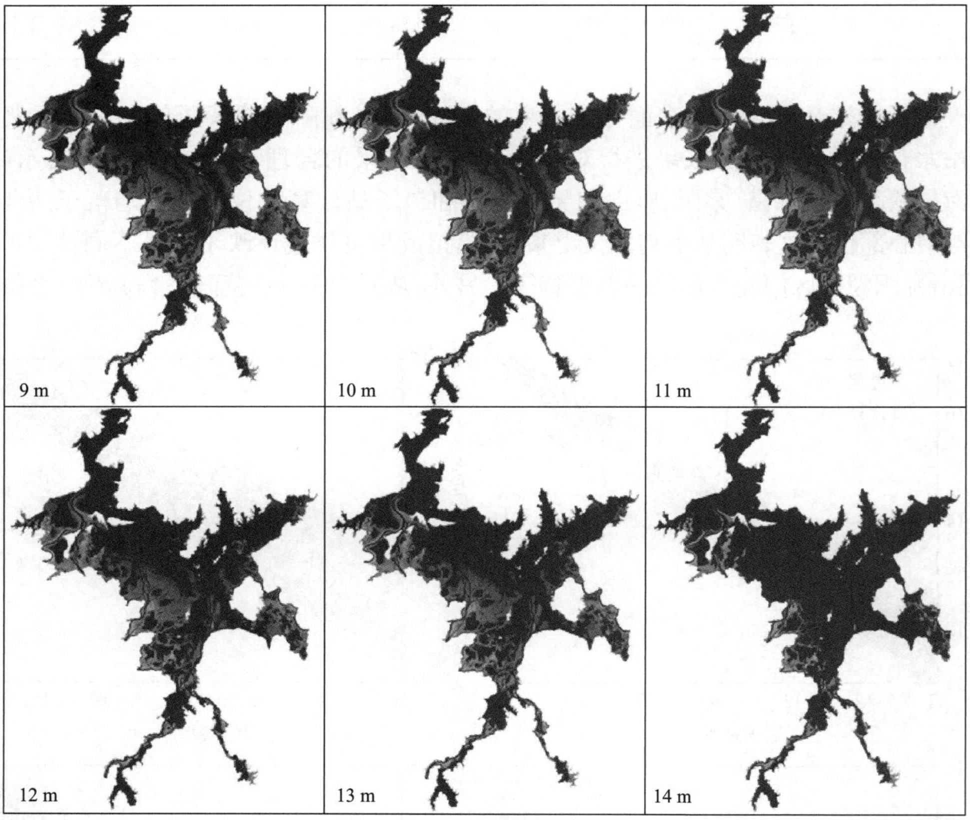

图4.30　枢纽不同调控水位（黄海）湿地淹水范围分布（见书末彩插）

从不同调控水位可以看出，湿地淹水面积（表4.21）随着调控水位抬高逐步增大，从调控水位9 m（黄海）到14 m，鄱阳湖淹水面积由约1410 km^2上升至2608 km^2。到14 m调控水位，除少数高滩地之外，鄱阳湖水面扩展至整个湖区，吴城自然保护区及南矶山湿地自然保护区基本处于全部淹没状态。水位12 m以下，保护区湿地的高滩地出露，与主湖区分离。在较低水位时，鄱阳湖北部主湖区松门山一带淹没范围变化比较大，而在南部湖区，淹没范围基本处于湖区较低洼地带，变化不甚明显。

表 4.21　枢纽不同调控水位(黄海)对应湿地淹水面积

编号	调控水位/m(黄海)	淹水面积/km^2
A	9	1410
B	10	1590
C	11	1781
D	12	1930
E	13	2033
F	14	2608

4.5.3　生态系统健康状态恶化

根据资料的特征和各年的水文特性,选取 2013 年作为现状评价年,采用 2013 年 15 个监测站点 1 月、4 月、7 月和 10 月的平均值,运用可拓评价方法来评价鄱阳湖生态系统的健康状态。由图 4.31 可知:① 就评价权重而言,综合营养指数、底栖动物香农-维纳指数、底栖动物耐污指数权重相对较大;② 就评价结果而言,2013 年北部湖区的 15 个监测站点中有 12 个为亚健康状态,

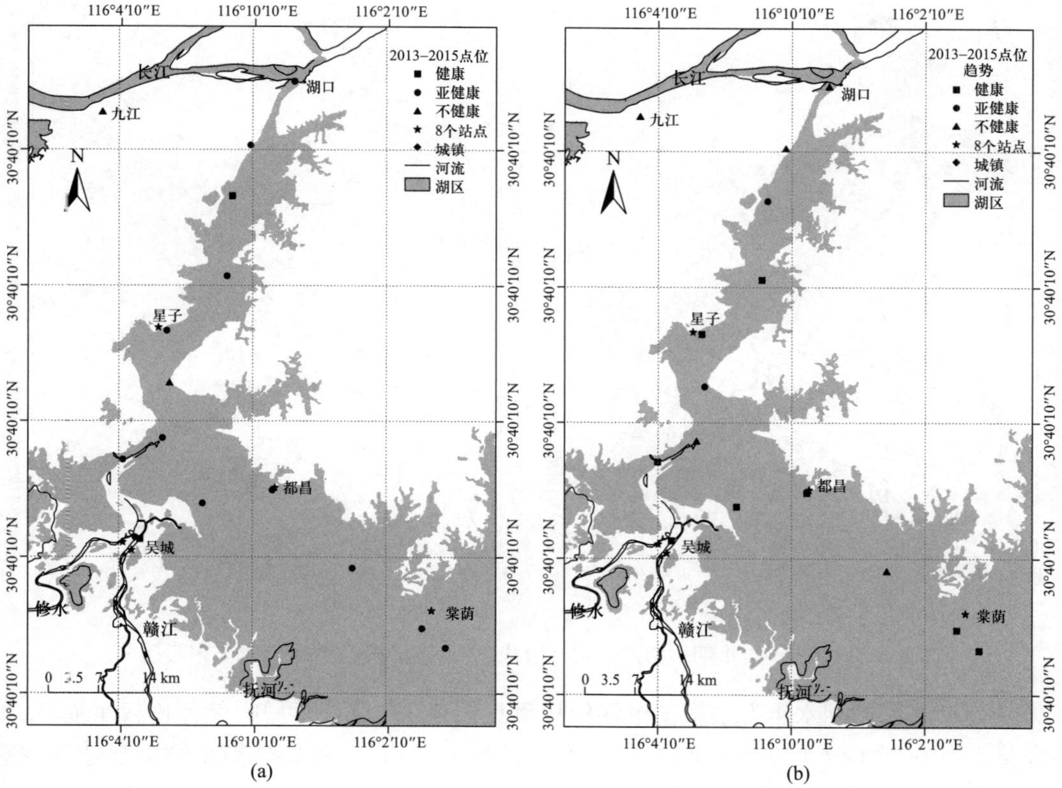

图 4.31　2013 年鄱阳湖平均健康状态(a)及健康趋势(b)(见书末彩插)

2 个为健康状态，1 个为不健康状态，也就是说 80% 的监测站点为亚健康，20% 为健康与不健康。因而，鄱阳湖基本处于亚健康的状态；③ 15 个监测站点中 8 个呈健康的趋势，4 个呈不健康的趋势，3 个呈亚健康的趋势，也就是说约 50% 的监测站点呈健康的趋势，约 20% 呈亚健康的趋势，约 30% 呈不健康的趋势。综上，鄱阳湖生态系统目前为亚健康的状态，但整体呈健康的趋势，其中综合营养指数、底栖动物香农-维纳指数和底栖动物耐污指数是主要的影响因子。

2013 年 7 月大湖面的评价结果见图 4. 32。由图可知，就评价等级而言，2013 年健康等级较为分散，68 个监测站点中有 34 个为亚健康状态，13 个为健康状态，21 个为不健康状态，即以亚健康状态为主，亚健康区域约占 50%，健康与不健康区域分别占 20% 与 30%。区域特征不明显，各健康等级分布较为分散，各区域均是健康、亚健康和不健康混杂分布，其中东部湖区的部分区域以及北部通江水道的部分区域相对不健康。就评价健康趋势而言，根据 $j_*(p)-j_0(p)$ 判断，68 个监测站点中有 34 个为亚健康趋势，21 个为健康趋势，13 个为不健康趋势，即 50% 的监测站点呈现亚健康的趋势，30% 的监测站点呈现健康趋势，20% 的监测站点呈现不健康的趋势。

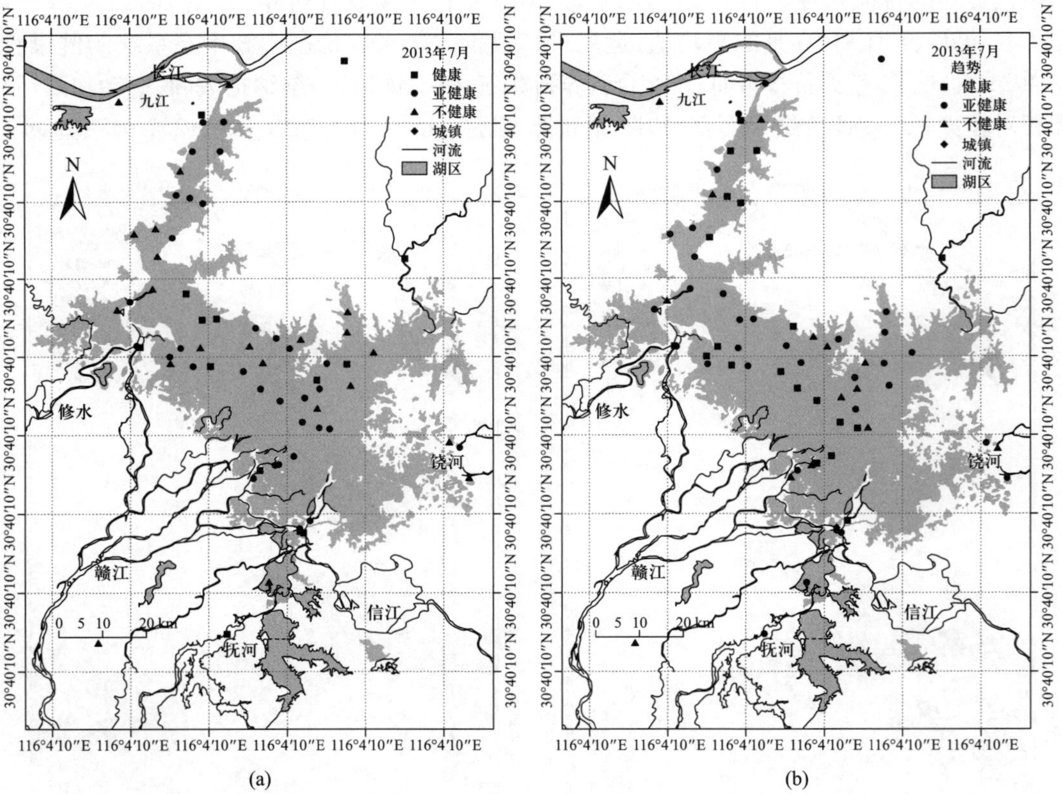

(a) (b)

图 4. 32 2013 年丰水期大湖面平均健康状态（a）及健康趋势（b）（见书末彩插）

2013 年 7 月鄱阳湖水生态系统健康评价权重见图 4. 33。由图可知，就评价权重而言，整体上综合营养指数、底栖动物香农-维纳指数、底栖动物耐污指数、蓝藻硅藻生物量比值的权重相对较大，但不同的区域有所不同，北部通江水道区域的最窄处以及东部湖区和南部湖区的部分区域蓝藻硅藻生物量比值的权重相对较大。

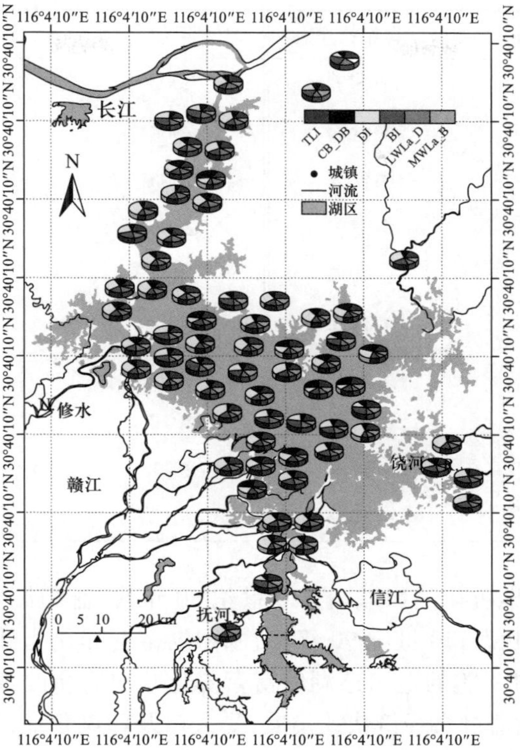

图 4.33　2013 年 7 月鄱阳湖水生态系统健康评价权重(见书末彩插)

4.5.4　水域的富营养化进程加快

水体富营养化是湖泊分类与演化的一个过程,是水体衰老的一种表现,指生物所需的氮、磷等营养物质大量进入水体,引起藻类及其他浮游生物迅速繁殖,部分藻类还释放一些毒素,使得水体溶解容量下降,造成鱼类及其他生物大量死亡,水体使用功能降低。一般来说,在自然情况下这一过程发生很缓慢,而人类活动可以加速这一过程的进行。富营养化会影响水体的水质,会造成水的透明度降低,使得阳光难以穿透水层,从而影响水中植物的光合作用,可能造成溶解氧的过饱和状态。溶解氧的过饱和以及水中溶解氧少,对水生动物有害,造成鱼类大量死亡。

根据江西省环境监测站和水文局的监测资料,对鄱阳湖 1985—2012 年的富营养化指数进行计算,结果见表 4.22。1985—2009 年鄱阳湖富营养化指数在 35~49 波动,属中营养状态;2010 年水域富营养化指数达 51.5,湖体已经处于轻度富营养化。

20 世纪 80 年代以前,鄱阳湖营养盐含量较低,处于贫营养水平。据 60 年代初调查,鄱阳湖有水生植物(包括湿生植物)119 种。1980—1981 年,鄱阳湖整个湖体水质属于Ⅰ类,为清洁水域。20 世纪 80 年代以后,鄱阳湖营养物质含量显著增加,进入中营养水平。20 世纪 80 年代调查显示,鄱阳湖常见有 102 种水生植物,面积 2262 km^2,占全湖总面积的 80.8%,其中沉水植物占全湖植被总面积的 49.7%,主要种类有马来眼子菜、苦草、黑藻等。1984 年,鄱阳湖浮游植物年均值为 47.6×10^4个 · L^{-1},优势种类为蓝藻、绿藻、甲藻和硅藻,其数量随季节变化较大。

表 4.22 鄱阳湖水体富营养化指数一览表

年份	评分值	营养状态	年份	评分值	营养状态
1985	35	中营养	2003	46	中营养
1986	37	中营养	2004	48	中营养
1988	47	中营养	2005	44	中营养
1990	45	中营养	2006	46	中营养
1992	46	中营养	2007	44	中营养
1994	42	中营养	2008	48	中营养
1996	41	中营养	2009	49	中营养
1998	40	中营养	2010	51.5	轻度富营养
2000	39	中营养	2011	53.2	轻度富营养
2002	42	中营养	2012	52.4	轻度富营养

受水文条件及入湖污染负荷的影响，自20世纪80年代，鄱阳湖富营养化指数处于较低水平，但逐年增大，属中营养状态；20世纪90年代，鄱阳湖富营养化指数出现波动并有减小趋势；1998年特大洪水后，鄱阳湖实施的退田还湖使富营养化状况有所改善，后富营养化指数又逐渐升高，仍属中营养状态。随着社会经济快速发展，受人口及污染负荷的增加等因素影响，鄱阳湖富营养化指数逐渐增大，由2003年的46升至2010年的51.5，达到轻度富营养化状态。

综上所述，20世纪80年代以前，鄱阳湖属贫营养型湖泊，水草繁茂，浮游生物种类较少，水质Ⅰ类；20世纪80年代以后，鄱阳湖进入中营养状态，水生高等植物种类减少、浮游生物种类增加，水质Ⅱ类。20世纪80年代是鄱阳湖营养状态的关键转型期。2000年后，鄱阳湖富营养化指数维持在中营养到轻富营养化水平，浮游生物种类呈减少趋势，蓝藻数量有增加趋势。

参 考 文 献

白军红，欧阳华，杨志锋，等. 2005. 湿地景观格局变化研究进展. 地理科学进展，24(4)：36-45.

陈格君，周文斌，胡春华. 2013. 鄱阳湖五河入湖口浮游藻类及营养现状评价. 湖北农业科学，52(9)：2048-2052.

陈宜瑜，吕宪国. 2003. 湿地功能与湿地科学的研究方向. 湿地科学，1(1)：7-11.

官少飞. 1991. 江西省湖泊的水生维管束植物. 江西科学，(1)：45-53.

官少飞，郎青，张本. 1987. 鄱阳湖水生植被. 水生生物学报，(1)：9-21.

郭华，苏布达，王艳君，等. 2007. 鄱阳湖流域1955—2002年径流系数变化趋势及其与气候因子的关系. 湖泊科学，19(2)：55-61.

郭华，姜彤，王国杰，等. 2006. 1961—2003年间鄱阳湖流域气候变化趋势及突变分析. 湖泊科学，18(5)：443-451.

黄平，赵吉国. 1997. 流域分布型水文数学模型的研究及应用前景展望. 水文，(5)：6-11.

姜彤，苏布达，王艳君，等. 2005. 四十年来长江流域气温、降水与径流变化趋势. 气候变化研究进展，1(2)：65-68.

金腊华,李明玉,黄报远. 2002. 鄱阳湖洪灾特征与圩区还湖减灾运用方式研究. 自然灾害学报,(4):74-77.

李云良. 2010. 降雨条件下非饱和带水-气二相流模拟研究. 西安:长安大学,硕士学位论文.

李云良,张奇,姚静,等. 2013. 鄱阳湖湖泊流域系统水文水动力联合模拟. 湖泊科学,25(2):227-235.

陆健健,何文珊,童春富,等. 2006. 湿地生态学. 北京:高等教育出版社.

闵骞. 2002. 20 世纪 90 年代鄱阳湖洪水特征的分析. 湖泊科学,14(4):323-330.

闵骞. 2007. 鄱阳湖区干旱的定量判别与变化特征. 水资源研究,(1):5-7.

闵骞,闵聃. 2010. 鄱阳湖区干旱演变特征与水文防旱对策. 水文,30(1):84-88.

闵骞,苏宗萍,王叙军. 2007. 近 50 年鄱阳湖水面蒸发变化特征及原因分析. 气象与减灾研究,(3):17-20.

闵骞,占腊生. 2013. 鄱阳湖不同部位水位关系变化分析. 人民长江,44(S1):5-10+48.

倪晋仁,殷康前. 1983. 湿地综合分类研究:Ⅰ.分类. 自然资源学报,(3):214-221.

苏布达,姜彤,任国玉,等. 2006. 长江流域 1960—2004 年极端强降水时空变化趋势. 气候变化研究进展,(1):9-14.

孙晓山. 2009. 以科学发展观定位江西水利的发展. 城乡饮用水水源安全问题与发展汇总.

王金秋,吴建平,於燕斌,等. 2003. 春秋两季鄱阳湖浮游动物的编目、数量分布与变动. 湖泊科学,15(4):345-352.

王天宇,王金秋,吴健平. 2004. 春秋两季鄱阳湖浮游植物物种多样性的比较研究. 复旦学报(自然科学版),(6):1073-1078.

王云飞. 1994. 三峡工程对鄱阳湖冲淤的影响和预测. 湖泊科学,(2):124-130.

谢钦铭,李长春,彭赐莲. 2000. 鄱阳湖原生动物群落生态的初步研究. 江西科学,18(01):40-44.

杨宏青,陈正洪,石燕,等. 2005. 长江流域近 40 年强降水的变化趋势. 气象,31(3):66-68.

朱海虹. 1989. 鄱阳湖候鸟越冬地生态环境及三峡工程对其影响的预测. 湖泊科学,1(1):52-61.

左长清. 1999. 江西省水土保持工作现状与战略措施. 江西水利科技,(4):199-203.

第 5 章　洞庭湖洪泛湿地生态系统过程与变化*

洞庭湖为我国第二大淡水湖,位于湖南省北部、长江中游荆江南岸,是目前长江出三峡进入中下游平原后第一个、也是最为典型的吞吐性通江湖泊,不但具有维系长江中下游防洪安全的功能,也是候鸟的中转站、长江流域四大家鱼最重要产卵场之一和珍稀濒危水生动物的保护地。近年来,由于自然灾害,人类不合理的开发利用(如围垦、过度捕捞、开沟种杨等)以及大范围高强度人为干扰(如三峡水库、葛洲坝等大型水利工程)等多重因素的影响,致使湿地面积不断萎缩,洪涝灾害加剧,渔业资源下降,生物多样性受损,生物灾害(如东方田鼠)频频发生等,多种生态环境问题日趋严峻,而最近几乎年年都发生的冬季水资源短缺事件尤为引人关注,并引发人们对湿地生态环境恶化加剧的担忧。本章利用 CERN 标准下长期定位监测的数据,分析洞庭湖洪泛湿地生态系统各要素的变化及水文驱动过程,并提出当前洞庭湖湿地面临的生态环境问题和挑战,以期为协调洞庭湖的保护和发展,服务区域社会经济协调发展提供科学依据。

5.1　洞庭湖洪泛湿地概况

洞庭湖位于湖南省东北部,长江中游荆江南岸,介于 28°30′N—30°20′N 和 110°40′E—113°10′E,为我国第二大淡水湖。洞庭湖北面纳松滋、太平、藕池三口(简称长江“三口”,1958 年调弦口封堵)分泄长江洪水,南面和西面汇集湘、资、沅、澧四水(简称湖南“四水”),东面有汨罗江和新墙河汇入,湖水流经岳阳楼下,从东北隅的城陵矶注入长江。湖泊面积达 2625 km^2,其中岳阳市境内为 1650 km^2,占洞庭湖总面积的 62.8%。滨湖平原由长达 3700 km 的防洪大堤保护并分隔着 227 个堤垸,受堤保护面积为 11094 km^2,耕地面积 1000 多万亩,人口约 1008 万人。湖体现已演变为西洞庭湖、南洞庭湖和东洞庭湖首尾相接的三个部分。

洞庭湖区具有碟形盆地圈带状立体景观结构的特征,其湿地资源大致可分为 3 大类型:① 湖盆中心敞水带,即低水位时小于 2 m 的浅水域,包括湖泊、河塘和沟渠等;② 滨湖季节性淹没带,主要以洪水期被淹没、枯水季节出露的河湖洲滩为主;③ 湖区外环渍水低地带,以渍害低田为主,另有少量沼泽地及草甸地。

---

* 本章作者为中国科学院亚热带农业生态研究所谢永宏、陈心胜、李峰、邓正苗、张美文、侯志勇、邹业爱和李旭。

洞庭湖区属北亚热带湿润季风气候，季风环流是形成湖区气候的主要天气系统，具有四季分明、热量丰富、降水充沛、降水季节集中、降水量年际变化大等鲜明特点。湖区多年平均降水量 1200～1400 mm，降水量年内分配也十分不均，一般是春季占年降水量的 40%，夏季占 30%，秋冬两季各占 15%左右。年蒸发量 1300～1500 mm，略大于降水量。洞庭湖区的成土母质以河流冲积物、湖积物为主。由于地形、水分、植被和成土过程等的不同，其土壤类型相应呈现出较为显著的地区性差异。湖泊洲滩被围垦成垸田之后，由于耕作等人类垦殖活动的干预，土壤逐渐脱水，不再受湖水周期性淹没，并向脱沼化方向发展，由沼泽化草甸土等自然土壤逐渐演变为人工土壤——水稻土。

洞庭湖是汇集湖南四水、吞吐长江的洪道性湖泊，地表水极为丰富，多年平均地表径流达 3126 亿 m^3，为黄河的 6 倍，鄱阳湖的 3 倍，太湖的 10 倍。入湖径流通常分为三口、四水及区间三部分，其中长江三口占 37.1%；洞庭湖流域四水占 54.6%；洞庭湖区间占 8.3%。汛期平均径流达 2332 亿 m^3，占全年的 74.6%，常出现外洪内渍。洞庭湖不仅汛期较长，而且水位变幅大，是全国湖泊水位变幅最大的湖泊。城陵矶站多年平均年水位变幅 13.35 m，年最小变幅 10.67 m，绝对变幅 17.76 m。7 月，洞庭湖区虽已进入伏秋干旱季节，降水减少，但由于长江洪水水位上涨，澧水流域进入多雨季节，常常使洪水水位顶托，造成洪水灾害。

该区自然环境特点为水情变幅大，表现为“涨水为湖、落水为洲”。水文情势的急剧变化以及大量泥沙沉积、地理条件的变迁使该区发育了丰富的动植物资源。鱼类有 117 种，隶属于 12 目 23 科。主要的经济鱼类有鲤鱼、鲫鱼、鲶鱼、黄颡鱼、青鱼、草鱼、鲢鱼、鳙鱼、蒙古红鲌、翘嘴红鲌、大眼鳜鱼、鳊鱼等，分属于三种生态类型：江河半洄游性鱼类、江海洄游性鱼类和湖泊定居性鱼类（刘健康和曹文宣，1992）；已记录到的鸟类 305 种，其中属于国家一级保护鸟类有白鹳、黑鹳、白鹤、白头鹤、大鸨、中华秋沙鸭和白尾海雕 7 种，属于国家二级保护鸟类有灰鹤、天鹅、白琵鹭和白额雁等 31 种，属国际协约指定保护的鸟类有 59 种；该区湿地植物共 430 余种，其中乔木 18 种，灌木 21 种，木质藤本 12 种；草本植物有 380 余种（洞庭湖植被调查研究队，1983）。国家重点保护植物有莼菜（Ⅰ级）、莲（Ⅱ级）、金荞麦（Ⅱ级）、野大豆（Ⅱ级）、野菱（Ⅱ级）、水蕨（Ⅱ级）和粗梗水蕨（Ⅱ级）等种，省重点保护野生植物有龙舌草（水白菜、水车前）、芡实和香蒲（东方香蒲）等种。同时发育了丰富的湿地植被类型，主要包括芦苇、荻、薹草、辣蓼、虉草、蒌蒿和藨草等，以及菹草、竹叶眼子菜、苦草、黑藻、金鱼藻、水鳖、凤眼莲、荇菜和莲等水生植被等。

5.2　洞庭湖洪泛湿地生态系统定位监测与研究方案

根据台站科研监测需求，参照 CERN 各分中心监测指标制定了洞庭湖站洪泛湿地生态系统要素监测指标体系（表 5.1），并严格按照监测方案实施。监测方案主要采取综合观测场和辅助观测场的方法，综合观测场设在东洞庭湖小西湖（六门闸），辅助观测场设在丁字堤、麻塘、君山、漉湖、团洲等地（图 5.1）。

表 5.1 洞庭湖站洪泛湿地生态系统要素监测指标体系

监测类别	监测项目	监测指标	监测频度、时间、年度	方法与操作要求
水分	地下水	地下水位、地面高程	1 次/月	野外监测
	蒸发量、蒸散量	蒸发量、水温、白日蒸散量、夜间蒸散量、总蒸散量	1 次/日	野外监测
	雨水	水温、pH、矿化度、硫酸根、非溶性物质总含量、氯离子、总氮、总磷		野外监测及实验室分析
	水质*	水深、水温、透明度、总悬浮物浓度(SS)、pH、溶解氧、氧化还原电位、矿化度、碱度、氯化物、总氮、铵态氮、硝态氮、总磷、化学需氧量、叶绿素 a、总有机碳、化学需氧量、Mn、Fe、Zn、Pb、K、Na、Ca、Mg、CO_3^{2-}、HCO_3^-、Cl^-、SO_4^{2-}、PO_4^{3-}、NO_3^-	1 次/月	实验室分析
土壤要素	土壤速效养分	硝态氮、铵态氮、有效磷、速效钾	2 次/年,洪水前、后各1次	0~20 cm
	土壤酸度	pH	2 次/年,洪水前、后各1次	0~20 cm
	土壤阳离子交换性能	阳离子交换量、交换性钙、交换性镁、交换性钾、交换性钠	1 次/5 年	0~20 cm
	土壤物理特征	电导率	2 次/年,洪水前、后各1次	0~20 cm
		容重	2 次/年,洪水前、后各1次	0~20 cm
	土壤氧化还原电位	土壤氧化还原电位	2 次/年,洪水前、后各1次	0~20 cm
	土壤阳离子交换性能	阳离子交换量、交换性钙、交换性镁、交换性钾、交换性钠	1 次/5 年	0~20 cm、20~40 cm、40~60 cm

续表

监测类别	监测项目	监测指标			监测频度、时间、年度	方法与操作要求
土壤要素	土壤全量养分和酸碱度	有机质、全氮、全磷、全钾、pH			1 次/5 年	0~20 cm、20~40 cm、40~60 cm
	剖面土壤微量元素全量	Fe、Mn、Cu、Zn、B、Mo			1 次/5 年	0~20 cm、20~40 cm、40~60 cm
	剖面土壤机械组成	0.05~2 mm 砂粒含量、0.002~0.05 mm 粉粒含量、<0.002 mm 黏粒含量、土壤质地(美国制)			1 次/5 年	0~20 cm、20~40 cm、40~60 cm
	剖面土壤容重	容重			1 次/5 年	0~20 cm、20~40 cm、40~60 cm
生物要素	高等维管束植物	植被类型、面积与分布	植被类型、面积、分布特征、电子地图		1 次/5 年	野外调查和航片解译结合，分别判读出典型沼泽类型或湿地植被类型
		植物群落特征	种类组成	生殖苗平均高度，叶层平均高度，盖度，株数/多度，物候期，绿色部分鲜重，绿色部分干重	1 次/月	样方调查：草本 1 m×1 m 样方，灌丛 2 m×2 m，乔木 10 m×10 m，5~10 个重复
			群落特征	群落总盖度，绿色部分鲜重，绿色部分干重，凋落物干重，立枯干重，地上干重	1 次/月	样方调查，每个观测点 5~10 个重复样方
		物候观测	萌芽期/返青期，开花期，结实期，种子散布期，枯黄期		每年监测	观测群落优势种和指示种
		优势植物矿质元素含量与能值	全碳、全氮、全磷、全钾、全硫、全钙、全镁、热值		4 月（洪水前），10 月（洪水后）2 次采样，1 次/5 年	分器官测定，具体分法与生物量监测相同常规元素分析法；热值测定用燃烧法，分别计算去灰分和不去灰分的热值

续表

监测类别	监测项目	监测指标	监测频度、时间、年度	方法与操作要求
生物要素	生物生物量碳	土壤微生物生物量碳	洪水前4月，洪水后10月2次采样，1次/5年	氯仿熏蒸法
	迁徙鸟类调查	调查位置，调查面积，种类，居留型，数量	1次/5年	野外调查：水禽直数法及样线法
	底栖动物	种类、密度、生物量	春、夏、秋3季采样，1次/5年	抓斗式采泥器和三角拖网采样
气象要素	自动站观测、人工观测气象要素	净全辐射、总辐射、反射辐射、光合有效辐射、日照时数、风向、风速、气压、干球温度、湿球温度、毛发湿度、大气最高温度、大气最低温度、地面温度、地面最高温度、地面最低温度、暗筒式日照、雨雪量、水面蒸发量等	人工观测每天3次，分别为8：00、14：00和20：00	人工和自动观测

注：*水质包含地表水水质和地下水水质，地下水水质不监测氧化还原电位、碱度、磷酸盐、Mn、Fe、Zn、Pb、COD、TOC等指标。

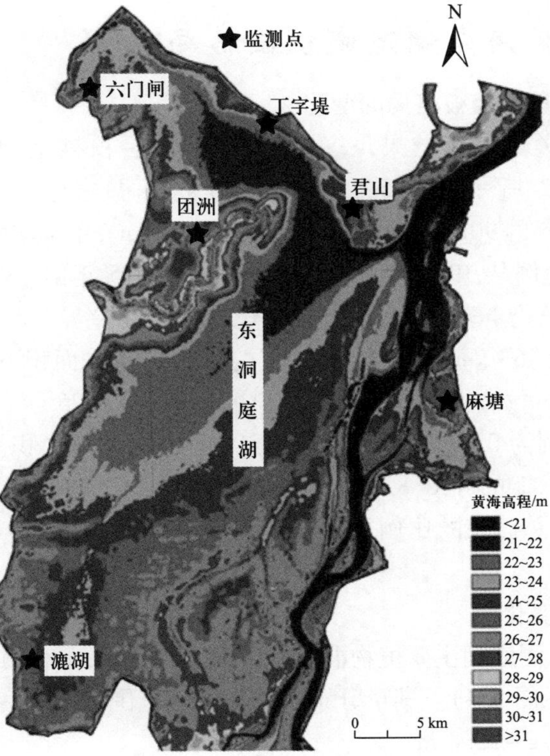

图5.1　洞庭湖湿地观测场布置图(见书末彩插)

监测样品的采集根据野外采集标准操作规程中的方法和方式进行，保证样品采集的代表性和典型性。监测数据的采集根据不同的监测指标采用直接纸质记录和电脑打印的方式进行，然后录入电脑储存和管理，野外无线远程传输的数据直接进入网络服务器进行储存和汇总。利用 Excel 工具对数据进行筛选和查询，最后利用 SAS 8.0 统计软件进行统计和分析。

数据在分析和测试的过程中进行加标检验和插标检验，且每个样品都测定了三个平行值，根据监测指标的不同，严格按照相关国标的方法和步骤进行，三个平行值之间的相对误差符合国标要求，并对数据进行一致性和有效性的检验。数据的转移和修约执行 GB/T 8170—2008 的有关规定，数据加工处理后，保留原始记录和记录数据日志，以便核对。数据的更正也严格按照操作规程进行，标明更正原因，保留记录日志。每年对所有数据进行一次评估，以提高数据质量和监测的可持续性。具体监测指标和方法见表 5.1。

5.3　近 30 年来湿地景观变化过程与水文驱动机制

近 30 年来，洞庭湖湿地景观发生了明显的变化，荻和林地挤占湖草、湖草挤占泥滩，荻和林地、湖草植被带整体下移，最终导致植被分布格局发生显著变化，其变化的过程主要受水文因素的影响，如洲滩淹水时间的不断减小导致洞庭湖洲滩出露时间不断加大，进而为湿地植被的正向演替提供了前提。

5.3.1　近 30 年来洞庭湖流域植被格局

(1) 三峡工程运行前后植被格局的变化

基于 Landsat 遥感影像解译结果，三峡工程运行前后植被空间分布格局和面积变化如图 5.2、图 5.3 和表 5.2 所示。1995—2015 年，植被面积总体呈增加趋势，从 1995 年的 824.1 km^2 增加到 2015 年的 902.3 km^2，面积增加了 78.2 km^2，年平均增加速度为每年 3.91 km^2；占东洞庭湖总面积的比例从 1995 年的 62.3% 增加到 2015 年的 68.3%，年平均增加比例为 0.3%。对于两种优势植物群落而言，其面积变化趋势存在差异。具体来说，湖草群落面积呈下降趋势，从 1995 年的 463 km^2 下降到 2015 年的 433.5 km^2，面积下降了 29.5 km^2，年平均下降速度为每年 1.475 km^2；占东洞庭湖总面积的比例从 1995 年的 35% 下降到 2015 年的 32.8%，年平均下降比例为 0.11%。芦苇(荻)和林地群落的总面积呈上升趋势，从 1995 年的 361.1 km^2 增加到 2015 年的 468.8 km^2，面积增加了 107.7 km^2，年平均增长速度为每年 5.385 km^2；占东洞庭湖总面积的比例从 1995 年的 27.3% 增加到 2015 年的 35.5%，年平均增加比例为 0.41%。

(2) 植被分布高程变化

对 1995—2015 年东洞庭湖主要植物群落的高程进行分析，并利用贝塞尔曲线对主要植物群落的分布高程进行拟合(图 5.4)。湖草分布的最大高程范围为 23.9~24.1 m，荻和林地群落分布的最大高程范围为 25.2~25.8 m。

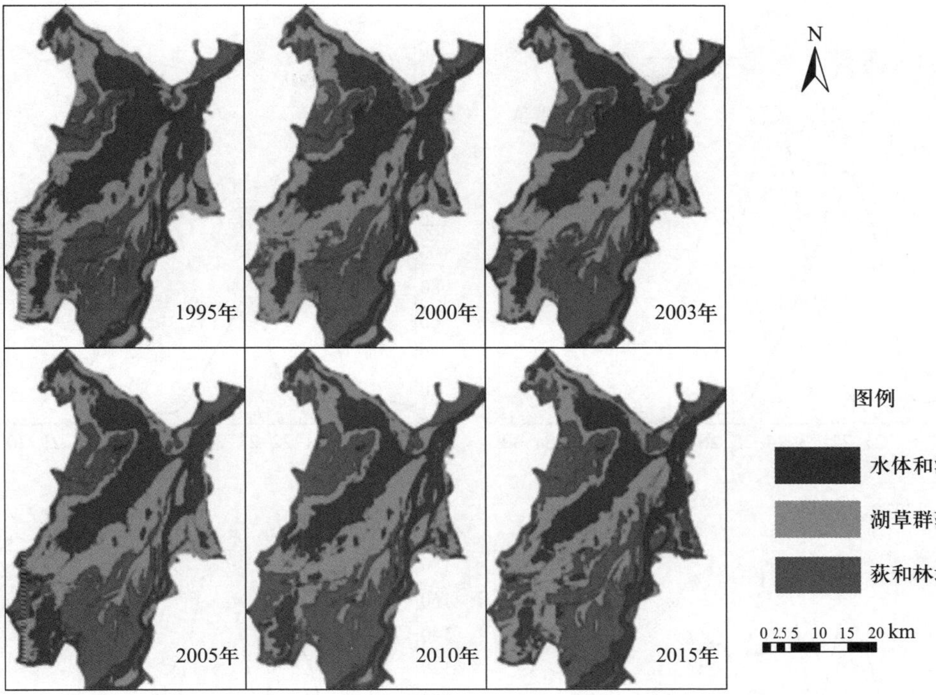

图 5.2 1995—2015 年东洞庭湖土地覆被类型分布图(见书末彩插)

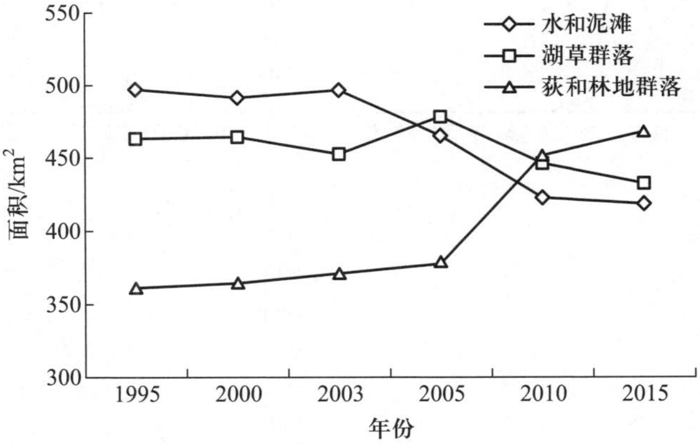

图 5.3 1995—2015 年东洞庭湖 3 种主要土地覆被类型的面积变化

表 5.2 1995—2015 年东洞庭湖 3 种主要土地覆被类型的面积和百分比变化

类别		1995 年	2000 年	2003 年	2005 年	2010 年	2015 年	均值
水体和泥滩	面积/km^2	497.6	491.4	497.1	465.7	423.3	419.4	465.8
	百分比/%	37.7	37.2	37.6	35.2	32.0	31.7	35.23
湖草群落	面积/km^2	463.0	464.8	453.5	478.7	446.5	433.5	456.7
	百分比/%	35.0	35.2	34.3	36.2	33.8	32.8	34.55
荻和林地群落	面积/km^2	361.1	365.6	371.2	377.3	452.0	468.8	399.3
	百分比/%	27.3	27.7	28.1	28.5	34.2	35.5	30.22

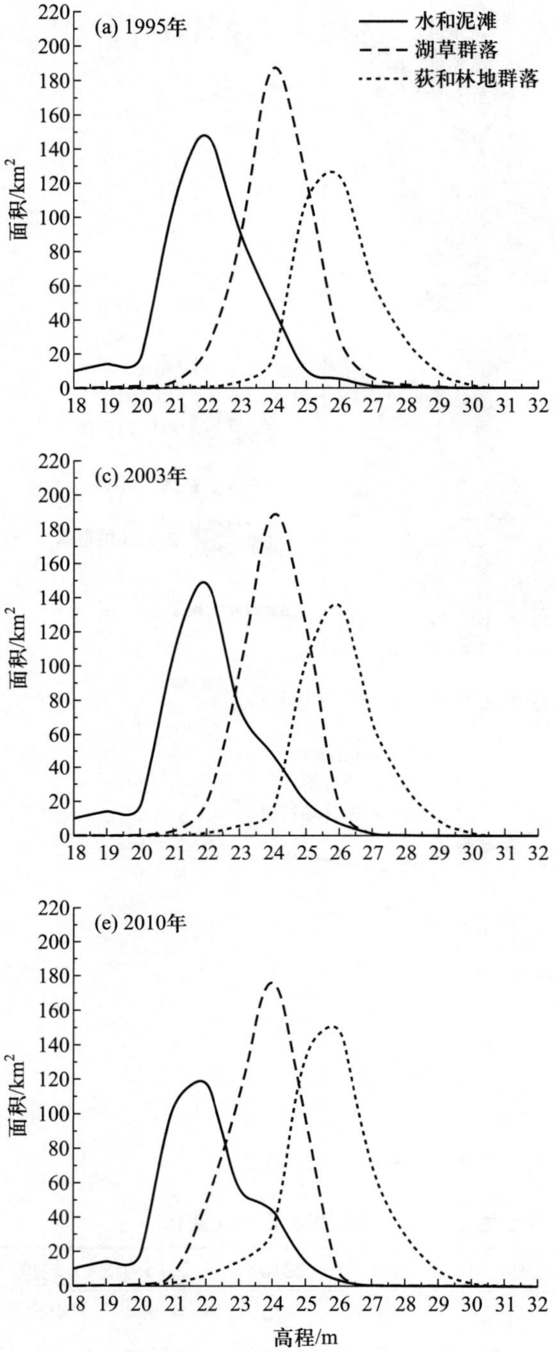

图 5.4 基于贝塞尔曲线模拟的东洞庭湖主要植被类型(荻和林地、湖草)的高程分布

基于贝塞尔曲线拟合的结果,不同生境类型高程分布拟合曲线的交点为两种生境类型分布的临界高程,交点以上的区域表示该生境类型的主要分布区域的高程范围(图 5.4)。1995—2015 年,湖草群落分布的最低高程为 23.06 m(1995 年)、22.93 m(2000 年)、22.84 m

(2003年)、22.77 m(2005年)、22.55 m(2010年)和22.45 m(2015年);荻和林地群落分布的最低高程为25.11 m(1995年)、25.17 m(2000年)、25.14 m(2003年)、25.08 m(2005年)、24.77 m(2010年)和24.55 m(2015年)。在1995—2015年,湖草群落、荻和林地群落的最低分布高程分别下移了0.61 m和0.56 m,但三峡工程运行前后,不同植物群落最低分布高程呈不同的变化趋势(图5.4)。湖草群落的最低分布高程在三峡工程运行前后均呈持续下移的趋势,但三峡工程运行之后下移速度明显加快,具体为:在1995—2003年下移了0.22 m,年下移速度为每年0.0275 m;在2003—2015年下移了0.39 m,年下移速度为每年0.0325 m。而荻和林地群落最低分布高程在三峡工程运行前后呈现不同的变化趋势,在三峡工程运行之前呈上移趋势,即在1995—2000年上移了0.06 m,年上移速率为每年0.012 m;但在三峡工程运行之后呈下移趋势,即在2003—2015年下移了0.59 m,年下移速率为每年0.049 m。

回归分析结果表明,荻和林地群落的面积与最低分布高程呈显著相关($y=-199.7x+5390$, $R^2=0.946$, $F=88.45$),而湖草群落的面积与最低分布高程无显著相关。

(3)三峡运行前后水位和不同高程植被的淹水时间

单因素方差分析结果表明,三峡工程运行前后水位和淹水时间均呈显著变化。与运行前相比,运行后月平均水位在2003—2014年1—3月变化剧烈,而在4—12月变化幅度下降(图5.5)。月平均水位变化幅度为0.08~1.69 m,每个月份分别为:0.2 m(1月)、0.08 m(2月)、0.17 m(3月)、-0.61 m(4月)、-0.14 m(5月)、-0.2 m(6月)、-1.56 m(7月)、-1.01 m(8月)、-0.5 m(9月)、-1.69 m(10月)、-0.76 m(11月)、-0.36 m(12月)。

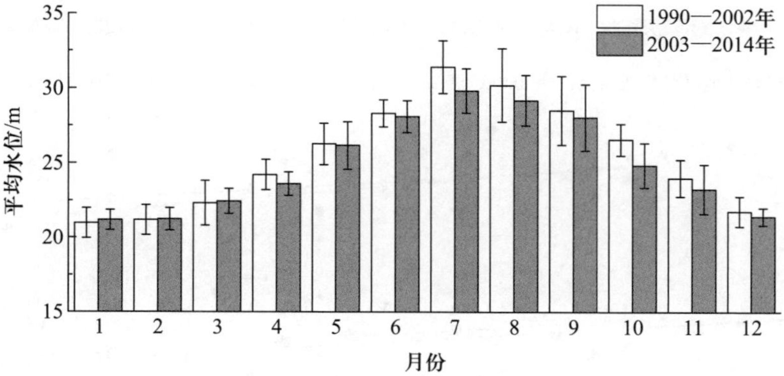

图5.5 月平均水位变化(1990—2002年和2003—2014年)

5.3.2 植被格局变化的水文驱动机制

水位波动导致淹水时间的变化。与三峡工程运行前相比,运行后不同高程分布(20~30 m)的植被的淹水时间呈显著变化(图5.6)。具体来说,20 m、21 m和28 m高程分布的植被的淹水时间分别增加了13天、3天和1天;22~27 m和29~30 m高程分布的植被的淹水时间均显著下降:-17天(22 m)、-27天(23 m)、-31天(24 m)、-27天(25 m)、-17天(26 m)、-3天(27 m)、-8天(29 m)和-20天(30 m)。

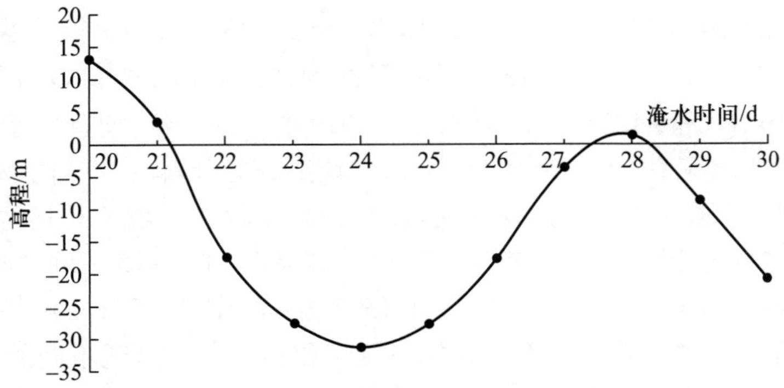

图 5.6 不同高程的淹水时间变化

在植被最低分布高程(22.45~25.17 m)的基础上,基于遥感影像解译得到的植被的年际淹水时间呈显著的线性下降趋势($p<0.05$)。根据线性回归方程,湖草群落的最大淹水时间为 251 天(1995 年)、243 天(2000 年)、257 天(2003 年)、254 天(2005 年)、239 天(2010 年)和 233 天(2015 年)。荻和林地群落的最大淹水时间与湖草呈现相同的年际变化趋势:192 天(1995 年)、184 天(2000 年)、183 天(2003 年)、174 天(2005 年)、160 天(2010 年)和 172 天(2015 年)。因此,平均值 246 天和 177 天可分别用来表示湖草群落与荻和林地群落的最大淹水时间。

基于遥感影像解译得到的植被最低高程分布以及水位变化分析得到的植被最大淹水时间均表明,植被最低分布高程在 1995—2015 年均呈线性变化。同时协方差分析(ANCOVA)结果表明,草洲分布最低高程和通过洲滩淹水时间计算得出的最低分布高程具有很好的相关性(图 5.7),因此,可通过淹水时间(246 天/年和 177 天/年)的变化分别来判断植被(湖草群落与荻和林地群落)分布格局的变化趋势。

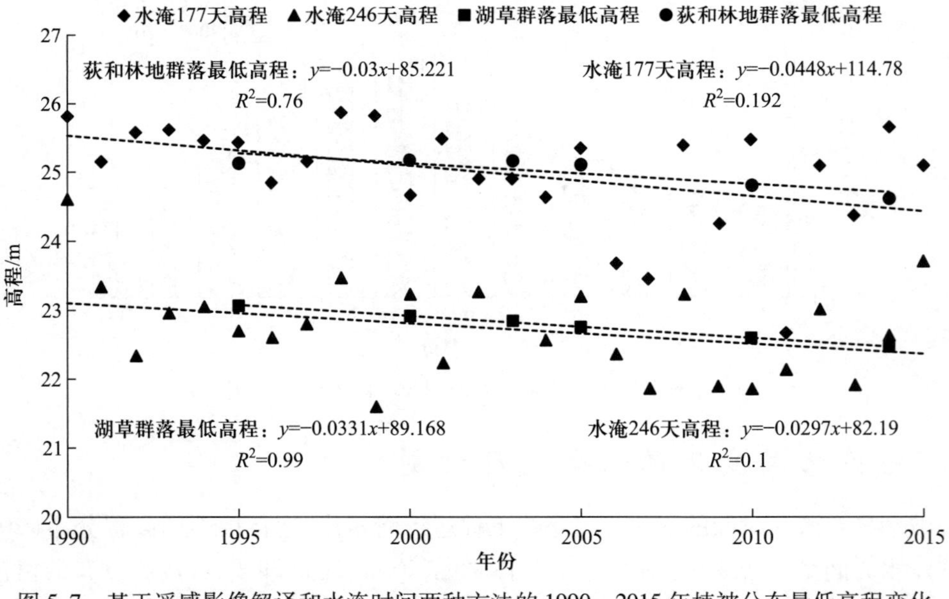

图 5.7 基于遥感影像解译和水淹时间两种方法的 1990—2015 年植被分布最低高程变化

总之,洲滩淹水时间的不断减小导致洞庭湖洲滩出露时间不断加大,进而为湿地植被的正向演替提供了前提。此外,洲滩淹水时间的持续下降会促使植被带不断下移,导致荻和林地挤占湖草空间、湖草挤占泥滩等格局，如洞庭湖 2015 年荻和林地—湖草分布界限、湖草—泥滩的分布界限比 1995 年分别下移了 0.61 m 和 0.56 m，从而驱动荻和林地挤占湖草、湖草挤占泥滩，荻和林地、湖草植被带整体下移，最终导致植被分布格局发生显著变化。

5.4　2009—2015 年湿地生态系统关键要素变化过程

根据 CERN 的监测内容，本节中湿地生态系统关键要素包含土壤理化特征、地下水水质、气象、湿地植物群落、底栖动物、候鸟种群和小兽群落等要素。本节介绍了 2010—2015 年洞庭湖湿地生态系统各关键要素的变化，并对其变化原因进行了分析评价。

5.4.1　湿地土壤理化特征

(1) 土壤含水量变化

在 2010—2015 年洪水前，三种植物群落中，辣蓼群落的土壤含水量较高，荻群落的土壤含水量较低；洪水后辣蓼和薹草群落的土壤含水量较高，荻群落的土壤含水量较低（图 5.8）。

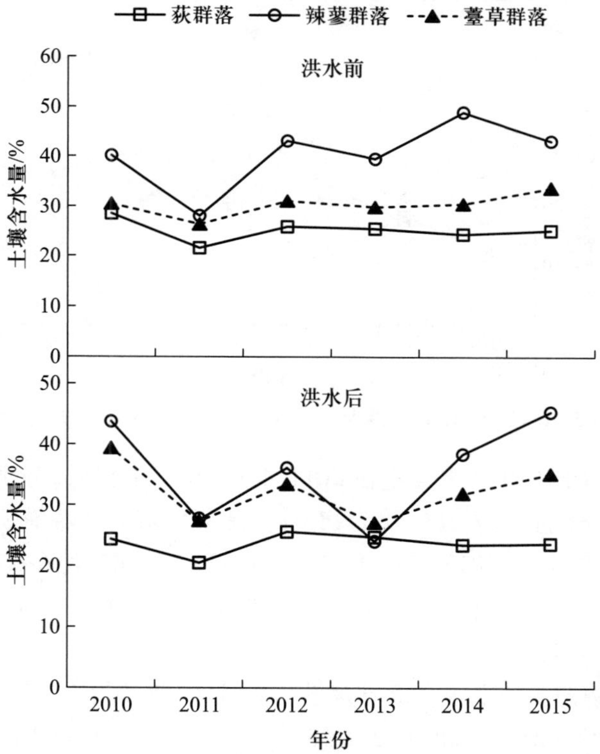

图 5.8　2010—2015 年洞庭湖洲滩三种植物群落的土壤含水量变化

在洪水前，荻群落的土壤含水量变化不大，在 21.47%～28.32%。辣蓼群落的土壤含水量在年际间变化较大，2014 年和 2015 年较高，分别为 48.99%和 43.20%；2011 年较低，为 27.99%；其他年份在 39.27%～39.97%。薹草群落的土壤含水量变化不大，在 26.19%～33.8%。在洪水后，荻群落的土壤含水量变化不大，在 20.44%～25.63%。辣蓼群落的土壤含水量在年际间变化较大,在2010年和2015年较高,分别为43.81%和45.7%;2011年和2013年较低,分别为27.38%和24.24%。薹草群落的土壤含水量在2010年和2015年较高,分别为39.55%和35.40%;2011年和2013年较低,分别为27.38%和27.35%。

(2) 土壤有机质含量变化

总体而言,在2010—2015年洪水前,三种植物群落中以辣蓼群落的土壤有机质含量较高,薹草和荻群落的土壤有机质含量较低(图5.9)。

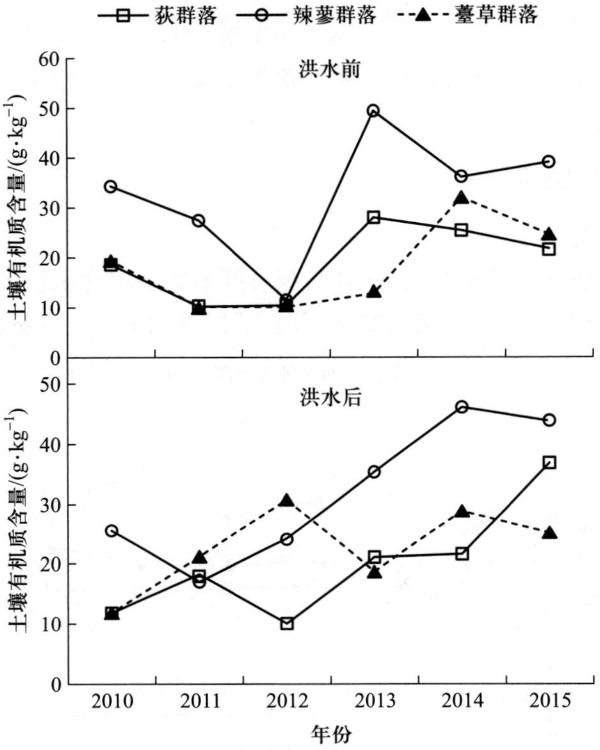

图5.9 2010—2015年洞庭湖洲滩三种植物群落的土壤有机质含量变化

在洪水前,荻群落的土壤有机质含量在2011年和2012年较低,分别为10.3%和10.12%;2013年和2014年较高,分别为27.86%和25.14%。辣蓼群落的土壤有机质含量年际间变化较大,在2013年较高,为49.38%;2012年较低,仅为11.32%;其他年份在27.3%~39.0%。薹草群落的土壤有机质含量年际间变化也较大,在2014年较高,为32.01%;2011年和2013年较低,仅分别为10%和13%(图5.9)。

在洪水后,三种植物群落的土壤有机质含量变化较大(图5.9)。荻群落的土壤有机质含量在2015年较高,为36.8%;2010年和2012年较低,仅分别为11.9%和10.28%。辣蓼群落的土壤有机质含量在2014年和2015年较高,分别为46.33%和44.1%;2010—2012年较低,在17.1%~25.7%。薹草群落的土壤有机质含量在2012年和2014年较高,分别为31%和29.15%;2010年较低,仅为11.6%。

(3) 土壤全氮含量变化

在2010—2015年洪水前,辣蓼和薹草群落的土壤全氮含量变化较大,而荻群落相对比较稳定。洪水前，荻群落的土壤全氮含量在 0.9~1.72 g · kg^{-1}。辣蓼群落的土壤全氮含量在 2011 年较高，为 3.3 g · kg^{-1}；2012 年和 2013 年较低，为 1.25 g · kg^{-1}；其他年份在 1.6~2.5 g · kg^{-1}。薹草群落的土壤全氮含量在 2012—2014 年较高，在 2.01~2.11 g · kg^{-1}；2010 年和 2011 年较低，分别为 0.7 g · kg^{-1}和 0.8 g · kg^{-1}（图 5.10）。

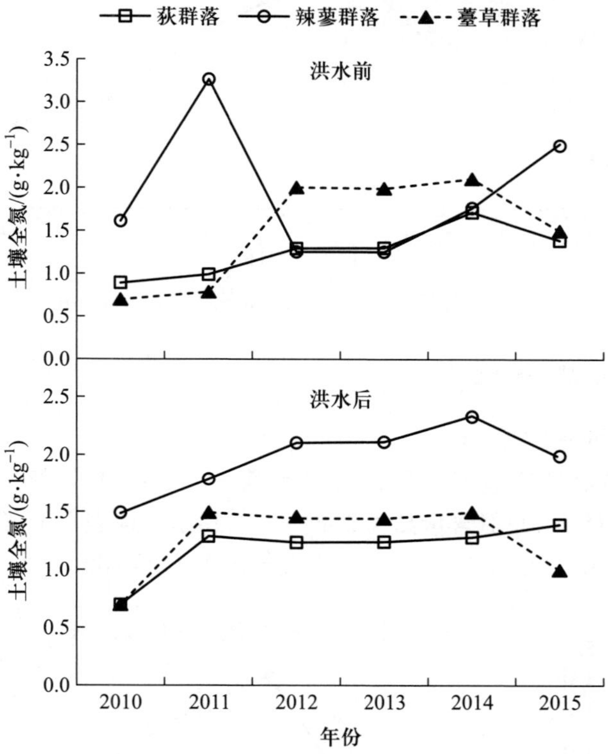

图 5.10　2010—2015 年洞庭湖洲滩三种植物群落的土壤全氮含量变化

总体而言，在 2010—2015 年洪水后，辣蓼群落的土壤全氮含量较高，荻和薹草群落较低。洪水后，荻群落的土壤全氮含量除 2010 年较低外（0.7 g · kg^{-1}），其他年份在 1.25~1.40 g · kg^{-1}。辣蓼群落的土壤全氮含量除在 2010 年和 2011 年较低外（分别为 1.5 g · kg^{-1}和 1.8 g · kg^{-1}），其他年份在 2.0~2.35 g · kg^{-1}。薹草群落的土壤全氮含量在 2010 年和 2015 年较低，分别为 0.7 g · kg^{-1}和 1.0 g · kg^{-1}；其他年份在 1.46~1.52 g · kg^{-1}（图 5.10）。

（4）地下水位

2011—2015 年，非洪水期（1—4 月，11—12 月）洲滩地下水位年平均值在 23.52~24.14 m。2011 年、2012 年和 2015 年洲滩地下水位变幅较大，在 1 m 以上。2011 年 1—4 月，由于洞庭湖流域降水较少，从 2 月开始洞庭湖地下水位呈下降趋势，加上洪水期长江三口来水较少，洲滩淹水时间短，地下水得不到有效补充，11—12 月洲滩地下水位全年最低。2012 年 1—4 月，洲滩地下水位呈升高趋势，4 月时达到 24.21 m，洪水后也保持在较高水平。2013 年，洲滩地下水位比较稳定，在 23.99~24.19 m。2014 年，除 1 月地下水位较低外（23.75 m；图 5.11），其他月份在 24.07~24.38 m。2015 年，洲滩地下水位在 1 月较低（22.90 m；图 5.11），此后到洪水前呈上升趋势，4 月时达到 24.79 m，洪水后地下水位仍然保持较高的水平。

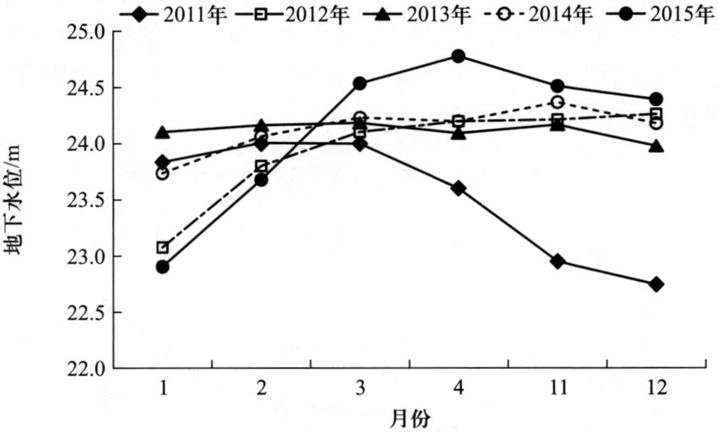

图 5.11 2011—2015 年洞庭湖洲滩地下水位变化

5.4.2 地下水水质特征

(1) 总氮、铵态氮和硝态氮

2011—2015 年洞庭湖洲滩地下水总氮含量均高于 1 mg · L^{-1},超出地表水Ⅲ类标准(图 5.12)。其中 2012—2015 年,总氮含量高于 2 mg · L^{-1},超出了地表水Ⅴ类标准。2013 年和 2014 年分别达到了 4.59 mg · L^{-1}和 3.77 mg · L^{-1},大大超出了Ⅴ类标准。

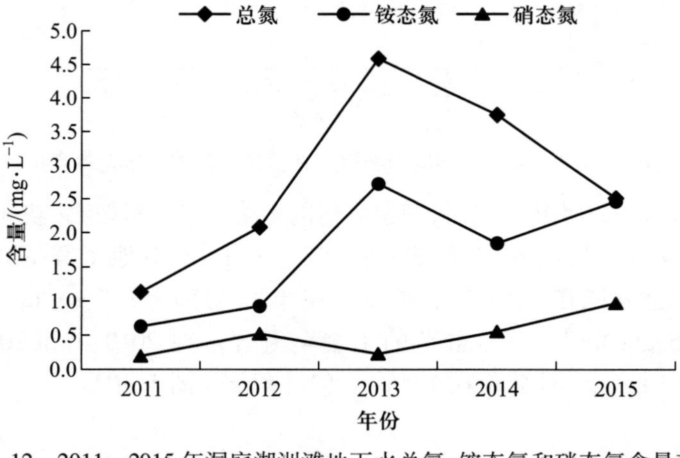

图 5.12 2011—2015 年洞庭湖洲滩地下水总氮、铵态氮和硝态氮含量变化

2011—2012 年,洲滩地下水铵态氮含量较低,分别为 0.63 mg · L^{-1}和 0.91 mg · L^{-1}。2013—2015 年,铵态氮含量均高于 1 mg · L^{-1},超出了地表水Ⅲ类标准。其中 2013 年和 2015 年,铵态氮含量高于 2 mg · L^{-1},超出了地表水Ⅴ类标准。洲滩地下水硝态氮含量在 2011 年和 2013 年较低,分别为 0.18 mg · L^{-1}和 0.23 mg · L^{-1};2012 年和 2014 年较高,分别为 0.52 mg · L^{-1}和 0.55 mg · L^{-1},2015 年含量最高(图 5.12)。

(2) 总磷、磷酸盐

除 2011 年外,洞庭湖洲滩地下水总磷含量均超过 0.05 mg · L^{-1},超出了地表水Ⅲ类标准,其中 2013 年和 2015 年分别为 0.154 mg · L^{-1}和 0.138 mg · L^{-1}，超出了地表水Ⅳ类水标准。地下水磷酸盐含量除 2013 年较低外，其他年份比较稳定，在 0.061~0.077 mg · L^{-1}（图 5.13）。

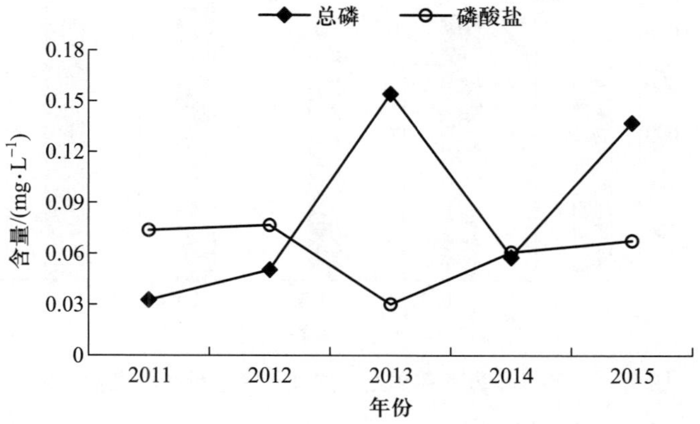

图 5.13　2011—2015 年洞庭湖洲滩地下水总磷和磷酸盐含量变化

5.4.3　气象特征

（1）平均温度

2011—2015 年，洞庭湖湿地年平均温度在 17.46~18.32 ℃。其中 2013 年的年平均温度较高，为 18.32 ℃（图 5.14）。

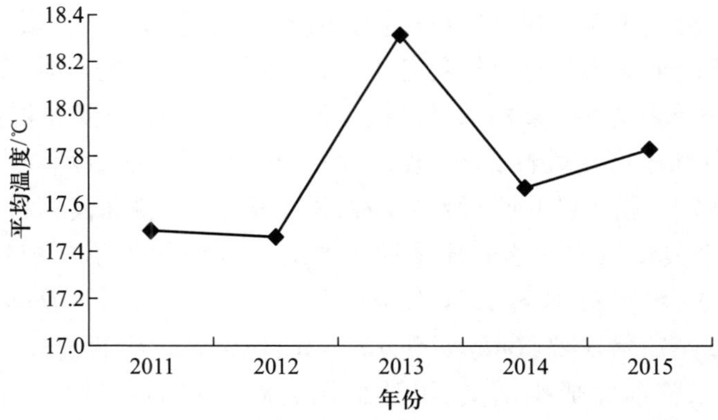

图 5.14　2011—2015 年洞庭湖湿地年平均温度变化

（2）降水量和蒸发量

2011—2015 年，洞庭湖湿地的年降水量在 921.6~1201.2 mm。其中 2011 年和 2013 年的降水量较少，分别为 921.6 mm 和 937.4 mm；2015 年降水量最大，达到 1201.2 mm。蒸发量在 793.6~1036.1 mm。其中 2012 年、2014 年和 2015 年的蒸发量较低，在 793.6~862.6 mm；2011 年的蒸发量最高，达到 1036.1 mm。2011 年和 2013 年蒸发量大于降水量，特别是 2011 年差值达到 114.5 mm。其他年份均是降水量大于蒸发量，差值在 204.9~338.6 mm（图 5.15）。

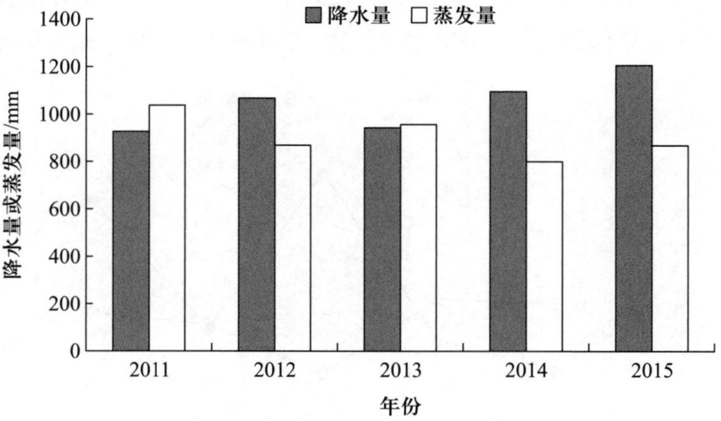

图 5.15 2011—2015 年洞庭湖湿地年降水量和蒸发量变化

5.4.4 湿地植物群落

(1) 群落物种组成

通过近10年的连续踏查发现,虉草(*Phalaris arundinacea*)群落、薹草(*Carex* sp.)群落、辣蓼(*Polygonum hydropiper*)群落及荻(*Triarrhena lutarioriparia*)群落为洞庭湖湿地最典型的优势群落,4种典型植物群落的建群种(虉草、薹草、辣蓼和荻)均为多年生草本植物,主要通过无性克隆繁殖:建群种通过不定芽产生新的分蘖或分株,并最终脱离母株,独立生长,起到维持和扩张种群的作用。由表5.3可知,虉草群落有植物7种,分属5科5属,其中蓼科和十字花科植物各2种,禾本科、伞形科及豆科植物各1种;薹草群落有植物6种,分属5科5属,其中十字花科植物2种,其余莎草科、蓼科、石竹科、伞形科植物各1种;辣蓼群落有植物8种,分属6科7属,其中莎草科和十字花科各2种,蓼科、茜草科、菊科及玄参科植物各1种;荻群落有物种16种,分属10科16属,其中菊科最多4种,禾本科、伞形科和茜草科各2种,其余均为1种。分析发现,这四个典型植物群落的伴生种主要为一或两年生草本植物,这些植物如碎米荠(*Cardamine hirsuta*)、水田碎米荠(*Cardamine lyrata*)、野胡萝卜(*Daucus carota*)、泥胡菜(*Hemistepta lyrata* Bunge)、猪殃殃(*Galium aparine* var. Tenerum)等通过长期对洞庭湖特殊水文环境的适应,在洪水来临前完成生活史,以适应洞庭湖洪水周期性变化(谢永宏和陈心胜,2008)。

表 5.3 洞庭湖湿地典型群落物种组成

群落类型	伴生种
虉草	辣蓼,长刺酸模,碎米荠,水田碎米荠,野胡萝卜,紫云英
辣蓼	猪殃殃,薹草,碎米荠,水田碎米荠,稻槎菜,通泉草,具刚毛荸荠
薹草	碎米荠,水田碎米荠,猪殃殃,繁缕,稻槎菜
荻	附地菜,鸡矢藤,芦苇,通泉草,猪殃殃,辣蓼,荔枝草,蒌蒿,泥胡菜,水芹,碎米荠,薹草,野胡萝卜,泽漆,稻槎菜

（2）群落生物量

生物量是植物净生产量的积累量，某一时刻的生物量就是该时刻之前生态系统所积累下来的活的有机质总量，是生态系统获取能量能力的主要表现，对生态系统结构的形成以及生态系统的功能具有十分重要的影响。从图 5.16 可知，洞庭湖典型群落间生物量存在显著差异，荻群落生物量最大，为 5.9 kg · m^{-2}；其次为虉草和辣蓼群落，其生物量分别为 2.8 kg · m^{-2} 和 2.5 kg · m^{-2}；薹草群落生物量最小，为 1.65 kg · m^{-2}。由此可见，湿地典型群落生物量的大小和群落物种组成密切相关，植物个体高大挺拔有利于获取光能，光合作用强度较个体矮小者强，物质积累更多。同时，群落建群种个体高大挺拔，有利于光进入群落内部，群落结构分层更明显，群落物种多样性高，从而提高了群落的生产力，故群落生物量大于植株矮小群落。因此呈现出，荻群落生物量最高，虉草和辣蓼群落次之，薹草群落最小。

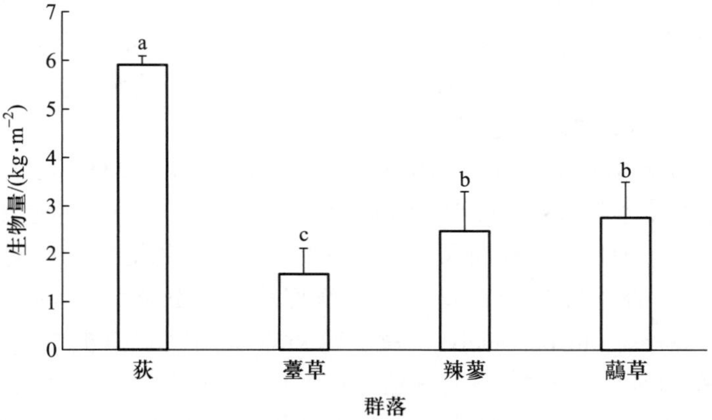

图 5.16 洞庭湖典型群落生物量

（3）群落物种多样性

本研究结果表明，分布于不同高程的 4 种典型植物群落其物种多样性指数存在显著差异，群落间 Simpson 指数表现为荻（0.45）>虉草（0.37）>辣蓼（0.34）>薹草（0.2）；各群落 Menhinick 指数和 Simpson 指数的变化规律基本一致，表现为荻（0.57）>虉草（0.43）>辣蓼（0.31）>薹草（0.17）。可见，植物群落物种多样性指数沿高程增加呈“V”形变化，即高、低程区高，中程区低（图 5.17）。

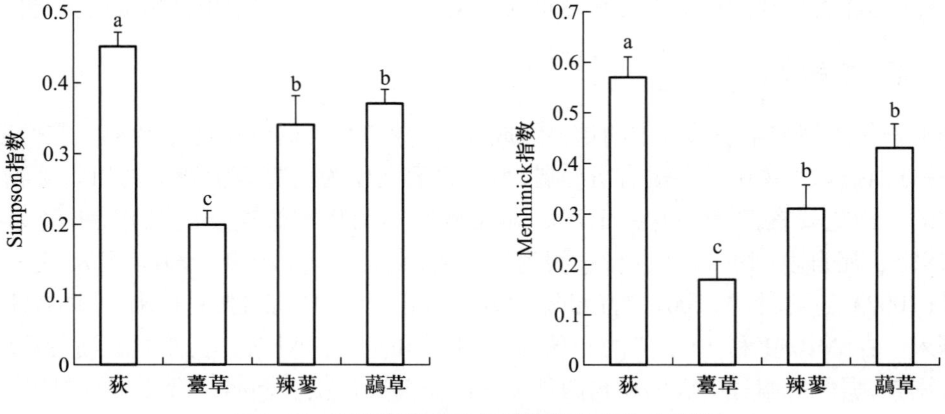

图 5.17 洞庭湖典型植物群落物种多样性指数

洞庭湖水位呈周期性变化，每年的 5—10 月为洪水期，分布于洞庭湖洲滩的植物只有适应这种特殊水文特征，在洪水前完成生活史或形成适应机制躲避洪水胁迫才能在该区域生存。荻群落分布于高程区，每年淹水时间短，且生长速度快、植株高，有利于躲避洪水的长期淹没，故分布海拔高、淹水时间短的荻群落物种组成多；而淹水时间长的虉草、薹草和辣蓼群落其群落物种组成相对少。同时，物种的一些生物学特性（如株高）对群落的物种多样性影响也比较明显，典型群落建群种荻植株最高，为 3.5~5.4 m，虉草次之，为 1.0~1.6 m，辣蓼为 0.5~1.2 m，薹草为 0.4~0.6 m。荻、辣蓼、虉草等物种植株较高，与薹草相比其相对密度较低，从而为其他物种的生长和发育提供了条件，但薹草是密集型克隆植物，其大量的地下茎繁殖对促进种群的快速增长、分布面积的扩大等都十分有利，从而占有大量的有利资源，使其他物种定居的概率减少（Sarmiento et al.，2003；田中平等，2011）。物种多样性指数的变化可能与地下水埋深及物种特性相关。地下水埋深的变化反映了水位和高程的变化，为躲避洪水的淹没，植物总分布在对自身最有利的区域（吴东丽等，2009；田中平等，2011）。在洞庭湖湿地薹草每年有 2 个生长期，每年 10 月洪水后和次年 4 月洪水前薹草地下密集休眠芽快速萌发，形成优势群落。

（4）洞庭湖植被格局关键因子分析

植被格局是指植被在其生活空间中的位置和布局状况（李博，2000），其形成是植被与气候、水文以及地貌、土壤等环境要素相互作用的结果，客观反映了湿地植被的形成、发育与演替过程（张继义等，2003）。湿地独特的地理和水文环境使得湿地植被的格局具有复杂性及多变性的特点。基于全湖大面积的野外群落调查及多个土壤理化性质的测定，运用去势典范对应分析（detrended canonical correspondence analysis，DCCA）对影响洞庭湖植被格局的关键因子进行揭示。结果表明，DCCA 的前两个排序轴的特征值分别为 0.562、0.189，第 1 轴的贡献率为 52.6%，两轴的累积贡献率为 77.1%（表 5.4）。因此，采用第 1、2 排序轴做出二维排序图（图 5.18）。由图可见，第 1 轴基本上反映各植物群落所在环境的水位梯度，即沿 DCCA 第 1 轴从左到右，地下水埋深逐渐升高（地下水埋深与第 1 轴相关系数为 0.664）；第 2 轴基本上表现出了植物群落所在环境的土壤有机质和全氮的变化趋势（有机质与第 2 轴相关系数为−0.262，全氮与第 2 轴的相关系数为−0.270），即沿 DCCA 第 2 轴从下到上，土壤有机质和全氮含量渐减。土壤含水量、电导率、氧化还原电位与第 1 轴也显著相关，其相关系数分别为−0.435、−0.471 和 0.551，可见，土壤物理性质的变化对植物群落分布的影响极为重要，而这些性质的变化也主要受地下水埋深的影响。因此，地下水埋深所反映的地下水位和高程的变化是决定洞庭湖湿地植被格局的关键因子。

5.4.5 底栖动物

底栖动物作为湖泊生态系统中的重要组成部分，参与系统的物质能量转换。它们多为次级消费者，一方面摄取水体中的各类有机碎屑，另一方面又作为更高级消费者的饵料生物，因而成为湖泊中的一种重要资源类型。关于洞庭湖大型底栖动物的调查研究工作，张玺等（1965）、陆强国（1985）、胡自强（1993）曾进行过报道。之后，戴友芝等（1999，2000）、吴庆龙等（2000）、张建波等（2002）、谢志才等（2007）、汪星等（2012）有相关的研究报告，总体来讲，调查研究较少，也不够深入。在 2010 年和 2011 年的春秋两季（4 月和 11 月）对东、南、西洞庭湖各选取 4 个取样地进行调查，据此对洞庭湖底栖动物的种类资源做简要汇报。同时结合历史资料以及 2013—2015 年在采桑湖站所做的监测，对底栖动物的变化趋势进行分析。

表 5.4 DCCA 排序轴与环境因子间的相关系数及特征值

	第 1 轴	第 2 轴
全钾	0.118	−0.219
速效钾	**−0.271***	−0.176
有机质	−0.138	**−0.262***
总氮	−0.145	**−0.270***
铵态氮	−0.141	−0.193
总磷	**−0.248***	−0.114
有效磷	**−0.297***	0.193
电导率	**−0.471****	−0.051
pH	−0.124	0.086
含水量	**−0.435****	−0.097
容重	**0.279***	0.132
氧化还原电位	**0.551****	−0.116
地下水埋深	**0.664****	−0.017
特征值	0.562	0.189
种-环境间相关系数	**0.774****	**0.607****
种-环境累积贡献率	52.6%	77.1%

注:黑体数字代表显著相关;*, $p<0.05$;**, $p<0.01$。

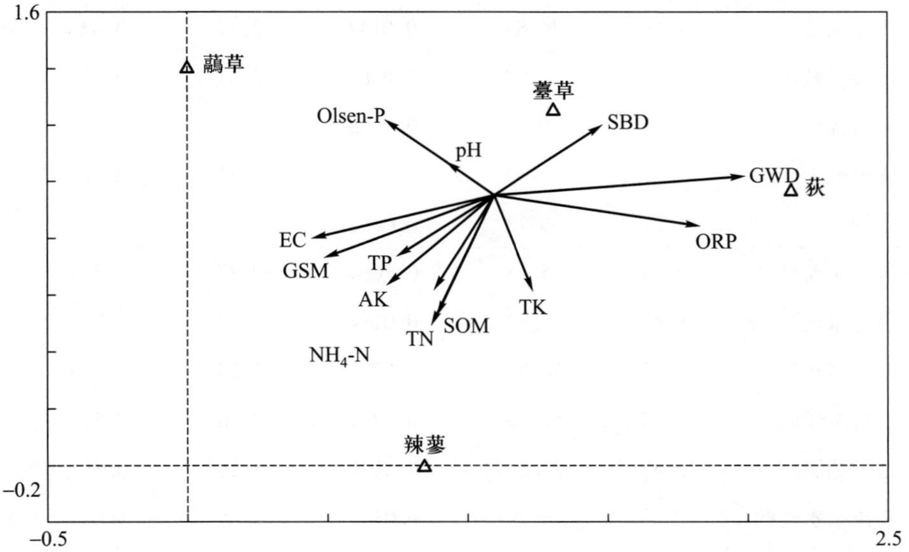

图 5.18 洞庭湖典型湿地植被与土壤环境特征排序图

注:TK,总钾;AK,速效钾;SOM,土壤有机质;TN,总氮;NH_4^+-N,铵态氮;TP,总磷;Olsen-P,有效磷;EC,电导率;pH,土壤 pH;GSM,土壤含水量;SBD,土壤容重;ORP,土壤氧化还原电位;GWD,地下水埋深。

(1) 主要种类

2010—2011 年调查共捕获大型底栖动物 57 种(表 5.5),春季有 42 种,秋季有 44 种。其中,水生昆虫 16 种,寡毛类动物 9 种,软体动物 28 种,其他 4 种。软体动物占比最高,达 49.12%,水生昆虫占 28.07%,寡毛类占 15.79%,其他占 7.02%。

表 5.5　底栖动物主要种类

种类名录		春季			秋季		
		出现率/%	密度/(个·m^{-2})	生物量/(g·m^{-2})	出现率/%	密度/(个·m^{-2})	生物量/(g·m^{-2})
水生昆虫(16)	红裸须摇蚊	7.50	9.87	0.1216	15.38	10.71	0.12055
	异腹腮摇蚊	9.17	2.40	0.0041	3.08	0.74	0.00119
	长足摇蚊	7.50	3.60	0.0123	2.31	2.58	0.01163
	羽摇蚊属	3.33	1.07	0.0653	7.69	5.66	0.03232
	春蜓科				0.77	0.12	0.00022
	鳞翅目幼虫	3.33	0.53	1.0450			
	蜻蜓稚虫	5.83	1.07	0.0832	3.08	0.49	0.10341
	蠓蚊	40.00	78.40	0.0457	0.77	0.12	0.00001
	指突隐摇蚊	36.67	34.00	0.0790	1.54	0.49	0.00031
	蜉蝣科				6.15	3.20	0.09618
	四节蜉蝣	11.67	7.07	0.3421			
	微小摇蚊	33.33	24.53	0.0138	2.31	0.62	0.00082
	前突摇蚊属	3.33	1.07	0.0061	2.31	0.37	0.00059
	粗腹摇蚊	3.33	0.53	0.0162			
	摇蚊蛹				2.31	0.62	0.00662
	未知	0.83	0.13	0.0008			
寡毛类动物(9)	苏氏尾鳃蚓	44.17	45.73	0.3654	30.77	14.52	0.07793
	巨毛水丝蚓	6.67	5.47	0.0124	5.38	1.11	0.00342
	厚唇嫩丝蚓	4.17	38.27	0.0277	1.54	0.25	0.00016
	霍甫水丝蚓	24.17	51.20	0.0741	8.46	3.57	0.00720
	水丝蚓属	15.83	22.53	0.0291	3.08	0.86	0.00145
	克拉泊水丝蚓	10.83	43.20	0.0349	5.38	1.60	0.00374
	管水蚓属				4.62	1.72	0.00091
	正颤蚓属				0.77	0.12	0.00007
	未知蚓				2.31	0.37	0.00021

续表

种类名录		春季			秋季		
		出现率/%	密度/(个·m^{-2})	生物量/(g·m^{-2})	出现率/%	密度/(个·m^{-2})	生物量/(g·m^{-2})
软体动物(28)	铜锈环棱螺	25.00	10.00	21.6333	20.00	9.72	16.29846
	梨形环棱螺	6.67	1.60	1.5313	6.15	1.97	4.49956
	方形环棱螺	1.67	0.27	0.9765			
	方格短钩蜷	18.33	5.87	1.8624	20.00	8.86	1.89999
	放逸短沟蜷	2.50	0.53	9.7344			
	湖球蚬	28.33	31.47	0.6759	12.31	4.55	1.37831
	刻纹蚬	2.50	0.40	0.0750			
	觽螺科				8.46	6.65	7.58128
	三角帆蚌				0.77	0.12	2.18694
	剑状矛蚌	0.83	0.13	0.1736			
	淡水壳菜	10.83	9.47	0.5681	6.92	2.46	0.35225
	圆顶珠蚌	8.33	2.13	29.9267	3.85	0.74	15.53669
	短褶矛蚌				0.77	0.12	8.61353
	河蚬	31.67	17.87	69.0000	19.23	4.92	14.33264
	汶沼螺	5.83	1.60	1.4360	2.31	0.86	0.84206
	中华沼螺				0.77	0.12	0.01556
	长角涵螺	6.67	3.20	4.2105	3.08	0.62	0.13831
	斜粒粒蜷	0.83	0.27	0.1357	3.08	1.48	1.10897
	大沼螺	5.83	1.07	1.2258	7.69	3.69	2.92462
	射线裂脊蚌				0.77	0.12	3.09394
	丽蚌属				0.77	0.12	0.28055
	洞穴丽蚌	1.67	0.27	9.1495			
	蚬科				3.85	1.72	9.73906
	小蚬				0.77	0.25	0.00502
	无齿蚌属				1.54	0.37	0.06162
	钉螺指名	4.17	1.47	0.2469			
	萝卜螺	1.67	0.40	0.0010			
	半球多脉扁螺	0.83	0.13	0.0122			
其他(4)	水蛭	18.33	6.13	0.2461	6.92	1.85	0.07151
	钩虾	22.50	31.333	0.1572	4.62	5.54	0.00535
	中华小长臂虾	0.83	0.13	0.0465	0.77	0.25	0.01351
	泥鳅	4.17	0.67	0.6110			

(2) 出现率

从样方出现的频率看(表5.5),软体动物>寡毛类动物>水生昆虫>其他种类。从种类看,苏氏尾鳃蚓出现率最高,春季达44.17%,秋季达30.77%,为第一优势种。在春季,蠓蚊和指突隐摇蚊的出现率较高,分别达40.00%和36.67%;腹足类中的河蚬(31.67%)和湖球蚬(28.33%)较高。在秋季,腹足类的铜锈环棱螺和方格短钩蜷为次优势种类,均为20.00%;接下来是河蚬,也达19.23%;水生昆虫中的红裸须摇蚊为15.38%。

(3) 密度和生物量

在春季,个体数上蠓蚊密度最高,达78.40个·m^{-2};其次为霍甫水丝蚓(51.20个·m^{-2})和苏氏尾鳃蚓(45.73个·m^{-2})。而从生物量看,软体动物由于个体相对较大占了绝大部分,其中,河蚬达69.0000 g·m^{-2}、圆顶珠蚌29.9267 g·m^{-2}、铜锈环棱螺21.6333 g·m^{-2}。

在秋季,从个体数看苏氏尾鳃蚓为第一,达14.52个·m^{-2};其次为红裸须摇蚊(10.71个·m^{-2});铜锈环棱螺和方格短钩蜷紧随其后,分别为9.72个·m^{-2}和8.86个·m^{-2}。而从生物量看,软体动物较高,铜锈环棱螺、圆顶珠蚌和河蚬分别为16.29846 g·m^{-2}、15.53669 g·m^{-2}和14.33264 g·m^{-2}(表5.5)。

(4) 生物多样性分析

两季调查物种数分别为42种和44种,春季调查的总体大型底栖动物群落Pielou均匀度指数(J)、Margalef丰富度指数(dm)、Simpson优势度指数(D)、香农-维纳多样性指数(H')及改进的香农-维纳多样性指数(β)分别为0.76、4.99、0.92、2.83、23.28,秋季分别为0.82、6.35、0.94、3.09、20.90(表5.6)。从东、南、西洞庭湖的多样性指数看,在春季,西洞庭湖多样性最高,而东洞庭湖最低,南洞庭湖居中;在秋季,西洞庭湖多样性仍为最高,而东洞庭湖和南洞庭湖较低。这与王小毛等(2016)研究结论相似,他们利用20多年的监测数据分析洞庭湖底栖动物种群组成、优势种、多样性指数变化动态,认为东洞庭湖底栖动物种数、密度与多样性指数均低于西、南洞庭湖。

表5.6 洞庭湖底栖动物群落的多样性指数

地点	春季						秋季					
	物种数	J	dm	D	H'	β	物种数	J	dm	D	H'	β
东洞庭湖	24	0.68	3.82	0.82	2.16	12.99	22	0.72	3.92	0.85	2.21	11.84
南洞庭湖	37	0.68	4.95	0.85	2.44	17.77	22	0.70	3.89	0.83	2.17	11.72
西洞庭湖	36	0.77	4.64	0.92	2.77	20.90	34	0.88	5.43	0.94	3.12	18.96
全湖	42	0.76	4.99	0.92	2.83	23.28	44	0.82	6.35	0.94	3.09	20.90

(5) 多样性比较

由于东、南、西洞庭湖的4个取样点中,均有1个点的附近岸边有大型工厂(造纸厂或化肥厂),将其附近的湖面视为有重大污染源的样方,将这些调查点与无大型工厂的点分开,结果列于表5.7。多样性指数上看有明显的差异,无污染源样方的多样性明显高得多。因此可以认为,污染是造成多样性差别的重要原因之一。

表 5.7　洞庭湖底栖动物群落在有/无重大污染源样方的多样性指数比较

季节	大型污染源	物种数	J	dm	D	H'	β
春季	有	25	0.74	3.64	0.89	2.39	15.77
	无	42	0.75	5.00	0.92	2.79	22.34
秋季	有	17	0.72	3.46	0.83	2.04	10.04
	无	41	0.82	6.06	0.93	3.04	20.05

5.4.6　候鸟种群

(1) 洞庭湖候鸟种群变化过程

2003/2004—2015/2016越冬期对洞庭湖自然湿地越冬水鸟的同步调查共记录到越冬水鸟50余种，每年平均记录到10余万只，包括珍稀濒危鸟类东方白鹳(*Ciconia boyciana*)、小白额雁(*Anser erythropus*)、小天鹅(*A. cygnoides*)、红头潜鸭(*Aythya ferina*)、罗纹鸭(*Anas falcata*)、白眼潜鸭(*A. nyroca*)、凤头麦鸡(*Vanellus vanellus*)、黑尾塍鹬(*Limosa limosa*)、斑尾塍鹬(*L. lapponica*)、白腰杓鹬(*Numenius arquata*)等。

在群落水平上，2003/2004—2015/2016越冬期洞庭湖自然湿地(以大小西湖自然湿地为例)候鸟物种丰富度、多度、密度和多样性均呈现显著的年际变化趋势(图5.19)。多度和密度在2003/2004—2011/2012越冬期下降，2011/2012—2014/2015越冬期上升(2013/2014越冬期缓慢下降)，2014/2015—2015/2016越冬期再次下降。物种丰富度在2003/2004—2008/2009越冬期

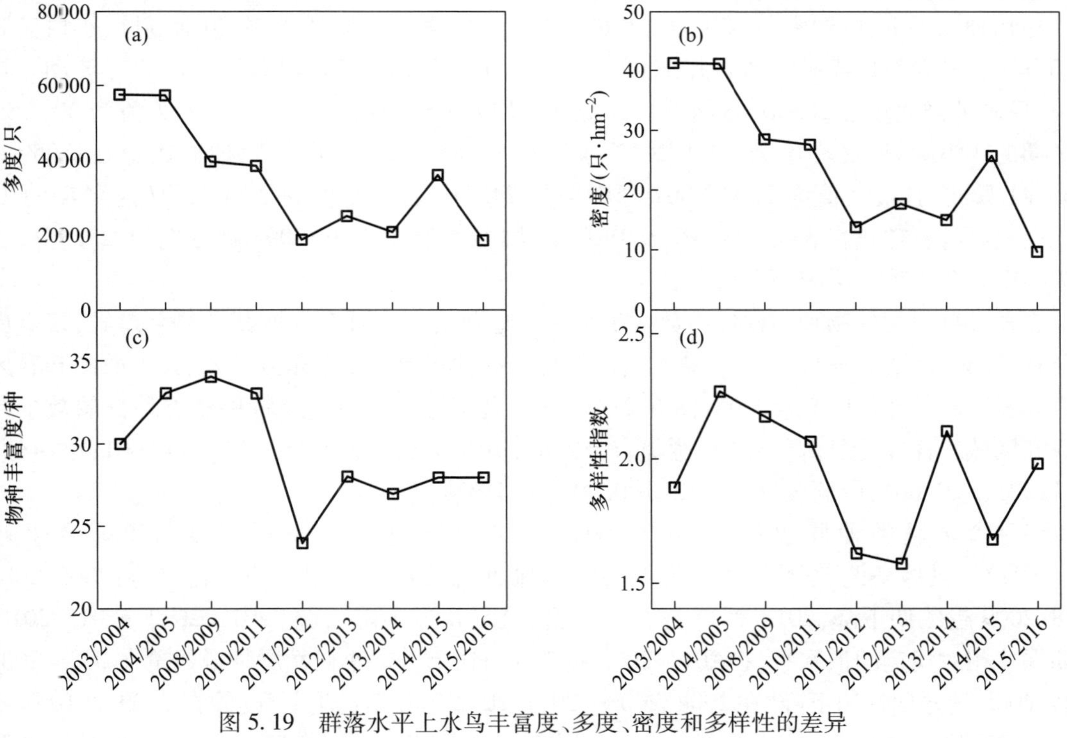

图5.19　群落水平上水鸟丰富度、多度、密度和多样性的差异

持续缓慢上升,2008/2009—2011/2012 越冬期下降,2011/2012—2012/2013 越冬期上升,最终在 2012/2013—2015/2016 越冬期下降。多样性指数在 2003/2004—2004/2005 越冬期上升,2004/2005—2012/2013 越冬期持续下降,2012/2013—2013/2014 越冬期快速上升,2013/2014—2014/2015 越冬期再次下降,最终在 2014/2015—2015/2016 越冬期再次上升。

在取食功能团水平上,根据食性(Wang et al.,2013b; Wu et al.,2014; Zhang et al.,2016)将越冬候鸟分为 5 个取食功能团:食块茎类、食草类、食鱼类、食虫类和杂食类(表 5.8)。

表 5.8 洞庭湖越冬候鸟取食功能团分类

取食功能团	物种数	食物种类(Wu et al.,2014)
食块茎类	4	水生/陆生块茎
食草类	5	莎草科/禾本科植物的嫩叶
食鱼类	13	水体(尤其是浅水)中的小鱼、小虾
食虫类	15	滩涂中的水生昆虫、软体动物、甲壳动物
杂食类	18	植物嫩叶、种子、昆虫、小鱼、小虾等

在取食功能团水平上,5 种取食功能团的密度在 2003/2004—2015/2016 越冬期均呈现显著的年际变化趋势,而不同取食功能团的密度变化存在显著差异(图 5.20)。值得注意的是,在整个研究时间段,取食功能团水平上的食草类密度与群落水平上的多度(图 5.19)呈现相似的变化趋势,表明作为 5 种取食功能团的最优势类群的食草类密度变化可以用来反映研究区域越冬候鸟种群数量变化。

在物种水平上,以洞庭湖越冬候鸟的最主要优势类群食草雁类为例,包括豆雁、小白额雁和白额雁。三种食草雁类种群数量在 2002/2003—2014/2015 越冬期呈现明显的年际波动。具体来说,豆雁种群数量在 20530.63±4434.21 只(平均值±标准误,下同)波动,最大值为 2014/2015 越冬期的 42164 只,最小值为 2011/2012 越冬期的 7837 只。小白额雁种群数量在12959.58±1656.41 只波动,最大值为 2006/2007 越冬期的 24261 只,最小值为 2006/2007 越冬期的 1620 只。白额雁种群数量在 5593.88±1628.91 只波动,最大值为 2003/2004 越冬期的12275只,最小值为 2012/2013 越冬期的 895 只。

三种食草雁类的物种多样性指数在整个东洞庭湖及五个研究区域存在显著差异,多重比较(Games Howell)结果表明,三种食草雁类的物种多样性指数在整个东洞庭湖、大小西湖和春风湖明显高于团洲外滩(所有 $p<0.05$;图 5.21)。三种食草雁类总数量及每种雁类种群的数量在五个研究区域均存在极显著差异(总雁类,$F=7.61$,$p<0.001$;豆雁,$F=5.82$,$p<0.001$;小白额雁,$F=11.21$,$p<0.001$;白额雁,$F=3.32$,$p<0.001$;图 5.22)。

三种食草雁类种群数量在 2002/2003—2014/2015 越冬期呈现明显的年际变化趋势(图 5.22)。具体来说,三种雁类的总数量和豆雁种群数量呈现相似的变化趋势:2003/2004—2008/2009 越冬期下降,2010/2011 越冬期上升,之后快速下降,且在 2011/2012—2013/2014 越冬期保持相对稳定的低水平,在 2014/2015 越冬期再次上升。小白额雁种群数量在 2003/2004—2004/2005 越冬期快速下降,在 2004/2005—2011/2012 越冬期稳步上升(除在 2009/2010 越冬期出现一定程度下降),而在 2011/2012 越冬期之后急剧下降,最终维持较低水平。白额雁种群数量在 2003/2004—2008/2009 越冬期呈现逐步下降的趋势，在 2010/2011 越冬期急剧上升，之后急剧下降且维持在较低的种群数量水平。

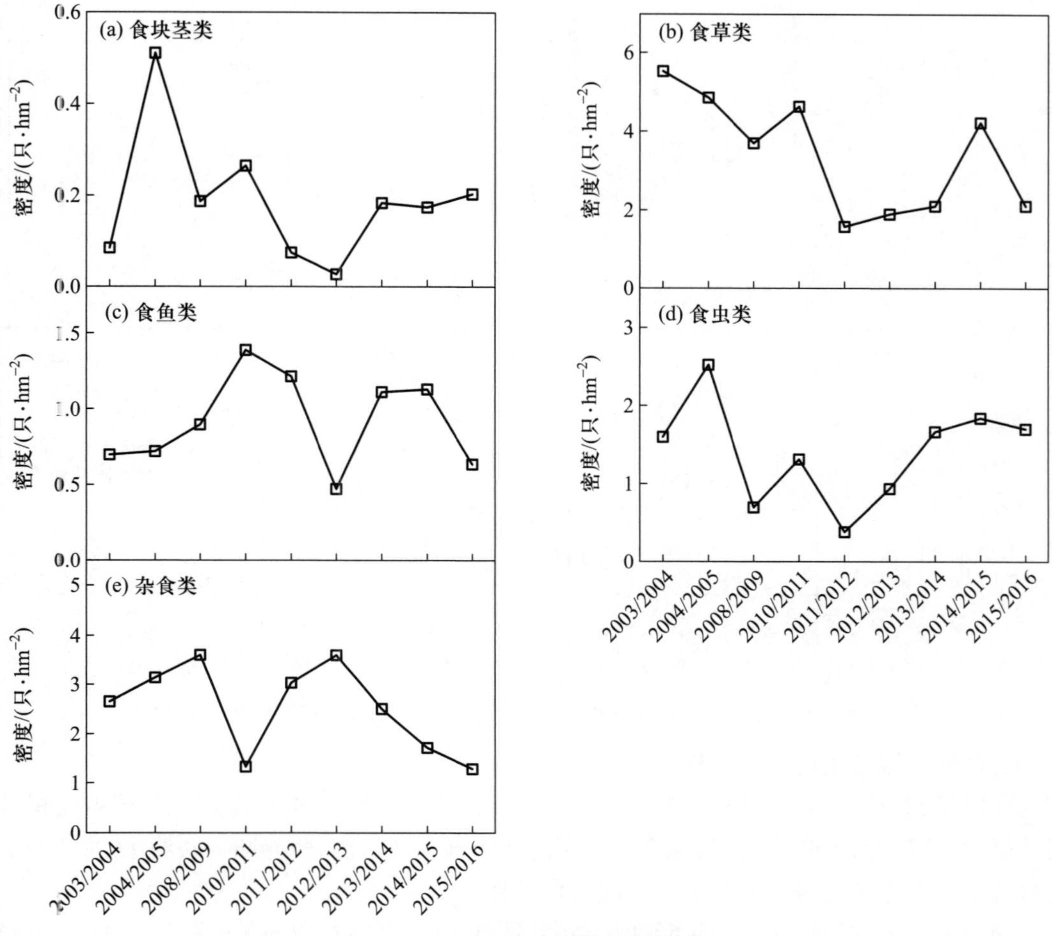

图 5.20　五种取食功能团的密度变化

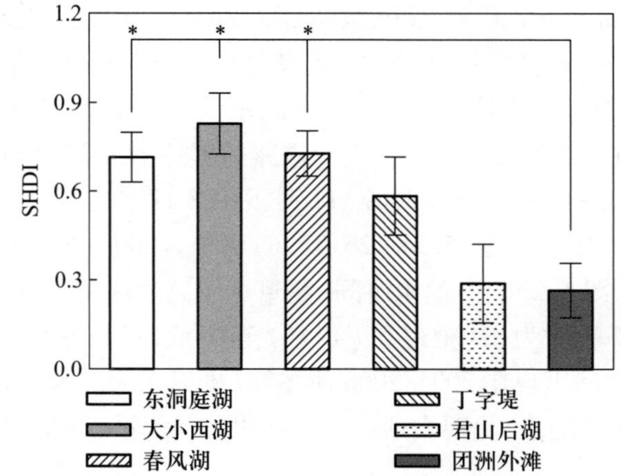

图 5.21　三种食草雁类物种多样性在整个东洞庭湖及五个研究区域的差异

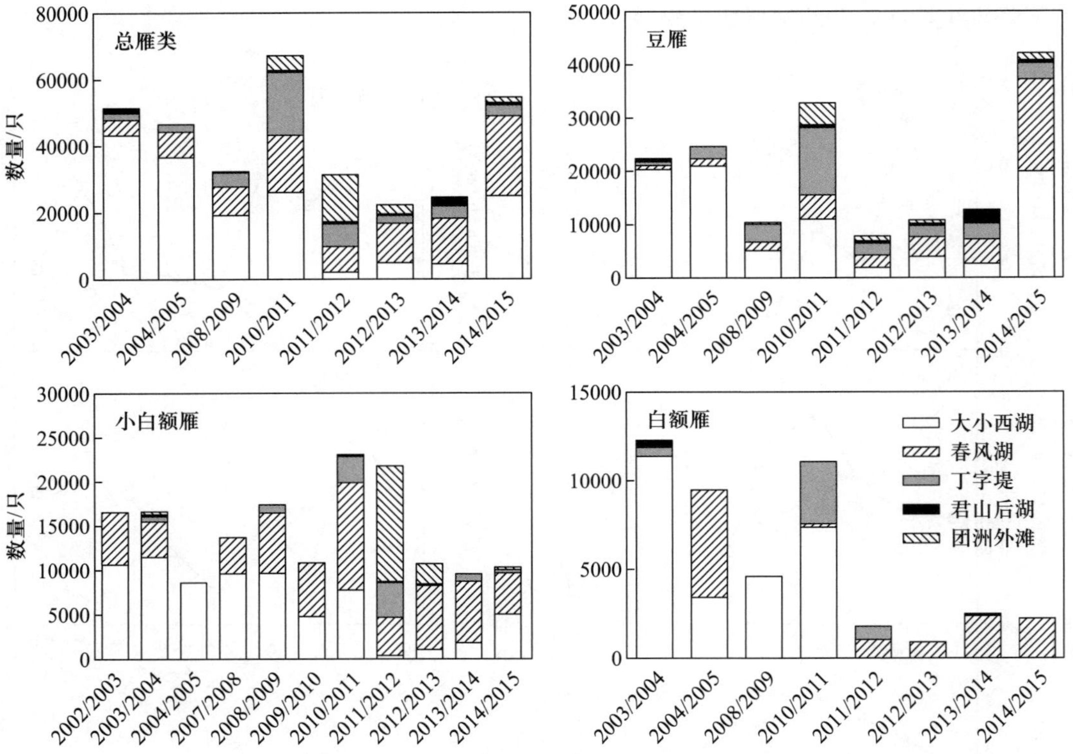

图 5.22　三种食草雁类总数量及每种雁类种群数量在五个研究区域中的变化

(2) 洞庭湖湿地生境变化过程

用降雨量、有效积温(BioT)、径流量、水位、水体面积、滩涂(含浅水区)面积、植被面积、植被生长状况(NDVI)、退水时间(植被完全裸露至越冬候鸟到达东洞庭湖的时间,约 11 月 1 日)等 9 个生境因子的变化来反映洞庭湖湿地生境变化过程。

不同生境因子均呈现显著的年际变化趋势(图 5.23)。植被(薹草)面积在越冬候鸟的五个主要分布区域随水位(城陵矶日 8 时数据)变化呈现类似的变化趋势:即水位低于 25.4 m 时(春风湖和丁字堤为 24.4 m)薹草草洲面积保持相对稳定,当水位超过 25.4 m 时急剧下降(图 5.24)。为了保持所有研究区域越冬候鸟(尤其是食草雁类)主要觅食生境(薹草草洲)面积最大,越冬期(11 月 1 日至次年 3 月 15 日)东洞庭湖水位应低于 25.4 m。从 2002/2003—2015/2016 越冬期来看,水位基本维持在薹草草洲完全裸露的理想水位 25.4 m 以下,2002/2003(11 月 2—6 日水位为 25.56~25.91 m)、2008/2009(11 月 5—28 日水位为 25.56~29.75 m)和 2014/2015 越冬期(11 月 1—14 日水位为 25.56~26.93 m)除外。2002/2003—2015/2016 越冬期平均水位为 20.77~22.94 m(图 5.23b)。退水时间[薹草草洲完全裸露(水位为 25.4 m)开始至雁类到达(11 月 1 日)的时间间隔]为-2(推迟 2 天退水)至 80 天,最长退水时间出现在 2006/2007 越冬期(80 天),最短退水时间出现在 2005/2006 越冬期(推迟 2 天退水)(图 5.23b)。越冬中期(1 月下旬)薹草草洲 NDVI(平均值)呈现剧烈的年际变化。径流量、BioT 和降雨量同样存在显著的年际变化趋势。

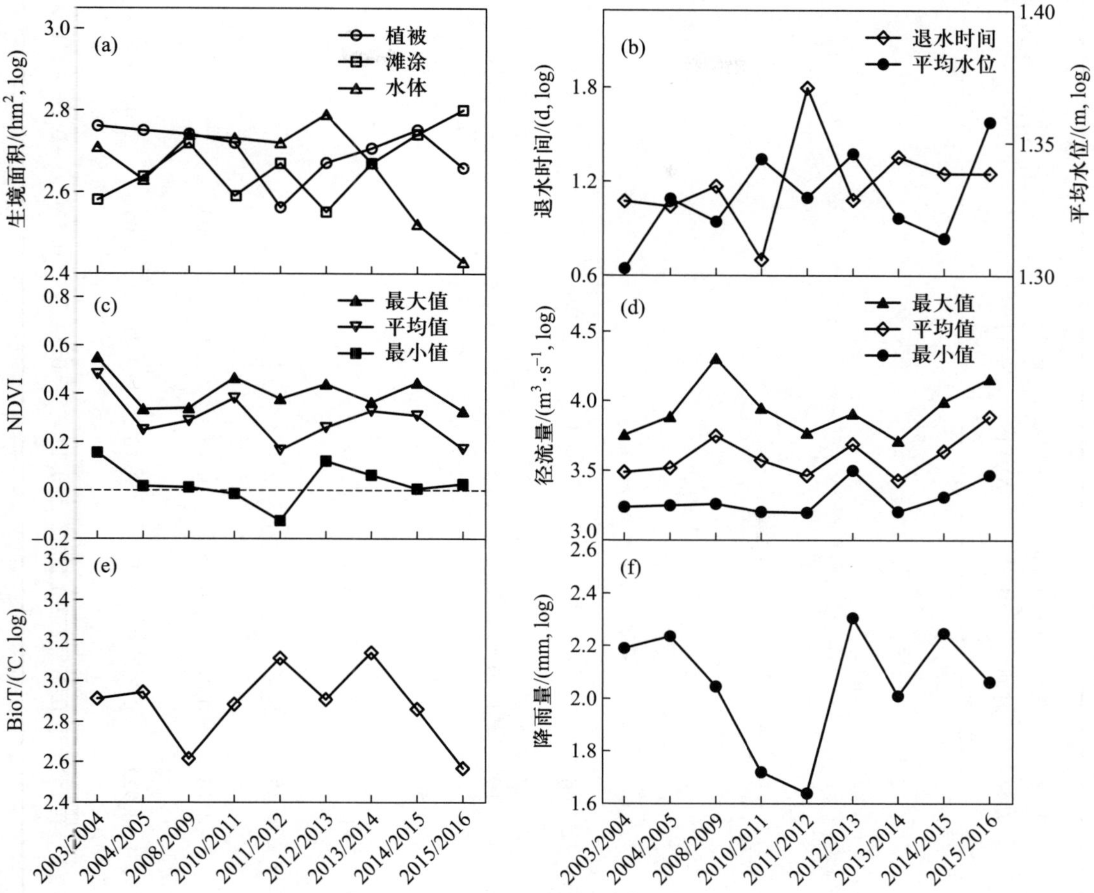

图 5.23 洞庭湖湿地生境因子变化

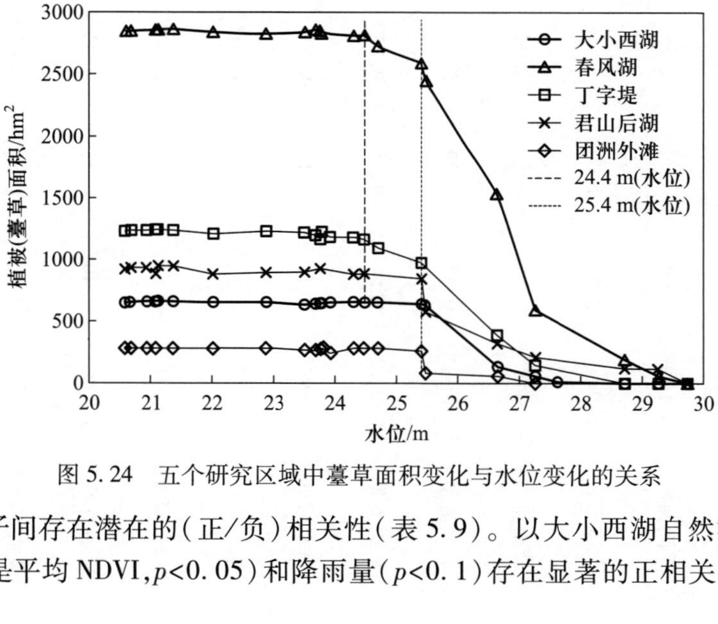

图 5.24 五个研究区域中薹草面积变化与水位变化的关系

不同生境因子间存在潜在的(正/负)相关性(表 5.9)。以大小西湖自然湿地为例,植被面积与 NDVI(尤其是平均 NDVI,$p<0.05$)和降雨量($p<0.1$)存在显著的正相关,而与退水时间呈

表 5.9 大小西湖自然湿地环境因子间的 Pearson 相关分析

	植被面积	滩涂面积	水体面积	最小流量	最大流量	平均流量	退水时间	平均水位	平均 NDVI	最小 NDVI	最大 NDVI	BioT	降雨量
植被面积	1.00												
滩涂面积	-0.10	1.00											
水体面积	-0.07	**-0.796***	1.00										
最小流量	-0.15	0.14	-0.31	1.00									
最大流量	0.19	0.57	-0.29	0.37	1.00								
平均流量	-0.01	0.54	-0.45	**0.759***	**0.857****	1.00							
退水时间	**-0.695***	0.41	-0.13	-0.11	-0.22	-0.16	1.00						
平均水位	-0.47	0.12	-0.21	**0.61**$^{\#}$	0.30	0.56	-0.16	1.00					
平均 NDVI	**0.691***	-0.52	0.34	-0.40	-0.29	-0.41	-0.56	**-0.60**$^{\#}$	1.00				
最小 NDVI	0.50	0.40	-0.47	0.03	0.32	0.15	-0.07	-0.27	-0.13	1.00			
最大 NDVI	0.47	-0.18	-0.16	-0.02	-0.25	-0.16	-0.18	-0.46	0.46	0.14	1.00		
BioT	-0.25	-0.52	0.42	-0.52	**-0.915****	**-0.922****	0.32	-0.33	0.16	-0.21	-0.05	1.00	
降雨量	**0.58**$^{\#}$	-0.05	-0.20	0.52	0.11	0.25	-0.29	-0.20	0.17	0.54	0.51	-0.24	1.00

注：# $p<0.1$；* $p<0.05$；** $p<0.01$。

显著负相关($p<0.05$)；退水时间与水文因子(包括径流量和平均水位)呈负相关，但在 0.05 或 0.1 显著水平上均未达到显著差异。滩涂面积与水体面积呈显著负相关($p<0.05$)。平均 NDVI 与水文因子(尤其是平均水位)呈显著负相关($p<0.1$)。平均水位与最小流量呈显著正相关($p<0.1$)。径流量(尤其是平均流量和最大流量)还与有效积温(BioT)呈显著负相关($p<0.01$)，而与降雨量呈正相关，但在 0.05 或 0.1 显著水平上均未达到显著差异。平均流量与最小流量($p<0.05$)和最大流量($p<0.01$)存在显著的正相关。

(3) 越冬候鸟种群数量变化与生境变化的关系

以大小西湖自然湿地为例，越冬候鸟种群数量(群落和取食功能团水平)与生境因子关系的冗余分析(RDA)结果表明(表 5.10)，第 1 轴解释了总变异的 72.1%。第 1 轴与植被面积和平均 NDVI 呈显著正相关，而与退水时间和平均水位呈显著负相关；第 2 轴与水体面积呈显著负相关。

表 5.10　越冬候鸟密度-环境因子的冗余分析(RDA)结果

	大小西湖自然湿地	
	第 1 轴	第 2 轴
特征值	0.721	0.198
物种-环境相关系数	0.99	0.95
总变异/%	72.1	91.9
植被面积	**0.822**	0.088
滩涂面积	-0.309	0.427
水体面积	0.087	**-0.727**
藕塘面积	/	/
平均 NDVI	**0.695**	0.046
最小 NDVI	0.314	-0.108
最大 NDVI	0.482	0.052
平均流量	-0.254	0.209
最小流量	-0.391	0.062
最大流量	-0.012	0.061
退水时间	**-0.622**	-0.217
平均水位	**-0.531**	0.309
温度	-0.071	-0.203
降雨量	0.312	-0.181

注：黑体数字代表显著相关。

在群落水平上，越冬候鸟物种丰富度、多度和密度均与环境因子变化密切相关(表 5.11 和图 5.25)。具体来说，物种丰富度与退水时间呈显著负线性关系($F_{1,7}=12.763$，$p=0.009<0.01$)；多度和密度均与植被面积呈显著正线性关系(多度 $F_{1,7}=9.657$，$p=0.017<0.05$；密度 $F_{1,7}=9.54$，$p=0.018<0.05$)。

表 5.11 大小西湖自然湿地中越冬候鸟数量-生境因子关系的逐步回归分析结果

	丰富度	多度	密度	食草类密度	食鱼类密度	杂食类密度
(截距)	1.631	−2.572	−32.975	−36.534	2.885	−11.2
水体面积						5.173
植被面积		2.613	13.986	14.299		
平均 NDVI				4.521		
退水时间	−0.139					
降雨量					−0.957	
调整 R^2	0.595	0.52	0.516	0.608	0.482	0.363
F	12.763	9.657	9.54	7.209	8.454	5.562
p	0.009	0.017	0.018	0.025	0.023	0.048

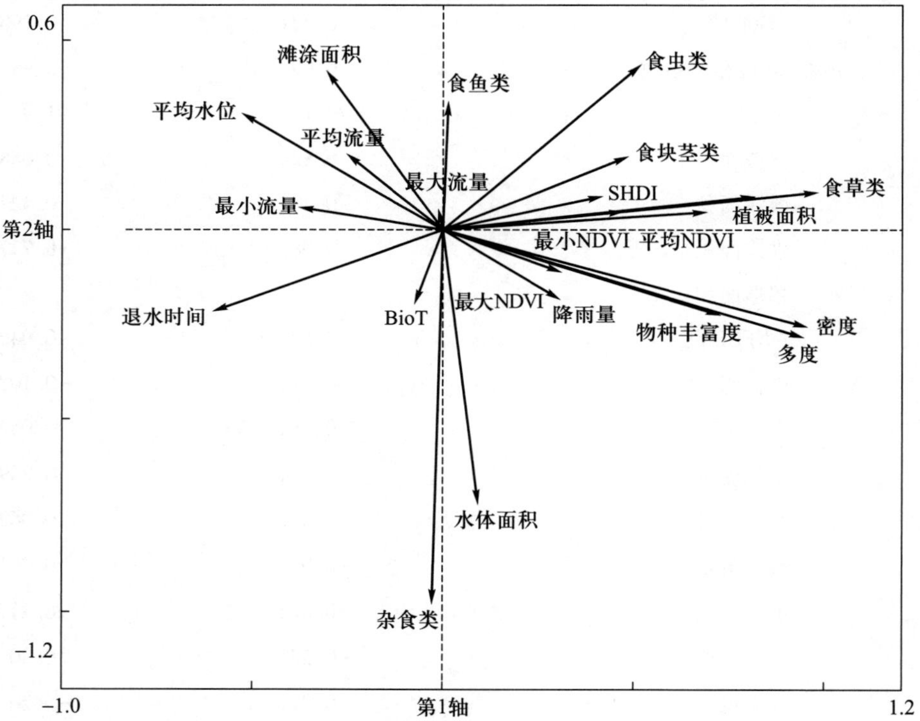

图 5.25 大小西湖自然湿地中水鸟数量-环境因子关系的冗余分析结果

在取食功能团水平上，五种取食功能团的密度，尤其是食草类、食鱼类和杂食类均与大小西湖自然湿地环境因子变化密切相关，但不同取食功能团存在差异(表 5.11 和图 5.25)，可能主要与其食性不同(表 5.8)有关。具体来说，食草类密度与植被面积和平均 NDVI 呈显著正线性关系($F_{1,6}=7.209$，$p=0.025<0.05$)；食鱼类密度与降雨量呈显著负线性关系($F_{1,7}=8.454$，$p=0.023<0.05$)；杂食类密度与水体面积呈显著正线性关系($F_{1,7}=5.562$，$p=0.048<0.05$)。

在物种水平上，由于在 2002/2003—2014/2015 越冬期薹草草洲面积呈现相对稳定的趋势（水位均低于 25.4 m，薹草草洲全部裸露，图 5.24），而三种食草雁类种群数量呈现显著的年际变化（图 5.22），因此未对三种雁类种群数量与薹草草洲面积进行回归分析。回归分析结果表明，2002/2003—2014/2015 越冬期三种食草雁类种群数量变化与平均水位变化不存在显著的相关性（所有 $R^2<0.005$，所有 $F<0.03$，所有 $p>0.8$）。在东洞庭湖湿地，三种食草雁类的种群数量变化（尤其是小白额雁）与退水时间呈显著负相关（豆雁：$F_{1,6}=1.61$，$p=0.25$；白额雁：$F_{1,6}=1.93$，$p=0.21$；小白额雁：$F_{1,10}=8.136$，$p=0.016<0.05$；图 5.26a），而与越冬中期（1 月下旬）薹草草洲 NDVI 呈显著正相关（豆雁：$F_{1,6}=1.26$，$p=0.31$；白额雁：$F_{1,6}=5.04$，$p=0.07$；小白额雁：$F_{1,9}=6.82$，$p=0.028<0.05$；图 5.26b）。

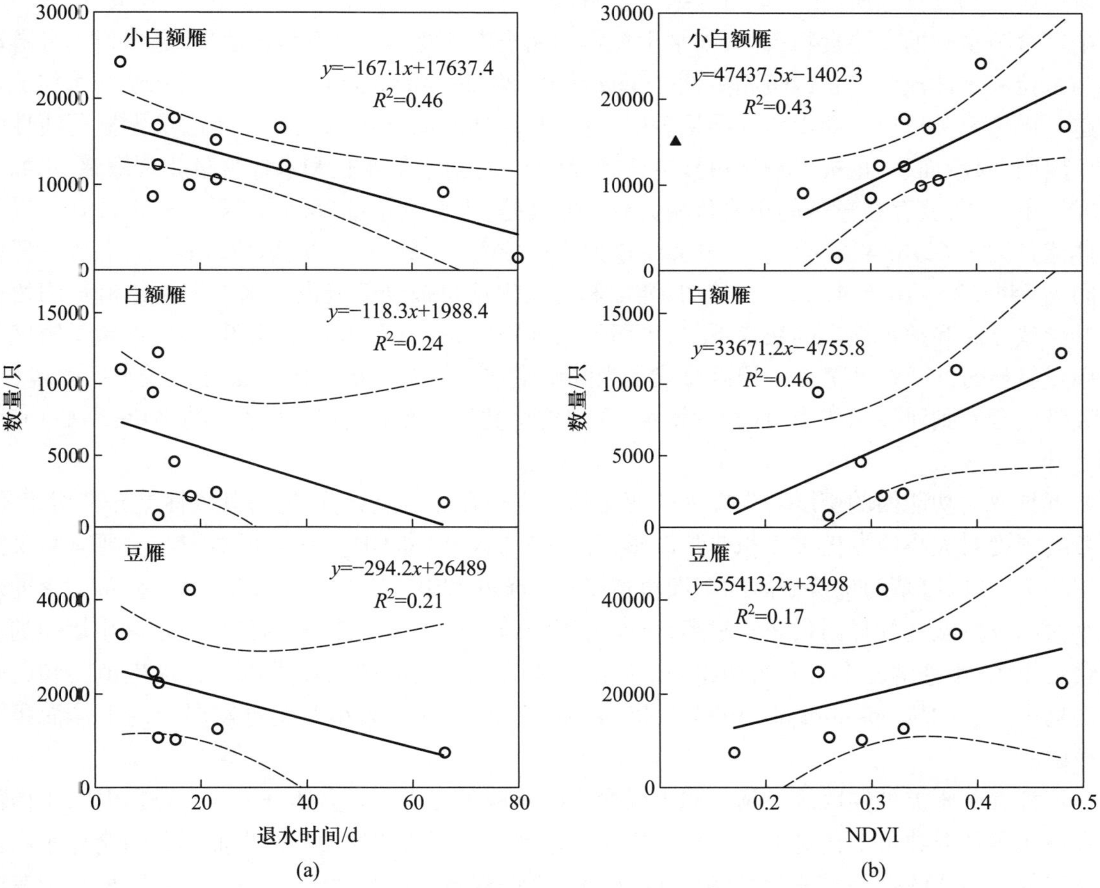

图 5.26　三种食草雁类多度与退水时间、薹草 NDVI 的线性回归

（4）小结

植被面积、水体面积、平均 NDVI、退水时间和降雨量是越冬水鸟种群动态的关键环境驱动因子。具体来说，群落水平上的多度、密度以及取食功能团水平上的食草类密度变化与植被面积变化呈正线性关系。已有研究表明，东洞庭湖自然湿地中以薹草为优势群落的草洲植被是越冬候鸟（尤其是食草雁类）的主要食物来源（Zhao et al.，2010；Cong et al.，2012；Wang et al.，2013a；Zhao et al.，2015）。在东洞庭湖，以薹草为优势群落的草洲植被每年有两个生长季：9 月退水后

至次年1月和次年3—5月涨水草洲植被被淹没之前。草洲植被的生长状况（NDVI）可能是越冬候鸟种群动态的关键因素，尤其对于食草雁类，本研究结果表明，平均NDVI与食草类密度和三种雁类种群数量呈正线性关系。提早退水会导致草洲植被在第一个生长季提前生长和枯萎（Guan et al.，2014），植被面积、平均NDVI和最小NDVI下降（如2011/2012越冬期），即食物可利用性下降，最终导致群落水平上的物种丰富度、多度、密度、取食功能团水平上的食草类密度和物种水平上的三种雁类种群数量的下降（2011/2012越冬期）。退水时间和群落水平上的物种丰富度之间的负线性关系也表明，提前退水是导致越冬候鸟种群动态的负面环境因子。

水文（水体面积、水位和水体流量）和气候因子（降雨量）同样是导致水鸟种群动态的关键环境因子（Wang et al.，2013b；Zhang et al.，2016）。自然湿地中水体面积的增加可以为杂食类提供更多的休憩和觅食场所，正如本研究结果表明，杂食类密度与水体面积呈正线性关系，可能与水体中富含杂食类的主要食物有关，如水生植物和无脊椎动物等。已有研究表明，越冬候鸟种群动态与水位和水体流量呈正或负相关性（Wang et al.，2013b；Zhang et al.，2016），即水位与水体流量对越冬候鸟至关重要。而本研究结果表明，越冬候鸟种群动态与水位和水体流量无显著线性关系。然而，滩涂面积、植被面积和植被生长状况（NDVI）对平均水位和水体流量非常敏感，正如本研究结果表明，其存在显著的正或负相关性。尤其是，当水位超过25.4 m（Zou et al.，2016）以及水体流量高于6278±426 $m^3 \cdot s^{-1}$（最大流量为7760 $m^3 \cdot s^{-1}$；最小流量为4020 $m^3 \cdot s^{-1}$；95%置信区间为5448.26~7046.47 $m^3 \cdot s^{-1}$）时，滩涂和植被生境将被全部淹没。水位和水体流量的快速上升导致滩涂和植被面积的快速下降，进而导致食物短缺。5种取食功能团中，仅食鱼类密度与降雨量呈显著的负线性关系。原因可能是当降雨量在一定范围内下降时会导致浅水区生境（本研究将其合并到滩涂面积中）面积的增加，导致食鱼类的主要食物（浅水区中的小鱼、小虾）密度的上升。

五种取食功能团的密度对生境因子变化的响应存在显著差异，可能与其食性差异密切相关。食草类密度对大小西湖植被面积非常敏感，且对平均NDVI也同样敏感，可能与其主要食物来源密切相关，即以薹草为优势群落的草洲植被（Cong et al.，2012；Zhao et al.，2015）。食鱼类密度对大小西湖自然湿地的降雨量非常敏感，可能与当降雨量在一定范围内下降时，浅水区生境中的主要食物小鱼、小虾的密度上升密切相关。以溅水鸭为优势类群的杂食类以多种水生植物和无脊椎动物等为食（Thompson et al.，1992；Bellio et al.，2009），其对大小西湖自然湿地的水体面积非常敏感。

三种食草雁类种群数量对越冬期生境变化的响应存在不同。具体来说，与豆雁相比，小白额雁和白额雁种群数量变化对生境变化的反应更加敏感。可能的原因有两方面：第一，全球小白额雁东部种群的90%在东洞庭湖越冬（Cao et al.，2008；Wang et al.，2012），如此高密度聚集于东洞庭湖越冬使其种群数量对东洞庭湖越冬生境变化的反应更加敏感。而已有研究表明，豆雁和白额雁的越冬地主要为长江流域的鄱阳湖、洞庭湖和升金湖（Cao et al.，2008；Zhao et al.，2010；Zhao et al.，2015），在洞庭湖生境变化的情况下，豆雁和白额雁可能到鄱阳湖和升金湖寻找可能的更适宜的生境。第二，白额雁高度依赖于薹草，而豆雁除了取食薹草外还可以薹草为优势植被的群落中的其他禾本科植物为食（Zhao et al.，2015）。与豆雁相比，白额雁高度依赖于有限的薹草食物来源，导致东洞庭湖白额雁种群数量变化对其生境变化的反应更加敏感。当东洞庭湖食物可利用性下降时（如2011/2012越冬期提早退水导致低NDVI），白额雁可能会寻找更适宜的越冬区域,如升金湖(Zhao et al.,2015)。

本研究未涉及的其他因子可能也同样影响越冬候鸟种群数量和分布。已有研究表明,尤其是人为干扰对越冬候鸟种群动态的影响不容忽视(Yuan et al.,2014)。除大小西湖核心管理区以外的东洞庭湖湿地,捕鱼、芦苇收割、牛羊放牧等人类活动在越冬期非常普遍。因此,在未来的研究中将评价人为干扰对越冬候鸟种群格局的影响。

5.4.7 小兽群落

(1) 群落组成与演替

洞庭湖区域,主要捕获的小型兽类有鼠科(Muridae)家鼠属(*Rattus*)的褐家鼠(*Rattus norvegicus*)、黄胸鼠(*Rattus tanezumi*)、大足鼠(*Rattus nitidus*)、黄毛鼠(*Rattus losea*),小鼠属(*Mus*)的小家鼠(*Mus musculus*),姬鼠属(*Apodemus*)的黑线姬鼠(*Apodemus agrarias*),白腹鼠属(*Niviventer*)的社鼠(*Niviventer confucianus*)、针毛鼠(*Niviventer fulvescens*),巢鼠属(*Micromys*)的巢鼠(*Micromys minutus*)以及仓鼠科(Cricetidae)田鼠属(*Microtus*)的东方田鼠(*Microtus fortis*);食虫目动物有猬科(Erinaceidae)刺猬属(*Erinaceus*)的普通刺猬(*Erinaceus europaeus*)和鼩鼱科(Soricidae)臭鼩属(*Suncus*)的臭鼩(*Suncus Murinus*)等。其中,主要优势种类褐家鼠、黄胸鼠、小家鼠、黑线姬鼠、东方田鼠、社鼠的生物学特性均有较多研究(陈安国等,1995,1998;郭聪等,1994,1999;王勇等,1994,2004;张美文等,2000,2006,2012)。在洞庭湖洲滩栖息的种类,过去主要是东方田鼠,而随着三峡水库的运行,枯水季节时,黑线姬鼠和褐家鼠也已较多地侵入洲滩栖息(Zhang et al.,2014)。其实东方田鼠为洞庭湖湖区的重要害鼠,黑线姬鼠、褐家鼠本身也是当地农业生产区域的主要害鼠种类。

总体来看,东方田鼠是洲滩绝对优势鼠种,占捕获数的74.00%,其次是黑线姬鼠(占22.47%)、褐家鼠(占2.05%)、臭鼩(占1.10%)和巢鼠(占0.25%)。其他如针毛鼠(占0.06%)、大足鼠(占0.03%)和普通刺猬(占0.03%)只是偶尔捕获到。但分时段来看,却有明显差别,主要是随着三峡水库蓄水高程的提高,洲滩上捕获到的种类明显增加,特别是黑线姬鼠和褐家鼠的比例明显提高,东方田鼠比例相应下降。对种类组成进行Fisher's确切概率法分析结果显示,种类组成有非常显著的差别(df=21, χ^2=662.377, p<0.001;表5.12),说明三峡蓄水对洞庭湖洲滩上的小兽群落有明显影响。与1990s比较,各时段的显著值χ^2逐渐增大,而2003—2006年和2007—2008年差异没有达到显著。说明这种影响是渐进的过程。

表5.12 小兽种类组成的Fisher's确切概率法分析结果

		df			
		1990s	2003—2006年	2007—2008年	2009—2012年
χ^2	1990s	—	4	6	6
	2003—2006年	141.562***	—	6	6
	2007—2008年	207.249***	4.990	—	7
	2009—2012年	591.301***	127.075***	209.596***	—

注:***,p<0.001。

(2) 主要种群密度的波动

各阶段洲滩所有小兽各种类的捕获率(即相对密度)示于图 5.27。东方田鼠的密度在各时段基本维持在最高位置,其中,由于 1990s 和 2007—2008 年有东方田鼠种群年波动高峰期的数据,捕获率比 2003—2006 年和 2009—2012 年相对较高。值得注意的是,黑线姬鼠和褐家鼠的密度均处于持续增长的趋势。按 1 年调查的数据合并,将东方田鼠、黑线姬鼠和褐家鼠的种群动态示于图 5.28。东方田鼠种群数量呈下降趋势,黑线姬鼠和褐家鼠种群数量增加趋势更加明显。其中,洲滩上在 1990s 没有捕获到黑线姬鼠,到 2009—2012 年捕获率达到 3.549%,特别是在 2012 年的 1 月和 4 月,捕获率达到 6.54%和 5.83%。

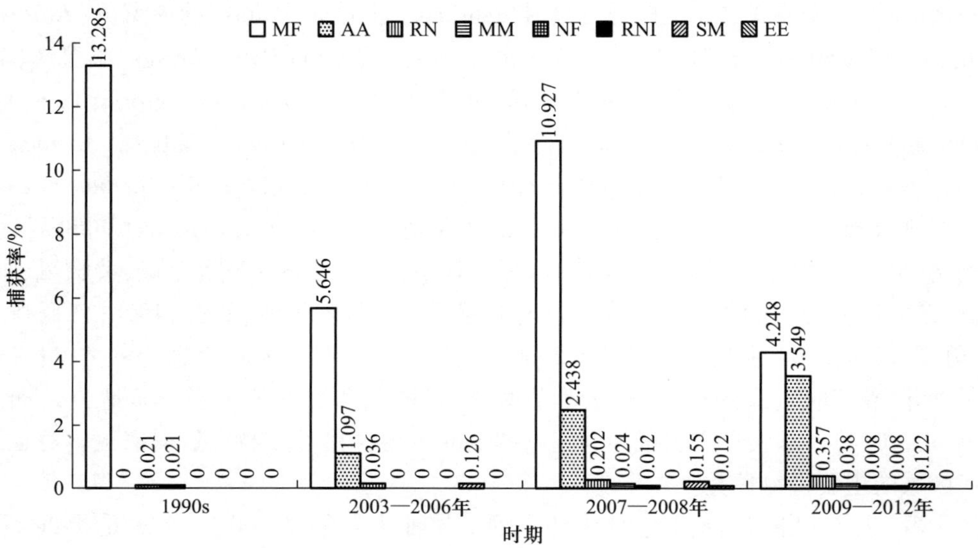

图 5.27 三峡工程各蓄水阶段洲滩小兽各种类的捕获率

注:MF=东方田鼠,AA=黑线姬鼠,RN=褐家鼠,MM=巢鼠,NF=针毛鼠,RNI=大足鼠,SM=臭鼩,EE=普通刺猬。

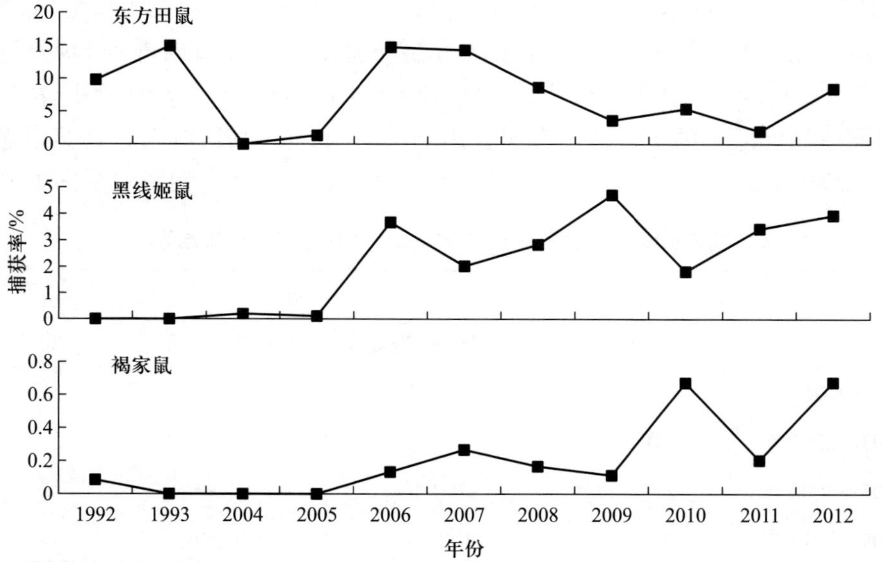

图 5.28 三峡工程运行前后东方田鼠、黑线姬鼠和褐家鼠的种群数量动态

(3) 各种类的优势度及群落优势集中性指数的变化

各时段各种类优势度和群落优势集中性指数列于表 5.13。可以看出，三峡水库运行后，群落优势集中性指数逐渐降低，从运行前的 0.9936 降低到 2009—2012 年的 0.4438。各捕获种类中，东方田鼠的优势度逐渐降低，而黑线姬鼠明显增加，褐家鼠也有一定程度的增加趋势。

表 5.13　群落优势度(I 值)及优势集中性指数(C 值)变化

指数	物种	时期			
		1990s	2003—2006 年	2007—2008 年	2009—2012 年
I 值	东方田鼠	0.9968	0.8177	0.7936	0.5100
	黑线姬鼠		0.1589	0.1770	0.4261
	褐家鼠	0.0016	0.0052	0.0147	0.0429
	巢鼠	0.0016		0.0017	0.0046
	针毛鼠			0.0009	0.0009
	大足鼠				0.0009
	臭鼩		0.0182	0.0112	0.0146
	普通刺猬			0.0009	
C 值		0.9936	0.6942	0.6615	0.4438

(4) 群落多样性及均匀性的变化

从表 5.14 可以看出，三峡水库运行后，洞庭湖洲滩上小兽的种类明显增加，在 1990s 仅捕获到 3 种(东方田鼠、褐家鼠和巢鼠)。到三峡水库蓄水初期，有 4 种小兽被捕获，主要是黑线姬鼠被较多地捕获，优势达到 0.1589，仅次于东方田鼠(表 5.13)。到第二蓄水高程(2007—2008 年)以及最高蓄水试验期(2009—2012 年)，捕获的种类均达到 7 种。香农-维纳多样性指数(H')和 Pielou 均匀度指数(E)均有相似的趋势。在 1990s，它们均是最低值，随着三峡水库的建设进程和三峡水库的蓄水量增加，呈逐渐增加的趋势，至 2009—2012 年达到最高(表 5.14)。香农-维纳多样性指数的 t 检验显示，三峡开始蓄水的各时期与蓄水前均有极显著性的差异，且t 值呈逐渐增加趋势(表 5.15)；相互之间只有 2003—2006 年和 2007—2008 年间差异不显著，说明这种变化也是一个逐渐的过程。总体来讲，三峡水库调节下游水量，使得洞庭湖洲滩上栖息的小兽种类明显增加，单一物种优势度下降，群落均匀性增加，物种多样性增强，由单一物种呈绝对优势转变为多物种并存的格局。

表 5.14　三峡水库不同蓄水阶段小兽群落多样性分析

指数	时期			
	1990s	2003—2006 年	2007—2008 年	2009—2012 年
S	3	4	7	7
H'	0.0238	0.5572	0.6255	0.9410
E	0.0217	0.4019	0.3214	0.4836

表 5.15 三峡水库不同蓄水阶段小兽群落香农-维纳多样性指数显著性(t 检验)测定

		df			
		1990s	2003—2006 年	2007—2008 年	2009—2012 年
t 值	1990s	—	475	1676	1684
	2003—2006 年	11.81***	—	707	615
	2007—2008 年	19.73***	1.36	—	2214
	2009—2012 年	33.91***	7.93***	8.99***	—

注：* * *，$p<0.001$。

(5) 群落相似性比较

不同时期的相似性指数列于表 5.16。S_1和 S_2是以 Sφrenson 相似性指数计算的，公式：$S=2c/(a+b)$，式中 S_1中的 a 和 b 分别是两群落各自的物种数，c 是它们共有的物种数；而 S_2中的 a 和 b 分别是两群落各自种类的捕获率的和，c 是每个鼠种类的最低捕获率的和。S_3是 Whittaker 相似性指数，公式为：$S_3=1-0.5(\sum|a_i-b_i|)$，式中 a_i为物种 i 的个体数在群落 a 中的比例，b_i为物种 i 的个体数在群落 b 中的比例。

表 5.16 三峡水库不同蓄水阶段小兽群落的相似性指数

	时期	1990s	2003—2006 年	2007—2008 年
S_1	2003—2006 年	0.5714	—	
	2007—2008 年	0.6000	0.7273	—
	2009—2012 年	0.6000	0.7273	0.8571
S_2	2003—2006 年	0.5543		
	2007—2008 年	0.7933	0.6439	
	2009—2012 年	0.3913	0.6999	0.6141
S_3	2003—2006 年	0.8193	—	—
	2007—2008 年	0.7968	0.9689	—
	2009—2012 年	0.5132	0.6887	0.7156

相似性指数 S_1显示，小兽群落在三峡水库开始蓄水后各阶段变得越来越相似(表 5.16)，蓄水各阶段与开工前的相似性是最低的。因 S_1是以物种数为基础计算的，也就是说，在三峡水库开始蓄水后对下游水量的调节已引发某些小兽种类开始利用洲滩生境。由于 S_2是以各种类的密度为基础计算的，由于 1990s 和 2007—2008 年均包括东方田鼠密度高峰年，因此它们之间的相似性最高，除此之外，其趋势与 S_1是相似的。其中 1990s 和 2009—2012 年两时期群落相似性是最低的，正是洞庭湖洲滩小兽群落演替的结果。以各种类的组成比例为基础计算的 S_3也是相似的趋势。也就是说，三峡工程实施后，洞庭湖洲滩小兽群落的演替方向与原有群落越来越不相似。

(6) 洞庭湖区小兽种群未来发展趋势

东方田鼠种群数量年动态决定其种群会在10年左右暴发一段时间,因此长期来讲,东方田鼠种群年际间动态有其自身的规律。几年高峰期过后,又会迎来数量低谷的几年,之后又会有一个高峰期的到来。而随着退田还湖后的双退垸进一步向成熟湖滩演替,以及三峡工程完全蓄水后对下游水量的调节使洞庭湖湖滩出露时间增加,下一高峰时,洲滩上东方田鼠总体数量可能会更多。但2012年东方田鼠数量稍有反弹后,并没有随之出现种群数量大暴发的现象。随后几年的东方田鼠种群数量也维持在较低的水平,是否是黑线姬鼠和褐家鼠的入侵对东方田鼠种群数量产生了抑制效应,不得而知。因此有必要对它们在洲滩环境的相互作用过程和机理进行深入的研究。

同时也应注意黑线姬鼠和褐家鼠种群在洲滩的发展动向。历史上,洞庭湖洲滩以东方田鼠为主要暴发危害的种群,未见黑线姬鼠、褐家鼠在湖滩生境大暴发的记载,应该与以前洞庭湖汛期湖滩淹没时间长、淹没水位高、每年汛期湖滩基本被完全淹没有关,丰水期湖滩或河滩持续长时间的严重淹涝,对小型哺乳动物群落的大部分种类会造成更多的不利后果。洪水的破坏性后果取决于水位、洪水的持续时间和水上升的速度(McCarley,1959;Andersen et al.,2000;Wijnhoven et al.,2005;Balčiauskas et al.,2012)。洞庭湖湖滩在这种状况下形成了只适合东方田鼠栖息的状况。三峡大坝修建后,黑线姬鼠、褐家鼠在湖滩地被大量捕获应该不是偶然现象。那么,是什么原因导致该种类大量入住湖滩生境呢?是三峡水库水量调节导致湖滩长期出露的必然结果吗?同时,洞庭湖区在2000年以来杨树面积的大幅增加是否也给其他物种栖息提供了一些有利的条件?另外,如果任由黑线姬鼠种群发展,它是否也会形成类似于东方田鼠种群大暴发的危害?黑线姬鼠种群大量入侵湖滩必定与东方田鼠种群间发生作用,相互竞争也会对东方田鼠种群的发展产生影响。湖滩上黑线姬鼠与东方田鼠共存条件下的相互种间关系会如何?最后结果是此起彼伏?还是会共同暴发危害?几年低水位情况下,黑线姬鼠种群在湖滩极度膨胀之后,再出现一次高水位年份的话,是否出现黑线姬鼠大量从湖滩迁移侵入农田的情景?如果在种群数量高峰年份,汛期内大量黑线姬鼠积聚于大堤边时,在洞庭湖大堤上阻止东方田鼠汛期内大量迁入农田的防鼠墙能阻挡黑线姬鼠的迁入吗?而黑线姬鼠对可致死其他动物和人类的许多疾病病原体具有惊人的抵抗性,潜在传播疾病的能力是很强的,已知传播的疾病多达17种,且为肾综合征出血热和钩端螺旋体病的首要宿主(汪诚信,1996;郑智民等,2012),因此需密切加以关注。这些问题如果单从某一种群去考虑是不够的,因此需要从群落的层次去研究。

虽然目前已基本了解东方田鼠种群动态和成灾原因,对农作区的黑线姬鼠和褐家鼠种群动态也已有较深入的研究,能根据监测数据和种群发展规律对它们种群数量趋势进行预测,但它们共存于洲滩生境时,对影响种群数量的深层次原因缺乏充分的了解,特别是与原来栖息于农田的黑线姬鼠、褐家鼠等的种间竞争机理等。因此,有必要进行进一步的深入研究,掌握它们的种群发展动向,这将有利于对种群数量的控制。

5.5 面临的生态环境问题与挑战

由于洞庭湖区的人口、资源、环境与社会经济发展不协调,湖区的生态环境不断恶化,最直接的表现就是湖泊面积不断减小,调蓄能力持续下降,湖区洪、旱灾害并发、频发,外来生物入侵严重，农村面源污染持续加重，等等，同时还伴随着很多次生环境和经济问题。

5.5.1 洪灾风险并未消失，季节性干旱频率增加

随着洞庭湖湖泊面积和容积的不断缩小，湖泊的调蓄功能也大为下降，洪涝灾害发生的频率大幅增加。松滋决口（1873 年）至 1958 年，洪涝灾害平均每 9.4 年 1 次；1959—1984 年，大水灾更加频繁，平均每 3.7 年 1 次；1985—2002 年，大水灾平均每 2 年 1 次（彭佩钦等，2004）。三峡工程建成后，减少了长江中下游 $2.0\times10^{10}\ m^3$ 的分洪量，但城陵矶仍然有近 $3.0\times10^{10}\ m^3$ 超额分洪量需要由洞庭湖分担。此外，三峡水库对四水来水和干流与四水长历时夏峰遭遇的洪水作用相对较小。因此，三峡工程运行并不能完全代替洞庭湖自身的防洪功能，抗洪依然是洞庭湖区所面临的重要而艰巨的工作。

近年来，长江中下游湖区的干旱问题也不容小觑。干旱问题日趋严重，深深影响了当地的生态环境及居民的生产生活（覃红燕等，2011），基本上每年抗洪结束后就进入了抗旱阶段。据湖南省水旱灾害编辑部和湖南省防汛抗旱指挥部办公室 1951—2007 年湖南省旱灾统计资料分析表明，洞庭湖区在 1951—1999 年共发生 40 次不同程度的干旱，发生频率为 80%。尤其是进入 21 世纪后，旱灾的发生频率急剧增加且程度日益严重。除 2004 年外，2000—2007 年均发生全湖性不同程度的旱灾（李景保等，2008）。洞庭湖水量主要来自湖南湘、资、沅、澧四水及荆江的松滋、太平、藕池三口，显然，洞庭湖水量的多少与四水三口入湖水量息息相关。据 2000—2007 年 4—9 月洞庭湖区主要水文站水量、水位资料统计表明，受降雨量减少的影响，在这 8 年间，除 2002 年外，湖南四水入湖水量均有不同程度的减少，其中以 2006 年减少量最多，这主要受葛洲坝截留、下荆江系统裁弯、三峡水库蓄水的综合影响。入湖水量减少直接导致洞庭湖主汛期水位偏低，如 2006 年 7 月 7 日城陵矶水位仅 27.23 m，比历年同期均值偏低 2.65 m；8 月 14 日城陵矶水位较历年同期均值偏低 5.00 m，为历史最低值（李景保等，2008）。干旱不仅导致农作物的减产或绝收，也导致林业、牧业、水产、电力、航运等均受到不同程度的经济损失，同时还导致渔业资源下降，降低了鱼类的多样性水平。除此之外，更为严重的旱灾可能还会造成当地居民、大牲畜饮水困难的局面。据统计，2006 年的旱灾导致岳阳市人、畜饮水困难数量分别为 1.14×10^4 人及 0.86×10^4 头，常德市人、畜饮水困难数量分别为 11.07×10^4 人及 2.80×10^4 头，益阳市人、畜饮水困难数量分别为 0.92×10^4 人及 1.32×10^4 头（李景保等，2008）。这在水系发达、水资源丰沛的洞庭湖区也是极为少见的。按季节按区域合理调配水资源、减少旱灾的损失是必要的。

5.5.2 生产活动的严重干扰

当前，湖泊湿地资源的保护和利用还没有一个统一的总体规划和管理计划，受经济利益的驱动，周边单位、行业和个人将开发延伸到湖滩，对湿地生态系统和珍稀濒危动植物栖息地造成危害。主要生产活动包括：第一，圈地围垦十分严重。在洞庭湖，目前围垦主要是在湖滩地栽种速生杨树，面积急剧扩大。最初杨树的栽种是在农田四周、道路两旁、农居四周和低洼、渍涝低产地，少量地栽种在洞庭湖湿地洲滩。后来自然保护区的核心区也遭到侵占和开垦，少则几百亩，多则数万亩。鸟类越冬栖息地、鱼类产卵地和繁育洲滩被大面积垦殖，整个湿地生态系统遭受严重破坏。现在南洞庭湖和西洞庭湖已难以见到大面积薹草地，大量的自然湿地遭到破坏，对食草类水鸟栖息地造成严重威胁。第二，湖滩牛羊散养破坏生境。目前仅在东洞庭湖保护区牛羊就

多达3000头，给湿地生境和鸟类的越冬造成了一定的影响。“鸟畜争食、畜进鸟退”是一个比较普遍的现象。第三，破坏性渔业生产方式仍非常普遍。2005年后，围网养殖在洞庭湖迅速发展，并逐年扩大，以东洞庭湖漉湖为例，2009年为每户2.7 hm^2，2010年扩建为每户27 hm^2，扩大了近10倍，致使漉湖在非汛期时的水面几乎全部用于围网养殖。高密度围网养殖可能造成湖区水草锐减，破坏湿地生态系统结构，直至无法恢复（谢永宏等，2010）。第四是过度采砂。洞庭湖沿湖地区的一些政府为了地方利益，公开拍卖湖区的采砂权，只收钱不问后果。过度挖砂加剧了对湖滩植被的破坏，加剧了洞庭湖水底的“沙漠化”，引起河势的变化，对河道的航运功能、取水功能、水利功能、生态环境功能、重要濒危物种如江豚等都将产生影响。

5.5.3　污染严重且持续恶化

随着湖区工农业发展和城市化进程加速，洞庭湖承纳工农业和生活污水的压力越来越大，营养物质和有毒有害物质的污染日渐突出，降低了湖区生态系统的自净能力。以资源开发型和能源消耗型为主的工业产业结构导致结构性污染严重，其中造纸和化肥行业是重点污染行业。洞庭湖湿地及周边现有工业污染企业达596家，2001年工业废水排放量2176×10^8 t，城镇生活污水排放量2162×10^8 t。湖区农业结构不合理，种植业所占比重过大，为追求粮食高产丰收，化肥、农药施用量每年分别达18713×10^4 t和117×10^4 t，农业面源污染随之加剧。湖区中小城镇生活污水大多未经过处理直接排入湖，这种状况在短期内无法改变。还有沤制黄红麻废水、投放铬渣和五氯酚钠等血防药物，均给洞庭湖湿地生态系统造成严重污染。随着湖区经济的发展，入湖污染物增加，虽然洞庭湖的整体水质状况良好，但局部水域污染将呈扩大趋势。

此外，水体的重金属污染问题也不可小觑。在洞庭湖地区，水体中的重金属主要为Cd、Pb、Zn、Cu及Cr等，其中以Cu较为严重。Pb与Cu年度最高值均出现在君山附近，特别是在枯水期，君山处浓度非常高，说明该处的点源污染十分严重，应当引起有关部门的重视。洞庭湖流域Cd的年均值在0.0005~0.001 $mg\cdot L^{-1}$，丰水期、平水期、枯水期浓度峰值分别出现在万子湖、茅草街及君山，说明君山点源污染中含有大量的Cd。枯水期茅草街Cd浓度也较高，说明排入该段的点源污染物中含有较高浓度的Cd，这可能与附近工厂排入的大量冶炼废水有关。Zn的年均值在0.0123~0.0278 $mg\cdot L^{-1}$，峰值出现在磊石处（李倩等，2005）。

5.5.4　水利工程的影响

历史上长江流域一直受众多大型水利工程的影响，包括长江干流的荆江裁弯、葛洲坝水利枢纽工程、三峡工程等，而支流所建设的水库、水闸及拦沙坝数量也极其庞大。截至2001年，湖南四水流域兴建大中小型水库13318座，其中大型水库19座，总库容369×10^8 m^3，有效库容248×10^8 m^3，占四水多年平均径流量的14.7%。水利工程主要通过改变江湖关系、河道地理特征等对长江中下游湖泊湿地产生影响，且影响极其深远，如荆江裁弯对荆江干流和洞庭湖的影响直到20世纪90年代才停止（方春明等，2004）。作为全球最大的发电站，三峡工程对湖泊湿地，尤其是长江中游两大通江湖泊——洞庭湖和鄱阳湖的影响一直受到国内外广泛关注。建立以三峡出库和洞庭湖四水日径流量为输入、城陵矶日水位为输出的BP神经网络模型，用三峡入库流量替换出库流量进行城陵矶水位过程的还原计算，进而估计三峡工程运行对城陵矶水位的影响（黄群等，2011）。三峡水库自2003年运行以来，经过了5次蓄水过程，分别为：2003年6月1日至6月10

日蓄至 135 m,2006 年 9 月 20 日至 10 月 27 日蓄至 156 m,2007 年 9 月 25 日至 10 月 23 日再次蓄水至 156 m,2008 年 9 月 28 日至 11 月 4 日蓄至 172. 3 m,2009 年 9 月 15 日起动 175 m 试验性蓄水,10 月底蓄至 171. 43 m(引自中国长江三峡集团公司发布数据)。从模拟结果看(表 5. 17),5 次蓄水均对洞庭湖水位产生了较大的影响,尤其是 2006 年和 2009 年蓄水的影响更大。2006 年蓄水期间,城陵矶水位平均下降 2. 03 m,最大降幅 3. 30 m;2009 年蓄水期间,城陵矶水位平均下降 2. 11 m,最大降幅 3. 12 m。与 20 世纪 90 年代相比,如无三峡蓄水,2009 年秋季的水位将基本在 90 年代的变动范围内,即使是 2006 年的特枯年份,如无三峡蓄水,秋季水位出现异常的时间也将缩短近一半。因此,三峡蓄水对洞庭湖湿地变化的影响是不容忽视的。

表 5. 17　三峡蓄水对城陵矶水位的影响

蓄水期	平均降幅/m	最大降幅/m
2003. 6. 1—2003. 6. 10	0. 59	1. 87
2006. 9. 20—2006. 10. 27	2. 03	3. 30
2007. 9. 25—2007. 10. 23	0. 63	1. 41
2008. 9. 28—2008. 11. 4	0. 71	1. 39
2009. 9. 15—2009. 10. 31	2. 11	3. 12

注:引自黄群等,2011。

参 考 文 献

蔡祖聪. 1999. 土壤水分状况对 CH_4 氧化,N_2O 和 CO_2 排放的影响. 土壤,31(6):289-298.

陈安国,郭聪,王勇,等. 1995. 洞庭湖区东方田鼠种群特性和成灾原因研究. 见:张洁. 中国兽类生物学研究. 北京:中国林业出版社,31-38.

陈安国,郭聪,王勇,等. 1998. 长江流域稻作区重要的生态学及控制对策. 见:张知彬,王祖望. 农业重要害鼠的生态学与控制对策. 北京:海洋出版社,114-174.

戴友芝,唐受印,张建波. 1999. 利用底栖动物群落特征评价洞庭湖污染的研究. 湘潭大学自然科学学报,21(4):83-87.

戴友芝,唐受印,张建波. 2000. 洞庭湖底栖动物种类分布及水质生物学评价. 生态学报,20(2):277-282.

洞庭湖植被调查研究队. 1983. 洞庭湖区植被的调查研究报告. 湖南省林学会.

段晓男,王效科,欧阳志云. 2005. 维管植物对自然湿地甲烷排放的影响. 生态学报,25(12):3375-3382.

方春明,毛继新,鲁文. 2004. 长江中游与洞庭湖泥沙问题研究. 北京:中国水利水电出版社.

郭聪,陈安国,李世斌,等. 1992. 洞庭丘岗平原区农村鼠类群落演替的观察. 兽类学报,12(4):294-301.

郭聪,陈安国,王勇,等. 1994. 华中地区小家鼠生物学特性观察. 兽类学报,14(1):51-56.

郭聪,王勇,陈安国,等. 1997. 洞庭湖区东方田鼠迁移的观察. 兽类学报,17(4):279-286.

郭聪,张美文,王勇,等. 1999. 洞庭湖区夏季温光条件及被迫迁移对东方田鼠和繁殖的影响. 兽类学报,19(4):298-307.

郭佳伟,邹元春,霍莉莉,等. 2013. 生物地球化学过程模型 DNDC 的研究进展及其应用. 应用生态学报,24(2):571-580.

郝瑞军,李忠佩,车玉萍. 2006. 水分状况对水稻土有机碳矿化动态的影响. 土壤,38(6):750-754.

贺宏斌,左家铮,周利红,等. 1991. 东方田鼠感染日本血吸虫的研究. 湖南医学,9(2):65-67.
洪朝长. 1982. 福建啮齿动物的地理分布和地理区划. 动物学报,28(1):87-98.
胡自强. 1993. 洞庭湖及其周围主要水域的螺类. 湖南师范大学自然科学学报,16(1):80-86.
黄华,郭水良. 2004. 一枝黄花属三种欧洲入侵种的生态学研究概况. 广西科学,11(1):69-74.
黄群,孙占东,姜家虎. 2011. 三峡水库运行对洞庭湖水位影响分析. 湖泊科学,23(3):424-428.
黄文几,陈延熹,温业新. 1995. 中国啮齿类. 上海:复旦大学出版社.
姜明,吕宪国,杨青,等. 2006. 湿地铁的生物地球化学循环及其环境效应. 土壤学报,43(3):493-499.
李波,王勇,张美文,等. 2008. 洞庭湖区东方田鼠种群暴发期间的行为特征观察. 动物学杂志,43(2):57-63.
李波,王勇,张美文,等. 2007. 洞庭湖区东方田鼠种群数量预警. 植物保护,33(2):134-136.
李博. 2000. 生态学. 北京:高等教育出版社.
李纯矩. 1989. 贵州农田鼠种组成及黑线姬鼠的地理分布. 中国鼠类防制杂志,5(2):99-101.
李捷,张清斌,杨刚. 1997. 中国苜蓿属植物与新疆苜蓿种质资源的优势. 草地学报,5(4):286-291.
李景保,王克林,杨燕,等. 2008. 洞庭湖区 2000 年—2007 年农业干旱灾害特点及成因分析. 水资源与水工程学报,19(6):1-5.
李倩,曾光明,黄国和,等. 2005. 三峡工程对洞庭湖水力梯度及其湿地植物生长的影响. 安全与环境学报,5(1):12-15.
李世斌,王勇,李波,等. 1994. 洞庭平原褐家鼠种群动态和繁殖特性. 长江流域资源与环境,3(3):277-285.
李杨杰,陈振楼,王初,等. 2015. 长江口潮间带湿地涨退潮期 N_2O 的排放通量研究. 长江流域资源与环境,24:408-415.
梁俊勋,黄汉宏. 1997. 广西农业区东方田鼠生物学及其生态地理特征. 广西科学,4(2):129-132.
林有润. 1995. 论世界蒿属植物区系. 植物研究,15(1):1-37.
刘春生,吴万能,郭世坤,等. 1991. 中国大陆东部地区黑线姬鼠亚种分化研究. 兽类学报,11(4):294-299.
刘健康,曹文宣. 1992. 长江流域的鱼类资源及其保护对策. 长江流域资源与环境,1(1):19-22.
刘鹏. 1994. 大别山马宗岭种子植物区系的地理成分研究. 地理科学,14(4):355-362.
刘月秀,张卫明. 1998. 紫苏属植物的分类及资源分布. 中国野生植物资源,17(3):1-4.
陆强国. 1985. 利用底栖动物群落进行洞庭湖水质的生物学评价. 环境科学,6(2):59-63.
马勇. 1986. 中国有害啮齿动物分布资料. 中国农学通报,(6):76-82.
彭佩钦,蔡长安,赵青青.2004. 洞庭湖区的湖垸农业、洪涝灾害与退田还湖.国土与自然资源研究,(2):23-25.
沙晨燕,王敏,王卿,等. 2011. 湿地碳排放及其影响因素. 生态学杂志,30(9):2072-2079.
邵国生. 1989. 底栖动物在南洞庭湖岸边污染带水质评价中的应用. 环境科学,10(1):77-82.
盛和林,钱国桢. 1964. 长江田鼠的生态观察. 动物学杂志,6(5):200-204.
寿振黄. 1962. 中国经济动物志·兽类. 北京:科学出版社,110-272.
覃红燕,谢永宏,邹冬生. 2011. 湖南省农业洪旱灾害演变趋势和成因及防灾减灾措施. 农业现代化研究,32(2):165-169.
谭邦杰. 1992. 哺乳动物分类名录. 北京:中国医药科技出版社.
唐玥,谢永宏,李峰,等. 2013. 1989—2011 年东洞庭湖草洲出露面积变化及其与水位响应的关系. 应用生态学报,22(11):1484-1492.
田中平,庄丽,李建贵,等. 2011. 伊犁河谷北坡野果林群落结构及其与环境的关系. 应用与环境生物学报,17(1):39-45.
佟巍,艾铁民. 2003. 紫金龙属花粉形态与种子表面特征研究. 植物分类学报,41(2):180-186.
汪诚信. 1996. 害鼠防治与卫生防疫. 见:王祖望,张知彬. 鼠害治理的理论与实践. 北京:科学出版社,38-52.
汪宪榧. 1989. 湖泊变迁. 见:施成熙. 中国湖泊概论. 北京:中国科学技术出版社,26-36.

汪星,郑丙辉,刘录三,等. 2012. 洞庭湖典型断面底栖动物组成及其与环境因子的相关分析. 中国环境科学,32(12):2237-2244.
王洪道,窦鸿身,颜京松,等. 1989. 中国湖泊资源. 北京:科学出版社,8-35,87-130.
王慧春. 2008. 蓼属植物种质资源及其开发利用. 青海草业,17(4):17-21.
王廷正,许文贤. 1993. 陕西啮齿动物志. 西安:陕西师范大学出版社.
王小毛,欧伏平,王丑明,等. 2016. 洞庭湖底栖动物长期演变特征及影响因素分析. 农业环境科学学报,35(2):336-345.
王勇,陈安国,李波,等. 1994. 洞庭平原黑线姬鼠繁殖特性研究. 兽类学报,14(2):138-146.
王勇,郭聪,张美文,等. 2004. 洞庭湖区东方田鼠种群动态及其危害预警. 应用生态学报,15(2):308-312.
吴德林. 1982. 我国大家鼠(*Rattus norvegicus* Berkenhout)的亚种分化. 兽类学报,2(1):107-112.
吴东丽,张金屯,王春乙,等. 2009. 保护植物野生大豆群落不同物种间的生态关系分析. 应用与环境生物学报,15(5):638-644.
吴林,张美文,李波. 1998. 洞庭湖区东方田鼠的食物组成调查. 兽类学报,18(4):282-291.
吴庆龙,陆强国,杨汉. 2000. 水生生物资源. 见:窦鸿身,姜加虎. 洞庭湖——湖泊环境与洪涝灾害治理. 合肥:中国科学技术大学出版社.
吴征镒. 1991. 中国种子植物属的分布类型. 云南植物研究(增刊),Ⅳ:1-139.
吴征镒,周浙昆,李德铢,等. 2003. 世界种子植物科的分布区类型系统. 云南植物研究,25(3):245-257.
武正军,陈安国,李波,等. 1996. 洞庭湖区东方田鼠繁殖特性研究. 兽类学,16(2):142-150.
夏武平,高耀亭. 1988. 中国动物图谱·兽类. 北京:科学出版社,31-70.
谢春花,王克林,陈洪松,等. 2005. 湿地功能变化与生态系统管理——以洞庭湖区双退垸为例. 农村生态环境,21(3):6-10.
谢大军,向成华,熊春妮,等. 2008. 长沙贡玛高寒湿地自然保护区种子植物区系成分分析. 吉林农业大学学报,30(1):19-23,35.
谢永宏,陈心胜. 2008. 三峡工程对洞庭湖湿地植被演替的影响. 农业现代化研究,29:684-687.
谢永宏,陈心胜,侯志勇,等. 2010. 东洞庭湖漉湖死鱼事件原因分析及政策建议. 农业现代化研究,31(5):122-125.
谢志才,张君清,陈静,等. 2007. 东洞庭湖保护区大型底栖动物空间分布格局及水质评价. 湖泊科学,19(3):289-298.
杨锡臣. 1989. 洞庭湖区滩地资源研究. 中国科学院南京地理与湖泊研究所集刊,(6):14-23.
雍仲禹,张美文,郭聪,等. 2012a. 洞庭湖区东方田鼠夏季迁移期在防洪堤坝上的食性. 中国媒介生物学及控制杂志,23(1):10-14.
雍仲禹,张美文,郭聪,等. 2012b. 洞庭湖区黑线姬鼠食性调查. 动物学杂志,47(3):115-121.
张继义,赵哈林,张铜会,等. 2003. 科尔沁沙地植物群落恢复演替系列种群生态位动态特征. 生态学报,23(12):2741-2746.
张建波,李利强,田琪. 2002. 洞庭湖底栖动物多样性及水质现状评价. 内陆水产,(3):42-43.
张美文. 2006. 洞庭湖区退田还湖工程对小型兽类群落的影响. 博士学位论文. 长沙:湖南农业大学.
张美文,陈安国,王勇,等. 2000. 长江流域黄胸鼠生物学特性观察. 兽类学报,20(3):200-211.
张美文,黄璜,王勇,等. 2006. 洞庭湖区社鼠的繁殖生态. 生态学报,26(3):884-894.
张美文,黄璜,王勇,等. 2007a. 洞庭湖区社鼠的外形特征及栖息地选择. 湖南农业大学学报,33(1):53-56.
张美文,李波,王勇. 2007b. 洞庭湖区东方田鼠2007年暴发成灾的原因剖析. 农业现代化研究,28(5):601-605.
张美文,李波,王勇,等. 2012. 洞庭湖区退田还湖过程中小型兽类的生态位特征. 应用与环境生物学报,18(2):177-185.

张美文,王勇,李波,等. 2009. 洞庭湖不同退田还湖类型区东方田鼠和黑线姬鼠繁殖特性. 兽类学报,29(4):396-405.

张冉,赵鑫,濮超,等. 2015. 中国农田秸秆还田土壤 N_2O 排放及其影响因素的 Meta 分析. 农业工程学报,31(22):1-6.

张文菊. 2006. 典型湿地生态系统碳蓄积与碳循环模拟. 博士学位论文. 武汉:华中农业大学.

张玺,李世彧,刘月英. 1965. 洞庭湖及其周围水域双壳类软体动物. 动物学报,17(2):197-211.

张修桂,谭其骧,魏嵩山,等. 1982. 历史时期的水系变迁. 见:竺可桢. 中国自然地理·历史自然地理. 北京:科学出版社,36-152.

张雪梅,胡志宇. 2009. 我国香茅属植物研究进展. 中国民族民间医药,18(05):14-15.

张勇,王一峰. 1998. 国产委陵菜属植物资源. 西北师范大学学报(自然科学版),34(1):59-62.

郑智民,姜志宽,陈安国. 2012. 啮齿动物学(第二版). 上海:上海交通大学出版社.

朱培立,黄东迈,余晓鹤,等. 1994. ^{14}C 标记秸秆和根茬在淹水及旱地土壤中的矿化特征. 土壤通报,S1:67-70.

邹剑明,黄小清,夏金初,等. 1994. 洞庭湖稻作区农田鼠害综合治理技术研究. 湖南农业科学,(增刊):45-49.

邹邵林,郭聪,刘新平. 2000. 洞庭湖区洲滩环境演变对东方田鼠暴发成灾的影响. 自然灾害学报,9(2):118-122.

邹邵林,郭聪,刘新平. 2002. 环境演变及三峡工程对洞庭湖区东方田鼠种群影响的评估. 应用生态学报,3(5):585-588.

邹邵林,刘晓清,刘新平,等. 2000. 三峡工程对洞庭湖区滩地出露天数的影响. 长江流域资源与环境,9(2):254-259.

Abril G, Martinez J M, Artigas L F, et al. 2014. Amazon River carbon dioxide outgassing fuelled by wetlands. Nature, 505(7483):395-398.

Allen G. 2016. Biogeochemistry: Rebalancing the global methane budget. Nature, 538(7623):46-48.

Andersen D C, Wilson K R, Miller M S, et al. 2000. Movement patterns of riparian small mammals during predictable floodplain inundation. Journal of Mammalogy, 81(4):1087-1099.

Audet J, Johansen J R, Andersen P M, et al. 2013. Methane emissions in Danish riparian wetlands: Ecosystem comparison and pursuit of vegetation indexes as predictive tools. Ecological Indicators, 34(34):548-559.

Balčiauskas L, Balčiauskienė L, Janonytė A. 2012. The influence of spring floods on small mammal communities in the Nemunas River Delta, Lithuania. Biologia, 67(6):1220-1229.

Battle J M, Golladay S W. 2001. Hydroperiod influence on breakdown of leaf litter in cypress-gum wetlands. The American Midland Naturalist, 146(1):128-145.

Bellio M G, Kingsford R T, Kotagama S W. 2009. Natural versus artificial-wetlands and their waterbirds in Sri Lanka. Biological Conservation, 142(12):3076-3085.

Beringer J, Livesley S J, Randle J, et al. 2013. Carbon dioxide fluxes dominate the greenhouse gas exchanges of a seasonal wetland in the wet-dry tropics of northern Australia. Agricultural and Forest Meteorology, 182-183:239-247.

Bridgham S D, Cadillo-Quiroz H, Keller J K, et al. 2013. Methane emissions from wetlands: Biogeochemical, microbial, and modeling perspectives from local to global scales. Global Change Biology, 19(5):1325-1346.

Cao L, Barter M, Lei G. 2008. New Anatidae population estimates for eastern China: Implications for current flyway estimates. Biological Conservation, 141(9):2301-2309.

Chow A T, Tanji K K, Gao S, et al. 2006. Temperature, water content and wet-dry cycle effects on DOC production and carbon mineralization in agricultural peat soils. Soil Biology and Biochemistry, 38(3):477-488.

Cole J J, Prairie Y T, Caraco N F, et al. 2007. Plumbing the Global Carbon Cycle: Integrating inland waters into the terrestrial carbon budget. Ecosystems, 10(1):172-185.

Cong P, Wang X, Cao L, et al. 2012. Within-winter shifts in lesser white-fronted goose *Anser erythropus* distribution at

East Dongting Lake, China. Ardea, 100(1): 5-11.

Davidson E A, Janssens I A. 2006. Temperature sensitivity of soil carbon decomposition and feedbacks to climate change. Nature, 440(7081): 165-173.

Dehedin A, Maazouzi C, Puijalon S, et al. 2013. The combined effects of water level reduction and an increase in ammonia concentration on organic matter processing by key freshwater shredders in alluvial wetlands. Global Change Biology, 19(3): 763-774.

Dorau K, Eickmeier M, Mansfeldt T. 2016. Comparison of manganese and iron oxide-coated redox bars for characterization of the redox status in wetland soils. Wetlands, 36(1): 133-141.

Fenner N, Freeman C. 2011. Drought-induced carbon loss in peatlands. Nature Geoscience, 4(12): 895-900.

Fisher R A, Williams M, de Lourdes Ruivo M, et al. 2008. Evaluating climatic and soil water controls on evapotranspiration at two Amazonian rainforest sites. Agricultural and Forest Meteorology, 148(6-7): 850-861.

Freeman C, Evans C D, Monteith D T, et al. 2001. Export of organic carbon from peat soils. Nature, 412(6849): 785.

Guan L, Wen L, Feng D, et al. 2014. Delayed flood recession in central Yangtze floodplains can cause significant food shortages for wintering geese: Results of inundation experiment. Environmental Management, 54(6): 1331-1341.

Hinrichs K, Boetius A. 2002. The Anaerobic Oxidation of Methane: New Insights in Microbial Ecology and Biogeochemistry. Berlin: Springer.

IPCC. 2014. Climate Change 2014: Synthesis Report. Contribution of Working Groups Ⅰ, Ⅱ and Ⅲ to the Fifth Assessment Report of the Intergovernmental Panel on Climate Change [Core Writing Team, R. K. Pachauri and L. A. Meyer (eds.)]. IPCC, Geneva, Switzerland, 151 pp.

IPCC. 2007. Climate change 2007: The physical science basis: Contribution of Working Group I to the Fourth Assessment Report of the Intergovernmental Panel on Climate Change. Cambridge University Press.

Jimenez K L, Starr G, Staudhammer C L, et al. 2012. Carbon dioxide exchange rates from short- and long-hydroperiod Everglades freshwater marsh. Journal of Geophysical Research: Biogeosciences, 117: G04009.

Junk W, An S, Finlayson C M, et al. 2013. Current state of knowledge regarding the world's wetlands and their future under global climate change: A synthesis. Aquatic Science, 75(1): 151-167.

Le Quéré C, Peters G P, Andres R J, et al. 2013. Global carbon budget 2013. Earth System Science Data Discussions, 6(2): 689-760.

Luo Y, Gerten D, Le Maire G, et al. 2008. Modeled interactive effects of precipitation, temperature, and [CO_2] on ecosystem carbon and water dynamics in different climatic zones. Global Change Biology, 14(9): 1986-1999.

Malone S L, Starr G, Staudhammer C L, et al. 2013. Effects of simulated drought on the carbon balance of Everglades short-hydroperiod marsh. Global Change Biology, 19(8): 2511-2523.

Menges E S. 1986. Environmental correlates of herb species composition in five southern Wisconsin floodplain forests. American Midland Naturalist, 115(1): 106-117.

Miao G, Noormets A, Domec J-C, et al. 2013. The effect of water table fluctuation on soil respiration in a lower coastal plain forested wetland in the southeastern U. S. Journal of Geophysical Research: Biogeosciences, 118(4): 1748-1762.

Mohanty S R, Bandeppa G S, Dubey G, et al. 2017. Methane oxidation in response to iron reduction-oxidation metabolism in tropical soils. European Journal of Soil Biology, 78: 75-81.

Naqinezhad A, Jalili A, Attar F, et al. 2009. Floristic characteristics of the wetland site on dry southern slopes of the Alborz Mts. N. Iran: The role of altitude in floristic composition. Flora, 204(4): 254-269.

Olsen S R, Sommers L E. 1982. Phosphorus. In: Page A L, Miller R H, Keene D R. Methods of Soil Analysis. Madison: Soil Science Society of America, 403-448.

Oni O E, Friedrich M W. 2017. Metal oxide reduction linked to anaerobic methane oxidation. Trends in Microbiology, 25

(2):88-90.

Oni S K, Futter M N, Molot L A, et al. 2014. Adjacent catchments with similar patterns of land use and climate have markedly different dissolved organic carbon concentration and runoff dynamics. Hydrological Processes, 28(3): 1436-1449.

Sarmiento L, Llambi L D, Escalona A, et al. 2003. Vegetation patterns, regeneration rates and divergence in an old-field succession of the high tropical Andes. Plant Ecology, 166(1): 145-156.

Saunois M, Bousquet P, Poulter B, et al. 2016. The global methane budget 2000—2012. Earth System Science Data, 8: 697-751.

Scheller S, Yu H, Chadwick G L, et al. 2016. Artificial electron acceptors decouple archaeal methane oxidation from sulfate reduction. Science, 351(6274): 703-707.

Segarra K E A, Schubotz F, Samarkin V, et al. 2015. High rates of anaerobic methane oxidation in freshwater wetlands reduce potential atmospheric methane emissions. Nature Communications, 6(1): 7477.

Segarra K E A, Comerford C, Slaughter J, et al. 2013. Impact of electron acceptor availability on the anaerobic oxidation of methane in coastal freshwater and brackish wetland sediments. Geochimica et Cosmochimica Acta, 115(5): 15-30.

Sieczko A, Peduzzi P. 2014. Origin, enzymatic response and fate of dissolved organic matter during flood and non-flood conditions in a river-floodplain system of the Danube (Austria). Aquat Science, 76(1): 115-129.

Sivan O, Shusta S, Valentine D. 2016. Methanogens rapidly transition from methane production to iron reduction. Geobiology, 14(2): 190-203.

Song C, Yan B, Wang Y, et al. 2003. Fluxes of carbon dioxide and methane from swamp and impact factors in Sanjiang Plain, China. Chinese Science Bulletin, 48(24): 2749-2753.

Song W M, Wang H, Wang G S, et al. 2015. Methane emissions from an alpine wetland on the Tibetan Plateau: Neglected but vital contribution of the nongrowing season. Journal of Geophysical Research-Biogeosciences, 120(8): 1475-1490.

Thompson J D, Sheffer B J, Baldassarre G A. 1992. Food habits of selected dabbling ducks wintering in Yucatan, Mexico. Journal of Wildlife Management, 56(4): 740-744.

Tockner K, Stanford J A. 2002. Riverine flood plains: Present state and future trends. Environmental Conservation, 29(03): 308-330.

Toogood S E, Joyce C B, Waite S. 2008. Response of floodplain grassland plant communities to altered water regimes. Plant Ecology, 197(2): 285-298.

van Coller A L, Rogers K H, Heritage G L. 2000. Riparian vegetation-environment relationships: Complimentarity of gradients versus patch hierarchy approaches. Journal of Vegetation Science, 11(3): 337-350.

Wang X, Fox A D, Cong P, et al. 2012. Changes in the distribution and abundance of wintering lesser white-fronted geese *Anser erythropus* in eastern China. Bird Conservation International, 22(02): 128-134.

Wang X, Fox A D, Cong P, et al. 2013a. Food constraints explain the restricted distribution of wintering lesser white-fronted geese *Anser erythropus* in China. Ibis, 155(3): 576-592.

Wang Y Y, Jia Y F, Guan L, et al. 2013b. Optimising hydrological conditions to sustain wintering waterbird populations in Poyang Lake National Natural Reserve: Implications for dam operations. Freshwater Biology, 58(11): 2366-2379.

Whittaker R H. 1977. Evolution of species diversity in land communities. Evolutionary Biology, 10: 1-67.

Wijnhoven S, Van Der Velde G, Leuven R S E W, et al. 2005. Flooding ecology of voles, mice and shrews: The importance of geomorphological and vegetational heterogeneity in river floodplains. Acta Theriologica, 50(4): 453-472.

Wu X X, Lv M, Jin Z Y, et al. 2014. Normalized difference vegetation index dynamic and spatiotemporal distribution of migratory birds in the Poyang Lake wetland, China. Ecological Indicators, 47: 219-230.

Xiao W, Liu S D, Li H C, et al. 2014. A flux-gradient system for simultaneous measurement of the CH_4, CO_2, and H_2O

fluxes at a lake-air interface. Environmental Science and Technology,48(24):14490-14498.

Yu L,Wang H,Wang G,et al. 2013. A comparison of methane emission measurements using eddy covariance and manual and automated chamber-based techniques in Tibetan Plateau alpine wetland. Environmental Pollution,181:81-90.

Yuan Y,Zeng G,Liang J,et al. 2014. Effects of landscape structure,habitat and human disturbance on birds:A case study in East Dongting Lake wetland. Ecological Engineering,67(0):67-75.

Zedler J B,Callaway J C,Desmond J S,et al. 1999. Californian Salt-Marsh Vegetation:An improved model of spatial pattern. Ecosystems,2:19-35.

Zhang C,Yuan Y J,Zeng G M,et al. 2016. Influence of hydrological regime and climatic factor on waterbird abundance in Dongting Lake Wetland,China:Implications for biological conservation. Ecological Engineering,90(0):473-481.

Zhang M,Wang Y,Li B,et al. 2014. Small mammal community succession on the beach of Dongting Lake,China,after the Three Gorges Project. Integrative Zoology,9(3):294-308.

Zhao M,Cao L,Fox A D. 2010. Distribution and diet of wintering tundra bean geese *Anser fabalis serrirostris* at Shengjin Lake,Yangtze River Floodplain,China. Wildfowl,60:52-63.

Zhao M J,Cao L,Klaassen M,et al. 2015. Avoiding competition? Site use,diet and foraging behaviors in two similarly sized geese wintering in China. Ardea,103(1):27-38.

Zhu Q,Liu J,Peng C,et al. 2014. Modeling methane emissions from natural wetlands by development and application of the TRIPLEX-GHG model. Geoscientific Model Development,7(3):981-999.

Zou Y A,Tang Y,Xie Y H,et al. 2016. Response of herbivorous geese to wintering habitat changes:Conservation insights from long-term population monitoring in the East Dongting Lake, China. Regional Environmental Change, 17(1):879-888.

第 6 章　三江平原湿地生态系统过程与变化*

三江平原是我国最大的淡水沼泽湿地分布区，同时也是受气候变化和人类活动影响最剧烈的区域之一。本章根据中国科学院三江平原沼泽湿地生态试验站在三江平原地区的长期监测与科学研究工作成果，详细总结了全球变化影响下三江平原湿地生态系统各生态要素动态变化特征，阐明了关键生态因子影响下三江平原湿地主要生态过程变化趋势和强度，并对三江平原湿地生态系统的未来监测和科研工作提出新的展望。

6.1　三江平原湿地生态系统特征

湿地生态系统发育过程是与所处的水文地貌条件与自然气候变化过程密不可分的，三江平原地区独特的自然条件和近 50 年来人类活动强度的快速变化共同塑造了三江平原湿地系统基本景观格局和生态结构特征，本节从湿地生态系统基本特征、自然成因和人为因素胁迫等方面对三江平原湿地生态系统进行了全面介绍。

6.1.1　湿地生态系统基本特征与成因

(1) 湿地生态系统基本特征

湿地是位于水陆过渡地带，由水、土和生物相互作用、相互影响而形成的自然综合生态系统，其与海洋、森林、农田、草地等生态系统共同维持着地球表层生物多样性和生态平衡，是功能独特、不可替代的自然综合体。湿地生态系统生物多样性丰富，生产力高，是重要的基因库；湿地具有水源涵养、调节气候、调蓄洪水、净化污染、为野生动植物资源提供栖息地、提供资源和观光旅游地等生态环境和社会服务功能（吕宪国，2008）。三江平原湿地生态系统的基本特征主要表现在以下几个方面。

湿地生物多样性丰富。湿地生态系统通常位于陆地与水体间的过渡地带区，同时兼具丰富的陆生和水生动植物资源，因此也就形成了其他任何单一生态系统都无法比拟的天然基因库和独特的生物栖息环境。湿地生态系统在优势种生长期内处于常年积水或是季节性积水条件下（宋长春，2003），特殊的水文、土壤和气候条件，以及湿地特有的动植物群落，对于保护物种、维

---

* 本章作者为中国科学院东北地理与农业生态研究所宋长春、郭跃东、陆永正、乔田华、张新厚、石福习、宫超和谭稳稳。

持生物多样性具有不可替代的作用。三江平原记录的野生种子植物共116科1776种,脊椎动物97科504种,其中国家一级保护动物18种,国家二级保护动物61种,黑龙江省重点保护动物59种(刘兴土和马学慧,2002),生物多样性在我国北方自然生态系统中名列前茅。

湿地生态系统具有易变性。易变性是三江平原湿地生态系统脆弱性的特殊表现形态之一,即当降水和地表径流水量减少以至达到干涸状态时,湿地生态系统将向着陆地旱生化生态系统方向演变;当地表补给水量增加时,植被结构又演化为湿地生态系统。因此,三江平原湿地生态系统植被结构演替过程迅速,水文状况决定了生态结构演化趋势,这是三江平原湿地生态系统区别于其他陆地生态系统的重要标志。

湿地植被初级生产力较高,有机土壤发育广泛。三江平原沼泽湿地典型毛薹草群落净初级生产力年均最高达1300 $g \cdot m^{-2}$,且大部分植物生物量进入土壤系统中,植物残体在湿地淹水、厌氧的环境条件下不完全分解,形成富含有机质的独特湿地土壤,有机质含量平均高达20%~30%(马学慧等,1996)。

湿地生态系统具有生态服务功能多样性。三江平原湿地空间分布广泛、与河流系统关系密切的特征使三江平原生态系统既具有调蓄水源、调节气候、净化水质、保存物种、提供野生动物栖息地等重要生态服务功能,同时具有为工业、农业、能源、医疗业等提供大量生产原料的经济效益。

(2)湿地生态系统基本成因

1)气候条件

土壤表层积水条件导致土表过湿是沼泽形成的直接原因,而土壤水分状况主要取决于气候条件。三江平原属温带湿润、半湿润季风气候,年平均降水量为500~600 mm,且季节分配不均,多集中于夏、秋两季,各地6—9月降水量占全年降水量的70%以上。至10月末或11月初,气温下降,湿地地表大量积水来不及排除,随温度降低被冻结在地表或土壤层中,水分被保存下来;翌年春季解冻后,又导致地表积水或过湿环境,加之冻结期长,冻层较厚,土壤黏重,不利水分下渗,地表经常过湿,利于沼泽发育。

2)地质地貌条件

三江平原是新构造运动长期下沉的地区,三面环山、中间低洼平坦。周围山区降水量多,丰富的径流向平原汇集,而平原区地势极为低平,由西南向东北缓缓倾斜,区内发育一些中小河流,多无明显河槽,属典型的沼泽性河流,泄水能力低。在长期下沉过程中,地表堆积了第四纪河湖相黏土沉积物,厚度一般达3~17 m,这种黏土的黏粒含量较高,并富有铁铝氧化物、次生氧化硅、蒙脱石与水云母等胶体矿物,在浸水膨胀的情况下,增加了土壤的持水性,阻塞了土壤的孔隙,构成了深厚的不透水层,从而减弱或阻止地表水向下运行,利于沼泽环境的形成。

3)水文条件

一个地区的水文条件特征受气候及地貌环境条件的共同制约。三江平原地形平坦,切割微弱,因而河道稀疏,河网密度小。除黑龙江、松花江和乌苏里江外,有些河流发源于完达山或小兴安岭而穿行于平原沼泽之中,而有些河流则发源于沼泽洼地又流经沼泽之中,这些中、小型河流均具有平原沼泽性河流的特点,如别拉洪河、挠力河中下游、浓江、穆棱河等,河流比降小,河道弯曲,狭窄平淡,河漫滩多,导致一些河流无明显河道,泄水能力低,排水不畅,大量水分补给沼泽。每年汛期,主要河流还受黑龙江、乌苏里江洪水顶托,回水距离一般为20~30 km,最长达70 km。由于洪水顶托,提高了这些河流的承泄水位,使两岸低平地排水更为困难,从而促进了沼泽的形成和发展。

4）人为因素的影响

人类经济活动对沼泽湿地的形成也起到一定作用，并且人为因素对沼泽的影响比自然演化要快得多。人们的开挖运河、进行农田灌溉、修建水利工程等活动，如果处理不当，在这些区域就会抬高地下水位，使土地逐渐沼泽化。如穆棱河流域，1943 年在密山市境的湖北屯附近，向小兴凯湖修建分洪水道，有 14 km 防洪堤没有修建，每年汛期，穆棱河洪水由此漫溢，积存地表，使水道东侧沼泽面积日趋扩大。

总之，由于三江平原新构造运动以下沉为主，地势低平、土质黏重、气候温凉、冻土发育、夏秋多雨、蒸发较弱、排水不畅等多种因素综合作用，以致引起土壤过度潮湿，在河漫滩、阶地和各类洼地上形成大面积集中连片沼泽湿地。

6.1.2 近 50 年环境胁迫因素与变化趋势

三江平原是我国最大的淡水沼泽湿地分布区，同时也是受人类活动影响最剧烈的区域之一。三江平原沼泽湿地经历多次大面积垦殖，湿地农田化现象严重，使得农田（旱田和水田）成为本区的主要景观类型（刘兴土，1997；王宗明等，2009），湿地的大面积农业垦殖已经成为最重要的湿地演化胁迫因素（吕宪国，2008）。1949 年三江平原天然沼泽湿地面积为 534×10^4 hm^2，占平原区总面积的 80.1%；但经过四次大规模的农业垦殖后，大面积的草甸湿地、沼泽化草甸湿地和沼泽湿地被开垦为农田，湿地面积锐减，到 2000 年三江平原耕地面积达 524.0×10^4 hm^2，沼泽湿地面积仅剩 83.5×10^4 hm^2，占三江平原总面积的 7.7%；2005 年自然湿地已减少至 81×10^4 hm^2（黄妮等，2009；刘兴土和马学慧，2002）。20 世纪末，我国全面禁止对三江平原的继续开垦，标志着该区结束了大规模开荒垦殖，但是仍未能杜绝湿地偷垦现象的发生。刘吉平等（2014）研究表明，1954—2010 年，三江平原耕地面积增加了 48138 km^2，所占比例由开始的 12.18%增加到 56.43%，呈现出逐渐增长的变化特点，1954—1986 年增加幅度较大，1986—2010 年增加幅度降低。

三江平原土地利用变化强度是人类活动强度变化的重要标志，不同阶段人类垦殖活动强度和方式有所不同。20 世纪 70 至 90 年代自然湿地垦殖强度增加最为显著，而进入 21 世纪以来，自然湿地垦殖活动虽然减弱，但由于农业经济发展的强烈需求，大面积的旱田转化为水田，导致三江平原农业种植结构发生巨大变化，区域可利用水资源的过度开发逐渐成为威胁三江平原湿地系统的重要影响因素。1990 年三江平原水田面积仅为 6447.9 km^2，占该区总面积的 6%；但 2015 年水田已增加至 26961.9 km^2，25 年间面积增长 20514 km^2，增加了 3.18 倍。同期，三江平原主要河流如挠力河、别拉洪河等，地表径流产流系数下降 50%以上，建三江地区地下水水位平均以每年 0.33 m 的速度下降。水资源的急剧减少使三江平原湿地生态需水难以得到基本保障，农业发展与湿地系统保护之间的水资源竞争已经成为目前三江平原湿地系统面临的主要威胁。

6.2 生态系统观测样地和方案

中国科学院三江平原沼泽湿地生态试验站（简称"三江站"）以三江平原湿地为主要研究对象，自建站以来长期开展了三江平原湿地各生态和环境要素、主要生态过程等方面的定位观测与科研工作。本节主要介绍了用以分析的三江站生态环境数据的来源、观测场地、观测方法及标准等相关信息，为深入分析三江平原湿地生态要素变化过程提供典型数据基础。

6.2.1　观测样地布设

三江站观测样地主要分为站区试验场长期观测样地和区域固定调查样地/样点两部分。试验场长期观测样地于2004年重新规划(原1988年建立),设计使用100年,主要包括毛薹草沼泽(常年积水区)综合观测场、小叶章沼泽化草甸(季节性积水区)辅助观测场、旱田辅助观测场和标准气象观测场4个组成部分,主要承担三江站气象、植被、生物、土壤和水文的长期定位观测的主要任务(图6.1)。区域固定调查样地/样点主要分布在三江平原地区湿地和水田集中区,主要是地表水和地下水的区域监测样点,共有12个水文监测样点。

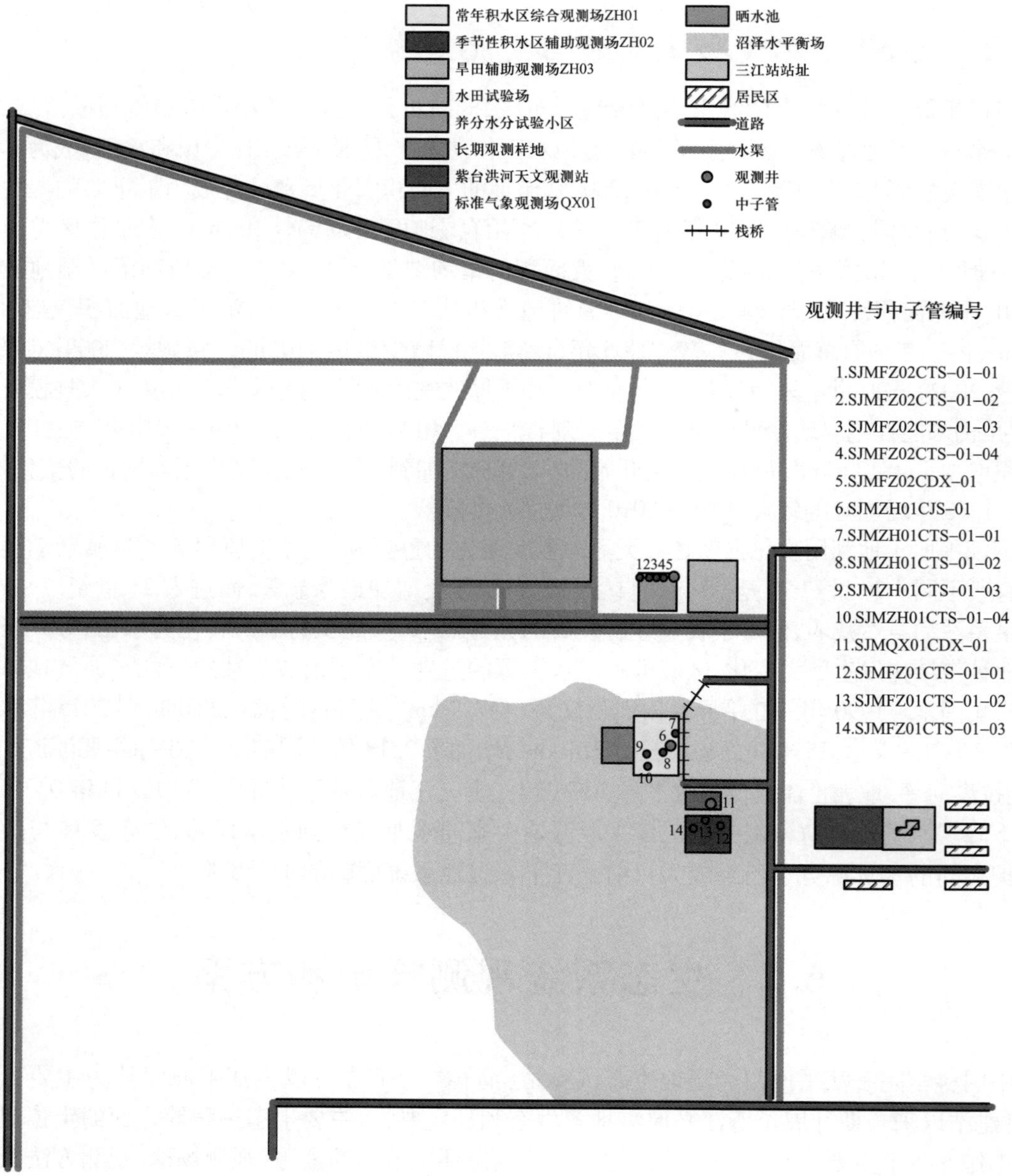

图6.1　三江平原沼泽湿地生态试验站观测场布置图(见书末彩插)

(1) 毛薹草沼泽(常年积水区)综合观测场

该试验场面积约 8 hm^2,观测场代码为 SJMZH01(表 6.1);位于黑龙江省农垦建三江管理局洪河农场(133°30.114′E,47°35.308′N)。毛薹草沼泽湿地是三江平原主要湿地类型,其生态特征及生态过程变化反映三江平原湿地的演化过程及对区域环境变化的响应,具有较好的代表性。观测场周边有岛状林、季节性积水沼泽化草甸和湿地垦殖后农田。从区域位置上看,其位于三江平原低平原区别拉洪河与浓江河河间地带,与洪河国家级湿地自然保护区和三江国家级湿地自然保护区相距 15 km,属同一流域、同种湿地类型。

表 6.1 常年积水区综合观测场中所有观测及采样地配置列表

	采样地代码	采样地名称
样地 1	SJMZH01ABC_01	三江站常年积水区综合观测场土壤生物采样地
样地 2	SJMZH01CTS_01	三江站常年积水区综合观测场中子管
样地 3	SJMZH01CHG_01	三江站常年积水区综合观测场烘干法采样点
样地 4	SJMZH01CDX_01	三江站常年积水区综合观测场地下水采样点
样地 5	SJMZH01CJS_01	三江站常年积水区综合观测场地表积水采样点

该试验场主要植被类型为毛薹草(*Carex lasiocarpa*)、乌拉薹草(*Carex meyeriana*)、小叶章(*Deyeuxia angustifolia*),其次为狭叶甜茅(*Glyceria spiculosa*)、漂筏薹草(*Carex pseudo-curaica*),并伴生有柳叶绣线菊,主要群落类型为毛薹草群落和乌拉薹草群落,植被分布沿水文条件变化具有一定的分带性。地貌类型属于碟形洼地,坡度极缓;土壤母质为第四纪沉积物,土壤类型属于泥炭沼泽土和草甸沼泽土。土壤剖面草根层发育,草根层含较多土粒,厚 10~20 cm,为棕褐色,土壤水分近饱和。其下为 15~30 cm 的腐殖质层,多呈鳊状结构,棕灰色,根系较少,有铁锈斑。再下为潜育层,颜色较浅,小粒状结构。土壤剖面上多为还原环境。土壤剖面温度季节性变化呈“U”形特征,每年 11 月表层土壤开始冻结,冻土层融通时间为 7 月中旬左右。年均温为 1.9℃,年降水量 500~600 mm,>10℃有效积温为 2400℃,>0℃有效积温为 3000℃,无霜期约 115 天,年净辐射总量 1400 MJ · m^{-2}。地下水埋深为 8.5~10 m,年平均湿度(相对湿度)为 78%,年干燥度为 0.64~0.768,观测场常年积水范围为 5~30 cm。观测场建立前与建立后的利用和管理历史均为天然沼泽湿地。

(2) 小叶章沼泽化草甸(季节性积水区)辅助观测场

本观测场面积约 4.5 hm^2,观测场代码为 SJMFZ01(表 6.2),位于黑龙江省农垦建三江管理局洪河农场(133°30.105′E,47°35.321′N)。小叶章沼泽化草甸为季节性积水区,有明显的干湿交替现象,分布区海拔高于常年积水沼泽,是三江平原重要湿地类型。其生态特征及生态过程变化反映三江平原湿地的演化过程及对区域环境变化的响应,对毛薹草沼泽(常年积水区)综合观测场样地有很好的补充作用。观测场周边有岛状林、毛薹草沼泽(常年积水区)和湿地垦殖后农田。

表 6.2 季节性积水区辅助观测场中所有观测及采样地配置列表

	采样地代码	采样地名称
样地 1	SJMFZ01ABC_01	三江站季节性积水区辅助观测场土壤生物采样地
样地 2	SJMFZ01CTS_01	三江站季节性积水区辅助观测场中子管
样地 3	SJMFZ01CHG_01	三江站季节性积水区辅助观测场烘干法采样点
样地 4	SJMFZ01CDX_01	三江站季节性积水区辅助观测场地下水采样点
样地 5	SJMFZ01CJS_01	三江站季节性积水区辅助观测场地表积水采样点

该试验场主要植被类型有小叶章(*Deyeuxia angustifolia*)、乌拉薹草(*Carex meyeriana*)、狭叶甜茅(*Glyceria spiculosa*)、芦苇(*Phragmites australis*)等。主要群落类型为小叶章群落、小叶章-乌拉薹草群落和小叶章-柳叶绣线菊群落等。小叶章组成群落的第一层。土壤母质为第四纪沉积物,土壤类型属草甸沼泽土。土壤剖面草根层和腐殖质层(A1)比较薄,一般为 10~20 cm。在 0~20 cm 多出现白浆土层(Aw),白色或浅黄色,紧实,铁锰结核较多。黏化淀积层(Bt)厚度在 150 cm 左右。11 月表层土壤冻结,冻土层融通时间多在 6 月下旬或 7 月初,早于毛薹草沼泽湿地土壤。干湿交替明显,氧化还原环境交替出现。土壤体积含水量在 23%~65%。年均温为 1.9℃,年降水量 500~600 mm,>10℃有效积温为 2400℃,>0℃有效积温为 3000℃,无霜期约 115 天,年净辐射总量 1400 MJ · m^{-2}。地下水位深度为 8.5~10 m,年平均湿度(相对湿度)78%,年干燥度为 0.64~0.768,季节性积水时间为 4 月中旬、5 月及 8 月,积水深度为 5~10 cm。观测场建立前与建立后的利用和管理历史均为天然沼泽湿地。

(3) 旱田辅助观测场

本观测场面积约 6.67 hm^2,其中划定 40 m×40 m 为长期采样地,观测场代码为 SJMFZ02(表 6.3),位于黑龙江省农垦建三江管理局洪河农场(133°30.127′E,47°35.285′N)。主要农作物为大豆-小麦 3 年轮作(1 年种植 1 季)。种植结构为单一作物,耕作措施为机械翻耕,施肥制度为底肥+追肥。灌溉主要靠大气降水,灌溉能力一般,排水保证率为 70%~90%。

表 6.3 旱田辅助观测场中所有观测及采样地配置列表

	采样地代码	采样地名称
样地 1	SJMFZ02ABC_01	三江站旱田辅助观测场土壤生物采样地
样地 2	SJMFZ02CTS_01	三江站旱田辅助观测场中子管
样地 3	SJMFZ02CDX_01	三江站旱田辅助观测场地下水采样点
样地 4	SJMFZ02CHG_01	三江站旱田辅助观测场烘干法采样点

开垦前为沼泽化草甸,地势低平,主要种植作物为大豆,生育期为 125 天左右,每年种植 1 季。垦殖后,耕层土壤变化较大,有机质含量明显下降,容重明显增加,能够反映沼泽湿地垦殖后的变化特征。观测场周边有天然沼泽湿地、人工林及洪河农场垦殖农田。土壤母质为第四纪沉积物,土壤类型属于草甸白浆土。草根层消失,0~20 cm 为耕作层,20 cm 以下有明显的犁底层,铁锰结核较多。年均温为 1.9℃,年降水量 550~600 mm,>10℃有效积温为 2400℃,>0℃有效积温为 3000℃,无霜期约 115 天,年净辐射总量为 1400 MJ · m^{-2}。地下水埋深为 8.5~10 m。

(4) 标准气象观测场

标准气象观测场位于常年积水区综合观测场和季节性积水区辅助观测场中间地带，方形，25 m×25 m，设有一套自动气象观测系统和一套人工观测系统。同时设有地下水文观测采样点和中子仪土壤水分观测点。土壤为沼泽草甸土，优势物种为沼泽草甸禾本科植被，定期人工修剪。具体气象和水分观测设施如图 6.2。

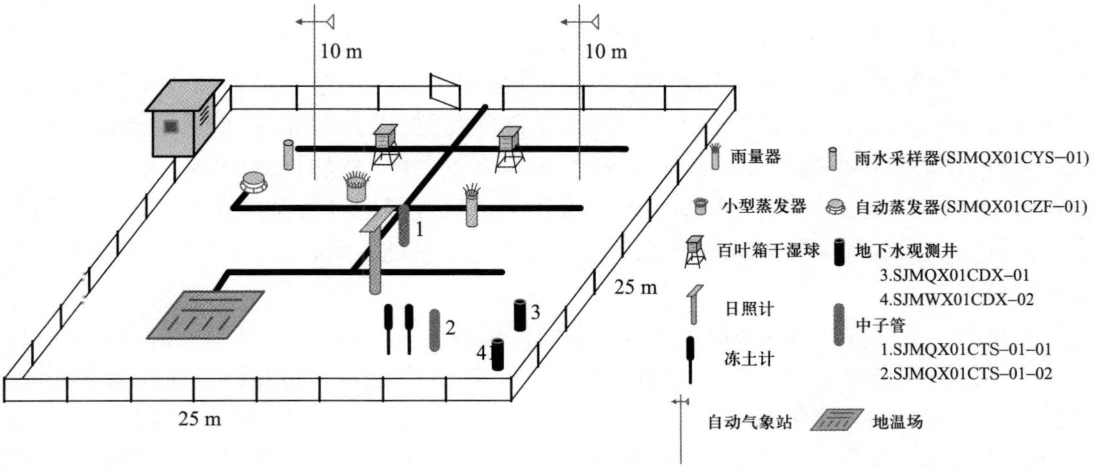

图 6.2　三江平原沼泽湿地生态试验站标准气象观测场仪器布置图(见书末彩插)

6.2.2　系统观测方案

(1) 土壤长期观测

观测目标：通过对土壤各组成要素的长期定位观测，揭示沼泽湿地土壤演化规律及驱动因子，并揭示其对全球变化的响应；阐明人类活动对湿地土壤生物、物理、化学过程的影响机制；阐明湿地土壤碳(C)、氮(N)、硫(S)、磷(P)生物地球化学过程；为沼泽、湿地保护与恢复提供科学依据，为区域生态环境建设和全球及区域生态环境研究提供基础数据。

观测任务：按照统一的观测内容和观测规范，对典型的(具有代表性的)沼泽湿地土壤类型进行长期观测，获取系统的土壤长期定位观测数据；分析气候变化和人类活动对沼泽湿地土壤生物、物理、化学过程的影响机制；揭示沼泽湿地利用过程中生态环境的变化及对区域生态环境的影响。

主观测场选择本地区最具典型性和代表性的毛薹草沼泽类型(约占三江平原沼泽总面积的40.1%)，面积上要满足长期采样的要求，同时满足水、土、气(小气候)、生联合观测采样的需要。因此，选择常年积水区的毛薹草沼泽类型作为主观测场。主观测场的其余部分根据三江站的科研任务与目标进一步划分，设置试验研究区、长期对照区等。

辅助观测场是对主观测场观测类型的一个补充或对照。其目的是在同一生物气候带下，观测不同沼泽湿地类型或者不同利用方式的沼泽湿地生态系统在气候变化和人类活动影响下土壤生物地球化学变化的规律及其对区域环境的影响。在辅助观测场内的中心部位设置辅助长期采样地。

在典型沼泽湿地生态系统分布区设置区域调查点作为主观测场的重复，其样地的土壤、植被等条件和主观测场一致。分别选择 2~3 块沼泽地作为区域观测点，观测内容和频度原则上与主观测场长期观测采样地相同。设置区域调查点的基本要求是每 5 年能计算出本生态试验站所在区域主要沼泽生态系统土壤性质的变化。

（2）生物长期观测

沼泽生态系统由于其环境的特殊性，具有特殊的动植物类型，而且沼泽生态系统对环境变化相对敏感。发生在沼泽中的各种生物地球化学过程及其形成作用，对生物栖息地和食物网的维持都具有重要的意义。沼泽生态系统的生物观测内容主要包括以下四个方面：① 不同水文条件下，湿生植被优势种群结构变化、演替（自然状态下）；② 水环境变化下，植被变化、演替；③ 沼泽鸟类（反映大环境变化）及关键底栖动物（反映小环境变化）变化；④ 区域内植被分布区变化。

在生态站所在区域中最具代表性的沼泽植物群落类型（毛薹草群落）的典型地段设置主观测场。另外，在沼泽各类型分布区内，再选择面积不小于 1 hm^2的辅助观测场。在三江站，综合观测场选在野外监测站的综合试验区；另外，在洪河国家级湿地自然保护区设置 2~3 个站区调查点。设置固定湿地植物群落标准样地，保持湿地生态系统的天然状态，开展湿地植物及其群落生长发育监测。

湿地植物群落调查样地应具有该植物群落的典型特征，样方的布设具有该植物群落的代表性。不为了提高调查精度，可以扩大调查面积。一般来说，湿地草本植物样方面积为 1 m×1 m；灌丛为 2 m×2 m；乔木为 10 m×10 m。为减少采样对综合观测场的影响，湿地草本植物样方改为 0. 5 m×0. 5 m，灌丛改为 1 m×1 m。操作步骤为：① 选择具有代表性和典型性的湿地，确定样地边界，面积大于 4 hm^2；② 在样地周边树好标桩；③ 在样地内划出用于不同目的的观测区域。在湿地草本植物群落中，用钢丝随机在地表固定 10 个 0. 5×0. 5 m 样方；10 个灌木 1 m×1 m 样方。

（3）水文长期监测

水文监测主要任务包括：① 以地下水、土壤水和地表蒸发为主要监测指标的典型生态系统内水循环和水量平衡规律的监测；② 以地下水、土壤水和地表蒸发为主要监测指标的人工气象站水循环和水量平衡规律的监测；③ 以地表水水质、地下水水质和雨水水质为主要监测指标的生态系统水质变化的长期监测。

综合观测场设置在沼泽湿地典型的沼泽生态类型地段，根据沼泽湿地的特点，可选取季节性积水区和常年积水区两种主要类型进行监测。季节性积水湿地长期观测和采样地的数量以代表性的季节性积水湿地类型多少而定，每种类型一般设置一个长期观测和采样地。每个长期观测和采样地设置在该季节性积水湿地的典型区域，形状依每个区域的地貌特征而异。

水环境监测点设置在每个季节性积水湿地长期观测和采样地的中心部位，其季节和年际水位波动具有代表性，土壤和植被类型具有典型性。每个长期观测和采样地内布设 1 个积水水深、1 个井水位（地下水）、3 个土壤水分（中子管）监测点。每个长期观测和采样地内各项目的野外观测设施尽量布设在相对集中的地域，土壤水分特征参数项目的采样或观测点亦应临近土壤水分监测点。每个监测点应有一定的防护措施和警示标志，沼泽湿地类型的综合观测场内的监测点附近还应搭建栈桥，以免人为踩踏，破坏湿地生态系统的稳定，影响观测的准确性和代表性。

气象站水物理要素长期监测点作为对照，水环境监测在气象站设置一处水物理要素长期监测场地，监测点设置在各野外生态试验站所属的人工气象观测场，气象观测场的设置，包括位置、下垫面植被、仪器设备的安装位置等，都遵循《气象观测规范》的要求。新增的气象站水物理要素长期监测点的设置和管理以不影响气象观测场的气象观测正常进行和气象数据为前提。

(4) 气象长期观测

气象监测的主要任务是观测湿地气候的长期变化规律,主要依靠自动观测系统和人工观测平台,开展空气温度、湿度、气压、风速、土壤温湿度及太阳辐射能量的各要素观测。自动气象站对大气观测频率为每小时一次,人工站为每天 3 次。自动观测系统观测时限为 2000 年至今,人工观测平台观测时限为 1995 年至今。同时对地表积雪深度、冬季降雪量、土壤冻融深度进行每日的人工观测。

6.3 关键生态要素变化过程及驱动力分析

基于三江站长期定位观测数据和科学研究数据,针对近 50 年来三江平原气候、水文水环境、土壤环境和植被群落变化规律进行系统描述,并阐明主要驱动力因子及其变化,对三江平原湿地在全球变化影响下的整体生态特征的变化进行科学、全面的描述和分析。

6.3.1 气候特征变化

(1) 温度、降水量、日照时数变化

气候因子是湿地发育的主要驱动因子,气候变化能够显著影响湿地的水文情势,诱发侵蚀并改变湿地沉积速率,导致湿地面积的变化,是湿地形成、发育和产生不同特征差异的控制因素(刘兴土和马学慧,2002)。通过分析三江平原中部的富锦市气象站的年平均气温,得到 1953—2015 年年平均气温的变化趋势(图 6.3)。在全球变暖的大气候背景下,1953—2015 年,三江平原年平均气温的变化总趋势是上升,增温速率为 0.024℃ · 年$^{-1}$。通过分析近 62 年来研究区的年均极端最高气温和年均极端最低气温(图 6.4)发现,三江平原气温变化呈现不对称的模式,年均极端最高气温的增温速率在降低(-0.003℃ · 年$^{-1}$),而年均极端最低气温在增加,增温速率为 0.026℃ · 年$^{-1}$。所以三江平原地区的变暖,冬季变暖的贡献作用更明显。而多年冻土往往分布在有沼泽发育的地势低洼的地区,气温升高将导致冻土表层土壤温度升高,冻土融化,适合沼泽发育及扩张的潜在区域面积增大,最终沼泽面积增加(何瑞霞等,2009)。

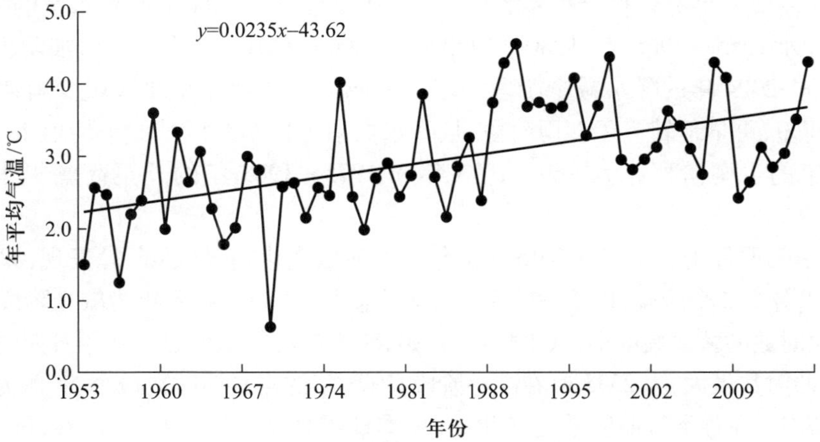

图 6.3 1953—2015 年年平均气温变化趋势

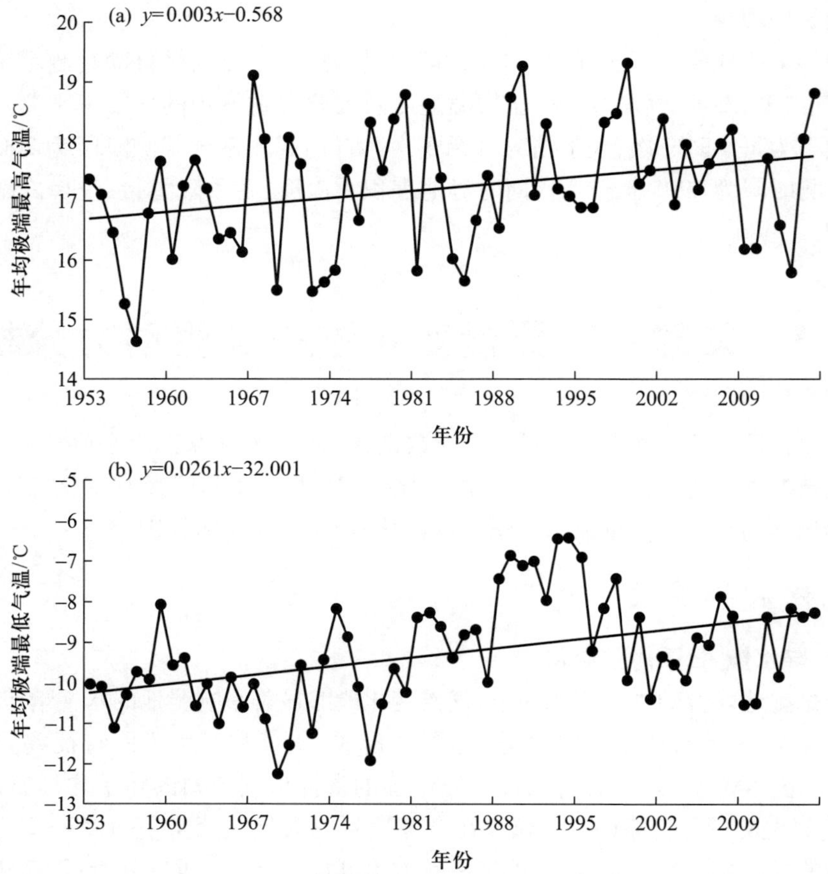

图 6.4 1953—2015 年年均极端最高气温(a)和年均极端最低气温(b)

三江平原地区年降水量主要发生在夏季(6—9 月),占全年降水量的 71.5%(其中 6—8 月降水量为年降水量的 58.5%)。1953—2015 年,三江平原降水整体呈现减少的趋势(图 6.5),减少倾向值为 1.23 mm · 年$^{-1}$。中国东北(40—50°N,120—130°E)夏季水汽来源有 2 个方向——西部和南部。5—9 月东亚季风系统的西太平洋副热带高压偏强,有利于南部水汽向三江平原输送;欧亚纬向环流偏强年份有利于西部水汽向三江平原输送。三江平原降水量的变化可以大致分为 5 个阶段,即 1955—1965 年、1980—1999 年和 2005—2012 年的降水增加阶段以及 1966—1979 年和 2000—2004 年的降水减少阶段。三江平原的少雨期比东北区域少雨期(1961—1984 年)的持续时间短,更早地转入了多雨阶段,且降水振幅也比东北区域的平均值大。三江平原地区持续 10 多年的少雨阶段,为 1969—1973 年和 1975—1983 年的开荒高潮提供了有利的气候条件。

通过分析三江平原地区 1953—2015 年的年日照时数变化趋势(图 6.6)发现,62 年中,年日照时数的变化可以分为 2 个阶段:1955—1979 年为增大阶段;1980—1999 年为减少阶段,其中 1980—1990 年,年日照时数的减少幅度小,从 1990 年开始,减少趋势非常明显。在年日照时数增大阶段,1975 年的年日照时数最大,为 2335 h;在减小阶段,1993 年的年日照时数最小,其值为 1623 h,两者的较差值为 712 h。在各季日照时数的变化中,夏季日照时数变化幅度最大,春、秋季日照时数次之,冬季日照时数对年日照时数距平的贡献最小。

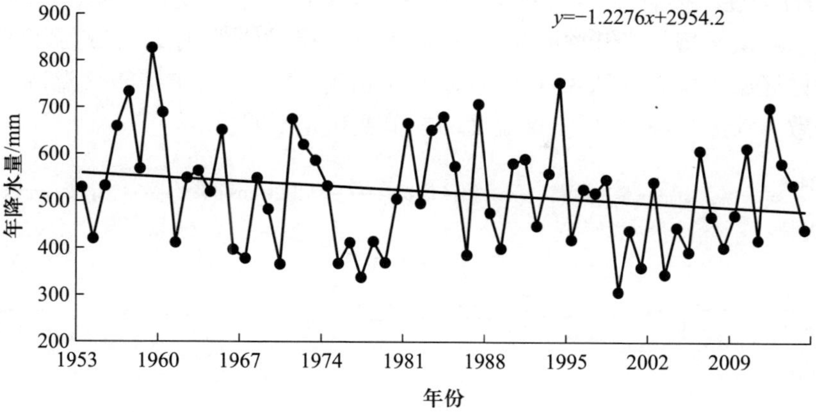

图 6.5　1953—2015 年研究区年降水量变化趋势

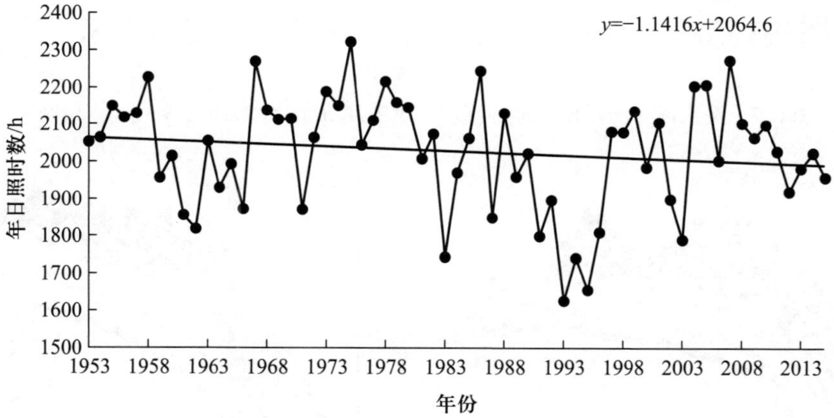

图 6.6　1953—2015 年研究区年日照时数变化趋势

(2) 土壤热量条件

土壤温度的变化与辐射平衡、土壤热学性质及土中热通量有密切关系(刘兴土,1988)。过湿的沼泽地,其热容量比开垦后的耕地大,导温系数比开垦后的耕地小(徐斅祖等,1981)。泥炭沼泽各深度土壤温度的日变化幅度小于开垦后的旱田耕地。以地表温度为例,旱田耕地晴天日变幅为 5.4℃时,泥炭沼泽表层仅为 1.5℃;以深度 20 cm 土壤温度为例,旱田耕地日变幅为 1.0℃时,泥炭沼泽表层仅为0.1℃(图 6.7)。这主要是沼泽表面辐射平衡的日变幅较小和热容量大的缘故:随着深度的加大,土壤温度的波动幅度按几何级数减小;而且泥炭沼泽土的导温率小,减小的速度更快,日变化消失的深度更小,一般在 40 cm 以内。沼泽地因有机质土层热容量大、导温率小,各深度日平均土温均比旱田耕地低,土壤温度日变幅也比耕地小。尤其是地面最高温度,可比伏翻地低几度至二十几度。因此,湿地垦殖为农田后,土壤热量状况迅速改变,整体温度变化幅度有较大提升。

湿地土壤热力状况是湿地土壤的主要特征,它对湿地生态系统的生态过程具有重要的影响(王世岩等,2003)。通过分析分布在三江平原及大兴安岭地区不同纬度带上四个站点小气候的

0~60 cm 土壤温度变化发现,5 月 1 日—9 月 30 日,随着纬度的升高,四个站点深层土壤温度上升、接近 0℃的日期逐渐推后,即高纬度地区深层土壤温度的季节变化不明显(图 6.8)。低纬度地区的兴凯湖站底层土壤最先开始融化,土壤温度升高得最快,5 月 22 日达到 0℃;而高纬度地区的大兴安岭站底层土壤温度到 8 月 20 日才开始达到 0℃。8 月末随着气温降低,各层土壤温度开始趋于一致。纬度越高,底层土壤温度的季节变化越不明显。

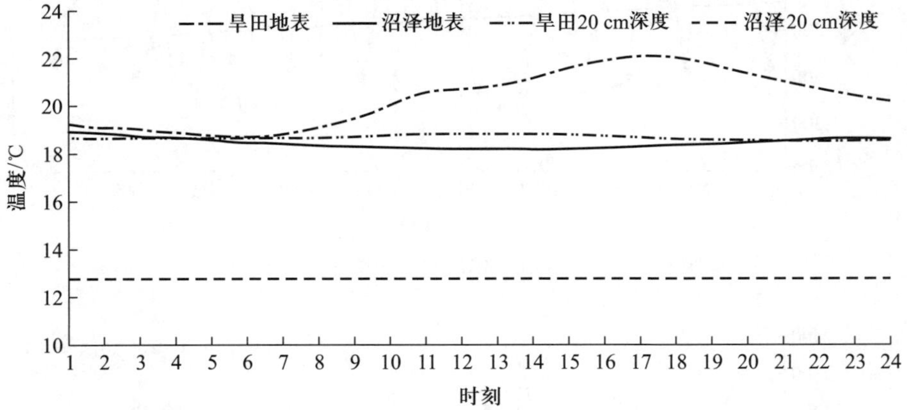

图 6.7 泥炭沼泽与旱田耕地各深度土壤温度日变化(2016 年 9 月 11 日,晴)

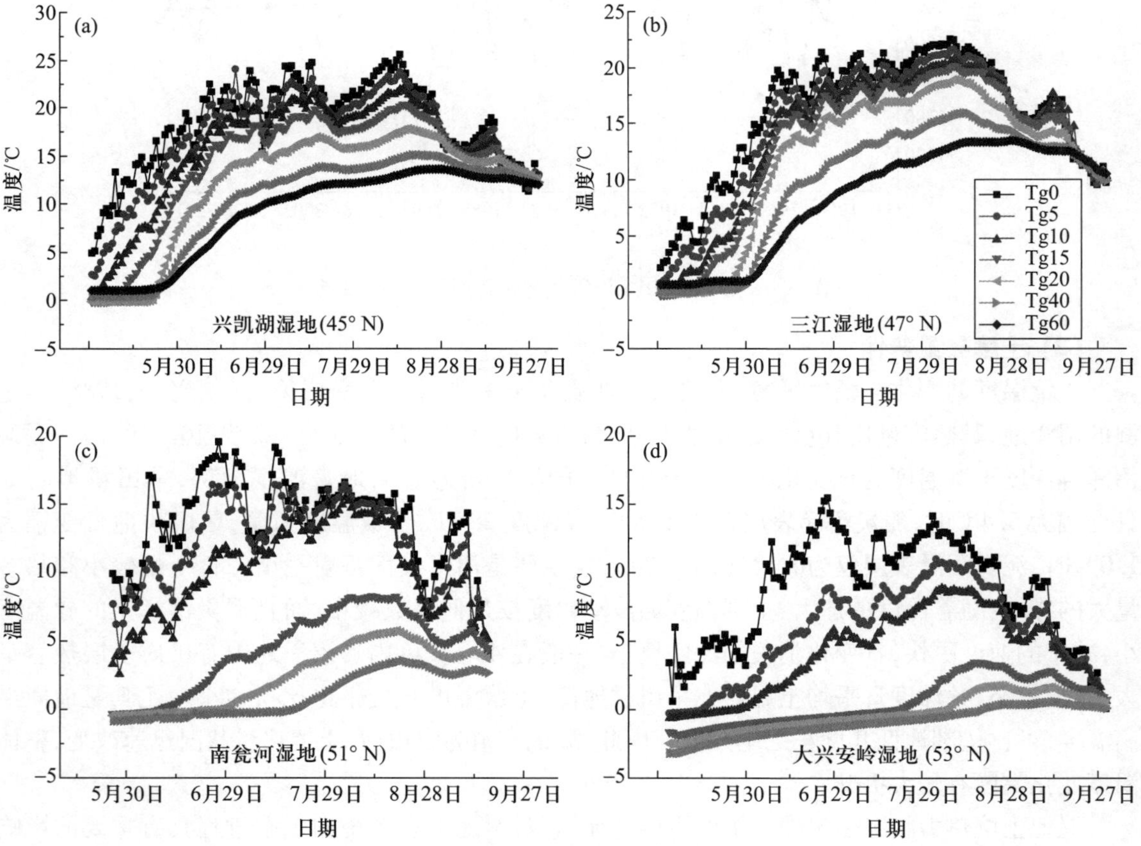

图 6.8 不同纬度带湿地系统小气候多层土壤温度变化(见书末彩插)

随纬度的增加,湿地土壤温度(x)随气温(y)增加的增量逐渐减少(图6.9),即土壤的增温斜率逐渐降低。纬度越高,冻土层越厚,土壤融化过程消耗的热量越多。未来气温升高,冻土大面积退化将对气温产生正反馈影响。

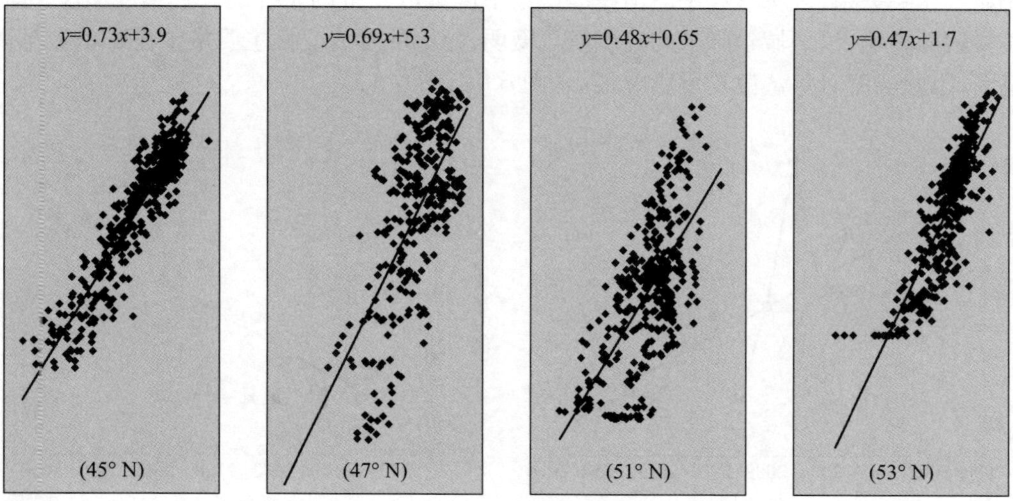

图6.9 不同纬度带湿地小气候土壤温度与气温关系

(3) 蒸散发量

三江平原冬季漫长,年均气温较低,年实际蒸发量较小,年陆面可能蒸发量550~650 mm,各地的可能蒸发量也均小于降水量。该区湿润指数较小,东部地区小于1,西部地区在1.0~1.1。从北部抚远至南部兴凯湖农场,湿润系数范围在0.99~1.15(表6.4)。三江平原降水多、蒸发弱的特征,为本区沼泽湿地发育提供了过量的水源,有利于沼泽湿地的发育生长(刘兴土和马学慧,2002)。

表6.4 三江平原各地降水量与蒸发量比较

地点	项目	春/mm	夏/mm	秋/mm	冬/mm	年/mm	湿润系数
抚远	降水量	105.0	371.8	127.0	61.0	664.6	1.15
	蒸发量	144.9	320.9	86.5	26.3	578.6	
建三江	降水量	79.8	326.5	115.9	58.5	563.7	0.99
	蒸发量	152.8	306.2	84.7	25.9	569.6	
佳木斯	降水量	71.3	347.2	100.2	39.6	558.2	0.99
	蒸发量	161.5	322.3	85.1	28.3	597.2	
饶河	降水量	81.1	332.1	144.5	54.2	600.7	1.11
	蒸发量	146.3	301.8	74.9	19.5	542.5	
虎林	降水量	87.3	306.0	136.2	60.5	590.0	1.05
	蒸发量	156.6	291.8	85.1	29.3	562.8	
兴凯湖	降水量	97.0	294.8	133.3	57.0	582.1	1.02
	蒸发量	142.1	311.7	92.3	26.5	572.6	

随着三江平原气候的逐渐变化,监测表明,近 15 年来,三江平原北部沼泽湿地集中区(洪河农场)的蒸散发量出现了显著下降的趋势,2000—2016 年沼泽湿地集中区的蒸散发量年均下降 11.4 mm。相关分析表明,蒸散发量的变化与大气净辐射量和风速存在显著相关关系,而与空气温度无显著相关关系,说明三江平原沼泽湿地集中区蒸散发量的年际变化趋势主要受到辐射能量相关要素的影响,该区域年际平均温度变化微弱,极端温度的变化主要集中在冬季和夏季较短时间范围,因此温度对年蒸散发量影响很小(图 6.10,图 6.11)。

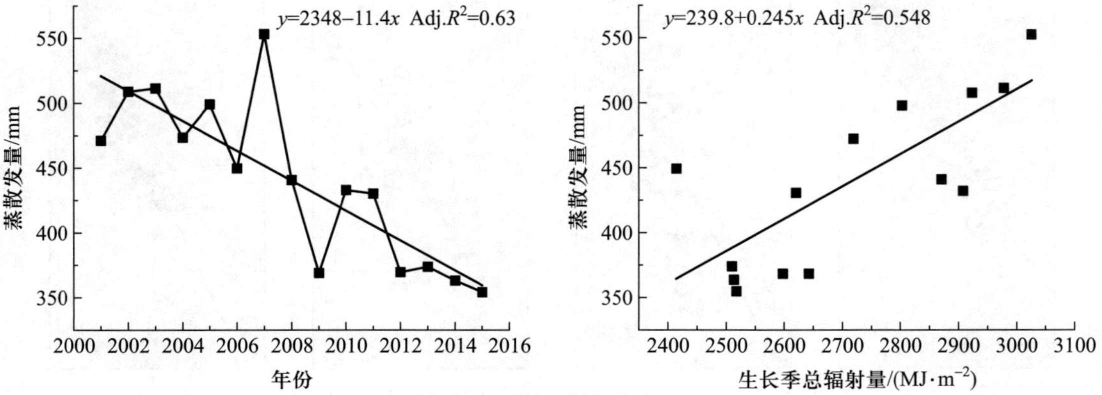

图 6.10　三江平原洪河地区蒸散发量年际变化(2000—2015 年)

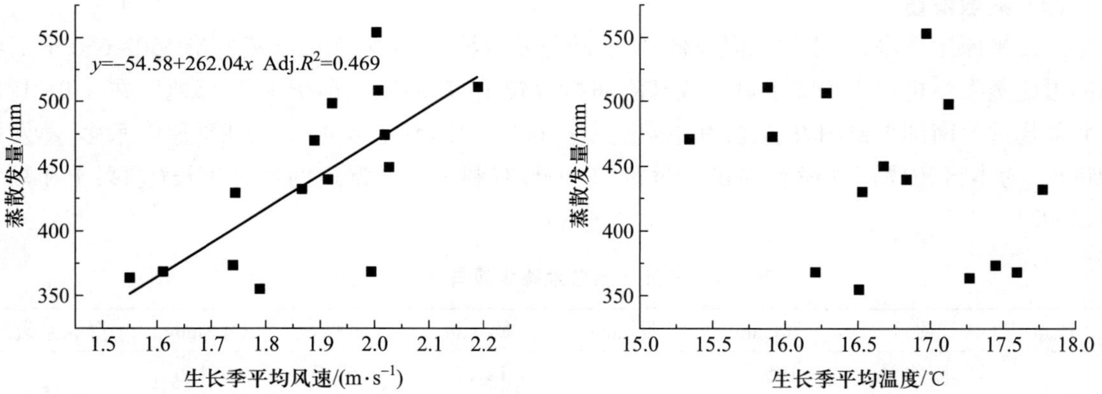

图 6.11　三江平原洪河地区蒸散发量影响因素分析

6.3.2　水文水环境要素变化及驱动力

三江平原地表径流量随降雨量的变化年际波动幅度较大,从 20 世纪中叶至今,总体上呈现出降低的趋势。以三江平原两条典型沼泽河流(别拉洪河和挠力河)为例,年径流累积距平分析表明,1975 年以后,三江平原地表径流量呈现出明显的波动式下降趋势。利用 1975—2005 年区域平均年降雨量与别拉洪河的年径流量进行相关分析,结果表明无显著相关性($p=0.122$, $n=50$),说明别拉洪河作为三江平原水田种植开发比例最大的河流,河流水资源量已经不主要受降雨量的影响,自然河流和基本属性已经丧失,水田种植已经严重改变了流域地表水资源补给和输出过程(图 6.12)。

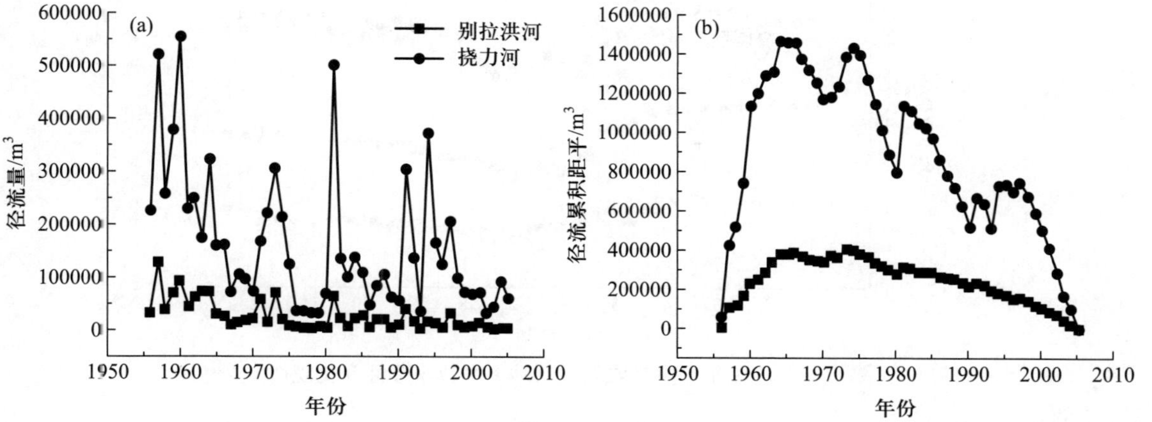

图 6.12 三江平原主要河流径流量变化特征

根据三江平原农垦建三江管理局 15 个农场 1997—2010 年浅层地下水位数据，三江平原水田种植集中区水位近年来持续快速下降，期间该区地下水位共下降 4.3 m，平均每年地下水位下降 0.33 m（图 6.13）。水稻的大面积推广种植是三江平原地下水位迅速下降的主要原因，三江平原年均水稻种植耗水量为每亩 350~450 m^3，且 70%~80%的耗水量集中于水稻种植期的 5—7 月，后期 8—10 月地下水位逐渐恢复，至 10 月末恢复至稳定水平，整个冬季三江平原地下水位保持相对稳定的水平，地下水的补给和排泄过程重新达到平衡（图 6.14）。

通过对三江平原洪河农场地区各类水体的长期监测表明，该区地下水（深水井和浅水井）、农田排干和自然沼泽湿地水体中化学耗氧量（COD_{Cr}）在 2003—2015 年略有增加的趋势，说明四种类型的水体的有机污染逐渐加重。深水井与浅水井各年份中 COD_{Cr} 基本一致，而且变化趋势也无明显差异，说明在三江地区 40~100 m 和 15~30 m 的含水层中污染程度没有明显差异。自然沼泽湿地中 COD_{Cr} 明显高于农田排干和地下水，主要来源于自然湿地中丰富的天然有机物（图 6.15）。

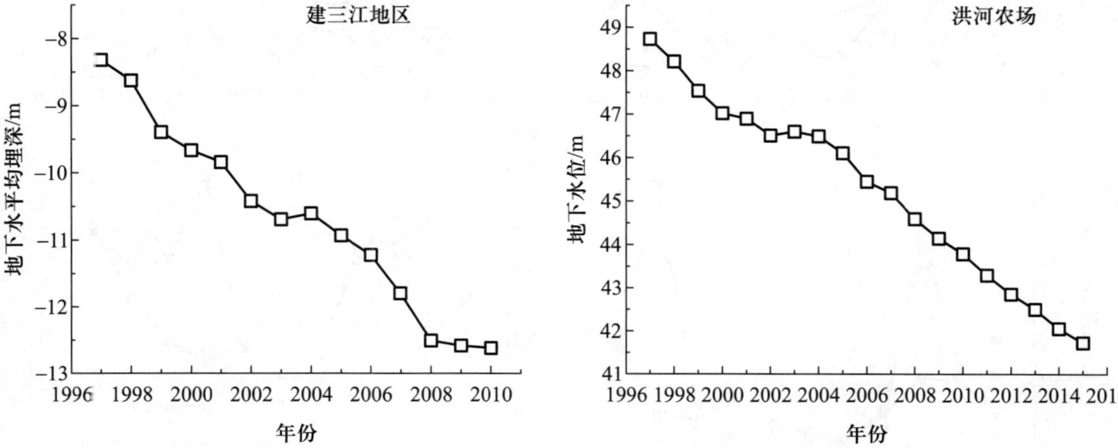

图 6.13 三江平原地区浅层地下水位长期变化（1997—2010 年）

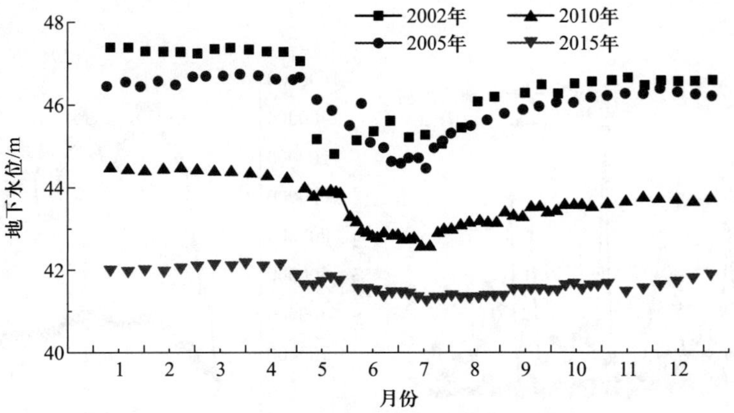

图 6.14 三江平原洪河农场浅层地下水位季节性变化规律

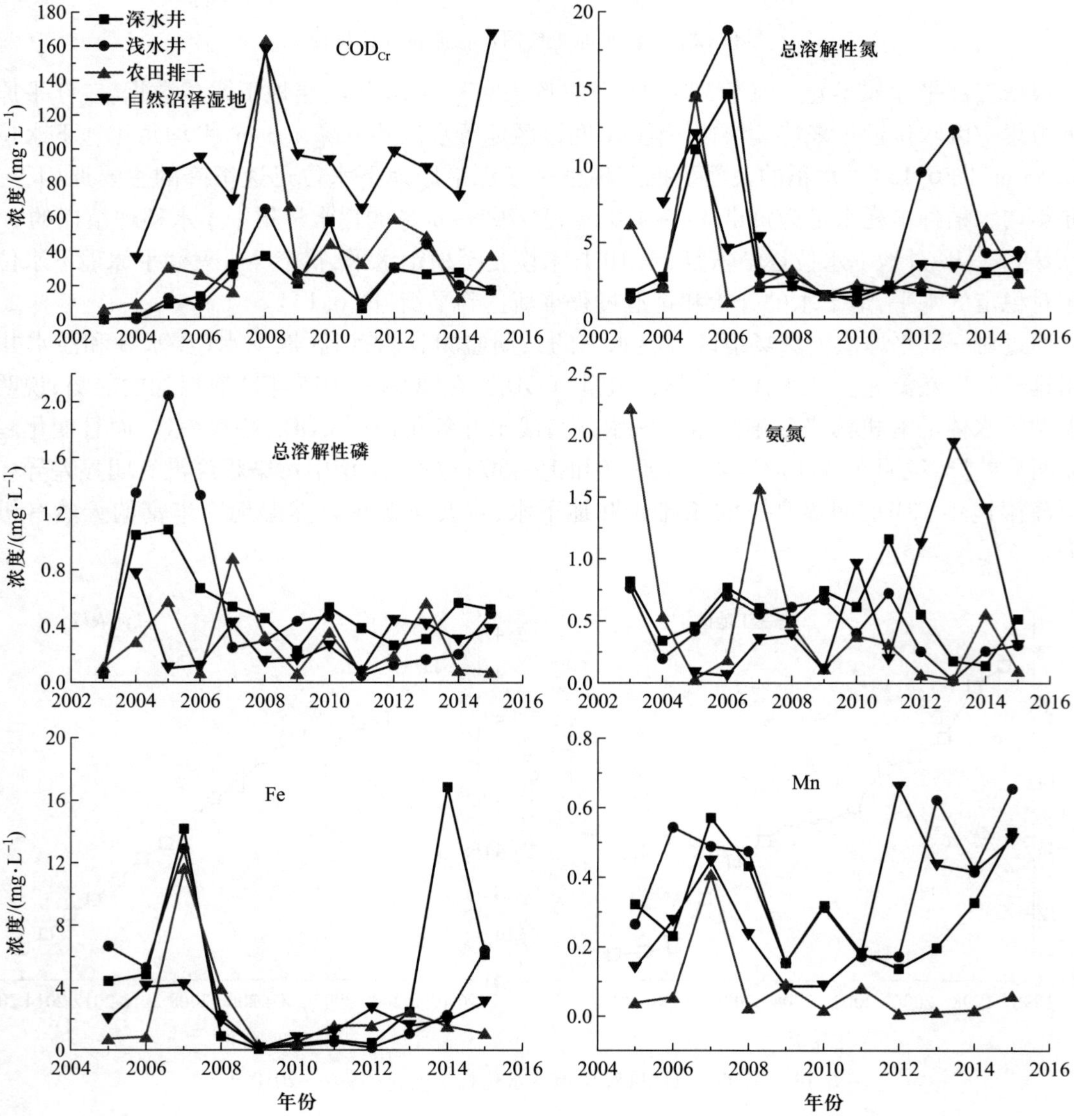

图 6.15 三江平原洪河农场地区水体营养及金属物质含量变化特征

4 种水体中总氮和氨氮的含量无明显的年际变化规律，总氮的浓度一直保持较高的水平，平均值为 2.0 mg · L^{-1}，氨氮的平均值为 0.6 mg · L^{-1}，甚至在深水井和浅水井中总氮含量已与农田排干和自然沼泽湿地无明显的差异，说明整个区域水体中存在着严重的氮污染。4 种水体中铁、锰的含量年际变化无明显的规律，但都一直保持较高的水平，锰的平均含量高于 0.3 mg · L^{-1}，铁的平均含量高于 2.0 mg · L^{-1}，该区土壤背景值锰、铁元素含量高是其主要原因。

根据国家地表水环境质量标准 GB 3838—2002，农田排干水质多数年份为劣Ⅴ类，主要超标为总氮，COD_{Cr}的多年平均值也达到 39.5 mg · L^{-1}，接近Ⅴ类水水质标准的上限。自然沼泽湿地水质主要超标项目为COD_{Cr}和总氮，COD_{Cr}的多年平均值为 93.7 mg · L^{-1}，总氮的多年平均值达到 4.3 mg · L^{-1}，超过国家Ⅴ类水质标准(2.0 mg · L^{-1})一倍以上。水田面积的增加、氮肥的大量使用及较低的利用效率是导致三江平原氮素严重污染的主要原因。以黑龙江省农垦建三江管理局为例，通过沼泽湿地的开发利用，建三江地区近 30 年水田面积增加了 5 倍，达到 24.7 万 hm^2(郭雷等，2009)。而且，该地区水田氮肥用量(以氮计)已从 2004 年的 138 kg · hm^{-2}增长到 2014 年的164 kg · hm^{-2}，10 年间增加了 20%，氮肥的利用效率仅维持在 30.3%～43.5%，通过面源污染输出量占总施肥量的 10%左右，其中侧渗过程是三江平原水田氮素输出的重要途径(祝慧，2011)。各种形态的氮进入地下及地表水中，造成水环境的污染。据估算，每年建三江地区氮的输出负荷将达到 4.0×10^6 kg。

该地区 80%以上的稻田采用地下水灌溉，地下水的集中开采造成了地表水与地下水的剧烈交换，用水高峰期地下水水位最大降幅可达 0.8～1.0 m，恢复周期仅为 90 天左右(韩丽伟等，2010)。大量含有氮素的污水通过垂向补给、渗漏补给及径流补给等方式快速进入地下水中(Janssen and Lennartz，2008)，较好入渗条件的薄黏土层、砂、砂砾石的地质构造减小了污染物在土壤中的滞留时间(Munodawafa，2007)，造成地下水中氨氮的平均含量超过 0.5 mg · L^{-1}，污染趋势存在进一步增加风险。

三江平原水田种植区已建立了完善的给排水系统，农田退水形成的径流经过渠系-农田排干-自然沼泽湿地-河流最终汇入乌苏里江。渠系中较高浓度的污染物含量在各级排水系统中通过物理稀释作用、底泥中有机质的化学吸附作用以及湿地植物和微生物的吸收作用等逐渐降低(Roden，1996)，至乌苏里江干流，总氮的浓度已由农田排干及自然沼泽湿地中的 3.7～4.3 mg · L^{-1}降至 0.5 mg · L^{-1}，氨氮的平均浓度由 0.5～0.9 mg · L^{-1}降至0.2 mg · L^{-1}。

整体上看，氮元素在三江平原各种水体中的累积已经达到了较为严重的程度。不同类型的地表河流系统中氮元素的季节含量变化进一步阐明了三江平原地表水系统中氮素动态特征。对三江平原地区主要农业排干、小型河流和大型河流的监测结果表明，无论是总氮还是溶解性氮，其在自然河流中的季节变化特征显著，而在农业排干中却没有明显的季节变化特征；在自然河流系统中溶解性氮占总氮含量的 70%～80%，而在农业排干系统中溶解性氮含量一般仅为总氮含量的 30%～40%，农业排干中悬浮颗粒物含氮比例显著大于溶解性氮(直径小于 0.45 μm)(图 6.16)。

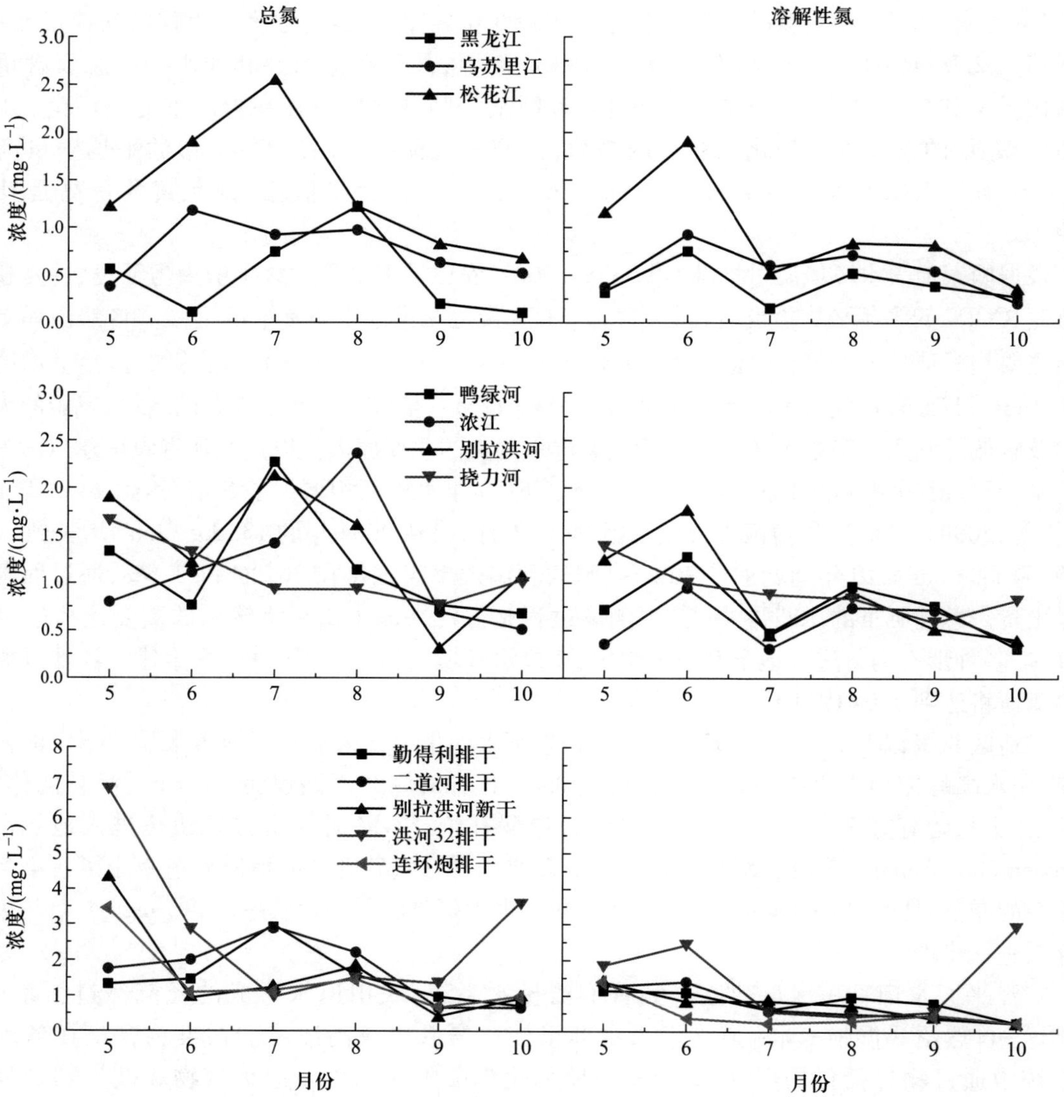

图6.16　三江平原主要河流和农业排干中氮素含量季节变化特征(2010年)

6.3.3　土壤养分要素变化过程

陆地生态系统生物地球化学循环过程的变化与土地自然状况、土地利用/管理方式密切相关,土地利用方式变化及其引起的土壤碳、氮和磷等养分动态变化的研究已经成为目前全球变化研究的前沿和热点课题。据估算,在过去的150年中,因土地利用变化造成的CO_2排放约相当于同期化石燃料燃烧向大气排放的CO_2量(Skole,1995),而且土地利用变化也是影响大气中CH_4和N_2O浓度的重要原因。土壤碳循环是陆地生态系统碳循环的重要组成部分,全球土壤有机碳储量约为1500 Pg(0~1 m),是大气碳库储量的2倍,约为陆地生物碳储量的2.5倍,土壤有机碳储量变化会引起全球碳收支平衡发生改变,会对大气CO_2浓度产生较大的影响,因此研究土壤有机碳的时空动态变化及其驱动因素对全球气候变化研究具有重要意义。湿地是地球上水陆相互作用而形成的独特生态系统，由于具有很高的生产率及氧化还原能力，其成为生物地球化学作用非常活跃的场所，在碳、氮的储存方面起着极其重要的作用，是温室气体排放的一个重要的潜在源(Inubushi et al.,2003)。

土壤有机碳储量变化取决于土壤有机碳输入量和输出量的动态平衡过程，即在一定的时空条件下，土壤有机碳储量的变化由其形成量和分解量之差决定，这些过程强烈受到植被类型、土壤性质、气候条件和人类活动等因素的共同影响。土地利用变化是人类活动的一种重要形式，和土壤的物理、化学和生物过程紧密联系在一起，决定了土壤有机碳的输入量和分解速率，作用于陆地土壤碳收支平衡过程。已有研究结果表明，自然生态系统向人工生态系统的转换会损失大量的土壤有机碳，破坏原土壤有机碳的收支平衡；湿地垦殖为农田后，土壤有机碳的输入量和输出速率随之发生显著变化，原有的土壤有机碳平衡方式受到严重影响：一方面，由于农业收获，进入土壤的外源有机碳大量减少；另一方面，湿地开垦进行农业生产活动，使土壤由厌气环境转变为好气环境，土壤温度升高，水分环境改善，促进土壤有机碳的分解(宋长春等,2004)。土壤碳循环是陆地碳循环的一部分，不合理的土地利用和管理方式导致土壤有机碳的大量损失，土壤有机碳含量降低引起土壤肥力、持水能力下降，侵蚀作用增强，同时导致温室气体排放量增加，反馈于全球气候系统。

在过去150年时间里，土地利用和管理方式的改变(由自然生态系统向人工管理生态系统的转换)，已经导致大约相当于同期化石燃料燃烧向大气中释放的 CO_2 净通量(Kirschbaum,2000;Skole,1995)。由人类活动引起的土地利用和土地覆盖变化是土壤碳库和碳循环最直接的影响因素，其中最严重的干扰就是将自然植被转变为耕地。据统计，由自然生态系统转变为农田，几乎在所有的情况下都会使土壤有机质大量减少：温带草原垦殖为农田，平均减少20%~40%甚至以上；加拿大黑钙土垦殖为农田，减少50%以上(Bowman et al.,1999)，减少的土壤有机碳大部分以 CO_2 形式释放到大气中。人类通过改变土地利用方式，对局地的陆地生态系统造成巨大的影响，破坏了土壤碳循环的收支平衡。

三江平原是我国最大的低海拔淡水沼泽湿地分布区，也是近50年来受人类活动影响(主要表现为湿地的大面积垦殖、沼泽湿地疏干排水等)最剧烈的区域之一(李颖等,2002)。湿地开垦为农田后，植物残体及沉积有机质分解速率提高，碳的释放量增加。越来越多的湿地被疏水排干，人类活动严重干扰了湿地生态系统正常的物质循环过程。湿地开垦为农田后，地表覆盖物、植被组成发生严重改变，加之进行农业生产活动时，地上部分几乎全部被收获，土壤有机碳的输入量明显减少，植物残体及沉积泥炭分解速率提高，二氧化碳的释放量增加，从而改变了生态系统碳循环模式及养分周转，极大地影响到区域大气温室气体浓度和土壤有机碳及养分储量现状的变化。

(1) 沼泽湿地及其垦殖后土壤有机碳、全氮和全磷变化

毛薹草沼泽湿地、小叶章草甸化沼泽湿地表层0~20 cm土层的土壤有机质含量变化具有一定的年际变化特点，总体表现出升高的趋势，并且毛薹草沼泽湿地有机碳含量显著高于小叶章草甸化沼泽湿地(图6.17)。沼泽湿地开垦为农田(水田、旱田)后，土壤有机质含量显著低于沼泽湿地，并且水田土壤有机质含量显著高于旱田。经过连续定位观测发现，毛薹草沼泽湿地增加趋势较小叶章草甸化沼泽湿地明显；农田(水田、旱田)表层土壤有机碳含量在2003年以前呈降低的变化特点，随后表现出增加的趋势，随着垦殖年限的增加，有机碳含量趋于稳定，年际间变化差异不显著。具体来说，沼泽湿地垦殖前后土壤碳含量分别为408.95~525.64 $g \cdot kg^{-1}$(毛薹草沼泽湿地)、100.81~173.58 g·kg^{-1}(小叶章草甸化沼泽湿地)、34.28~40.28 g·kg^{-1}(旱田)和 38.83~48.68 g·kg^{-1}(水田),具体表现为旱田<水田<小叶章草甸化沼泽湿地<毛薹草沼泽湿地。小叶章草甸化沼泽湿地开垦为水田、旱田后土壤有机碳含量分别平均降低了 46.73%~79.76%、60.05%~82.58%,旱田平均土壤有机碳损失量要高于水田。

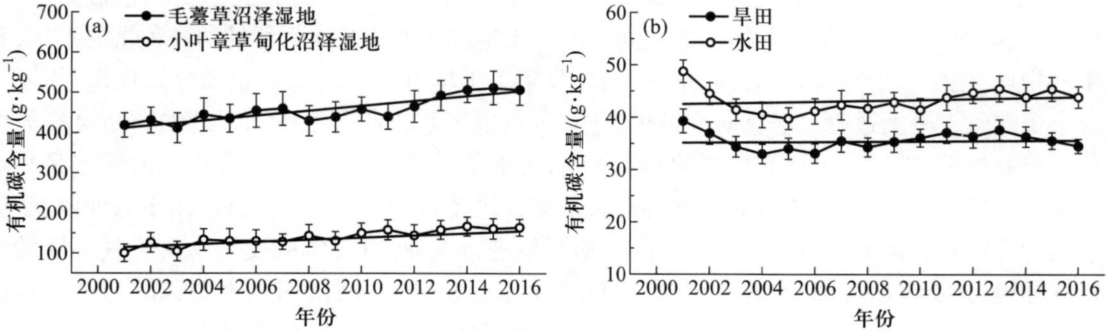

图 6.17 自然湿地和耕地系统土壤有机碳年际变化

土壤有机碳及养分周转受土壤自身条件、自然环境和人类活动等多种因素共同影响,这些因子的任何变化都会改变土壤有机质的数量和质量(Six and Jastrow,2002)。在自然条件下,土壤有机碳蓄积过程中,气候因子起着重要作用,如温度、水分等因素。一方面,气候条件制约植被类型、影响植被的生产力,不同的植被类型又有不同的蛋白质、纤维素和半纤维素、木质素的构成比例,从而决定输入土壤的有机碳质量;另一方面,从土壤有机碳的输出过程来说,气候通过土壤水分和温度条件的变化,影响有机碳的分解和转化(周莉等,2005)。在诸多人类活动中,将自然植被转变为人工系统,是干扰土壤有机碳库和碳循环最为严重的行为,这些过程和土壤的物理过程、化学和生物过程是紧密联系在一起的,导致了土壤有机碳的加速氧化分解(John et al.,2005)。

张金波等(2006)研究表明,在沼泽湿地开垦初期的 5~7 年,表层土壤有机碳损失较快,15~20 年后有机碳损失趋于平缓;湿地开垦后,土壤经过长期的耕作,土壤有机碳含量将趋于一个相对的稳定值变化(图 6.18)。表层土壤碳氮比的变化与有机碳相似,垦殖初期迅速下降,15~20 年后趋于一个相对的稳定值,但是这一平衡远远低于自然状态。湿地和垦殖后农田表层土壤有机碳差异明显,然而,剖面下层(20~40 cm)土壤有机碳差别很小,所以,沼泽湿地垦殖对土壤有机碳的影响主要发生在表层。通常来说,进入土壤中的有机碳主要存在状态有以下 3 种形式:① 新鲜的有机物质:指那些刚刚进入土壤、仍保持原来生物体解剖学特征的那些动植物残体,基本上未受到微生物的分解作用;② 半腐解有机物质:指受到微生物分解的动植物残体,已失去解剖学特征,多为暗褐色碎屑或小块;③ 腐殖质:指经过微生物深度改造而形成的有机物质,结构极为复杂,是一类特殊的有机化合物(Rees et al.,2005;Roscoe and Buurman,2003)。自然生态系统土壤有机碳源于地面植被残落物和根系,根系对土壤有机碳的输入贡献很大,估计有 50%净光合作用固定的碳用于根系的生长,通过根际呼吸传输到土壤,用于增加土壤有机碳,有 5%~10%的净固定碳转化为土壤有机碳,不同生态系统地上和地下分配比例不同,有机碳的输入量存在很大差异。新鲜的有机物进入土壤时,所有组成物质同时进入分解状态,但其分解速率存在较大差异。沼泽湿地垦殖前后植被类型的显著差异,尤其是农田生态系统大量生物量的移除,是土壤有机碳含量降低的重要作用因素。

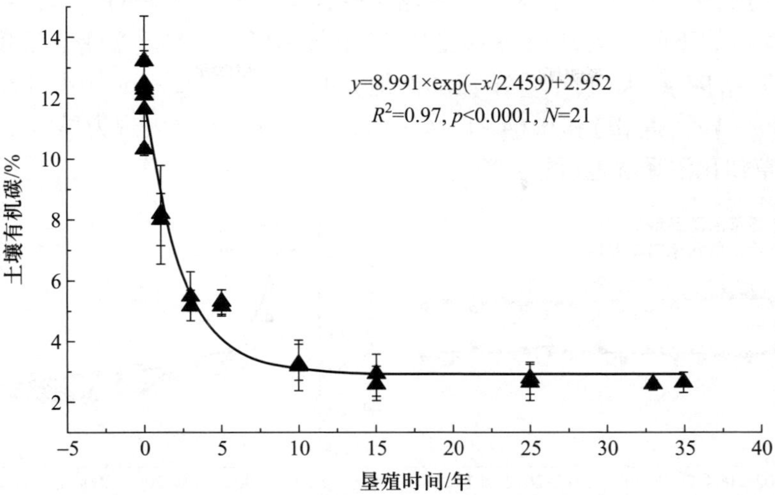

图 6.18 沼泽湿地垦殖后土壤有机碳变化特征

沼泽湿地垦殖后土壤全氮含量与有机碳变化类似，也表现出明显降低的特点，年际间表现出一定的动态变化特点（图 6.19）。经过常年野外实地观测发现，毛薹草沼泽湿地、小叶章草甸化沼泽湿地表层土壤 0~20 cm 土层全氮含量年际间有一定变化，但是总体表现出平缓的变化趋势，没有显著的上升或是下降趋势；与此相反，相同土层农田（水田、旱田）土壤全氮含量表现出略升高的变化趋势，总体为沼泽湿地垦殖为农田后土壤氮素的损失过程。垦殖前后土壤全氮含量分别为 16.69~23.32 $g \cdot kg^{-1}$（毛薹草沼泽湿地）、5.16~8.21 $g \cdot kg^{-1}$（小叶章草甸化沼泽湿地）、1.82~2.28 $g \cdot kg^{-1}$（旱田）和 2.09~2.71 $g \cdot kg^{-1}$（水田），具体表现为旱田<水田<小叶章草甸化沼泽湿地<毛薹草沼泽湿地。小叶章草甸化沼泽湿地开垦为水田、旱田后全氮含量分别平均降低了 51.62%~72.46%、65.18%~78.77%，旱田土壤全氮损失量要相对高于水田。湿地常年积水或季节性积水，土壤干湿交替的环境条件为氮素的硝化和反硝化作用提供了重要反应条件，其作用强弱影响氮素的周转。湿地开垦为农田后，由于有机碳、氮素的损失量存在一定差异，使得土壤碳氮比值显著变化，也显示出湿地垦殖后土壤质量的改变，通常是下降。

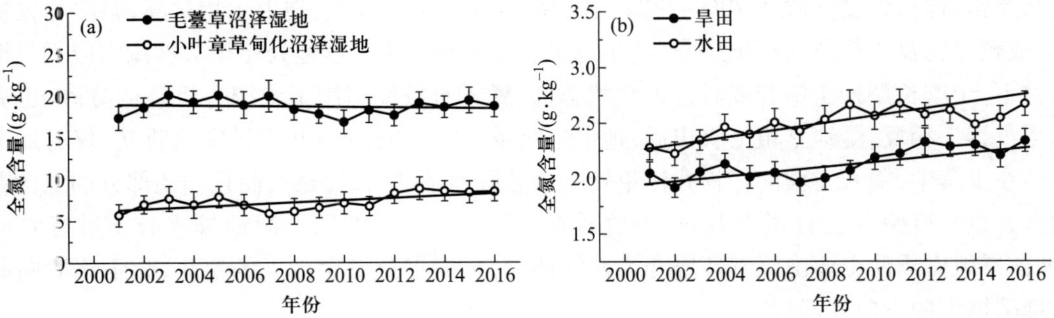

图 6.19 自然湿地和耕地系统土壤全氮年际变化

沼泽湿地及农田土壤全磷含量在不同年际间也表现出一定的动态变化特点，但是年际间变化差异不显著。总体来说，毛薹草沼泽湿地土壤全磷含量总体呈现平缓的变化趋势，而小叶章草甸化沼泽湿地则表现出略微降低的变化特点，且小叶章草甸化沼泽湿地土壤全磷含量要显著高于毛薹草沼泽湿地(图6.20)。水田和旱田土壤全磷含量均表现出降低的年际变化特点,在2008年之前,全磷含量剧烈下降,之后趋于平缓变化,水田与旱田间差异不显著。垦殖前后土壤全磷含量分别为0.83~0.94 g·kg^{-1}(毛薹草沼泽湿地)、1.09~1.23 g·kg^{-1}(小叶章草甸化沼泽湿地)、0.63~1.08 g·kg^{-1}(旱田)和0.64~1.24 g·kg^{-1}(水田),具体表现为旱田≤水田<毛薹草沼泽湿地<小叶章草甸化沼泽湿地(图6.20)。

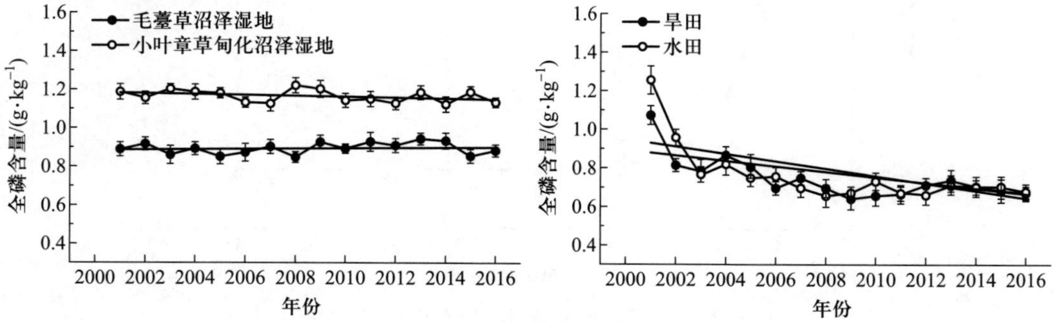

图6.20 自然湿地和耕地系统土壤全磷年际变化

水分条件通过影响土壤的通气性而影响土壤有机质的分解和外源有机碳的降解,进而影响土壤有机碳及养分的周转。淹水条件下,土壤处于厌气环境,土壤有机碳分解速率下降。一般情况下,土壤有机碳含量与黏粒含量呈显著的正相关性,土壤黏粒吸附有机碳封闭在微小的空隙中,阻碍了微生物分解,从而保护了有机碳。土地利用方式决定了土壤有机碳的输入和分解过程,覆被类型的变化不仅直接影响土壤有机碳的含量和分布,还通过影响与土壤有机碳形成和转化有关的因子而间接影响土壤有机碳的形成和分解,改变土壤有机碳的分解速率(Dawson and Smith,2007)。湿地开垦后,土壤的耕垦过程会破坏土壤团聚结构,使有机碳充分暴露于空气中,失去保护作用而分解;耕作也改变了土壤原有的温度、湿度、孔隙度等相关条件,促进呼吸作用的进行;同时由于作物收割,地上生物量中有机碳向土壤中的输入也大量减少,导致土壤质量的退化,即养分含量的下降。由自然生态系统转变为农田,土壤有机碳迅速减少,垦殖30~50年表层20 cm土壤有机碳损失高达50%,表层100 cm平均有机碳损失达30%(孟磊等,2005)。湿地植物生长茂密,植被盖度一般达70%~80%,有的甚至高达90%以上,地上生物量高,凋落物大量沉积,形成较厚的盘根错节的草根层,有利于有机质形成和积累。湿地处于季节性淹水或者长期淹水条件下,土壤长期处于饱和或者过饱和状态,厌氧还原条件抑制了土壤有机碳的分解,也有利于积累过程。相反,湿地垦殖为农田后,地上生物量(秸秆和籽粒)几乎被完全收获,仅有地下部分仍留在土壤中,输入土壤的作物残体量较之自然湿地条件明显减少,而且归还部分的氮含量和木质素含量与垦殖前也有很大差异,土壤质量下降(Raiesi,2006)。湿地排水疏干进行农业垦殖,种植旱地作物使土壤由厌气环境变为好气环境,土壤水分发生极大的变化,微生物群向有利于土壤碳损失的方向发展。

(2)沼泽湿地及其垦殖为农田后土壤微生物学性质的变化

土地利用方式、人为管理措施以及环境因子的变化将对土壤在全球碳循环中的源/汇功能产生重要影响。全球环境变化是自然因素和人为活动共同作用的结果,而由于人类活动导致的陆地生态系统土地利用方式改变比任何其他的全球变化内容都要强烈和深远。沼泽湿地的开垦使湿地植被受到严重破坏,土壤环境受到剧烈扰动,导致大量碳排放到大气中,将加速全球变暖趋势,生态系统服务功能显著下降(宋长春等,2004;王丽丽等,2009)。土壤有机碳在微生物作用下,其稳定性与养分循环过程及其可利用性密切相关,已有研究表明,微生物学性质对外部环境条件变化尤其敏感,是土壤有机碳及养分变化的重要指示因子。

微生物量碳(MBC)仅占土壤有机碳很小一部分,与土壤碳、氮循环密切相关,也是有机碳动态变化的敏感性指标。本研究以小叶章沼泽湿地及由其垦殖而来的旱田、水田的 0~10 cm、10~20 cm 土层为研究对象,分析湿地及其垦殖后的土壤微生物学性质的变化特点。研究表明,垦殖前后 MBC 和微生物熵变化表现出相似的变化特点。MBC 在开垦后显著降低($p<0.001$),而水田和旱田间无显著差异($p>0.05$);开垦后 0~10 cm 土层 MBC 分别减少了 63.25%(水田)和 61.14%(旱田),10~20 cm 土层则减少了 68.98%(水田)和 56.12%(旱田),都以水田减少最多;湿地和水田 0~10 cm 土层 MBC 均大于 10~20 cm 土层($p<0.05$),而旱田差异不显著($p>0.05$)。微生物熵是 MBC 占土壤总有机碳的比例,反映了输入的土壤有机质向 MBC 的转化情况,是土地利用方式改变引起土壤总有机碳变化的前期敏感指标。湿地开垦前后不同土层间微生物熵也表现出降低的趋势。小叶章沼泽湿地和旱田 0~10 cm 土层微生物熵(2.75%和 2.62%)差异不显著($p>0.05$),但均显著高于水田(1.66%,$p<0.001$);10~20 cm 土层中,小叶章沼泽湿地土壤微生物熵最大(3.35%),分别是水田和旱田的 2.32 倍和 1.42 倍,三者间差异显著($p<0.05$),开垦后水田土壤微生物熵显著降低,活性有机碳分配显著减少(图 6.21)。

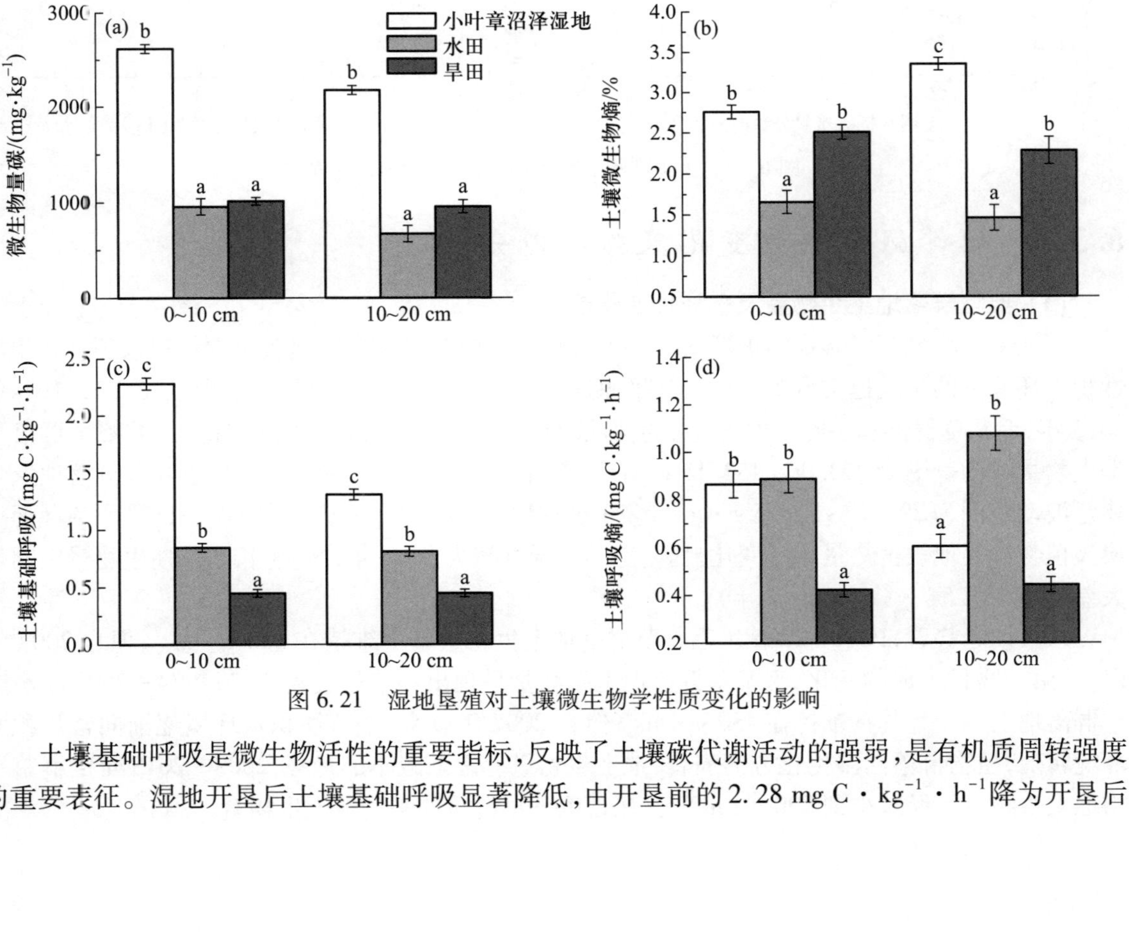

图 6.21 湿地垦殖对土壤微生物学性质变化的影响

土壤基础呼吸是微生物活性的重要指标,反映了土壤碳代谢活动的强弱,是有机质周转强度的重要表征。湿地开垦后土壤基础呼吸显著降低,由开垦前的 2.28 mg C · kg^{-1} · h^{-1}降为开垦后的 0.81 mg C·kg^{-1}·h^{-1}和 0.44 mg C·kg^{-1}·h^{-1}（以 CO_2-C 计），具体表现为旱田<水田<小叶章沼泽湿地。小叶章沼泽湿地 0~10 cm 和 10~20 cm 土层基础呼吸差异显著（$p<0.001$），而水田、旱田间差异不显著（$p>0.05$）。土壤呼吸熵（qCO_2）是用来评价土壤微生物利用有机碳效率的重要指标，qCO_2值越高，表明微生物对底物碳源利用率越低，有利于土壤碳排放；反之则说明有机质在周转过程中，多数被用于构建微生物体。本研究中，0~10 cm 和 10~20 cm 土层 qCO_2值分别为 0.42~0.89 mg C·kg^{-1}·h^{-1}、0.44~1.08 mg C·kg^{-1}·h^{-1}，最大值均出现在水田中，表明水田土壤微生物对碳源利用率较低。旱田 qCO_2值显著低于湿地和水田（$p<0.05$），微生物对底物碳源的利用率相对较高；湿地和水田 0~10 cm 土层 qCO_2值差异不显著，而水田 10~20 cm 土层 qCO_2值显著高于湿地和旱田（$p<0.05$）。若不考虑土地利用方式和不同层次的差异，对 qCO_2和土壤有机碳、全氮进行回归分析表明，它们之间存在显著的正相关关系，R^2分别为 0.565 和 0.575，由此可知，土壤呼吸熵不仅受有机碳含量的影响，还与土壤氮含量有关，也就是说，土壤养分状况也是影响有机碳周转的重要因素（图 6.22）。

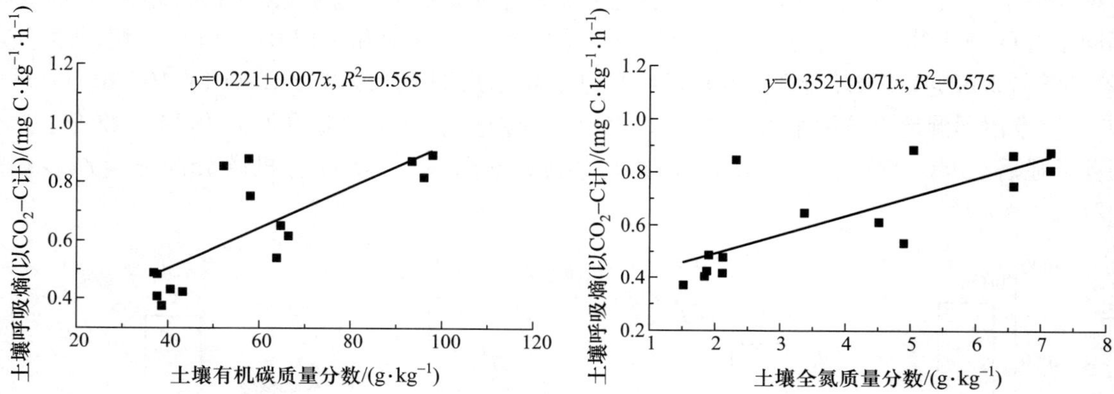

图 6.22 土壤呼吸熵与土壤有机碳、全氮的关系

6.3.4 沼泽湿地植被变化及驱动力分析

（1）典型群落地上生物量及多样性变化趋势

三江平原典型沼泽湿地植被群落——毛薹草和小叶章群落分别代表了常年积水环境和季节性积水环境下的湿地植被群落。对三江平原这两种典型群落的长期监测表明（图 6.23），1974—2015 年，毛薹草群落和小叶章群落地上生物量的变化具有显著的年际波动特征，毛薹草群落地上生物量波动范围为 293.06~452.15 g·m^{-2}，多年平均值为 360.46 g·m^{-2}；小叶章群落地上生物量波动范围为 299.72~528.5 g·m^{-2}，多年平均值为 432.41 g·m^{-2}。因此，三江平原沼泽湿地典型植物群落地表生物量年际变化显著，空间变异性较大，小叶章群落生长季末期生物量空间最大差异达 232.57 g·m^{-2}（2012 年）。

从长期趋势看，1974—2005 年毛薹草群落地上生物量基本维持在 350 g·m^{-2}，但自 2007 年以来，由于物种组成的变化，毛薹草群落地上生物量呈现出一定的波动趋势；1974—2005 年小叶章群落地上生物量基本维持在 450 g·m^{-2}，但自 2007 年以来，季节性积水环境逐渐向常年积水环境转变，植物群落向湿生化方向演替，地上生物量有逐渐减小的趋势，2009—2015 年的群落平均地上生物量已经减小到 390 g·m^{-2}，已接近毛薹草群落的平均地上生物量。

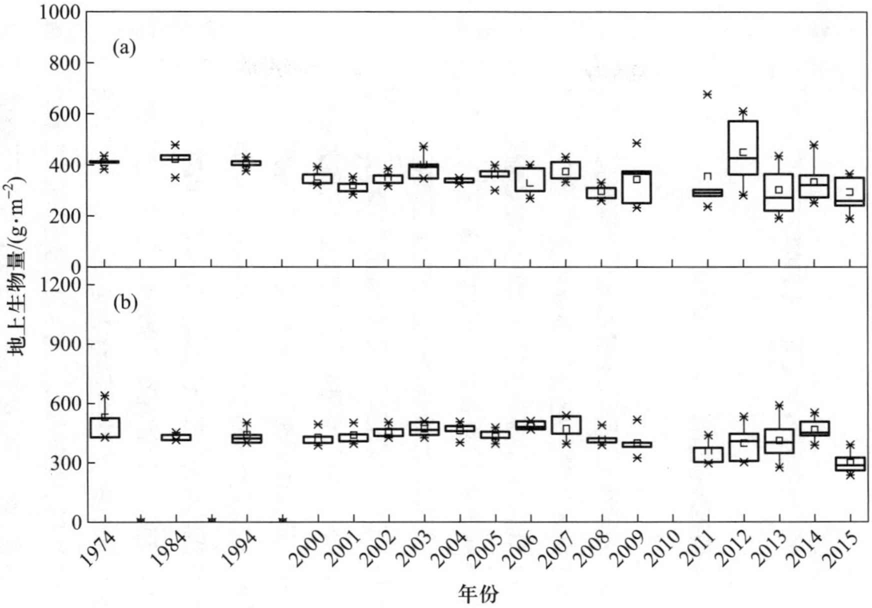

图 6.23 三江平原沼泽湿地毛薹草群落(a)和小叶章群落(b)地上生物量变化

三江平原沼泽湿地毛薹草群落和小叶章群落物种组成特征同样具有显著年际变化。毛薹草群落植被主要包括毛薹草、漂筏薹草、狭叶甜茅等沼生植被物种(图 6.24);小叶章群落主要包括小叶章、狭叶甜茅、湿薹草、毛薹草、漂筏薹草等沼生植被物种(图 6.25)。1974—2015 年,典型沼泽植被群落物种的重要值变化趋势表明,毛薹草和小叶章群落的物种结构年际变化显著。

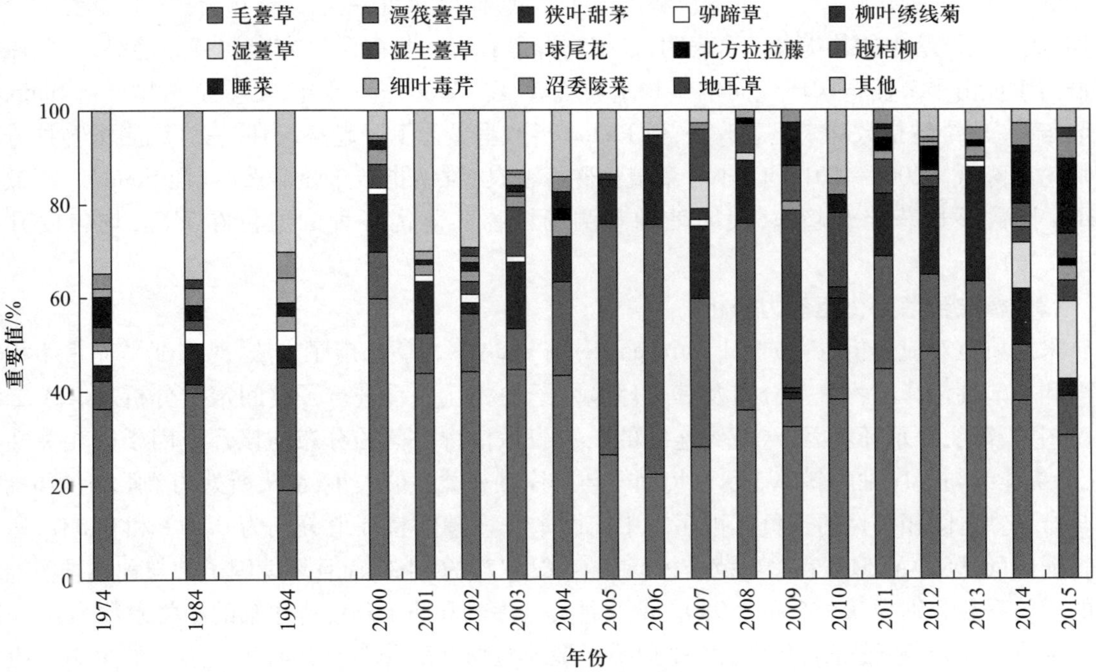

图 6.24 三江平原沼泽湿地毛薹草群落物种组成变化(见书末彩插)

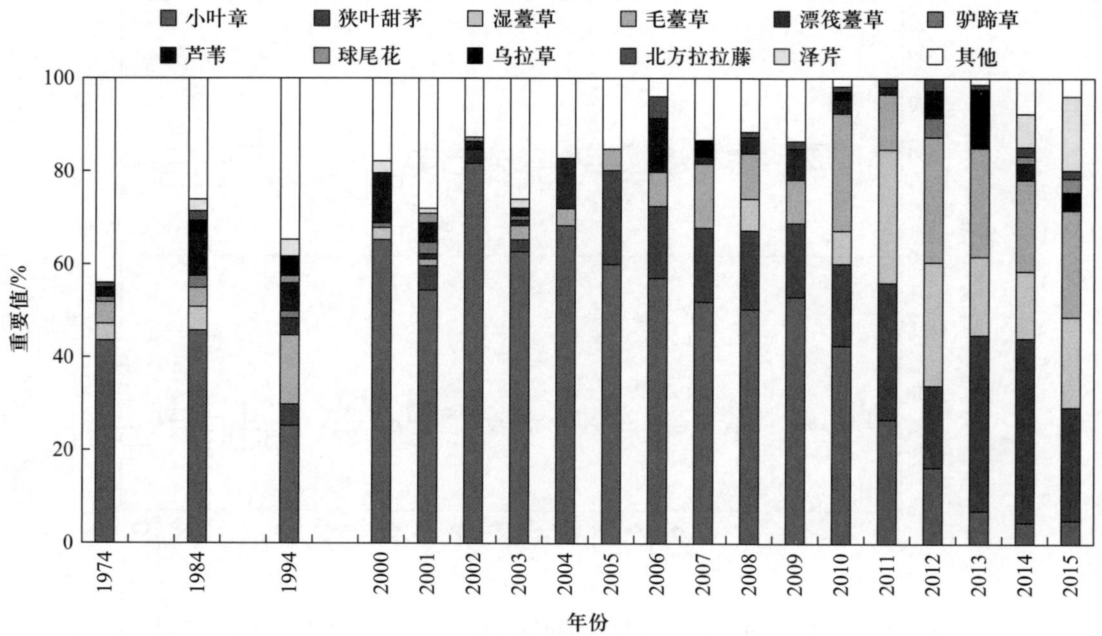

图 6.25 三江平原沼泽小叶章群落物种组成特征变化(见书末彩插)

1974—2005 年毛薹草群落物种组成变化不明显,但自 2006 年以来,漂筏薹草优势度显著降低,毛薹草优势度显著增加,但 2013 年以后呈下降趋势;此外,灌木物种的优势度显著增加,表明植物群落有从湿生向旱生方向演替的趋势。1974—2005 年小叶章群落物种组成变化也不明显,但自 2007 年以来,原优势种小叶章的优势度逐年降低,而狭叶甜茅、毛薹草和湿薹草的优势度显著增加,成为该群落中的共优种。这表明,该植物群落有进一步向湿生方向演替的趋势,主要原因是群落生境由季节性积水环境向常年积水环境转变。2006—2012 年,毛薹草植物群落 Simpson 指数与香农-维纳指数均未显著改变,但 Pielou 指数呈显著下降趋势,表明综合观测场物种分布的均匀度降低。2006—2012 年,小叶章植物群落香农-维纳指数未显著改变,而 Simpson 指数和 Pielou 指数呈显著上升趋势,表明辅助观测场植物群落优势种的地位在下降,均匀度升高(图 6.26)。

(2)植被群落变化驱动力分析

采用典范对应分析(canonical correspondence analysis,CCA)排序方法,对三江平原常年积水沼泽和季节性沼泽植物群落分布及其与环境因子的相互关系进行了空间定量分析。CCA 二维排序图中,箭头表示环境因子,箭头连线的长短表示植物群落的分布与该环境因子的相关性大小,箭头连线与排序轴的斜率表示环境因子与排序轴相关性的大小,箭头所处的象限表示环境因子与排序轴之间相关性的正负。排序图中前两个排序轴的特征值分别为 0.411 和 0.087,达到总特征值(0.981)的 51%和总典范分析特征值(0.597)的 84%,而且环境因子轴与种类排序轴之间的相关系数分别为 0.985 和 0.980。两个种类排序轴和两个环境排序轴的相关系数为 0,表明排序结果可靠,能够较好地反映三江平原沼泽湿地植物群落分布及其与环境因子的生态对应关系(图 6.27)。从图 6.27 和表 6.5 中可以看出,第一排序轴基本上出现了植物群落所在环境的水位梯度和土壤养分梯度的综合作用指标，即沿 CCA 第一轴从左到右，水位梯度（WL）、全氮（TN）和有机质（org）含量逐渐降低，CCA 第一轴与水位梯度、全氮、有机质含量呈极显著负相关（$p<0.01$），相关系数分别为-0.972、-0.915 和-0.965，但与钾含量（K）呈极显著正相关，相关系数为 0.963（$p<0.01$）。第二轴主要反映了植物群落所在环境的磷含量的变化规律，从下到上土壤全磷含量（TP）有增加的趋势，CCA 第二轴与土壤全磷含量呈显著正相关，相关系数为 0.530（$p<0.05$）。

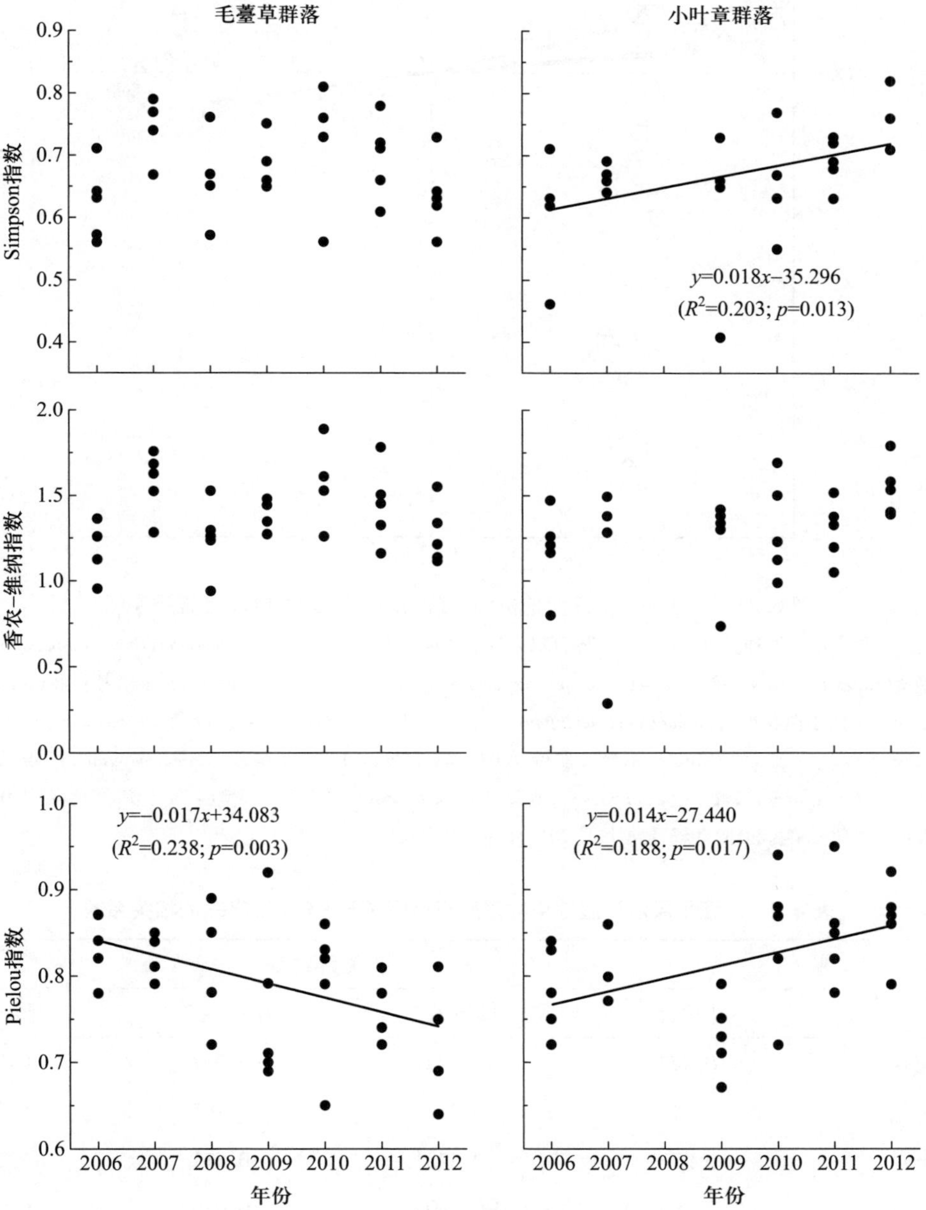

图 6.26 三江平原沼泽湿地生物多样性动态

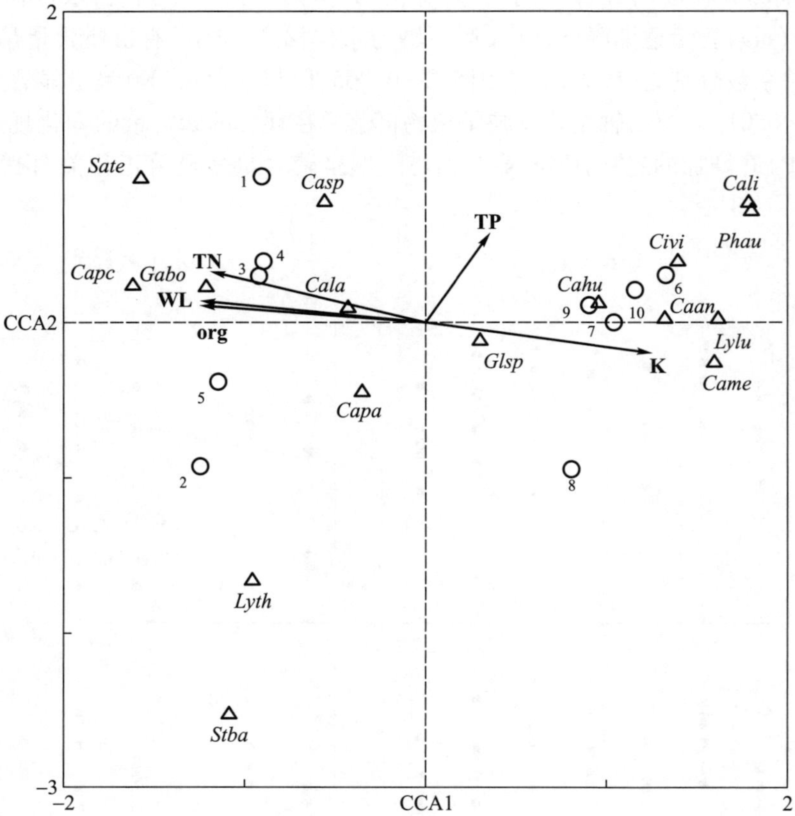

图6.27　三江平原沼泽湿地植物群落与环境因子的CCA二维排序图

注：图中白色三角形表示植物种类，*Cala*，*Capc*，*Glsp*，*Gabo*，*Casp*，*Sate*，*Stba*，*Caan*，*Lyth*，*Cahu*，*Capa*，*Came*，*Phau*，*Cali*，*Civi* 和 *Lylu* 分别是：毛薹草(*Carex lasiocarpa*)，漂筏薹草(*Carex pseudo-curaica*)，狭叶甜茅(*Glyceria spiculosa*)，北方拉拉藤(*Galium boreale*)，薹草一种(*Carex* sp.)，小白花地榆(*Sanguisorba tenuifolia*)，毛水苏(*Stachys baicalensis*)，小叶章(*Deyeuxia angustifolia*)，球尾花(*Lysimachia thyrsiflora*)，湿薹草(*Carex humida*)，驴蹄草(*Caltha palustris*)，乌拉薹草(*Carex meyeriana*)，芦苇(*Phragmites australis*)，沼薹草(*Carex limosa*)，毒芹(*Cicuta virosa*)，地笋(*Lycopus lucidus*)；箭头表示环境因子，土壤养分含量为0~20 cm平均值，空心圆表示样方数。植物和环境因子数据均是2012年8—10月获得。

表6.5　三江平原沼泽湿地植物群落环境因子与CCA排序轴的相关系数

环境因子	相关系数			
	排序轴1	排序轴2	排序轴3	排序轴4
水位梯度	−0.972**	0.102	−0.057	0.042
全氮	−0.915**	0.287	−0.165	0.050
全磷	0.276	0.530*	−0.511	−0.222
钾含量	0.963**	−0.180	0.070	0.031
有机质	−0.965**	0.121	−0.088	−0.045

注：* $p<0.05$；** $p<0.01$。

在上述水位和土壤因子的影响下，三江平原沼泽湿地植物群落可比较清晰地分为三个类群：类群Ⅰ位于 CCA 排序轴的左上端，主要是以毛薹草和漂筏薹草为优势种群的常年积水的沼泽群落，常伴有小白花地榆和北方拉拉藤等物种；类群Ⅱ位于 CCA 排序轴的右上端，主要是以小叶章为优势科群的季节性积水草甸群落，常伴生有乌拉薹草、毒芹、芦苇和地笋等物种；类群Ⅲ位于 CCA 排序轴的中间部分，主要是以狭叶甜茅为优势的过渡地带，常伴生有驴蹄草、毛水苏和球尾花等稀有物种。总体来看，三江平原沼泽湿地植物群落的总体分布格局是水位梯度和土壤养分长期综合作用筛选的结果，其中水位梯度变化是决定植物群落分布的最主要因素，同时该区域植物群落的分布特征也是对环境因子的响应。

水位特征变化对三江平原湿地植被生产力和多样性的变化趋势有决定性影响。2000—2005 年，沼泽湿地年际平均水位相对降低，但从 2005 年以后的 10 年中，生长季地表平均积水深度均超过 30 cm，积水环境的稳定可能是导致沼泽湿地毛薹草群落和小叶章群落发生演替的主要原因（图 6.28）。进一步分析表明（图 6.29），小叶章物种重要值与平均地表水位呈显著的负相关关系，而毛薹草物种重要值与平均地表水位呈显著的正相关关系。上述分析表明，地表水文环境的变化是决定三江平原的沼泽湿地植物群落组成变化的主要影响因素。

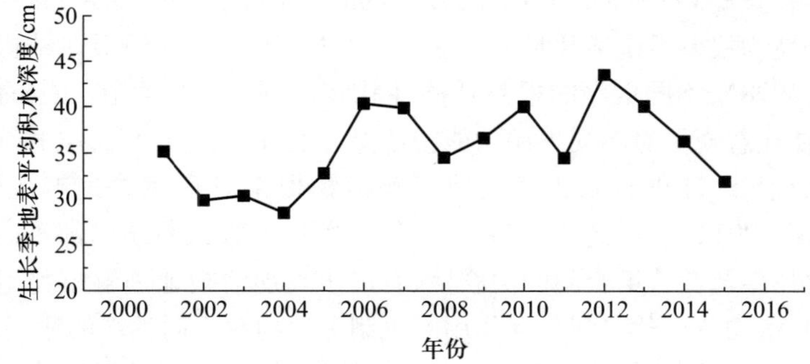

图 6.28 三江平原沼泽湿地地表水位年际变化特征

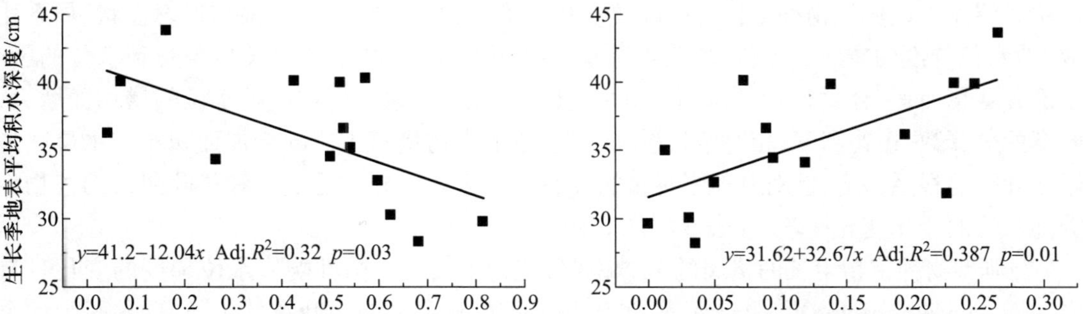

图 6.29 群落典型物种重要值变化与积水水位的关系

（3）水位变化影响下植被群落演替机制和驱动力分析

1）沼泽湿地典型植物功能性状对水位梯度的响应

淡水沼泽湿地植被通常呈典型的带状分布格局（Wilson and Keddy，1985；Engels and Jensen，2009），这种格局分布的潜在机制已经引起了广泛的关注（Crain，2008；Engels et al.，2011）。在沼泽湿地生态中，由于降水的季节性和周期性变化，沼泽湿地植物遭受频繁的水涝和干旱双重胁迫。因而，水位或水文情势被认为是影响淡水植物空间分布格局最为重要的非生物因素，可以对不同水分敏感植物造成显著的影响（Casanova and Brock，2000；Correa-Araneda et al.，2012）。例如，水淹胁迫造成的缺氧条件可以抑制洪涝敏感物种（flood-sensitive species）根系的发育和成长（Bouma et al.，2001；Colmer，2003）；然而，一些洪涝耐受性物种（flood-tolerant species）凭借其较高的忍耐力（增加主根的空隙度、减少侧根或者浅根系统）可以较好地适应洪涝胁迫下的极端缺氧环境（Sasikala et al.，2009；Wu et al.，2013）。因此，不同耐受性物种对洪涝胁迫的响应差异可能潜在地决定了植被的带状分布空间格局（Engels et al.，2011）。

植物的逃避或抵抗洪涝胁迫的能力通常与植物的生长（Luo et al.，2008）、生物量分配（Fraser and Karnezis，2005）以及植物性状（Xie et al.，2008）等功能属性的可塑性有密切的关联。例如，植物高度、根系深度、生物量累积和相对生长率的可塑性差异是植物对水位胁迫响应的直接反映（Li et al.，2011）；植物不同器官（根、茎和叶）的分配比例可以反映植物地上/地下资源获取的权衡（Bloom et al.，1985；Tilman，1988）；植物根系生物量、直径、比根长、比叶面积、根氮含量和根系碳氮比等根系性状是植物为适应环境而表现出来的根水平的响应特征，可以很好地反映植物资源利用和生长策略（Ostonen et al.，2007；Roumet et al.，2008；Leuschner et al.，2013）。而且，在实际中，整个植物根系系统往往具有很多分支结构，不同级别的根在结构和功能上差异较大（Pregitzer et al.，1998），不同根序的根系功能性状响应环境可能存在一定的不平行性和复杂性，但是以往研究往往忽视了对不同根序功能特征差异的理解，这很可能会模糊我们对根系性状变异的认知结果，从而导致我们无法完整地了解植物根系对环境胁迫响应的内在过程信息（Picon-Cochard et al.，2012）。因此，研究植物功能性状以及根系系统内部不同根序的功能性状随环境梯度的变化规律及性状组合间的关联性，有助于更加清晰地理解植物生长过程中对资源的利用和分配过程、植物各性状之间相互作用的机制和植物对不同生境的适应策略。

选择4种分布在不同水位带的典型物种（漂筏薹草、毛薹草、小叶章和狭叶甜茅），通过一个水位控制实验，设置4个静态水位梯度（−5 cm，0 cm，+5 cm 和 +15 cm，相对于土壤表面），研究三江平原沼泽湿地典型物种生长特征以及根系性状（根系生物量分配、根系形态性状、根系化学组成）对水位梯度的响应。漂筏薹草、毛薹草、狭叶甜茅和小叶章的生长显著受到水位的影响。对于漂筏薹草而言，分蘖数、植物高度、相对生长率和地上/地下生物量随水位的增加而增大，而小叶章的分蘖数、植物高度、相对生长率和地上/地下生物量随水位的增加而减小。水位胁迫降低了小叶章的根系深度，但对其他三种植物没有造成显著差异。毛薹草和狭叶甜茅的植物生长参数随水位的变化变异性较小（表6.6，图6.30）。

4种典型物种植物生长的格局的差异说明，植物生长的可塑性响应水位梯度的变化具有物种专一性（species-specific）。具体而言，洪涝胁迫可以显著抑制小叶章的生长，这是因为这个物种具有有限的氧气扩散潜力，因此这种物种主要分布在高海拔的高位沼泽地带（Luo et al.，2008；Xie et al.，2008）；相反地，漂筏薹草表现出了良好的耐洪涝胁迫的能力；而洪涝胁迫轻微地抑制了毛薹草和狭叶甜茅的生长。比较来看，小叶章是水涝敏感性的物种，更能适应高海拔干旱环境，而漂筏薹草是极强水涝忍耐性物种，在低海拔的常年积水环境下更具有竞争能力。而毛薹草和狭叶甜茅是过渡性的物种，适合分布在干旱与水涝过渡的积水波动广泛区域，其水位适应幅度较为稳定。

表 6.6 三江平原 4 种典型优势物种在不同水位条件下的生长特征

性状参数	物种	n	水位梯度/cm −5	0	+5	+15
分蘖数	漂筏薹草	4	9.40(0.81)^{a,A}	15.50(2.10)^{b,A}	21.00(1.47)^{c,A}	21.67(1.67)^{c,A}
	毛薹草	4	18.00(0.91)^{a,B}	17.75(1.93)^{a,A}	18.00(1.73)^{a,A}	14.50(1.55)^{b,B}
	狭叶甜茅	4	29.00(0.63)^{a,C}	30.00(1.63)^{a,B}	37.00(2.52)^{b,B}	25.60(1.89)^{a,A}
	小叶章	4	13.33(0.61)^{a,D}	12.80(0.58)^{a,A}	16.40(1.03)^{b,AB}	9.80(0.58)^{c,C}
相对生长率/($g\cdot g^{-1}\cdot d^{-1}$)	漂筏薹草	4	0.033(0.001)^{a,A}	0.021(0.001)^{b,A}	0.029(0.002)^{ab,A}	0.038(0.001)^{c,A}
	毛薹草	4	0.042(0.002)^{a,B}	0.050(0.001)^{b,B}	0.044(0.002)^{a,B}	0.037(0.001)^{ab,A}
	狭叶甜茅	4	0.026(0.001)^{a,C}	0.028(0.002)^{a,C}	0.034(0.001)^{b,A}	0.034(0.001)^{b,B}
	小叶章	4	0.029(0.002)^{a,C}	0.030(0.001)^{a,C}	0.018(0.002)^{b,C}	0.003(0.001)^{c,C}
植物高度/cm	漂筏薹草	4	51.10(6.78)^{a,A}	69.57(8.68)^{b,A}	75.69(11.15)^{b,A}	80.17(9.26)^{c,A}
	毛薹草	4	103.5(4.05)^{a,B}	89.20(3.07)^{b,B}	103.40(4.63)^{a,B}	115.50(3.43)^{a,B}
	狭叶甜茅	4	51.20(1.59)^{a,A}	58.83(1.97)^{b,A}	52.00(1.32)^{a,C}	54.53(1.96)^{ab,C}
	小叶章	4	49.67(1.17)^{a,A}	58.00(3.91)^{b,A}	51.80(1.07)^{ab,C}	46.30(1.97)^{a,D}
根系深度/cm	漂筏薹草	4	27.20(0.97)^{a,A}	25.60(1.17)^{a,A}	26.00(0.77)^{a,A}	25.25(1.31)^{a,A}
	毛薹草	4	26.75(0.48)^{a,A}	24.00(0.32)^{b,A}	27.00(1.22)^{a,A}	28.00(0.71)^{a,A}
	狭叶甜茅	4	28.20(0.80)^{a,A}	24.50(0.34)^{b,A}	27.83(0.60)^{a,A}	27.20(0.37)^{a,A}
	小叶章	4	28.50(0.99)^{a,A}	21.67(0.49)^{b,B}	20.80(1.2)^{a,B}	12.60(0.81)^{c,B}

注:不同小写字母表示不同处理之间差异显著,不同大写字母表示物种之间差异显著。

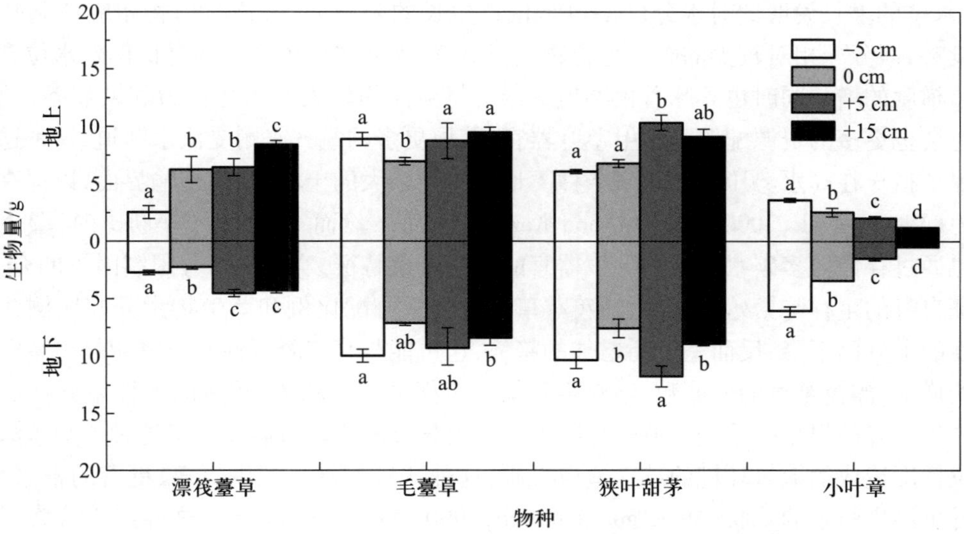

图 6.30 三江平原 4 种典型植物地上/地下生物量随水位梯度的变化

不同植物生物量分配响应水位梯度具有显著差异(图 6.31)。毛薹草、狭叶甜茅和小叶章 3 个物种的根质量比(RMR)随水位增加呈下降趋势。然而,漂筏薹草的根质量比随水位增加呈下降趋势,但是在-5 cm 达到最大值。4 种植物的茎质量比(SMR)随水位增加呈显著的增加趋势,而这 4 种植物的叶质量比(LMR)随水位的增加趋势比较小。

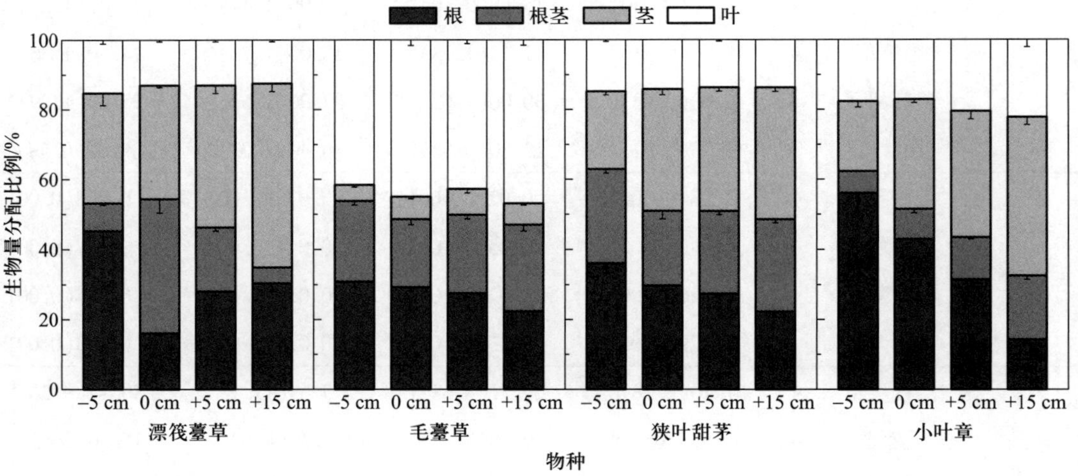

图 6.31　三江平原 4 种典型物种根、根茎、茎和叶分配比例随水位梯度的变化

在环境选择压力下,植物通常会以权衡(trade-off)的方式将有限的资源合理地分配给不同的功能或器官。植物通过不同器官生物量投入(investment)和损失(expense)之间的差异化程度来响应环境变化,以实现对其最大限制因子的充分利用,从而促进自身的生长与繁殖(Enquist and Niklas,2002)。随着水位的增加,毛薹草、狭叶甜茅和小叶章 3 个目标植物均分配了较多的生物量到光合器官(茎和叶),而分配给地下非光合器官(根和根茎)的生物量呈减少趋势,这一现象充分验证了最优分配假说(optimal partitioning hypothesis),即当限制植物生长的因子来自地上,如光照,一些植物便倾向于分配更多的生物量到地上部分器官(Bloom et al.,1985;Chapin et al.,1993)。水位的增长说明此时水分已不再是植物生长的限制因子,这时植物相应地调整了生物量分配策略,即分配相对较少的碳水化合物到根器官,因此造成根系生物量比例随水位升高而降低。水位梯度的增长同时也意味着植物地下器官将会面临较大的水势压力和缺氧条件胁迫,这时植物也会把更多的资源配置到地上茎叶器官,获取更多的氧气来耐受淹水胁迫,这种适应策略有利于保证植株在高水势压力和缺氧条件下形成一个较大的土壤/大气传输界面,以提高氧气扩散的能力(Visser et al.,2000;Mainiero and Kazda,2005)。然而,在面对干旱胁迫时,湿地克隆草本植物也通过存储较多碳水化合物到根器官的功能响应特征,实现对水分限制因子的充分利用,从而保证自身的生存与繁殖。此外,漂筏薹草根生物量分配比例和茎生物量分配比例并没有随水位梯度的上升而下降,反而呈不断增加的趋势,这可能与其克隆特性具有密切的关系。因为随着水位的增加,漂筏薹草的分蘖数、茎直径和匍匐茎都呈增加趋势,较多的无性系分株可以使漂筏薹草产生更多的根系。漂筏薹草这种特殊的生物量分配策略可能反映了这种匍匐茎型克隆植物对水位梯度造成的缺氧环境的特殊适应机制,这种缺氧条件下产生更多、更密的根系结构,有利于其抵抗洪涝胁迫的威胁(Moog and Janiesch,1990;Wu et al.,2013),这种生长策略可能是该植物长期进化适应的结果。所以,不同克隆植物完全不同的生物量分配格局为我们清晰地提供

了关于生物量分配理论的多样化。

此外,对于根系系统内部而言,粗根和细根的分配比例也显著受到水位的影响(图 6.32)。漂筏薹草的细根/粗根的比例随水位的增加呈降低趋势,而其他 3 个物种的细根/粗根的比例在+5 cm 水位达到最大值,而后开始降低。

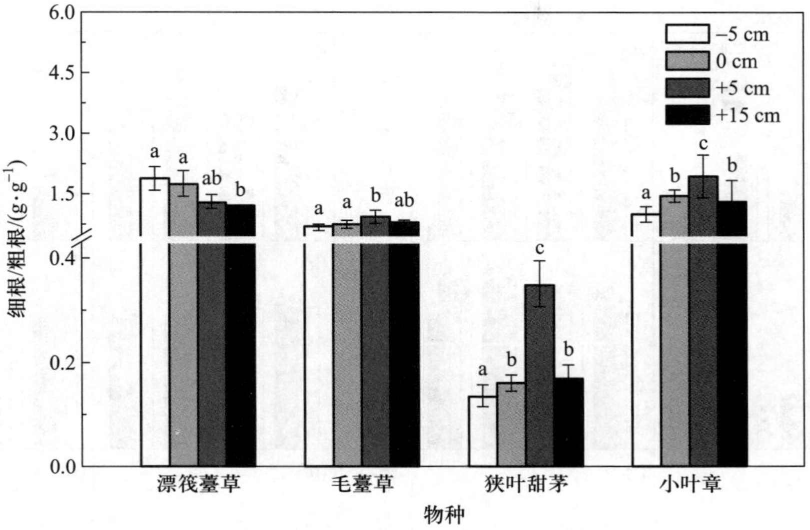

图 6.32 三江平原 4 种典型物种细根/粗根比例随水位梯度的变化

对于根系系统内部生物量分配而言,随着水位的增加,漂筏薹草分配给主根的生物量呈增加趋势,而分配给侧根和根毛的生物量在减少,这种策略有利于植物通过增加氧气输送或者降低根尖的径向氧气损失来增强对洪涝胁迫下的缺氧环境的适应(Colmer,2003;Sasikala et al.,2009)。然而,随着水位的增加,毛薹草、狭叶甜茅和小叶章分配给细根的生物量呈增加趋势,这是因为在轻微的洪涝胁迫下,这些植物可以通过增加细根增强养分吸收效率,来支持地上冠层的生长。但是,在+15 cm 水位条件下,这 3 种植物又开始分配较多的生物量给粗根以提高其抵抗洪涝胁迫的能力,说明这 3 个物种不能适应高水位环境(Xie et al.,2009)。4 种典型沼泽植物完全不同的根系系统生物量分配方式,可能与其自身根器官的解剖结构密切相关。例如,对于大多数薹草物种或沉水植物而言,当遭受缺氧胁迫时,这些物种往往可以通过增大根系组织的气腔直径来提高其根系中的氧气含量(Visser et al.,2000;Mainiero and Kazda,2005)。

根系形态性状和化学组成对水位梯度的响应也非常显著。不同分支根序的根系功能性状值具有显著差异(图 6.33)。平均来看,单个成熟的植物个体的一级分支根序(主根)比二、三级分支根序(侧根)具有较大的根系生物量(RM)、根系直径(RD)、根碳含量(RCC)和碳氮比。然而,二、三级分支根序比一级分支根序具有较大的根系长度(RL)、根系表面积(RSA)、比根长(SRL)、比根表面积(SRA)和根氮含量(RNC)。同时,水位梯度对不同植物根系功能性状也造成了显著的影响。随着水位梯度的升高,毛薹草、狭叶甜茅和小叶章 3 个物种不同根序的根系的生物量、根系长度、根系表面积、根系直径和碳氮比都呈不同程度的减少趋势,而比根长、比根表面积和根氮含量呈不同程度的增加趋势。然而,小叶章的根系性状参数的变化趋势比毛薹草和狭叶甜茅更为敏感,毛薹草和狭叶甜茅的侧根比根长和比根表面积比小叶章更高,而变异趋势较小。此外,漂筏薹草根系性状对水位梯度的响应较为复杂。随水位梯度增加,首先,该物种的根系生物量、根系长度和根系表面积呈增大趋势;其次,该物种一级根序(主根)的根系直径和碳氮比呈增加趋势,而比根表面积和根氮含量呈降低趋势;而该物种二、三级根序(侧根)根系直径和碳氮比呈降低趋势,而比根长和根氮含量却呈增加趋势。

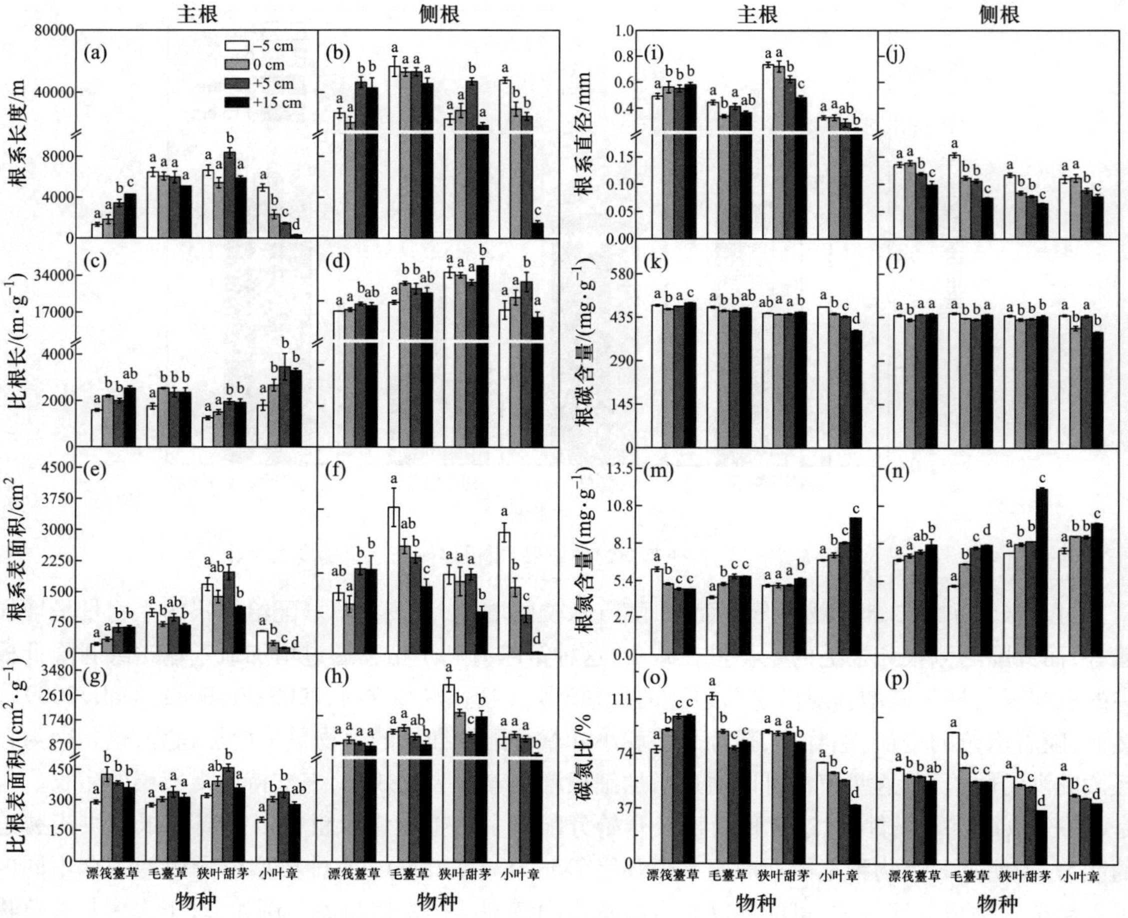

图 6.33 不同物种根系形态性状和化学组成对水位梯度的响应

由于植物响应环境的性状不可能是单一的,而是一系列功能性状的组合(性状集,trait subset)。环境胁迫主要是通过控制植物功能性状及性状集间的相互关系来综合影响植物适应和响应环境的模式和趋势。我们发现,除漂筏薹草的主根外,水涝胁迫显著降低了植物根系直径的大小和碳氮比,却增大了植物的比根长、比根表面积和根氮含量。植物根系性状集对环境表现出的这种趋同性,主要是因为不同器官内根系组织形态(直径、比根长和比根表面积)与化学组成(根碳、氮含量和碳氮比)之间往往存在相对一致的相互关系(Pregitzer et al.,1998)。一般来说,比根长、比根表面积和根氮含量都能在一定程度上代表植物对环境资源的利用方式,与植物对环境的适应对策关系紧密,根氮含量和比根长的值越高,其养分吸收能力和呼吸消耗通常均较强,植物可以通过快速的养分循环和呼吸速率来提高氧气的输送效率,适应环境胁迫以求得生存(Pregitzer et al.,1998;Jia et al.,2013;Ostonen et al.,2007)。

然而,在特定环境条件作用下,物种表现出的性状趋同的构建模式会受植物器官自身生理作用和系统发育的共同影响。对于匍匐茎型克隆植物漂筏薹草而言,其主根根系性状表现出与侧根相反的变异性,即随水位梯度的上升,根系直径和碳氮比增大,比根长和根氮含量减少,主根的这种变异有利于该植物不断扩大通气组织来适应洪涝胁迫造成的极端长期缺氧条件(Visser et al.,2000;Mainiero and Kazda,2005),而侧根变化特征却可以提高其资源的吸收效率以支持地上茎叶器官的生长。因此,该植物不同根序性状组合表现出的截然相反的变异特性,是该植物长期进化以适应环境的特殊机制。然而,根茎型克隆植物毛薹草和狭叶甜茅比分蘖型克隆植物小叶章具有更大的侧根比根长,且随水位梯度的变异也较小,说明这两个物种可能具有更为稳定的资源获取策略和养分利用效率,以保障自己在波动水位条件下的生存能力和竞争优势(Craine 2005;Mao et al.,2013)。此外,主根根系性状组合间的关联强度普遍比侧根的关联强度低,这可能与不同根序承担的功能分工有关,相比主根而言,侧根的寿命比较短、周转比较快,受环境胁迫时的变异性更强,因此其根系性状之间的相互关系往往表现得比较模糊。可见,随着水位梯度的变化,不同湿地植物可以通过调整不同根序的根系功能性状及性状组合的关联程度来适应多变的水位环境胁迫(Picon-Cochard et al.,2012)。

研究表明,在三江平原湿地,植物生长、根系生物量的分配和累积、根系的组织形态和化学组成的变化显著受到了水位情势的驱动。但是,根系性状集的变异程度在不同型克隆物种和根序之间存在一定的趋同性和趋异性。分蘖型克隆植物小叶章比根茎型克隆植物毛薹草和狭叶甜茅更为水分敏感,而匍匐型克隆植物漂筏薹草比其他物种更能耐受洪涝胁迫。因此,在沼泽湿地生态系统中,植物不仅通过调节光合和非光合器官的资源分配模式和累积效应来适应水位情势的变化,而且还通过调整根系系统内部不同根序的根系功能性状及性状组合的关联程度来改变资源利用策略,以响应多变的水位环境胁迫(Shi et al.,2015)。根系性状对水位情势适应的趋同性(trait-convergence)与趋异性(trait-divergence)并存的构建模式,可能最终决定了沼泽湿地的物种分布和植被带状的群落结构构建格局。

2)水位和竞争共同作用对湿地植被生长的影响

水文情势是湿地中植物群落结构和植被带模式的重要决定因素(Seabloom et al.,1998;Casanova and Brock,2000;Correa-Araneda et al.,2012)。水文会作用于土壤-大气气体交换以及土壤氧化还原动态(Pezeshki,2001;Niedermeier and Robinson,2007),从而对叶片气孔导度和光合作用(Pezeshki et al.,1998;Li et al.,2004)以及植物生产力(Kennedy et al.,2003;Li et al.,2004;Garcia-Serrano et al.,2007;Jung et al.,2009)产生影响。另外,竞争也是控制植物群落结构的关键因子(Gaudet and Keddy,1988;Keddy et al.,2002;Engels et al.,2011),会与水文相互作用从而影响淡水湿地的植被模式(Austin 1990;Hodgson et al.,1999;Engels et al.,2011)。三江平原的湿地中,植被也沿水位梯度呈明显的带状模式(Wang et al.,2010)。在季节性积水湿地以及湿草甸中的优势种是小叶章,而在常年积水的湿地中优势种是毛薹草,而在中间区域常常是两者作为共优种的植物群落。在群落交错区,这些物种不仅会受到水文状况的影响,还会受到中间作用的影响(Luo et al.,2010)。

对于三江平原典型的毛薹草和小叶章群落,在无竞争单播种植条件下,毛薹草在 0 cm 水位下有着最高的地上和地下生物量,而小叶章在−10 cm 水位下有着最高的地上和地下生物量(图 6.34)。混合种植条件下,在有竞争种存在时,淹水会降低小叶章的地上部分生物量,而毛薹草生物量在 10 cm 条件下与 0 cm 条件下差异并不显著(图 6.35)。

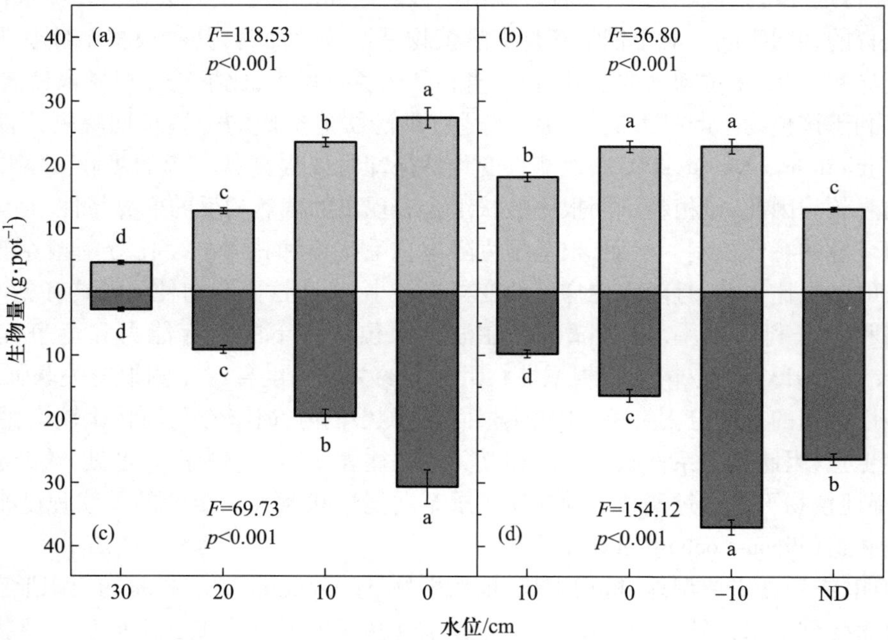

图 6.34　不同水位处理下的毛薹草(a)和小叶章(b)生物量

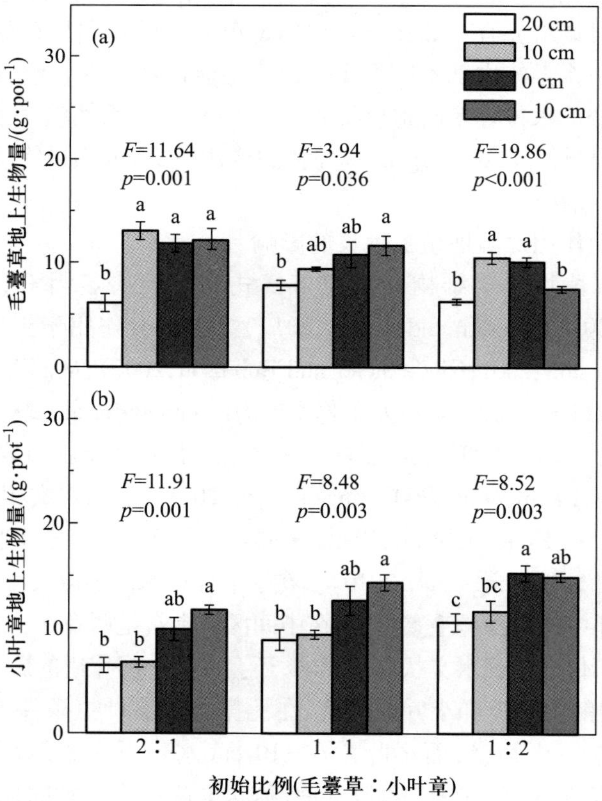

图 6.35　混合种植条件下毛薹草(a)和小叶章(b)的地上生物量

在存在竞争条件下，对于毛薹草，在 20 cm 水位条件下，在毛薹草：小叶章初始比例为 1：1 和 1：2 时有着更高的相对生产力；在 10 cm 水位条件下，比例为 1：2 和 1：1 时分别有着更高和更低的相对生产力；在 0 cm 水位条件下，比例为 2：1 时有着更低的相对生产力（表 6.7）。对于小叶章来说，在−10 cm 条件下，毛薹草与小叶章初始比例为 2：1 和 1：1 时小叶章有着更高的相对生产力。毛薹草的相对生产力在初始比例为 1：1 和 1：2 时随水位的提高而增加，而小叶章的相对生产力在初始比例为 2：1 时随水位的提高而降低。毛薹草的相对生产力在所有水位条件下随其初始比例的下降而增加，而小叶章的相对生产力在−10 cm 水位条件下也呈现相似的变化趋势。这表明了小叶章和毛薹草在植物群落中的负密度制约效应。因此，负密度制约效应是三江平原地区湿地植物的共生机制，以及植物群落多样性的维持机制（Zhang et al.，2014）。竞争作用对植物的分布以及群落结构有着决定性作用，可以推测，人类活动引起的水文情势的变化将会对三江平原湿地生态系统生产力产生重要影响。

表 6.7 水位和初始比例对毛薹草和小叶章相对生产力的影响

初始比例（毛薹草：小叶章）	水位/cm	毛薹草的相对生产力	小叶章的相对生产力
2：1	20	0.73(0.09)^{b}	
	10	0.84(0.07)^{b}	1.14(0.08)^{B}
	0	0.65(0.05)^{b}	1.29(0.15)^{AB}
	−10		1.54(0.05)^{Aa}
1：1	20	1.26(0.08)^{Aa}	
	10	0.81(0.02)^{Bb}	1.05(0.05)
	0	0.80(0.09)^{Bb}	1.11(0.12)
	−10		1.27(0.06)^{b}
1：2	20	1.51(0.08)^{Aa}	
	10	1.36(0.09)^{Aa}	0.98(0.09)
	0	1.11(0.05)^{Ba}	1.01(0.05)
	−10		0.97(0.03)^{c}

注：不同大写字母表示水位有显著影响，不同小写字母表示群落组成有显著影响。

6.4 观测与研究展望

三江平原作为中国重要的淡水沼泽湿地集中分布区和粮食生产基地，经过 20 世纪后 50 多年的大规模农业开发，自然湿地大面积丧失，农田已取代原来的湿地系统，成为现今三江平原的主要景观类型,其陆地下垫面性质发生了巨大变化,并引发一系列区域生态环境问题。经过三江站 30 余年的观测研究,已经基本掌握了三江平原沼泽湿地生态系统各生态要素、主要过程及生态服务功能等随气候变化和垦殖活动的动态规律。但是,由于未来全球变化影响的不确定性和农业垦殖强度变化等原因,考虑到如何在未来时期对三江平原沼泽湿地进行科学管理和资源合理利用,三江站的观测和研究工作仍需要在以下四个方面继续深入。

6.4.1 三江平原气候变化观测与研究

湿地作为地球三大生态系统类型之一,其特殊的水热效应和温室气体代谢过程决定了湿地是全球变化的影响和响应区。气候变化引发水热通量在不同时空尺度上重新分配,并导致全球不同生态系统结构、过程和功能发生变化。气候变化耦合人类活动的共同作用导致湿地面积的减少,并且在大多数地区,人类活动主导的土地利用方式变化是湿地面积减少的最直接和最强烈的驱动因子,其影响往往掩盖了气候变化对湿地面积波动的贡献。如何定量判别气候变化对湿地面积变化的贡献,是研究气候变化与湿地生态系统之间相互反馈的核心问题,同时也是目前气候变化与湿地关系研究中的热点与难点问题。在已有的研究中,多通过微宇宙实验,研究单个或者多个气象要素对湿地生态系统某一特定功能或者结构方面的影响,多研究气温升高、降水变化对湿地植被生物量的影响,研究尺度较为狭窄,多为点位尺度,无法外推至更大的地理空间尺度。此外,研究结果多为定性而非定量,缺乏认可性。高强度的人类活动,尤其是大规模的沼泽农业开垦是造成三江平原沼泽减少的主要原因。然而在全球变化的背景下,气候变化对三江平原沼泽面积消长的作用及其定量评估却一直存在争论,并缺少定量分析。气候变化对区域沼泽湿地面积的消长具有直接的驱动作用。气温、降水及水热配置在空间上的变化是控制湿地边界的重要因子,其对湿地面积增减的效应在不同研究尺度上具有多样性表现。当研究尺度扩大或减少时,气候变化对于沼泽湿地面积增加是否仍有贡献尚需要进一步的探讨。

6.4.2 三江平原水文水环境变化机制研究

随着三江平原沼泽湿地的开发利用,不可避免地造成地下水过度开采及地表、地下水的污染等问题。因此,有关地下水补给过程、污染物由农田到排水沟或浅层地下水的迁移与转化过程的研究已成为关注的重点,并取得了较多重要的科研成果。在今后的研究中,不但要加强对三江平原不同开采强度下地下水水位的变化、不同水期农田退水中污染物总量及形态的改变等指标的观测,还要重点对以下几个方面进行研究和探索:① 三江平原不同地质条件的小流域浅层地下水补给方式、补给量,漏斗区域的成因及治理方案;② 氮磷等污染物从地表水向地下水补给过程中运移机理与模型研究;③ 氮磷元素在稻田土壤中的迁移转化以及渗漏损失估算;④ 由于三江平原已形成完善的渠系-干渠-河流的排水体系,应关注污染物在排水体系中的运移机制及相关的模型研究;⑤ 污染物随着农业排水进入湿地,湿地水质及水量的变化对生物多样性的影响和机制。这些研究将为三江平原地区面源污染控制提供科学依据,为农田水肥管理提供指导方针,为农田退水污染负荷削减提供科学目标,而且对湿地生态系统的管理及保护也具有重要意义。

6.4.3 三江平原湿地植物群落演替与生态功能变化

在过去几十年的研究中,已经对三江平原的植物群落类型与结构及其对环境变化的响应、湿地鸟类的种群数量及年际变化、生物多样性变化特征等有了比较深入的探讨,并取得了许多有价值的研究成果。在以后的研究中,一方面应该坚持长期定位观测,对历史数据进行归纳整理,结合环境要素变化揭示生物要素的变化规律及驱动因素;另一方面需要在以下方面进行深入探讨或探索性研究:① 环境变化(包括增温、富营养化、土地利用方式变化等)对食物网结构的影响及潜在机制;② 土壤动物及微生物群落结构对土地利用方式变化的响应规律;③ 湿地植物群落结构和多样性的维持机制以及物种之间在不同环境下的竞争模式;④ 全球变暖背景下植物物候期的变化规律及其对湿地生态系统的影响;⑤ 湿地鸟类多样性的关键控制要素及保育机制。这些研究将会有助于揭示湿地生物群落的位置机制及其对环境变化的响应,对湿地生态系统的管理及保护也具有重要意义,并且将有益于湿地生态系统更好地发挥其生态系统服务功能。

6.4.4 三江平原湿地土壤养分与土地可持续利用研究

以往的研究中,自然湿地生态系统中的土壤养分的变化、垦殖效应及土壤动物群落动态是相关研究的关注重点。但近些年来,已有大面积自然湿地转化为人工湿地(水田),同时由于湿地保护工程的实施,在各保护区和国家湿地公园内也有相当面积的耕地进行了退耕还湿。基于三江平原的生态功能定位及其作为国家重要粮食生产基地的战略地位,在将来的研究中应增强以下方面的研究力量:① 增强土壤结构方面研究,探索合理的耕作模式,提升地力,实现土壤资源的高产可持续利用;② 探索合理的秸秆还田方式,既可优化土壤结构,又能有效抑制病虫害发生,同时降低秸秆焚烧对环境的污染;③ 在土地利用方式变化背景下,土壤微生物群落与土壤酶的动态响应及其对土壤养分转化与温室气体排放的影响;④土壤种子库在退耕还湿与退化湿地修复中的作用,特定物种的萌发率与环境要素的关系,实现在湿地恢复中对土壤种子库资源的合理有效利用。

参 考 文 献

郭雷,马克明,张易. 2009. 三江平原建三江地区 30 年湿地景观退化评价. 生态学报,29(6):3126-3135.

韩丽伟,付强,刘东,等. 2010. 三江平原地下水承载能力综合评价模型的构建及其应用. 水土保持研究,17(2):182-185.

何瑞霞,金会军,吕兰芝,等. 2009. 东北北部冻土退化与寒区生态环境变化. 冰川冻土,31(3):525-531.

黄妮,刘殿伟,王宗明,等. 2009. 1954—2005 年三江平原自然湿地分布特征研究. 湿地科学,7(1):33-39.

李颖,张养贞,张树文. 2002. 三江平原沼泽湿地景观格局变化及其生态效应. 地理科学,22(6):677-679.

刘吉平,赵丹丹,田学智,等. 2014. 1954—2010 年三江平原土地利用景观格局动态变化及驱动力. 生态学报,34(12):3234-3244.

刘兴土. 1988. 三江平原沼泽辐射平衡与小气候基本特征.地理科学,8(2):127-135.

刘兴土. 1997. 松嫩三江平原湿地资源与可持续利用. 地理科学,17(增刊):451-460.

刘兴土,马学慧. 2002. 三江平原自然环境变化与生态保育. 北京:科学出版社,60-115.

吕宪国. 2008. 中国湿地与湿地研究.石家庄:河北科学技术出版社,291-292.

马学慧,吕宪国,杨青,等. 1996. 三江平原沼泽地碳循环初探. 地理科学,16(4):323-330.

孟磊,蔡祖聪,丁维新. 2005. 长期施肥对土壤碳储量和作物固定碳的影响. 土壤学报,42(5):769-776.

宋长春. 2003. 湿地生态系统碳循环研究进展. 地理科学,23(5):622-628.

宋长春,王毅勇,阎百兴,等. 2004. 沼泽湿地开垦后土壤水热条件变化与碳氮动态. 环境科学,25(3):168-172.

王丽丽,宋长春,葛瑞娟,等. 2009. 三江平原湿地不同土地利用方式下土壤有机碳储量研究. 中国环境科学,29(6):656-660.

王世岩,杨永兴,杨波. 2003. 三江平原典型湿地土壤温度变化及其影响因子分析.地理研究,22(3):389-396.

王宗明,宋开山,刘殿伟,等. 2009. 1954—2005年三江平原沼泽湿地农田化过程研究. 湿地科学,7(3):208-217.

徐敩祖,等. 1981. 典型融冻土的热学性质.见:中国科学院兰州冰川所集刊(第2号). 北京:科学出版社,55-71.

张金波,宋长春,杨文燕. 2006. 沼泽湿地垦殖对土壤碳动态的影响. 地理科学,26(3):340-344.

周莉,李保国,周广胜. 2005. 土壤有机碳的主导影响因子及其研究进展. 地球科学进展,20(1):99-105.

祝慧. 2011. 三江平原水田氮的侧渗输出研究.环境科学,32(1):108-112.

Austin M P. 1990. Community theory and competition in vegetation. In:Grace J B,Tilman D. Perspectives on Plant Competition. New York:Academic Press,215-238.

Bloom A J,Chapin F S,Mooney H A. 1985. Resource limitation in plants—An economic analogy. Annual Review of Ecology and Systematics,16(1):363-392.

Bouma T J,Koutstaal B P,van Dongen M,et al. 2001. Coping with low nutrient availability and inundation:Root growth responses of three halophytic grass species from different elevations along a flooding gradient. Oecologia,126(4):472-481.

Bowman R A,Vigil M F,Nielsen D C,et al. 1999. Soil organic matter changes in intensively cropped dryland systems. Soil Science Society of American Journal,63(1):186-191.

Casanova M T,Brock M A. 2000. How do depth,duration and frequency of flooding influence the establishment of wetland plant communities? Plant Ecology,147(2):237-250.

Chapin III F S,Autumn K,Pugnaire F. 1993. Evolution of suites of traits in response to environmental stress. The American Naturalist,142:S78-S92.

Colmer T D. 2003. Long-distance transport of gases in plants:A perspective on internal aeration and radial oxygen loss from roots. Plant,Cell and Environment,26(1):17-36.

Correa-Araneda F J,Urrutia J,Soto-Mora Y,et al. 2012. Effects of the hydroperiod on the vegetative and community structure of freshwater forested wetlands,Chile. Journal of Freshwater Ecology,27(3):459-470.

Crain C M. 2008. Interactions between marsh plant species vary in direction and strength depending on environmental and consumer context. Journal of Ecology,96:166-173.

Craine J M. 2005. Reconciling plant strategy theories of Grime and Tilman. Journal of Ecology,93(6):1041-1052.

Dawson J J C,Smith P. 2007. Carbon losses from soil and its consequence for land-use management. Science of the Total Environment,382(2-3):165-190.

Engels J G,Jensen K. 2009. Patterns of wetland plant diversity along estuarine stress gradients of the Elbe(Germany) and Connecticut(USA)Rivers. Plant Ecology and Diversity,2(3):301-311.

Engels J G, Rink F, Jensen K. 2011. Stress tolerance and biotic interactions determine plant zonation patterns in estuarine marshes during seedling emergence and early establishment. Journal of Ecology,99(1):277-287

Enquist B J,Niklas K J. 2002. Global allocation rules for patterns of biomass partitioning in seed plants. Science,295(5559):1517-1520.

Fraser L H,Karnezis J P. 2005. A comparative assessment of seeding survival and biomass accumulation for fourteen wetland plant species growth under minor water-depth differences. Wetlands,25(3):520-530.

Garcia-Serrano H,Sans F X,Escarre J. 2007. Interspecific competition between alien and native congeneric species. Acta Oecologica,31(1):69-78.

Gaudet C L, Keddy P A. 1988. A comparative approach to predicting competitive ability from plant traits. Nature, 334(6179): 242-243.

Hodgson J G, Wilson P J, Hunt R, et al. 1999. Allocating C-S-R plant functional types: A soft approach to a hard problem. Oikos, 85(2): 282-294.

Inubushi K, Furukawa Y, Hadi A, et al. 2003. Seasonal changes of CO_2, CH_4 and N_2O fluxes in relation to land-use change in tropical peatlands located in coastal area of South Kalimantan. Chemosphere, 52: 603-608.

Janssen M, Lennartz B. 2008. Characterization of preferential flow pathways through paddy bunds with dye tracer tests. Soil Science Society of American Journal, 72(6): 1756-1766.

Jia S X, McLaughlin N B, Gu J C, et al. 2013. Relationships between root respiration rate and root morphology, chemistry and anatomy in *Larix gmelinii* and *Fraxinus mandshurica*. Tree Physiology, 33(6): 579-589.

John B, Yamashita T, Ludwig B, et al. 2005. Storage of organic carbon in aggregate and density fractions of silty soils under different types of land use. Geoderma, 128(1-2): 63-79.

Jung V, Hoffmann L, Muller S. 2009. Ecophysiological responses of nine floodplain meadow species to changing hydrological conditions. Plant Ecology, 201(2): 589-598.

Keddy P, Nielsen K, Weiher E, et al. 2002. Relative competitive performance of 63 species of terrestrial herbaceous plants. Journal of Vegetation Science, 13(1): 5-16.

Kennedy M P, Milne J M, Murphy K J. 2003. Experimental growth responses to groundwater level variation and competition in five British wetland plant species. Wetlands Ecology and Management, 11(6): 383-396.

Kirschbaum M U F. 2000. Will changes in soil organic carbon act as a positive or negative feedback on global warming? Biogeochemistry, 48(1): 21-51.

Leuschner C, Gebel S, Rose L. 2013. Root trait responses of six temperate grassland species to intensive mowing and NPK fertilisation: A field study in a temperate grassland. Plant and Soil, 373(1-2): 687-698.

Li F, Li Y Z, Qin H Y, et al. 2011. Plant distribution can be reflected by the different growth and morphological responses to water level and shade in two emergent macrophyte seedlings in the Sanjiang Plain. Aquatic Ecology, 45(1): 89-97.

Li S, Pezeshki S R, Goodwin S, et al. 2004. Physiological responses of black willow (*Salix nigra*) cuttings to a range of soil moisture regimes. Photosynthetica, 42(4): 585-590.

Luo W B, Xie Y H, Chen X S, et al. 2010. Competition and facilitation in three marsh plants in response to a water-level gradient. Wetlands, 30(3): 525-530.

Luo W B, Song F B, Xie Y H. 2008. Trade-off between tolerance to drought and tolerance to flooding in three wetland plants. Wetlands, 28(3): 866-873.

Mainiero R, Kazda M. 2005. Effects of *Carex rostrata* on soil oxygen in relation to soil moisture. Plant and Soil, 270(1): 311-320.

Mao R, Song C C, Zhang X H, et al. 2013. Response of leaf, sheath and stem nutrient resorption to 7 years of N addition in freshwater wetland of Northeast China. Plant and Soil, 364(1-2): 385-394.

Moog P R, Janiesch P. 1990. Root growth and morphology of *Carex* species as influenced by oxygen deficiency. Functional Ecology, 4(2): 201-208.

Munodawafa A. 2007. Assessing nutrient losses with soil erosion under different tillage systems and their implications on water quality. Physics and Chemistry of the Earth, 32(15-18): 1135-1140.

Niedermeier A, Robinson J S. 2007. Hydrological controls on soil redox dynamics in a peat-based, restored wetland. Geoderma, 137(3-4): 318-326.

Ostonen I, Püttsepp Ü, Biel C, et al. 2007. Specific root length as an indicator of environmental change. Plant Biosystems,141(3):426-442.

Pezeshki S R. 2001. Wetland plant responses to soil flooding. Environmental and Experimental Botany,46(3):299-312.

Pezeshki S R,Anderson P H,Shields F D. 1998. Effects of soil moisture regimes on growth and survival of black willow (*Salix nigra*) posts(cuttings). Wetlands,18(3):460-470.

Picon-Cochard C,Pilon R,Tarroux E,et al. 2012. Effect of species,root branching order and season on the root traits of 13 perennial grass species. Plant and Soil,353(1-2):47-57.

Pregitzer K S,Laskowski M J,Burton A J,et al. 1998. Variation in sugar maple root respiration with root diameter and soil depth. Tree Physiology,18(10):665-670.

Raiesi F. 2006. Carbon and N mineralization as affected by soil cultivation and crop residue in a calcareous wetland ecosystem in central Iran. Agriculture,Ecosystems and Environment,112(1):13-20.

Rees R M,Bingham I J,Baddeley J,et al. 2005. The role of plants and land management in sequestrating soil carbon in temperate arable and grassland ecosystems. Geoderma,128(1-2):130-154.

Roden E E,Wetzel R G. 1996. Organic carbon oxidation and suppression of methane production by microbial Fe(Ⅲ)oxide reduction in vegetated and unvegetated freshwater wetland sediments. Limnology and Oceanogaraphy,41(8):1733-1748.

Roscoe R,Buurman P. 2003. Tillage effects on soil organic matter in density fractions of a Cerrado Oxisol. Soil and Tillage Research,70(2):107-119.

Roumet C,Lafont F,Sari M,et al. 2008. Root traits and taxonomic affiliation of nine herbaceous species grown in glasshouse conditions. Plant and Soil,312(1-2):69-83.

Sasikala S,Tanaka N,Wah Wah H S Y,et al. 2009. Effects of water level fluctuation on radial oxygen loss,root porosity, and nitrogen removal in subsurface vertical flow wetland mesocosms. Ecological Engineering,35(3):410-417.

Seabloom E W,van der Valk A G,Moloney K A. 1998. The role of water depth and soil temperature in determining initial composition of prairie wetland coenoclines. Plant Ecology,138(2):203-216.

Shi F X,Song C C,Zhang X H,et al. 2015. Plant zonation patterns reflected by the differences in plant growth,biomass partitioning and root traits along a water level gradient among four common vascular plants in freshwater marshes of the Sanjiang Plain,Northeast China. Ecological Engineering,81:158-164.

Six J,Jastrow J D. 2002. Organic matter turnover. Encyclopedia of soil science. Marcel Dekker,New York:936-942.

Skole D L. 1995. Terrestrial carbon budget. In:IGBP. Natural and Anthropogenic Changes:Impacts on Global Biogeochemical Cycle. Beijing:Science Press.

Tilman D. 1988. Plant Strategies and the Dynamics and Structure of Plant Communities. Princeton:Princeton University Press.

Van Asselen S,Verburg P H. 2013. Land cover change or land-use intensification:Simulating land system change with a global-scale land change model. Global Change Biology,19(12):3648-3667.

Visser E J W,Bögeman G M,van de Steeg H M,et al. 2000. Flooding tolerance of *Carex* species in relation to field distribution and aerenchyma formation. New Phytologist,148(1):93-103.

Wang L,Song C,Hu J,et al. 2010. Response of regeneration diversity of *Carex Lasiocarpa* community to different water levels in Sanjiang Plain,China. Chinese Geographical Science,20(1):37-42.

Wilson S D,Keddy P A. 1985. Plant zonation on a shoreline gradient:Physiological response curves of component species. Journal of Ecology,73(3):851-860.

Wu J,Cui N X,Cheng S P. 2013. Effects of sediment anoxia on growth and root respiratory metabolism of *Iris pseudacorus*:Implications for vegetation restoration of eutrophic waters in China. Ecological Engineering,53(3):194-199.

Xie Y H,Luo W B,Wang K L,et al. 2008. Root growth dynamics of the marsh plant *Deyeuxia angustifolia* seedlings in response to water level. Aquatic Botany, 89(3): 292–296.

Xie Y H, Ren B, Li F. 2009. Increased nutrient supply facilitates acclimation to high-water level in the marsh plant *Deyeuxia angustifolia*: The response of root morphology. Aquatic Botany, 91(1): 1–5.

Zhang X H, Mao R, Gong C, et al. 2014. Effects of hydrology and competition on plant growth in a freshwater marsh of northeast China. Journal of Freshwater Ecology, 29(1): 117–128.

第 7 章　胶州湾温带海湾生态系统过程与变化*

胶州湾位于我国温带海域,受东亚季风和南黄海水团系统的影响,同时受到人类活动(城市化建设、陆源物质排放和生物资源开发等)的影响,是我国温带海域的一个中型半封闭海湾。胶州湾生态环境演变过程是我国东部沿海地区的一个缩影,在我国近海海洋生态环境可持续发展研究中,是温带海域的典型代表。胶州湾长期的监测与研究历史、大量的数据资料积累和系统研究,使其成为我国温带海域近海生态系统研究的一个"模式海湾",成为我国温带海域近海生态系统理论与方法研究的一个理想场所。本章重点研究近 10 年来在气候变化和人类活动综合影响下的胶州湾生态系统的演变特征与变化趋势。

7.1　胶州湾生态系统基本特征

胶州湾位于山东半岛南侧的黄海之滨,35°55′N—36°18′N,120°04′E—120°23′E,被誉为青岛市的"母亲湾"。胶州湾南北宽 32 km,东西宽 28 km,平均水深约 7 m,海岸线长 30 多公里,滩涂面积 5.6 万亩,浅海面积近 87 万亩。胶州湾是一个半封闭型海湾,总体呈扇形,湾口最狭处团岛至薛家岛只有 3 km。

胶州湾属暖温带季风型气候,潮汐为典型的半日潮。注入胶州湾的河流皆为季节性河流,汛期集中在 7、8、9 三个月(李乃胜等,2006),包括大沽河、漕汶河、岛耳河、洋河、胶莱河、洪江河、石桥河、墨水河、白沙河、李村河、桃源河 11 条河流(图 7.1),以大沽河为最大。目前,许多河流已基本无自身径流,中下游成为接纳工业废水、生活污水等的混排口,成为陆源污染物的主要来源。经过滩涂围垦养殖、开发港口、建设公路和临港工程等几次填海高潮,胶州湾水域面积呈线性下降,自然岸线减少,纳潮量减小,物理自净能力降低。2006—2010 年世界上最长的跨海大桥"胶州湾跨海大桥"建成,大桥以北的区域在冬季经常出现结冰的情况,有时非常严重,对水产养殖活动和生态系统产生很大影响。

胶州湾具有温带海域的典型特征:生物生产力高,生物多样性相对较高;既具有黄海生态系统的特征又具有海湾自身的特征。潮流的影响使胶州湾分为三个生态特征明显的区域:外海型、混合型和湾内型,造成生态系统结构与功能的明显区域差异。

---

*　本章作者为中国科学院海洋研究所孙晓霞、孙松、胡仔园、郑珊、王卫成和赵永芳。

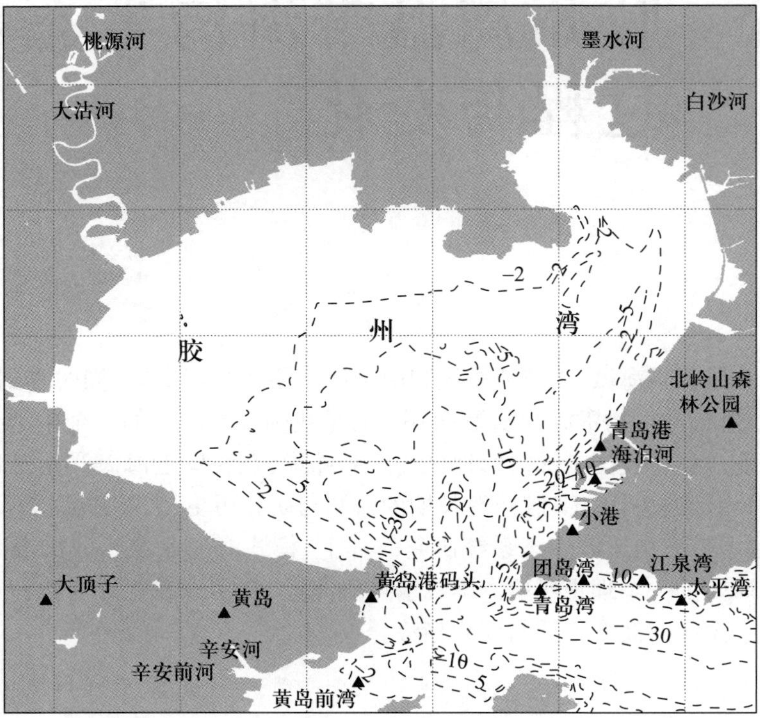

图7.1　胶州湾的地理位置及主要入海河流(孙松和孙晓霞,2015)

胶州湾地区受北温带季风控制,夏季受到北太平洋副热带高压控制,盛行东南风,雨量充沛,空气湿度高;冬季受到中纬度西风带东亚大槽控制,盛行西北风,寒冷干燥,降水少,气象与水文具有明显的季节特征。胶州湾7—8月为雨季,降水量占全年一半以上,全年最高气温出现在8月,全年最低气温出现在1月(孙松等,2011)。表层水温变化趋势与气温变化趋势一致,夏季湾内存在温跃层,秋季开始,垂向混合明显,冬季湾内水温垂向分布均匀。湾内盐度随沿岸河流淡水输入与降水季节变化而具有明显的季节特征,最低值出现在夏季8月雨季,春冬两季盐度相对较高(孙松等,2015)。胶州湾潮汐属于南黄海潮波系统,潮汐类型稳定,为正规半日潮。潮汐周期主要取决于M2分潮,约为12 h 25 min,涨潮流速较大,湾外分潮流椭圆率大,以逆时针旋转流为主,湾口及湾内潮流椭圆率小,以往复流为主(吕新刚等,2008)。

胶州湾海水中的营养盐在全球典型海湾中处于一个中等水平,其中1997—2010年溶解无机氮(DIN)和溶解磷酸盐(DIP)浓度接近于平均值,而溶解硅酸盐(DISi)浓度远低于全球典型海湾的平均值。1997—2010年胶州湾海水中的DIN、DIP和DISi的平均浓度分别为19.28 $\mu mol \cdot L^{-1}$、0.71 $\mu mol \cdot L^{-1}$和5.36 $\mu mol \cdot L^{-1}$,均高于浮游植物生长的最低阈值。1997—2010年胶州湾海水中的氮磷比、硅氮比和硅磷比的年平均值分别为42.40、0.70和9.07,其中硅氮比和硅磷比均小于Redfield系数,表现为浮游植物生长的硅限制(孙松等,2015)。胶州湾海水中营养盐的分布主要受河流输入、养殖输入及与黄海的水交换等因素控制,表现出明显的区域分布,表层营养盐浓度分布大多呈现湾内高于湾口和湾外的特征。

胶州湾2001—2010年叶绿素a浓度季度月年平均值(2.65 $mg \cdot m^{-3}$),高于渤海、黄海等同纬度中国近海,表现出双周期型的周年变化规律,峰值出现在冬季和夏季,水平空间分布上呈湾东北部和西北部较高，逐渐向湾中部、南部、湾口及湾外递减趋势（孙松等，2015）。胶州湾浮游植物粒级结构组成主要以小型和微型浮游植物为主，两者约占 90%以上，其中冬季以小型浮游植物占优势，而夏季则以微型浮游植物为主，垂直分布上表层以小型和微型浮游植物占绝对优势，底层以微型浮游植物为主（孙晓霞和孙松，2012）。胶州湾网采浮游植物以硅藻占绝对优势，种类有 120 余种，多数属于暖温性和广布性种类，春夏有若干热带近岸性种类出现。中肋骨条藻［*Skeletonema costatum*（Greville）Cleve］为胶州湾最常见的优势种，其他优势种还有日本星杆藻（*Asterionella japonica* Cleve）、奇异菱形藻［*Nitzschia paradoxa*（Gmelin）Grunow］、星脐圆筛藻（*Coscinodiscus asteromphalus* Ehrenberg）及短角弯角藻（*Eucampia zoodiacus* Ehrenberg）等。胶州湾网采浮游动物有 100 余种，平面分布上，湾北种类最少，湾南部和湾外种类较多，主要优势种有双刺纺锤水蚤（*Labidocera bipinnata*）、小拟哲水蚤（*Paracalanus parvus*）（Claus，1863）、太平洋纺锤水蚤（*Acartia pacifica*）（Stener，1915）、中华哲水蚤（*Calanus sinicus*）（Brodsky，1962）、拟长腹剑水蚤（*Oithona similis*）（Claus，1866）、短角长腹剑水蚤（*Oithona brevicornis*）（Giesbrecht，1891）、强壮箭虫（*Sagitta crassa*）（Tokioka，1938）等，浮游动物功能群空间分布不同年份间变化较大。

7.2　胶州湾生态系统长期观测

胶州湾生态站始建于 1981 年，原名为黄岛海水养殖试验场，1986 年改名为黄岛增养殖实验站，中国生态系统研究网络（CERN）组建后，胶州湾站 1991 年成为 CERN 29 个野外观测基本站之一，改名为“胶州湾海洋生态系统定位研究站”，是我国温带海域唯一的集监测、研究与示范为一体的综合性生态系统研究站。2005 年被科技部批准成为国家生态系统野外科学观测研究站，正式命名为“山东胶州湾海洋生态系统国家野外科学观测研究站”。

表 7.1 列出了胶州湾的测点设置目的和监测情况。胶州湾生态站成为基本站时初设站 10 个，监测频率为每年 4 个季度月（2 月、5 月、8 月和 11 月）。2002 年在中国科学院知识创新方向项目的支持下，组织相关专家在胶州湾设立 34 个站位并进行一周年的高密度、高频率综合调查，对一些重点站位每 10 天进行一次调查，摸清胶州湾的基础生态环境的周年变化和各个区域的相关关系。2004 年增加 JZB11、JZB12、JZB13、JZB14 站位，形成现有的 14 个观测站位（图 7.2），基本涵盖了胶州湾的主要生态区域。

表 7.1　胶州湾生态站观测场、观测点一览表

海区	站点	位置和监测目的
湾西区	JZB01	自 20 世纪 70 年代海洋农牧化开始就是典型站位，有利于进行长期观测。此站位于胶州湾最大的河流—大沽河河口区，是主要贝类养殖区，对胶州湾生态系统变化具有重要意义
红岛大西洋	JZB02	浅水区，主要贝类养殖区。此站主要了解胶州湾浅水区的物质交换和养殖对环境的影响
沧口水道	JZB03	工业排水污染区。重点监测富营养化及水质状况

续表

海区	站点	位置和监测目的
龙湾崖海区	JZB04	藻类和贝类养殖区,沙底环境,水交换锋面区。监测炼油工业对湾内影响
湾中区	JZB05	青岛港内锚地,水交换锋面区,生物变动剧烈
海泊河口	JZB06	大面积贝藻混养区,湾内深水区,对整个胶州湾水动力和物质交换很重要
黄岛油码头	JZB07	活化石文昌鱼出产区,地处湾口内侧,对物理过程与生物过程之间的关系研究有重要意义
黄岛湾	JZB08	黄岛电厂降尘区和主要港口区,对环境监测有重要代表性
胶州湾湾口	JZB09	湾口深水主航道,物理环境和生物环境变化剧烈,对湾内和湾外比较研究很重要
大公岛海区	JZB10	湾外黄海近海区,可代表外海及其邻近海域情况
大沽河口	JZB11	大沽河入海口,淡、海水混合盐度变化。2004年开始设站,大桥建设期停止监测,建成后恢复监测
外锚地	JZB12	文昌鱼保护地,监测生态环境。2004年开始设站
浮山湾	JZB13	湾口外一点,文昌鱼采集地。2004年开始设站
双埠海区	JZB14	墨水河娄山河入海口,化工厂排污口,监测养殖区生态状况与重污染。2004年开始设站,大桥建设期停止监测,建成后恢复监测
气象观测场		位于团岛,自动站、人工站监测温、湿、压、风、降雨、地温、蒸发、辐射

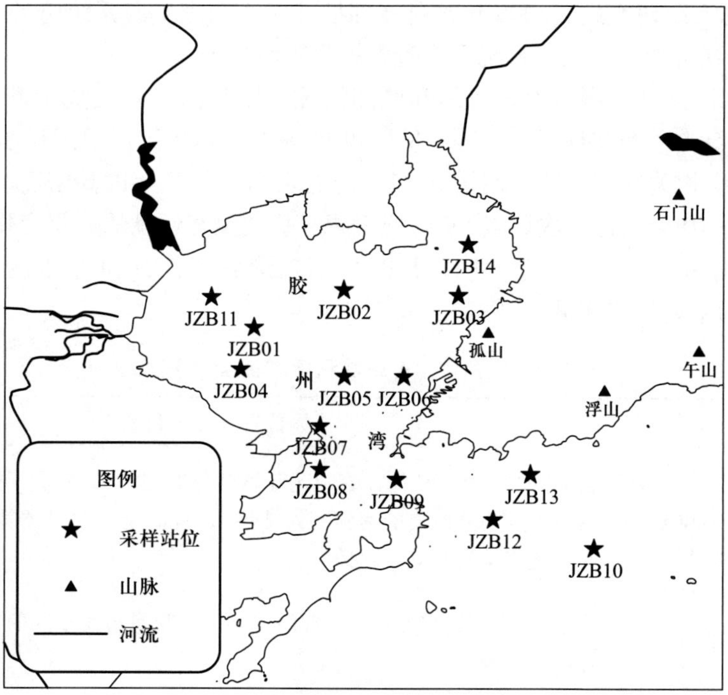

图 7.2 胶州湾长期观测站站位图

胶州湾海洋生态系统长期观测要素包括海洋浮游植物、浮游动物、底栖动物、微生物、叶绿素、水文要素、海水化学要素、海洋底质调查、悬浮物等。其中浮游动物、浮游植物由浅水Ⅰ型(500 μm)、浅水Ⅱ型(167 μm)、浅水Ⅲ型(70 μm)浮游生物网进行底-表拖网采样;叶绿素、物理化学要素、悬浮物、微生物等根据实测水深设定水层采样,水层为0 m、10m、20 m、30 m、底层采样量根据监测规范执行。气象观测场自1998年开始采集数据,2006年7月起增加辐射和地温观测。

基于近30年的长期观测,胶州湾生态站相继出版了数据集《中国生态系统定位观测与研究数据集:湖泊湿地海湾生态系统卷:山东胶州湾站》、图集《胶州湾生态系统长期变化图集》等;在海湾生态系统演变过程、机理的理论与方法等方面进行了全面系统的研究与剖析,出版了《海湾生态系统研究方法》《海湾生态系统研究的理论与实践——以胶州湾为例》和《胶州湾资源与环境》等专著,为海湾和近海生态系统长期变化研究、全球变化区域响应、海洋生态系统评估研究奠定重要基础。在此基础上,本章重点研究了最近十年(2006—2015年)来胶州湾生态系统新的变化特征与变化趋势,剖析关键的驱动过程,探索近海生态系统可持续发展的可行性与途径,为我国近海资源环境可持续发展提供重要参考。

7.3 胶州湾关键生态因子变化特征

基于2006至2015年十年间胶州湾长期观测数据资料,本节对胶州湾气象、水文、营养盐、浮游植物、浮游动物等生态系统关键因子的年际变化特征进行概括分析,对胶州湾生态系统关键要素的长期变化规律进行总结,分析胶州湾生态系统十年间的变化特征,并进一步对胶州湾水文、营养盐、浮游植物及浮游动物群落结构对气候变化以及人类活动综合影响的可能响应进行分析。

7.3.1 气象与水文要素变化特征

胶州湾地处黄海西岸,其周边沿岸人口密集,是山东半岛重要经济区,其生态系统受东亚季风及周边流系水团等影响作用显著。本部分基于胶州湾生态站2006年至2015年十年连续观测数据,选取与胶州湾生态系统动态变化密切相关的几项气象与水文要素(气压、气温、降雨、风速、风向、水温、盐度)进行分析,研究其十年变化趋势以及要素之间存在的相互关系。

(1) 气压、气温

胶州湾位于北温带季风控制区域,同时受海洋调节作用影响,气候呈现明显海洋性气候特征。2006年至2015年十年间年平均气压气温变化如图7.3所示,年平均气压变化范围在1014.4~1017.1 hPa,年平均气温变化范围12.7~14.1℃。气压与气温变化呈现相反关系,年平均的大气压最低值出现在2007年,对应2007年年平均气温为十年最高;2007年后,年均大气压逐渐上升,至2011年达到十年间最高值,而2011年年平均气温则为十年最低。2011年至2014年,气温持续上升,2015年后气温变化可能出现新的趋势;气压在2011年达到高值后下降趋势缓慢,后趋于平稳。

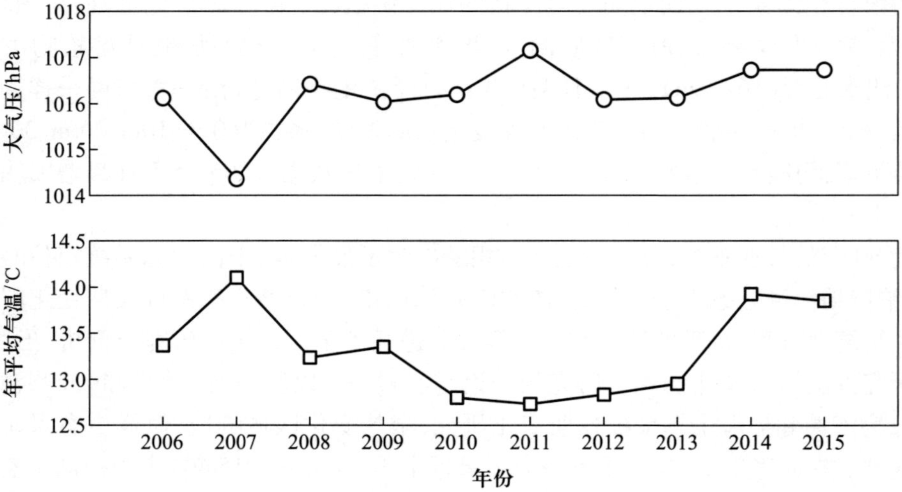

图 7.3 2006—2015 年胶州湾地区年平均大气压(上)及年平均气温(下)

十年间气温极值逐年变化特征的分析结果如图 7.4 所示。2006 年至 2015 年,年度最高气温变化范围在 31.9~35.9℃,最低气温变化范围在 −10.1~−5.2℃。胶州湾地区年度最高气温、最低气温都呈现线性升高趋势,与胶州湾近 50 年趋势一致(张军岩等,2011)。最高气温线性变化趋势相对明显,并且升高速率相对较高,十年间平均升高了 2.9℃;而最低气温线性变化趋势相对不明显且变化速率较低,十年间平均升高了 1.7℃。2011 年度最高气温为十年最高,对应着十年间最高的年度大气压值。年度最低气温变化趋势和年平均气温变化趋势一致(图 7.3),2007 年冬季最低气温为十年间最高值,2008 至 2011 年,最低气温持续在较低温度水平,后逐渐上升。

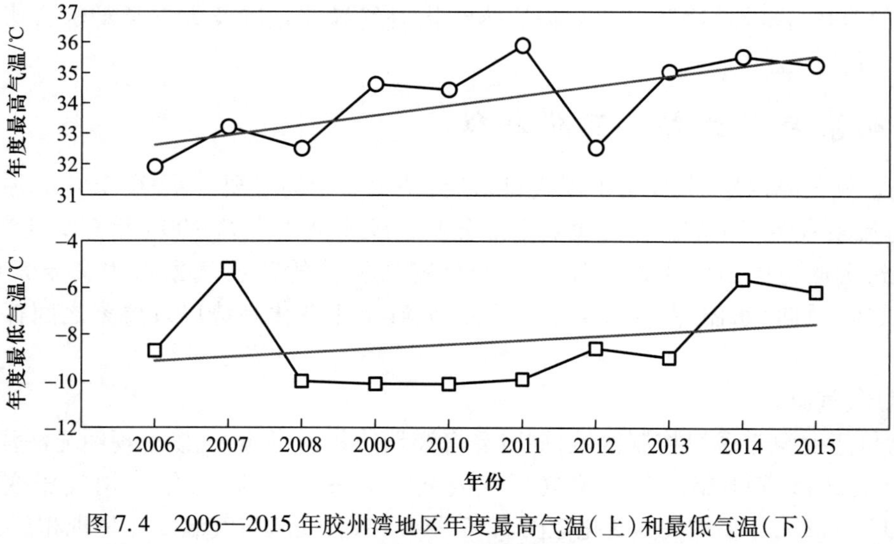

图 7.4 2006—2015 年胶州湾地区年度最高气温(上)和最低气温(下)

(灰色直线为一元线性回归曲线)

胶州湾每年出现 30℃和 35℃以上高温天气以及低于 0℃和−5℃以下低温天气的天数距平统计结果如图 7.5 所示。2006 至 2015 年,出现 30℃以上高温天数变化范围为 10~23 天,出现 35℃以上高温天气只出现在 2011、2013、2014 和 2015 年,其中 2011 年和 2013 分别为 1 天,2014

年和2015年为两天。出现0 ℃以下低温天气天数变化范围在42~73天，出现-5℃以下低温天气天数变化范围为1~19天，2010年和2011年出现-5℃以下气温天气分别为18和19天，为十年间最多。每年出现高温天气天数呈现逐渐上升趋势，2013年之前30 ℃以上高温天数多为负距平，之后均为正距平；35 ℃以上高温天气在2012年后逐渐增加。最低温天气则在2012年前后趋势发生变化，2011年之前低温天气呈显著的线性升高趋势，而之后呈现逐年降低趋势。

(2) 降雨

胶州湾2006至2015年降雨量、降雨天数如图7.6所示。胶州湾地区年均降雨天数为78天，变化范围在43~92天；年降雨量变化为225~1036 mm，平均为598 mm。全年平均降水时间不是很长，2012年后降雨天数有减少趋势，2006年降雨天数及年降雨量相较于其他年份较少。

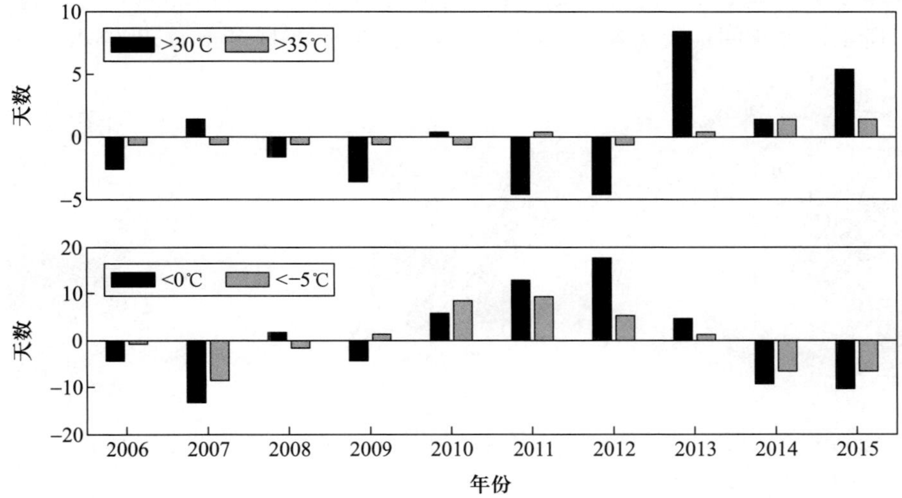

图7.5　胶州湾地区2006—2015年逐年气温高于30℃与35℃天数距平(上)和低于0℃与-5℃天数距平(下)

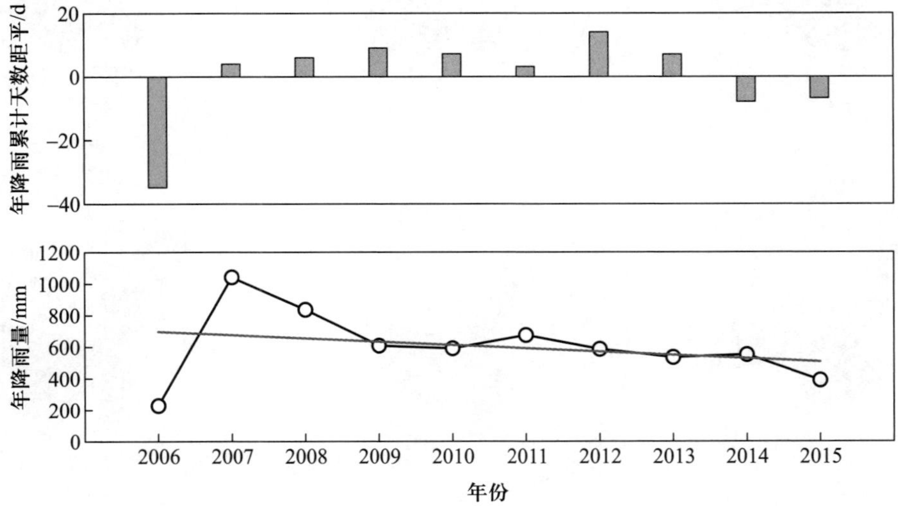

图7.6　胶州湾地区2006—2015年年降雨累计天数距平(上)以及年降雨量变化(下)

2007 年降雨量为十年间最高值,而该年份降雨天数并未显著增加,因为降雨量多集中于 2007 年夏季。胶州湾地区年平均降雨量总体呈现下降的趋势,尤其自 2007 年后,降雨量下降趋势明显,线性倾向率达到-60.4 mm·年$^{-1}$。

(3) 风速、风向

胶州湾 2007—2015 年平均风玫瑰图如图 7.7 所示(2006 年 1 月至 6 月风速、风向资料存在缺测,因此未纳入分析)。胶州湾属于温带季风型气候,常年以西北风和东、东南风为主,与北黄海海域盛行风向一致,在春夏季盛行东、东南风,秋冬季盛行西北风(徐凤荣,1990;李丹,2016),分析结果显示相同特征。2007 年和 2014 年西北风比例有明显增加,而 2007 年东、东南风则比例较低。2007 年至 2015 年间,年平均风速变化范围为 2.7~3.5 m·s^{-1},平均风速为 3.2 m·s^{-1}。

2007—2015 年年均最大风速、最大风速出现的月份,以及盛行西北风和东、东南风所占比例如表 7.2 所示。九年间最大风速为 19.6 m·s^{-1},发生在 2014 年 6 月;2008 年最大风速仅为

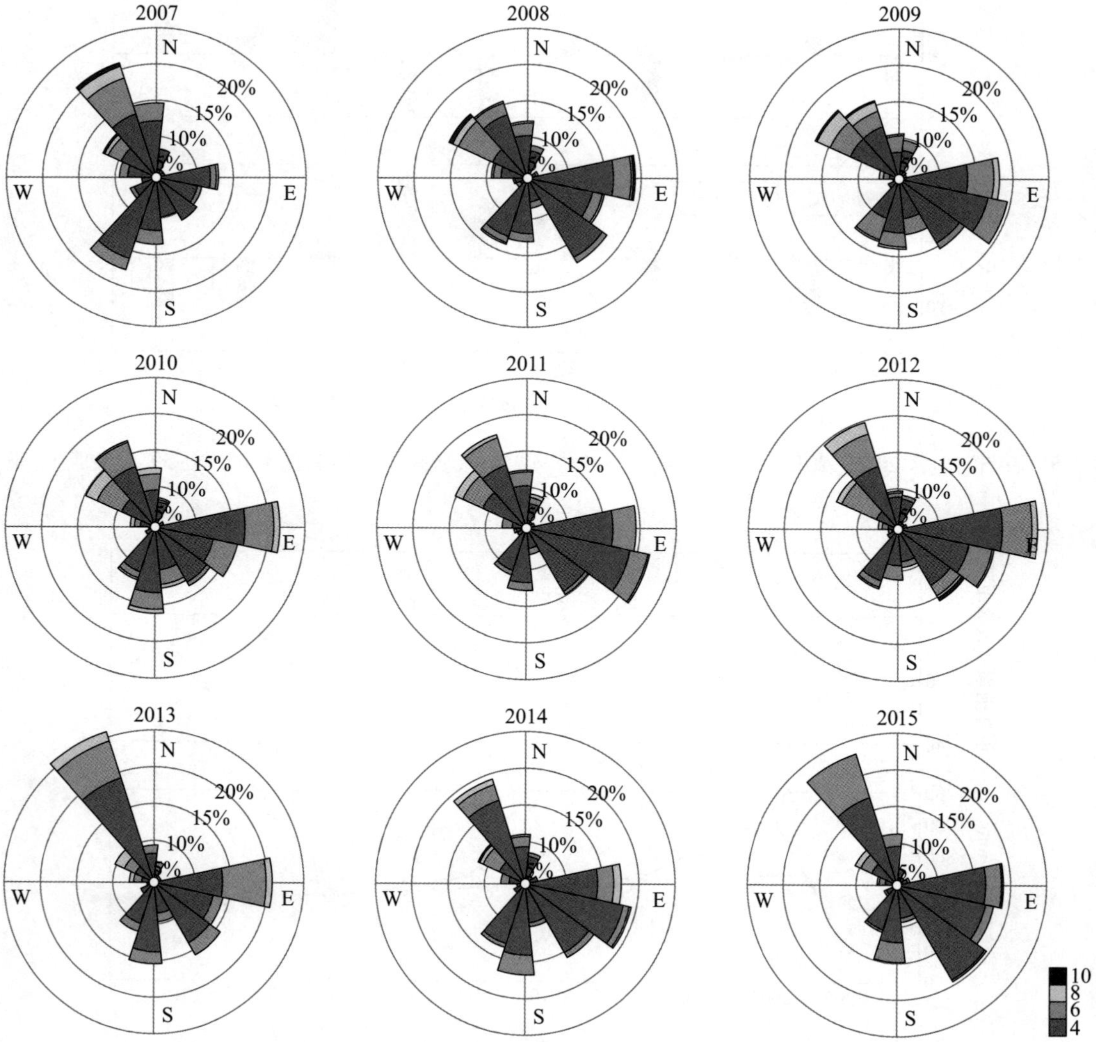

图 7.7　胶州湾 2007—2015 年平均风玫瑰图(见书末彩插)

14.0 m·s^{-1}，为九年间最低。最大风速多发生于春末夏初 5—6 月（2010 年、2011 年、2013 年和 2014 年），其次在秋末冬初 10—11 月（2008 年、2012 年和 2015 年），较少发生在冬季（2007 年和 2009 年）。东、东南风全年盛行，比例普遍大于西北风，2007 年除外，该年西北风盛行比例大于东、东南风。

表 7.2 胶州湾生态站 2007—2015 年最大风速以及主导风百分率

	2007	2008	2009	2010	2011	2012	2013	2014	2015
最大风速/(m·s^{-1})	17.0	14.0	16.0	18.0	14.6	14.5	17.5	19.6	15.4
出现月份/月	3	10	1	5	5	11	5	6	11
西北风/%	35.6	29.2	27.4	27.8	29.0	27.6	31.8	26.3	28.2
东、东南风/%	21.4	36.6	36.7	36.0	40.0	41.5	33.4	37.0	40.6

(4) 水温

胶州湾 2006—2015 十年间水温变化分析结果如图 7.8 所示。胶州湾表层水温年平均值变化范围为 13.6~15.1℃，平均水温为 14.3℃。表层季度月水温季节差异明显，年际间没有明显趋势变化。线性分析结果表明，胶州湾海水平均水温与年平均气温变化规律相似。十年间最低平均水温出现在 2011 年。之前对胶州湾地区气温十年变化的研究结果中，2011 年是十年间冬季低温天气天数最多的一年，而随后低温天数变化发生趋势转变。年平均水温在 2011 年前后也呈现不同的变化趋势，2011 年之前水温呈现显著的逐年下降趋势，而后又开始呈现增暖趋势。

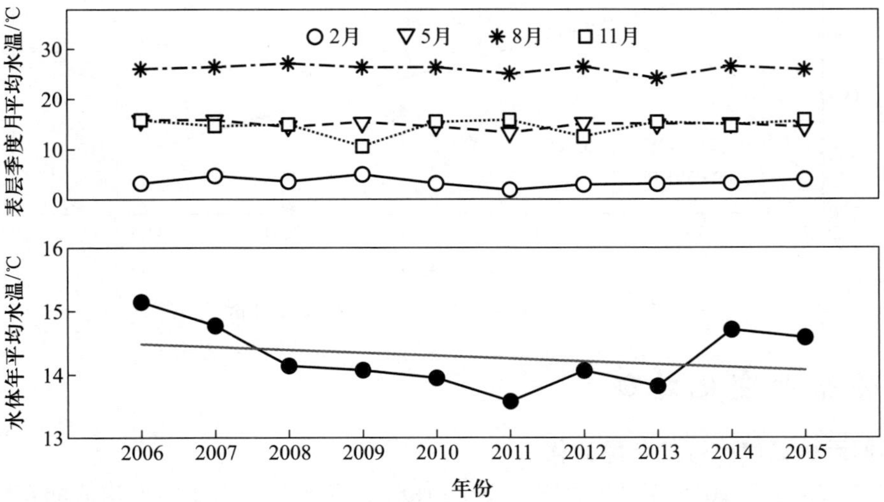

图 7.8 胶州湾 2006—2015 年表层季度月平均水温（上）、水体年平均水温（下）变化

(5) 盐度

胶州湾 2006—2015 十年间表层盐度变化分析结果如图 7.9 所示。胶州湾表层盐度年平均值变化范围为 30.4‰~31.2‰，平均盐度为 30.8‰。表层季度月平均盐度表明胶州湾海域盐度变化有明显季节特征。夏季降雨集中，表层盐度普遍低于其他季节；秋、冬季降雨较少，表层盐度

年际间波动较小。表层盐度尤其受降雨量影响较大,2007 年 8 月表层盐度低值对应着夏季集中降雨过程(图 7.6)。水体平均盐度与降雨量呈现负相关性(图 7.10),表明胶州湾的年总降雨量变化是导致胶州湾盐度变化的部分原因。此外,胶州湾面积的减小以及周边人类活动引起的废水排放也是引起盐度变化的因素之一。

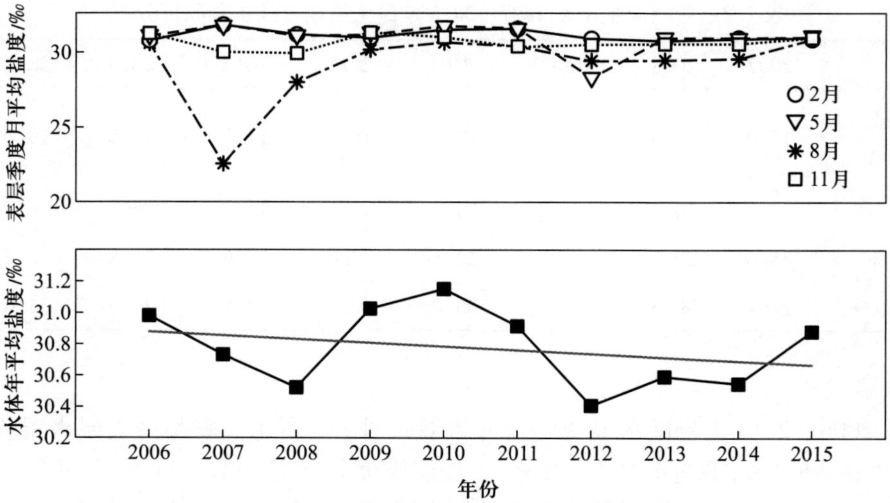

图 7.9　胶州湾 2006—2015 年表层季度月平均盐度(上)、水体年平均盐度(下)变化

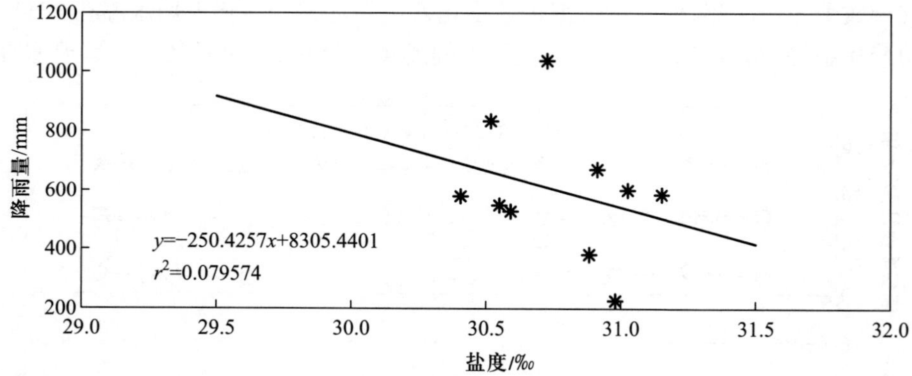

图 7.10　胶州湾降雨量与盐度相关性分析

7.3.2　营养盐变化特征

(1) 溶解无机氮(DIN)的年际变化

图 7.11 是 2006 至 2015 年期间胶州湾表层海水中溶解无机氮全年平均值的年际变化。十年期间,胶州湾表层的 DIN 变化范围为 0.174~0.394 $mg \cdot L^{-1}$。2006、2007、2008 和 2011 年超出海水水质二类标准(0.300 $mg \cdot L^{-1}$),其中 2007 年和 2008 年 DIN 年平均含量十年间最高,接近 0.400 $mg \cdot L^{-1}$。2009、2010、2012、2013 和 2014 年超出海水水质一类标准(0.200 $mg \cdot L^{-1}$),2009 年最高,为 0.300 $mg \cdot L^{-1}$。2015 年 DIN 年平均值最低,为 0.174 $mg \cdot L^{-1}$,达到一类水质要求。十年间 DIN 经历一个先上升后下降的趋势。2008 年以前,DIN 持续增加,在 2008 年增加到

0.393 mg·L^{-1},而后则持续减少。到 2015 年,减少到 0.174 mg·L^{-1},相比 2008 年减少一半以上。与 20 世纪末至 21 世纪初十年胶州湾表层海水中的 DIN 含量相比(沈志良,2002),胶州湾内 DIN 的上升趋势似乎于 2007 至 2008 年结束,并在此后进入下降阶段。

2006—2015 年,胶州湾表层海水中的 NO_3^-和 NH_4^+与 DIN 变化趋势相同,均是最大值在 2007 年(NH_4^+)和 2008 年(NO_3^-)间。NO_3^-在 2008 年达到最高值 0.211 mg·L^{-1}之后持续下降,在 2015 年降低为 0.101 mg·L^{-1},降幅一半以上。NH_4^+从 2007 年 0.209 mg·L^{-1}降至 2015 年 0.060 mg·L^{-1},约为 2007 年的四分之一。NO_2^-与 DIN 以及其他形态无机氮变化趋势稍有不同,2006 年至 2015 年间呈现持续的线性下降趋势,在胶州湾表层海水中的含量由 2006 年的 0.054 mg·L^{-1}持续降至 2015 年的 0.013 mg·L^{-1}。

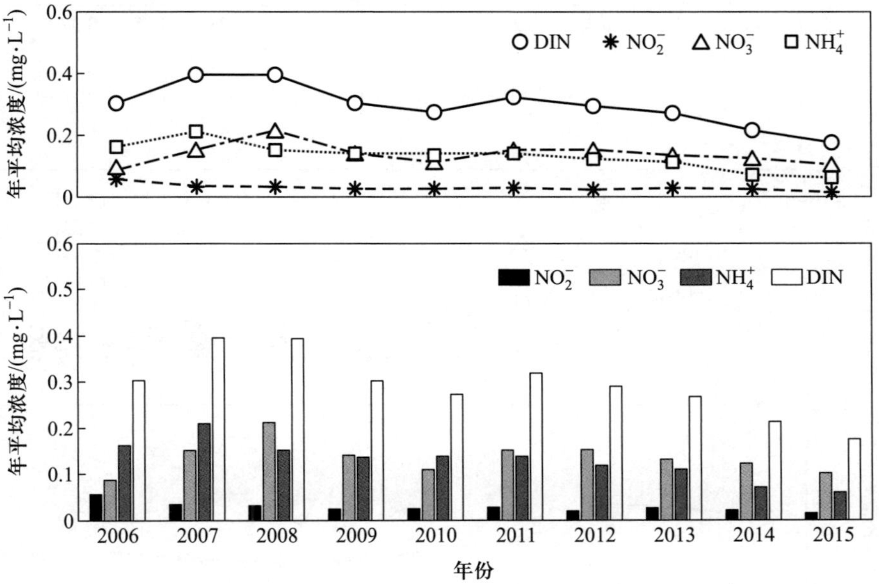

图 7.11 胶州湾 2006—2015 年表层不同形态无机氮的年平均值变化

整体上看,胶州湾海水中各形态无机氮均呈现下降趋势。由于胶州湾海水中 DIN 浓度主要与其陆源排海通量有关(Liu et al,2003;王修林等,2006),而排海 DIN 主要源于胶州湾沿岸河流,因此 2007—2008 年的下降趋势可能与排海通量的下降有关。DIN 年平均值与胶州湾降雨量的相关分析(图 7.12)表明 DIN 与降雨量呈现较为显著的相关性,其下降趋势与胶州湾十年来降雨总量下降趋势也存在一定的关系。

(2)溶解磷酸盐(DIP)的年际变化

图 7.13 是 2006 至 2015 年期间胶州湾表层海水中磷酸盐 2、5、8、11 季度月平均值和全年平均值的年际变化。十年期间,胶州湾表层的磷酸盐变化趋势与 DIN 类似,呈现先上升后下降趋势,其年平均值变化范围为 0.017~0.050 mg·L^{-1},最高年平均值出现于 2008 年,最低值在 2011 年。2008 年前,由于复合肥用量在胶州湾地区增加,磷排海总量持续增加(王修林等,2006),胶州湾海域海表磷酸盐浓度呈持续升高趋势(孙晓霞等,2011a)。本文结果显示,磷酸盐在胶州湾内增加趋势在 2008 后已经结束,并开始呈现下降趋势。不同季节间磷酸盐变化趋势各不相同。5 月海表磷酸盐变化趋势与年平均值变化趋势相同,在 2008 年之前持续上升,在 2008 年达到最

高浓度，之后呈现下降趋势；8月海表磷酸盐与5月类似，但其最高值出现于2009年；2月和11月胶州湾海表磷酸盐在十年间波动都不是很大，总体呈现下降趋势，但降幅不显著。

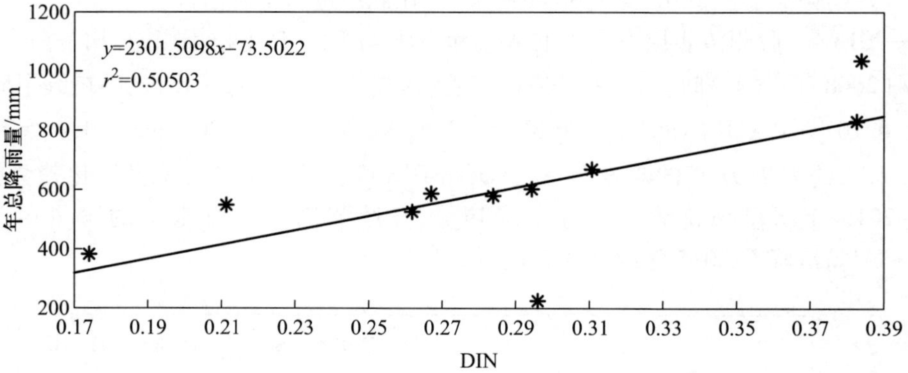

图7.12　胶州湾降雨量与DIN相关性分析

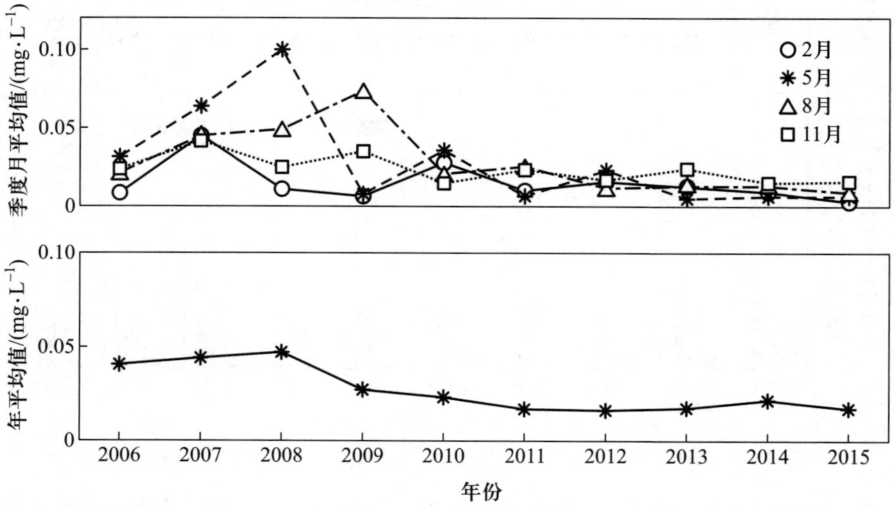

图7.13　胶州湾2006至2015年表层磷酸盐的季度月(上)、年平均值(下)变化

(3) 溶解硅酸盐(DISi)的年际变化

图7.14是2006—2015年胶州湾表层海水中硅酸盐2、5、8、11季度月和全年平均值的年际变化。十年期间，胶州湾表层的硅酸盐整体呈现下降趋势，其年平均值变化范围为0.082～0.210 mg·L^{-1}，最高年平均值出现于2007年，最低值在2015年。胶州湾硅酸盐浓度变化主要受胶州湾地区降雨量以及河流径流量影响(Shen，2001；Liu et al.，2005)。胶州湾海表硅酸盐季度月平均值也揭示了每年硅酸盐季度月平均最高值出现在降雨集中的7月和8月间。同时，作为重要的蛤仔养殖区，胶州湾内硅酸盐从沉积物向水体转移的过程也很大程度上受到蛤仔生物扰动的影响(孙晓霞等，2011a)。硅酸盐变化趋势有较明显的季节差异：2月、5月和11月胶州湾表层海水硅酸盐在十年间变化趋势平稳，波动不大而总体呈现下降趋势，但降幅不显著；8月总体也呈下降趋势，但在2007年出现十年间最大平均值0.910 mg·L^{-1}，对应着2007年出现的十年间最大降雨量(图7.6)，自2008年起逐渐增加至2011年后持续减少。

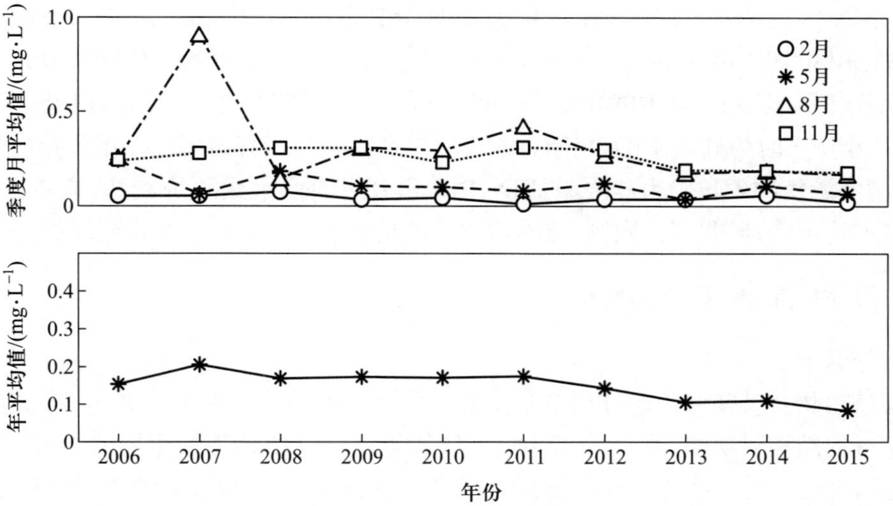

图 7.14　胶州湾 2006 至 2015 年表层硅酸盐的季度月(上)、年平均值(下)变化

(4) 营养盐结构的年际变化

胶州湾表层水体在 2006 年至 2015 年间各项营养盐比值变化如图 7.15 所示。DIN/DIP 与 DISi/DIP 的变化趋势相同:从 2006 年开始呈现上升趋势,2008 年小幅下降后继续上升,至 2011 年达到十年间最大值,之后逐渐降低。DIN/DIP 十年间平均值为 18.43,变化范围为 7.17～32.22;DISi/DIN 十年间平均值为 0.33,变化范围为 0.24～0.41;DISi/DIP 十年间平均值为 5.97,

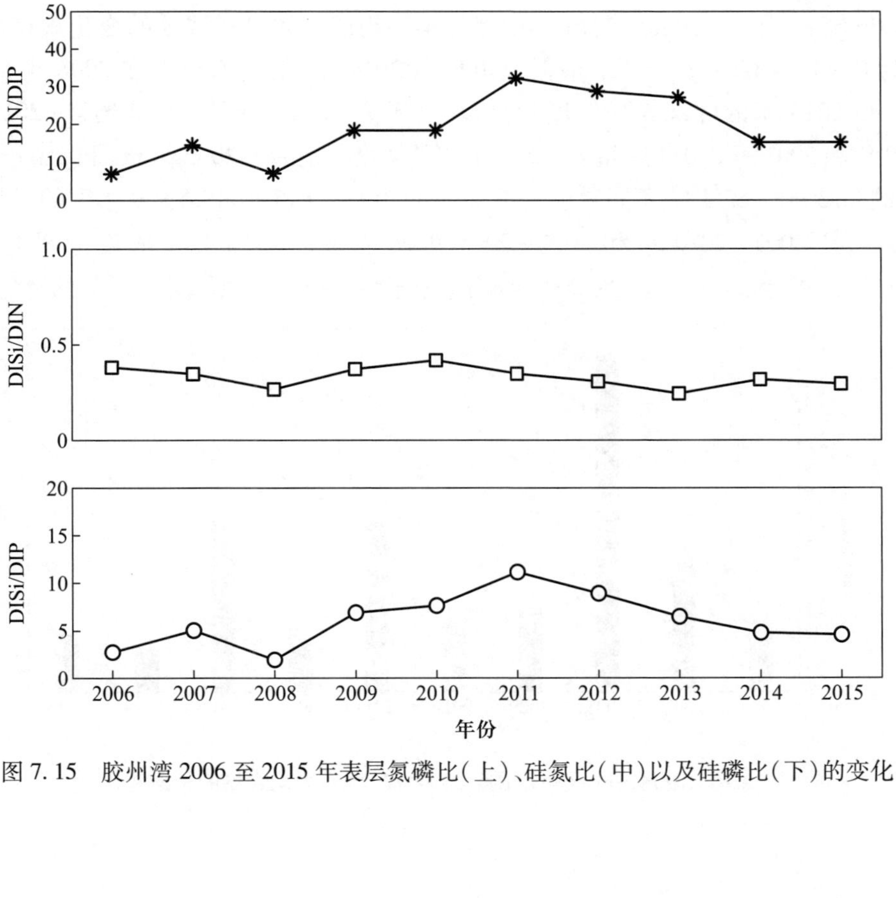

图 7.15　胶州湾 2006 至 2015 年表层氮磷比(上)、硅氮比(中)以及硅磷比(下)的变化

变化范围为 1.93~11.09。与 20 世纪末相比，DIN/DIP 由 37.90 减小到 18.43，DISi/DIN 由 0.19 增加至 0.33，DISi/DIP 由 7.60 减少至 5.97。根据营养盐限制标准，当 DIN/DIP 小于 10 而 DISi/DIN 大于 1 为氮限制；当 DIN/DIP 与 DISi/DIP 均大于 22 时为磷限制；当 DISi/DIP 小于 10 而 DISi/DIN 小于 1 时为硅限制（宋金明，1997；沈志良，2002）。胶州湾近十年营养盐结构的变化表明，胶州湾浮游植物生长仍为硅限制，DIN、DIP 和 DISi 都呈缓慢下降趋势，氮磷比下降，硅氮比增加而硅磷比下降；胶州湾硅限制、营养盐比例严重失衡在一定程度上得到缓解。

7.3.3　浮游植物变化特征

（1）叶绿素 a

海洋浮游植物及其初级生产过程是海洋生态系统中重要的驱动因子之一，其动态变化直接影响生态系统的结构与功能（孙松等，2005）。叶绿素 a 是浮游植物最重要的组成成分之一，叶绿素 a 含量高低与浮游植物种类和数量密切相关，因此水体中叶绿素 a 的含量是指示浮游植物现存量的重要指标，其分布能反映水体中浮游植物的生物量及其动态变化（李超伦等，2005）。海湾是人类活动较为频繁的海域，是生物海洋学研究过程的重要区域，海湾区域的叶绿素 a 与初级生产力的长期变化是国际上的研究焦点（Harding et al.，1997；Lohrenz et al.，1997；Oviatt et al.，2002）。胶州湾作为我国近海的典型海湾，具有温带海域典型的生态环境特征，胶州湾的叶绿素 a 及初级生产力的长期变化规律及未来趋势是当前普遍关心的问题。研究表明，胶州湾的叶绿素 a 表现为明显的双周期型的季节变化特征（潘友联等，1995；李超伦等，2005；潘胜军和沈志良，2009；王玉珏等，2015），而长期变化呈现波动状态（孙晓霞等，2011b）。

胶州湾叶绿素 a 浓度 2006—2015 年季度月年平均值总体呈现波动的变化规律（图 7.16），浓度范围为 0.90~4.62 mg · m^{-3}。最低值出现在 2014 年，最高值出现在 2008 年。此外 2007 年、2011 年和 2013 年的叶绿素 a 浓度较高，均大于 2.00 mg · m^{-3}。孙晓霞等（2011b）报道了 1991—1999 年和 2001—2010 年胶州湾叶绿素 a 平均浓度分别为 3.28 mg · m^{-3}和 2.65 mg · m^{-3}，相比 1981 年的3.96 mg · m^{-3}均有不同程度的下降。而 2006—2015 年叶绿素 a 浓度的平均值降低为 1.69 mg · m^{-3}，且 2006—2010 年和 2011—2015 年两个时期叶绿素 a 浓度的平均值分别为 1.96 mg · m^{-3}和1.42 mg · m^{-3}，这表明 2006 年以后胶州湾叶绿素 a 浓度表现为明显的持续下降趋势。

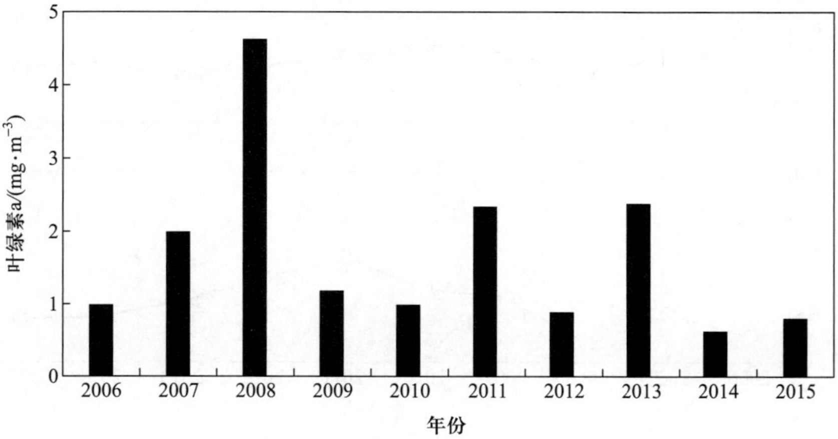

图 7.16　胶州湾叶绿素 a 浓度 2006—2015 年平均含量的长期变化

进一步比较分析 2006—2015 年胶州湾不同季节叶绿素 a 浓度的长期变化趋势发现(图 7.17),近 10 年来不同季节叶绿素 a 浓度的年际变化规律未表现出明显趋势,2 月和 5 月叶绿素 a 浓度的变化为波动状态,8 月和 11 月叶绿素 a 浓度的变化趋势亦不明显。除了 2007 年 11 月和 2008 年 8 月叶绿素 a 浓度有明显偏高之外,其余年份 8 月和 11 月的叶绿素 a 浓度与同季度月相比均维持稳定。

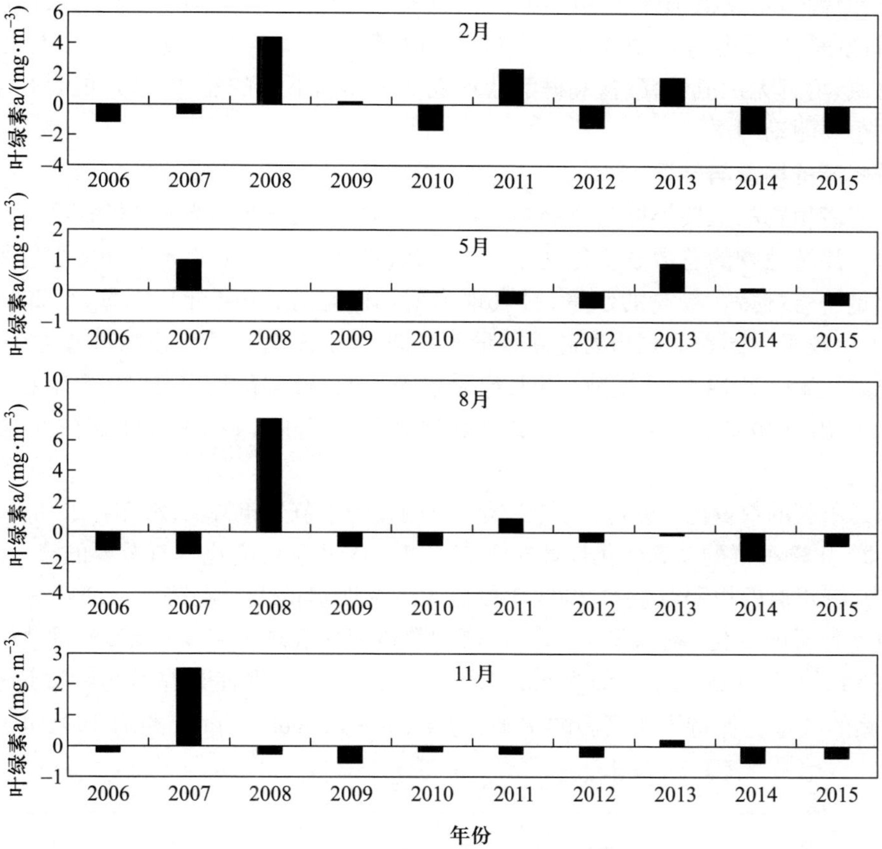

图 7.17 不同季节叶绿素 a 浓度 2006—2015 年平均含量的长期变化(距平)

(2) 胶州湾网采浮游植物丰度的长期变化

浮游植物是海洋生态系统中最主要的初级生产者,在生态系统的物质循环和能量流动中起着关键的作用(吴玉霖等,2004)。随着全球变化和人类活动的加剧,全球范围内许多近海海域浮游植物群落结构发生了很大变化,如硅藻比例下降,甲藻的种类和数量增加(Smayda,1990;Zhou et al.,2008),浮游植物的种类与数量的变化会通过食物链导致整个海洋生态系统结构和功能的改变,因此浮游植物的群落结构研究是海洋生态系统研究的重要内容。胶州湾近几十年的浮游植物种类和数量都发生了较大变化(吴玉霖等,2005;孙晓霞等,2011c)。了解胶州湾浮游植物的长期变化规律是研究胶州湾生态系统结构和功能变化趋势的重要基础。

关于胶州湾浮游植物的研究,最早始于 1953—1956 年对青岛近海浮游硅藻的研究(李冠国和黄世枚,1956),随后开展了很多胶州湾浮游植物数量分布、种类组成和季节变化的周年调查研究(钱树本等,1983;刘瑞玉,1992;陈碧鹃等,2000;李艳等,2005;郑珊等,2014;罗璇等,2016)。

而关于长期变化，仅有孙晓霞等（2011c）报道了胶州湾近 30 年网采浮游植物群落结构的长期变化特征，这对于分析不同时期胶州湾网采浮游植物群落结构及变化特征，揭示全球变化影响下胶州湾生态系统的演变规律提供了重要的科学参考。

2006—2015 年胶州湾网采浮游植物季度月年平均数量的长期变化规律如图 7.18 和图 7.19 所示。2006 年至 2012 年，除了 2009 年浮游植物数量较低，为 4.15×10^6 cells · m^{-3}，其余年份浮游植物数量均较高，丰度范围为 7.38×10^6 ~ 16.54×10^6 cells · m^{-3}，2013 年及以后浮游植物数量急剧下降，特别是 2015 年浮游植物数量达到最低值，仅为 0.27×10^6 cells · m^{-3}。与此对应的是，胶州湾的总氮、溶解无机氮、磷酸盐和硅酸盐均表现为逐渐下降的趋势，这可能是导致浮游植物数量下降的重要驱动因子。

（3）胶州湾的甲藻与硅藻

胶州湾浮游植物的主要类群为甲藻和硅藻。甲藻的丰度较低，硅藻占有绝对优势，硅藻的长期变化规律与浮游植物的总数量变化规律基本一致（图 7.20）。自 2006 年开始，直到 2013 年以前硅藻的数量一直维持在较高的水平，且表现出增加的趋势，2014 年以后骤降，2015 年达到最低。图 7.21 比较了不同季节胶州湾硅藻数量的长期变化，发现 2 月胶州湾硅藻数量自 2006 年开始持续增加，直到 2014 年后锐减。5 月硅藻数量一直持续降低，除了 2012 年春季水华导致浮游植物数量出现极高值。8 月硅藻数量表现为明显下降，11 月的硅藻数量则表现为波动状况。

胶州湾的甲藻的数量比硅藻低，但是甲藻具有明显的季节分布特征，常在春末和夏初成为胶州湾的优势类群，甲藻种群的动态变化规律对于胶州湾生态系统的变化具有重要的意义。孙晓霞等（2011c）认为，胶州湾的甲藻数量自 2003 年以后表现为明显的上升趋势。从 2006—2015 年胶州湾季度月甲藻数量的变化（图 7.22）发现，甲藻的数量变化表现为趋于稳定，数量范围为 29.30×10^3 ~ 104.89×10^3 cells · m^{-3}，平均值为 55.11×10^3 cells · m^{-3}。即使是浮游植物数量达到最低的 2015 年，甲藻的数量也保持了相当高的水平，为 40.10×10^3 cells · m^{-3}，约为 1991 年甲藻平均数量的 10 倍。

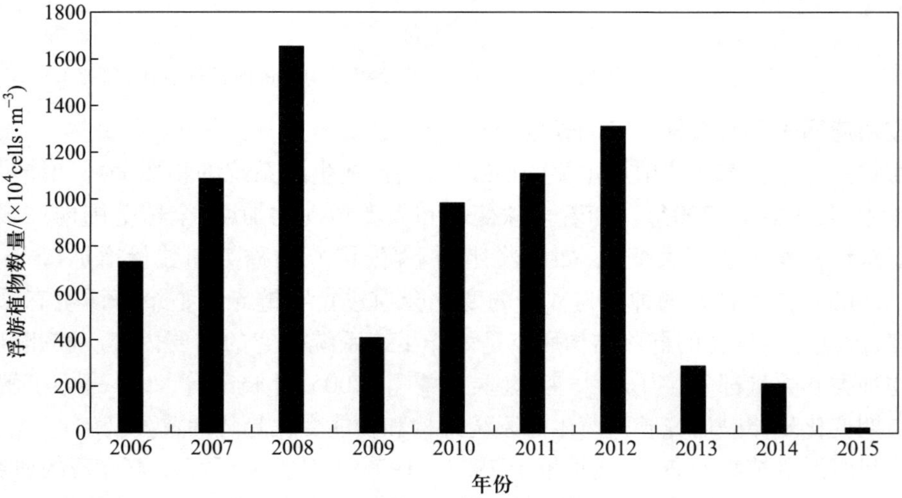

图 7.18　2006—2015 年胶州湾网采浮游植物平均数量的长期变化

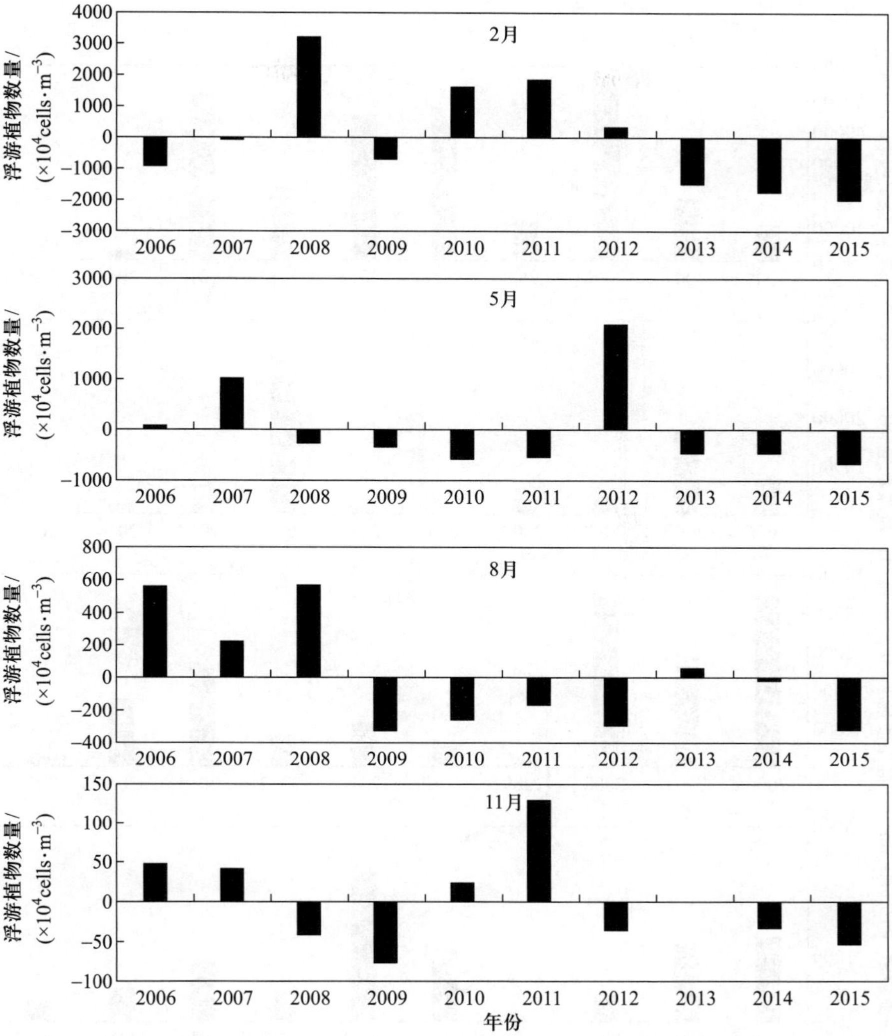

图 7.19 不同季节浮游植物平均数量 2006—2015 年平均含量的长期变化(距平)

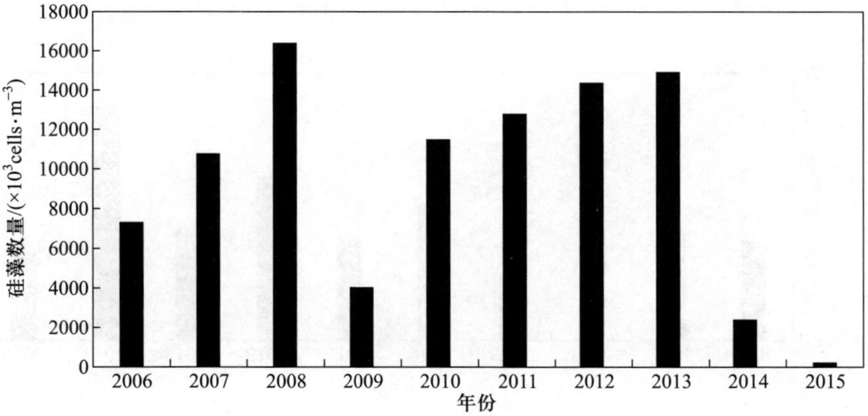

图 7.20 胶州湾硅藻数量的长期变化

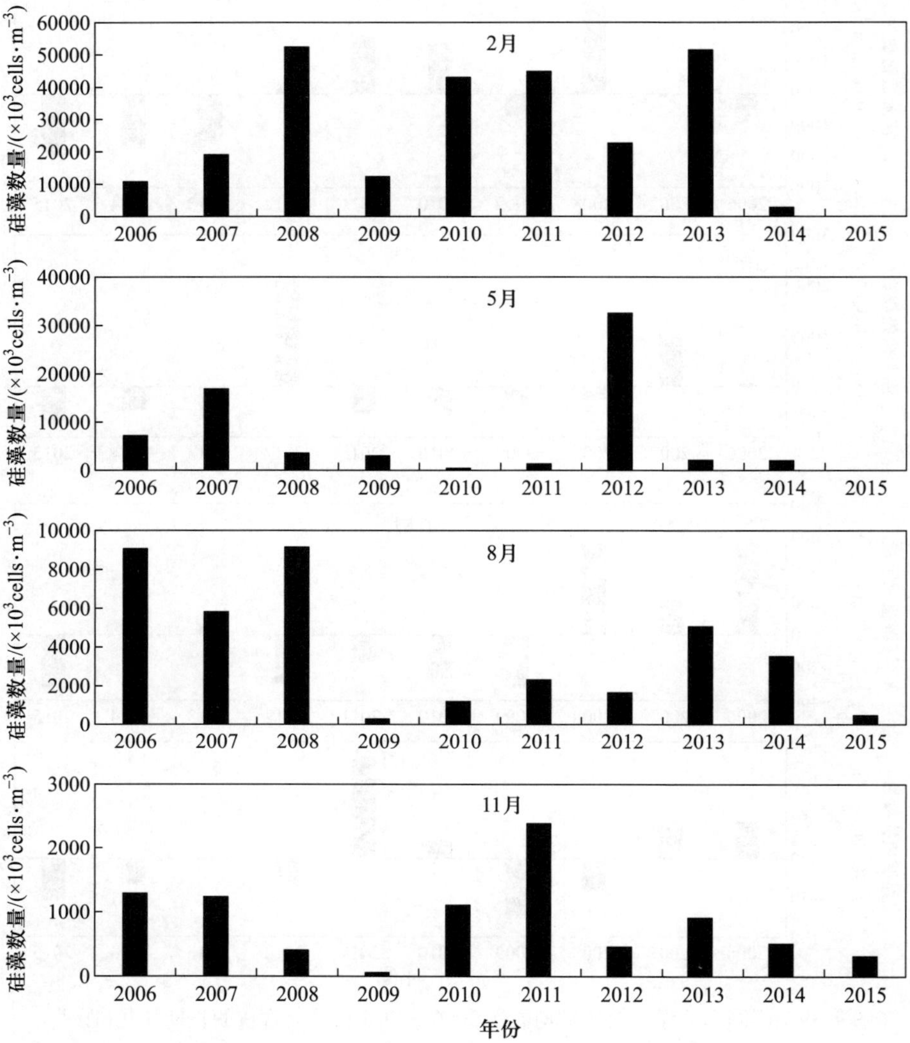

图 7.21 不同季节胶州湾硅藻数量的长期变化

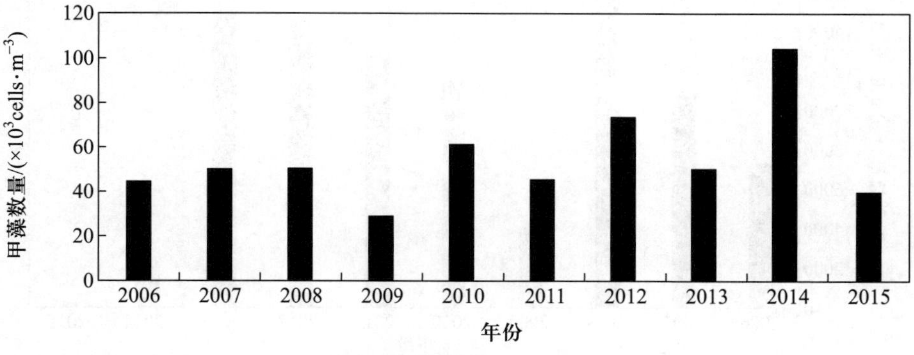

图 7.22 胶州湾甲藻数量的长期变化

胶州湾不同季节甲藻平均数量变化如图 7.23 所示。自 2006 年以后,2 月甲藻平均数量有升高的趋势,5 月甲藻数量则表现为先升高后降低的变化趋势,8 月和 11 月则表现为波动状态。胶州湾甲藻数量的变化存在明显的季节特征。通过与环境因子的相关分析发现,甲藻的数量与温度呈显著正相关($p<0.05$),因此胶州湾夏季甲藻的数量显著高于其他季节,角藻属的种类如梭角藻(*Ceratium fusus*)、叉角藻(*Ceratium furca*)等经常成为胶州湾夏季的优势种。

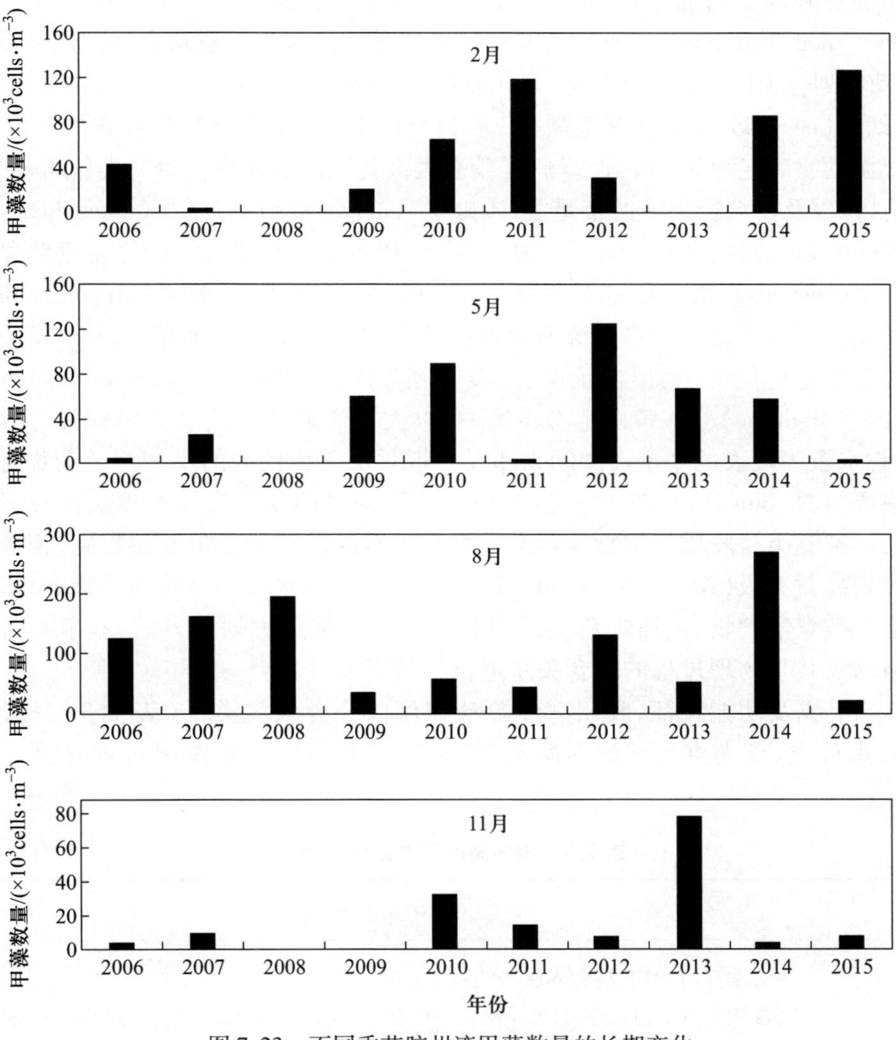

图 7.23 不同季节胶州湾甲藻数量的长期变化

7.3.4 浮游动物功能群变化特征

浮游动物在海洋生态系统中起着重要的调节作用,它们是海洋食物网的基础和关键组成部分,其种类与数量的变动会引起整个海洋生态系统的变动,同时能够通过海洋生物泵的作用引起碳等生源要素的生物地球化学循环的变化(Dam et al.,1995;Bathmann et al.,2001)。海洋浮游动物种类繁多、生活史及营养关系复杂,构成了极其复杂的食物网,但在生态系统中起主要作用的是一些关键功能群。目前,在研究生物多样性和生态功能的时候,一种重要的研究思路就是把生态系统中的物种区分为不同的功能群,这种方法被广泛地应用于各种生态系统结构和功能的研究中(孙松和孙晓霞,2014)。

近年来,浮游动物功能群的方法被广泛地应用于全球变化、各种生态系统结构和功能的研究中。在评估地中海浮游动物响应气候变化时,Molinero 等(2008)确定了桡足类(copepods)、毛颚类(chaetognaths)和水母类(jellyfish)3 个浮游动物功能群,而 Fernández de Puelles 和 Molinero(2013)在前面的基础上增加了枝角类(cladocerans)和滤食性动物(filter feeders)2 个功能群。Ichinokawa 和 Takahashi(2006)在研究西太平洋赤道海域浮游生物群落食物网之间的相互关系时,将浮游动物划分为以下 5 个功能群:异养鞭毛虫类(heterotrophic dinoflagellates)、纤毛虫(ciliates)、无节幼体(nauplii)、桡足类和毛颚类。在研究地中海生态系统能量模式的过程中,Ruiz 等(2007)将浮游动物确定为毛颚类和水母类(胶质类肉食性浮游动物)、海樽类(salps)(胶质类虑食性浮游动物)以及按粒径划分的桡足类、磷虾类(euphausiids)、有尾类(appendicularians)。依据粒径和食性的划分原则,Gonzalez 等(2004)将智利北部上升流海域的浮游动物划分为小型桡足类(small copepods)、大型桡足类(large copepods)、磷虾类、被囊类(Appendicularians)、毛颚类和水母类。在我国黄海生态系统的食物网结构和能量流动的研究中,Sun 等(2010)将浮游动物划分为小型桡足类、大型桡足类、大型甲壳类浮游动物(giant crustaceans)、海樽类、毛颚类和水母类(Medusae)。在黄海生态系统中,以太平洋磷虾为代表的磷虾类等大型浮游动物、以中华哲水蚤为代表的中型浮游动物和以小拟哲水蚤为代表的小型浮游动物是鱼类等大型动物的主要饵料(Sun et al.,2010),这些甲壳浮游动物的变动会导致顶层捕食者的种类和数量的变动。被囊类是胶质类植食性浮游动物与饵料浮游动物竞争浮游植物,但能量却不能有效地传递到高营养级(Katechakis et al. ,2004);毛颚类与水母类是胶质类肉食性浮游动物,它们不仅与鱼类竞争食物,还捕食鱼类的卵和幼体。根据这种划分方法,本节对各功能群的时空分布格局及其与物理过程的耦合关系进行了研究。

根据群落组成及功能特征,胶州湾浮游动物可以分为六大类群(表 7.3):桡足类、毛颚类、被囊类、水母类、夜光虫和其他浮游动物,相应类群的生态学作用与黄海浮游动物功能群相似。

表 7.3 胶州湾的浮游动物功能群

功能群	主要生态功能
桡足类	植食性浮游动物,高营养层次的主要食物
毛颚类	肉食性浮游动物,与高营养层次竞争摄食浮游动物;同时也是高营养层次的一种食物来源
被囊类	植食性浮游动物,竞争摄食浮游植物
水母类	肉食性浮游动物,与高营养层次竞争摄食浮游动物
夜光虫	植食性浮游动物,竞争摄食浮游植物,摄食微生物,也是浮游动物的食物
其他浮游动物	主要为卵和幼体

基于浅水Ⅱ型浮游生物网数据资料,近 11 年来胶州湾浮游动物主要类群的长期变化规律如图 7.24 所示。自 2003 年以来,桡足类的数量呈现先升高后降低的变化规律,具体表现为从 2003 年开始升高达到 2005 年 8 月的最大值(17913.6 ind · m^{-3}),随后逐渐降低(图 7.24a)。胶州湾

桡足类的优势种为双刺纺锤水蚤(*Acartia bifilosa*)、小拟哲水蚤(*Paracalanus parvus*)、太平洋纺锤水蚤(*Acartia pacifica*)、中华哲水蚤(*Calanus sinicus*)、拟长腹剑水蚤(*Oithona similis*)、短角长腹剑水蚤(*Oithona brevicornis*)和近缘大眼剑水蚤(*Corycaeus affinis*)等(孙松等,2008)。在这些优势种类中,除中华哲水蚤外,其余种类均为个体较小的桡足类。在近海生态系统中,小型桡足类的数量远远多于大型桡足类。因此,此处关于桡足类的长期变化研究主要反映双刺纺锤水蚤、小拟哲水蚤和太平洋纺锤水蚤等较小个体的桡足类的长期变化情况。

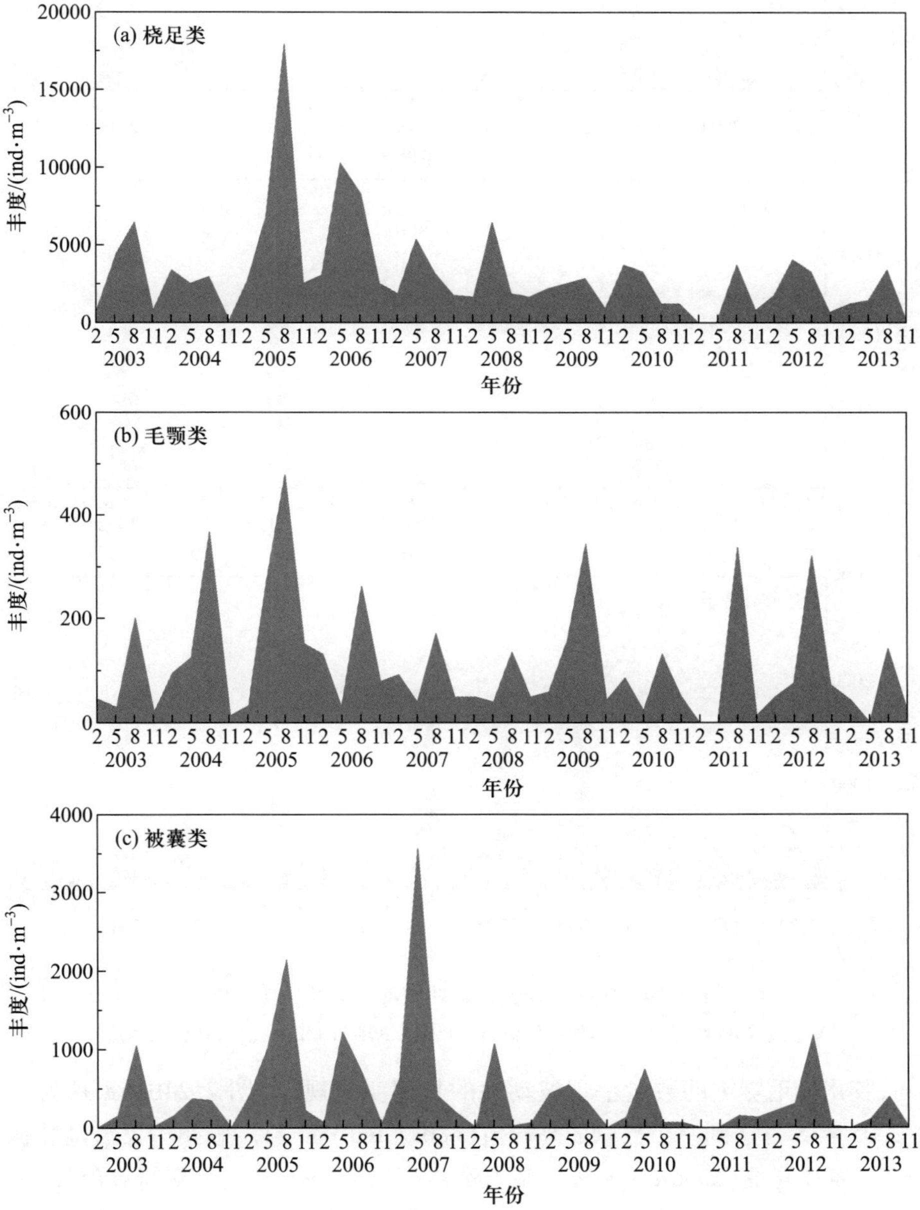

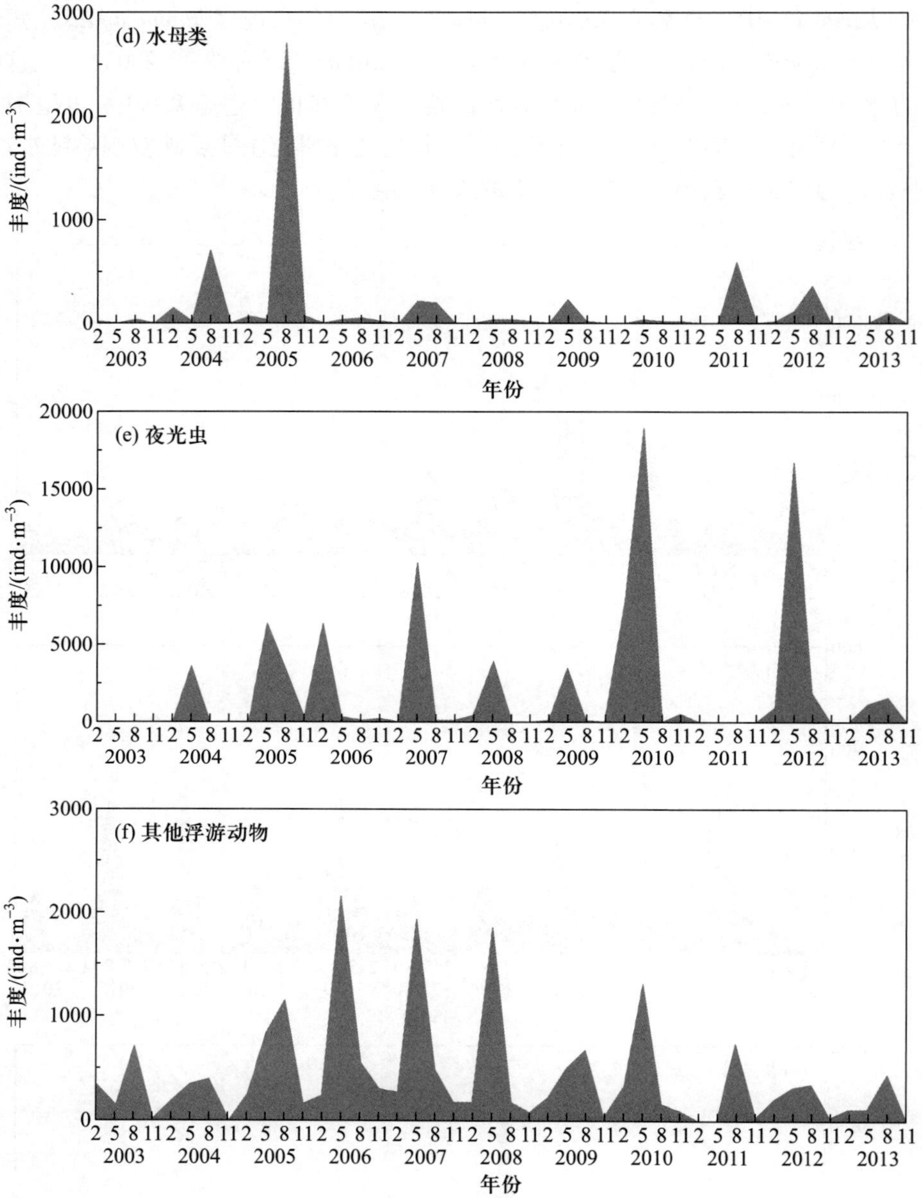

图 7.24　胶州湾浮游动物功能群丰度的长期变化

基于浅水Ⅱ型浮游生物网数据,数值为 JZB02、JZB05 与 JZB10 三个站位的平均值

11 年间,胶州湾毛颚类的数量呈现波动性的长期变化规律(图 7.24b),8 月为一年中的高峰,其中在 2005 年 8 月达到一个数量的高峰值(486.1 ind · m^{-3})。胶州湾浮游动物调查中共出现 4 种毛颚类:强壮箭虫(*Sagitta crassa*)、拿卡箭虫(*Sagitta nagae*)、百陶箭虫(*Sagitta bedoti*)和肥胖箭虫(*Sagitta enflata*)。其中强壮箭虫为浮游动物优势种,全年均有出现;拿卡箭虫和百陶箭虫季节性出现;肥胖箭虫为热带暖水种,仅在某些年份出现,并且数量很少(黄世玫,1983)。根据王倩等(2010)对胶州湾毛颚类的周年调查,在 8 月强壮箭虫是唯一出现的种类,因此图中 8

月毛颚类的数量可以反映出该种的长期波动变化趋势。

胶州湾的被囊类主要包括长尾住囊虫(*Oikopleura longicauda*)和异体住囊虫(*Oikopleura dioica*)。自2003年以来,被囊类分别在2005年和2007年的夏季出现了2次显著的高峰值(分别为1073.9 ind·m^{-3}和2174.4 ind·m^{-3})。胶州湾被囊类的数量呈现先增加后减少的变化规律,具体表现为从2003年开始升高达到2007年8月的最大值,随后逐渐降低(图7.24c)。

自2003年以来,胶州湾小型水母类的数量呈现波动性的长期变化规律(图7.24d),通常8月为一年中的高峰,其中在2005年8月出现了一个显著的高峰值(2608.1 ind·m^{-3})。

夜光虫是胶州湾浮游生物群落重要的类群,尤其是在春季和初夏大量出现,甚至形成赤潮。根据图7.24e的结果,胶州湾夜光虫的数量呈现明显增加的趋势。2004年5月夜光虫的最高丰度为3566.3 ind·m^{-3},到2010年5月达到18851.3 ind·m^{-3},最高峰值升高了5倍多。

除上述5类浮游动物外,其他浮游动物也是胶州湾重要的浮游动物类群,以幼虫为主,主要包括长尾类、短尾类、蔓足类、多毛类和双壳类,在春、夏季大量出现。11年间,胶州湾其他浮游动物分别在2006年、2007年和2008年出现了3次显著的高峰,其长期变化趋势为从2003年开始升高达到2006年8月的最大值,随后逐渐降低(图7.24f)。

7.4　胶州湾生态系统结构变化与分析

浮游植物是海洋食物网的基础环节,浮游植物种类与数量的变化能够通过食物链导致整个海洋生态系统结构与功能的改变。浮游动物是海洋生态系统中非常重要的类群,是海洋食物网的中间环节,在海洋生态系统中起着承上启下的作用。由于气候变化与人类活动影响,在过去的几十年间,胶州湾海水的营养盐浓度和结构均发生了巨大变化,并由此引起浮游植物群落结构的改变,进而影响了浮游动物类群与数量的变化。通过分析在人类活动和自然变化双重作用下胶州湾浮游植物与浮游动物的长期变化规律,能够为胶州湾及近海生态系统的研究和管理提供重要的科学依据。

7.4.1　浮游植物群落结构变化与分析

随着气候变化和人类活动的加剧,许多近海海域浮游植物的群落结构发生了明显的变化,其中最为明显的就是甲藻数量增加以及比例升高。甲藻数量增加的现象在我国的渤海(于志刚等,2000;郑丙辉等,2007)、黄海(Lin et al.,2005)以及东海(Zhou et al.,2008;Li et al.,2009)均有报道。甲藻数量增加以及其在浮游植物群落中所占的比例大幅攀升的原因是长期氮磷比的失衡(李云等,2007;Zhou et al.,2008)。

分析2006—2015年胶州湾浮游植物总数量以及甲藻和硅藻数量的长期变化发现,在胶州湾甲藻和硅藻的比例发生了显著的改变。造成这种现象的原因主要是硅藻数量的下降,从而导致了甲藻类浮游植物的比例骤升。对2006—2015年胶州湾甲藻和硅藻的数量与环境因子的关系做统计分析发现,甲藻数量与表层盐度呈极显著负相关($p<0.01$);由于近十年来胶州湾水体表层盐度有下降趋势,表层盐度的降低有利于甲藻数量的增加。但是胶州湾甲藻的数量与各项营养盐的浓度无明显相关关系,这可能是由于胶州湾受人类活动影响导致的各项营养盐含量较高,

不存在对甲藻的生长与繁殖的限制情况。

2006 年以后甲藻和硅藻的比例变化如图 7. 25 所示。2006—2013 年,甲藻/硅藻呈现波动状态,变化范围为 0. 003~0. 007。而 2014 年以后甲藻/硅藻大幅度上升,2014 年和 2015 年甲藻/硅藻比分别为 0. 044 和 0. 163,分别为 2013 年以前平均水平的 9 倍和 34 倍。这表明,近年来胶州湾甲藻类浮游植物比例增加的趋势明显。

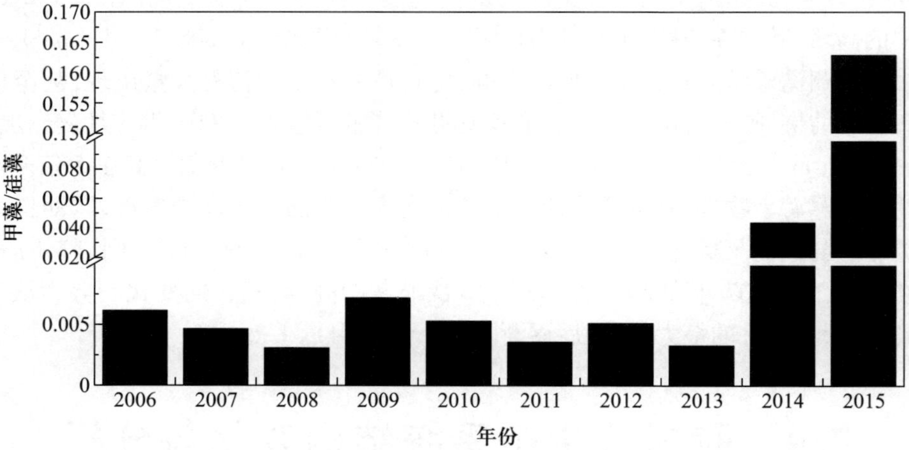

图 7. 25　胶州湾甲藻/硅藻的长期变化

比较胶州湾不同季节甲藻/硅藻的变化(图 7. 26)可发现,5 月和 8 月甲藻/硅藻变化趋势较为一致,均在 2009 年以后表现为显著增加,最高的年份甚至达到了 0. 10 以上。这与孙晓霞等(2011c)报道的 1991—2010 年 5 月和 8 月甲藻/硅藻的变化趋势是一致的。与 1991—2010 年 2 月和 11 月甲藻/硅藻的波动状态有所区别的是,2006 年以后 2 月和 11 月的甲藻/硅藻也表现为增加趋势。这也表明,胶州湾的春、夏、秋、冬四个季节甲藻类浮游植物的比例均有显著增加,胶州湾浮游植物甲藻化的趋势尤为明显。

7. 4. 2　浮游动物丰度变动与分析

受气候变化和人类活动的双重影响,全球海洋环境发生了剧烈的变动,包括海水温度、盐度和海洋环流、水团的变化,以及海洋酸化、低氧和富营养化等(Rabalais et al., 2009; Dam, 2013; Ipcc, 2013; Mccormick et al., 2013; Stuart-Smith et al., 2015)。浮游生物在海洋生态系统中拥有不可取代的地位,并且具有独特的生理和生态学特性,能够对环境变化做出快速的响应,因此被认为能够很好地指示海洋环境的变化(Perry et al., 2004; Hays et al., 2005; Dam, 2013)。桡足类是数量最多的后生浮游生物,它们主要以浮游植物为食;同时,作为重要的饵料浮游动物,桡足类是鱼类等上层捕食者的重要食物来源。可见,桡足类数量的变动必定会引起整个海洋生态系统的变动。

分析 2003—2013 年胶州湾桡足类功能群数量的长期变化发现,胶州湾桡足类的数量在近几年呈现降低的趋势(图 7. 24a)。通过比较不同季节胶州湾桡足类数量的变化(图 7. 27),发现四个季节桡足类均呈现不同程度的减少趋势,其中以 5 月、8 月和 11 月减少明显。

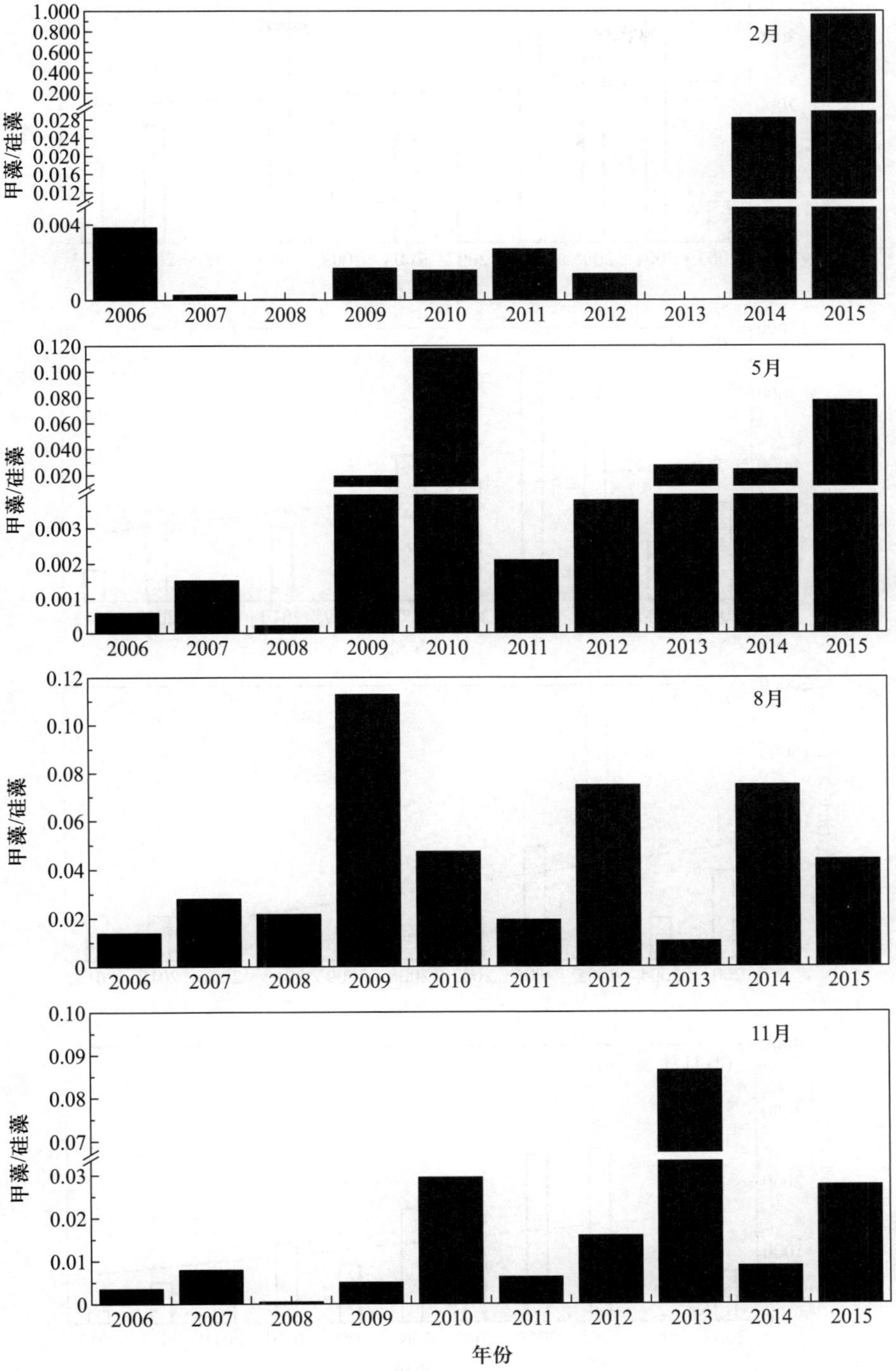

图 7.26　胶州湾不同季节甲藻/硅藻的长期变化

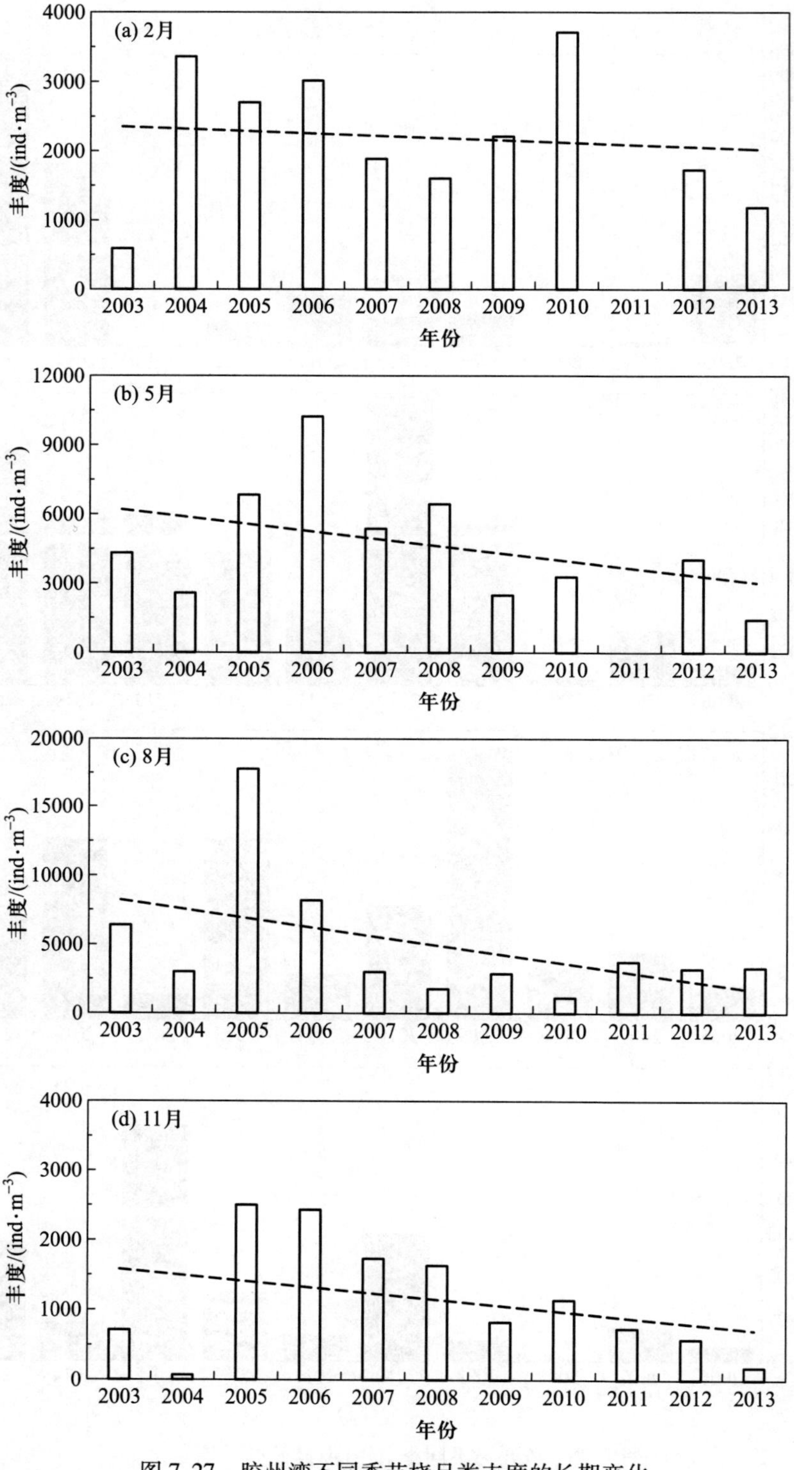

图 7.27 胶州湾不同季节桡足类丰度的长期变化

注：数值为 JZB02、JZB05 与 JZB10 三个站位的平均值。

7.4.3　浮游动物群落结构变化与分析

(1) 微型浮游动物夜光虫季节性增加

根据图 7.28 的结果，胶州湾微型浮游动物夜光虫的数量以春季增加为主，其他季节变化不

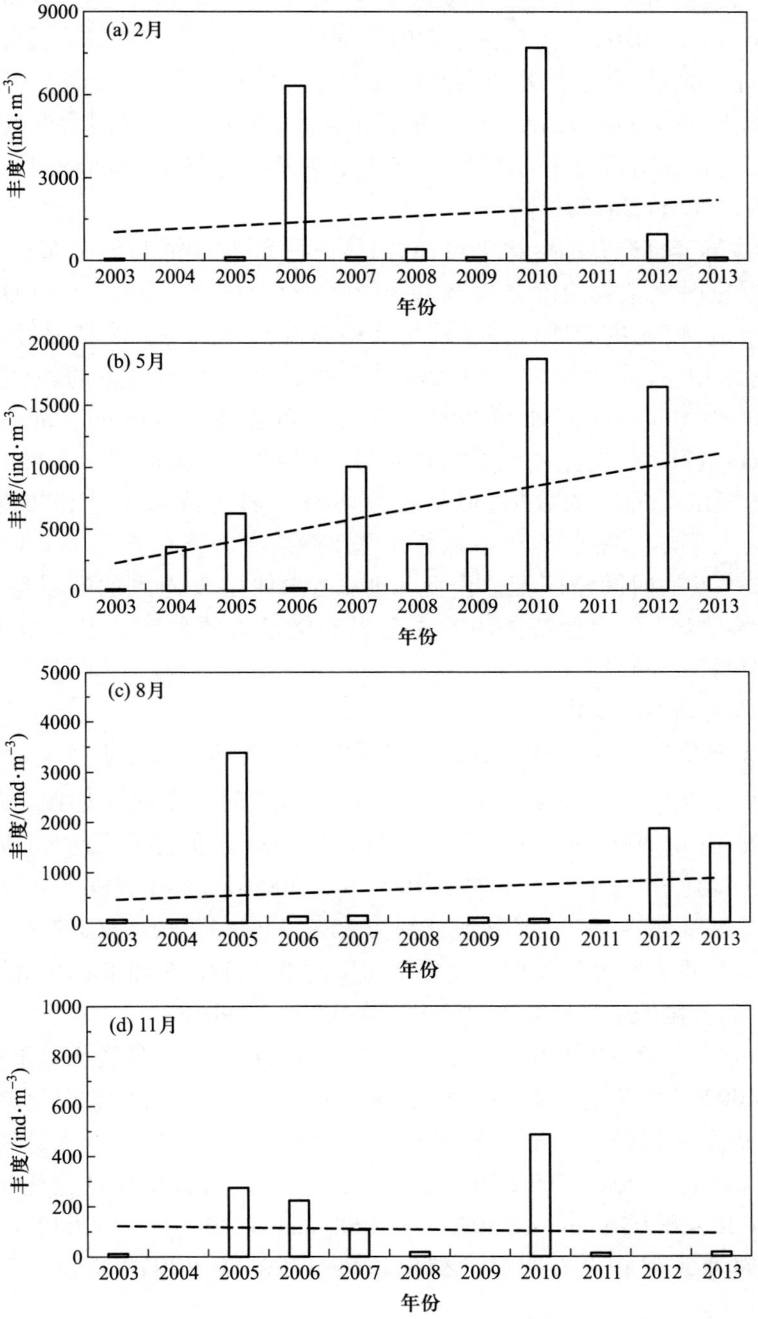

图 7.28　胶州湾不同季节夜光虫丰度的长期变化

注：数值为 JZB02、JZB05 与 JZB10 三个站位的平均值。

明显。食物的供给对夜光虫的生长至关重要(Al-Azri et al.,2007)。以往的研究发现硅藻的数量是夜光虫增长的影响因子,尤其是在夜光虫种群暴发的起始阶段,而且夜光虫经常在硅藻暴发过后大量出现(Tiselius and Kiørboe,1998;Dela-Cruz et al.,2002;Turkoglu,2013)。胶州湾叶绿素 a 浓度通常在冬末与春季有高值,在时间上出现于夜光虫暴发之前,此时浮游植物主要由硅藻组成(Liu et al.,2011),包括角毛藻、海链藻和菱形藻等(孙晓霞等,2011c),这些硅藻被认为是夜光虫的主要食物(Sato et al.,2010)。夜光虫是吞噬营养消费者,它们的食物来源很广,包括浮游植物、碎屑、原生动物、细菌、桡足类的卵和幼体及鱼卵(Daan,1987;Kirchner et al.,1996;Tiselius and Kiørboe,1998;Frangópulos et al.,2011;Isinibilir et al.,2014)。正是因为夜光虫有如此多种食物来源,这有利于它们在富营养化的水域越来越广泛和频繁地暴发(Mohamed and Mesaad,2007;Mohanty et al.,2007;Turkoglu,2013)。

夜光虫是一类异养且杂食的腰鞭毛虫,它们是一种赤潮生物,广泛分布于温带到热带的沿岸水域,当它们暴发时经常会给海洋生态系统带来负面的影响(Huang and Qi,1997;Tseng et al.,2011)。据报道,夜光虫能通过捕食桡足类的卵及幼体从而影响其种群数量。在坎塔布连中央海岸浅海水域,夜光虫食物泡中出现最多的是克氏纺锤水蚤的卵,它们能消耗克氏纺锤水蚤 73%的卵(Quevedo et al.,1999)。在日本伊势湾(Sekiguchi and Kato,1976)和北海南部海域(Daan,1987),夜光虫也能捕食超过 70%的桡足类的卵。虽然我们没有直接的关于夜光虫捕食桡足类的卵的数据,但是在胶州湾及邻近黄海春季和初夏主要的桡足类(双毛纺锤水蚤、太平洋纺锤水蚤和小拟哲水蚤)都拥有很高的产卵量(Sun et al.,2011),这刚好和夜光虫暴发的时间相匹配。由此可见,当水体中夜光虫的数量增多时,通过竞争食物(主要是浮游植物)和捕食幼体的方式来影响桡足类的种群数量(Fonda Umani,2004;Purcell et al.,2014)。

(2)桡足类浮游动物小型化

根据个体的球形等效直径(ESD),我们将桡足类划分为两个粒径级:S_1(300~500 μm)和 S_2(>500 μm)。2004—2012 年不同粒径级桡足类相对丰度的长期变化如图 7.29 所示,JZB02、JZB05 和 JZB10 站位 S_1(300~500 μm)粒径级桡足类相对丰度范围分别为 36%~96%、37%~100%和 0~97%,平均值分别为 70%、67%和 70%;S_2(>500 μm)粒径级桡足类相对丰度范围分别为4%~64%、0~63%和 3%~100%,平均值分别为 30%、33%和 30%。JZB02 号站位 S_1与 S_2粒径级桡足类的相对丰度没有明显的长期变化趋势(图 7.29a);JZB05 和 JZB10 站位 S_1粒径级桡足类的相对丰度升高,S_2粒径级桡足类的相对丰度降低(图 7.29b,c)。

2004—2012 年夏季 JZB02、JZB05 和 JZB10 站位不同粒径级桡足类相对丰度的长期变化如图 7.30 所示。JZB02 站位 S_1与 S_2粒径级桡足类的相对丰度没有明显的变化趋势(图 7.30a),JZB05 和 JZB10 站位 S_1粒径级桡足类的相对丰度明显升高,S_2粒径级桡足类的相对丰度明显降低(图 7.30b,c)。2004—2012 年夏季,ZB02、JZB05 和 JZB10 站位桡足类的平均体积范围分别为 0.028~0.056 mm^3、0.025~0.068 mm^3和 0.018~0.042 mm^3(图 7.31)。JZB02 站位桡足的平均体积没有明显的变化趋势,JZB05 和 JZB10 站位桡足类的平均体积均呈现减小的趋势。

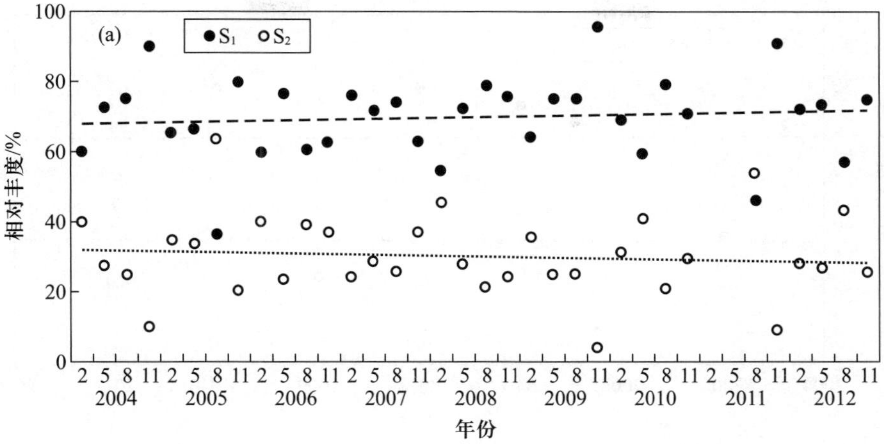

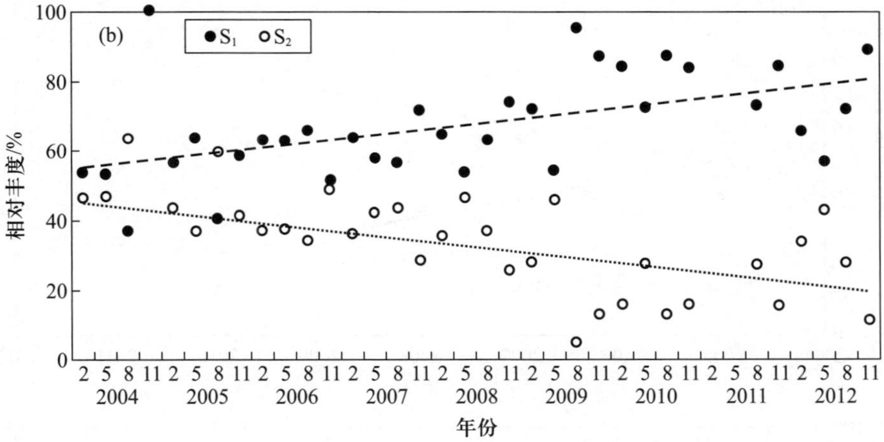

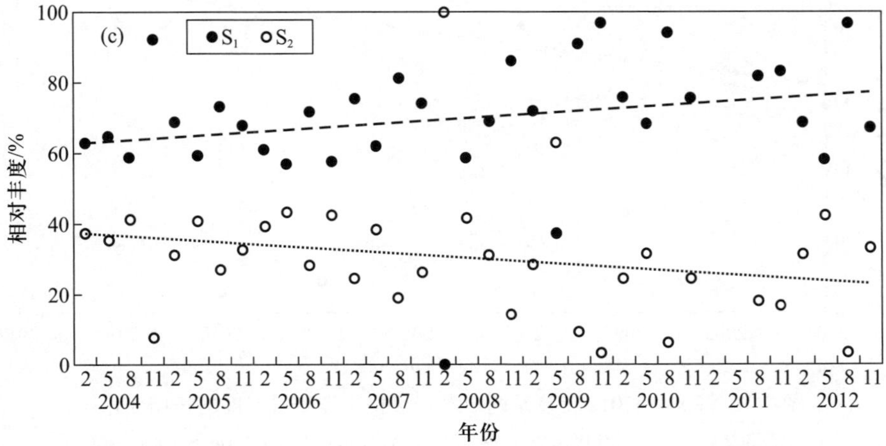

图 7.29　2004—2012 年两个粒径级桡足类丰度所占总桡足类丰度比例的长期变化：
(a) JZB02 站位；(b) JZB05 站位；(c) JZB10 站位（S_1：300～500 μm，S_2：>500 μm）

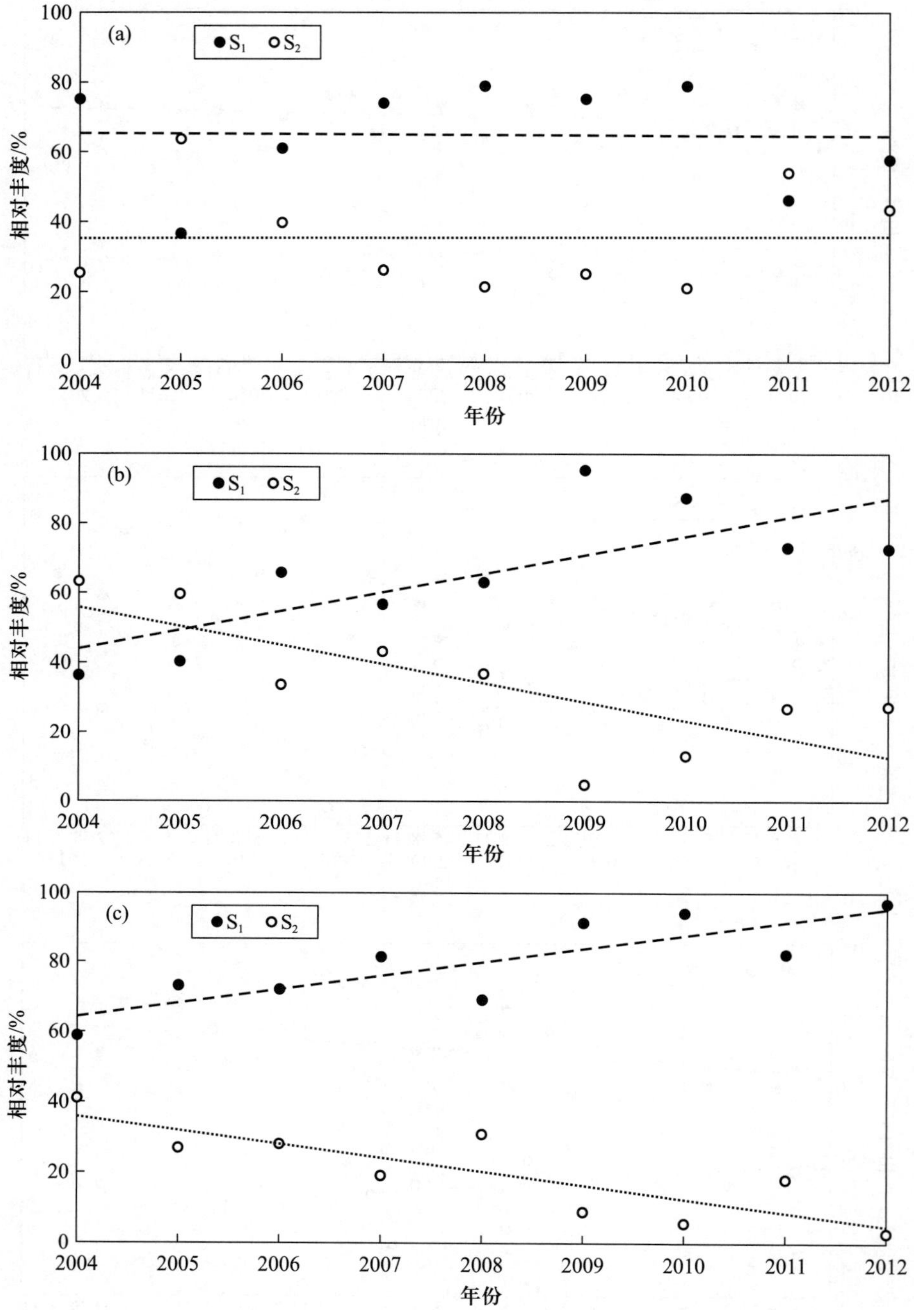

图 7.30 2004—2012 年夏季两个粒径级桡足类相对丰度的长期变化：
(a) JZB02 站位；(b) JZB05 站位；(c) JZB10 站位（S_1：300～500 μm，S_2：>500 μm）

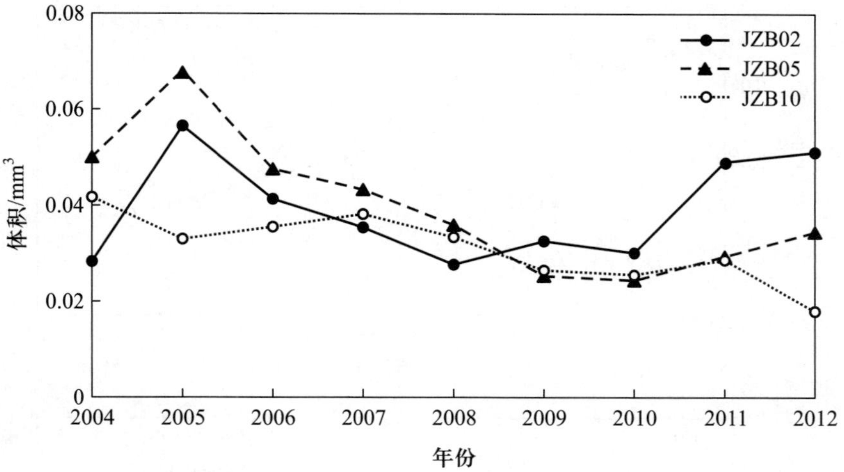

图 7.31 2004—2012 年夏季桡足类平均体积的年际变化

根据相关性分析(表 7.4),JZB02 站位不同粒径级桡足类的相对丰度和桡足类的平均体积与环境因子没有显著的相关关系;JZB05 站位不同粒径级桡足类的相对丰度与海水温度有较高的相关关系($p=0.096$),桡足类的平均体积与海水温度显著相关($p=0.012$);JZB10 站位不同粒径级桡足类的相对丰度与海水温度有显著的相关关系($p=0.013$),桡足类的平均体积与海水温度显著相关($p=0.008$)。

表 7.4 2004—2012 年夏季桡足类的相对丰度和平均体积与环境因子的相关分析

站位	参数	水温	盐度	溶解氧	叶绿素 a	总无机氮	总无机磷
JZB02	S_1	0.01	0.29	−0.04	−0.12	−0.64	−0.09
	S_2	−0.01	−0.29	0.04	0.12	0.64	0.09
	体积	−0.18	−0.23	−0.30	−0.15	0.64	0.16
JZB05	S_1	0.63	0.31	−0.40	−0.25	−0.43	0.32
	S_2	−0.63	−0.31	0.40	0.25	0.43	−0.32
	体积	−0.83*	−0.22	−0.01	−0.05	0.41	−0.48
JZB10	S_1	0.78*	0.04	−0.48	−0.33	−0.15	0
	S_2	−0.78*	−0.04	0.48	0.33	0.15	0
	体积	−0.81**	−0.12	0.28	−0.03	0.11	−0.18

注:* $p<0.05$, ** $p<0.01$;JZB02、JZB05 和 JZB10 站位不同粒径级(S_1:300~500 μm,S_2:>500 μm)。

通过线性回归分析(图 7.32),建立夏季桡足类的平均体积与海水平均温度的线性回归方程,JZB05 站位为:$V=-0.012T+0.35$($R^2=0.66, p=0.01$),JZB10 站位为:$V=-0.005\ T+0.14$($R^2=0.60, p=0.01$)。由此可见,2004—2012 年胶州湾夏季桡足类出现“小型化”的现象,并且与海水温度升高显著相关。

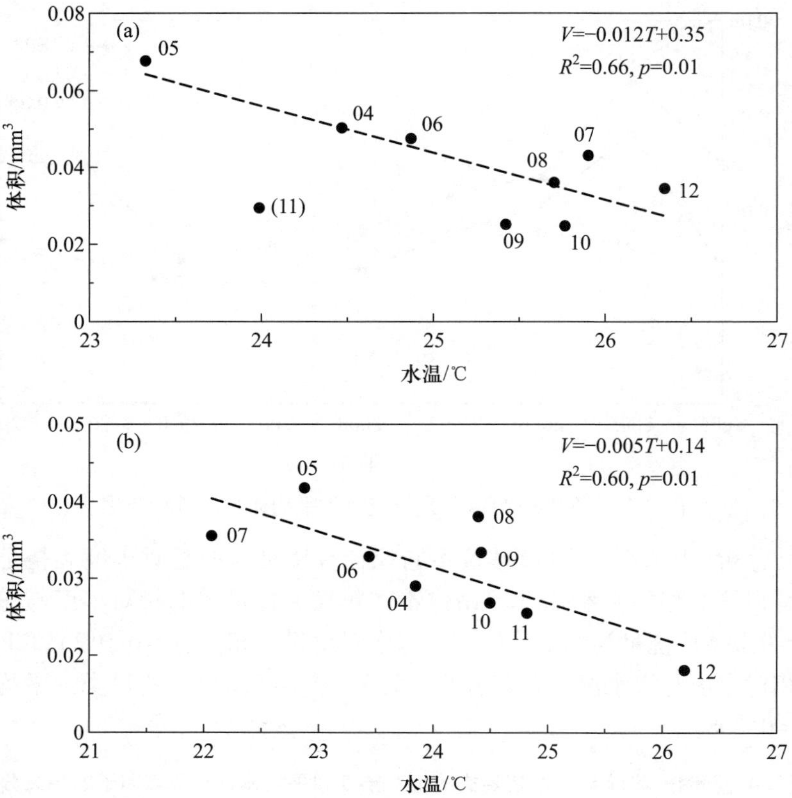

图 7.32 2004—2012 年夏季桡足类平均体积与海水平均温度的回归关系：
(a) JZB05 站位；(b) JZB10 站位

已有的研究认为，海水温度升高有利于生态系统中小个体生物的生长（Daufresne et al.，2009；Forster et al.，2012；Garzke et al.，2015）。正如我们研究中所发现的随着温度的升高桡足类的粒径在减小，这在以往的室内（Garzke et al.，2015）以及野外调查研究（Suikkanen et al.，2013；Rice et al.，2015）中都得到了证实。这种现象可以有以下两种解释。首先，当食物充足的时候，在较高温度环境中生活的小个体桡足类有更高的繁殖力以及生长率（Turner，2004）。例如，拟哲水蚤属生物在平均水温为 15℃的环境中培养时，从卵长成为成体的时间为 21.8 天，并且时间间隔随着温度的升高而缩短（Uye，1991）。基于这种机制，本研究中近几年来小型桡足类的相对丰度变高可能是由于海水温度上升造成的。这与之前在南黄海的研究发现一致，即海水温度更暖的年份里小型桡足类拥有更高的生物量（Shi et al.，2014）。其次，温度的升高会减小桡足类个体的平均大小。本研究发现桡足类的平均体积与海水平均温度有显著的回归关系。这能够通过温度-粒径规则（temperature-size rule，TSR）来解释，该规则认为随着温度的升高变温动物个体的体长会变小（Daufresne et al.，2009）。可以确定的是，桡足类的生长与发育的速率对于温度的响应是非常不同步的，通常个体发育比生长要快很多（Lehman，1988）。因此，在水温更高的环境下，个体的体长在还没有达到最大长度时就已经长成成体了（Forster and Hirst，2012）。例如，在 17.5℃水温环境下培养的纺锤水蚤的体长相对于在 9.5℃水温环境下培养时小了 123 μm（Garzke et al.，2015）。

胶州湾及邻近黄海水域是本地鱼类的产卵及养育的场所(Jin et al.,2010;Tang et al.,2016),上述变化会影响仔稚鱼对桡足类的捕食从而对渔业造成巨大的影响。因此,桡足类粒径变小可能导致整个生态系统发生变化从而影响群落结构与生态功能,包括次级生产与生源物质的循环。

7.5 小　　结

对比近十年胶州湾生态系统长期变化与历史变化趋势,可以发现胶州湾生态系统的长期变化规律并非线性,部分要素与历史变化趋势一致,但多项关键要素在近十年呈现出与之前不同的变化规律。综合胶州湾近年来的变化规律,主要结论如下:

在气候变化方面,胶州湾地区气温线性变化趋势相对明显,特别是最高气温升高速率相对较高,十年间平均升高了 2.9℃,但水温的变化不及气温显著。自 2007 年起降雨量呈现降低趋势。与此相对应,胶州湾夏季盐度自 2007 年起出现升高现象后逐渐保持平稳。

在人类活动方面,与 20 世纪末以及 21 世纪初十年胶州湾表层海水中的 DIN 含量相比,胶州湾内 DIN 的上升趋势于 2007 至 2008 年停止,并在此后进入下降阶段。磷酸盐与硅酸盐表现出相似的变化规律。胶州湾近十年营养盐结构的变化表明,胶州湾浮游植物生长仍为硅限制,DIN、磷酸盐和硅酸盐都呈缓慢下降趋势,氮磷比下降,硅氮比增加而硅磷比下降,胶州湾硅限制、营养盐比例严重失衡在一定程度上得到稍许缓解。

从生态系统的响应来看,与历史不同时期相比,2006 年以后胶州湾叶绿素 a 浓度表现为明显的持续下降趋势。由于硅藻数量的下降,导致胶州湾甲藻类浮游植物所占比例骤升,且春、夏、秋、冬四个季节甲藻类浮游植物的比例均有显著增加,胶州湾浮游植物甲藻化的趋势尤为明显。

胶州湾浮游动物功能群表现为不同的变化趋势,其中桡足类在四个季节均呈现不同程度的减少趋势,其中以 5 月、8 月和 11 月减少明显,而微型浮游动物夜光虫的丰度与比例则显著增加。与此同时,胶州湾夏季桡足类出现“小型化”现象,并且与海水温度升高显著相关。胶州湾饵料浮游动物数量降低、群落结构小型化的现象是近年来浮游动物变化的主要趋势。

从胶州湾生态系统健康状况而言,良好的水体交换和大量滤食性贝类的存在是维持胶州湾生态系统健康的两个最重要的因素,对胶州湾生态系统的变化起到重要的调节作用。尽管由于营养盐浓度的降低,富营养化等水质状况得到好转,但仍需警惕气候变化与多种人类活动的综合影响,特别是围填海等很多工程项目对胶州湾的生态系统会产生致命的影响,严重影响到胶州湾的水动力环境和水体交换。海湾生态系统的健康评估、情景预测以及基于生态系统的管理是维持海湾生态系统可持续发展的重要举措。

参 考 文 献

陈碧鹃,陈聚法,袁有宪,等. 2000. 胶州湾北部沿岸浮游植物生态特征的研究. 海洋水产研究,21(2):34-39.
黄世玫. 1983. 胶州湾的浮游动物. 山东海洋学院学报,13:43-54.
李超伦,张芳,申欣,等. 2005. 胶州湾叶绿素的浓度、分布特征及其周年变化. 海洋与湖沼,36(6):499-506.
李丹. 2016. 基于长期监测的胶州湾地区风特性分析. 硕士毕业论文. 大连:大连海事大学.
李冠国,黄世玫. 1956. 青岛近海浮游硅藻季节变化研究的初步报告. 山东大学学报,2(4):119-143.
李乃胜,于洪军,赵松岭. 2006. 胶州湾自然环境与地质演化. 北京:海洋出版社.
李云,李道季,唐静亮,等. 2007. 长江口及毗邻海域浮游植物的分布与变化. 环境科学,28(4):719-729.
李艳,李瑞香,王宗灵,等. 2005. 胶州湾浮游植物群落结构及其变化的初步研究. 海洋科学进展,23(5):328-334.
刘瑞玉. 1992. 胶州湾生态学和生物资源. 北京:科学出版社,136.
吕新刚,乔方利,夏长水. 2008. 胶州湾潮汐潮流动边界数值模拟. 海洋学报,30(4):21-29.
罗璇,孙晓霞,郑珊,等. 2016. 2011 年胶州湾网采浮游植物群落结构及其环境影响因子. 海洋与湖沼,47(5):915-923.
潘胜军,沈志良. 2009. 胶州湾叶绿素 a 浓度及浮游植物的粒级组成. 应用生态学报,20(10):2468-2474.
潘友联,郭玉洁,曾呈奎. 1995. 胶州湾口内初级生产力的周年定点观测. 海洋与湖沼,26(3):309-316.
钱树本,王筱庆,陈国蔚. 1983. 胶州湾的浮游藻类. 山东海洋学院学报,13(1):39-56.
沈志良. 2002. 胶州湾营养盐结构的长期变化及对生态环境的影响. 海洋与湖沼,33(3):322-331.
宋金明. 1997. 中国近海沉积物-海水界面化学. 北京:海洋出版社,1-222.
孙松,孙晓霞. 2014. 海洋生物功能群变动与生态系统演变. 地球科学进展,29(7):854-858.
孙松,孙晓霞. 2015. 海湾生态系统的理论与实践——以胶州湾为例. 北京:科学出版社.
孙松,孙晓霞,张光涛,等. 2011. 胶州湾气象水文要素的长期变化. 海洋与湖沼,42(5):632-638.
孙松,张永山,吴玉霖,等. 2005. 胶州湾初级生产力周年变化. 海洋与湖沼,36(6):481-486.
孙松,周克,杨波,等. 2008. 胶州湾浮游动物生态学研究Ⅰ. 种类组成. 海洋与湖沼,39(1):1-7.
孙晓霞,孙松. 2012. 胶州湾浮游植物粒级结构及其时空变化. 海洋与湖沼,43(3):411-418.
孙晓霞,孙松,吴玉霖,等. 2011c. 胶州湾网采浮游植物群落结构的长期变化. 海洋与湖沼,42(5):639-646.
孙晓霞,孙松,张永山,等. 2011b. 胶州湾叶绿素 a 及初级生产力的长期变化. 海洋与湖沼,42(5):654-661.
孙晓霞,孙松,赵增霞,等. 2011a. 胶州湾营养盐浓度与结构的长期变化. 海洋与湖沼,42(5):662-669.
王倩,孙松,霍元子,等. 2010. 胶州湾毛颚类生态学研究. 海洋与湖沼,41(4):639-644.
王修林,李克强,石晓勇. 2006. 胶州湾主要化学污染物海洋环境容量. 北京:科学出版社.
王玉珏,刘哲,张永,等. 2015. 2010—2011 年胶州湾叶绿素 a 与环境因子的时空变化特征. 海洋学报,37(4):103-116.
吴玉霖,孙松,张永山. 2005. 环境长期变化对胶州湾浮游植物群落的影响. 海洋与湖沼,36(6):487-498.
吴玉霖,孙松,张永山,等. 2004. 胶州湾浮游植物数量长期动态变化的研究. 海洋与湖沼,35(6):518-523.
徐凤荣. 1990. 胶州湾风的初步分析. 海岸工程,2:26-34.
于志刚,米铁柱,谢保东,等. 2000. 二十年来渤海生态环境参数的演化与相互关系. 海洋环境科学,19(1):15-19.
张军岩,於琍,于格,等. 2011. 胶州湾地区近 50 年气候变化特征分析及未来趋势预估. 资源科学,33(10):

1984-1990.

郑炳辉,秦延文,孟伟,等. 2007. 1985—2003 年渤海湾水质氮磷生源要素的历史演变趋势分析. 环境科学,28(3):494-499.

郑珊,孙晓霞,赵永芳,等. 2014. 2010 年胶州湾网采浮游植物种类组成与数量的周年变化. 海洋科学,38(11):1-6.

Al-Azri A,Al-Hashmi K,Goes J,et al. 2007. Seasonality of the bloom-forming heterotrophic dinoflagellate *Noctiluca scintillans* in the Gulf of Oman in relation to environmental condition. International Journal of Oceans and Oceanography,2(1):51-60.

Bathmann U,Bundy M H,Clarke M E,et al. 2001. Future marine zooplankton research—A perspective. Marine Ecology Progress Series,222(4):297-308.

Daan R. 1987. Impact of egg predation by *Noctiluca miliaris* on the summer development of copepod populations in the southern North Sea. Marine Ecology Progress Series,37:9-17.

Dam H G,Roman M R,Youngbluth M J. 1995. Downward export of respiratory carbon and dissolved inorganic nitrogen by diel-migrant mesozooplankton at the JGOFS Bermuda time-series station. Deep Sea Research Part I:Oceanographic Research Papers,42(7):1187-1197.

Dam H G. 2013. Evolutionary adaptation of marine zooplankton to global change. Annual Review of Marine Science,5:349-370.

Daufresne M,Lengfellner K,Sommer U. 2009. Global warming benefits the small in aquatic ecosystems. Proceedings of the National Academy of Sciences of the United States of America,106:12788-93.

Dela-Cruz J,Ajani P,Lee R,et al. 2002. Temporal abundance patterns of the red tide dinoflagellate *Noctiluca scintillans* along the southeast coast of Australia. Marine Ecology Progress Series,236(1):75-88.

Fernández de Puelles M L M,Molinero J C. 2013. Increasing zooplankton variance in the late 1990s unveils hydroclimate modifications in the Balearic Sea, Western Mediterranean. Marine Environmental Research,86(3):76-80.

Fonda Umani S. 2004. *Noctiluca scintillans* MACARTNEY in the Northern Adriatic Sea: long-term dynamics, relationships with temperature and eutrophication,and role in the food web. Journal of Plankton Research,26:545-561.

Forster J,Hirst A G,Atkinson D. 2012. Warming-induced reductions in body size are greater in aquatic than terrestrial species. Proceedings of the National Academy of Sciences of the United States of America,109:19310-19314.

Forster J,Hirst A G. 2012. The temperature-size rule emerges from ontogenetic differences between growth and development rates. Functional Ecology,26(2):483-492.

Frangópulos M,Spyrakos E,Guisande C. 2011. Ingestion and clearance rates of the red *Noctiluca scintillans* fed on the toxic dinoflagellate *Alexandrium minutum*(Halim). Harmful Algae,10:304-309.

Garzke J,Ismar S M H,Sommer U. 2015.Climate change affects low trophic level marine consumers:Warming decreases copepod size and abundance. Oecologia,177(3):849-860.

Gonzalez H,Giesecke R,Vargas C,et al. 2004. Carbon cycling through the pelagic foodweb in the northern Humboldt Current off Chile(23°S). ICES Journal of Marine Science,61(4):572-584.

Harding L W,Perry E S. 1997. Long-term increase of phytoplankton biomass in Chesapeake Bay,1950—1994. Marine Ecology Progress Series,157:39-52.

Hays G C,Richardson A J,Robinson C. 2005. Climate change and marine plankton. Trends in Ecology and Evolution,20(6):337-344.

Huang C,Qi Y. 1997. The abundance cycle and influence factors on red tide phenomena of *Noctiluca scintillans*(Dinophyceae) in Dapeng Bay,the South China Sea. Journal of Plankton Research,19:303-318.

Ichinokawa M, Takahashi M M. 2006. Size-dependent carbon flow in the epipelagic food web of the Western Equatorial Pacific. Marine Ecology Progress, 313: 13-26.

Ipcc. 2013. The Physical Science Basis. Working Group I Contribution to the Fifth Assessment Report of the Intergovernmental Panel on Climate Change. Cambridge, United Kingdom and New York, USA.

Isinibilir M, Hubareva E, Svetlichny L. 2014. Interpopulation dynamics between *Acartia clausi* (Copepoda) and *Noctiluca scintillans* (Dinoflagellata) in the Bosphorus area of the Black and the Marmara Seas. Italian Journal of Zoology, 81: 451-456.

Jin X S, Zhang B, Xue Y. 2010. The response of the diets of four carnivorous fishes to variations in the Yellow Sea ecosystem. Deep-Sea Research Ⅱ, 57: 996-1000.

Katechakis A, Stibor H, Sommer U, et al. 2004. Feeding selectivities and food niche separation of *Acartia clausi*, *Penilia avirostris* (Crustacea) and *Doliolum denticulatum* (Thaliacea) in Blanes Bay (Catalan Sea, NW Mediterranean). Journal of Plankton Research, 26(6): 589-603.

Kirchner M, Sahling G, Uhlig G, et al. 1996. Does the red tide forming dinoflagellate *Noctiluca scintillans* feed on bacteria? Sarsia, 81(1): 45-55.

Lehman J T. 1988. Ecological principles affecting community structure and secondary production by zooplankton in marine and freshwater environments. Limnology and Oceanography, 33: 931-945.

Li J, Glibert P M, Zhou M J, et al. 2009. Relationship between nitrogen and phosphorus forms and ratios and the development of dinoflagellate blooms in the East China Sea. Marine Ecology Progress Series, 383: 11-26.

Lin C, Ning X R, Su J L, et al. 2005. Environmental changes and the responses of the ecosystem of the Yellow Sea during 1976—2000. Journal of Marine Systems, 55: 223-234.

Liu M T, Li C L, Sun S. 2011. Seasonal variation in fatty acid composition of seston and the copepod *Calanus sinicus* (Brodsky, 1962) in Jiaozhou Bay and its trophic implications. Chinese Journal of Oceanology and Limnology, 29(6): 1164-1173.

Liu S M, Zhang J, Chen H T, et al. 2005. Factors influencing nutrient dynamics in the eutrophic Jiaozhou Bay, North China. Progress in Oceanography, 66: 66-85.

Liu S M, Zhang J, Chen S Z, et al. 2003. Inventory of nutrient compounds in the Yellow Sea. Continental Shelf Research, 23(11-13): 1161-1174.

Lohrenz S E, Fahnenstiel G L, Redalje D G, et al. 1997. Variations in primary production of northern Gulf of Mexico continental shelf waters linked tonutrient inputs from the Mississippi River. Marine Ecology Progress Series, 155: 45-54.

Mccormick M I, Watson S A, Munday P L. 2013. Ocean acidification reverses competition for space as habitats degrade. Scientific Reports, 3: 3280.

Mohamed Z A, Mesaad I. 2007. First report on Noctiluca scintillans blooms in the Red Sea off the coasts of Saudi Arabia: Consequences of eutrophication. Oceanologia, 49(3): 337-351.

Mohanty A K, Satpathy K K, Sahu G, et al. 2007. Red tide of *Noctiluca scintillans* and its impact on the coastal water quality of the nearshore waters, off the Rushikulya River, Bay of Bengal. Current Science, 93(5): 616-618.

Molinero J C, Ibanez F, Souissi S, et al. 2008. Climate control on the long-term anomalous changes of zooplankton communities in the Northwestern Mediterranean. Global Change Biology, 14(1): 11-26.

Oviatt C, Keller A, Reed L. 2002. Annual primary production in Narragansett Bay with no bay-wide winter-spring phytoplankton bloom. Estuarine, Coastal and Shelf Science, 54: 1013-1026.

Perry R I, Batchelder H P, Mackas D L, et al. 2004. Identifying global synchronies in marine zooplankton populations: Issues and opportunities. Journal of Marine Science, 61(4): 445-456.

Purcell J E, Tilves U, Fuentes V L, et al. 2014. Digestion times and predation potentials of *Pelagia noctiluca* eating fish larvae and copepods in the NW Mediterranean Sea. Marine Ecology Progress Series, 510(6): 201-213.

Quevedo M, Gonzalez-Quiros R, Anadon R. 1999. Evidence of heavy predation by *Noctiluca scintillans* on Acartia clausi (Copepoda) eggs off the central Cantabrian coast (NW Spain). Oceanologica Acta, 22: 127-131

Rabalais N N, Turner R E, Diaz R J, et al. 2009. Global change and eutrophication of coastal waters. Ices Journal of Marine Science, 66: 1528-1537.

Rice E, Dam H G, Stewart G. 2015. Impact of climate change on estuarine zooplankton: Surface water warming in long island sound is associated with changes in copepod size and community structure. Estuaries and Coasts, 38(1): 13-23.

Ruiz J, D' alcalà M R, Crise A, et al. 2007. An end to end approach in modelling Mediterranean pelagic ecosystems: Can the Naples approach be a proof of feasibility? GLOBEC International Newsletter, 13: 39-40.

Sato N E, Hernandez D, Vinas M D. 2010. Feeding habits of *Noctiluca scintillans* in coastal waters off Buenos Aires Province, Argentina. Latin American Journal of Aquatic Research, 38(3): 403-412.

Sekiguchi H, Kato T. 1976. Influence of Noctiluca's predation on the Acartia population in Ise Bay, Central Japan. Journal of the Oceanographical Society of Japan, 32(5): 195-198.

Shen Z L. 2001. Historical changes in nutrient structure and its influences on phytoplankton composition in Jiaozhou Bay. Estuarine, Coastal and Shelf Science, 52(2): 211-224.

Shi Y Q, Sun S, Zhang G T, et al. 2014. Distribution pattern of zooplankton functional groups in the Yellow Sea in June: A possible cause for geographical separation of giant jellyfish species. Hydrobiologia, 754: 43-58.

Smayda T J. 1990. Novel and nuisance phytoplankton blooms in the sea: Evidence for a global epidemic. In: Graneli E, Sundström B, Edler B, et al., eds. Toxic marine phytoplankton. New York; Elsevier Press. 29-40.

Stuart-Smith R D, Edgar G J, Barrett N S, et al. 2015. Thermal biases and vulnerability to warming in the world's marine fauna. Nature, 528(7580): 88-92.

Suikkanen S, Pulina S, Engstrom-Ost J, et al. 2013. Climate change and eutrophication induced shifts in northern summer plankton communities. PLOS ONE, 8(6): 1-10.

Sun S, Huo Y, Yang B. 2010. Zooplankton functional groups on the continental shelf of the Yellow Sea. Deep-Sea Research II, 57: 1006-1016.

Sun X H, Sun S, Li C L, et al. 2011. Seasonal and spatial variability in egg production, abundance and production of small copepods in and near Jiaozhou Bay, China. Journal of Plankton Research, 33(5): 741-750.

Tang Q, Ying Y, Wu Q. 2016. The biomass yields and management challenges for the Yellow sea large marine ecosystem. Environmental Development, 17: 175-181

Tiselius P, Kiørboe T. 1998. Colonization of diatom aggregates by the dinoflagellate *Noctiluca scintillans*. Limnology and Oceanography, 43: 154-159.

Tseng L C, Kumar R, Chen Q C, et al. 2011. Summer distribution of *Noctiluca scintillans* and mesozooplankton in the Western and Southern East China Sea prior to the Three Gorges Dam operation. Hydrobiologia, 666(1): 239-256.

Turkoglu M. 2013. Red tides of the dinoflagellate *Noctiluca scintillans* associated with eutrophication in the Sea of Marmara (the Dardanelles, Turkey). Oceanologia, 55(3): 709-732.

Turner J T. 2004. The importance of small planktonic copepods and their roles in pelagic marine food webs. Zoological Studies, 43: 255-266.

Uye S. 1991. Temperature-dependent development and growth of the planktonic copepod *Paracalanus* sp. in the laboratory. Bulletin of the Plankton Society of Japan, Special Volume: 627-636.

Zhou M J, Shen Z L, Yu R C. 2008. Response of a coastal phytoplankton community to increased nutrient input from the Changjiang (Yangtze) River. Continental Shelf Research, 28: 1483-1489.

第 8 章　大亚湾亚热带海湾生态系统过程与变化*

大亚湾位于珠江口东侧，介于 113°29′42″E—114°49′42″E，23°31′12″N—24°50′00″N，被深圳大鹏半岛、惠阳南部沿海地区以及惠东平海半岛三面环绕，西南邻香港，南接广阔的南海。大亚湾海湾面积 600 km²，平均水深 11 m，最深处 21 m，湾内有大小岛屿 50 多个，年平均气压 1010 hPa，年平均温度 22℃，降雨量 1500~2000 mm，是南海北部一个较大的半封闭型深水海湾，为亚热带半封闭型的内湾式海湾。湾内生物资源丰富，生境多样，而红树林和珊瑚群落则使该亚热带海湾显示出热带生境的特色，是我国亚热带海域的重要海湾之一（徐恭昭，1989；王友绍等，2004；Wang et al.，2006，2008，2011，2012）。

围绕着大亚湾生态环境与生物资源，自 1983 年以来，中国科学院南海海洋研究所等单位围绕大亚湾海域开展了一系列生态环境、资源的调查研究工作（徐恭昭，1989；潘金培等，1996，1998，2001；邹仁林，1996；国家海洋局第三海洋研究所，1989，1990；王友绍等，2004；王友绍，2014；Huang et al.，2009；Huang et al.，2010；Jiang et al.，2015；Song et al.，2009，2015；Sun et al.，2006，2011；Tang et al.，2003；Wang et al.，2006，2008，2011，2012；Wu and Wang，2007；Wu et al.，2009，2010，2011，2012，2015，2016，2017；Zhang et al.，2007；Zhou et al.，2003）。

8.1　大亚湾的地理位置及其周边地区社会经济环境

过去大亚湾沿岸居民较少，大亚湾海域受污染的程度较低。从 1986 年开始，在大亚湾的西南岸兴建我国第一座商用核电站；1992 年，大亚湾规划区被批准为国家经济技术开发区以来，数十家大中型企业正在或准备兴建。大亚湾核电站于 1993 年夏季运行投产，该厂的温排水流入大亚湾南面水域；2002 年，大亚湾的另一座核电站——岭澳核电站已投入商业运营。随着沿岸经济的迅速发展，大亚湾海域的生态环境发生较大的变化；大亚湾由于周边人口、企业的增加以及水产养殖快速发展，所带来的环境恶化也日益严重。大亚湾海域的生态环境状况已引起人们的高度关注（Wang et al.，2006，2008，2010，2011，2012；Tang et al.，2003）。

大亚湾海域是一个高度丰富的海洋生物多样性区域和珍稀种类集中分布区，广东省人民政府于 1983 年批准建立大亚湾水产资源自然保护区。该海湾不仅具有许多优质经济鱼类，而且还是国家保护动物——海龟产卵、繁殖地。海湾周边地区近年来经济增长迅速，1987—1993 年的

---

* 本章作者为中国科学院南海海洋研究所王友绍和王玉图。

工业总产值年均增长率在 50%以上。相继建成了大亚湾核电站(图 8.1)、岭澳核电站、广州石化原油码头(马鞭洲码头),正在建设的特大型项目有南海石化、惠州 LNG 电厂项目和石化工业区项目(填海6 km^2)等。广州石化原油码头为 10 万吨级,还有十几公里长的海底输油管线。因此,对大亚湾海域生物多样性的保护已迫在眉睫,除严格执行大亚湾水产资源自然保护区和惠东港口海龟自然保护区的有关规定外,应设立大亚湾生物多样性监控示范区,以协调经济建设与生物多样性保护的关系。广东拥有许多优良的港湾,如粤东的汕头港、海门湾、碣石湾、红海湾、大亚湾、大鹏湾等,粤西的广海湾、镇海湾、海陵湾、水东港、湛江港、雷州湾和安铺港等。海湾生态系统独特的生态特征和丰富的生物多样性,为广东省经济的迅猛发展提供了得天独厚的地理环境。

图 8.1　大亚湾核电站(上)和大亚湾石化(下)

大亚湾的生物资源丰富,生物类型多样。大亚湾底栖生物的种类较丰富,其中分布着不少优质种类,如鱼类中有石斑鱼、平鲷、真鲷等,贝类中有马氏珠母贝、江珧等,甲壳类中有对虾、锯缘青蟹等,棘皮类中有紫海胆、海参等,藻类中有海萝、江蓠藻等。同时大亚湾也是我国大陆上唯一的绿海龟产卵、繁殖自然保护区;目前,由于自然环境的变迁,在大亚湾海域已经很难看到海龟。

8.1.1　自然地理概况

大亚湾周边地区跨越二市一县,东为惠东县,北为惠州市,西为深圳市的龙岗区;地势东北高，西南低。惠东县境内地形以低山丘陵为主，其中山地占44.8%，丘陵占31.6%，沿海平原占20.6%；濒临大亚湾的主要乡镇有港口、盐洲、平海、稔山和巽寮等，海岸线长约171.8 km。惠州市境内地形较为复杂，其东北部、西南部和南部属丘陵山地，东江沿岸和中部属平原，西部属低山平原，境内最高峰是海拔1003 m的白云嶂；其中平原占总面积的40.7%，低山占10.7%，高丘（山地）占48.6%；惠州市南部与大亚湾衔接，主要乡镇有澳头和霞涌等，海岸线长约51.8 km。深圳市境为属低山丘陵滨海区，地貌格局纷呈复杂；中部多为波状台地，间以平缓的岗地；西、南沿海一带是滨海平原，地势平坦广阔，且港湾多；东部龙岗区与大亚湾相接，境内海岸线长约133.2 km。

大亚湾在北回归线以南，地处亚热带，气候温和多雨，年平均气温21.7℃；1月均温最低，约13.5℃；7月均温最高，约28.3℃；历史最高气温36.6℃（深圳），最低气温1.4℃（深圳）。4—9月为雨季，周边地区年平均降水量分别为：1948.4 mm（深圳）、2347 mm（惠州）和1890 mm（惠东）。常年主导风为东南风，夏、秋季的台风是影响本地区的主要灾害天气，但因受山峦阻挡，受害程度减弱，深圳市受台风直接袭击的概率平均每年不到一次。另外，初春的低温阴雨和晚秋的寒露风也是影响本区的主要天气灾害（徐恭昭，1989）。

大亚湾周边地区自然土壤类型主要为赤红壤和红壤，惠东县赤红壤的面积占总面积的68.8%，红壤占23.2%；其他如滨海沙土、滨海盐渍土、滨海泥土、石质土等的面积较小。其分布呈一定的规律：滨海为滨海盐土、砂土，较远处山丘为赤红壤或红壤，离海滨较近处为水稻土。耕作土壤为水稻土，种类较多，有潜育型水稻土（冷底田、乌泥底田）、潴育型水稻土（页结底田、沙质田）、盐渍水稻土（咸酸田）等。

大亚湾周边地区内的原生性森林植被为南亚热带常绿阔叶林，次生性森林植被为南亚热带针阔叶混交林；鸭甲木-厚叶算盘子-马尾松群落为本区的主要群落。人工林是该区的一种重要植被类型，主要有马尾松、杉木林、竹林、大叶相思、桉树林、荔枝等用材林和经济林。野生动物主要有野猪、果狸、刺猬、獾、蛇等。主要矿产有铁、钨、绿柱石、锡、钼、铜、萤石、铅锌、石灰石、石英砂等。

8.1.2　社会、经济环境的变化与趋势分析

(1) 人口

大亚湾沿岸主要乡镇经济发展起步较晚，其户籍人口总量少，增长速度慢，惠东县的港口、盐洲、平海、稔山和巽寮尤为明显，并且巽寮镇多年来一直为大亚湾沿岸户籍人口最少的乡镇（王友绍，2014）。在大亚湾沿岸乡镇中，大鹏、霞冲和澳头三镇人口增长较快，其2005年的人口分别是1986年的9.19倍、1.84倍和1.87倍，年均增长为40.6%、4.68%和4.71%（王友绍，2014）。总的来看，大亚湾沿岸乡镇人口呈上升趋势，但增长速度缓慢，且户籍人口数量相对较少，流动人口120万~150万居住在大亚湾沿岸（Wang et al.，2008）。

总体说来，大亚湾周边地区的人口变化趋势是人口总量持续增加，但增长速度逐渐减缓，人口的分布仍呈现明显的区域差异，深圳市仍为该地区的人口重心，由于经济的快速发展，流动人口已成为大亚湾沿岸的主要居民。

(2) 工业

改革开放以来，大亚湾周边地区经济得到高速发展，工业进入了一个高投入、高增长的时期，

其生产规模不断扩大,外向型工业迅速发展,工业经济出现令人注目的景象。

大亚湾全地区的工业总产值由 1979 年的 17767 万元增加到 2005 年的 4695.41 亿元(表 8.1),是 1979 年的 2643 倍。其中,深圳市工业总产值最高,达 2830.06 亿元,为 1979 年的 3393 倍,占大亚湾周边地区工业总产值的 60.3%;惠州市(惠东县现归属惠州市)2005 年工业总产值为 1826.79 亿元,是 1979 年的近 6842 倍,占全地区的 38.90%,是本地区工业产值年均递增速度和增长量最大的一市,代替了早期的深圳市;在本地区中,惠东县工业产值最低,2005 年为 38.56 亿元,占全地区的 8%左右,是 1979 年的 57 倍(王友绍,2014)。

表 8.1 大亚湾周边地区工业总产值(万元)

年份	1979	1980	1985	1990	1995	1997	2001	2005	2012
深圳市	8340	12439	318832	2181298	10472223	14566747	30970000	28300584	36285173
惠东县	6757	7202	12626	60068	451923	636632	1373720	385606	3258900
惠州市	2670	5113	11923	48982	604507	995877	10440000	18267900	22000000
合计	17767	24754	343381	2290348	11528653	16199256	42783720	46954090	61544073

大亚湾沿岸工业产值在工农业总产值中所占的比重也呈逐年增加的趋势;1979 年深圳工业总产值 0.8 亿元,农业总产值 3.48 亿元,2005 年深圳工业总产值 2830.06 亿元,农业总产值 3.48 亿元;1979 年惠州市工农业总产值 6.66 亿元,其中工业产值仅为 2.67 亿元,2005 年惠州工业总产值 1826.79 亿元,农业总产值 8.30 亿元(王友绍,2014)。

二十多年来,大亚湾周边地区的工业得到飞速发展,在其经济活动中,深圳市从 20 世纪 80 年代初中期,惠东县、惠州市从 20 世纪 90 年代初中期开始,工业居重要地位。

相对而言,大亚湾沿岸乡镇工业的发展水平较低,主要是一些规模较小的加工业和食品工业等,但近年来也有较明显的增长。1998 年,大亚湾沿岸工业总产值超亿元的乡镇有稔山、港口、平海和澳头,分别达 4.06 亿元、3.03 亿元、2.58 亿元和 1.70 亿元,分别为 1993 年的 4.3 倍、6 倍、8 倍和 5.8 倍,年均增长速度分别为 34.1%、43.2%、51.6%和 42.1%。自 1993 年以来,上述四镇的工业总产值一直在大亚湾沿岸乡镇中处于前列。而巽寮镇的工业产值一直最低,并且增长速度最慢。总的来看,大亚湾沿岸乡镇与整个地区同时期工业产值的年平均增长速度基本相当,但因起点较低,工业产值不高。然而,除了这些乡镇企业外,近几年来,大亚湾沿岸一些大型企业项目的实施,如大亚湾核电站、南海石油化工等,已令大亚湾沿岸的工业结构大为改观(Wang et al.,2008;王友绍,2014)。

在国家以经济建设为中心的方针指导下,大亚湾周边地区工业将保持增长趋势,在大亚湾沿岸就有正在兴建的岭澳核电站和准备兴建的惠州燃气电厂等。就大亚湾沿岸主要乡镇来看,其工业能否得以快速发展,不仅同国家经济政策有关,而且还受到大亚湾海域功能类型的影响。尽管大亚湾有优越的地理位置、良好的自然资源,具有修建深水良港的有利条件,但因在目前的经济技术条件下,绝大部分类型的工业企业不可能实现污染物“零排放”,大亚湾的功能划分又为“水产资源自然保护区”(粤府函[83]63 号文),这必然会限制大部分的工业企业在大亚湾沿岸安家落户。事实上,自20世纪80年代以来,大亚湾沿岸的工业企业发展迅速。1999年,广东省有关部门对大亚湾海域的功能进行细划分(粤府函[1999]68号文),如将北部沿岸划为实验区等。这种对海域功能进行较细致划分的方法,将有利于大亚湾沿岸的大、中型企业建设与发展。然而可以预料,在发展经济与保护环境、资源的矛盾未充分解决以前,大亚湾沿岸大、中型企业的建设仍将较缓慢,可能发展较快的工业也主要为渔业等服务产生。截至2001年底,仅大亚湾工业区累计引进外资项目270个,实际利用外资7.5亿美元;投资额1000万美元以上项目15个,3000万美元以上项目7个,4家世界500强在区内投资了4个项目。重要项目有首期投资40.5亿美元的中海壳牌石化项目,总投资额100亿元人民币、总装机容量为200万千瓦的天然气发电厂(LNG)项目,以及占地4平方千米的东风汽车惠州基地等大型骨干项目。总体来看,世界石化工业仍处在上升发展期,世界经济的持续增长、全球化进程的加快、高科技革命、新材料革命、信息革命和"绿色"革命已成为世界石化工业进一步发展的主要驱动力。这种发展不单体现在数量的增加,更多地体现在产品质量的提高和产业的升级。大亚湾石化基地的迅速崛起,将会进一步促进大亚湾沿岸经济的发展。

(3) 港口码头

大亚湾沿岸的平海、稔山、港口、盐洲、霞冲和澳头境内均有港口码头,但大多为小型渔港或军用码头,只有澳头的港口码头较大。2000年以前澳头镇有民用码头、军用码头、水产专用码头各一座,其民用码头全年货物吞吐量为5万~7万吨。近几年在马鞭洲等地有企业自建的码头。

大亚湾周边地区具有建设大型良港的有利条件,随着经济的发展,其港口泊位数量及吞吐能力也必将有大幅度的提高。从区域来看,主要的大型港口码头仍将主要建设在深圳和惠州辖区内。如惠州港三面环山,一面出海,具有回淤少、水域宽、风浪小、航道短和深水岸线长等优点,是我国南方少有的天然深水良港。目前已建成大小泊位26个,码头总长2772 m,其中15万吨级泊位1个,1万~3万吨级泊位4个,800~3000吨级泊位21个,初步形成了荃湾、澳头、东马、惠东沿海等多个港区的格局。现有吞吐能力1600万吨,全面开发可建大小泊位200多个,其中万吨级以上泊位110个,10万吨以上泊位20个,年货物吞吐量可达1亿多吨;2003年惠澳铁路建成通车后,已成为京九铁路南端最便捷的出海口。

(4) 渔业

大亚湾自然条件优越,渔业资源丰富。据1980—1986年海岸带调查资料,在潮间带采集的标本中有生物582种,潮间带平均生物量为545.3 $g\cdot m^{-2}$,栖息密度为278.4个$\cdot m^{-2}$;浅海底栖生物量为55.1 $g\cdot m^{-2}$,栖息密度为200.9个$\cdot m^{-2}$。其中有不少珍贵种类,如鱼类有石斑、鲷、篮子鱼、海马和鹦嘴鱼等;贝类中有马氏珍珠贝、江珧、扇贝、杂色鲍、牡蛎等;甲壳类有三门龙虾、对虾、锯缘青蟹和梭子蟹等;棘皮动物有紫海胆和海参等,藻类有海萝和江篱等;养殖类有"南海珍珠"等。

近十余年来,捕捞业和海水养殖业一直是大亚湾沿岸乡镇经济的主要支柱,其中,海水养殖业发展很快,年平均递增速度高于海洋捕捞业,其中巽寮镇的年均递增速度最大,达66.3%,这同近年来海水养殖技术的不断提高有关。然而,从上述各乡镇来看,由于海水养殖业起点较低,其产量仍一直低于海洋捕捞业,如1995年海水养殖业产量仅占同时期捕捞业的31%左右,表明各乡镇渔业生产仍以海洋捕捞业为主流。一直以来,广东省各级政府及有关部门十分重视大亚湾的水产资源的保护,只要大亚湾水产资源能得到有效的保护,捕捞业仍将在大亚湾沿岸渔业生产中占主流地位。

8.1.3 自然、社会和经济环境变化对海域环境的影响

人类的各种活动是影响自然环境变化的主要因素。对于大亚湾海域来讲,尽管其周边地区的自然、社会和经济发生了巨大变化,但海域三面环山,无大河注入,相对较为"闭塞"的地形条件,使其在一定程度上幸免于周围地区直接的不利影响。对海域环境直接产生不利的主要因素来自沿岸地区。

影响海域水环境的污染源主要是沿岸乡镇的工业废水、生活污水、船舶含油污水。据1991年的不完全统计,大亚湾沿岸7乡镇工业废水年排放量约68万t,生活污水约167.8万t,船舶含油污水约41 t(王友绍,2014)。中国科学院南海海洋研究所于1992年3月和8月,曾在大亚湾海域布设19个测站,进行25个项目水质指标的监测,其结果表明,大亚湾海域水质状况良好,但沿岸海域受到人类活动的影响,如春季时哑铃湾、白寿湾一带的无机氮、石油类含量偏高等。

近十年来大亚湾海水养殖业发展很快,尤其是近三年来扩展更快。例如,1997年大鹏澳内有养殖网格1100多个,而1998年迅速增加至1500多个,增加了近40%。2004年增至20000多箱(王友绍,2014)。海水网箱养鱼多以新鲜小鱼为饵料,每斤鱼要投放饵料2公斤,网箱养鱼的投饵中有26%~70%的饵料没有被利用,以不同形式进入水环境,造成污染。沿岸地区由于人口增加,经济快速发展,生活水和工业河水排放量逐年增加,也造成沿海水体中污染物加大。

早期大亚湾沿岸乡镇(现在为社区)经济的发展虽对海域产生了一定的影响,但影响范围及影响程度十分有限;然而近年来,随着大亚湾沿岸经济的发展,其污染物排放量有较大程度的增加。由于各级政府和部门十分重视大亚湾海域的环境保护问题,全社会的环境保护意识在不断加强,以及节能减排等措施的作用,取得了一些成效;同时大亚湾海域不同区域的功能有所不同,其海水水质要求亦有所不同,因而可以相信,大部分海域仍能满足其相应功能的水质要求。

8.2 中国科学院大亚湾海洋生物综合实验站概况

8.2.1 野外台站概况

中国科学院大亚湾海洋生物综合实验站(简称大亚湾站)建于1984年,隶属于中国科学院南海海洋研究所;1993年被定为中国科学院开放站和中国生态系统研究网络重点站。2003年正式加入GTOS系统,成为其网络成员。作为中国科学院开放站和中国生态系统研究网络重点站,它是我国亚热带海洋科学研究唯一的综合研究与技术支撑平台,具有20多年亚热带海湾研究的历史,在国内外海湾生态学及其生物资源可持续利用等方面研究享有较高的声誉与知名度,与温

带的胶州湾站、热带的三亚站组成较为系统的中国海洋生态网络站。

8.2.2　区域代表性、类型或学科代表性

大亚湾站是我国唯一的亚热带海洋生物综合实验站，具有典型的区域代表性和不可替代的作用。

大亚湾站具有20多年海湾研究的历史。早在1983年大亚湾就被广东省人民政府划为水产资源保护区，1984年广东省又将大亚湾列为重点经济开发区；大亚湾是我国目前唯一有两座核电站同时运行的典型亚热带海湾，核电站位于湾的西岸，与大亚湾站隔海相望。大亚湾海域是受人类活动与自然影响驱动的复合生态系统。

8.2.3　研究方向与定位

（1）总体定位

中国科学院大亚湾海洋生物综合实验站的学科定位：亚热带海湾及其临近海域生态系统动力过程及其资源可持续利用研究，热带海洋环境动力过程研究和热带海洋生物资源的可持续利用研究重要组成部分，是我国开展亚热带临海实验研究唯一的综合研究基地和技术支撑平台。

（2）主要研究方向

① 大亚湾及临近海域生态系统的结构、功能及人类活动的影响；

② 经济海洋生物的实验生物学（包括遗传育种）等研究；

③ 生物资源的研究、开发和利用。

（3）建站的目标和任务

热带海湾及其临近海域生态系统主要环境因子、生物群落组成及其结构和功能的长期监测、研究与数据管理，深入研究亚热带海湾及其临近海域生态系统的结构、功能及人类活动的影响，揭示大亚湾及其临近海域环境与生态系统变化机制和发展趋势。提出相应的对策并开展生态调控方面的关键技术研究。同时，开展经济海洋生物的实验生物学以及生物资源的研究、开发和利用，为发展亚热带海洋科学理论和加强近海生态环境保护积累基础资料。目标是将大亚湾建成一个国际一流的海洋科学研究基地，以亚热带沿岸生态与生物资源的可持续利用研究发展为科学目标。以海湾生态系统结构、功能及其演变过程为核心，开展长期综合观测和试验研究。其任务是为生态学和资源环境科学等相关学科的发展提供野外试验和研究平台，为我国生态系统优化与综合管理提供典型示范，为可持续发展提供宏观决策依据。

8.3　大亚湾生态系统观测方案

大亚湾生态系统国家野外科学观测研究站生态网络监测工作正常运行，完成了上级主管部门下达的各项监测任务。每年均进行了1月、4月、7月、10月四个航次的现场监测工作，严格按生态网络监测规范进行大亚湾长期定点观测站位的监测工作，实行标准化和规范化管理。参加监测工作共有14人，初步建立了一支稳定的监测队伍。工作内容包括现场观察和采样、室内分

析和分类处理。所有分析工作已经完成,资料已归档,并将按质按时上报主管部门(水体分中心)。自动观测气象站运行正常,采集数据已及时按月上报主管部门(大气分中心)。

目前,大亚湾生态系统国家野外科学观测研究站数据库拥有 1990—2016 年水化学和生物数据以及 1998—2016 年气象数据,观测数据量连续完整。根据湾内的代表性区域对调查站点进行重新取样布点(站点为 S1、S2、S3、S4、S5、S6、S7、S8、S9、S10、S11 和 S12)(图 8.2),并严格按照中国生态系统研究网络(CERN)的要求对站点进行海湾水文要素、海湾水化学要素和海湾生物要素季度调查。长期观测的各个站位各具代表性,可为大亚湾生态环境变化过程研究提供人类活动引起的污染输入、生态环境特征、近岸工程影响以及外海与湾内物质交换通量等重要生态环境指标。同时大亚湾站内设置气象观测场一个,从 2005 年开始正式对热带海湾气象进行自动和手动记录观测。大亚湾 CERN 观测站点的设置、观测指标、观测采样和样品测定方法如下:

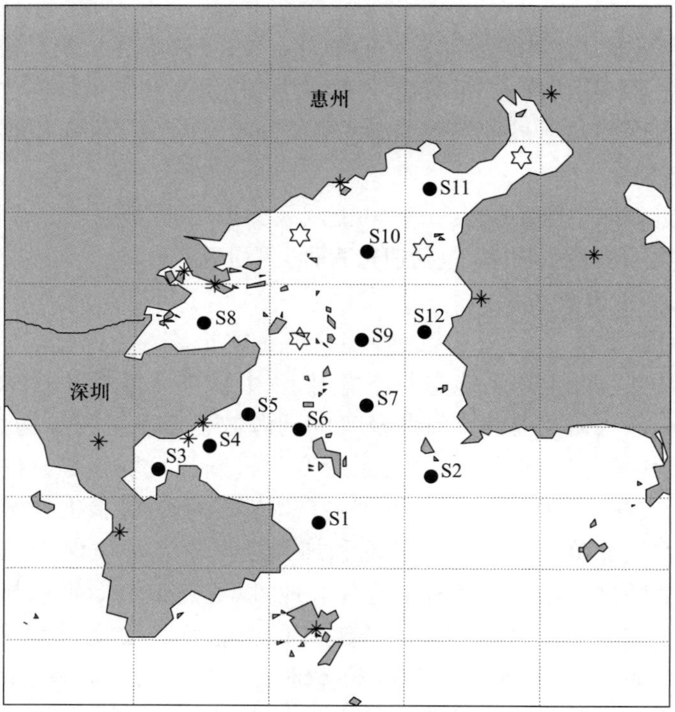

图 8.2　大亚湾监测站位图

观测指标:

(1) 水分监测数据(海水理化要素监测)

海水理化环境监测项目(16 项):水温、盐度、pH、水色、透明度、浊度、溶解氧、生化需氧量、化学需氧量、氨氮、亚硝酸氮、硝酸氮、总氮、磷酸盐、硅酸盐和叶绿素 a。

(2) 土壤监测数据(底质监测)

底质要素监测包括:pH、氧化还原电位、含水率、粒度和有机质五项。

(3) 生物监测数据

生物要素监测包括:细菌总数、浮游植物的种类与现存量、浮游动物的种类与现存量以及底栖动物的种类与现存量等。

(4) 气象要素监测数据

气象辐射自动观测站安装在海拔高度 38 m 的小山岗上。自 2006 年更新气象自动观测系统以来，基本完成气象观测指标，仪器运行正常。

观测采样和样品测定方法：利用考察船、测深仪、浮游生物拖网、采水器、采泥器、水下光量子仪、水质自动监测仪、岸基自动气象站等设施进行现场采样观测。观测和样品测定方法严格参照中华人民共和国国家标准《海洋调查规范》、CERN 水体调查规范中的海湾调查方法进行数据的采集和各项指标的分析测定。

通过长期的定位观测，每年除了将数据按时汇交生态网络水体分中心以外，利用长期观测的数据并将计量生态学方法引入长期生态学研究，解决了大亚湾核电站温排水对大亚湾生态系统变化影响与否的长期争论。区分人类活动与自然过程对大亚湾海域生态环境变化特征的影响，大亚湾海域主要为受人类活动驱动的复合生态系统；揭示了季风驱动下热带(三亚湾)、亚热带(大亚湾)海湾环境变化特征。专著《大亚湾生态环境与生物资源》入选"十二五"时期国家重点图书出版规划增补项目——中国科学技术研究领域高端学术成果出版工程。在识别人类活动与自然过程、季风驱动下对近海生态环境变化的影响与贡献方面得到了国际上的肯定。

8.4　30 年来大亚湾生态环境变化特征与趋势

世界各国对典型海湾环境、生态与生物资源均进行了广泛和深入的研究(Martinez-Frias, 1997; Cullen et al., 1999)，如墨西哥的 Mexico 湾(Evelia and Guillermo, 2001; Macauley et al., 1999)、美国的 Lavaca 湾、日本的 Hirsoshima 湾(Kim et al., 1997)和西班牙的 Cadiz 湾(DelValls et al., 1998)等。我国是一个具有约 18000 多千米海岸线、管辖海域面积约 300 万 km^2 的海洋大国，据统计大约有 350 处海湾。我国科技工作者也进行了大量的环境、生态和生物资源等各方面研究，如我国典型海湾热带的三亚湾(王汉奎等, 2002; 董俊德等, 2002; Wu et al., 2012)、亚热带的大亚湾(Zhou and Maskaoui, 2003; 彭云辉等, 1998; 周贤沛等, 1998; 王友绍等, 2004; Wang et al., 2006, 2008, 2011, 2012; Wu and Wang, 2007; Wu et al., 2009, 2010, 2011)和温带的胶州湾(董金海和焦念志, 1995; 孙松等, 2005; Shen, 2001; 孙松, 2015)。大亚湾站自 1984 年建站, 30 多年来获得了大量的现场观测数据和资料，对其环境、生态与生物资源均进行了较系统的研究(徐恭昭, 1989; 邹仁林, 1996; 潘金培等, 1996, 2001; 王友绍等, 2004; Sun et al., 2006, 2011; Wang et al., 2006, 2008, 2011, 2012; Wu and Wang, 2007; Wu et al., 2007, 2009, 2010, 2011, 2012; Zhang et al., 2007)。

8.4.1　大亚湾环境化学因子

水温、pH、营养盐、溶解氧、重金属和化学耗氧量等作为大亚湾的主要环境化学因子的测定结果见图 8.3—图 8.13。

1982—1989 年，大亚湾海域各年度的水温变化范围为 14.83～29.41℃，年均值为 22.41～23.76℃，差别不大。夏季水温高且表、底层相差大，为 3～5℃；冬季水温低，表、底层很接近。1982—2001 年，大亚湾海域水体温度呈上升趋势。1991—1993 年，大亚湾西部海域水温年均值为23.5℃。水温分布呈现由沿岸浅水区向深水区递减趋势。1994—1995年，核电站运转后，水温变化范围为14.80~35.00℃，年平均值为23.91℃，比1991年的高0.4℃。排水口表层水温各季节均较高，夏季表层水温可高达35℃。1996—1999年每年的季节调查中，核电站排水口表层水温均较高，特别以春、夏季最为明显，其表、底层相差最大；核电站温排水主要影响表层（Tang et al.，2003）；特别是近年来大亚湾海域水温呈下降趋势（图8.3和图8.4）。

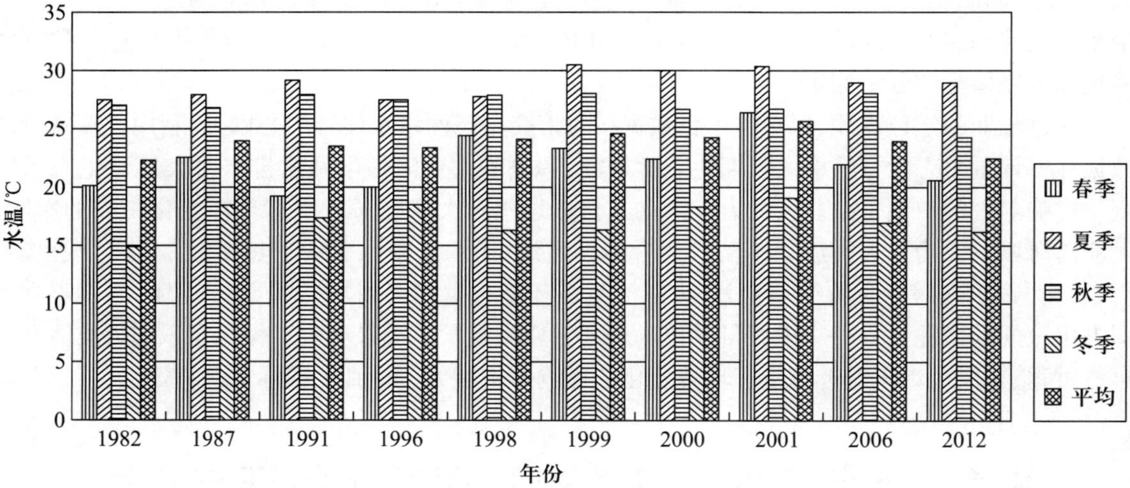

图8.3　1982—2012年大亚湾海区水温季节变化

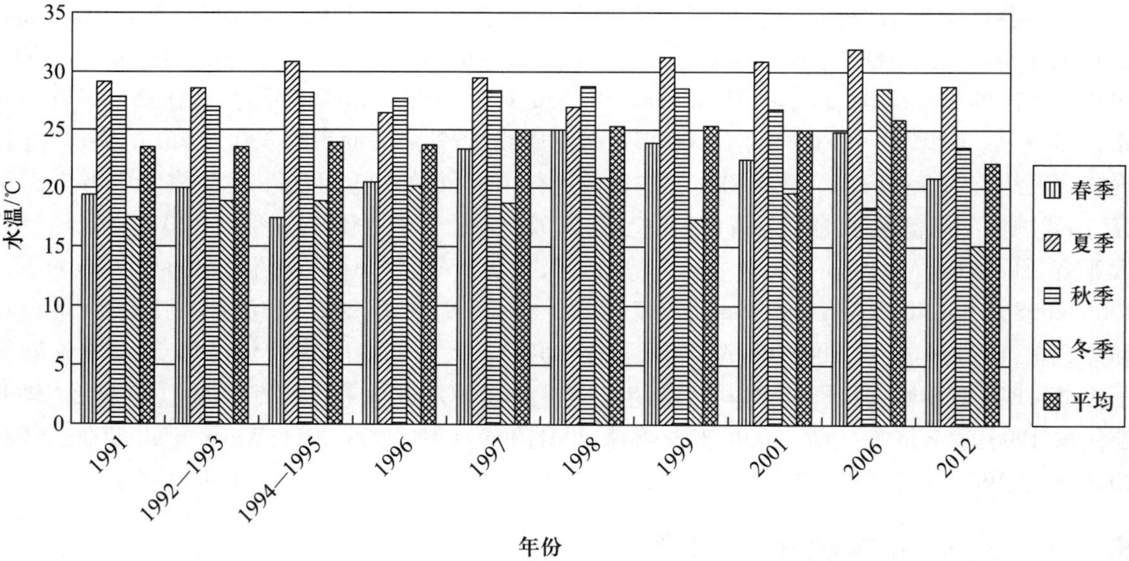

图8.4　1991—2012年大亚湾西部（核电站邻近）海区各年度水温的季节变化

大亚湾海水溶解氧（DO）的时空变化与垂直分布特征与O_2在海水中的溶解度随水温和盐度变化以及大亚湾海水季节性分层有密切关系。随着时间的变化，大亚湾海水DO先呈逐年减小趋势又呈增加趋势（图8.5），与整个海域水体温度有关。核电站运转后其温排水对大亚湾西部海区表层海水DO可能有一定的影响（表8.2；潘金培等，1998；Wang et al.，2008）。

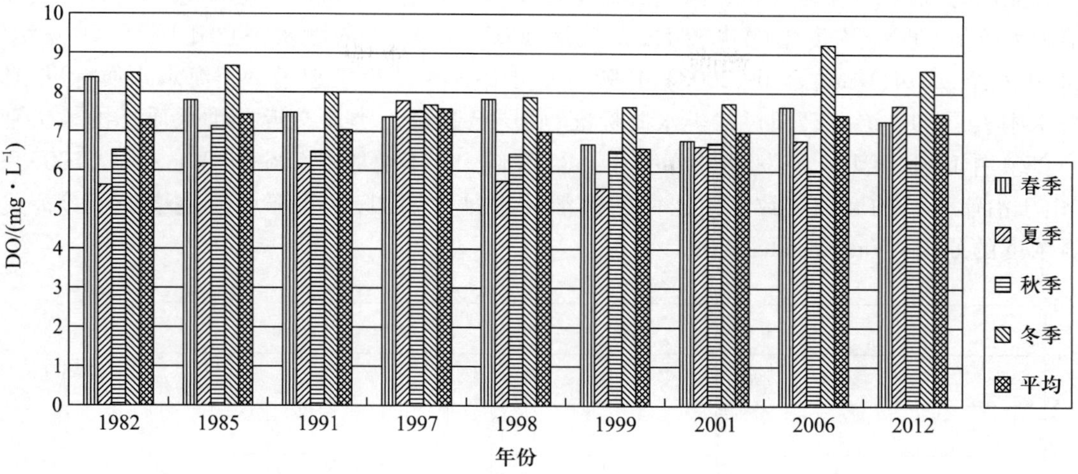

图 8.5　1982—2012 年大亚湾海水 DO 的变化

表 8.2　核电站运转前后大亚湾西部海水 DO 的变化　（单位：mg · L^{-1}）

层次	年份	大鹏澳内	大鹏澳口	大鹏澳外
表层	1982—1993	7.44		
	1994—1999	7.21	7.05	7.19
底层	1982—1993	7.21		
	1994—1999	6.91	6.76	6.85

大亚湾海区海水 pH 变化范围为 7.96~8.40，年均值在 8.17~8.27，2006 年 pH 较低，年均值为 8.03，而 1998 年较高，年均值为 8.25（图 8.6）。从总体上来看，30 年来大亚湾海域 pH 呈下降趋势，海洋酸化明显（Wang et al.，2006，2008；王友绍，2014）。

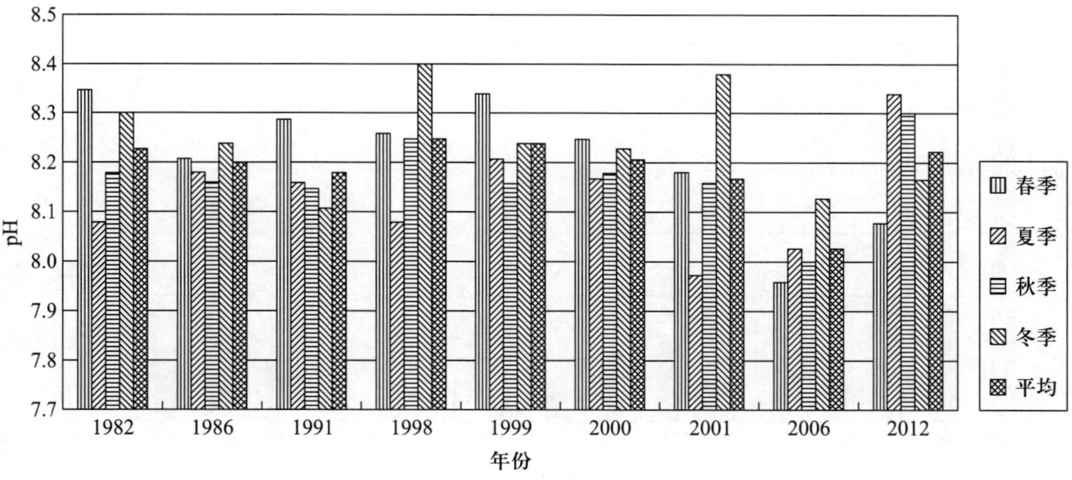

图 8.6　1982—2012 年大亚湾海水中 pH 变化

大亚湾海区近 30 年来无机氮浓度总体呈逐年增加趋势(图 8.7)。核电站邻近海区海水中总溶解无机氮(TIN)浓度增幅也较大,尤其是 2002—2003 年浓度水平已比较高(王友绍等,2004;王友绍,2014;Wang et al.,2008),1997 年海水中 TIN 浓度已超过一类海水水质标准,1999 年海水中表层 TIN 浓度已超过二类水质标准,底层已超过一类而接近二类水质标准。大亚湾水产养殖由 1988 年 100 吨发展到 2005 年 58573 吨,17 年增加了 586 倍(Wu et al.,2009);同时,由于沿岸人口的增加导致乡镇居民的生活污水排放增加,这些都可能是增加了该海区无机氮浓度的原因(Wang et al.,2008)。

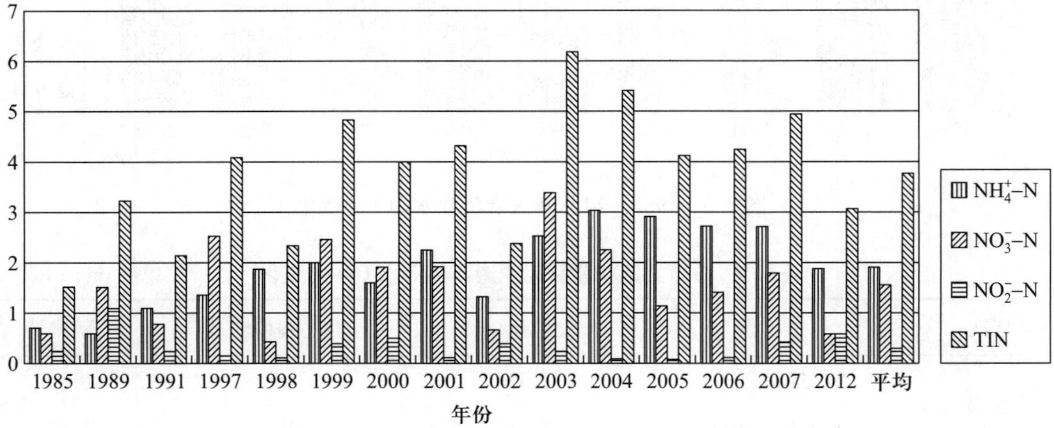

图 8.7 1985—2012 年大亚湾海区海水各种无机氮的变化趋势

大亚湾海区海水中磷酸盐浓度 1985—1986 年较高而至超标外,其他年份均未超标。20 世纪 80 年代末以来,磷酸盐浓度明显下降,特别是 1996 年以来(图 8.8)。N/P 平均值由 20 世纪 80 年代的 1/1.5 上升到近年的>50,大亚湾营养盐限制因子已由 20 世纪 80 年代的 N 限制过渡到目前的 P 限制(近年来 Si 和 P 季节性交替限制明显)。大亚湾海区海水中硅酸盐浓度高值出现的季节:1985—1986 年为春、冬季;1988—1989 年为春季;1996 年为秋季;1997 和 1998 年为夏季;1999 年为春季。

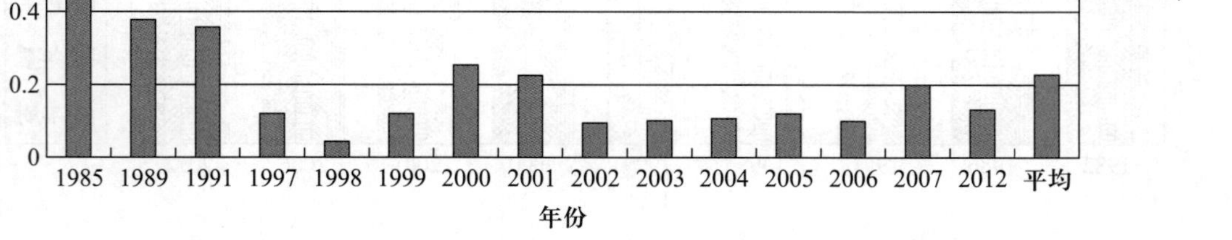

图 8.8 1985—2012 年大亚湾海区海水 PO_4^{3-}–P 的变化趋势

大亚湾海区海水中硅酸盐浓度的年平均值变化趋势与磷酸盐的相反,高值出现在 2000—2003 年,从 2003 年,呈现逐年减少趋势,但其变化不同于磷酸盐浓度变化(图 8.9),其主要原因之一可能是由于核电站运行后带来硅的增加(潘金培和蔡国雄,1996)。

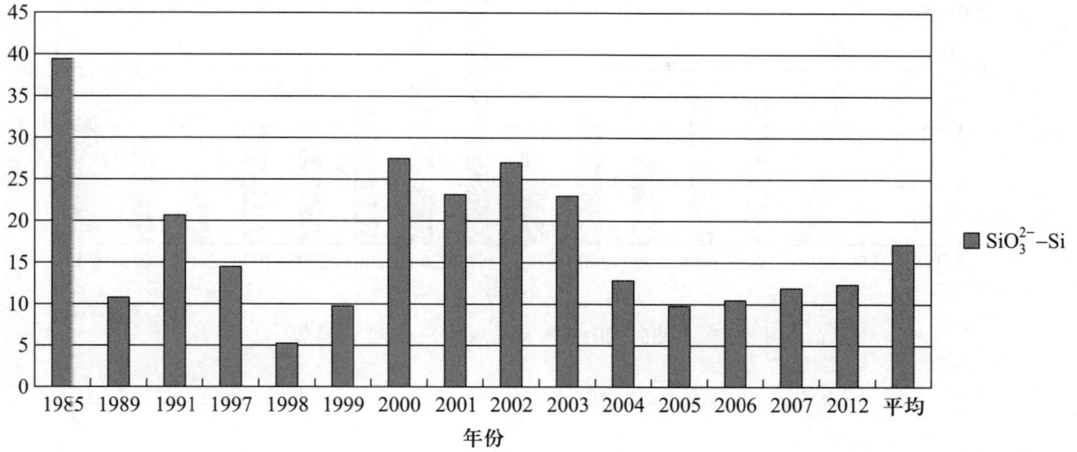

图 8.9　1985—2012 年大亚湾海区海水 SiO_3^{2-}-Si 的变化趋势

1991 年核电站邻近海域海水中磷酸盐有 25%的月份平均值超标,其余年份的浓度都较低。磷、硅酸盐浓度的年变化,1991 年后基本上逐渐下降,这与整个湾的变化趋势一致。大亚湾 COD 呈逐年降低的趋势,尤其大亚湾西部海区更突出。COD 主要反映有机污染的情况,虽然 COD 能较好地与有机物来源的空间分布相一致,但在时间变化方面却与整个生态系统的营养变化不协调(图 8.10~图 8.13)。可能的原因之一是由于海水温度的变化,海水中溶解有机物(DOM)的氧化还原状态发生了改变,从而导致大亚湾 COD 逐年降低的趋势(图 8.14)(王友绍等,2004);但 COD 与 TIN、PO_4^{3-}-P 和 SiO_3^{2-}-Si 的量无关(韦蔓新等,2002;彭云辉等,1998)。

大亚湾的主要有机污染物为石油类、有机农药等(Zhou and Maskaoui,2003;丘耀文等,2002),过去重金属铜、铅、锌和砷等主要来自大亚湾沿岸的工业(徐恭昭,1989;丘耀文和王肇鼎,1997;何雪琴等,2001)。近年来,大亚湾海域有机污染物主要来自石油烃(PHs)和养殖污染(图 8.15)。

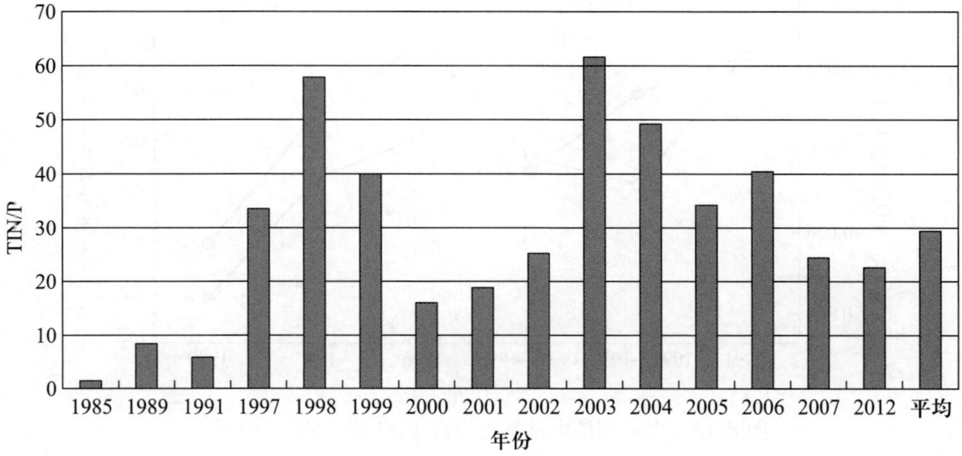

图 8.10　1985—2012 年大亚湾海区海水的 TIN/P 变化趋势

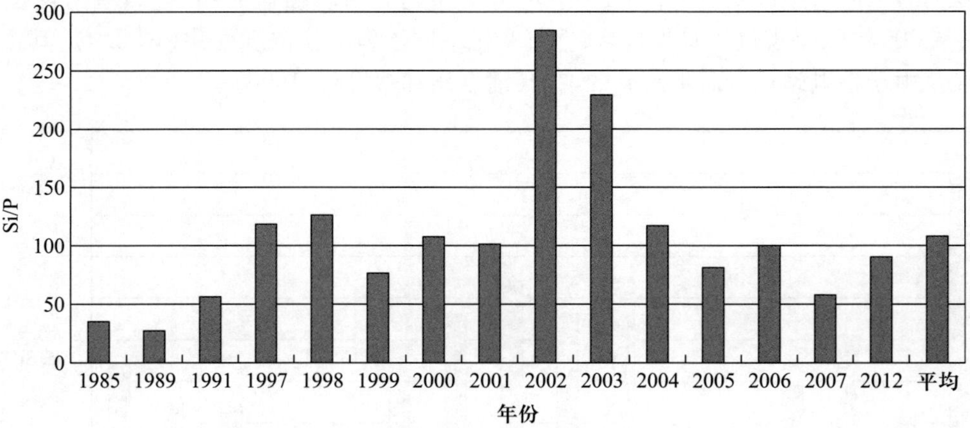

图 8.11　1985—2012 年大亚湾的 Si/P 变化趋势

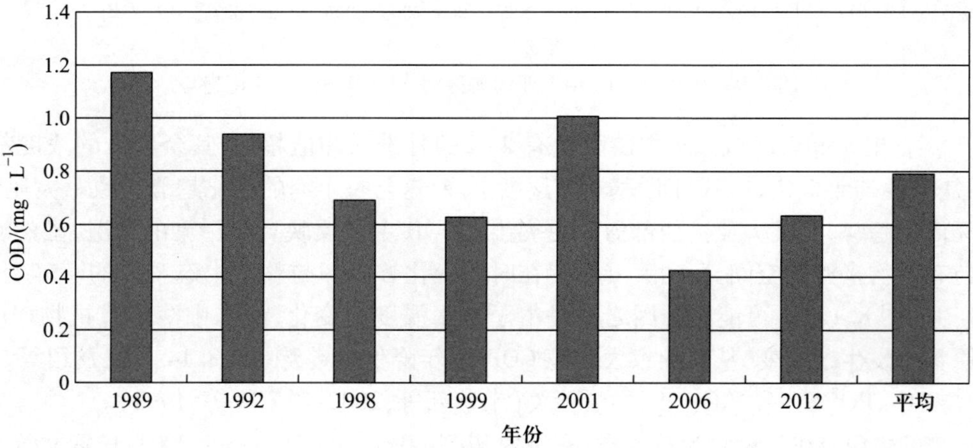

图 8.12　1989—2012 年大亚湾的 COD 变化趋势

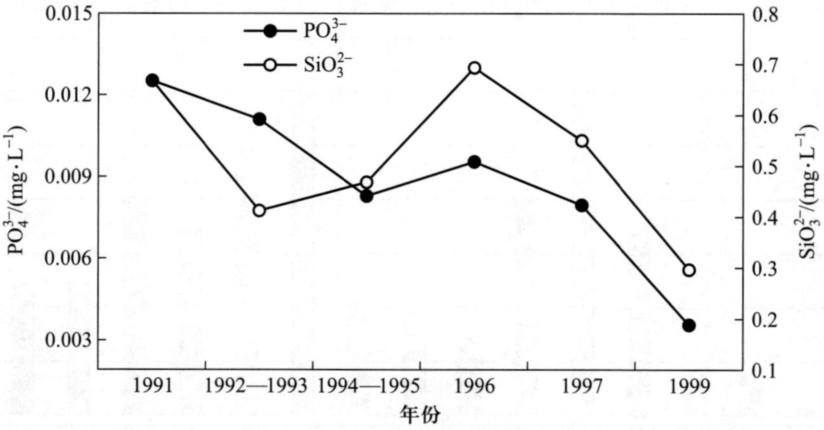

图 8.13　大亚湾核电站邻近海区 P、Si 浓度的年度变化

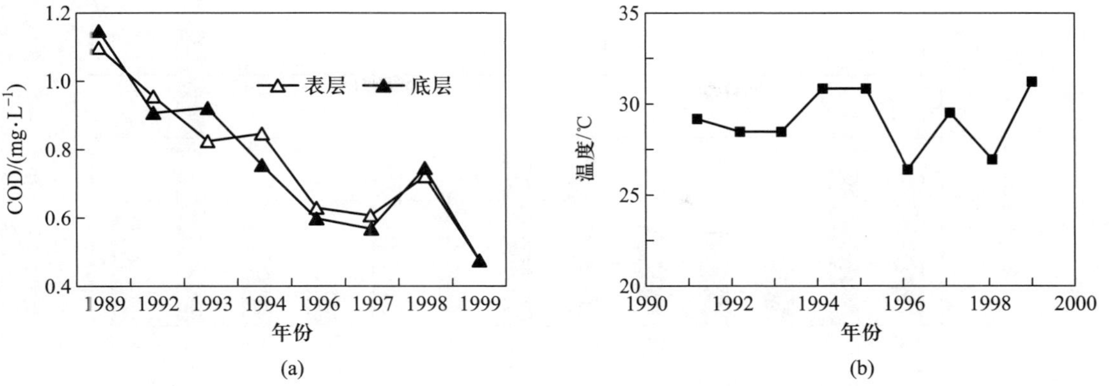

图 8.14　大亚湾西部海区海水夏季 COD(a)和温度(b)变化(王友绍等,2004)

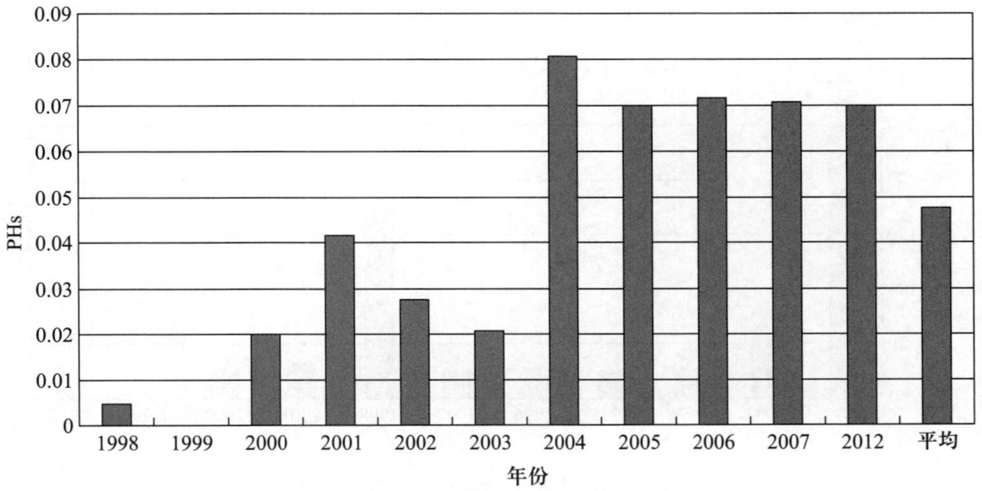

图 8.15　大亚湾海区石油类变化

8.4.2　大亚湾底栖生物

大亚湾底栖生物种类比较丰富,根据现有的资料统计,大亚湾已查明的底栖生物种类约有700种(包括底栖植物和底栖动物)。底栖植物包含海藻类和海草类,其中有关海藻类的调查相对要多些,记载的种类约有60种,约占底栖生物总数的8.6%。已知的底栖动物占底栖生物总种数90%以上,其中环节动物多毛类约有150种(约占21.4%),软体动物约有148种(占21.1%),甲壳动物约有130种(占18.6%),棘皮动物约有52种(占7.4%),其他动物(含海绵动物、腔肠动物、苔藓动物、纽形动物和缢虫类等)的数量约占12.8%,底栖性鱼类约有73种(约占10.4%)。大亚湾的底栖生物以环节动物多毛类为主,软体动物和甲壳类动物次之,棘皮动物则居第三,其他动物类群则处于较次要的地位(徐恭昭,1989;王友绍等,2004;Wang et al.,2008,2011)。

近年来,特别是西部水域(核电站附近),底栖生物发生了较大变化,已从1987年的237种降至2002年的92种;除1998年,大亚湾年平均生物量同20世纪80年代初相比下降了很多,西部水域与1991年相比也是如此;尤其在夏季,受排温水的影响使生物量下降(潘金培和王肇鼎,1998;Wεng et al.,2008,2012)(图8.16和图8.17)。

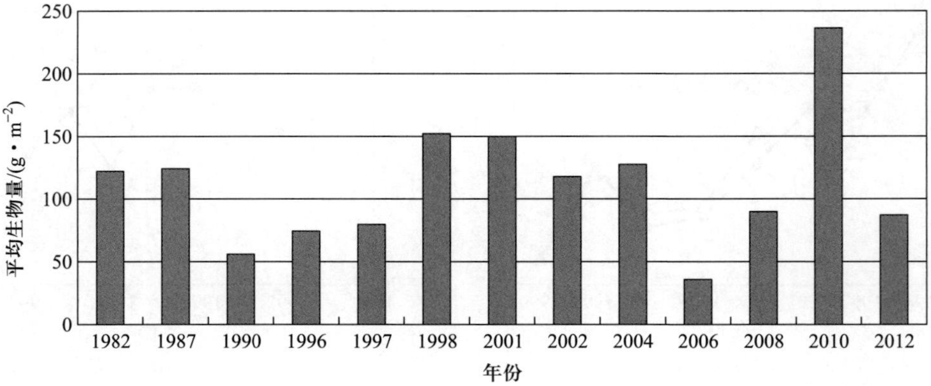

图 8.16　大亚湾底栖生物量变化

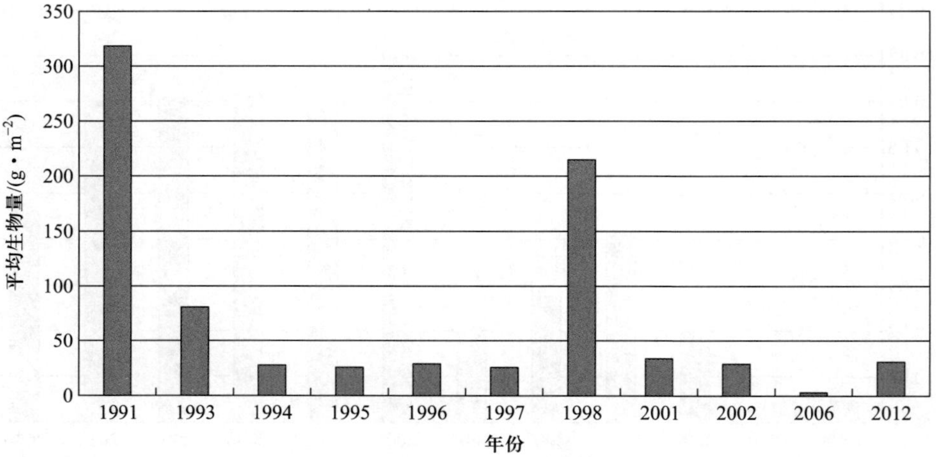

图 8.17　大亚湾核电站附近底栖生物量变化

8.4.3　大亚湾浮游植物

大亚湾浮游植物种类繁多,分别隶属于蓝藻门(Cyanophyta)、硅藻门(Bacillariophyta)、甲藻门(Pyrophyta)、金藻门(Chrysophyta)、黄藻门(Xanthophyta)等,其中硅藻类是大亚湾浮游植物的主体,占70%以上,其次是甲藻类(潘金培等,2001;Wang et al.,2006,2008)。大亚湾浮游植物由1983年的46属159种降至2002年的36属127种(Wang et al.,2006,2008)。

大亚湾地处亚热带海区,因此浮游植物呈现亚热带生物的共同特性:种类繁多,其种类组成以暖水性种类和广温性种类为主(Sun et al.,2006;周贤沛等,1998);浮游植物数量变化呈单一周期型,优势种属季节更替频繁,有时有数种优势种,有时则是单一种类占绝对优势。20世纪80年代的资料调查表明,浮游植物种类组成基本相近,但进入20世纪90年代以来,种类却在逐渐减少,近年来更为明显。大亚湾浮游植物数量通常是春、夏季较高,秋、冬较低,但近年来这一现象有所变化(图8.18)。秋末至冬初,细胞总量明显高于往年。这与湾内水域营养盐含量升高、水温升高有关。近几年来一些暖水性外海种类,如爱氏角毛藻(*Chaetoceros eibenii*)、中肋骨条藻(*Skeletonema costatum*)、洛氏角毛藻(*Chaetoceros lorenzianus*)等在秋冬季节广泛分布在湾内,并成为主要的优势种,这可能是湾内水温升高有利于夏、秋季入湾的外海暖水种滞留并得以增殖。

近年来调查发现,甲藻的数量有增多的趋势,某些甲藻会产生毒素,通过鱼、虾、贝食物链的传递,直接危害到人类的健康甚至生命安全。20世纪90年代以来,虽然浮游植物数量明显减少,但同样表征浮游植物现存量的叶绿素a含量却有所上升。对这种似乎矛盾的现象的合理解释是:一些个体小于采样网目的种类采样时被漏采了,而这一部分小个体的浮游植物的数量在增加,这也间接地显示了群落组成的小型化趋向。

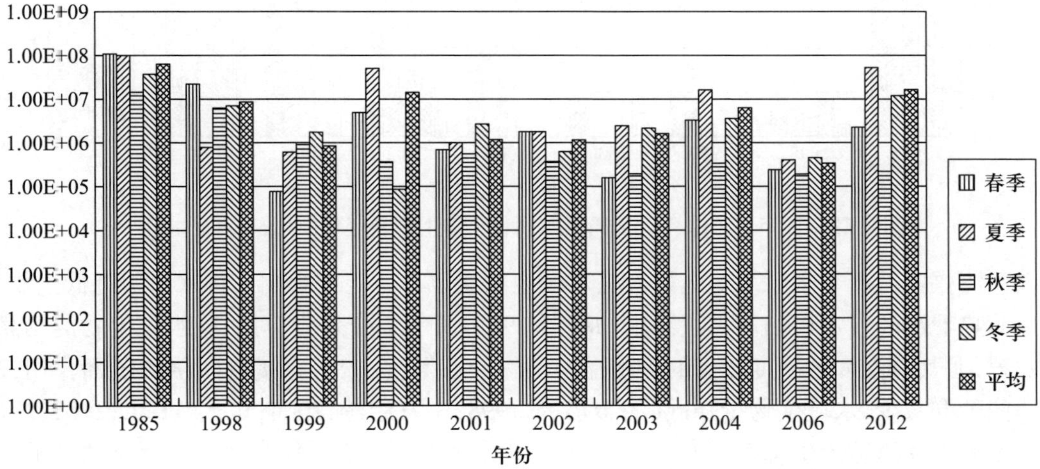

图8.18 1986—2012年大亚湾浮游植物生物量变化(单位:ind · L^{-1})

8.4.4 大亚湾浮游动物

浮游动物是海水中重要的生物类群,其种类多,分布范围广,繁殖能力强,世代交替短,活动能力弱。在水域中,除部分种类如水母类等体形较大外,大部分类群的体形都较小,分布于整个水体中。它包括原生动物、腔肠动物、软体动物、甲壳动物、毛颚动物、被囊动物、浮游幼虫以及其他门类中的个别浮游种类等。这些动物又常被习惯地分成许多类群,如水母类、桡足类、毛颚类、被囊类、樱虾类、枝角类等(徐恭昭,1989;Wang et al.,2008,2011)。

大亚湾海区浮游动物生物量虽然存在着年度和季节的差异(徐恭昭,1989),但其变化呈逐年下降、个体小型化的趋势,这反映海区对浮游动物生长和繁衍的限制因素在逐年增强。但在局部水域不尽相同,存在一定差异和变化(图8.19)。浮游动物个体生物量由1982年的316 ind · m^{-3}降至2000年的90 ind · m^{-3}。2001年后大亚湾水体浮游动物个体生物量有所增加(Wang et al.,2008,2011)。

1993年1月以前,大亚湾海区(主要调查西部水域)浮游动物湿重生物量、体积生物量和个体生物量均呈逐年降低趋势。20世纪90年代中期以后,湿重生物量和体积生物量均有较大幅度波动和反弹,基本达到历史期的平均水准,而个体生物量虽有小幅反弹(以小、中型个体为主),但难以为继,并在1998年春季出现最低值28.9 ind · m^{-3},该年年均密度仅为53.23 ind · m^{-3}(以小、中型个体为主),为十多年来的最低点。生物量的减少,反映了生物种类优势种群数量减少,优势种组成简单化,优势种个体变小,小个体种类及其数量增加等浮游动物本身因素的变化和更替。浮游动物的这些变化也反映了由于大亚湾沿岸和周边工农业生产的快速发展,如城镇房地产开发,道路交通等基础建设,沿岸滩涂鱼虾池的不断扩建等,造成植被破坏、水土流失等负面影响的客观存在。

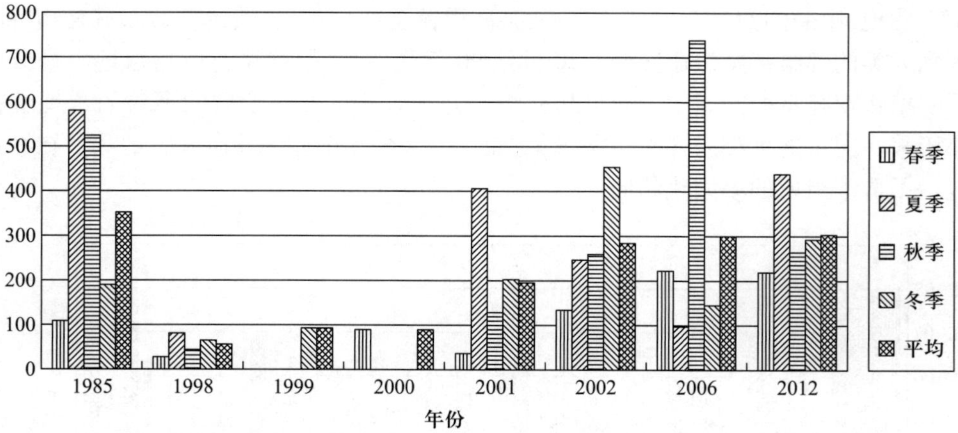

图 8.19 1985—2012 年大亚湾浮游动物个体生物量变化(单位:ind · m^{-3})

大亚湾核电站冷却水系统对电站附近水域生物量也有一定的影响。排水口附近低生物量区受东南向热羽流和吸水口抽取大量海水(每秒约 95 m^3)等综合效应,对一些水生生物的栖息、生长和发育,尤其对温度敏感度较高的一些浮游动物幼虫等,会产生直接或间接的负面作用,从而导致一些种群减少,水域生物量降低(潘金培等,1998;王友绍等,2004;Wang et al.,2008,2011),但不会影响大亚湾整个生态系统变化趋势,TIN/P 是大亚湾生态系统变化的主要驱动因子(王友绍,2014;Wang et al.,2008)。

8.4.5 大亚湾游泳动物

大亚湾自然条件优越,生境多样,生产力及饵料基础雄厚。因此,栖息着种类繁多和数量丰富的鱼类,是许多鱼类的产卵场、育肥场和索饵场,因而也是重要的渔场。随着沿岸工农业的飞速发展,养殖业与重大工程建设等人类活动对生态环境的胁迫会给渔业资源产生重大压力。

大亚湾水域鱼类资源丰富,种类繁多,据历次(1985 年 1 月至 2004 年 10 月)渔业资源调查,大亚湾共获鱼类 328 种。其中以暖水性鱼类占绝大多数,达 90%;暖温性鱼类占 10%,属印度-西太平洋区系。其中,鲈形目种类占优势,体现其热带、亚热带特征。近十几年来大亚湾鱼类的种数没有减少,但一些重要经济鱼类已有明显减少趋势。常见的主要种类有 47 种,它们是大亚湾渔业资源的重要组成部分(徐恭昭,1989;王友绍等,2004;Wang et al.,2008)。自 20 世纪 80 年代初到 90 年代中期,大亚湾鱼类资源量波动较大,1987 年 12 月最低,仅 110 吨,至 2004 年 10 月有较大程度恢复,达 379 吨,主要原因是一些中型鱼类数量有明显增加,如龙头鱼、前鳞鲻、梅童鱼、篮子鱼、白姑鱼以及银牙鱼等,这与来大亚湾越冬产卵的外海鱼数量增加有关。大亚湾海域鱼类资源密度的变化也较大,20 世纪 90 年代中期鱼类的资源密度明显高于 80 年代中期,特别是自实施禁海休渔政策以来,渔业资源衰退状况得到了有效的遏制,但鱼类小型化现象严重;特别是近年来,可能是受全球环境变化的影响。

海水养殖业虽然在大亚湾渔业生产中起步较晚,但发展速度较快。大亚湾优越的地理位置,良好的自然条件,也十分有利于海水养殖业的发展。随着经济的发展,养殖技术的提高,海水养殖业(图 8.20)已成为渔业生产中发展最为迅速的产业,其在渔业生产中的比重也将越来越高。例如,大亚湾水产养殖从 1988 年的 440 公顷发展到 2005 年 13298 公顷,17 年间水产养殖增长了

29 倍（Wu et al.，2009）；近年来，大型深水网箱养殖正在逐年增加。特别是近年来，可能受全球环境变化的影响，大亚湾生物群落结构异常，尤其虾类呈季节性爆发式增长，水母灾害频发，有时甚至造成核电站停运。

图 8.20　大亚湾海上养殖

8.4.6　其他生物资源

大亚湾海域目前有 50 多个岛屿，在调查的 14 个海岛中，大部分海岛（鹅洲至大辣甲）均有珊瑚分布，分有的水深主要在 1.5~4 m，珊瑚的覆盖率较高（最高达 62.5%），而且健康状况良好。特别是在大亚湾北部近岸海域（图 8.21），南海石化引堤建设区发现有大面积珊瑚分布（表 8.3），密集区的覆盖率高（Wang et al.，2008；林昭进等，2007），共有 17 种分布在大亚湾海域（王友绍，2014）。

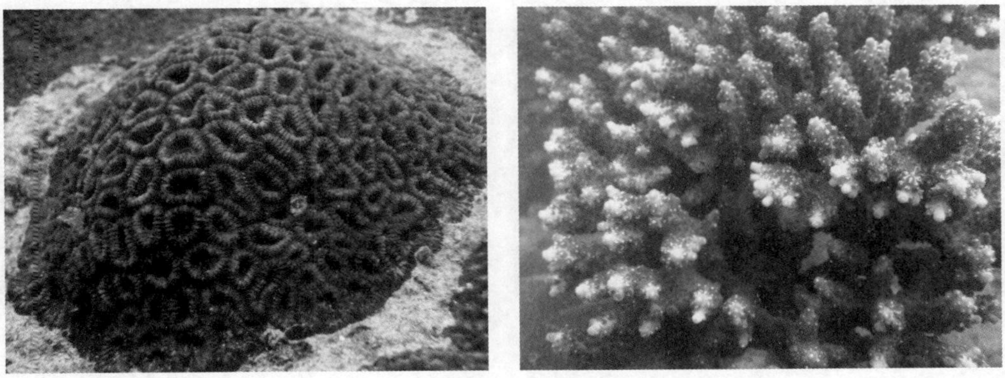

图 8.21　大亚湾蜂巢和鹿角珊瑚

表 8.3　大亚湾石珊瑚调查结果（1984—2003 年）（Wang et al.，2008）

年度	1984	1991	2002	2003
种类 / 覆盖率	18/76%	12/32%	16/36%	17/25.7%

红树林是一种重要植物群落类型，主要分布在范和港和白寿湾，其主要群落为白骨壤群落、桐花树群落和秋茄-桐花树群落，主要种类有秋茄、桐花树、海漆、白骨壤、红海榄、木榄、银叶树、海杧果等（图 8.22）。范和港以海漆群落为主，有银叶树、木榄伴生，共有 13 科 13 种（王友绍，2014）；白寿湾以秋茄-桐花树为主，因建港口面积大减；澳头湾原为白骨壤、秋茄和桐花树，因大

海漆　木榄

桐花树　老鼠簕

海杧果　秋茄

红海榄　无瓣海桑

图 8.22　大亚湾周边主要红树林植物物种(见书末彩插)

量砍伐而遭破坏，只有少量残余。植被一般高 1~2 m，丛生、密集，覆盖度 60%~90%（陈学梅等，1998）。目前，白寿湾的红树林所剩无几，工业、养殖污水、生活污水威胁白寿湾（图 8.23）。尽管各级政府和有关部门目前较注重红树林生态群落的保护，但由于经济利益的驱动，某些地方红树林难以保存，未来红树林面积将难有大的增加。

图 8.23　虾塘吞噬大亚湾白寿湾红树林（王友绍，2014）

通过 30 多年来获得的大量现场观测数据和资料，研究大亚湾生态环境和变化趋势的结果表明（王友绍等，2004；王友绍，2014；Wang et al.，2006，2008，2011，2012；Wu and Wang，2007；Wu et al.，2009，2010，2011，2012）：大亚湾已由贫营养状态发展到中营养状态，局部海域已出现富营养化的趋势，TIN/P 的平均值由 20 世纪 80 年代的 1/1.5 上升到近年的大于 50，大亚湾营养盐限制因子由 20 世纪 80 年代的 N 限制过渡到 90 年代的 P 限制，TIN/P 是大亚湾海域生态系统变化的主要驱动因子；20 世纪 80 年代中期至 2000 年，生物群落组成明显小型化，生物多样性降低，生物资源衰退；但自 2000 年以来海洋保护力度加大，大亚湾生态系统正趋于好转，生物资源衰退等得到遏制。大亚湾具有珊瑚礁、红树林、岩礁等多种海岸类型，但近年出现了石珊瑚白化现象，珊瑚礁群落的优势种发生了改变（潘金培等，1998），20 世纪 80 年代中期至 2000 年，在大亚湾的澳头港附近水域多次发生赤潮等，导致大亚湾生态系统曾经历过快速的退化过程。研究表明，自 2000 年后大亚湾生态系统某些方面正在趋于好转（Wang et al.，2008，2012；王友绍，2014）。

8.5　海湾生态观测与展望

自 20 世纪 50 年代开始，我国海湾生态学观测进行了一系列的现场工作，规模较大的观测研究有：1958—1960 年的全国海洋普查、20 世纪 70 年代末和 80 年代初的胶州湾生态学与生物资源调查研究、20 世纪 80 年代多次的大亚湾生态学与生物资源调查研究、20 世纪 80 年代中期的三亚湾生态学与生物资源调查研究、20 世纪 80 年代的全国海岸带和海涂资源调查以及 2004 年国家启动我国近海海洋综合调查与评价（国家 908 专项）等。

这些观测研究体现了：① 紧跟国际前沿领域的进展；② 与国际重大研究计划接轨；③ 应用基础研究的比重增加，紧密围绕海洋环境的保护和生物资源的可持续利用；④ 研究方法和所采取的技术手段也已逐渐与国际接轨，这得益于国家、地方和部门对科研资助强度的提高和对人才培养的重视。目前在海洋生产力生态学、海洋生物的多样性、浮游植物和初级生产力结构、微型与微（超）微型浮游生物生理生态、微型生物食物网、浮游动物（包括原生动物）生理生态、小型底栖生物群落结构、食物网的能流、碳、氮循环、珊瑚礁和红树林生态、赤潮生物、养殖生态系统与养殖容量等方面已进行了一些开拓性的研究工作。主要薄弱环节在于：① 代表性海湾长时间序列的观测研究较少（Wang et al.，2008；Shen，2001；王友绍，2014；孙松，2015），正是有了这些长时间序列的观测研究才能把握时空分布规律，分析和判断自然变化和/或人类活动对海湾生态系统和生物资源的影响及其程度和后者对前者的响应；② 与国际上相比，观测研究的方法和手段及数据获得方面存在一定差距，同时观测研究的方法和手段不同；③ 研究力量相对较薄弱、观测数据未充分发挥其应有的作用；④ 队伍配置不合理、学科凝聚和发展后劲不足（宁修仁等，2005），人才相对缺乏；⑤ 部门分割，缺乏区域合作、整体规划和整合。

近年来，随着科学和技术的进步，生态系统的野外监测出现了一些新的发展趋势。

（1）定量研究，定性研究，建立模型，提供早期预警

在研究手段上以定量研究为主，适当地定性研究；在长期监测的基础上，充分运用统计学、预测学方法，提前预报灾情；建立海湾生态系统的数学模型，为持续利用及优化管理的示范研究提供技术保证。如，提出了胶州湾和大亚湾海洋生态环境动态变化模式（Wang et al.，2008；Shen，2001），预测和预报海湾生态环境动态变化（Chen et al.，2010）。

（2）宏观生态监测和微观生态监测相结合，全面分析和评价海湾生态系统的现状发展状况

一个完整的生态监测必须把各个空间尺度的监测结合起来，才能全面、清楚地了解生态系统在自然变化和人类活动影响下的综合变化。宏观监测必须以微观监测为基础，二者可以互补，但不能相互取代。宏观和微观在生态监测中可以是独立的系统，但是，一个完整的监测必须包括这两种尺度，应该有多个微观监测点配合宏观监测方可形成生态监测网（Jiang et al.，2015；Ling et al.，2015）。应用遥感技术是宏观生态监测最有效的方法，遥感技术可以提供有关海湾水体一些特征和水体的变化（Tang et al.，2003；Cai et al.，2015），例如水系的分布、水深、水色、透明度、温度、化学组成、叶绿素浓度、水系污染等，它的监测范围从区域到全球的范围。当然，水体的遥感监测信息结果，需通过更细致的现场监测来补充和验证，才能保证生态环境监测结果的全面、准确和可信，达到所获数据与国际接轨。

（3）全球海平面观测系统（GLOSS）的应用

在生态系统野外监测中，站位的布设和下一期监测的站位复位，遥感判读解译标志的确定和建立海湾信息系统有关现场信息的采集，是 GPS 的定位和导航功能充分发挥作用的领域。目前在海洋生态系统野外监测中使用的 GPS 接收器操作简单，可全天候实时卫星信息，提供现场坐标，并可通过导航找到已知坐标的目的地。

（4）在信息管理上强调标准化，建立信息系统

建立数据库，形成全国的海湾生态系统野外定位监测网络和计算机数据库通信网络。建立国家学科研究数据库、专业数据分析处理系统、专家系统、数据质量控制系统、多种应用软件生成系统、文字编辑和报表系统等；建立生态、环境研究的数据库，多种遥感信息分析应用系统、数据更新系统和计算机网络管理系统等。信息系统的建立将实现：① 数据的自动管理，包括从监测到处理的数据自动化收集及管理流程；② 为生态系统的结构、功能和动态变化研究提供先进的支撑环境;③ 为持续利用及优化管理的示范研究提供技术保证;④ 为政府各层次的决策提供科学依据;⑤ 提供一个良好、先进的国际交流环境。

(5) 网络设计上趋于一体化,考虑全球海洋生态变化趋势,重视加强国与国之间的合作

海湾生态系统野外监测与其他科学研究领域一样(Wang et al.,2011,2012),国际合作日益加强,各国的行动都在与国际公约接轨,重视国际上国与国之间数据联系和纽带,在研究方法和研究技术上相互借鉴,以便减少重复,少走弯路。

参 考 文 献

陈学梅,缪绅裕,王厚麟,等. 1998. 大亚湾红树植物群落生态学研究. 广州师院学报(自然科学版),20(2):90-94.

董俊德,王汉奎,黄良民,等. 2002a. 海洋生物固氮及其对海洋生产力的碳、氮贡献. 生态学报,22(10):1741-1749.

董俊德,王汉奎,张偲,等. 2002b. 亚湾海水温度季节变化及溶解无机氮的垂直分布特征. 热带海洋学报,21(1):40-47.

董俊德,王汉奎,黄良民,等. 2002c. 海洋生物固氮及其对海洋生产力的碳、氮贡献. 生态学报,22(10):1741-1749.

董金海,焦念志. 1995. 胶州湾生态学研究. 北京:科学出版社.

国家海洋局第三海洋研究所. 1989. 大亚湾海洋生态文集(Ⅰ). 北京:海洋出版社.

国家海洋局第三海洋研究所. 1990. 大亚湾海洋生态文集(Ⅱ). 北京:海洋出版社.

何雪琴,张观希,郑庆华,等. 2001. 大亚湾底栖生物体中 4 种重金属残毒量分析与评价. 地理科学,21(3):282-285.

惠州市统计局. 1994.《惠州统计年览—1994》. 北京:中国统计出版社.

惠州市统计局. 1996.《惠州统计年览—1996》. 北京:中国统计出版社.

惠州市统计局. 1999.《惠州统计年览—1999》. 北京:中国统计出版社.

林昭进,邱永松,张汉华,等. 2007. 大亚湾浅水石珊瑚的分布现状及生态特点. 热带海洋学报,24(3):63-67.

宁修仁,孙松,等. 2005 年. 海湾生态系统观测方法. 北京:中国环境科学出版社.

潘金培,蔡国雄. 1996. 中国科学院大亚湾海洋生物综合实验站年报(一). 北京:科学出版社.

潘金培,王肇鼎. 1998. 中国科学院大亚湾海洋生物综合实验站年报(二). 北京:科学出版社.

潘金培,王肇鼎,吴信忠. 2001. 海湾生态环境与生物资源持续利用(三).北京: 科学出版社.

彭云辉,王肇鼎,陈浩如,等. 1998. 大亚湾核电站运转前后大鹏澳海域水质状况评价. 海洋环境科学,17(2):12-12.

丘耀文,王肇鼎. 1997. 大亚湾海域重金属潜在生态危害评价. 热带海洋,16(4):49-53.

丘耀文,周俊良,Maskaoui K,等. 2002. 大亚湾海域多氯联苯及有机氯农药研究. 海洋环境科学,21(1):49-51.

孙松. 2015. 海湾生态系统的理论与实践. 北京:科学出版社.

孙松,张永山,吴玉霖,等. 2005. 胶州湾初级生产力周年变化. 海洋与湖沼,36(6):481-486.

王汉奎,董俊德,张偲,等. 2002. 三亚湾氮磷比值分布及其对浮游植物生长的限制. 热带海洋学报,23(5):85-95.

王友绍. 2014. 大亚湾生态环境与生物资源. 北京:科学出版社.

王友绍,王肇鼎,黄良民. 2004. 近 20 年来大亚湾生态环境的变化及其发展趋势. 热带海洋学报,23(5):85-95.

韦蔓新,童万平,赖廷和,等. 2002. 广西北海湾 COD 与水文生物要素及不同形态氮磷的关系. 台湾海峡,21(2):162-165.

徐恭昭. 1989. 大亚湾环境与资源. 合肥:安徽科学技术出版社.

周贤沛,林永水,王肇鼎. 1998. 大亚湾水域浮游植物群落特征的统计分析. 热带海洋,17(3):57-64.

邹仁林. 1996. 大亚湾海洋生物资源的可持续利用. 北京:科学出版社.

Cai L, Tang D L, Li X F, et al. 2015. Remote sensing of spatial-temporal distribution of suspended sediment and analysis of related environmental factors in Hangzhou Bay, China. Remote Sensing Letters, 6(8):597-603.

Chen X Y, Gao H W, Yao X H, et al. 2010. Ecosystem-based assessment indices of restoration for Daya Bay near a nuclear power plant in South China. Environmental Science & Technology, 44(19):7589-7595.

Cullen J T, Lane T W, Morel F M M, et al. 1999. Modulation of cadmium uptake in phytoplankton by seawater CO_2 concentration. Nature, 42(6758):165-167.

DelValls T A, Conradi M, Garcia-Adiego E, et al. 1998. Analysis of macrobenthic community structure in relation to different environmental sources of contamination in two littoral ecosystems from the Gulf of Cádiz(SW Spain). Hydrobiologia, 385(1-3):59-70.

Evelia R A, Guillermo V. 2001. The coast of Mexico: Approaches for its management. Ocean & Coastal Management, 44(11):729-756.

Huang G Y, Wang Y S, Sun C C. 2010. Effect of multiple heavy metals on ascorbate, glutathione and related enzymes in two mangrove plant seedlings(*Kandelia candel* and *Bruguiera gymnorrhiza*). Oceanological and Hydrobiological Studies, 39(1):11-25.

Huang G Y, Wang Y S. 2009. Expression analysis of type 2 metallothionein gene in mangrove species(*Bruguiera gymnorrhiza*) under heavy metal stress. Chemosphere, 77(7):1026-1029.

Jiang Z Y, Wang Y S, Cheng H, et al. 2015. Spatial variation of phytoplankton community structure in Daya Bay, China. Ecotoxicology, 24(7-8):1450-1458.

Kim D H, Matsuda S, Yamamoto T. 1997. Nitrification, denitrification and nitrate reduction rates in the sediment of Hiroshima Bay, Japan. Journal of Oceanography, 53(4):317-324.

Ling J, Zhang Y Y, Dong J D, et al. 2015. Spatial variations of bacterial community and its relationship with water chemistry in Sanya Bay, South China Sea as determined by DGGE fingerprinting and multivariate analysis. Ecotoxicology, 24(7-8):1486-1497.

Macauley J M, Summers J K, Engle V D. 1999. Estimating the ecological condition of the estuaries of the Gulf of Mexico. Environmental Monitoring and Assessment, 57(1):59-83.

Martinez-Frias J. 1997. Mine waste pollutes Mediterranean. Nature, 388(6638):120.

Shen Z L. 2001. Historical changes in nutrient structure and its influences on phyto : plantkon composition in Jiaozhou Bay. Estuarine, Coastal and Shelf Science, 52(2):211-224.

Song X Y, Huang L M, Zhang J L. 2009. Harmful algal blooms(HABs) in Daya Bay, China: An *in situ* study of primary production and environmental impacts. Marine Pollution Bulletin, 58(9):3110-3118.

Song X Y, Liu H X, Zhong Y, et al. 2015. Bacterial growth efficiency in a partly eutrophicated bay of South China Sea: Implication for anthropogenic impacts and potential hypoxia events. Ecotoxicology, 224(7-8):1529-1539.

Sun C C, Wang Y S, Sun S, et al. 2006. Dynamic analysis of phytoplankton community characteristics in Daya Bay, China. Acta Ecologica Sinica, 26(12):3948-3958.

Sun C C, Wang Y S, Wu M L, et al. 2011. Seasonal variation of water quality and patterns of phytoplankton response in Daya Bay. International Journal of Environmental Research and Public Health, 8(7):2951-2966.

Tang D L, Kester D R, Wang Z D, et al. 2003. AVHRR satellite remote sensing and shipboard measurements of the thermal plume from the Daya Bay, nuclear power station, China. Remote Sensing of Environment, 84(4):506-515.

Wang Y S, Lou Z P, Sun C C, et al. 2006. Multivariate statistical analysis of water quality and phytoplankton characteristics in Daya Bay, China, from 1999 to 2002. Oeanologia, 48(2): 193-211.

Wang Y S, Lou Z P, Sun C C, et al. 2008. Ecological environment changes in Daya Bay, China, from 1982 to 2004. Marine Pollution Bulletin, 56(11): 1871-1879.

Wang Y S, Sun C C, Lou Z P, et al. 2011. Identification of water quality and benthos characteristics in Daya Bay, China, from 2001 to 2004. Oceanological and Hydrobiological Studies, 40(1): 82-95.

Wang Y S, Lou Z P, Sun C C, et al. 2012. Identification of water quality and zooplankton characteristics in Daya Bay, China, from 2001 to 2004. Environmental Earth Sciences, 66: 655-671.

Wang Y S. 2011. Effects of the operating nuclear power plant on marine ecology and environment—a case study of Daya Bay in China. In: Pavel V T, ed. Nuclear Power-Deployment, Operation and Sustainability. InTech Press, 255-290.

Wu M, Wang Y S, Gu J D. 2015. Assessment for water quality by artificial neural network in Daya Bay, South China Sea. Ecotoxicology, 24(7-8): 1632-1642.

Wu M L, Wang Y S. 2007. Using chemometrics to evaluate anthropogenic effects in Daya Bay, China. Estuarine, Coastal and Shelf Science, 72: 732-742.

Wu M L, Wang Y S, Sun C C, et al. 2009a. Identification of anthropogenic effects and seasonality on water quality in Daya Bay, South China Sea. Journal of Environmental Management, 90(10): 3082-3090.

Wu M L, Wang Y S, Sun C C, et al. 2009b. Identification of water quality by using chemometrics in Daya Bay, China. Oceanologia, 51(2): 1-16.

Wu M L, Wang Y S, Sun C C, et al. 2010. Identification of coastal water quality by statistical analysis methods in Daya Bay, South China Sea. Marine Pollution Bulletin, 60(6): 852-860.

Wu M L, Wang Y S, Sun C C, et al. 2011. Investigation of spatial and temporal trends in water quality in Daya Bay, South China Sea. International Journal of Environmental Research and Public Health, 8(6): 2352-2365.

Wu M L, Wang Y S, Sun C C, et al. 2012a. Monsoon-driven dynamics of water quality by multivariate statistical methods in Daya Bay, South China Sea. Oceanological and Hydrobiological Studies, 41(4): 66-76.

Wu M L, Long J, Long L J, et al. 2012b. Influence of human activity and monsoon dynamics on spatial and temporal hydrochemistry in tropical coastal waters (Sanya Bay, South China Sea). Chemistry and Ecology, 28(4): 375-390.

Wu M L, Wang Y S, Wang Y T, et al. 2016. Seasonal and spatial variations of water quality and trophic status in Daya Bay, South China Sea. Marine Pollution Bulletin, 112(1-2): 341-348.

Wu M L, Wang Y S, Wang Y T, et al. 2017. Scenarios of nutrient alterations and responses of phytoplankton in a changing Daya Bay, South China Sea. Journal of Marine Systems, 165: 1-12.

Wu M L, Zhang Y Y, Long L J, et al. 2012c. Identification of coastal water quality, including heavy metals, in the South China Sea. Polish Journal of Environmental Studies, 21(5): 1445-1452.

Wu M L, Zhang Y Y, Dong J D, et al. 2012d. Monsoon-driven dynamics of environmental factors and phytoplankton in tropical Sanya Bay, South China Sea. Oceanological and Hydrobiological studies, 41(1): 57-66.

Zhang F Q, Wang Y S, Lou Z P, et al. 2007. Effect of heavy metal stress on antioxidative enzymes and lipid peroxidation in leaves and roots of two mangrove plant seedlings (*Kandelia candel* and *Bruguiera gymnorrhiza*). Chemosphere, 67(1): 44-50.

Zhou J L, Maskaoui K. 2003. Distribution of polycyclic aromatic hydrocarbons in water and surface sediments from Daya Bay, China. Environmental Pollution, 121: 269-281.

第9章 三亚热带海湾生态系统过程与变化*

9.1 三亚热带海湾生态系统基本特征

9.1.1 自然环境

三亚湾位于我国海南岛的最南端(109°20′E—109°30′E、18°11′N—18°18′N),东起鹿回头角,西至烧旗港,面积约120 km^2,属于典型热带海湾,也是三亚市的第一大海湾。三亚湾是开放型海湾,湾口及东部有西瑁洲岛、东瑁洲岛和鹿回头半岛,周围分布着珊瑚礁;湾内具有砂质堆积的海岸,为宽平的海岸大砂坝;湾的两端是海蚀基岩岸。大砂坝表层主要为石英长石质细砂,含有贝壳及珊瑚碎屑。海岸泥沙颗粒均自高潮线向下依次变细,其矿物组成主要为钛铁矿,其次为绿帘石、角闪石、锆石及电气石等。

三亚湾地处北回归线以南的热带北缘,受海洋性气候影响较大,属于热带海洋性季风气候,5—10月为雨季,11月至翌年4月为旱季。冬季盛行东北季风,夏季盛行西南季风,风向转换具有爆发性的突变过程,中间的过渡期较短。全年以东、东北偏东、东北风为最多。湾外海水一般是沿着风向流入湾内。三亚湾终年水温较高(22.30~28.85℃)。另外湾口开阔,只在东、北两面被陆地包围,水体交换良好,是一个大型的开阔港湾。在季风和内部涌流的作用下,海水各层次之间有很好的混合流动。观测表明,三亚湾各季节都存在着底层水的涌升(董俊德等,2002)。湾口及东部有西瑁洲岛、东瑁洲岛和鹿回头半岛。外海水影响明显,盐度常年较高(32.80~34.25)。陆地径流量小,在三亚湾的入海河流主要有三亚河和烧旗河。三亚河全长31 km,流域面积337 km^2,多年平均径流量5.86 $m^3 \cdot s^{-1}$,是目前三亚市的主要城市水源,也是三亚湾陆源污染物的主要来源。烧旗河长十多千米,集水面积较小,只有几十平方千米。城市建设的快速发展和生活人口的不断增加造成三亚湾海岸线萎缩,沙滩面积减小且沙质退化,海水水质变差,特别是一系列的填海造岛以及旅游港口等工程在很大程度上破坏了三亚湾的海洋生态环境(图9.1)。

---

* 本章作者为中国科学院南海海洋研究所周伟华、李涛、周国伟、陈永强、冯敬宾、张燕英、董俊德和黄晖。

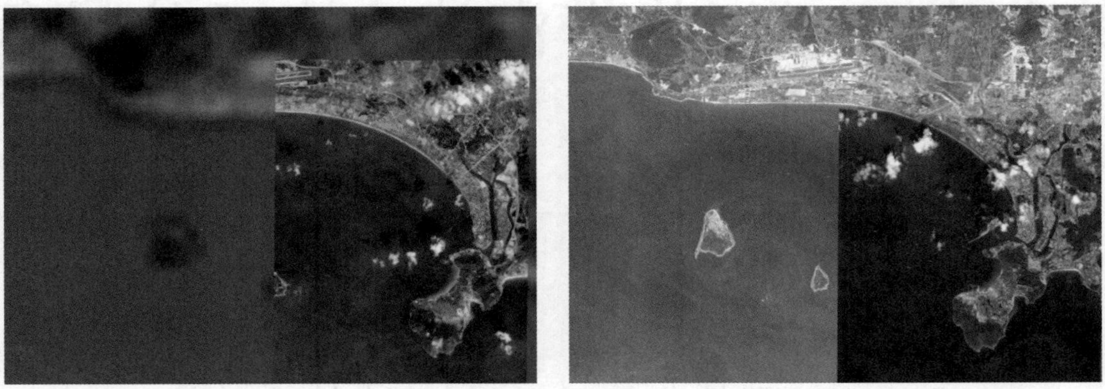

图 9.1 2002 年(左)和 2015 年(右)的三亚湾卫星图

9.1.2 社会经济概况

三亚湾沿岸是海南省重点建设地区,也是海南省重点旅游景区,三亚市的旅游结构正逐步由观光型向生态旅游及观光度假型转变。随着这一地区的发展,其经济活动日益频繁,城市化发展迅速。例如,位于该湾东部沿岸的三亚市,在 1989 年三亚建成地级市以前,人口不足 10 万人,至 2014 年末全市常住人口为 74.19 万人,户籍人口为 58.56 万人。进入 21 世纪以后,人口快速增长,人类活动的影响对三亚湾日益增大。

三亚市全年全市生产总值(GDP)由 1991 年的 5.18 亿元增长到 2014 的 404.38 亿元。以 2014 年为例,全年实现农林牧渔业总产值 85.77 亿元,其中,渔业产值 17.69 亿元,农林牧渔服务业产值 3.33 亿元。在过去十多年内,三亚市接待过夜游客人数和涉外酒店营业收入都显著增加。海洋是三亚旅游经济的核心,以滨海度假、邮轮、游艇、潜水和水上娱乐活动为代表的海洋旅游业发展迅速。三亚旅游经济的快速发展也带来一系列问题。比如随之而来的宾馆业和餐饮业到处都是,污水处理能力不能跟上,其直接排放必将对当地的生态环境造成不利的影响。自 1990—2005 年,三亚市在外部环境诱导驱动和内部矛盾冲击下,推动旅游休闲产业以成片建设开发模式发展和农业结构大幅度调整,驱动着耕地向建设用地、林地向园地为核心的土地利用类型的快速转换。目前三亚市 209 km 海岸线中除崖洲湾之外的其他海湾都已有不同程度的开发,沿海防护林、沙滩遭到不同程度的破坏,取而代之的是一座座酒店和宾馆。北部丘陵山区园地大规模垦殖,使天然林地遭到破坏。由于三亚市年降雨强度大,丘陵山区开垦后的园地由于缺乏有效管理和维护,水土流失与植被退化不断加重。

《三亚市海洋功能区划》(2013—2020 年)在划定农渔业区、港口航运区、旅游休闲娱乐区、海洋保护区、特殊利用区、保留区 6 个一类海洋功能区的同时,特别强调了对海洋的保护。

9.2 三亚热带海湾生态系统观测方案

中国科学院海南热带海洋生物实验站(以下简称“三亚站”)于 1998 年开始对三亚湾观测场进行连续采样监测,其中 1998—1999 年主要针对三亚湾大面站进行季度监测,2000—2003 年针对三亚湾小面站点进行月度监测。2004年以后，根据湾内的代表性区域对调查站点进行重新取样布点（站点为W1、W2、W3、W4、W5、W6、W7、W8、W9、W10、W11、W12、W13），并严格按照中国生态系统研究网络（CERN）的要求对站点进行海湾水文要素、海湾水化学要素和海湾生物要素进行季度调查。长期观测的各个站位各具代表性，可为三亚湾生态环境变化过程研究提供人类活动引起的污染输入、珊瑚礁区生态环境特征、近岸工程影响以及外海与湾内物质交换通量等重要生态环境指标。同时三亚站内设置气象观测场一个，从2005年开始正式对热带海湾气象进行自动和手动记录观测。三亚湾CERN水域观测目的、观测站点的设置、观测指标、观测采样和样品测定方法如下：

观测目的：积累连续的长时间序列基础资料，为预测环境的演变趋势提供参考，为当地政府部门针对环境问题的科学决策提供依据，为海洋生态系统结构与功能的研究、三亚湾水域及其热带珊瑚礁生态系统持续发展研究、海洋生态系统的能流分配、食物网结构、生产力的精确评估以及国家宏观决策做出贡献。

观测站点的设置：2004年开始，三亚站按照CERN的要求，在三亚湾120 km^{2}海域设立13个观测站点（W1-W13站），每个季度进行一次系统的观测采样，2006年开始增加三亚河渡口站点W13站，以便对陆源污染的输入进行系统监测。对于水深<10 m的站点采样层次设定为表层和底层，>10 m的站点采样层次设定为表层、中层和底层。具体的观测站位见图9.2。每年的12月至次年2月完成了冬季航次；4—5月完成了春季航次；7—9月完成了夏季航次；9—11月完成了秋季航次。所有观测站位均位于三亚湾海域，涵盖三亚河渡口（W13）、河口及近岸区域（W1，W2，W5和W12）、海湾中部（W3，W6，W8和W10）和珊瑚礁区及外湾（W4，W7，W9和W11）。

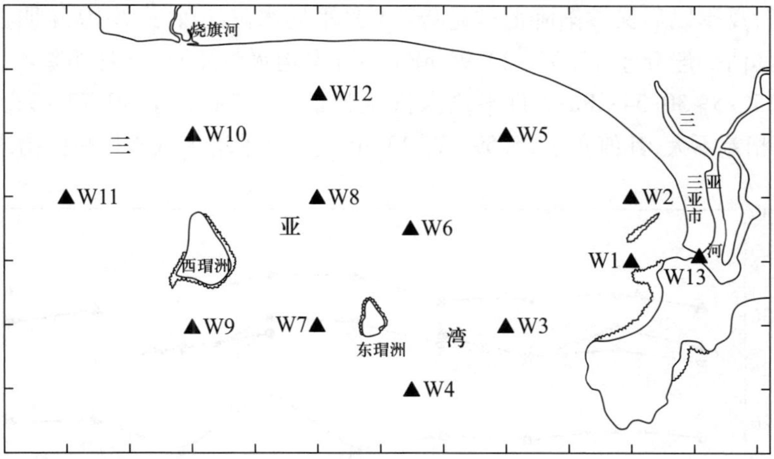

图9.2 三亚湾监测站位图

观测指标：涵盖水文要素（温度、盐度、透明度等）、水化学要素［营养盐、pH、溶解氧、生化需氧量（BOD）、COD、TN和TP等］、生物要素（微生物、浮游植物、浮游动物、底栖动物、叶绿素和初级生产力等）。

观测采样和样品测定方法：利用考察船、测深仪、浮游生物拖网、采水器、采泥器、水下光量子仪、水质自动监测仪、岸基自动气象站等设施进行现场采样观测。观测和样品测定方法严格参照中华人民共和国国家标准《海洋调查规范》、CERN 水体调查规范中的海湾调查方法进行数据的采集和各项指标的分析测定。

由于三亚站于 2010 年出版了《中国生态系统定位观测与研究数据集:湖泊湿地海湾生态系统卷(海南三亚站)》,集中将 1998—2006 年的数据进行了汇编。本章对三亚湾长期观测的分析也主要基于 2007 年以后的数据,并结合 2007 年以前的数据进行综合分析。基于分析陆源输入的影响,选取了河口-内湾-外湾的断面,即 W13(三亚河渡口)、W1(三亚河入海口)、W3(三亚湾内侧)和 W4(三亚湾外侧)站进行三亚湾观测数据长期变化趋势分析。

9.3 三亚湾关键生态因子变化特征

9.3.1 气候因子

三亚站气象观测场位于三亚站内(18.217°N,109.475°E),海拔 3~5 m。2005 年开始正式进行热带海湾气象的自动和手动记录观测。

三亚站四季度代表月份月平均水汽压年际变化见图 9.3。月平均水汽压春、秋季相差不大,夏季略高,冬季最低与其他季度形成鲜明对比,形成本地区干湿季分明的特征。月平均水汽压年际间也存在差异,如 2005—2013 年 1 月平均水汽压,最大值出现于 2010 年,显著高于其他年份;4 月平均水汽压年际间波动相对较大,如 2011 年 4 月平均水汽压相对临近年份较低。7 月和 10 月年际变化相对较低,趋势相对缓和。此外,月平均水汽压最大值一般出现在夏季,呈现由冬、春到夏季逐渐升高,夏季以后又逐渐降低的趋势。1 月平均水汽压除了 2010 年明显高于其他年份外变化不明显,其值一般介于 17.35~22.96 hPa;4 月平均水汽压与 10 月相差不大均介于 1 月和 7 月,其值介于 25.23~30.34 hPa;7 月平均水汽压为最大,其值介于 30.77~33.85 hPa;10 月平均水汽压与 4 月相差不大,其值介于 25.59~28.13 hPa。1 月平均水汽压最高值出现在 2010 年,最

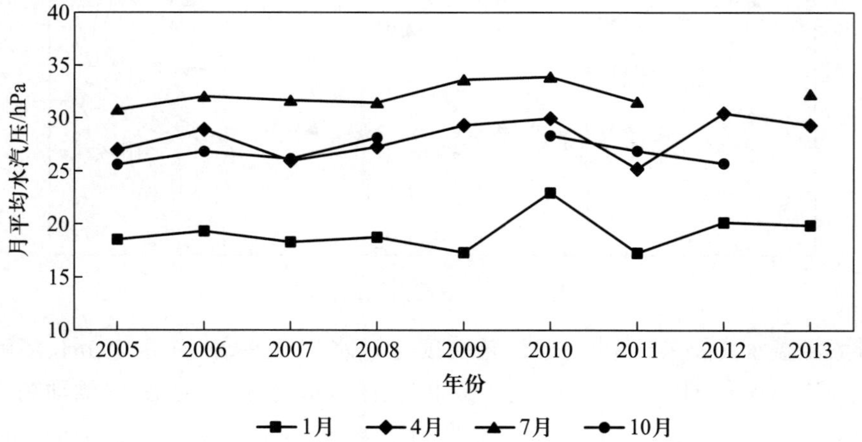

图 9.3 2005—2013 年四季度代表月份月平均水汽压

低值出现在 2011 年;4 月平均水汽压最高值出现在 2012 年,最低值出现在 2011 年;7 月平均水汽压最高值出现在 2010 年,最低值出现在 2005 年;10 月平均水汽压最高值出现在 2008 年,最低值出现在 2005 年。

三亚站四季度代表月份月平均气温年际变化见图 9.4。三亚属于热带海洋性季风气候,全年暖热,年平均温度在 22~26℃,最冷的 1 月平均气温在 21~24℃,最热的 7 月平均温度在 28~32℃。其中春、秋二季度月平均气温相差不大,夏季月平均气温最高,冬季月平均气温最低,1 月平均气温明显低于其他三季,但是也在 20℃以上。2013 年 11 月和 12 月平均气温明显高于其他年份。此外,月平均气温最大值一般出现在 5 到 9 月,呈现出1—5 月升高,5—9 月相差不大,9 月以后有逐渐降低的趋势。1 月平均气温明显低于其他月份;4 月平均气温与 10 月相差不大,均介于 1 月和 7 月平均气温之间;7 月平均气温为四个季节代表月份中的最高月份。1 月平均气温最高值出现在 2010 年,最低值出现在 2009 年;4 月平均气温最高值出现在 2012 年,最低值出现在 2011 年;7 月平均气温最高值出现在 2010 年,最低值出现在 2013 年;10 月平均气温最低值出现在 2005 年,最高值出现在 2010 年。

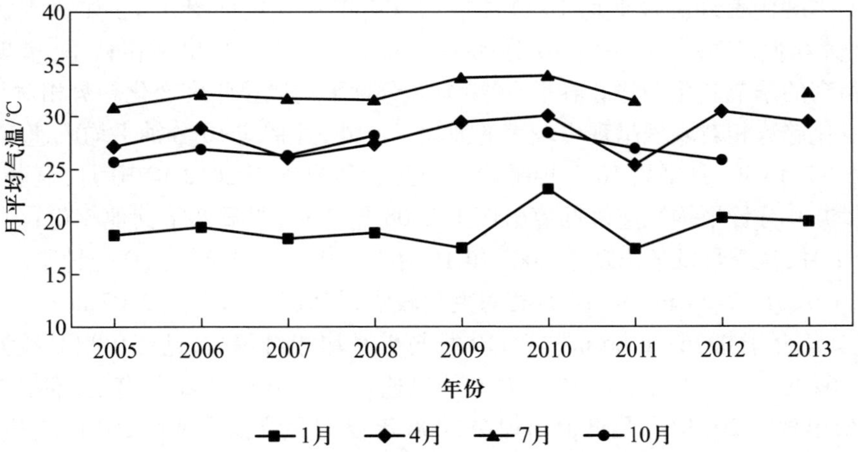

图 9.4　2005—2013 年四季度代表月份月平均气温

三亚站四季度代表月份月平均 2 分钟平均风速年际变化见图 9.5。春季月平均 2 分钟平均风速年度变化趋势相对平缓,夏、秋、冬三季年度变化趋势相对剧烈,呈现出较大的波动。此外,月平均 2 分钟平均风速年际间也存在差异,如 2005—2013 年 10 月平均 2 分钟平均风速最大值出现于 2012 年,显著高于其他年份相应月份;夏季最低值出现于 2008 年 7 月,明显低于其他年份相应月份;冬季最低值出现于 2008 年 1 月,秋季最低值出现于 2005 年 10 月。1 月平均 2 分钟平均风逗值介于 1.32~2.57 $m \cdot s^{-1}$;4 月平均 2 分钟平均风速介于1.27~2.03 $m \cdot s^{-1}$;7 月平均 2 分钟平均风速介于 0.76~1.66 $m \cdot s^{-1}$;10 月平均 2 分钟平均风速变化相对剧烈,其值介于 0.88~2.62 $m \cdot s^{-1}$。1 月平均 2 分钟平均风速最高值出现在 2013 年,最低值出现在 2008 年;4 月最高值出现在 2013 年,最低值出现在 2006 年;7 月最高值出现在 2010 年,最低值出现在 2008 年;10 月最高值出现在 2012 年,最低值出现在 2005 年。

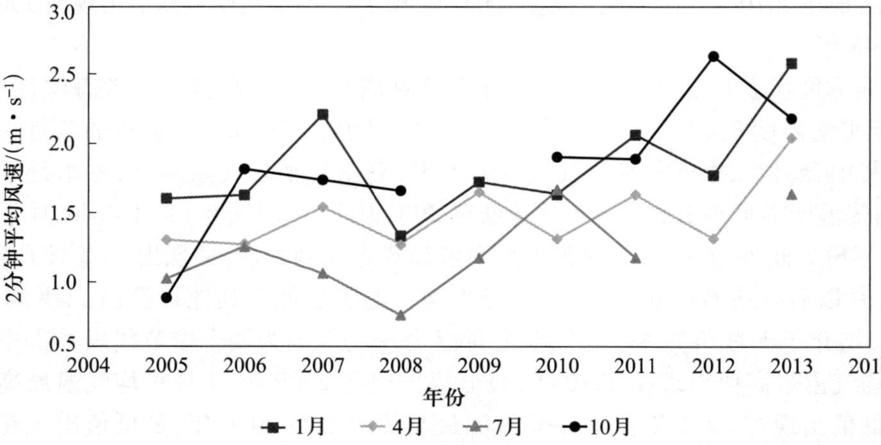

图9.5　2005—2013年四季度代表月份月平均2分钟平均风速

三亚站四季度代表月份月平均10分钟平均风速年际变化见图9.6。如图所示,与月平均2分钟平均风速相似,三亚站月平均10分钟平均风速最大值也是出现在秋季,呈现出夏季低、冬、春、秋季稍高的季节变化趋势。春季月平均10分钟平均风速年度变化趋势相对平缓,夏、秋、冬三季年度变化趋势相对剧烈呈现出较大的波动。此外,月平均10分钟平均风速年际间也存在差异,如2005—2013年,月平均10分钟平均风速最大值出现于2012年10月,显著高于其他年份;夏季月平均10分钟平均风速最低值出现于2008年7月,明显低于其他年份;冬季最低值出现于2008年1月,秋季最低值出现于2005年10月。1月与10月平均10分钟平均风速均相对较高,其值介于1.31~2.54 $m \cdot s^{-1}$;4月相对变化较小,其值介于1.25~2.02 $m \cdot s^{-1}$;7月为几个季度中最低,其值介于0.76~1.66 $m \cdot s^{-1}$;10月与1月均相对较高,且变化相对最为剧烈,其值介于0.89~2.64 $m \cdot s^{-1}$。1月平均10分钟平均风速最高值出现在2013年,最低值出现在2008年;4月最高值出现在2013年,最低值出现在2006年;7月最高值出现在2010年,最低值出现在2008年;10月最高值出现在2012年,最低值出现在2005年。

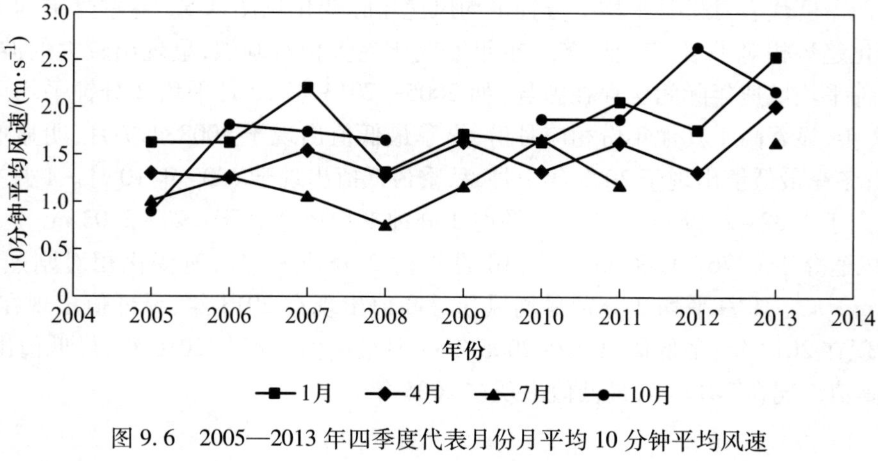

图9.6　2005—2013年四季度代表月份月平均10分钟平均风速

三亚站四季度代表月份月平均气压年际变化见图 9.7。月平均气压分布整体呈现三个梯度，为冬季最高、春秋季次之、夏季最低的分布格局。1 月平均气压值最高，一般在 1015.03～1018.29 hPa；4 月和 10 月相差不大，其值介于 1009.16～1012.45 hPa，处于中间位置；7 月平均气压整体相对较低，其值介于 1003.03～1006.13 hPa。此外，月平均气压年际间也存在差异，但是变化相对较小且规律相对不明显。1 月平均气压最低值出现于 2006 年 1 月，其值为 1015.03 hPa；最大值出现于 2007 年 1 月，其值为 1018.29 hPa。4 月平均气压最低值出现于 2009 年 4 月，其值为 1009.16 hPa；最大值出现于 2005 年 4 月，其值为 1 012.22 hPa。7 月平均气压最低值出现于 2006 年 7 月，其值为 1003.03 hPa；最大值出现于 2010 年 7 月，其值为 1006.13 hPa。10 月平均气压最低值出现于 2010 年 10 月，其值为 1009.32 hPa；最大值出现于 2006 年 10 月，其值为 1012.45 hPa。

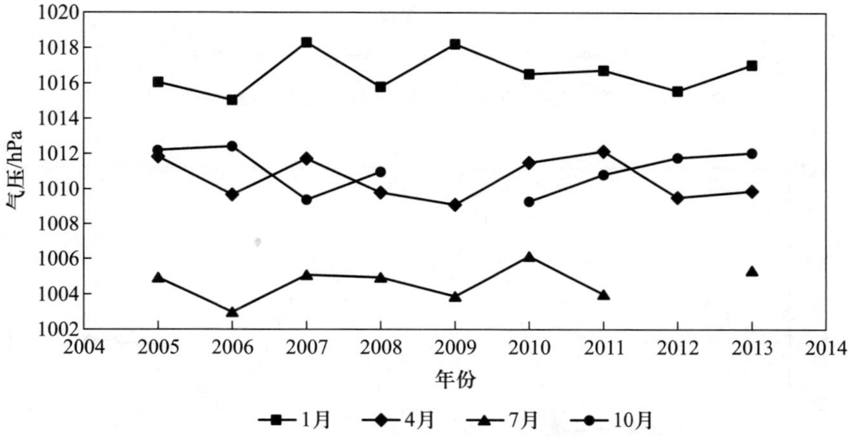

图 9.7　2005—2013 年四季度代表月份月平均气压

三亚站四季度代表月份月平均海平面气压年际变化见图 9.8。与月平均气压类似，月平均海平面气压分布整体呈现三个梯度，为冬季最高、春秋季次之、夏季最低的分布格局。1 月平均气压值最高一般在 1015.51～1018.78 hPa；4 月和 10 月相差不大，其值介于 1009.62～1012.92 hPa，处于中间位置；7 月平均气压整体相对较低，其值介于 1003.50～1006.59 hPa。此外，月平均海平面气压年际间也存在差异，但是变化相对较小且规律相对不明显。1 月平均海平面气压最低值出现于 2006 年，其值为 1015.51 hPa；最大值出现于 2007 年，其值为 1018.78 hPa。4 月平均海平面气压最低值出现于 2009 年，其值为 1009.63 hPa；最大值出现于 2005 年，其值为 1012.64 hPa。7 月平均海平面气压最低值出现于 2006 年，其值为 1003.50 hPa；最大值出现于 2010 年，其值为 1006.59 hPa。10 月平均海平面气压最低值出现于 2010 年，其值为 1009.79 hPa；最大值出现于 2006 年，其值为 1012.92 hPa。

三亚站四季度代表月份月降雨量年际变化见图 9.9。冬、春两季月降雨量相对较低，夏、秋两季相对较高，可以分成明显的干季和湿季。1 月降雨量最低，其值在 0～16.4 mm；4 月降雨量稍高于 1 月，其值在 14.4～193 mm；7 月降雨量部分年份高于 10 月，部分年份又低于 10 月，其值介于 106～430.4 mm；10 月降雨量相对最高，部分年份超过 600 mm，其值介于 42～642.2 mm，变化相对较为剧烈。此外，冬、春两季月降雨量年际变化相对较小；夏、秋两季尤其是秋季月降雨量变化明显，最高值是最低值的 15 倍有余。1 月降雨量最低值发生在 2005 年和 2011 年，其月降

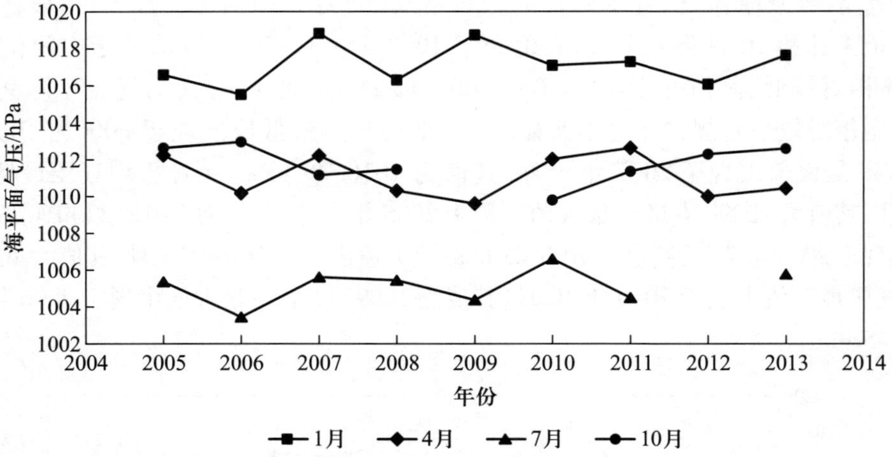

图 9.8　2005—2013 年四季度代表月份月平均海平面气压

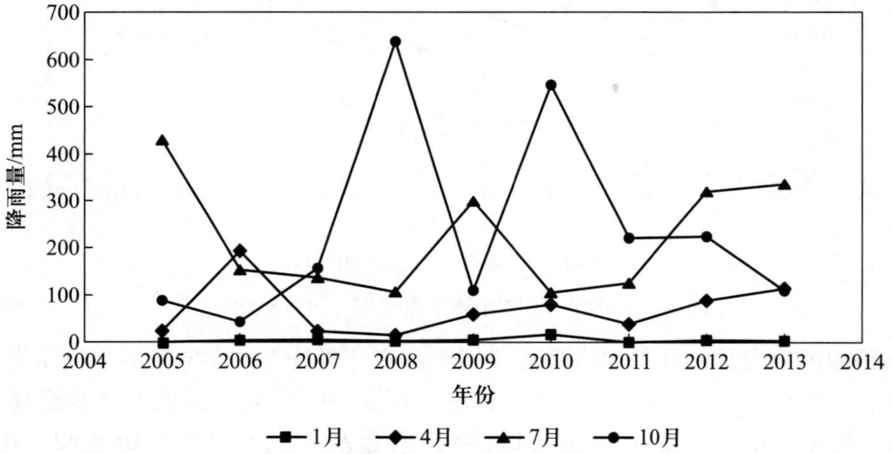

图 9.9　2005—2013 年四季度代表月份月降雨量

雨量为 0，最高值发生在 2010 年，最高值为 16.4 mm；4 月降雨量年际变化稍高于 1 月，其最低值发生在 2008 年 4 月；7 月降雨量年际变化又稍高于 4 月，其最低值发生在 2010 年 7 月，其值为 106 mm，最高值为 2005 年，其值为 430.4 mm；10 月降雨量为年际变化最大的月份，10 月降雨量最低值发生在 2006 年，其值仅为42 mm，而最高值发生在 2008 年 10 月，高达 642.4 mm，雨量十分丰沛。

三亚站四季度代表月份月平均露点温度年际变化见图 9.10。月平均露点温度分布整体呈现三个梯度，为夏季最高、春秋季次之、冬季最低的分布格局，其中春夏秋三季明显高于冬季。1 月平均露点温度除 2010 年较其他年份变化相对较大外年际变化并不剧烈，其值介于 14.94~19.58℃；4 月平均露点温度除了 2011 年明显低于其他年份外，其他年份之间相对变化不大，其值介于 21.17~24.25℃；7 月平均露点温度为四个季度代表月份中的最高者，其年际变化相对不明显，其值介于 24.53~26.14℃；10 月平均露点温度与 4 月相差不大，为中间梯度，其值介于 21.44~23.03℃。1 月平均露点温度最高值出现在 2010 年,最低值出现在 2009 年;4 月平均露点温度最高值出现在 2012 年,最低值出现在 2011 年;7 月平均露点温度最高值出现在 2010 年,最低值出现在 2005 年;10 月平均露点温度最高值出现在 2008 年,最低值出现在 2005 年。

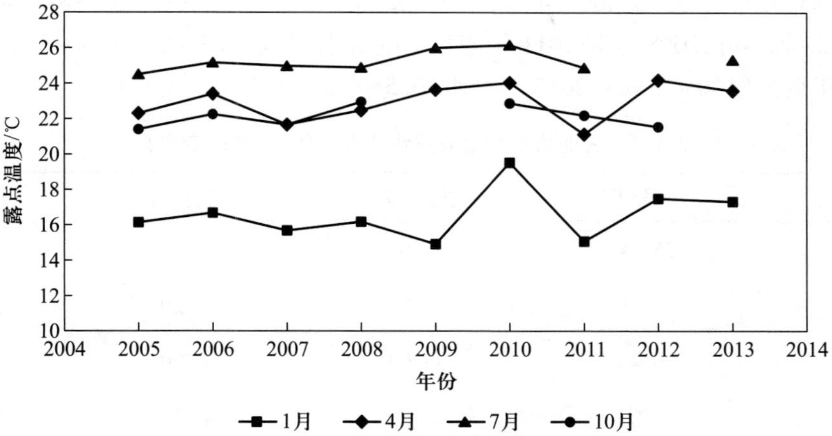

图 9.10 2005—2013 年四季度代表月份月平均露点温度

三亚站四季度代表月份月平均相对湿度年际变化见图 9.11。四个季度相对湿度均相对较高,但夏季明显高于冬季,春秋两季介于其间,呈现出明显的干湿季节。月平均相对湿度年际变化明显,如 2010 年 1 月平均相对湿度明显高于其他年份。1 月平均相对湿度相对最低,其值介于 66.21%~78.37%;4 月稍高于 1 月,但又稍低于 7 月,其值介于 71.53%~81%;7 月最高,稍高于 4 月和 10 月,其值介于 78.20%~84.06%;10 月与 4 月类似,均介于 1 月和 7 月之间,其值介于 69.38%~82.60%。1 月平均相对湿度最高值出现在 2010 年,最低值出现在 2007 年;4 月平均相对湿度最高值出现在 2010 年,最低值出现在 2007 年;7 月平均相对湿度最高值出现在 2009 年,最低值出现在 2007 年;10 月平均相对湿度最高值出现在 2010 年,最低值出现在 2005 年。

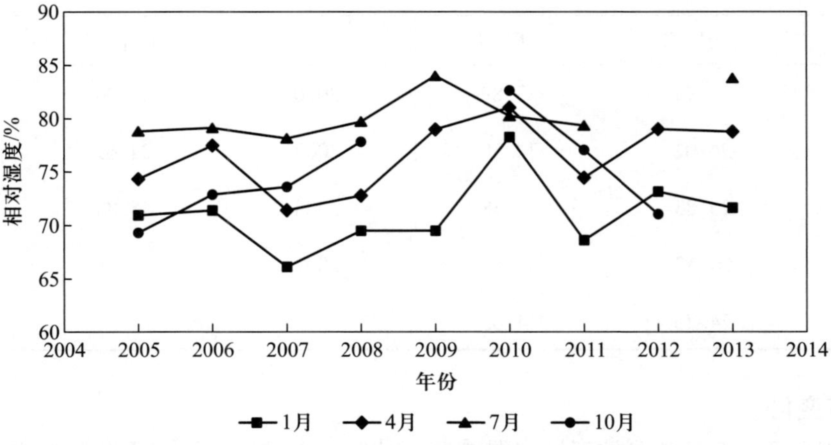

图 9.11 2005—2013 年四季度代表月份月平均相对湿度

9.3.2 水文因子

(1) 年际变化

2007—2015 年三亚湾观测站表层水体物理要素见表 9.1。水温 2012 年最高(27.30℃),2009 年最低(25.97℃)。盐度 2007 年最高(34.02‰),2015 年最低(32.67‰)。水色变化范围 2009 年最大(2~21 号),2008 年和 2011 年变化范围最小(分别为 3~6 号和 4~7 号)。透明度变化范围 2012 年最大(1.0~13 m),2015 年最小(0.5~4.2 m)。

表 9.1 三亚湾观测站表层水体物理要素(年际变化)

年份	水温/℃	盐度/‰	水色/号	透明度/m
2015	26.24	32.67	4~21	0.5~4.2
2014	26.65	33.77	4~20	0.5~9.0
2013	26.44	33.00	4~20	0.2~12
2012	27.30	33.23	4~17	1.0~13
2011	26.05	33.47	4~7	0.8~10
2010	26.64	33.39	4~9	0.8~8.0
2009	25.97	33.35	2~21	
2008	26.92	33.86	3~6	
2007	25.99	34.02		0.5~9.3

2007—2015 年三亚湾观测站底层水体物理要素见表 9.2。水温 2012 年最高(26.42℃),2009 年最低(24.61℃)。盐度 2013 年最高(34.38‰),2009 年最低(33.80‰)。

表 9.2 三亚湾观测站底层水体物理要素(年际变化)

年份	水温/℃	盐度/‰	年份	水温/℃	盐度/‰
2015	24.94	33.89	2010	25.94	34.01
2014	26.02	34.18	2009	24.61	33.80
2013	25.83	34.38	2008	25.84	34.25
2012	26.42	33.88	2007	24.98	34.16
2011	24.76	34.02			

(2) 季节变化

2007—2015 年三亚湾观测站表层水温季节变化见表 9.3。9 个年度水温总均值呈现夏季>秋季>春季>冬季的变化特点。在冬季,2010 年水温最高(24.03℃),2009 年最低(21.79℃)。在春季,2012 年水温最高(28.47℃),2011 年最低(26.13℃)。在夏季,2012 年水温最高(29.36℃),2009 年最低(27.04℃)。在秋季,2014 年水温最高(28.21℃),2011 年最低(26.54℃)。

表 9.3 三亚湾观测站表层水温季节变化 (单位:℃)

年份	冬季	春季	夏季	秋季
2007	22.49	26.14	27.76	27.57
2008	23.83	27.98	28.19	27.66
2009	21.79	28.20	27.04	26.84
2010	24.03	26.65	27.74	28.15
2011	22.84	26.13	28.70	26.54
2012	23.96	28.47	29.36	27.42
2013	23.90	27.27	27.41	27.20
2014	21.95	28.25	28.17	28.21
2015	22.66	26.68	27.99	27.65
均值	23.05	27.31	28.04	27.47

2007—2015 年三亚湾观测站底层水温季节变化见表 9.4。9 个年度水温总均值呈现秋季>春季>夏季>冬季的变化特点。在冬季,2010 年水温最高(24.02℃),2009 年最低(21.66℃)。在春季,2014 年水温最高(27.16℃),2007 年最低(25.66℃)。在夏季,2012 年水温最高(28.88℃),2015 年最低(23.52℃)。在秋季,2014 年水温最高(28.16℃),2011 年最低(26.39℃)。

表 9.4 三亚湾观测站底层水温季节变化 (单位:℃)

年份	冬季	春季	夏季	秋季
2007	22.34	25.66	24.57	27.34
2008	23.70	26.47	25.56	27.61
2009	21.66	26.24	23.84	26.69
2010	24.02	26.32	25.29	28.13
2011	22.82	25.95	23.87	26.39
2012	23.69	25.76	28.88	27.35
2013	23.77	25.99	26.37	27.18
2014	21.99	27.16	26.76	28.16
2015	22.24	26.36	23.52	27.65
均值	22.91	26.21	25.41	27.39

2007—2015 年三亚湾观测站表层盐度季节变化见表 9. 5。9 个年度盐度总均值呈现春季>冬季>夏季>秋季的变化特点。在冬季,2013 年盐度最高(34. 99‰),2009 年最低(33. 35‰)。在春季, 2013 年盐度最高(34. 96‰), 2012 年最低(33. 37‰)。在夏季, 2014 年盐度最高(34. 82‰),2013 年最低(29. 09‰)。在秋季, 2012 年盐度最高(33. 16‰), 2010 年最低(31. 10‰)。

表 9. 5 三亚湾观测站表层盐度季节变化 (单位:‰)

年份	冬季	春季	夏季	秋季
2007	34. 42	34. 64	34. 16	32. 88
2008	34. 52	34. 20		32. 85
2009	33. 35	33. 77	33. 17	33. 13
2010	34. 42	34. 05	34. 00	31. 10
2011	33. 54	33. 86	33. 75	32. 74
2012	33. 40	33. 37	33. 00	33. 16
2013	34. 99	34. 96	29. 09	32. 93
2014	33. 65	33. 97	34. 82	32. 66
2015	33. 49	33. 84	30. 92	32. 44
均值	33. 98	34. 07	32. 86	32. 65

2007—2015 年三亚湾观测站底层盐度季节变化见表 9. 6。9 个年度盐度总均值呈现夏季>春季>冬季>秋季的变化特点。在冬季,2013 年盐度最高(35. 32‰),2009 年最低(33. 64‰)。在春季, 2013 年盐度最高(35. 10‰), 2009 年最低(33. 96‰)。在夏季, 2014 年盐度最高(35. 11‰),2012 年和 2013 年最低(均为 33. 69‰)。在秋季,2008 年盐度最高(34. 20‰),2010 年最低(32. 54‰)。

表 9. 6 三亚湾观测站底层盐度季节变化 (单位:‰)

年份	冬季	春季	夏季	秋季
2007	34. 47	34. 67	34. 37	33. 10
2008	34. 53	34. 03		34. 20
2009	33. 64	33. 96	34. 19	33. 41
2010	34. 45	34. 19	34. 88	32. 54
2011	33. 74	34. 34	34. 44	33. 55
2012	34. 08	34. 05	33. 69	33. 71
2013	35. 32	35. 10	33. 69	33. 42
2014	34. 23	34. 24	35. 11	33. 12
2015	33. 88	34. 00	34. 13	33. 53
均值	34. 26	34. 29	34. 31	33. 40

9.3.3 理化因子

2007—2015 年三亚湾观测站表层营养盐浓度见表 9.7。活性硅酸盐浓度 2013 年最高(0.644 mg · L^{-1}),2007 年最低(0.072 mg · L^{-1})。活性磷酸盐浓度 2015 年最高(0.015 mg · L^{-1}),2014 年最低(0.004 mg · L^{-1})。亚硝酸盐浓度 2013 年最高(0.012 mg · L^{-1})2008 和 2011 年最低(0.004 mg · L^{-1})。硝酸盐浓度 2012 年最高(0.061 mg · L^{-1}),2008 年最低(0.008 mg · L^{-1})。氨及部分氨基酸浓度 2012 年最高(0.061 mg · L^{-1}),2007 年最低(0.010 mg · L^{-1})。总磷(TP)浓度 2015 年最高(0.032 mg · L^{-1}),2008 年最低(0.009 mg · L^{-1})。总氮(TN)浓度 2008 年最高(1.461 mg · L^{-1}),2015 年最低(0.226 mg · L^{-1})。

表 9.7 三亚湾观测站表层营养盐浓度年际变化 (单位:mg · L^{-1})

年份	活性硅酸盐	活性磷酸盐	亚硝酸盐	硝酸盐	氨及部分氨基酸	TP	TN
2015	0.111	0.015	0.008	0.038	0.027	0.032	0.226
2014	0.103	0.004	0.006	0.025	0.042	0.015	0.479
2013	0.644		0.012	0.057	0.028		
2012	0.352	0.011	0.008	0.061	0.061		
2011	0.112	0.007	0.004	0.014	0.029		
2010	0.109	0.008	0.005	0.020	0.021	0.012	1.005
2009	0.103	0.013	0.006	0.042	0.033	0.018	1.268
2008	0.096	0.005	0.004	0.008	0.027	0.009	1.461
2007	0.072	0.008	0.005	0.014	0.010	0.014	0.631

2007—2015 年三亚湾观测站底层营养盐浓度见表 9.8。活性硅酸盐浓度 2013 年最高(0.737 mg · L^{-1}),2007 年最低(0.073 mg · L^{-1})。活性磷酸盐浓度 2009 年最高(0.011 mg · L^{-1}),2014 年最低(0.003 mg · L^{-1})。亚硝酸盐浓度 2013 年最高(0.009 mg · L^{-1}),2008 年和 2011 年最低(0.003 mg · L^{-1})。硝酸盐浓度 2012 年最高(0.048 mg · L^{-1}),2008 年最低(0.005 mg · L^{-1})。氨及部分氨基酸浓度 2014 年最高(0.038 mg · L^{-1}),2007 年最低(0.010 mg · L^{-1})。TP 浓度 2015 年最高(0.020 mg · L^{-1}),2008 年最低(0.009 mg · L^{-1})。TN 浓度 2008 年最高(1.305 mg · L^{-1}),2015 年最低(0.226 mg · L^{-1})。

9.3.4 微生物

2007—2015 年三亚湾观测站表层微生物浓度见表 9.9。细菌数量 2014 年最高(1.43×10^6 ind · mL^{-1}),2015 年最低(2.53×10^5 ind · mL^{-1})。蓝细菌浓度 2013 年最高(1.81×10^5 ind · mL^{-1}),2015 年最低(1.49×10^4 ind · mL^{-1})。可培养菌浓度 2015 年最高(3.61×10^4 ind · mL^{-1}),2010 年最低(1.33×10^4 ind · mL^{-1})。大肠杆菌浓度 2012 年最高(60.65 ind · mL^{-1}),2008 年最低(6.00 ind · mL^{-1})。

表 9.8 三亚湾观测站底层营养盐浓度年际变化 (单位:mg · L^{-1})

年份	活性硅酸盐	活性磷酸盐	亚硝酸盐	硝酸盐	氨及部分氨基酸	TP	TN
2015	0.101	0.007	0.006	0.034	0.026	0.020	0.226
2014	0.082	0.003	0.004	0.018	0.038	0.012	0.407
2013	0.737		0.009	0.038	0.020		
2012	0.324	0.007	0.004	0.048	0.037		
2011	0.105	0.006	0.003	0.013	0.026		
2010	0.106	0.007	0.004	0.018	0.020	0.011	0.943
2009	0.104	0.011	0.007	0.039	0.035	0.019	1.304
2008	0.085	0.005	0.003	0.005	0.021	0.009	1.305
2007	0.073	0.009	0.005	0.014	0.010	0.014	0.615

表 9.9 三亚湾观测站表层微生物浓度年际变化 (单位:ind · mL^{-1})

年份	细菌	蓝细菌	可培养菌	大肠杆菌
2015	2.53×10^5	1.49×10^4	3.61×10^4	51.36
2014	1.43×10^6	7.10×10^4	2.14×10^4	19.52
2013	5.50×10^5	1.81×10^5	1.52×10^4	8.67
2012	1.17×10^6	6.05×10^4	3.02×10^4	60.65
2011	9.68×10^5	7.84×10^4	1.97×10^4	49.06
2010	1.13×10^6	1.87×10^4	1.33×10^4	38.46
2009	1.40×10^6	6.00×10^4	1.68×10^4	6.06
2008	1.10×10^6			6.00
2007	1.12×10^6			

2007—2015 年三亚湾观测站底层及沉积物微生物浓度见表 9.10。底层细菌浓度 2009 年最高(1.30×10^6 ind · mL^{-1}),2015 年最低(1.77×10^5 ind · mL^{-1})。蓝细菌浓度 2013 年最高(1.42×10^5 ind · mL^{-1}),2010 年最低(1.51×10^4 ind · mL^{-1})。沉积物可培养菌浓度 2011 年最高(7.92×10^4 ind · g^{-1}),2015 年最低(3.68×10^4 ind · g^{-1})。

表 9.10 三亚湾观测站底层及沉积物微生物浓度年际变化

年份	底层细菌/$(ind \cdot mL^{-1})$	底层蓝细菌/$(ind \cdot mL^{-1})$	沉积物可培养菌/$(ind \cdot g^{-1})$
2015	1.77×10^5	1.28×10^5	3.68×10^4
2014	1.23×10^6	7.05×10^4	5.23×10^4
2013	3.85×10^5	1.42×10^5	4.73×10^4
2012	8.20×10^5	6.05×10^4	7.22×10^4
2011	8.38×10^5	7.39×10^4	7.92×10^4
2010	1.03×10^6	1.51×10^4	5.08×10^4
2009	1.30×10^6	5.39×10^4	5.40×10^4
2008	1.02×10^6		7.09×10^4
2007	1.01×10^6		

9.3.5 浮游植物

(1) 年际变化

从浮游植物的总丰度来看(表 9.11),2007—2015 年总丰度的最高值出现在 2007 年,高达 2.346×10^7 cells · L^{-1},最低值则出现在 2009 年,仅为 50 cells · L^{-1},两者相差 6 个数量级;在同一年份中,2007 年总丰度的数值范围为$(0.19\sim23460)\times10^3$ cells · L^{-1},差距最大达到了 5 个数量级,而 2014 年的差距最小,仅相差 2 个数量级,为$(9.60\sim390.40)\times10^3$ cells · L^{-1};从均值来看,2007 年的总丰度均值也最高(1.12×10^6 cells · L^{-1}),比 2008 年最低值(2.10×10^3 cells · L^{-1})要高 3 个数量级;从年际变化趋势来看(图 9.12),总丰度均值由 2007 年的最高值急剧降低到 2008 年的最低值,而 2008—2012 年变化不大,在$(10^3\sim10^4)$cells · L^{-1}波动,2013—2015 年呈曲折上升。

然而,从浮游植物生物量来看,各年份之间差距并不大,最大值(6.93×10^3 g · L^{-1})出现在 2009 年,而最小值(2.69×10^2 g · L^{-1})出现在 2010 年,两者之间仅相差 1 个数量级;从均值来看,各年份之间差距较小,2008 年最高值(1.44×10^3 g · L^{-1})仅高于 2010 年最低值(8.96×10^2g · L^{-1}) 1 个数量级。

造成浮游植物总丰度和生物量的年际变化趋势不一致的原因,主要是不同年份之间浮游植物群落的种类组成不同,某些年份的优势种为个体较小的角毛藻(*Chaetoceros* spp.)、中肋骨条藻(*Skeletonema costatum*)、细弱海链藻(*Thalassiosira subtilis*)、束毛藻(*Trichodesmium* spp.)等种类,它们的数量虽然非常之多,所占比例也很高,但其生物量并不高。

从浮游植物的种类组成来看(图 9.13),2007—2015 年硅藻一直是最主要的类群,在浮游植物群落中占据着绝对优势地位,其中在 2015 年所占比例最高,达到 98.68%,而在 2014 年最低,仅为 67.58%;其次是蓝藻,所占比例最高为 29.25%(2014 年),最低为 0.61%(2015 年);再次是甲藻,所占比例范围在 0.09%(2009 年)~2.94%(2014 年)波动;其他藻(如金藻、针胞藻等)在浮游植物总丰度中所占比例非常小,仅为(0~0.04%),而且在某些年份(2007—2010 年)没有出现。

表 9.11 三亚湾观测站浮游植物总丰度和生物量的年际变化

年份	丰度/(10^3 cells · L^{-1})		生物量/(g · L^{-1})	
	数值范围	均值	数值范围	均值
2007	0.19~23460	1122.19	272.73~4987.5	1356.889
2008	0.23~10.45	2.10	496.39~5788.47	1439.046
2009	0.05~325.40	13.78	377.98~6927.1	1296.285
2010	0.06~28.23	3.18	269.12~3425.91	895.9546
2011	0.54~43.97	7.07	—	—
2012	0.3~246.20	18.80	—	—
2013	7.20~1326.40	200.71	—	—
2014	9.60~390.40	60.86	—	—
2015	38.36~3241.60	419.80	—	—

注:2011 年开始由于浮游植物样品改为采集水样,所以没有生物量数据。

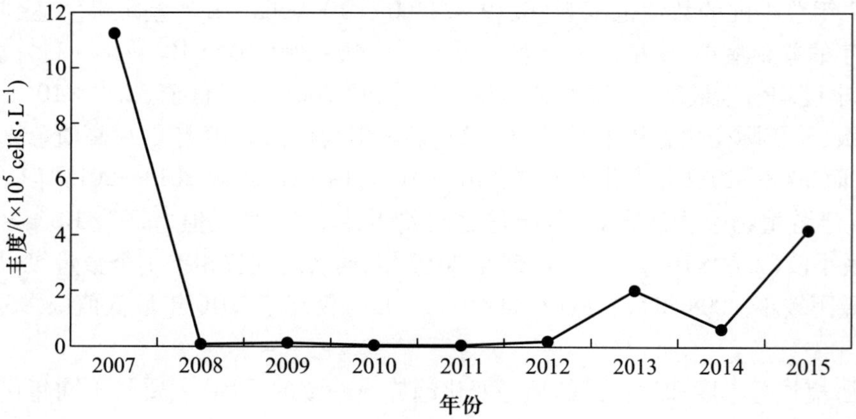

图 9.12 三亚湾浮游植物总丰度均值的年际变化

(2) 季节变化

从均值看浮游植物总丰度春季最高($1.10×10^5$cells · L^{-1}),冬季最低($3.84×10^4$ cells · L^{-1}),呈现春季>夏季>秋季>冬季的变化特点(表 9.12)。而浮游植物生物量各个季节变化不大,处于同一个数量级,介于 1048.79~1624.48 g · L^{-1},呈现冬季>夏季>秋季>春季的变化特点。

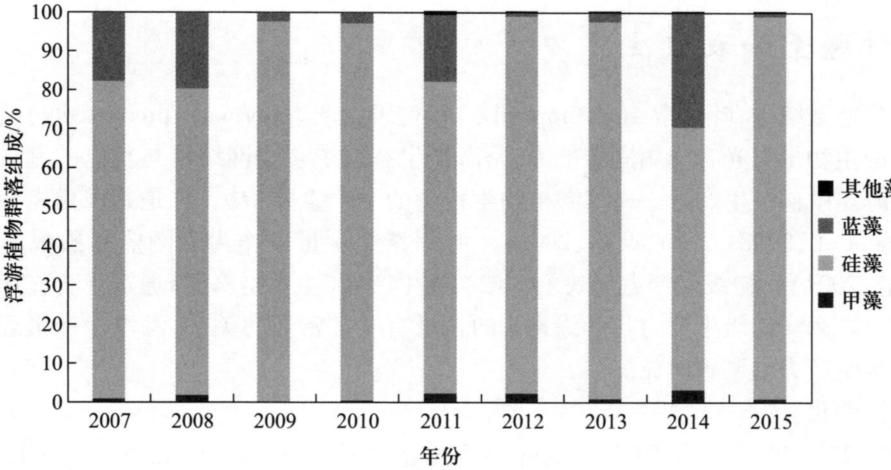

图 9.13 浮游植物群落组成年际变化

从冬季来看,不同年份总丰度波动较大,数值范围在(0.51~3421.24)×10^3 cells · L^{-1},最高值出现在2007年,最低值出现在2012年,相差4个数量级;生物量差距不大,处于同一个数量级(10^3 g · L^{-1}),最高值也出现在2007年,而最低值则出现在2010年。从春季来看,不同年份总丰度波动也较大,最高值也出现在2007年(1.06×10^6 cells · L^{-1}),比2008年最低值(8.40×10^2 cells · L^{-1})高4个数量级;生物量2008年最高值(1.25×10^3 g · L^{-1})比2009年最低值(8.50×10^2 g · L^{-1})高了1个数量级。从夏季来看,丰度介于(1.18~645.51)×10^3 cells · L^{-1},最高值(2015年)和最低值(2009年)之间仅相差2个数量级;生物量最高值(2008年)和最低值(2010年)之间也相差1个数量级,介于(8.19~18.67)×10^2 g · L^{-1}。从秋季来看,不同年份总丰度差距较大,2013年最高值(5.57×10^5 cells · L^{-1})高于2010年最低值(2.20×10^2 cells · L^{-1})3个数量级;而生物量2008年最高值(1.50×10^3 g · L^{-1})高于2010年最低值(7.64×10^2 g · L^{-1})1个数量级。

表 9.12 三亚湾观测站浮游植物总丰度和生物量的季度变化

年份	丰度/(10^3 cells · L^{-1})				生物量/(g · L^{-1})			
	冬季	春季	夏季	秋季	冬季	春季	夏季	秋季
2007	3421.24	1055.47	3.16	8.88	2519.81	1190.76	920.47	796.52
2008	1.25	0.84	4.31	2.02	1137.27	1251.52	1867.04	1500.35
2009	49.51	1.33	1.18	3.10	1743.04	850.47	1298.57	1293.07
2010	1.23	1.69	9.56	0.22	1097.78	902.42	819.44	764.18
2011	6.27	4.11	16.34	1.55	—	—	—	—
2012	0.51	0.87	6.92	66.92	—	—	—	—
2013	104.42	108.63	32.67	557.12	—	—	—	—
2014	62.37	54.20	93.73	33.13	—	—	—	—
2015	70.66	819.23	645.51	143.79	—	—	—	—
均值	38.41	110.25	90.16	90.10	1624.48	1048.79	1226.38	1088.53

9.3.6 叶绿素和初级生产力

在海洋生态系统中，叶绿素 a(chlorophyll a)和初级生产力(primary productivity)代表着主要初级生产者的生物量和光合作用固碳能力，是海洋生态系统食物网结构与功能的基础环节。叶绿素 a 作为海洋中初级生产者——浮游植物生物量的一个重要指标，也是其进行光合作用的主要色素(Song et al.,2008; Zhou et al.,2009)。叶绿素 a 含量可作为赤潮监测预报的重要指标(胡辉和谢静,2001)。初级生产力反映了水域初级生产者(主要是藻类)通过光合作用生产合成有机碳的能力。海洋初级生产力与叶绿素 a 的含量有非常密切的关系，海洋生产机理的研究最终依赖于初级生产力的调查研究。

(1) 年际变化

从 2007—2013 年，三亚湾海区平均叶绿素 a 浓度依次为(1.76±2.70) μg・L^{-1}、(1.36±0.80) μg・L^{-1}、(1.94±2.48) μg・L^{-1}、(1.63±1.42) μg・L^{-1}、(2.78±2.97) μg・L^{-1}、(1.52±1.53) μg・L^{-1}和(2.25±2.04) μg・L^{-1}；其中，表层平均叶绿素 a 浓度在 1.22~2.73 μg・L^{-1}之间；底层平均叶绿素 a 浓度范围为 1.49~2.83 μg・L^{-1}。除 2009 年、2011 年和 2013 年略高于其他年份之外，随着年份的增加，叶绿素 a 浓度总体呈增加的趋势(图 9.14)。对于渡口而言，由于河流的输入作用，叶绿素 a 浓度极高且呈现出无规律的变化，除 2008 年和 2013 年稍低外，其余各年份含量均较高。渡口叶绿素 a 浓度显著高于外湾(平均约为 9 倍)，特别是表层水体，2012 年叶绿素 a 浓度甚至为外湾水体的 20 多倍。

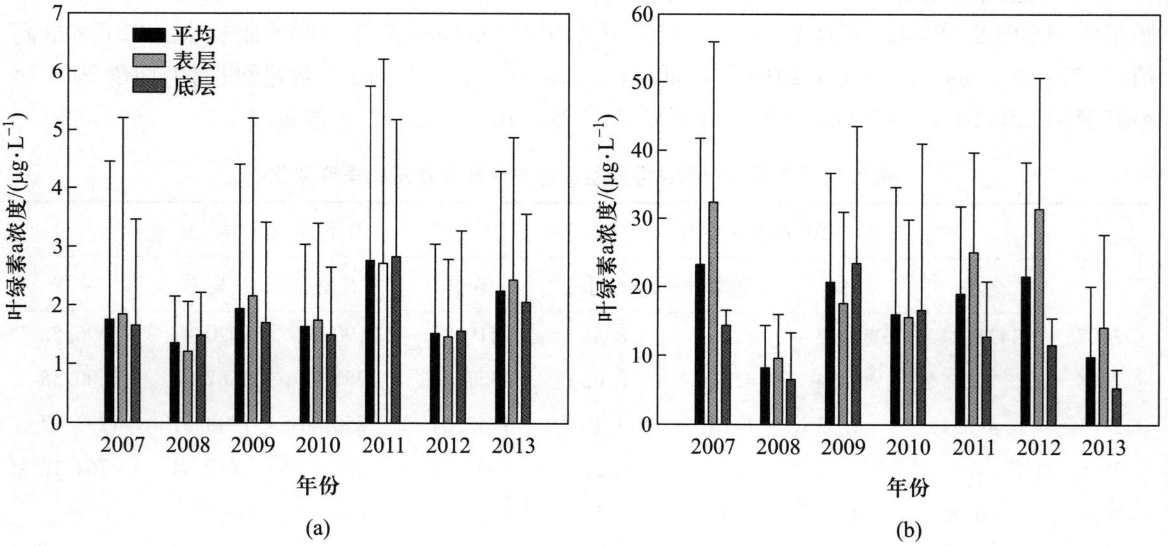

图 9.14 三亚湾叶绿素 a 年度变化：(a) 海区；(b) 渡口

初级生产力由图 9.15 可以看出，从 2008 年到 2013 年，海区平均水层初级生产力为 1.37~3.44 mg C・m^{-3}・h^{-1}；其中底层初级生产力为 0.27~1.13 mg C・m^{-3}・h^{-1}，而表层初级生产力较高，为 2.09~4.69 mg C・m^{-3}・h^{-1}，平均浓度为底层的 6.86 倍。水柱初级生产力在 10.07~

26.54 mg C·m^{-2}·h^{-1}。随着年份的增加，初级生产力也有增高的趋势（2011 年除外），其变化趋势与叶绿素 a 浓度变化大体相一致。

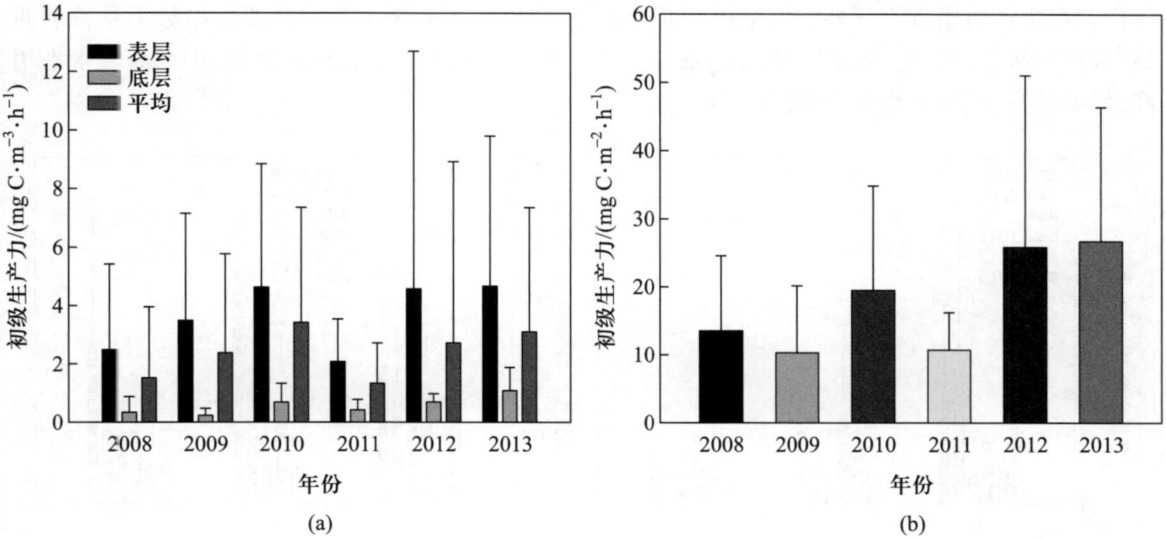

图 9.15 三亚湾初级生产力年度变化：(a) 海区；(b) 水柱

(2) 平面变化

叶绿素 a 从 2007 年到 2013 年，由近岸向外湾，无论是表层、还是底层，叶绿素 a 浓度都有降低的趋势（图 9.16）。个别年份，靠近岛屿的站点叶绿素 a 含量会稍微增高。其中渡口叶绿素 a 含量极高，表层为（20.89±8.90）μg·L^{-1}、底层为（12.95±6.13）μg·L^{-1}。

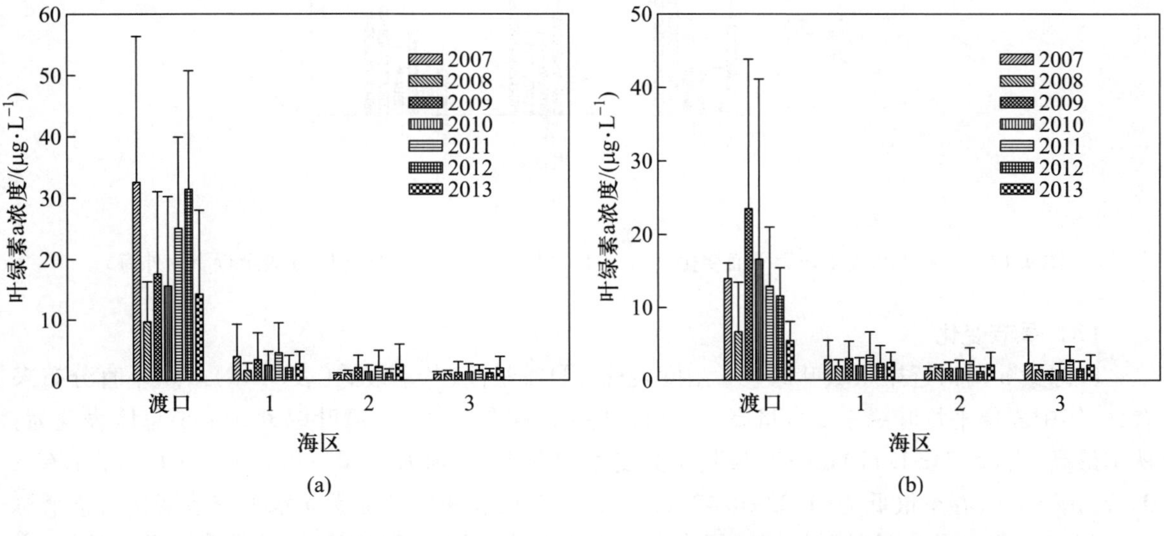

图 9.16 三亚湾叶绿素 a 平面变化：(a) 表层；(b) 底层（1→3 表示近岸→外海）

初级生产力由近岸到外湾，表层海水除2009年初级生产力依次为(2.91±3.20) mg C·m^{-3}·h^{-1}、(5.15±5.63) mg C·m^{-3}·h^{-1}、(2.90±3.27) mg C·m^{-3}·h^{-1}，2010年初级生产力依次为(2.70±1.66) mg C·m^{-3}·h^{-1}、(6.30±6.64) mg C·m^{-3}·h^{-1}、(4.79±3.95) mg C·m^{-3}·h^{-1}外，其余各年份初级生产力由近岸到外湾均呈现降低的趋势；底层海水初级生产力其变化趋势不是特别明显；水柱初级生产力在16.17~18.21 mg C·m^{-2}·h^{-1}，表现为近岸和外湾稍低，中部海域水平稍高，但差异不显著($p>0.05$)(图9.17)。

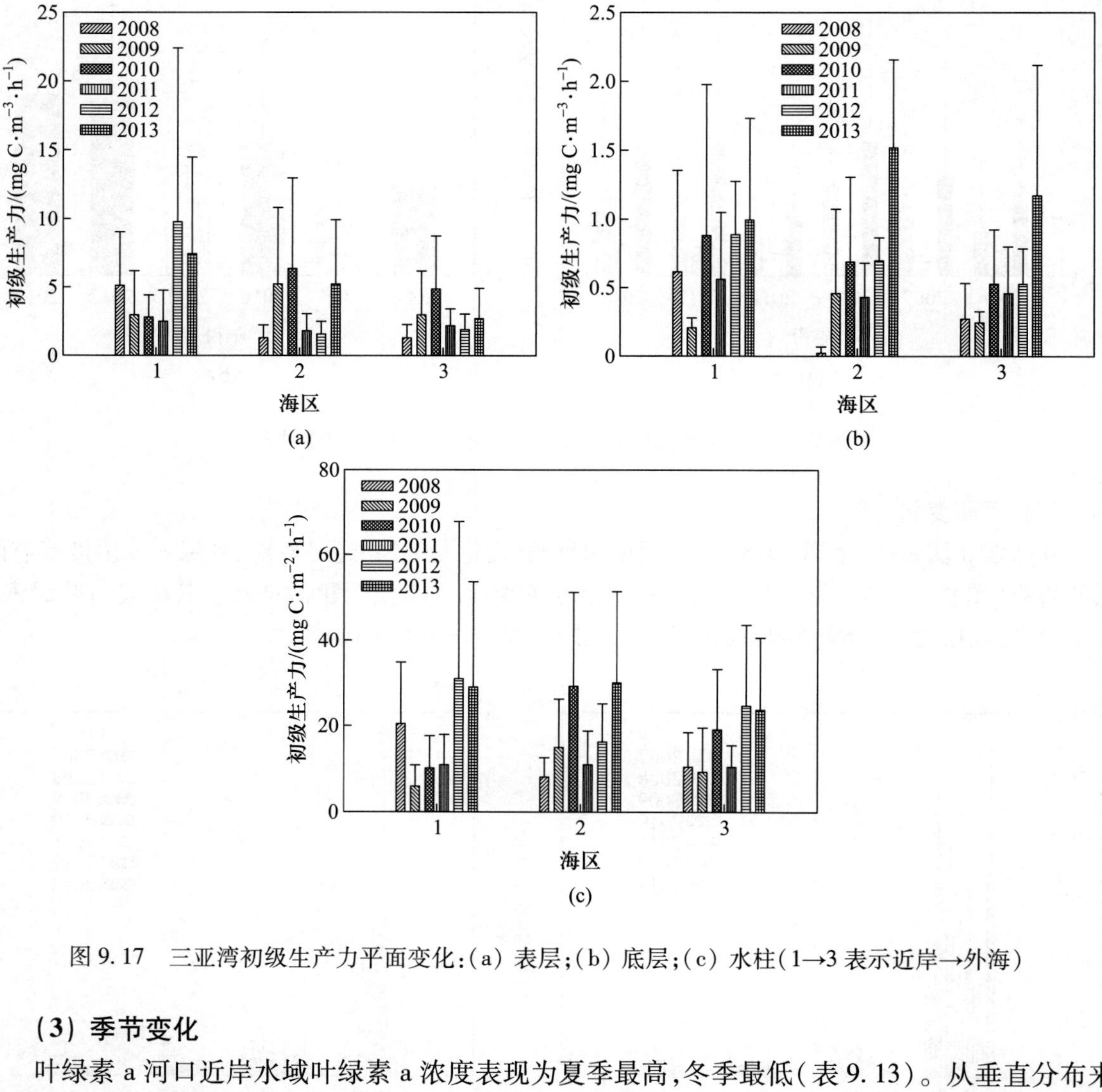

图9.17　三亚湾初级生产力平面变化：(a) 表层；(b) 底层；(c) 水柱(1→3表示近岸→外海)

(3) 季节变化

叶绿素a河口近岸水域叶绿素a浓度表现为夏季最高，冬季最低(表9.13)。从垂直分布来看，一年中表层平均叶绿素a含量高于底层，且冬季相差不大。外湾叶绿素a水平总体表现为：秋季最高，为(2.74±1.11) μg·L^{-1}，其次为夏季和冬季，分别为(2.03±0.76) μg·L^{-1}和(1.62±0.37) μg·L^{-1}，春季最低为(1.22±0.42) μg·L^{-1}。表层和底层叶绿素a水平季节变化与整个海区变化相一致。通常情况下外湾叶绿素a浓度表现为表层略高于底层，但夏季相反，底层较高(图9.18)。

表 9.13 河口各季节叶绿素 a 含量 （单位：$\mu g \cdot L^{-1}$）

季节	表层	底层	平均
春季	19.92±8.73	12.15±6.24	16.04±6.50
夏季	22.29±14.23	17.96±16.10	20.12±13.36
秋季	25.92±24.29	8.40±4.82	17.16±14.33
冬季	15.44±10.54	13.62±15.92	14.53±9.86

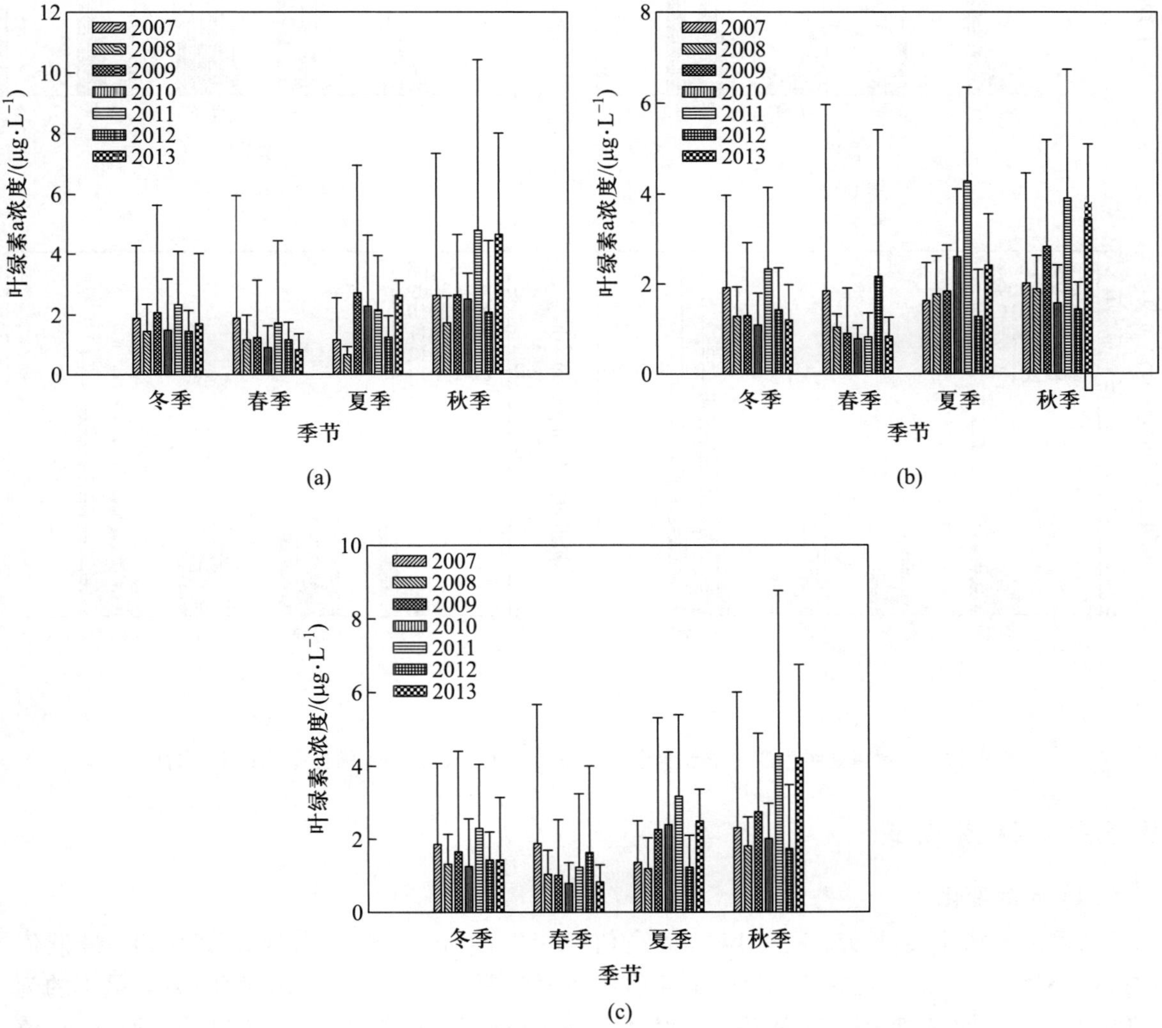

图 9.18 三亚湾叶绿素 a 季节变化：(a) 表层；(b) 底层；(c) 海区平均

初级生产力从图 9.19 中可以看出与叶绿素 a 类似，整个海区初级生产力表现为秋季最高，为 (5.23±3.09) mg C · m^{-3} · h^{-1}，春季最低，为(1.23±0.88) mg C · m^{-3} · h^{-1}。表层初级生产力季节变化与整体相一致，底层初级生产力季节变化幅度较小，为 0.45~0.68 mg C · m^{-3} · h^{-1}。水柱初级生产力表现为秋、冬季高，分别为(24.30±14.85) mg C · m^{-2} · h^{-1} 和(19.49±20.90) mg C · m^{-2} · h^{-1}，春、夏季低，分别为(14.37±9.14) mg C · m^{-2} · h^{-1} 和(13.81±4.04) mg C · m^{-2} · h^{-1}。

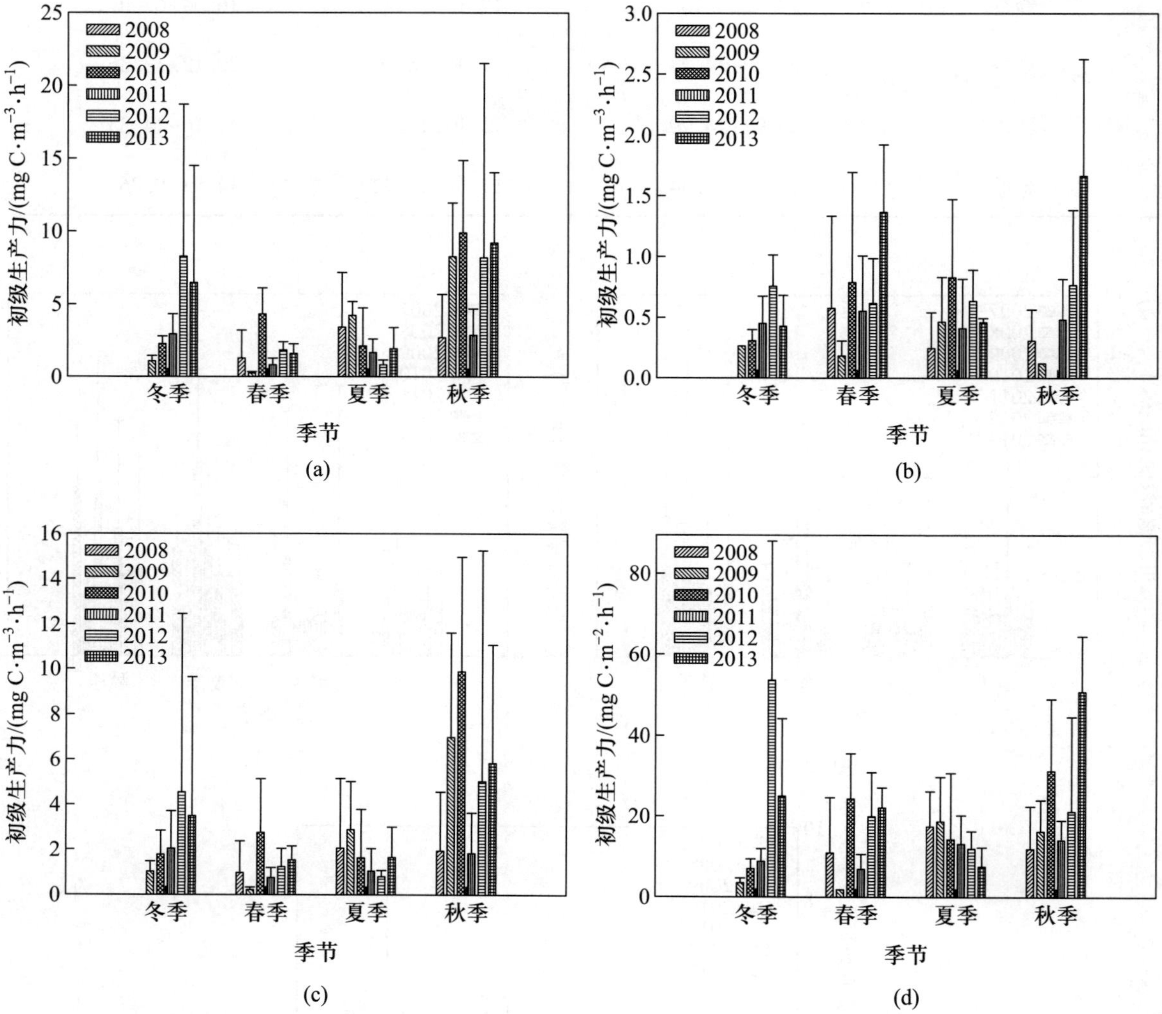

图 9.19　三亚湾初级生产力季节变化：(a) 表层；(b) 底层；(c) 海区平均；(d) 水柱

9.3.7　浮游动物

(1) 年际变化

从浮游动物丰度来看(表 9.14)，最高值(6055.29 ind · m^{-3})出现在 2014 年，最低值(40.00 ind · m^{-3})则出现在 2015 年；同年份中数值范围差异最大的为 2014 年；差异最小的为 2009 年；从年均值来看，最高值(1685.65 ind · m^{-3})同样出现在 2014 年，而最低值(61.74 ind · m^{-3})也出现在 2009 年；从年际变化趋势来看(图 9.20)，三亚湾浮游动物丰度的年均值总体呈上升趋势，2007 年到 2009 年变化不大，从 2010 年到 2012 年稳定上升，2013 年突然大幅上升，于 2014 年到达历史最高点，2015 年大幅回落。

表 9.14 三亚湾观测站浮游动物丰度和生物量的年际变化

年份	丰度/(ind · m^{-3})		生物量/(mg · m^{-3})	
	数值范围	均值	数值范围	均值
2007	80.70~127.00	103.85	68.70~201.70	135.20
2008	86.00~150.30	108.00	201.70~568.50	363.77
2009	60.23~63.26	61.74	—	—
2010	86.84~127.00	108.83	—	—
2011	91.51~279.22	156.45	158.23~479.70	341.25
2012	92.00~375.00	204.22	111.00~569.00	306.04
2013	230.36~938.00	565.53	65.18~363.00	182.93
2014	158.30~6055.29	1685.65	59.33~1101.67	589.25
2015	40.00~793.00	85.62	10.30~1019.60	61.30

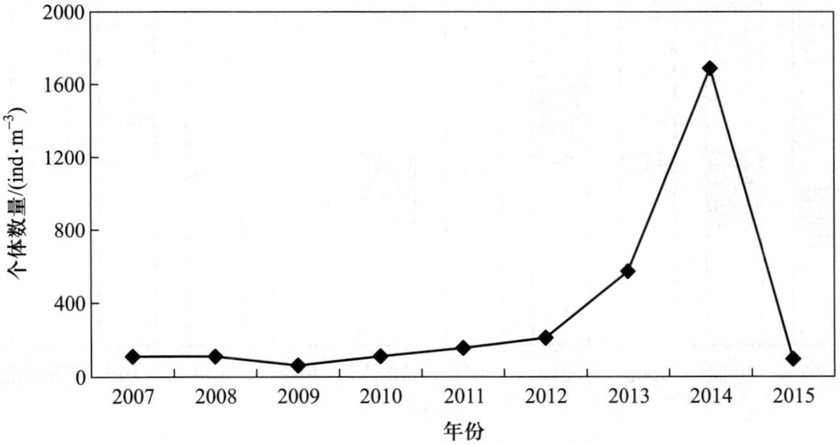

图 9.20 2007—2015 年三亚湾浮游动物丰度均值的年际变化

从浮游动物生物量来看,最高值(1101.67 mg · m^{-3})出现在 2014 年,最低值(10.30 mg · m^{-3})出现在 2015 年;同年份中数值范围差异最大的为 2014 年,差异最小的为 2007 年;从各年均值来看,最高值(589.25 mg · m^{-3})出现在 2014 年,而最低值(61.30 mg · m^{-3})出现在 2015 年;从年际变化趋势来看(图 9.21),三亚湾海域浮游动物生物量的年均值波动明显,2007 年到 2008 年明显上升,2011 年较 2008 年差异不大,到 2012 年略微下降,2013 年出现明显降低,于 2014 年突然剧烈上升达到历年的最高水平,2015 年急剧回落。从种类组成来看(图 9.22),优势类群桡足类丰度比例为 25.45%(2007 年)~56.68%(2015 年),调查的胶质类所占比例范围为 0.90%(2014 年)~22.95%(2010 年)。

浮游动物丰度与生物量的年际变化趋势总体上趋于一致,个别年份如 2007 年和 2013 年的生物量略微偏低,主要是由于各年份的群落组成不同导致。2014 年丰度与生物量数值异常高,主要原因是桡足类数量激增,丰度高达 2729.75 ind · m^{-3},主要优势种为小拟哲水蚤、瘦拟哲水蚤和强额拟哲水蚤。

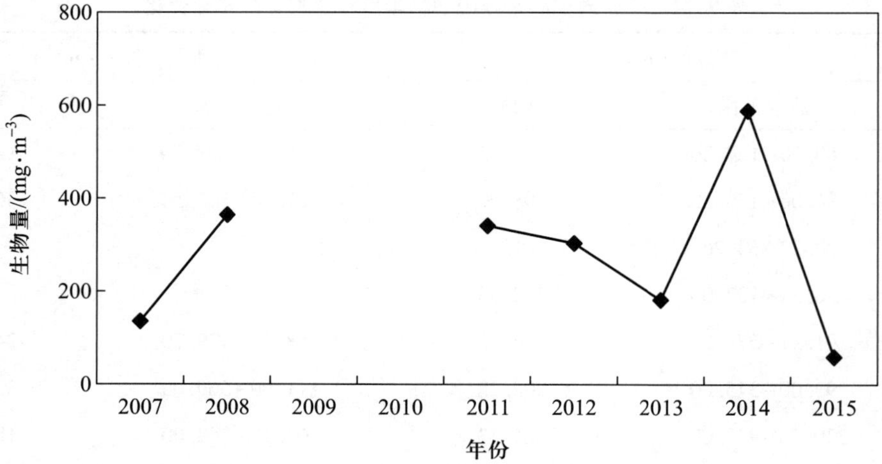

图 9.21　2007—2015 年三亚湾浮游动物生物量均值的年际变化

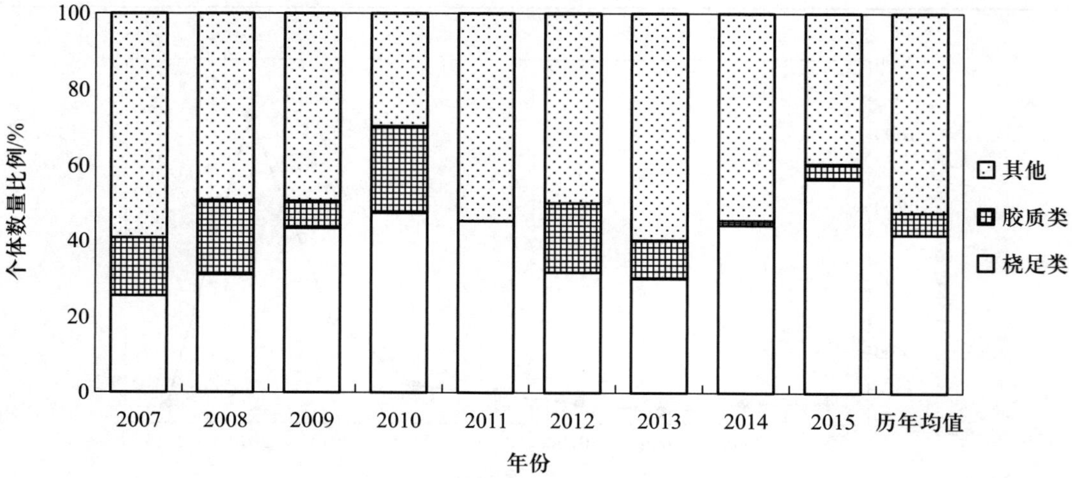

图 9.22　三亚湾浮游动物群落组成的年际变化

(2) 季节变化

丰度均值季节变化明显(表 9.15),最高值(906.55 ind · m^{-3})出现在冬季,最低值(155.39 ind · m^{-3})出现在夏季,呈现冬季>秋季>春季>夏季的变化趋势;不同季节间丰度差异最大的为 2014 年,差异最小的为 2010 年;从冬季来看,丰度年均最高值出现在 2014 年(6055.29 ind · m^{-3}),最低值出现在 2007 年(80.70 ind · m^{-3});从春季来看,丰度年均最高值出现在 2013 年(787.57 ind · m^{-3}),最低值出现在 2008 年(86.25 ind · m^{-3});从夏季来看,丰度年均最高值出现在 2013 年(305.83 ind · m^{-3}),最低值出现在 2009 年(63.26 ind · m^{-3});从秋季来看,丰度年均最高值出现在 2013 年(938.38 ind · m^{-3}),最低值出现在 2009 年(60.22 ind · m^{-3})。

生物量均值季节变化不大(表 9.15),最高值出现在秋季(426.53 mg · m^{-3}),最小值出现在夏季(246.47 mg · m^{-3}),呈现秋季>冬季>春季>夏季的变化趋势;不同季节间生物量差异最大的为 2014 年,差异最小的为 2015 年;从冬季来看,生物量年均值最高值出现在 2014 年(962.50 mg · m^{-3}),最低值出现在 2013 年（65.18 mg·m^{-3}）；从春季来看，生物量年均值最高值出现在 2014 年（1101.67 mg·m^{-3}），最低值出现在 2007 年（68.70 mg·m^{-3}）；从夏季来看，生物量年均值最高值出现在 2008 年和 2012 年（400.44 mg·m^{-3}），最低值出现在 2014 年（59.33 mg·m^{-3}）；从秋季来看，生物量年均值最高值出现在 2008 年和 2012 年（568.50 mg·m^{-3}），最低值出现在 2014 年（233.49 mg·m^{-3}）。

表 9.15　三亚湾观测站浮游动物栖息密度和生物量年均值的季度变化

年份	丰度/(ind·m^{-3})				生物量/(mg·m^{-3})			
	冬季	春季	夏季	秋季	冬季	春季	夏季	秋季
2007	80.70	127.00	—	—	201.70	68.70	—	—
2008	150.26	86.25	92.45	103.03	201.71	284.42	400.44	568.50
2009	—	—	63.26	60.22	—	—	—	—
2010	109.14	126.60	112.74	86.84	—	—	—	—
2011	91.51	94.30	160.78	279.22	395.91	158.23	331.14	479.70
2012	374.67	246.71	92.45	103.03	144.14	111.07	400.44	568.50
2013	230.36	787.57	305.83	938.38	65.18	225.53	77.93	363.09
2014	6055.29	158.30	200.00	328.99	962.50	1101.67	59.33	233.49
2015	160.47	369.71	215.57	348.79	190.88	146.94	209.53	345.92
均值	906.55	249.55	155.39	281.06	308.86	299.51	246.47	426.53

9.3.8　底栖动物

(1) 年际变化

从底栖动物栖息密度来看（表 9.16），最高值（350 ind·m^{-2}）出现在 2008 年，最低值（10 ind·m^{-2}）则出现在 2014 年；同年份中数值范围差异最大的为 2015 年，差异最小的为 2011 年；从年均值来看，最高值（110.29 ind·m^{-2}）同样出现在 2008 年，而最低值（41.96 ind·m^{-2}）出现在 2014 年；从年际变化趋势来看（图 9.23），三亚湾大型底栖动物栖息密度的年均值总体呈下降趋势，2007 年到 2010 年之间变化不大，于 2011 年突然大幅降至历年最低水平，到 2012 年又回升到 2010 年附近的水平，并于 2013 年开始直线下降，于 2014 年降低至 8 年最低水平，2015 年略有回升，但与 2014 年水平相差不大；从种类组成来看（图 9.24），多毛类为第一大优势类群，占年均栖息密度的比例为 34.84%（2015 年）~63.91%（2014 年），其次为软体类，所占比例为 1.10%（2015 年）~39.75%（2007 年），第三大优势类群为甲壳类，所占比例为 11.57%（2007 年）~28.57%（2013 年），腔肠类、蠕虫类和其他类出现频率及数量均较低，除 2015 年其他类占比例为 41.41%较为特殊外，其余年份占比很小。

表 9.16　三亚湾观测站大型底栖动物栖息密度和生物量的年际变化

年份	栖息密度/(ind·m^{-2})		生物量/(g·m^{-2})	
	数值范围	均值	数值范围	均值
2007	50~150	107.59	8.30~102.90	40.72
2008	50~350	110.29	4.80~396.10	39.89
2009	50~190	106.19	7.60~365.90	58.89
2010	60~160	103.60	7.50~163.40	59.32
2011	20.01~86.71	59.41	0.89~88.64	25.16
2012	40~150	103.18	1.40~297.60	34.16
2013	20~220	68.01	0.06~39.10	4.50
2014	10~120	41.96	0.08~62.35	4.67
2015	11.1~344.4	46.05	0.1~89.6	6.78

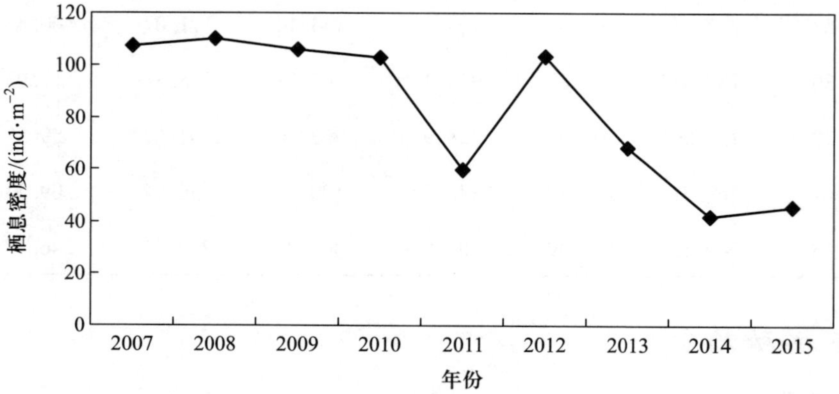

图 9.23　三亚湾大型底栖动物栖息密度均值的年际变化

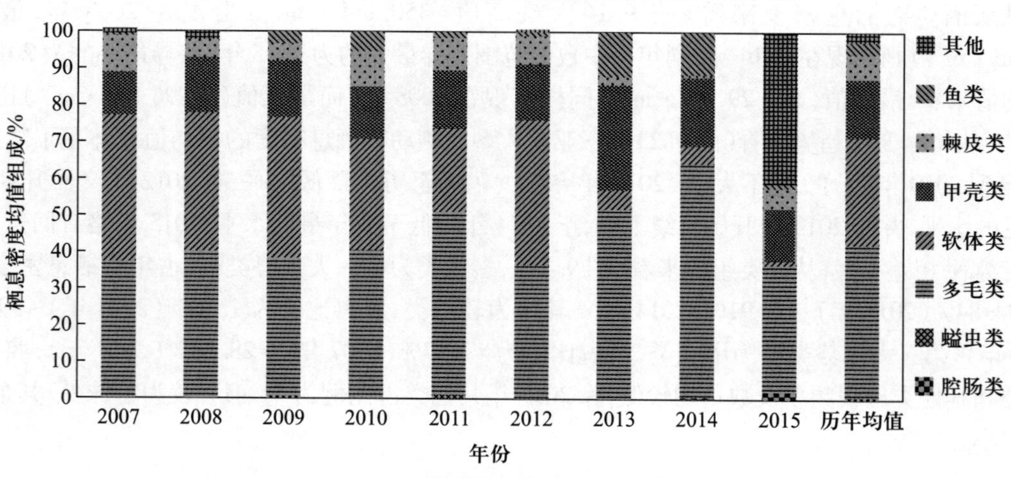

图 9.24　三亚湾大型底栖动物群落栖息密度均值组成的年际变化

从生物量来看(表 9.16),最高值(396.10 g·m^{-2})出现在 2008 年,最低值(0.06 g·m^{-2})则出现在 2013 年;同年份中数值范围差异最大的为 2015 年,差异最小的为 2007 年;从各年均值来看,最高值(59.32 g·m^{-2})出现在 2010 年,而最低值(4.50 g·m^{-2})出现在 2013 年;从年际变化趋势来看(图 9.25),三亚湾海域大型底栖动物生物量的年均值水平不高,且总体呈现下降趋势,2007 年到 2008 年变化很小,由 2009 年开始略微升高,并保持同水平至 2010 年,由 2011 年开始降幅增大,在 2012 年略回升后,于 2013 年大幅降低至历年最低水平,并持续至 2015 年;从种类组成来看(图 9.26),除 2013 年和 2014 年外,软体类均为第一大优势类群,占年均栖息密度的比例为 21.27%(2013 年)~78.34%(2009 年),其次为多毛类和甲壳类,所占比例范围分别为 4.94%(2015 年)~38.14%(2013 年)和 5.02%(2012 年)~19.45%(2014 年),棘皮类每年均有出现,在 2007 年所占比例达到了 24.96%.腔肠类、螠虫类和其他类出现频率及数量均较低,除 2015 年其他类占比例为 31.74%较为特殊外,其余年份占比很小。

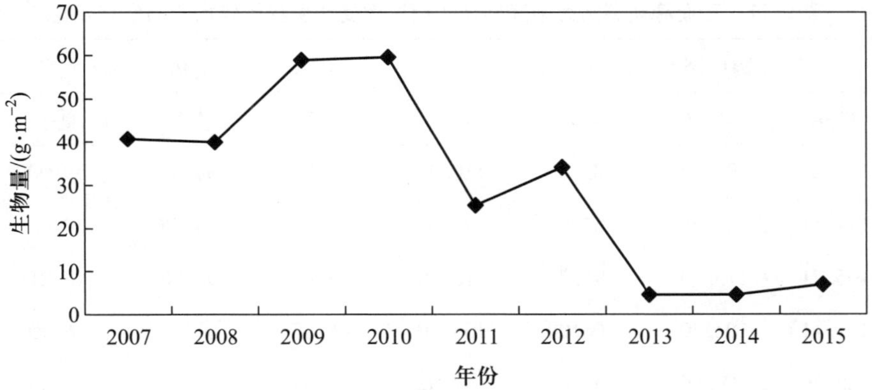

图 9.25　三亚湾大型底栖动物生物量均值的年际变化

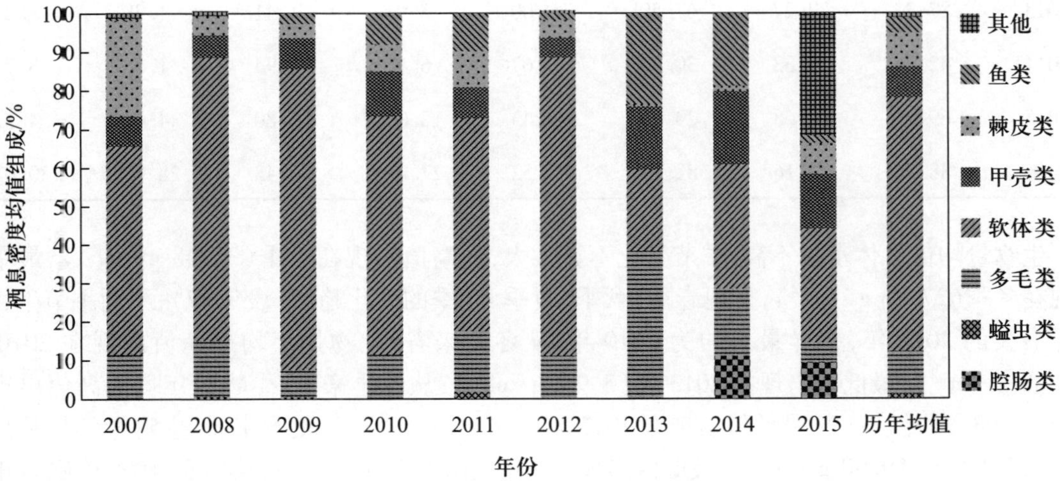

图 9.26　三亚湾大型底栖动物群落栖息密度均值组成的年际变化

大型底栖动物栖息密度与生物量的年际变化趋势总体上趋于一致,个别年份如2009年和2010年的生物量略微偏高,主要是由于各年份的群落组成不同导致,如软体类在栖息密度相同情况下,分布种类的不同对生物量的影响较大,而多毛类则由于个体水平较小,栖息密度的变化对该类生物量影响较小。

(2) 季节变化

栖息密度均值季节变化不大,最高值(88.81 ind·m^{-2})出现在冬季,最低值(78.52 ind·m^{-2})出现在秋季,呈现冬季>夏季>春季>秋季的变化趋势(表9.17);不同季节栖息密度差异最大为2015年,差异最小的为2010年;冬季的栖息密度年均最高值出现在2007年(120.00 ind·m^{-2}),最低值出现在2014年(42.86 ind·m^{-2});春季栖息密度年均最高值出现在2009年(113.33 ind·m^{-2}),最低值出现在2014年(33.33 ind·m^{-2});夏季栖息密度年均最高值出现在2008年(153.00 ind·m^{-2}),最低值出现在2015年(29.65 ind·m^{-2});从秋季来看,栖息密度年均最高值出现在2012年(118.18 ind·m^{-2}),最低值出现在2013年(30.00 ind·m^{-2})。

表9.17 三亚湾观测站大型底栖动物栖息密度和生物量年均值的季度变化

年份	栖息密度/(ind·m^{-2})				生物量/(g·m^{-2})			
	冬季	春季	夏季	秋季	冬季	春季	夏季	秋季
2007	120.00	94.44	105.00	110.91	34.94	33.49	59.90	34.55
2008	111.11	94.55	153.00	82.50	35.56	73.85	30.08	20.06
2009	105.71	113.33	95.71	110.00	38.86	98.80	48.21	49.70
2010	101.11	102.30	106.00	105.00	46.88	67.01	56.90	66.48
2011	62.70	69.56	57.36	48.02	30.93	30.01	19.35	20.36
2012	99.09	100.00	95.45	118.18	33.45	15.05	30.90	57.25
2013	87.27	87.27	67.50	30.00	5.96	1.41	1.39	9.23
2014	42.86	33.33	30.00	61.67	6.46	1.94	1.56	8.71
2015	69.44	44.68	29.65	40.43	12.00	6.80	4.01	4.31
均值	88.81	82.16	82.19	78.52	27.23	36.48	28.03	30.07

生物量均值总体水平不高,季节变化不算太大,最高值出现在春季(36.48 g·m^{-2}),最小值出现在冬季(27.23 g·m^{-2}),呈现春季>秋季>夏季>冬季的变化趋势(表9.17);不同季节生物量差异最大的2012年,差异最小的为2010年;从冬季来看,生物量年均最高值出现在2010年(46.88 g·m^{-2}),最低值出现在2013年(5.96 g·m^{-2});从春季来看,生物量年均最高值出现在2009年(98.80 g·m^{-2}),最低值出现在2013年(1.41 g·m^{-2});从夏季来看,生物量年均最高值出现在2007年(59.90 g·m^{-2}),最低值出现在2013年(1.39 g·m^{-2});从秋季来看,生物量年均最高值出现在2010年(66.48 g·m^{-2}),最低值出现在2015年(4.31 g·m^{-2})。

9.4　三亚湾生态系统结构变化分析

9.4.1　环境因子变化趋势分析

(1) 水文因子的变化趋势分析

1) 年度变化趋势分析

三亚湾断面站位表层水温在2007—2015年间均呈高低起伏波浪式变化(图9.27)。渡口站位W13水温均值均高于其他三个站位。年最高水温均值出现在2012年,为27.24℃,次高值为2008年的27.09℃,最低值为2007年的25.28℃。

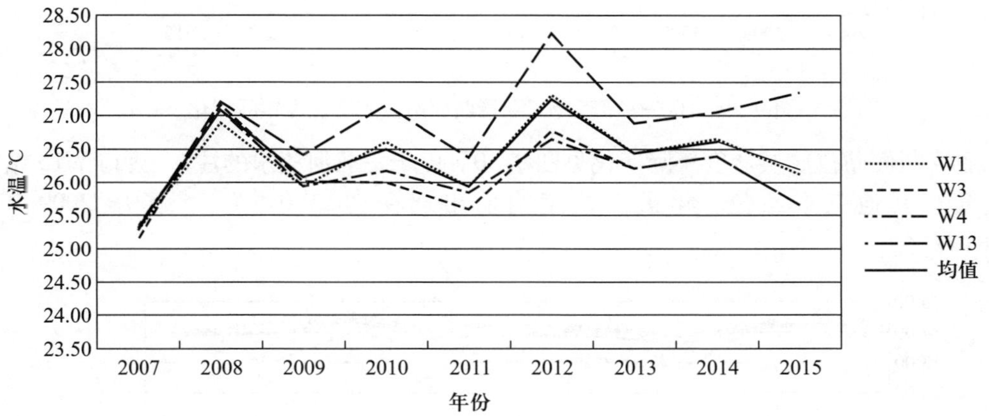

图9.27　2007—2015年三亚湾断面站位表层水温年际变化

三亚湾断面站位底层水温在2007—2015年呈高低起伏波浪式变化(图9.28)。断面水温均值大体呈现由河口向外海(W13→W1→W3→W4)不断降低的趋势。年最高水温均值出现在2012年,为26.19℃;2009年最低为24.43℃。

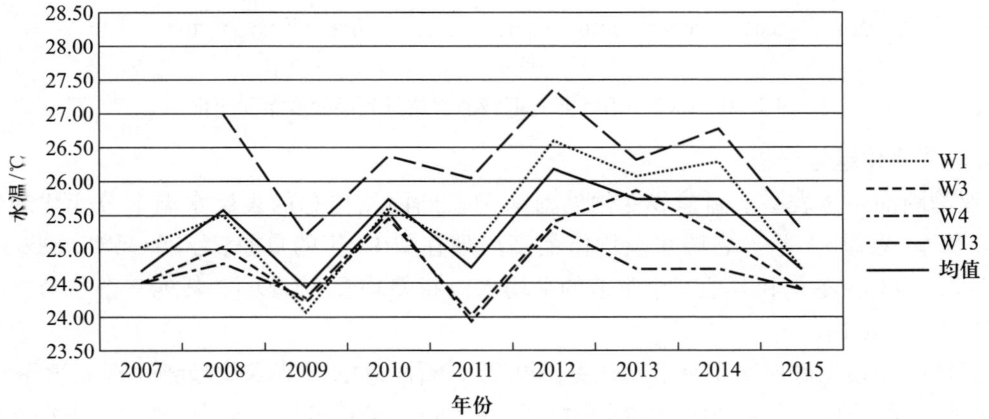

图9.28　2007—2015年三亚湾断面站位底层水温年际变化

三亚湾断面站位表层盐度年际变化见图9.29。断面盐度均值大体呈现由河口向外海逐渐增加(W13→W1→W3→W4)的趋势。渡口W13站位盐度均低于其他三个站位，相差在2‰以上。年最高盐度均值出现在2007年，为33.94‰；2015年最低，为31.00‰。

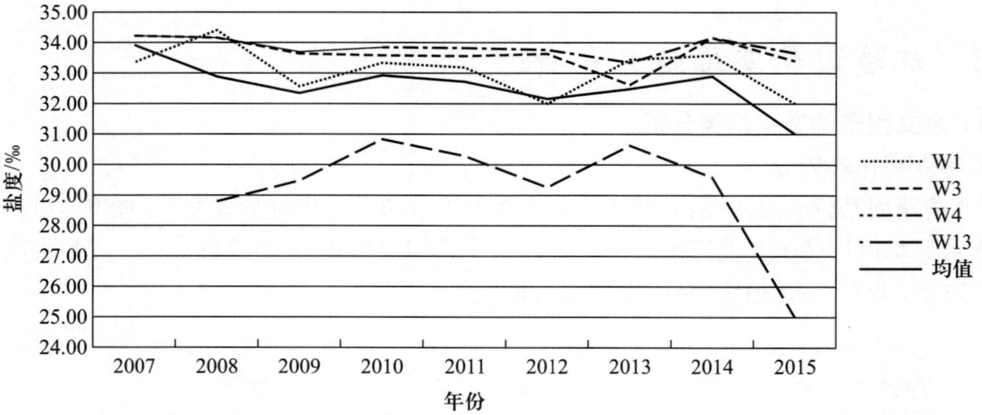

图9.29　2007—2015年三亚湾断面站位表层盐度年际变化

三亚湾断面站位底层盐度年际变化见图9.30。由于三亚河淡水的注入，渡口W13站位年平均盐度低于其他三个站位。年最高盐度均值出现在2013年，为34.36‰；2009年最低，为33.61‰。

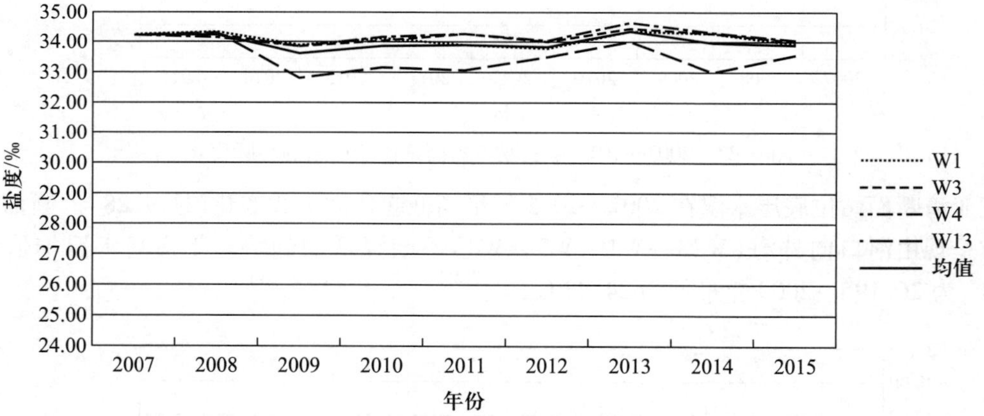

图9.30　2007—2015年三亚湾断面站位底层盐度年际变化

2）季节变化趋势分析

三亚湾断面站位表层水温季节变化见图9.31。断面站位总的表层水温季节变化趋势表现为夏季>秋季>春季>冬季。表层水温均值最高出现在2012年的夏季，为29.36℃，2009年冬季最低，为21.79℃。冬季和其他三个季节的平均水温相差均在3℃以上，其他三个季节之间平均水温相差在1℃以内。

三亚湾断面站位底层水温季节变化见图9.32。断面总的季节变化趋势表现为秋季>春季>夏季>冬季。最高值出现在2012年的夏季，为28.88℃；2009年冬季最低，为21.66℃。断面站位温度大致变动范围冬季为22~24℃，春季为26~27℃，夏季为24~29℃，秋季为27~28℃。

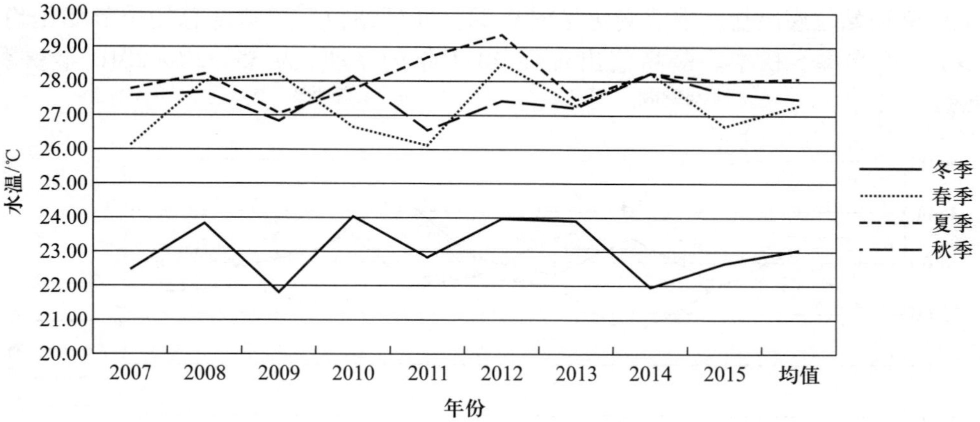

图 9.31　2007—2015 年三亚湾断面站位表层水温季节变化

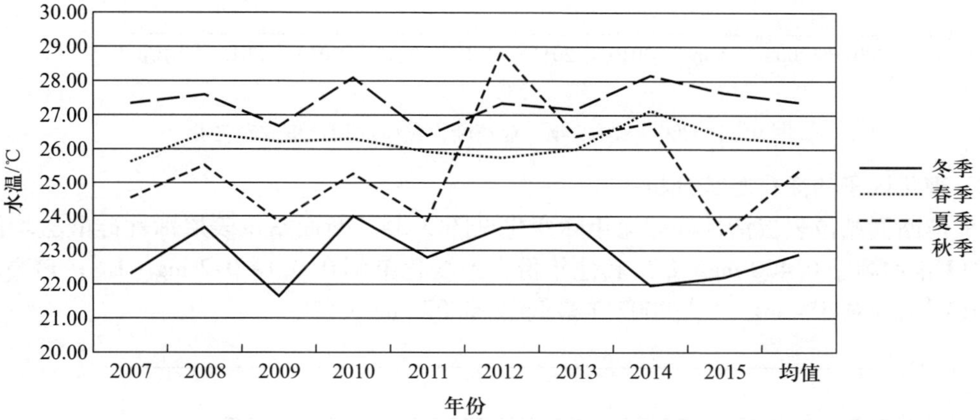

图 9.32　2007—2015 年三亚湾断面站位底层水温季节变化

三亚湾断面站位表层盐度季节变化见图 9.33。断面站位表层盐度总的季节变化趋势表现为春季>冬季>夏季>秋季。最高值出现在 2013 年的冬季，为 34.99‰；2013 年夏季最低，为 29.09‰。

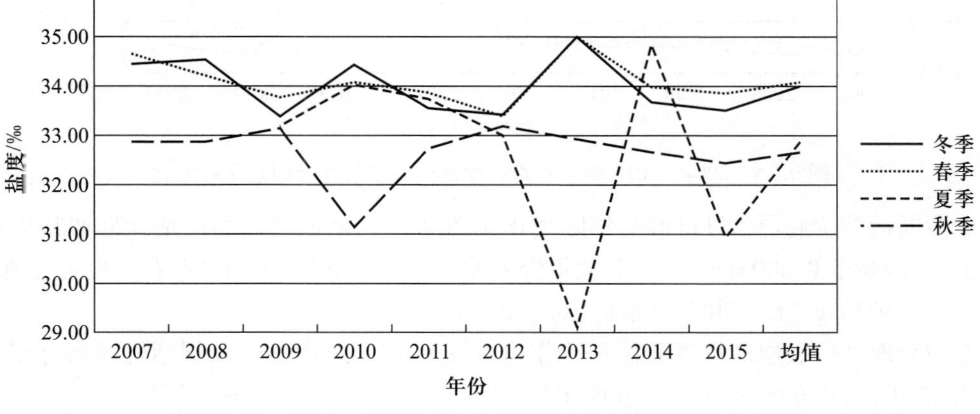

图 9.33　2007—2015 年三亚湾断面站位表层盐度季节变化

三亚湾断面站位底层盐度季节变化见图9.34。断面站位底层盐度总的季节变化趋势表现为夏季>春季>冬季>秋季。最高值出现在2013年的冬季，为35.32‰；2010年秋季最低，为32.80‰。

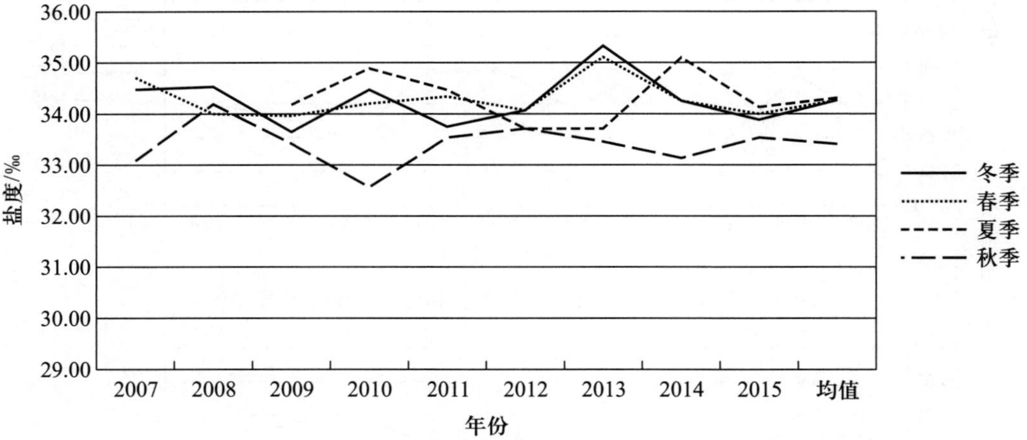

图9.34 2007—2015年三亚湾断面站位底层盐度季节变化

（2）理化因子的变化趋势分析

三亚湾断面站位表层活性硅酸盐年际变化见图9.35。断面站位表层活性硅酸盐均值2012年和2013年均高于0.400 mg·L^{-1}，其他年份大致变化范围在0.1～0.2 mg·L^{-1}。最高均值出现在2013年，为0.554 mg·L^{-1}；2007年最低，为0.073 mg·L^{-1}。

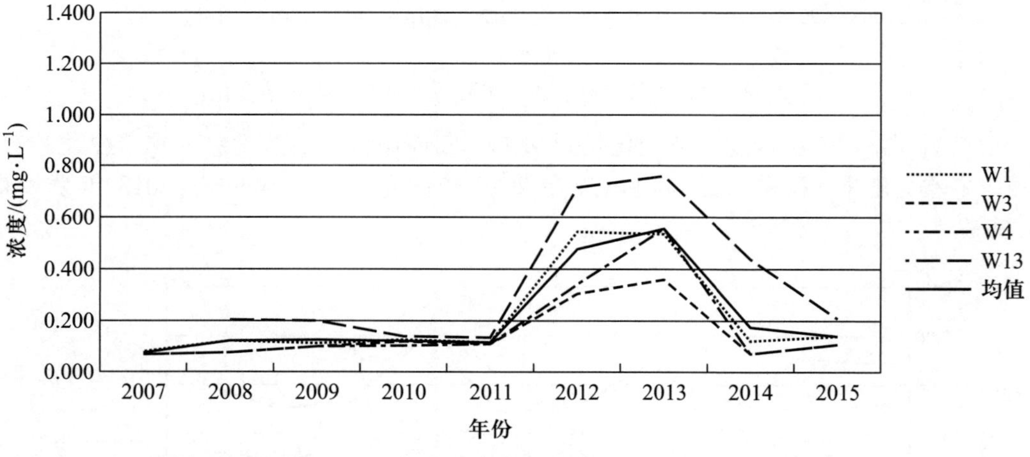

图9.35 2007—2015年三亚湾断面站位表层活性硅酸盐年际变化

三亚湾断面站位底层活性硅酸盐年际变化见图9.36。断面站位底层活性硅酸盐均值2012年和2013年均高于0.300 mg·L^{-1}，其他年份大致浮动在0.100 mg·L^{-1}左右。最高均值出现在2013年，为0.599 mg·L^{-1}；2007年最低，为0.076 mg·L^{-1}。

三亚湾断面站位表层活性磷酸盐年际变化见图9.37。断面站位表层活性磷酸盐最高均值出现在2012年，为0.036 mg·L^{-1}，2008年和2014年最低，为0.008 mg·L^{-1}。

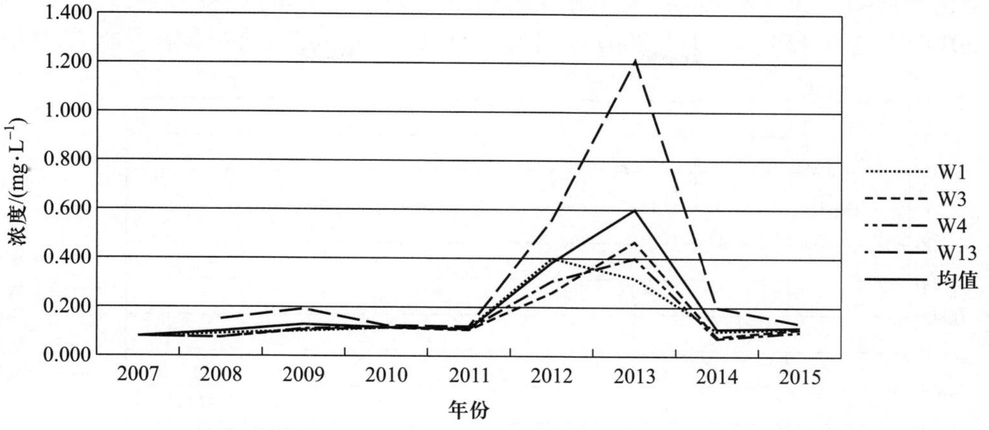

图 9.36 2007—2015 年三亚湾断面站位底层活性硅酸盐年际变化

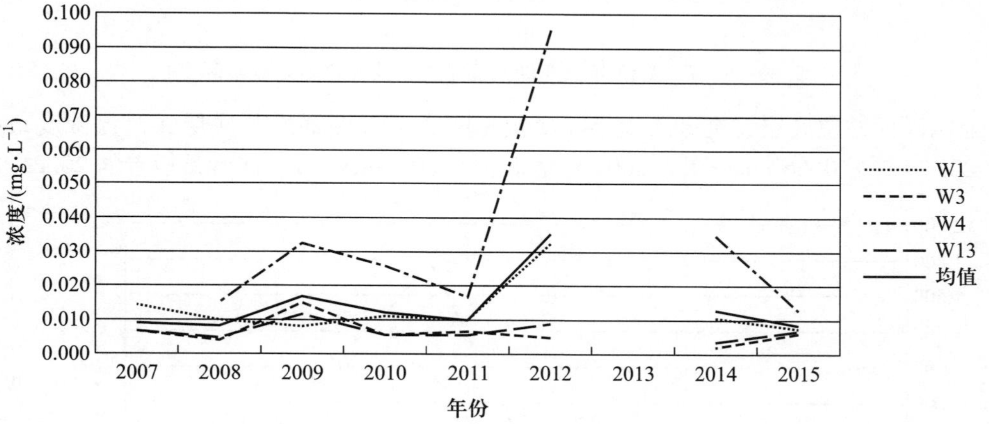

图 9.37 2007—2015 年三亚湾断面站位表层活性磷酸盐年际变化

三亚湾断面站位底层活性磷酸盐年际变化见图 9.38。断面站位底层活性磷酸盐最高均值出现在 2009 年，为 0.015 mg · L^{-1}；2008 年和 2014 年最低，为 0.007 mg · L^{-1}。

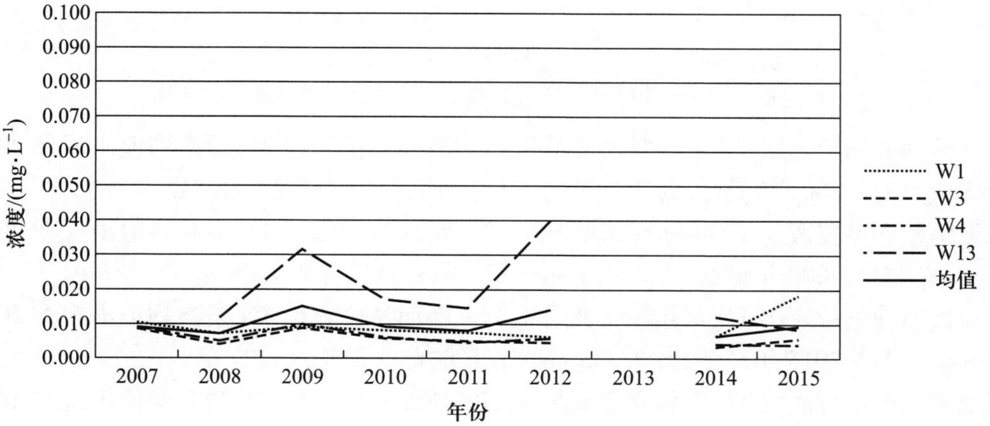

图 9.38 2007—2015 年三亚湾断面站位底层活性磷酸盐年际变化

三亚湾断面站位表层无机氮浓度年际变化见图9.39。断面站位表层无机氮浓度最高均值出现在2014年，为0.158 mg·L^{-1}；2007年最低，为0.036 mg·L^{-1}，前者是后者的4.39倍。

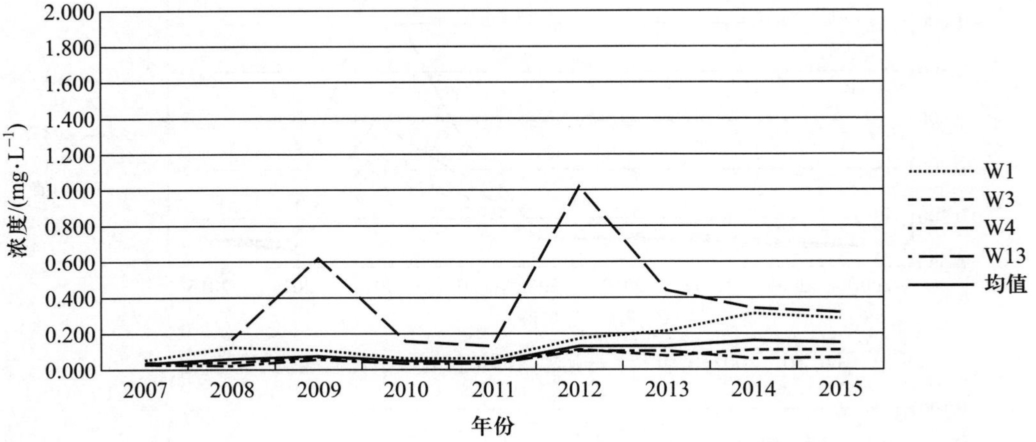

图9.39　2007—2015年三亚湾断面站位表层无机氮浓度年际变化

三亚湾断面站位底层无机氮浓度年际变化见图9.40。断面站位底层无机氮浓度最高均值出现在2014年，为0.667 mg·L^{-1}，2007年最低，为0.033 mg·L^{-1}，前者是后者的20.21倍。

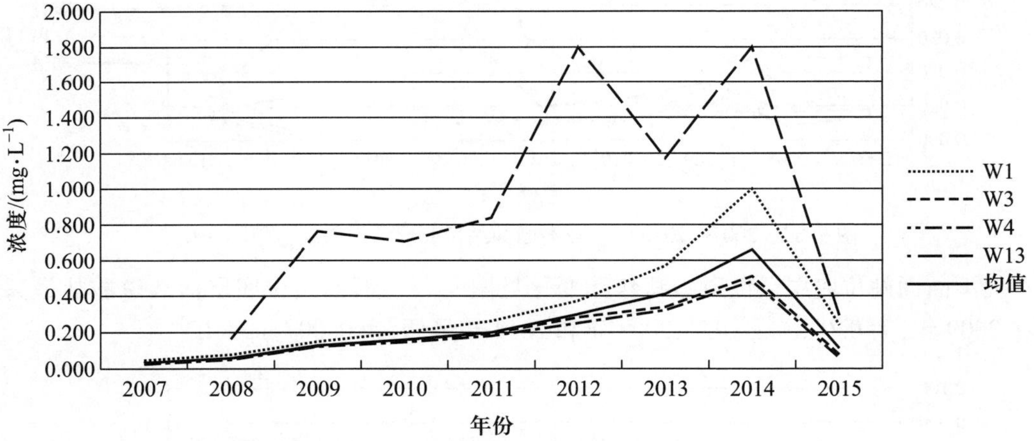

图9.40　2007—2015年三亚湾断面站位底层无机氮浓度年际变化

三亚湾断面站位表层TP年际变化见图9.41。断面站位表层TP最高均值出现在2013年，为0.193 mg·L^{-1}；2008年最低，为0.013 mg·L^{-1}，前者是后者的14.85倍。

三亚湾断面站位底层TP年际变化见图9.42。断面站位底层TP最高均值出现在2013年，为0.092 mg·L^{-1}；2008年最低，为0.013 mg·L^{-1}，前者是后者的7.08倍。

三亚湾断面站位表层TN年际变化见图9.43。断面站位表层TN最高均值出现在2009年，为3.088 mg·L^{-1}；2015年最低，为0.333 mg·L^{-1}，前者是后者的9.27倍。

三亚湾断面站位底层TN年际变化见图9.44。断面站位底层TN最高均值出现在2009年，为2.931 mg·L^{-1}；2015年最低，为0.322 mg·L^{-1}，前者是后者的9.10倍。

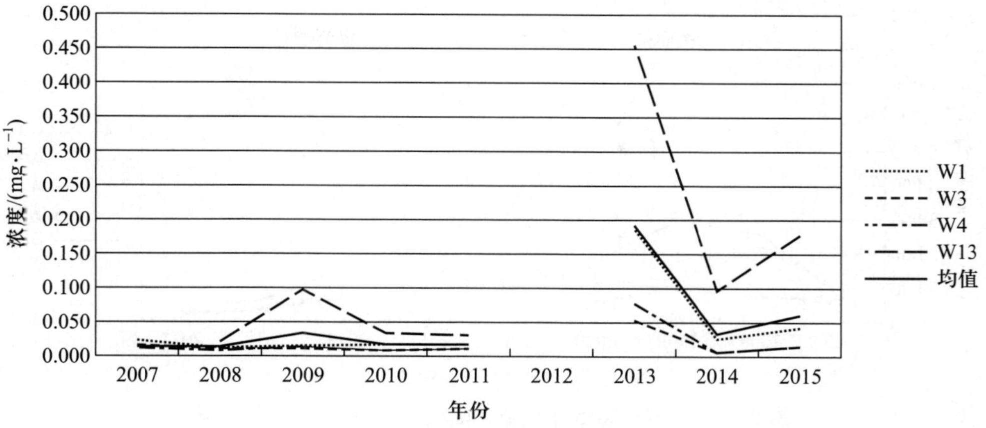

图 9.41　2007—2015 年三亚湾断面站位表层 TP 年际变化

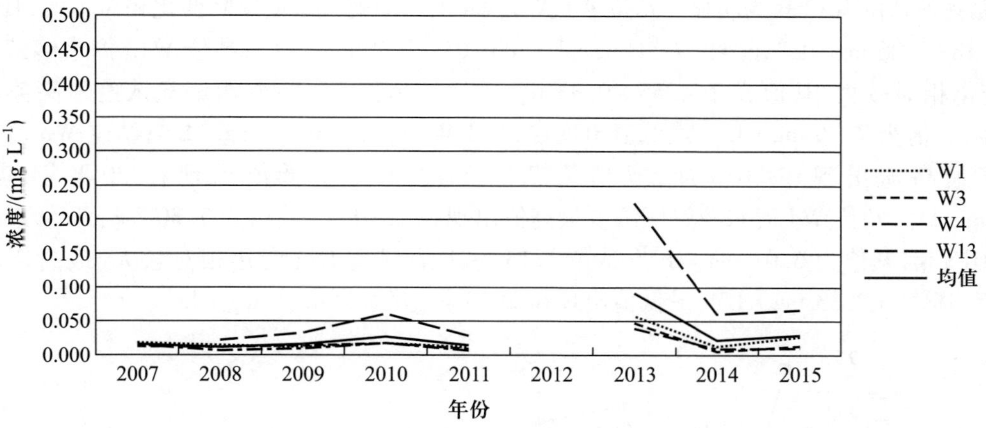

图 9.42　2007—2015 年三亚湾断面站位底层 TP 年际变化

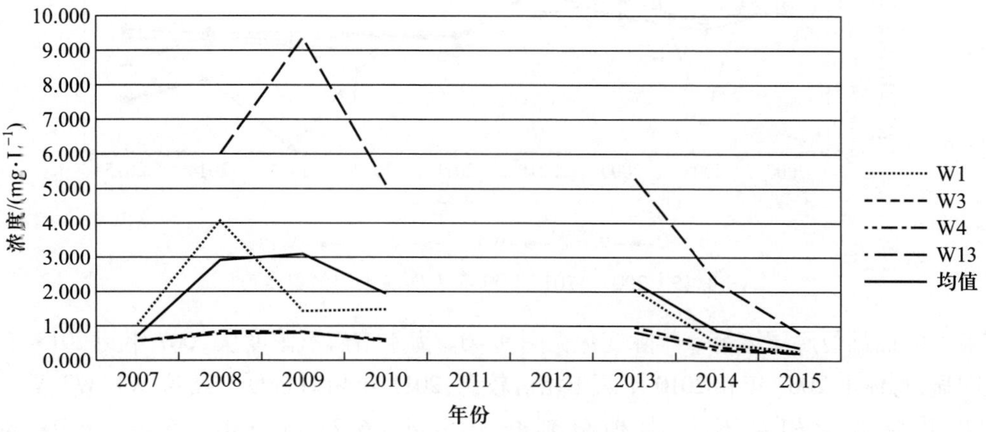

图 9.43　2007—2015 年三亚湾断面站位表层 TN 年际变化

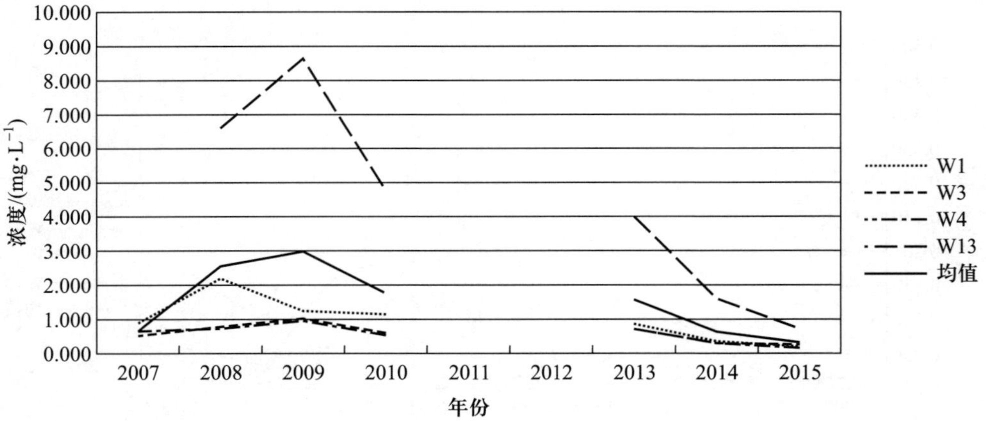

图 9.44　2007—2015 年三亚湾断面站位底层 TN 年际变化

三亚湾断面站位表层溶解氧年际变化见图 9.45。海水溶解氧浓度从 2007—2015 年有降低的趋势，尤其是站位 W13 较为明显。站位 W1、W3、W4 海水溶解氧浓度年际变化相对不大，其值分别介于 6.18~7.26 mg·L^{-1}、6.44~7.21 mg·L^{-1}和 6.01~7.30 mg·L^{-1}；站位 W13 海水溶解氧浓度年际变化相对较大，其值介于 4.55~9.33 mg·L^{-1}。站位 W1 海水溶解氧浓度最高值出现在 2007 年，其值为 7.26 mg·L^{-1}，最低值出现在 2011 年，其值为 6.18 mg·L^{-1}；站位 W3 海水溶解氧浓度最高值出现在 2010 年，其值为 7.21 mg·L^{-1}，最低值出现在 2011 年，其值为 6.44 mg·L^{-1}；站位 W4 海水溶解氧浓度最高值出现在 2010 年，其值为 7.30 mg·L^{-1}，最低值出现在 2015 年，其值为 6.01 mg·L^{-1}；站位 W13 海水溶解氧浓度变化相对较大，最高值出现在 2007 年，其值为 9.33 mg·L^{-1}，最低值出现在 2013 年，其值为 4.55 mg·L^{-1}。

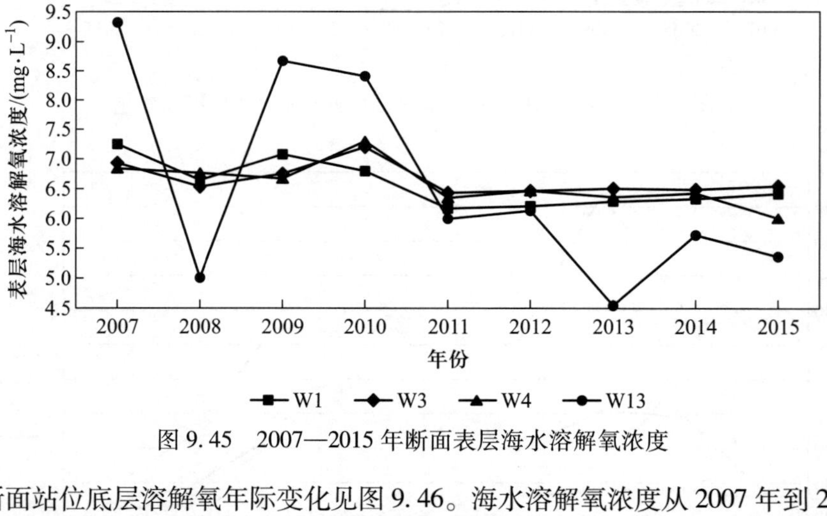

图 9.45　2007—2015 年断面表层海水溶解氧浓度

三亚湾断面站位底层溶解氧年际变化见图 9.46。海水溶解氧浓度从 2007 年到 2015 年变化趋势不太明显，总体上 2007 年和 2010 年两年相对较高，2011 年相对较低。站位 W1、W3、W4 海水溶解氧浓度年际变化相对不大，其值分别介于 5.74~6.75 mg·L^{-1}、5.68~6.93 mg·L^{-1}和 5.73~7.06 mg·L^{-1}；站位 W13 海水溶解氧浓度年际变化相对较大，其值介于 4.84~6.49 mg·L^{-1}。站位 W1 海水溶解氧浓度最高值出现在 2007 年，其值为 6.75 mg·L^{-1}，最低值出现在 2011 年,其值为 5.74 mg・L^{-1};站位 W3 最高值出现在 2007 年,其值为 6.93 mg・L^{-1},最低值出现在 2011 年,其值为 5.68 mg・L^{-1};站位 W4 最高值出现在 2007 年,其值为 7.06 mg・L^{-1},最低值出现在 2011 年,其值为 5.73 mg・L^{-1};站位 W13 最高值出现在 2009 年,其值为 6.49 mg・L^{-1},最低值出现在 2008 年,其值为 4.84 mg・L^{-1}。

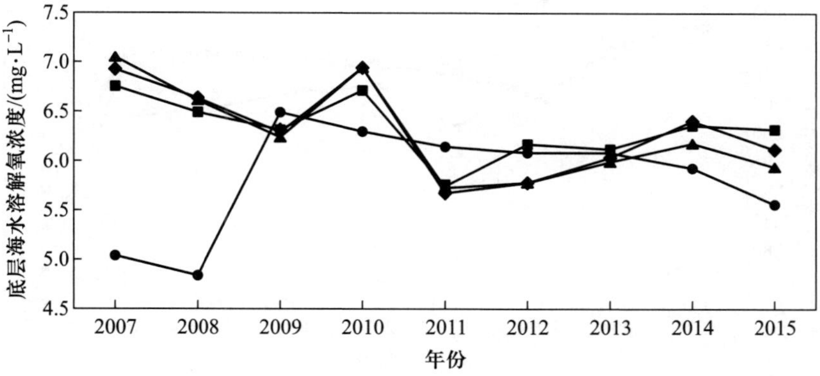

图 9.46　2007—2015 年断面底层海水溶解氧浓度

三亚湾断面站位表层海水 pH 年际变化见图 9.47。海水 pH 从 2007 年到 2015 年略有降低,尤其是站位 W1 和 W13 较为明显。站位 W1、W3、W4 表层海水 pH 年际变化相对不大,其值分别介于 7.90~8.15、8.07~8.18 和 7.91~8.18;站位 W13 表层海水 pH 年际变化稍大,其值介于 6.04~8.16。站位 W1 表层海水 pH 最高值出现在 2014 年,其值为 8.15,最低值出现在 2015 年,其值为 7.90;站位 W3 最高值出现在 2007 年,其值为 8.18,最低值出现在 2015 年,其值为 8.07;站位 W4 最高值出现在 2007 年,其值为 8.18,最低值出现在 2015 年,其值为 7.91;站位 W13 最高值出现在 2009 年,其值为 8.16,最低值出现在 2013 年,其值为 6.04。

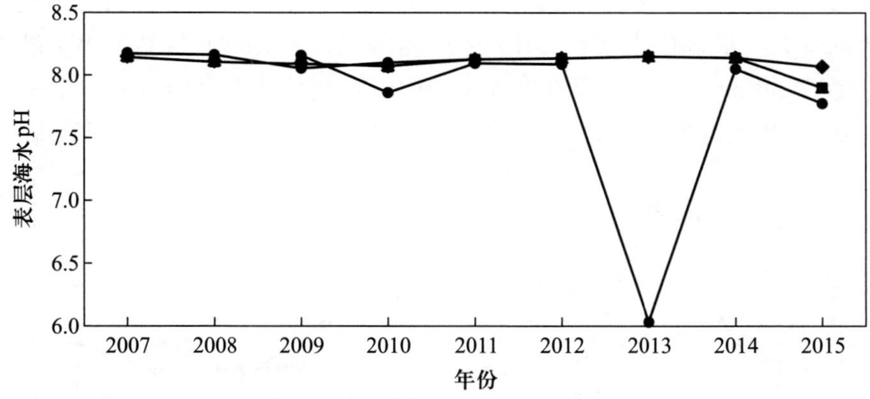

图 9.47　2007—2015 年断面表层海水 pH

三亚湾断面站位底层海水 pH 年际变化见图 9.48。海水 pH 从 2007 年到 2015 年变化相对较大,尤其是 2015 年显著低于其他年份。站位 W1、W3、W4 底层海水 pH 年际变化相对不大,其值分别介于 7.90~8.17、7.76~8.17 和 7.94~8.18;站位 W13 底层海水 pH 年际变化稍大,其值介于 7. 84~8. 10。站位 W1 底层海水 pH 最高值出现在 2007 年,其值为 8. 17,最低值出现在 2015 年,其值为 7.90;站位 W3 最高值出现在 2007 年,其值为 8. 17,最低值出现在 2015 年,其值为 7. 76;站位 W4pH 最高值出现在 2007 年,其值为 8. 18,最低值出现在 2015 年,其值为 7. 94;站位 W13pH 最高值出现在 2009 年,其值为 8. 10,最低值出现在 2015 年,其值为 7. 84。

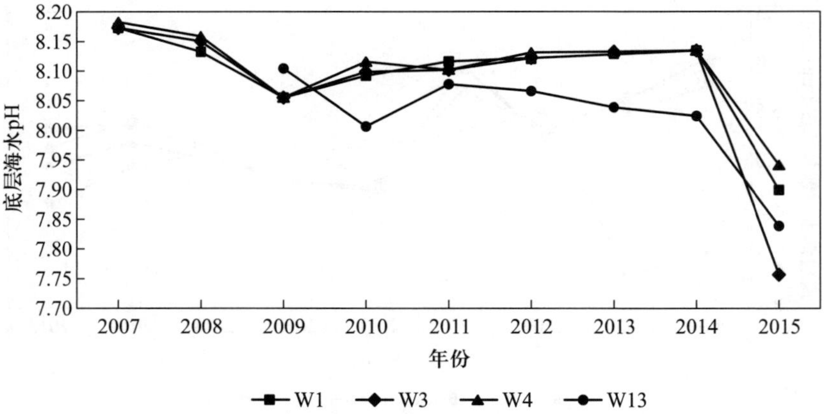

图 9. 48　2007—2015 年断面底层海水 pH

三亚湾断面站位表层海水化学需氧量年际变化见图 9. 49。海水化学需氧量从 2007 年到 2015 年变化相对较大,尤其是站位 W1 和 W13。W1 最高值出现在 2008 年,其余年份相差不大,且显示出弱的逐年递增的趋势。W13 最高值出现在 2010 年,显示有一定的波动性,需要长时间的监测数据分析进一步确定。站位 W1 表层海水化学需氧量年际变化较大,其值介于 0. 90~3. 62 mg · L^{-1};站位 W3 和 W4 表层海水化学需氧量年际变化相对较小,其值分别介于 0. 71~1. 25 mg · L^{-1}和 0. 77~1. 50 mg · L^{-1};站位 W13 表层海水化学需氧量年际变化相对较大,其值介于 1. 32 ~ 3. 54 mg · L^{-1}。站位 W1 表层海水化学需氧量最高值出现在 2008 年,其值为 3. 62 mg · L^{-1},最低值出现在 2011 年,其值为 0. 90 mg · L^{-1};站位 W3 最高值出现在 2015 年,其值为 1. 25 mg · L^{-1},最低值出现在 2013 年,其值为 0. 71 mg · L^{-1};站位 W4 最高值出现在 2015 年,其值为 1. 50 mg · L^{-1},最低值出现在 2010 年,其值为 0. 77 mg · L^{-1};站位 W13 最高值出现在 2010 年,其值为 3. 54 mg · L^{-1},最低值出现在 2013 年,其值为 1. 32 mg · L^{-1}。

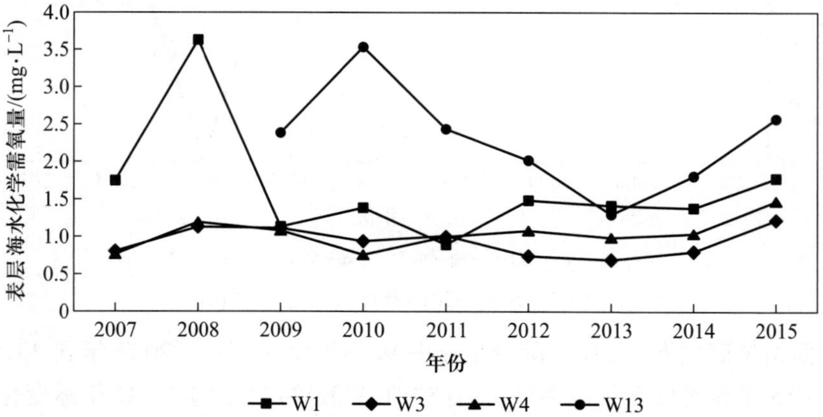

图 9. 49　2007—2015 年断面表层海水化学需氧量

三亚湾断面站位底层海水化学需氧量年际变化见图 9.50。海水化学需氧量从 2007 年到 2015 年变化相对较大，呈现弱的逐年递增的趋势。站位 W1 底层海水化学需氧量年际变化较大，其值介于 0.89~3.47 mg · L^{-1}；站位 W3 和 W4 底层海水化学需氧量年际变化相对较小，其值分别介于 0.49~1.30 mg · L^{-1}和 0.58~1.48 mg · L^{-1}；站位 W13 底层海水化学需氧量年际变化相对较大，其值介于 1.67~3.05 mg · L^{-1}。站位 W1 底层海水化学需氧量最高值(3.47 mg · L^{-1})出现在 2008 年，最低值(0.89 mg · L^{-1})出现在 2011 年；站位 W3 最高值(1.30 mg · L^{-1})出现在 2008 年，最低值(0.49 mg · L^{-1})出现在 2009 年；站位 W4 最高值出现在 2015 年，其值为 1.48 mg · L^{-1}，最低值出现在 2009 年，其值为 0.58 mg · L^{-1}；站位 W13 最高值出现在 2010 年，其值为 3.05 mg · L^{-1}，最低值出现在 2013 年，其值为 1.67 mg · L^{-1}。

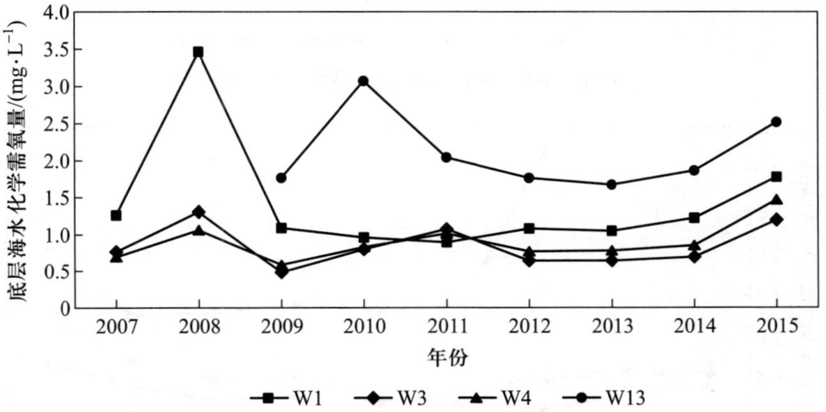

图 9.50　2007—2015 年断面底层海水化学需氧量

三亚湾断面站位表层海水生化需氧量年际变化见图 9.51。海水生化需氧量从 2007 年到 2015 年呈现弱的逐年递增的趋势。其中站位 W13 变化较大，且最高年份出现于 2010 年。除 W13 外，W1 变化也相对较大，最高年份出现于 2011 年，其后有递减的趋势。W3、W4 和 W13 在 2010 年以后显示出逐年升高的趋势。W1 表层海水生化需氧量年际变化较大，其值介于 0.58~2.19 mg · L^{-1}；站位 W3 和 W4 表层海水生化需氧量年际变化相对较小，其值分别介于 0.24~1.06 mg · L^{-1}和 0.18~0.76 mg · L^{-1}；站位 W13 表层海水生化需氧量年际变化相对较大，其值介于 1.58~3.85 mg · L^{-1}。站位 W1 表层海水生化需氧量最高值出现在 2011 年，其值为 2.19 mg · L^{-1}，最低值出现在 2010 年，其值为 0.58 mg · L^{-1}；站位 W3 最高值出现在 2009 年，其值为1.05 mg · L^{-1}，最低值出现在 2010 年，其值为 0.24 mg · L^{-1}；站位 W4 最高值出现在 2015 年，其值为 0.76 mg · L^{-1}，最低值出现在 2010 年，其值为 0.18 mg · L^{-1}；站位 W13 最高值出现在 2010 年，其值为 3.85 mg · L^{-1}，最低值出现在 2013 年，其值为 1.58 mg · L^{-1}。

三亚湾断面站位底层海水生化需氧量年际变化见图 9.52。海水生化需氧量从 2007 年到 2015 年呈现弱的逐年递增的趋势。其中站位 W13 变化较大，其他站位从 2007 年到 2011 年呈现递减趋势，2011 年以后又显示出逐年升高的趋势。站位 W1、W3、W4 底层海水生化需氧量年际变化较小，其值分别介于 0.23~1.24 mg · L^{-1}、0.22~0.70 mg · L^{-1}和 0.14~0.72 mg · L^{-1}；站位 W13 底层海水生化需氧量年际变化相对较大，其值介于 1.28~3.21 mg · L^{-1}。站位 W1 底层海水生化需氧量最高值出现在 2015 年，其值为 1.24 mg · L^{-1}，最低值出现在 2011 年，其值为 0.23 mg · L^{-1}；

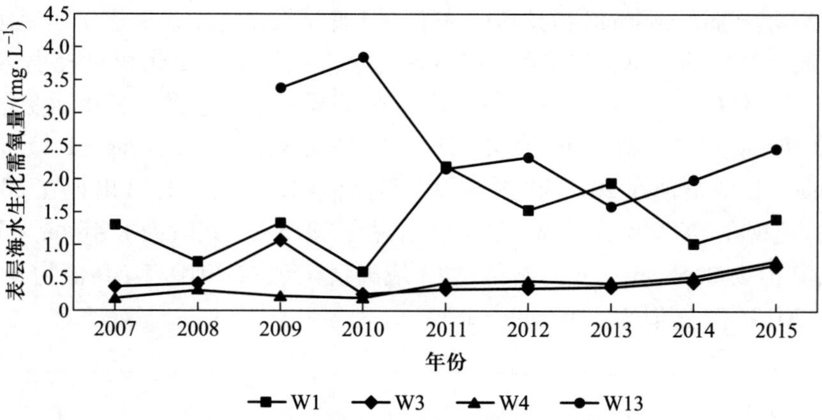

图 9.51　2007—2015 年断面表层海水生化需氧量

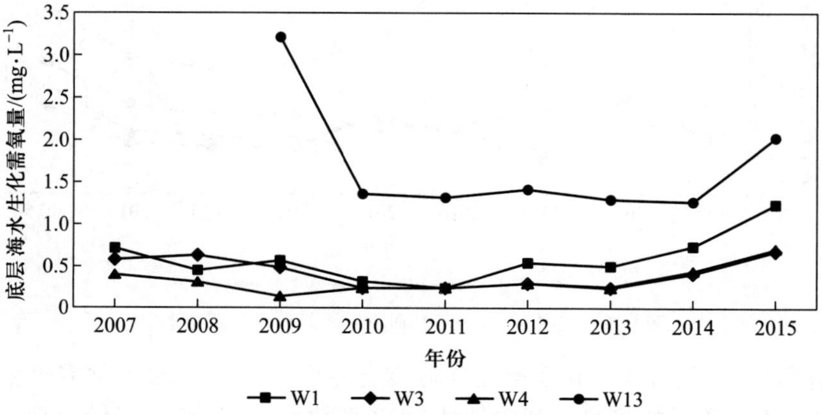

图 9.52　2007—2015 年断面底层海水生化需氧量

站位 W3 最高值出现在 2015 年,其值为 0.70 mg · L^{-1},最低值出现在 2010 年,其值为 0.22 mg · L^{-1};站位 W4 最高值出现在 2015 年,其值为 0.72 mg · L^{-1},最低值出现在 2009 年,其值为 0.14 mg · L^{-1};站位 W13 最高值出现在 2009 年,其值为 3.21 mg · L^{-1},最低值出现在 2014 年,其值为 1.28 mg · L^{-1}。

三亚湾断面站位表层海水溶解有机碳年际变化见图 9.53。海水溶解有机碳从 2008 年到 2013 年呈现弱的逐年递增的趋势,且最高年份出现于 2013 年,2013 年以后有所降低。站位 W1 表层海水溶解有机碳年际变化较小,其值介于 1.34~3.48 mg · L^{-1};站位 W3 表层海水溶解有机碳年际变化相对较大,其值介于 1.71~11.44 mg · L^{-1},站位 W4 表层海水溶解有机碳年际变化相对较小,其值介于 1.33~3.10 mg · L^{-1};站位 W13 表层海水溶解有机碳年际变化相对较大,其值介于 1.74~7.20 mg · L^{-1}。站位 W1 表层海水溶解有机碳最高值出现在 2013 年,其值为3.48 mg · L^{-1},最低值出现在 2010 年,其值为 1.34 mg · L^{-1};站位 W3 最高值出现在 2013 年,其值为11.44 mg · L^{-1},最低值出现在 2008 年,其值为 1.71 mg · L^{-1};站位 W4 最高值出现在 2013 年,其值为 3.10 mg · L^{-1},最低值出现在 2012 年,其值为 1.33 mg · L^{-1};站位 W13 最高值出现在 2013 年,其值为 7.20 mg · L^{-1},最低值出现在 2010 年,其值为 1.74 mg · L^{-1}。

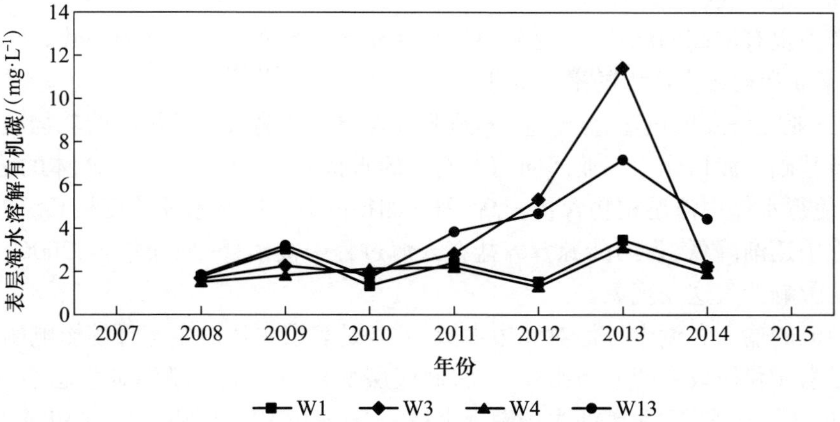

图 9.53 2007—2015 年断面表层海水溶解有机碳

三亚湾断面站位底层海水溶解有机碳年际变化见图 9.54。2013 年明显高于其他年份。4 个站位底层海水溶解有机碳年际变化均较大,其值分别介于 1.20~6.00 mg·L^{-1}、1.05~3.23 mg·L^{-1}、1.13~5.62 mg·L^{-1}和 1.99~6.96 mg·L^{-1}。站位 W1 底层海水溶解有机碳最高值出现在 2013 年,其值为 6.00 mg·L^{-1},最低值出现在 2010 年,其值为 1.20 mg·L^{-1};站位 W3 最高值出现在 2013 年,其值为 3.23 mg·L^{-1},最低值出现在 2012 年,其值为 1.05 mg·L^{-1};站位 W4 最高值出现在 2013 年,其值为 5.62 mg·L^{-1},最低值出现在 2012 年,其值为 1.13 mg·L^{-1};站位 W13 最高值出现在 2013 年,其值为 6.96 mg·L^{-1},最低值出现在 2012 年,其值为 1.99 mg·L^{-1}。

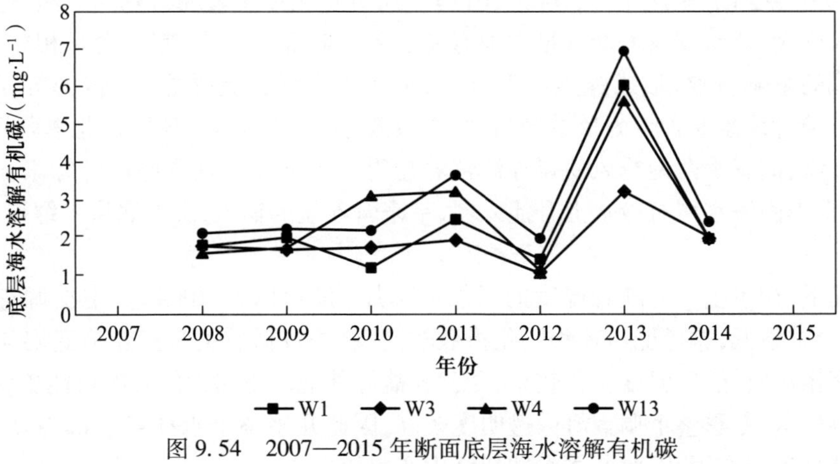

图 9.54 2007—2015 年断面底层海水溶解有机碳

9.4.2 浮游生物变化趋势分析

(1) 叶绿素 a 和初级生产力变化趋势分析

1) 叶绿素 a 和初级生产力的年际变化

自 2007 年以来,叶绿素 a 浓度总体呈增加的趋势,这可能是由于近年来旅游业的迅猛发展,使得人类活动对海区的污染加剧,造成水体中浮游植物含量增加。其中 2008 年和 2013 年渡口叶绿素 a 含量均比前一年下降,可能是由于当时政府治理力度的加强,尤其是河口排污的减少,海区环境得到一定的改善。

初级生产力也有增高的趋势,其变化趋势与叶绿素 a 浓度变化大体相一致。

2）叶绿素 a 和初级生产力的平面变化

近年来,三亚经济发展迅速,旅游业、养殖业等人类活动输入了大量的营养物质,为浮游植物生长提供物质基础。渡口作为三亚河向湾内输入的直接站点,由于三亚河水体的输入带入大量的营养盐等,使得水体中浮游植物含量较高,因此测得的渡口叶绿素 a 浓度极高。叶绿素 a 浓度在离岸的过程中逐渐降低,表明陆源营养盐在入海过程中被稀释(周伟华等,2006),反映出三亚湾受人类活动影响严重这一现象。

三亚河径流的输入和近岸排污对周边水域,尤其是表层水体的生态环境影响明显,因此近岸表层水体叶绿素 a 和初级生产力均比外湾高,而底层变化不明显。珊瑚礁生态系统具有极高的初级生产力,三亚湾东瑁洲、西瑁洲为珊瑚礁水域,本次调查中其附近的表层初级生产力并没有很高,这可能是因为高效的珊瑚礁初级生产力仅限于其自身的群落范围内,对周边水域的初级生产过程影响并不明显。水柱初级生产力较高,这主要与珊瑚礁海湾的水体较为清澈,水体透光性好,整个水柱经常都处于真光层有关。

3）叶绿素 a 和初级生产力的季节变化

与高纬度海域受温度影响明显不同,三亚湾为低纬度热带海域,湾内水温季节性变化幅度较小,因此温度不太可能成为其限制因子,叶绿素 a 和初级生产力的季节变化受物理环境和营养盐等因素影响的可能性较大。三亚湾海域一年内分别受西南季风和东北季风影响,春季西南季风开始爆发,夏季强盛;秋季东北季风开始加强,冬季为盛行期。季风的盛行造成三亚湾海域的环境特征发生季节性变化(宋星宇等,2009,2011)。河口叶绿素 a 表现为夏季最高,这可能与夏季陆源径流输入增大,该水域营养盐含量增加有关。冬季叶绿素 a 表、底层含量相差不大,这可能是受东北季风的影响所致,形成强烈的混合层,水体垂直混合更强烈(董俊德等,2002;宋星宇等,2009)。外湾叶绿素 a 含量为秋季最高,春季最低,这可能是由于秋季东北季风将河口大量的营养盐带到外湾,而春季西南季风使得外湾营养盐得不到补充。夏季底层叶绿素 a 含量高于表层,这是由于夏季南海水域有冷水上升流入侵,带来营养盐的输入,影响底层叶绿素 a 含量(董俊德等,2002)。

通常情况下,初级生产力随着温度的增加而增加(张运林等,2004)。本次调查中初级生产力秋季最高,春季最低,这可能与秋季同化指数较高、春季较低有关。三亚湾底层初级生产力的季节变化幅度相对较低,年温度变化较小,受营养盐等其他环境因素的影响可能更大。根据同航次透明度资料显示,冬季整个调查海区透明度较高,因此几乎整个水柱可能都为真光层,底层浮游植物仍可进行光合作用,因此冬季水柱初级生产力较高。

(2）浮游植物的变化趋势分析

1）年际变化趋势分析

从年际变化趋势来看(图 9.55),断面各站位浮游植物丰度的年均值变化趋势较为一致,总体均呈现下降趋势,在 2013—2015 年出现波动。从种类组成来看(图 9.56),硅藻为第一大优势类群,其次是蓝藻,在 2007、2008、2011、2014 年所占比例较大,甲藻在各个年份均有出现,但所占比例较小,其他藻仅在个别年份出现且占很小比例。从断面来看,由三亚河口向外海(W1→W3→W4)丰度呈现不断减少的趋势,反映了陆源营养盐输入使得浮游植物丰度增加。

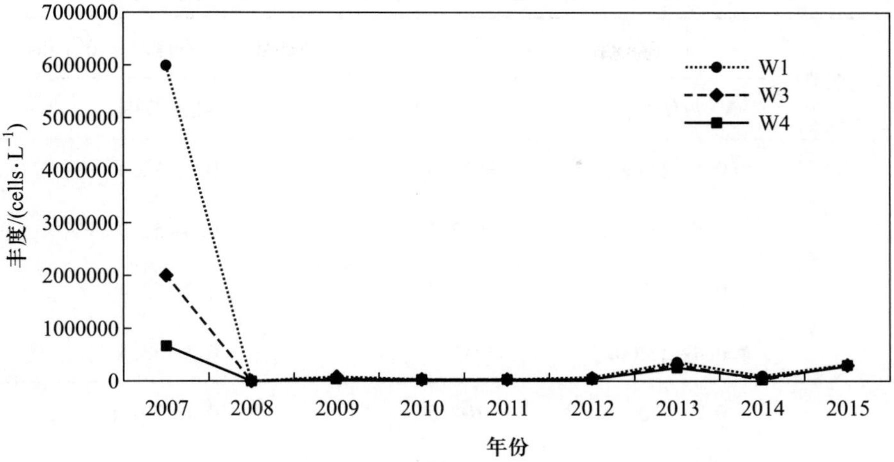

图 9.55 三亚湾典型断面浮游植物丰度均值的年际变化

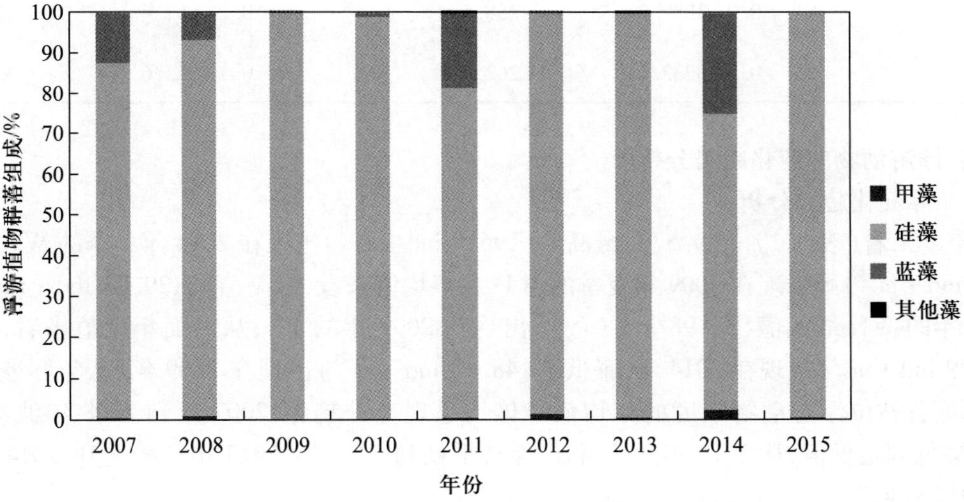

图 9.56 三亚湾典型断面浮游植物群落丰度均值组成的年际变化

2）季节变化趋势分析

从丰度年均值来看(表 9.18)，最高值(3015.3×10^3 cells · L^{-1})出现在冬季的 W1，最低值(14.7×10^3 cells · L^{-1})出现在夏季的 W3，其中冬季数值呈现为 W1>W3>W4，春季呈现为 W3>W4>W1，夏季呈现为 W4>W1>W3，秋季相差不大，则呈现为 W4>W3>W1；从断面均值来看，最高值(1241.6×10^3 cells · L^{-1})出现在冬季，最低值(18.1×10^3 cells · L^{-1})出现在夏季，两者相差 2 个数量级，呈现冬季>春季>秋季>夏季的变化趋势；从冬季来看，历年最高值(23460×10^3 cells · L^{-1})出现在该季的 W1，历年最低值(0.4×10^3 cells · L^{-1})出现在该季的 W4，两者相差 5 个数量级；从春季来看，最高值(3232.5×10^3cells · L^{-1})出现在 W3，最低值(0.3×10^3 cells · L^{-1})出现在 W3 和 W4；从夏季来看，最高值(78.4×10^3 cells · L^{-1})出现在 W4，最低值(0.5×10^3 cells · L^{-1})出现在 W1 和 W3。

表9.18　三亚湾观测站典型断面浮游植物丰度和生物量的季度变化

站位	季节	丰度/(×10³ cells·L⁻¹)		季节	丰度/(×10³ cells·L⁻¹)	
		数值范围	历年均值		数值范围	历年均值
W1	冬季	0.5~23460.0	3015.3	夏季	0.5~70.4	16.4
W3		0.5~4725.0	607.1		0.5~52.0	14.7
W4		0.4~753.9	102.3		0.7~78.4	23.3
断面		0.4~23460.0	1241.6		0.5~78.4	18.1
W1	春季	0.7~520.3	102.6	秋季	0.1~792.6	126.4
W3		0.3~3232.5	426.7		0.1~965.6	126.9
W4		0.3~1889.2	258.5		0.2~862.4	127.6
断面		0.3~3232.5	262.6		0.1~965.6	127.0

(3) 浮游动物的变化趋势分析

1) 年际变化趋势分析

从丰度来看(表9.19,图9.57),最高值(19615 ind·m^{-3})出现在2014年冬季的W1,最低值(16.25 ind·m^{-3})则出现在2009年夏季的W1;从年均值来看,最高值(5129.93 ind·m^{-3})出现在2014年的W1,最低值(35.98 ind·m^{-3})出现在2009年的W1;从断面年均值来看,最高值(2334.29 ind·m^{-3})出现在2014年,最低值(48.13 ind·m^{-3})出现在2009年;从年际变化趋势来看,断面各站位浮游动物丰度的年均值总体均呈现上升趋势,2007年到2008年波动较小,2009年降低到最低值,从2010年开始回升,保持平稳到2012年,2013年开始上升,2014年显著上升,2015年回落。

从生物量来看(表9.19,图9.58),2007—2014年,最高值(1750 mg·m^{-3})出现在2014年春季的W4,最低值(5.1 mg·m^{-3})则出现在2013年夏季的W1;从年均值来看,最高值(807.53 mg·m^{-3})出现在2014年的W4,最低值(109.5 mg·m^{-3})出现在2012年的W1;从断面年均值来看,最高值(641.66 mg·m^{-3})出现在2014年,最低值(133.43 mg·m^{-3})出现在2007年;从年际变化趋势来看(图9.58),断面各站位浮游动物生物量的年均值总体波动较大,三个站位从2007—2008年有明显的上升,2009年与2010年数据缺失,W3、W4从2011—2012年有明显的上升,2013年又显著回落,而W1呈现先降低后小幅增长,2014年三个站位同时呈现明显上升,2015年三个站位同时回落;从历年总均值上来看,断面各站位数值水平表现为W1(237.67 mg·m^{-3})<W3(346.99 mg·m^{-3})<W4(388.95 mg·m^{-3}),呈现递增趋势。

表 9.19 三亚湾观测站 W1、W3、W4 浮游动物丰度和生物量的年际变化

年份	站位	丰度/(ind · m^{-3})		生物量/(mg · m^{-3})		年份	站位	丰度/(ind · m^{-3})		生物量/(mg · m^{-3})	
		数值范围	均值	数值范围	均值			数值范围	均值	数值范围	均值
2007	W1	50~171	110.5	93.8~221	157.4	2012	W1	93.33~297.5	165.98	12.6~200	109.5
	W3	56.7~66	61.35	51.7~213	132.35		W3	41.67~188.89	125.77	389.97~775	339.49
	W4	91~139	115	18.1~203	110.55		W4	90.48~478.27	215.79	195.4~734.78	374.25
	断面	50~171	95.62	18.1~221	133.43		断面	41.67~478.27	169.18	12.6~775	274.41
2008	W1	93.33~140	116.13	175~504.17	275.15	2013	W1	170.71~644.44	384.38	5.1~394.3	129.48
	W3	107.65~146.75	122.55	213.33~775	457.61		W3	19.23~1230.83	517.68	37.4~617.9	239.33
	W4	60.42~95.22	80.28	147.92~734.78	342.34		W4	375.37~896.8	601.3	66.7~433.8	229.6
	断面	60.42~146.75	106.32	147.92~775	358.37		断面	19.23~1 230.83	501.12	5.1~617.9	199.47
2009	W1	16.25~55.71	35.98	—	—	2014	W1	135.45~19 615	5 129.93	7.2~1050	433.73
	W3	26.67~83.33	55	—	—		W3	96.88~2342.22	707.12	62.7~1250	683.73
	W4	33.14~73.68	53.41	—	—		W4	112.08~3936	1 165.81	51.5~1750	807.53
	断面	16.25~83.33	48.13	—	—		断面	96.88~19 615	2 334.29	7.2~1750	641.66
2010	W1	76.5~295.56	165.25	—	—	2015	W1	40.00~262.50	131.14	10.30~730.80	258.95
	W3	52.94~77.81	62.15	—	—		W3	198.44~404.06	292.77	107.20~381.10	231.58
	W4	54.77~164.44	97.45	—	—		W4	141.81~429.25	262.06	172.00~661.00	378.08
	断面	52.94~295.56	108.28	—	—		断面	40.00~429.25	228.66	10.30~730.80	289.53
2011	W1	98.75~190.71	140.25	112.5~468.75	288.17						
	W3	33.67~111.67	78.83	133.33~333.33	221.53						
	W4	51.19~209.04	115.72	119.05~528.85	326.93						
	断面	33.67~209.04	111.60	112.5~528.85	278.88						

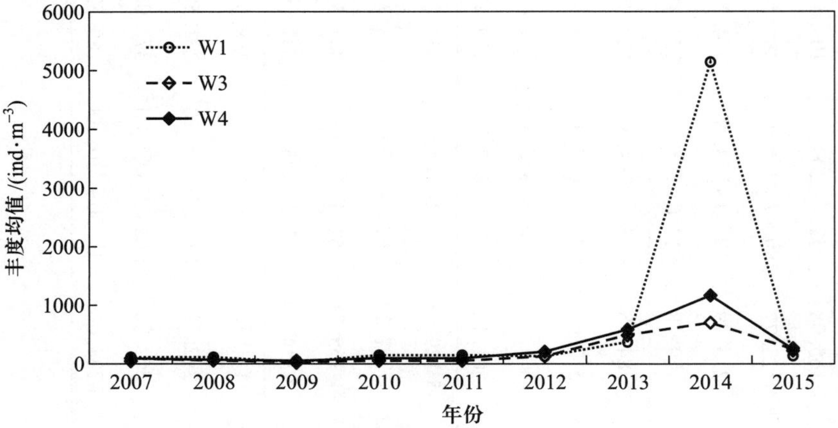

图 9.57　三亚湾浮游动物断面丰度均值的年际变化

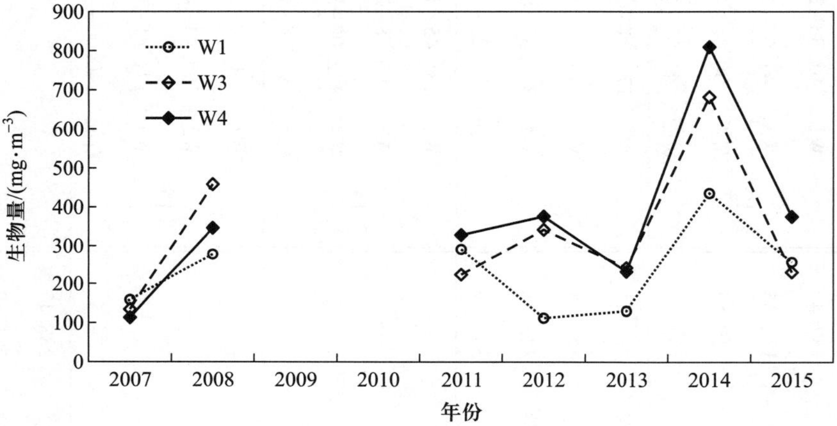

图 9.58　三亚湾浮游动物断面生物量均值的年际变化

2）季节变化趋势分析

从丰度年均值来看（表 9.20），最高值（2568.57 ind · m^{-3}）出现在冬季的 W1，最低值（137.59 ind · m^{-3}）出现在夏季的 W1，其中冬季数值呈现为 W3<W4<W1，春季呈现为 W1<W4<W3，夏季则呈现为 W1<W3<W4，秋季则呈现 W3<W1<W4；从断面均值来看，季节变化不大，最高值（1206.15 ind · m^{-3}）出现在冬季，最低值（151.92 ind · m^{-3}）出现在夏季，呈现冬季>秋季>春季>夏季的变化趋势；从历年总均值来看，断面各站位数值水平表现为 W3（245.63 ind · m^{-3}）<W4（327.83 ind · m^{-3}）<W1（788.28 ind · m^{-3}），而 $p=0.525$，即该断面 3 个站位数值变化没有明显的趋势；从冬季来看，历年最高值（19615 ind · m^{-3}）出现在该季的 W1（2014 年），历年最低值（19.23 ind · m^{-3}）出现在该季的 W3（2013 年）；从春季来看，最高值（1230.83 ind · m^{-3}）出现在 W3（2013 年），最低值（49.54 ind · m^{-3}）出现在 W1（2015 年）；从夏季来看，最高值（451.59 ind · m^{-3}）出现在 W4（2013 年），最低值（16.25 ind · m^{-3}）出现在 W1（2009 年）；秋季最高值（896.8 ind · m^{-3}）出现在 W4（2013 年），最低值（26.67 ind · m^{-3}）出现在 W3（2009 年）。

表 9.20 三亚湾观测站断面站位浮游动物丰度和生物量年均值的季度变化

季节	站位	丰度/(ind · m^{-3})		生物量/(mg · m^{-3})	
		数值范围	历年均值	数值范围	历年均值
冬季	W1	40.00~19615.00	2568.57	12.6~1050	391.31
	W3	19.23~2342.22	359.29	37.4~1250	291.89
	W4	54.77~3936.00	690.59	66.7~1150	341.87
	断面	19.23~19615.00	1206.15	12.6~1250	341.69
春季	W1	49.54~371.11	195.50	10.3~550	200.72
	W3	66.00~1230.83	239.06	51.7~1250	338.11
	W4	51.19~375.37	197.16	18.1~1750	397.30
	断面	49.54~1230.83	210.57	10.3~1750	312.04
夏季	W1	16.25~351.25	137.59	5.1~250	127.27
	W3	62~237.33	147.45	59.3~775	397.74
	W4	73.68~451.59	170.73	51.5~734.78	482.02
	断面	16.25~451.59	151.92	5.1~775	335.68
秋季	W1	55.71~644.44	251.47	127.7~394.3	231.14
	W3	26.67~583.33	182.73	172.2~617.9	360.22
	W4	33.14~896.8	252.82	278.6~433.8	352.62
	断面	26.67~896.8	229.01	127.7~617.9	314.66

从生物量年均值来看(表 9.20),最高值(482.02 mg · m^{-3})出现在夏季的 W4,最低值(127.27 mg · m^{-3})出现在夏季的 W1,其中春季和夏季数值呈现的变化趋势为 W1<W3<W4,冬季呈现为 W3<W4<W1,而秋季则呈现为 W1<W4<W3;从断面均值来看,最高值(341.69 mg · m^{-3})出现在冬季,最低值(312.04 mg · m^{-3})出现在春季,呈现冬季>夏季>秋季>春季的变化趋势;从历年总均值来看,断面各站位数值水平表现为 W1(237.61 mg · m^{-3})<W3(346.99 mg · m^{-3})<W4(388.95 mg · m^{-3}),即该断面 3 个站位数值变化呈现为由 W1 至 W4 有不同程度的递增趋势;从冬季来看,历年最高值(1250 mg · m^{-3})出现在该季的 W3(2014 年),历年最低值(12.6 mg · m^{-3})出现在该季的 W1(2012 年);从春季来看,最高值(1750 mg · m^{-3})出现在 W4(2014 年),最低值(18.1 mg · m^{-3})出现在 W4(2007 年);从夏季来看,最高值(775 mg · m^{-3})出现在 W3(2012 年),最低值(5.1 mg · m^{-3})出现在 W1(2013 年);从秋季来看,最高值(617.9 mg · m^{-3})出现在 W3(2013 年),最低值(127.7 mg · m^{-3})出现在 W1 (2014 年)。

9.4.3 底栖动物变化趋势分析

(1) 底栖动物的年际变化趋势分析

从栖息密度来看(表9.21),最高值(220 ind·m^{-2})出现在2013年冬季的W3,最低值(10 ind·m^{-2})则出现在2014年夏季的W1;从年均值来看,最高值(135 ind·m^{-2})出现在2008年的W4,最低值(19.44 ind·m^{-2})出现在2015年的W4;从断面年均值来看,最高值(111.11 ind·m^{-2})出现在2007年,最低值(28.70 ind·m^{-2})出现在2015年;不同年份间栖息密度差异最大的为W4站位,最高值(2008年)是最低值(2015年)的6.9倍,差异最小的为W3站位,最高值(2007年、2010年和2012年)是最低值(2015年)的3.2倍;从年际变化趋势来看(图9.59),断面各站栖息密度的年均值均呈现下降趋势,其中W3和W4的变化趋势较为一致,而在2010年前W1的变化趋势与该二站略有不同,在W1数值降低的年份,W3和W4的数值反而升高,2010年至2014年三站的年际变化趋势趋于一致,之后W3和W4的下降趋势持续至2015年,而该时间段W1的水平则略有回升。从历年总均值上来看,数值水平表现为W1(73.81 ind·m^{-2})<W3(82.44 ind·m^{-2})<W4(86.24 ind·m^{-2}),呈现递增趋势;从种类组成来看,多毛类为第一大优势类群,占年均栖息密度的比例为38.2%(2009年)~62.5%(2014年);其次为软体类,所占比例为0(2013年、2015年)~37.0%(2007年);第三大优势类群为甲壳类,所占比例为7.3%(2012年)~33.6%(2013年);最少的为螠虫类,仅于2011年的W3发现一次,腔肠类未有发现。

从生物量来看(表9.21),最高值(108.60 g·m^{-2})出现在2010年秋季的W4,最低值(0.12 g·m^{-2})则出现在2013年春季的W1;从年均值来看,最高值(75.63 g·m^{-2})出现在2010年的W4,最低值(0.51 g·m^{-2})出现在2015年的W1;从断面年均值来看,最高值(41.62 g·m^{-2})出现在2009年,最低值(0.73 g/m^{-2})出现在2015年;从年际变化趋势来看(图9.60),断面各站生物量的年均值总体均呈现先上升后下降趋势,其中W1和W3更为一致,W4在2010年的情况与该二站位略有不同,该站在2010年数值升幅较为显著,而W1和W3数值在2009年到2011年则表现为持续降低,W4在2012年水平略为回升后,到2015年一直呈现降低趋势,而W1和W3在2012年经过一个较大的升幅后,到2013年就已降到历史最低水平并持续至2015年。从历年总均值上来看,断面各站位数值水平表现为W1(16.48 g·m^{-2})<W3(18.63 g·m^{-2})<W4(21.92 g·m^{-2}),呈现递增趋势。

(2) 底栖动物的季节变化趋势分析

从栖息密度年均值来看(表9.22),最高值(97.50 ind·m^{-2})出现在冬季的W3,最低值(65.84 ind·m^{-2})出现在秋季的W1,其中冬季和夏季数值呈现为W1<W4<W3,春季呈现为W3<W1<W4,秋季则呈现为W1<W3<W4;从断面均值来看,季节变化不大,最高值出现在冬季(87.67 ind·m^{-2}),最低值出现在秋季(72.97 ind·m^{-2}),呈现秋季<春季<夏季<冬季的变化趋势;从历年总均值来看,断面各站位数值水平呈现递增趋势,表现为W1(70.89 ind·m^{-2})<W3(79.90 ind·m^{-2})<W4(85.20 ind·m^{-2});从冬季来看,历年最高值(220 ind·m^{-2})出现在该季的W3(2013年),历年最低值(10 ind·m^{-2})出现在该季的W1(2014年);从春季来看,最高值(160 ind·m^{-2})出现在W4(2013年),最低值(11.11 ind·m^{-2})出现在W4(2015年);从夏季来看,最高值(200 ind·m^{-2})出现在W4(2008年),最低值(10 ind·m^{-2})出现在W1(2014年);从秋季来看,最高值(140 ind·m^{-2})出现在W4(2009年),最低值(20 ind·m^{-2})出现在W3 (2013年)。

表 9.21 三亚湾观测站典型断面大型底栖动物栖息密度和生物量的年际变化

年份	站位	栖息密度/(ind·m^{-2})		生物量/(g·m^{-2})	
		数值范围	均值	数值范围	均值
2007	W1	100~150	130.00	13.40~30.00	21.67
	W3	80~130	106.67	10.70~22.10	16.60
	W4	90~100	96.67	8.30~24.30	16.43
	断面	80~150	111.11	8.30~30.00	18.23
2008	W1	60~80	70.00	5.30~43.40	24.35
	W3	70~130	102.50	9.50~42.70	21.60
	W4	80~200	135.00	10.30~28.50	19.68
	断面	60~200	102.50	5.30~43.40	21.88
2009	W1	110	110.00	43.80	43.80
	W3	70~120	90.00	11.10~83.52	51.77
	W4	90~140	107.50	17.00~36.10	29.28
	断面	70~140	102.50	11.10~83.52	41.62
2010	W1	80~83	81.50	7.50~20.90	14.20
	W3	100~110	106.67	12.90~26.01	19.70
	W4	90~160	117.50	43.30~108.60	75.63
	断面	80~160	101.89	7.50~108.60	36.51
2011	W1	20~80	44.47	8.47~19.08	12.12
	W3	40~87	57.81	6.27~19.61	11.27
	W4	60~87	68.37	9.34~29.28	19.28
	断面	20~87	56.88	6.27~29.28	14.22
2012	W1	90~140	120.00	8.40~65.00	29.70
	W3	80~120	106.67	34.20~41.20	36.57
	W4	100~120	106.67	7.50~40.10	21.90
	断面	80~140	101.11	7.50~65.00	29.39
2013	W1	40~60	55.00	0.12~2.59	0.99
	W3	20~220	93.33	0.28~3.57	1.42
	W4	40~160	90.00	2.45~39.10	11.95
	断面	20~220	79.44	0.12~39.10	4.78
2014	W1	10~40	20.00	0.19~2.25	0.97
	W3	20~70	45.00	0.87~14.74	7.68
	W4	20~60	35.00	0.23~6.69	2.19
	断面	10~70	33.33	0.19~14.74	3.61
2015	W1	22~44	33.33	0.41~0.61	0.51
	W3	11~67	33.33	0.13~1.39	0.68
	W4	11~33	19.44	0.49~1.54	0.99
	断面	11~67	28.70	0.13~1.54	0.73

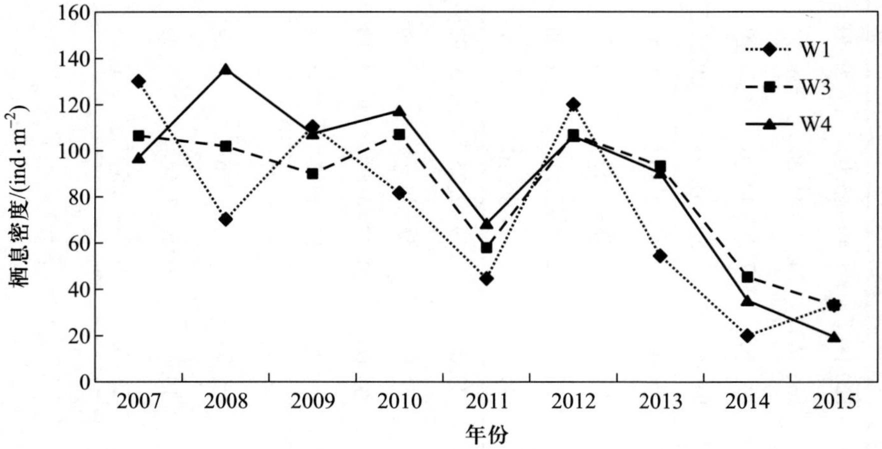

图 9.59　三亚湾典型断面大型底栖动物栖息密度均值的年际变化

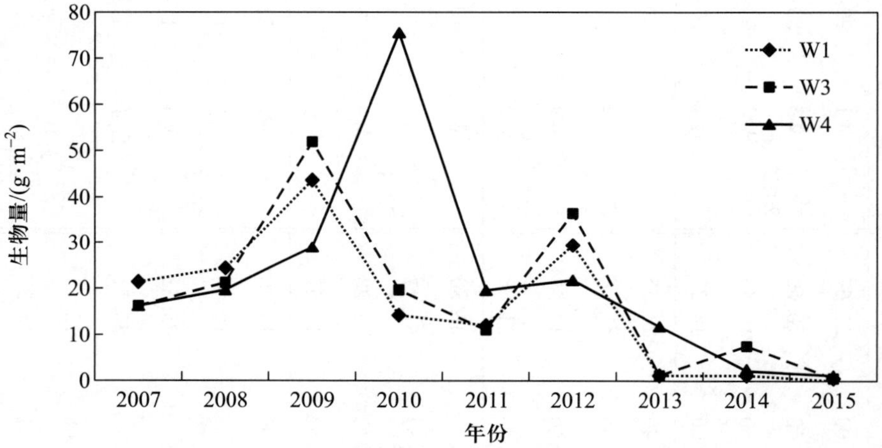

图 9.60　三亚湾典型断面大型底栖动物生物量均值的年际变化

从生物量年均值来看,最高值(27.81 $g\cdot m^{-2}$)出现在夏季的 W4,最低值(8.04 $g\cdot m^{-2}$)出现在秋季的 W1(表 9.22),其中冬季和春季数值呈现的变化趋势为 W1<W4<W3,而夏季和秋季则呈现为 W1<W3<W4;从断面均值来看,最高值(23.00 $g\cdot m^{-2}$)出现在夏季,最低值(13.87 $g\cdot m^{-2}$)出现在冬季,呈现冬季<秋季<春季<夏季的变化趋势;从历年总均值来看,断面各站位数值水平表现为 W1(13.73 $g\cdot m^{-2}$)<W3(18.01 $g\cdot m^{-2}$)<W4(22.22 $g\cdot m^{-2}$),呈现递增趋势;从冬季来看,最高值(43.30 $g\cdot m^{-2}$)出现在该季的 W4(2010 年),最低值(0.41 $g\cdot m^{-2}$)出现在该季的 W1(2015 年);从春季来看,最高值(83.52 $g\cdot m^{-2}$)出现在 W3(2009 年),历年最低值(0.12 $g\cdot m^{-2}$)出现在 W1(2013 年);从夏季来看,最高值(86.60 $g\cdot m^{-2}$)出现在 W4(2010 年),最低值(0.13 $g\cdot m^{-2}$)出现在 W3(2015 年);从秋季来看,历年最高值(108.60 $g\cdot m^{-2}$)出现在 W4(2010 年),最低值(0.23 $g\cdot m^{-2}$)也出现在 W4(2014 年)。

表 9.22　三亚湾观测站典型断面大型底栖动物栖息密度和生物量的季度变化

季节	站位	栖息密度/(ind·m^{-2})		生物量/(g·m^{-2})	
		数值范围	历年均值	数值范围	历年均值
冬季	W1	10~150	71.81	0.41~30.00	11.30
	W3	20~220	97.50	0.57~42.70	16.58
	W4	30~160	93.71	0.58~43.30	13.74
	断面	10~220	87.67	0.41~43.30	13.87
春季	W1	20~120	71.90	0.12~43.80	16.45
	W3	22.22~120	70.32	0.28~83.52	21.35
	W4	11.11~160	87.23	1.18~64.00	21.20
	断面	11.11~160	76.48	0.12~83.52	19.67
夏季	W1	10~140	74.00	0.19~65.00	19.15
	W3	11.11~120	79.69	0.13~60.70	22.05
	W4	11.11~200	78.89	0.49~86.60	27.81
	断面	10~200	77.53	0.13~86.60	23.00
秋季	W1	33.35~130	65.84	0.73~20.40	8.04
	W3	20~130	72.09	0.39~34.30	12.06
	W4	22.22~140	80.99	0.23~108.60	26.13
	断面	20~140	72.97	0.23~108.60	15.41

(3) 人类活动对底栖动物的影响

随着社会经济发展和海岸带的快速城市化,人类活动对海洋生态系统的影响日益显著,主要表现为过渡捕捞、环境污染和直接挖掘等方面。作为生物多样性最高、资源最丰富的生态系统(Moore and Best,2001),珊瑚礁生态系统一直在资源供给方面发挥着重要作用。Moberg 和 Folke(1999)认为,珊瑚礁生物通过参与各项生态过程而形成各种特定的功能群,共同完成重要的生态功能,而底栖动物在其中占据了相当重要的地位,它包括了如造礁石珊瑚、有孔虫、海绵、软体动物和棘皮动物等绝大多数造礁生物种类,以及调整和控制珊瑚群落的如棘皮动物等部分草食性种类(赵美霞等,2006)。由本章对三亚海域 3 条典型断面的历年变化趋势分析可知,该海域底栖动物的栖息密度和生物量在 2007 年到 2015 年期间,从总体上看均呈下降趋势,至 2014 年和 2015 年已降到了较低水平。三亚南部近岸及海岛四周海域有着广袤的珊瑚礁区,生活着大量的底栖动物。近年来,三亚由于城市发展用地的局限转而向海要地,大规模的扫沙填海导致了沉积物类型改变、悬浮泥沙影响等一系列海洋生态环境危机。该海域底栖动物平均水平的降低也说明了珊瑚礁区的底栖动物可能已受到日益加剧的人类活动影响,进而影响整个珊瑚礁生态系统功能,导致海洋生物资源供给量下降,不再能满足当代和未来人类发展的需要。

9.5　三亚湾珊瑚礁生态系统变化趋势分析

9.5.1　三亚湾珊瑚礁分布及其研究概况

三亚湾总计有珊瑚礁海岸约11.8 km,约占海岸线总长度的30%,属于三亚珊瑚礁国家级自然保护区范围内。珊瑚礁主要分布于东侧的低波能海岸及湾内的二岛(东瑁洲和西瑁洲)一礁(白排礁)。三亚湾及其附近岸段,尤其是鹿回头半岛西侧的鹿回头岸段和东侧的小东海岸段,是海南岛珊瑚岸礁发育典型和研究程度最高的地区。鹿回头半岛是一个连接西南的鹿回头岭(275 m)和东北的南边岭(176 m)和火岭(214 m)的陆连岛,连岛沙坝的主体为总厚度约10 m、总面积约3.2 km^2的珊瑚礁沉积层。该珊瑚礁形成始于约8000年前,中全新世气候温暖期形成高海面并使得珊瑚礁发育达到最盛(陈俊仁和陈欣树,1991),东岸小东海面向本海区优势风浪向,也发育成珊瑚岸礁(约2.1 km)。

三亚湾造礁石珊瑚记录到56种(据2010年调查数据)。除了造礁石珊瑚外,还有柳珊瑚、软珊瑚及海葵和海绵等。另外珊瑚礁包括大型海胆、海参、海星、海百合、长棘海星、砗磲、法螺、龙虾、宝贝、芋螺、狮子鱼、海蛞蝓、美人虾、性感虾等底栖无脊椎动物,但是像砗磲、宝贝等价值高的贝类已很难见到。珊瑚礁鱼类主要以雀鲷科、隆头鱼科、蝴蝶鱼科、天竺鲷科、鹦嘴鱼科为主,主要优势种为网纹宅泥鱼、斑鳍光鳃鱼、白尾雀、黑雀鲷、褐斑长鳍天竺鲷、斑刻豆娘鱼。珊瑚礁鱼类的个体都非常的小型(体长在1~10 cm之间占绝大多数),>20 cm的鱼仅29尾,不足1%,>30 cm的鱼仅17尾。而一些大型的有经济价值的珊瑚礁鱼类几乎没有见到,较名贵鱼类(如石斑鱼)极少。

邹仁林等(1966)研究了珊瑚岸礁生物分带结构。历史上鹿回头岸礁段内礁坪120 m,外礁坪210 m。外礁坪包括菊花珊瑚带95 m和蔷薇珊瑚带115 m,礁坪面有黑圆石分布,外缘有15 m濠区(或称浅洼地)和50 m珊瑚砾堤。礁外坡为鹿角珊瑚带,分为上带(大潮低潮面下0~2 m,珊瑚生长最好)和下带(大潮低潮面下2~6.5 m);6.5 m以下无珊瑚,为细砂底质。西瑁洲东北岸岸礁区内礁坪60 m,外礁坪包括菊花珊瑚带20 m和蔷薇珊瑚带30 m,礁外坡鹿角珊瑚下带因浪大而难以深入调查。曾昭璇等(1997)在1961年的约测剖面图显示鹿回头岸段和白排礁的外礁坪和礁外坡均有茂密的活珊瑚生长。总体上,三亚湾以及整个海南岛珊瑚礁的繁茂程度和分布广度远比不上距离赤道较近的热带和赤道海区。

从20世纪60年代开始,在鹿回头岸段相继开展了珊瑚礁生物学、地质地貌学、现代碳酸盐沉积学和珊瑚礁生态学研究,并取得了一批重要成果。迄今为止,是我国珊瑚礁相关研究最为集中的地段。

9.5.2　三亚湾珊瑚礁生态系统的变化趋势

从20世纪60年代初三亚湾及其附近珊瑚和珊瑚礁调查至今,珊瑚礁已经发生了巨大的衰退性的变化。造礁石珊瑚是珊瑚礁生态系统的框架生物和关键类群,是珊瑚礁生态学的首要研究对象。造礁石珊瑚覆盖率及群落结构变化受到多种生态因素的综合作用,是珊瑚礁健康状况的指标之一。造礁石珊瑚优势种已经集中在丛生盔形珊瑚、澄黄滨珊瑚等一些团块形、亚团块形和板叶形的类型(图 9.61)。而更具有热带代表性分枝形(主要是鹿角珊瑚)越来越少,进一步说明三亚珊瑚礁总体上还在退化。我们以鹿回头与西岛为例,回顾过去 50 年来三亚湾海域造礁石珊瑚覆盖率及群落结构的变化及其可能的影响因素。

图 9.61　三亚湾珊瑚礁常见珊瑚种类(见书末彩插)

在过去的 50 年,鹿回头珊瑚礁区造礁石珊瑚群落及组成发生了显著的变化(图 9.62)。刘瑞玉(1998)指出,1958—1960 年三亚附近珊瑚岸礁大潮低潮时可露出壮观的珊瑚群落,给人们留下迄今难忘的印象,而 1990—1992 年考察鹿回头岸礁时,礁坪一片荒凉,150 m 以外才见零星小块活珊瑚,看不到 20 世纪 60 年代记录的成带的菊花珊瑚和蔷薇珊瑚,礁坡珊瑚繁茂程度也不如过去,这显示出人类活动的巨大干扰。造礁石珊瑚覆盖率从 1960 年代的 80%~90%降低到 1980 年代的 60%,1990 年鹿回头造礁石珊瑚覆盖率进一步降低至 30%~40%(Zhang et al.,2006;练健生等,2010;Hughes et al.,2013)。在随后的 20 年,造礁石珊瑚由之前的急速退化到缓慢退化。1998年鹿回头造礁石珊瑚覆盖率为 41.5%,2002 年造礁石珊瑚覆盖率降低到 23.4%,2004 年造礁石珊瑚覆盖率为 20%,2005 年和 2006 年造礁石珊瑚覆盖率分别为 14.8%和 12.2%(练健生等,2010;赵美霞等,2010),2011 年鹿回头造礁石珊瑚覆盖率为 23.8%,到 2013 年 11 月鹿回头造礁石珊瑚覆盖率为 20.4%。考虑到历史数据基本上都是通过垂直岸线样带观测,2006 年之后的鹿回头造礁石珊瑚覆盖率应未出现明显的退化或恢复,其覆盖率处在低水平徘徊。

在过去的 50 年,鹿回头珊瑚礁区造礁石珊瑚群落出现显著退化,群落结构也发生显著的转变(图 9.63,Zhao et al.,2014)。自 1950—1960 年代,鹿回头珊瑚礁以鹿角珊瑚为绝对的优势类群,礁坪可见菊花珊瑚带和蔷薇珊瑚带,到了 1970—1980 年代,鹿回头珊瑚礁遭到严重破坏,礁坡鹿角珊瑚带繁茂程度降低,但是仍以鹿角珊瑚为优势类群,到了 1990 年代,鹿回头造礁石珊瑚

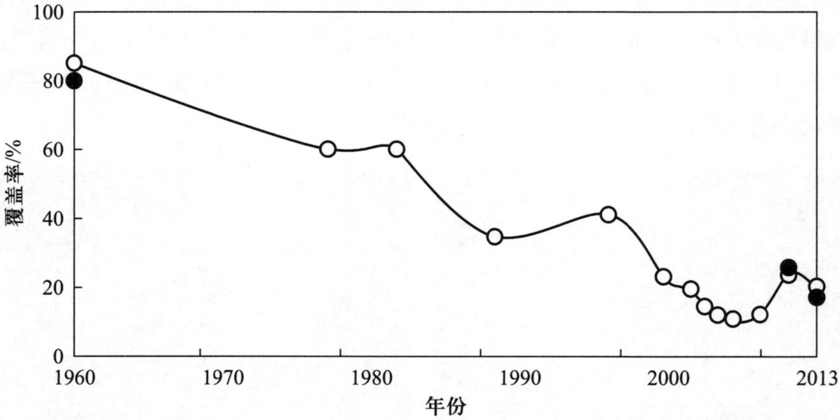

图 9.62 过去50年鹿回头(实心点)和西岛(空心点)造礁石珊瑚覆盖率的变化
(2011年之前数据源自邹仁林等,1966;赵美霞等,2010)

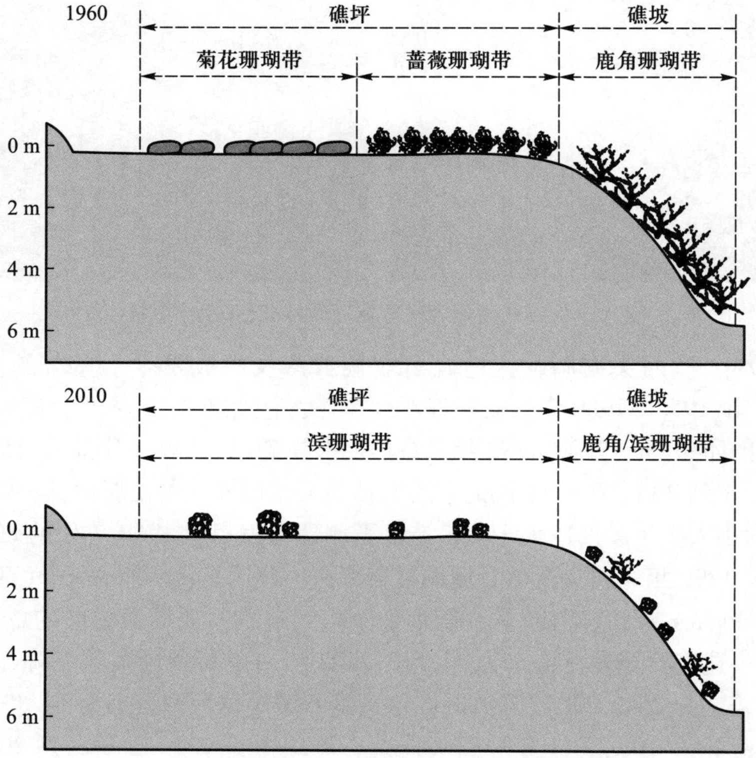

图 9.63 1960—2010年鹿回头岸礁珊瑚群落结构变化
(示意图引自 Zhao et al.,2014)

群落进一步退化,礁坪已不见菊花珊瑚带和蔷薇珊瑚带,礁坡种类多样性进一步下降(赵美霞等,2008;练健生等,2010)。到2005—2006年,鹿回头珊瑚礁区优势类群为澄黄滨珊瑚,鹿角珊瑚的优势度明显降低(赵美霞等,2008)。2013年研究发现,鹿回头珊瑚礁区优势类群为丛生盔形珊瑚、澄黄滨珊瑚、蔷薇珊瑚,部分站位的优势类群是鹿角珊瑚,但是优势度不明显。

下面比较三亚湾及其邻近海区珊瑚礁鱼类在 2015 年和 2010 年的差异。与 2010 年的数据相比,2015 年的物种多样性在西岛和大东海显著增高;在亚龙湾没有显著变化(图 9.64)。与 2010 年的数据相比,2015 年的个体数量密度在西岛、大东海和亚龙湾都没有显著提高,但是平均值呈现升高的趋势。以西岛和大东海为例,个体数量密度增加了 2 倍以上,但是 2015 年数据的标准误差很大,体现出鱼类数量分布不均匀,有的地方出现大的鱼群则会导致个体数量偏多。

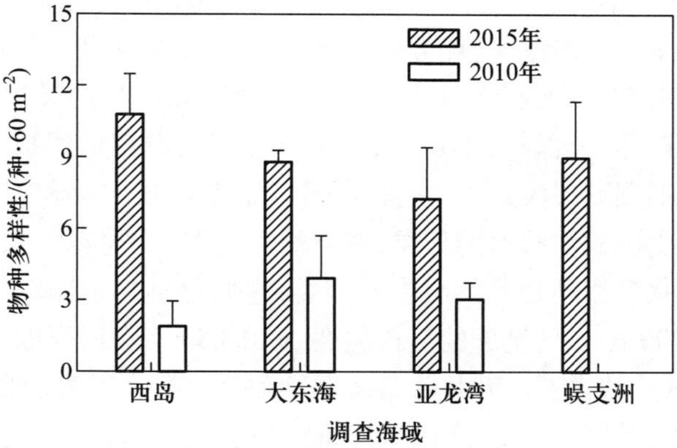

图 9.64　不同海区的珊瑚礁鱼类物种多样性比较及其与历史数据对比

海洋工程通过直接摧毁栖息地、改变海流水动力特征影响栖息环境等方式对三亚湾珊瑚礁的影响极为严重。水体流速变化对珊瑚生理及行为产生影响,岸滩的淤积将直接导致岸礁被覆盖;泥沙冲淤导致沉积物类型和粒径改变,影响珊瑚生理生态(如钙化、生长、光合作用效率和异养代谢等),破坏了珊瑚附着基底,危害珊瑚及其他生物的生存;工程建设过程中产生悬浮物入海,大量泥沙覆盖在珊瑚礁上,增加了水体浑浊度,影响珊瑚钙化生长并可能造成死亡。海域纳潮量下降,水体交换能力减弱,降低了水体的自净能力,造成海水水质和沉积物质量下降,不仅对珊瑚生理产生影响,也对珊瑚幼体的形态发育、附着、摄食与生长造成一定的影响(如高悬浮颗粒物可以降低造礁石珊瑚卵母细胞的受精率和导致形态发育异常,高沉积速率则会限制幼体珊瑚的附着以及降低附着后的成活率)。通常认为当沉积速率超过 10 $mg \cdot cm^{-2} \cdot d^{-1}$将会对珊瑚产生不利的影响,当长期平均沉积物速率超过此阈值将会对珊瑚礁产生较为严重的危害,这一观点在很多研究中基本上得到证实。据 2007—2009 年的三亚珊瑚礁(包括三亚湾邻近海域的小东海及亚龙湾)调查数据显示,该珊瑚礁区沉积速率介于 0.7~126.8 $mg \cdot cm^{-2} \cdot d^{-1}$,平均为 17.3 $mg \cdot cm^{-2} \cdot d^{-1}$,浊度介于 1.3~8.5 NTU,平均为 3.6 NTU。西岛、鹿回头、小东海和亚龙湾的均沉积速率分别为 18.9 $mg \cdot cm^{-2} \cdot d^{-1}$、20.8 $mg \cdot cm^{-2} \cdot d^{-1}$、20.1 $mg \cdot cm^{-2} \cdot d^{-1}$和 10.3 $mg \cdot cm^{-2} \cdot d^{-1}$。东岛-西岛、鹿回头湾、榆林湾和亚龙湾的浊度均值分别为 6.0、3.8、5.0 和 2.0 NTU。以上结果表明,西岛、鹿回头、小东海的沉积速率已经非常严重,可能已对珊瑚群落的分布产生不利的影响。另外调查显示,西岛、鹿回头和小东海活珊瑚覆盖率和幼体补充量处在相对较低的水平,软珊瑚也分布较少,对于近岸珊瑚礁生态系统来说,石珊瑚覆盖率和幼体补充量处在较高的水平。东岛-西岛、鹿回头湾和榆林湾珊瑚礁区的海洋环境状况较差,其沉积速率和浊度都超过对珊瑚造成不利影响的阈值(10 $mg \cdot cm^{-2} \cdot d^{-1}$和3 NTU),亚龙湾的水质环境状况较好。三亚珊瑚礁区沉积速率(0~63 μm)与珊瑚群落(如石珊瑚和软珊瑚的覆盖率和珊瑚幼体补充量)的空间分布呈较强的负相关关系,与死珊瑚的覆盖率呈正相关关系。这表明颗粒物沉积是影响三亚珊瑚礁区珊瑚群落分布的重要影响因素。在其他海域,有研究发现,造礁石珊瑚覆盖率、珊瑚群体直径和珊瑚幼体补充量与沉积速率呈显著的负相关关系,沉积速率是影响珊瑚存活的关键因子。由此可见,颗粒物沉积是影响三亚湾珊瑚群落分布的重要因素。

通过长期的监测研究,结果显示海洋工程建设过程中抛泥引起的浑浊事件对三亚珊瑚礁生物群落结构产生显著影响。以鹿回头邻近的榆林湾为例,2008—2010年,海南岛南部榆林湾造礁石珊瑚均覆盖率从2008年的31.4%降低至2010年的10.5%,退化幅度达到66.6%;榆林湾造礁石珊瑚群落组成也发生显著的改变,优势类群更加单一化,以块状滨珊瑚为主。这主要是近岸工程项目和沿岸开发(如挖泥、抛泥等)引起的浑浊、颗粒物沉积造成的。抛泥事件后榆林湾内小东海站位造礁石珊瑚群落出现显著的退化,其退化程度与群落的组成、分布深度有关,6 m水深的珊瑚群落和丛生盔形珊瑚损失最多。造礁石珊瑚群落组成与沉积速率的相关性分析表明,同双星珊瑚可能是最耐受沉积物胁迫的种类,在空间尺度上,它随着沉积速率的升高而增多,而叶片状蔷薇珊瑚和分枝状滨珊瑚是非常敏感的种类,它们分别与不同粒级的沉积速率(0~2000 μm、0~63 μm和63~2000 μm)呈显著的负相关性($p<0.05$)。鹿角珊瑚、杯形珊瑚、块状蔷薇珊瑚、扁脑珊瑚也是比较敏感的类群。叶片状蔷薇珊瑚和分枝状滨珊瑚是非常敏感的种类,这可能与珊瑚杯较小、形状(如叶片状)有关,这在其他研究中也有报道。在大多数三亚湾的调查站位中,鹿角珊瑚覆盖率非常低,仅仅在鹿回头其覆盖率超过1%。由于鹿角珊瑚可以作为珊瑚礁健康状况的环境指示种,这也间接表明三亚湾珊瑚礁区绝大部分区域处在退化的状态。因此,当前三亚珊瑚礁区主要以对颗粒物沉积具有一定耐受性的种类为主,如浅水区域以滨珊瑚、盔形珊瑚、块状蔷薇珊瑚为主,而深水区域主要以同双星珊瑚和块状的滨珊瑚为主。随着颗粒物沉积水平的进一步升高,三亚珊瑚礁区造礁石珊瑚群落组成将会进一步单一化。以上结果表明,不当的挖泥和抛泥活动会造成附近区域造礁石珊瑚群落的迅速退化和群落结构的显著改变,强调了沉积物进入珊瑚礁区的重要危害性,应规范海洋工程项目的施工管理。

事实上,近年来的部分海洋工程对三亚湾的局部珊瑚礁造成直接毁灭性破坏,包括了某帆船港码头(图9.65)、某宾馆栈桥、小洲岛某酒店等。另外包括人造岛工程(凤凰岛、三亚新机场,图9.66)已经或将改变三亚湾及其邻近海域的流向、流速、岸滩、海床冲刷淤积等水动力环境变化,对三亚湾海域的珊瑚礁带来难以预知的影响。

图9.65　非法的码头、鱼排及潜水活动(鹿回头)(见书末彩插)

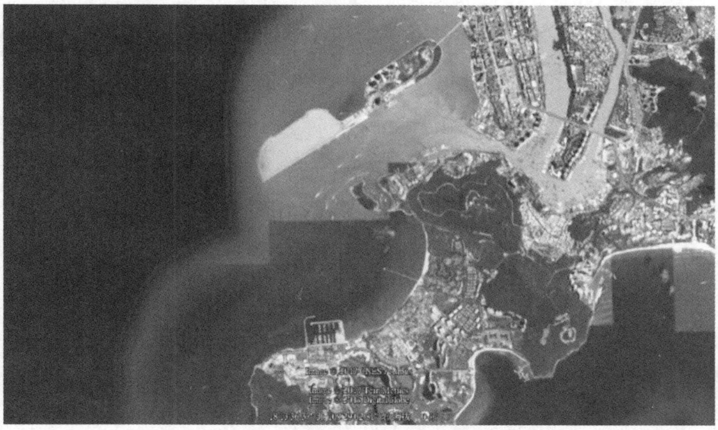

图 9.66 凤凰岛二期建设(见书末彩插)

除海洋工程外,鹿回头片区污水在小东海的直排及大东海部分污水在大东海的直排造成了海水富营养化,大型海藻的暴发生长,局部区域造成了石莼绿潮的暴发(石莼绿潮在三亚鹿回头养殖场排污口附近区域,每年都有暴发),这也对珊瑚礁的恢复产生重要不良影响。另外粗放式捕捞、无规范的潜水活动等对三亚湾珊瑚礁影响也不可忽视(图 9.67)。

图 9.67 旅游活动及海底垃圾(西岛)(见书末彩插)

三亚湾珊瑚礁正遭受人类活动、气候暖化与海洋酸化的威胁而严重退化,极大损害了三亚湾珊瑚礁生态系统的健康和稳定性,气候变化将造成珊瑚礁进一步退化,并给渔业和旅游业等等相关服务带来额外的后果(Hughes et al.,2013)。三亚湾珊瑚体溶解速率呈现上升,将导致其无法正常钙化生长,并有不断溶解的趋势(余克服,2012),如海南三亚鹿回头珊瑚礁的退化导致其碳酸盐生产力自 1960 年以来下降了 80%~90%。未来气候变化带来的效应持续加重,海平面上升会使海水透光率降低,抑制珊瑚生长并带来其他的副作用。当大气中二氧化碳加倍时导致南海表层海水的 pH 降低,大陆架上的文石碳酸盐将可能开始溶解。如果继续保持目前的上升趋势,南海部分海域珊瑚净钙化量将会进一步下降而珊瑚礁可能会停止生长,同时溶解速率不断上升,甚至将可能影响到三亚湾珊瑚礁的存在。而温度上升亦能造成该区域造礁石珊瑚向北部高纬度(如广东沿岸)的区域迁移,同时造成部分造礁石珊瑚物种的丧失和地理分布变异。需要指出的是,沿海开发、污染、过度捕捞等对当前中国珊瑚礁的影响远远大于气候变化(Hughes et al.,2013)。

包括鹿回头在内的三亚湾珊瑚覆盖率在近数十年来急速下降以及生态系统的急剧退化,在很大程度上归因于人类活动的强烈影响(Hughes et al.,2013)。而事实上,以鹿回头为例,该处珊瑚显示着非常强的恢复能力。最近有研究表明在未来无干扰情况下,鹿回头的块状滨珊瑚种群将不断增大,而且群体大小将由目前的以小群体为主逐渐发展为以大群体为主,且活珊瑚覆盖率也将随之不断增大,珊瑚礁恢复态势良好(Zhao et al.,2016)。通过加强保护,珊瑚礁鱼类的丰度也将得到恢复(Huang et al.,2017)。因此,通过限制人为活动,严格禁止沿岸海洋工程的建设,改善临近海域环境,并进行人为干预的生态修复,三亚湾珊瑚礁生态系统退化趋势将得到缓解。

9.6 结 论

三亚湾是一个典型的热带珊瑚礁海湾,东瑁洲、西瑁洲、鹿回头半岛组成沿岸珊瑚礁区的大部分,国家级珊瑚礁保护区位于其中。近年来,随着三亚市经济的快速发展,特别是旅游业的迅猛发展,生活污水与工业废水的大量排放以及养殖业的发展,使得海湾面临着许多的生态问题(Huang et al.,2013;Zhou et al.,2009)。海洋工程和海岸工程项目的开发建设,在改变海洋生态环境的同时也向海洋排放大量的污染物,影响了三亚湾海水水质。

浮游植物总丰度均值表现出下降趋势,且呈现冬季>春季>秋季>夏季的季节变化特点。从种类组成来看,硅藻一直是最主要的类群,在浮游植物群落中占据着绝对优势地位,其次是蓝藻和甲藻,其他藻(如金藻、针胞藻等)在浮游植物总丰度中所占比例非常小。

大量营养盐从三亚河河口输入三亚湾,河口区域始终是叶绿素 a 及初级生产力的高值区,在空间分布上表现为由近岸到外海逐渐降低的变化趋势。由于三亚旅游业的迅猛发展,人类活动的加剧,陆源污染物输入不断增加,三亚湾水体中浮游植物含量增加,由此造成浮游植物叶绿素 a 浓度和初级生产力表现出逐年增加的趋势。海水中叶绿素 a 和初级生产力的季节变化在一定程度上反映了水域环境因子对浮游植物生长的影响,也反映了海洋生态系统的健康状况。物理环境和营养盐是三亚湾叶绿素 a 和初级生产力季节变化的主要控制因子,表现为秋季最高,春季最低。

浮游动物丰度与生物量均值的年际变化趋势总体上趋于一致,均呈上升趋势。从季节变化来看,两者变化趋势不一致,丰度呈现冬季>秋季>春季>夏季的变化趋势,生物量则表现为秋季>冬季>春季>夏季。从种类组成来看,桡足类为主要优势类群。

大型底栖动物栖息密度与生物量的年际变化趋势总体上趋于一致，均呈现下降趋势。两者季节变化均不大，但变化趋势不一致，栖息密度呈现冬季>夏季>春季>秋季的变化趋势，生物量则表现为春季>秋季>夏季>冬季。从栖息密度的种类组成来看，多毛类为第一大优势类群，其次为软体类，第三大优势类群为甲壳类；从生物量的种类组成来看，软体类为第一大优势类群，其次为多毛类和甲壳类。

三亚湾珊瑚种类比过去纪录的明显减少，珊瑚礁面积也在逐年减少，给珊瑚礁保护提出挑战。珊瑚礁是海岸生态关键区，国际上历来都给予高度重视。三亚湾珊瑚礁是我国发育较好的珊瑚岸礁，是各种海洋生物繁殖生长的栖息环境。为维护三亚地区的海岸安全和资源环境的可持续发展，应采取强有力的措施，切实加强监测、研究和保护，加强陆源污染源的监控和排放控制（黄良民等，2007）。

三亚旅游业的迅猛发展源于一流的生态环境和丰富的旅游资源，生态环境是三亚的生命线，必须时刻把生态环境保护和建设放在第一位，确保资源的永续利用，为此必须采取有效措施，抓紧对三亚湾进行综合整治。近年来，三亚市政府加大环境整治力度，大力开展海洋牧场建设和增殖放流活动，划定特别保护区，采取工程措施，防治海洋污染，出台海洋环境保护规划，实现对海洋资源的有序开发，努力保护海洋生态环境，守护"碧海银滩"，建设海洋环境优美的美丽家园。三亚市海洋与渔业局也进行科学规划，将渔港从三亚湾整体搬迁至崖城。此外，完善和推进公众参与机制，依靠广大人民群众共同参与三亚湾的环境保护工作，加强社会和舆论监督。

参 考 文 献

陈俊仁，陈欣树. 1991. 全新世海南省鹿回头海平面变化之研究. 南海地质研究，3：77-86.

董俊德，王汉奎，张偲，等. 2002. 三亚湾海水温度季节变化及溶解无机氮的垂直分布特征. 热带海洋学报，21（1）：40-47.

黄良民，张偲，王汉奎，等. 2007. 三亚湾生态环境与生物资源. 北京：科学出版社.

胡辉，谢静 2001. 叶绿素 a 在监视赤潮和评价水环境中的应用. 环境监测管理与技术，13（5）：43-44.

练健生，黄晖，黄良民，等. 2010. 三亚珊瑚礁及其生物多样性. 北京：海洋出版社，1-266.

刘瑞玉. 1998. 人类活动对底栖生物多样性的影响. 见：中山大学近岸海洋科学与技术研究中心编辑，97 海岸海洋资源与环境研讨会论文集. 香港：香港科技大学理学院及海岸与大气研究中心，39-46.

宋星宇，黄良民，谭烨辉，等. 2009. 东北季风期海南岛三亚湾初级生产力分布特征及其影响因素. 海洋通报，28（6）：34-40.

宋星宇，谭烨辉，黄良民，等. 2011. 三亚湾春夏季初级生产力的分布特征及环境影响研究. 海洋环境科学，30（1）：19-23.

余克服. 2012. 南海珊瑚礁及其对全新世环境变化的记录与响应. 中国科学地球科学，42（8）：1160-1172.

曾昭璇，梁景芬，丘世钧. 1997. 中国珊瑚礁地貌研究. 广州：广东人民出版社，397-416.

张运林，秦伯强，陈伟民，等. 2004. 太湖梅梁湾浮游植物叶绿素 a 和初级生产力. 应用生态学报，15（11）：2127-2131.

赵美霞，余克服，张乔民，等. 2010. 近 50 年来三亚鹿回头岸礁活珊瑚覆盖率的动态变化. 海洋与湖沼，41（3）：440-447.

赵美霞，余克服，张乔民. 2006. 珊瑚礁区的生物多样性及其生态功能. 生态学报，26（1）：186-194.

赵美霞,余克服,张乔民,等. 2008. 三亚鹿回头石珊瑚物种多样性的空间分布.生态学报,28(4):1419-1428.

中华人民共和国国家质量监督检验检疫总局,中国国家标准化管理委员会. 2008. GB/T 12763. 6—2007 海洋调查规范第6部分:海洋生物调查. 北京:中国标准出版社, 10-12.

周伟华,王汉奎,董俊德,等. 2006. 三亚湾秋、冬季浮游植物和细菌的生物量分布特征及其与环境因子的关系. 生态学报,26(8):2633-2639.

邹仁林,宋善文,马江虎. 1966. 海南岛珊瑚礁垂直分带的初步研究. 海洋与湖沼,8(2):153-161.

邹仁林,宋善文,马江虎. 1975. 海南岛浅水造礁石珊瑚. 北京:科学出版社,1-65.

Huang H,Wen C K,Li X B,et al. 2017. Can private management compensate the ineffective marine reserves in China? Ambio,1(46):73-87.

Huang L M,Tan Y H,Song X Y,et al. 2013. The status of the ecological environment and a proposed protection strategy in Sanya Bay,Hainan Island,China. Marine Pollution Bulletin,47(1):180-186.

Hughes T P, Huang H, Young M A. 2013. The wicked problem of China's disappearing coral reefs. Conservation Biology,27(2):261-269.

Li X B,Huang H,Lian J S,et al. 2013. Spatial and temporal variations in sediment accumulation and their impacts on coral communities in the Sanya Coral Reef Reserve,Hainan,China. Deep-Sea Research Part Ii-Topical Studies in Oceanography,96(6):88-96.

Moberg F,Folke C. 1999. Ecological goods and services of coral reef ecosystems. Ecological Economics,29(2):215-233.

Moore F,Best B. 2001. Coral reef crisis:Causes and Consequences. In:Best B,Bornbusch A,eds. Global Trade and Consumer Choices:Coral Reefs in Crisis. Washington D C:American Association for the Advancement of Science. 5-10.

Song S,Sun J,Luan Q,et al. 2008. Size-fractionated phytoplankton biomass in autumn of the Changjiang (Yangtze) River Estuary and its adjacent waters after the Three Gorges Dam construction. Chinese Journal of Oceanology and Limnology,26(3):268-275.

Zhang Q M,Shi Q,Chen G,et al. 2006. Status monitoring and health assessment of Luhuitou fringing reef of Sanya,Hainan,China.Chinese Science Bulletin,51(S2):81-88.

Zhao M X,Riegl B,Yu K F,et al. 2016. Model suggests potential for Porites coral population recovery after removal of anthropogenic disturbance (Luhuitou,Hainan,South China Sea). Scientific Reports,6,33324.

Zhao M X,Yu K F,Zhang Q M,et al.2014. Age structure of massive porites lutea corals at Luhuitou fringing reef(Northern South China Sea)indicates recovery following severe anthropogenic disturbance. Coral Reefs,33(1):39-44.

Zhou W H,Li T,Cai C H,et al. 2009. Spatial and temporal dynamics of phytoplankton and bacterioplankton biomass in Sanya Bay,northern South China Sea. Journal of Environmental Sciences,21(5):595-603.

第 10 章　中国水域生态系统面临的挑战与展望*

10.1　湖泊生态系统研究发展展望

临水而居，依托淡水水体丰富的水资源和良好的土地质量，发展出灿烂的人类文明，是世界上许多民族得以长期延续的重要基础。湖泊因其水量稳定、流域和湖体农业和渔业生产力高，往往成为人类文明发展的重要热点。但是，人类社会的发展经常对湖泊及其流域生态产生较大的破坏，比如云南洱海流域从 6000 多年前，人类即开始对流域森林进行砍伐到 2000 多年前农业开始的发展，直至近年来的城市化，均对湖泊流域及水体水质产生深远的影响（Shen et al.，2006）。因此，认知湖泊生态系统的演变规律，合理开发利用湖泊的生态资源，形成人湖和谐的优良生态，保障湖泊资源可持续利用成为湖泊生态系统研究重要的科学命题。

我国是一个湖泊资源相对匮乏的国家。据马荣华等人依据 2005—2006 年的遥感影像解译分析，我国现有 1.0 km^2 以上的自然湖泊 2693 个，总面积 81414.6 km^2，约占我国国土面积的 0.9%（马荣华等，2011），总面积比北美的五大湖之一——苏必利尔湖还小 1000 km^2。湖泊资源在空间上分配也极不均衡，青海、西藏地区和长江中下游地区省份的湖泊资源相对丰富，而其他地区的湖泊资源较为匮乏。有些地区，如广西、海南全省没有一个大于 1 km^2 的天然湖泊。许多经济和人口大区，如北京、上海、天津、广东、浙江、河南、山西、辽宁、陕西、甘肃、贵州等，天然湖泊总面积也不足 100 km^2（马荣华等，2011）。因此，作为一个人口、经济和文化大国，保护湖泊生态资源在我国显得尤为迫切。

我国地貌多样，湖泊类型很全，包括青藏高原高寒区湖泊、西北干旱半干旱区湖泊、云贵高原湿润区湖泊、东部平原区湖泊等（沈吉，2012）。不同类型区，湖泊生态演变的驱动因子和所面临的压力也差异很大。据沈吉（2012）通过湖泊沉积记录获得的认知，在千年尺度上，湖泊环境变化主要受区域降水量的影响，尤其是有效降水（P-E）的控制。而在百年尺度上，人文因素对湖泊生态系统的影响越来越强。比如近 50 年来长江中下游地区的湖泊持续富营养化，强度超出了历史时期的任何时段，可能与人为闸坝建设阻断江湖联系、湖泊围垦等人类活动有关。百年尺度上气候和人类活动对龙感湖营养物质演化的定量研究表明，1950 年之前气候变化是控制龙感湖营养状态变化的主要因素，但 1950 年以后人类活动成为主导因素，其对沉积物 TP 和湖水 TP 变

---

* 本章作者为中国科学院南京地理与湖泊研究所朱广伟、秦伯强，中国科学院东北地理与农业生态研究所宋长春、郭跃东，中国科学院海洋研究所孙晓霞。

率的贡献已分别占到总量的 60%和 57%(Yang et al.,2008)。

杨桂山等(2010)在系统梳理了我国湖泊水量、水质现状的基础上,提出了我国湖泊资源与环境保护中面临的六大问题:① 湖泊围垦导致水量调蓄能力下降,加重流域洪水灾害;② 入湖污染物大量增加,湖泊水环境质量不断下降;③ 湖泊生物资源退化,生物多样性下降;④ 西部地区湖泊总体呈萎缩消亡态势,水量减少、水质持续恶化;⑤ 湖泊与江河水力联系阻隔,生态功能退化;⑥ 湖泊沿岸带大规模开发,加大湖泊生态与环境保护压力。在这些问题中,生态问题成为我国湖泊面临的最大挑战。而弄清湖泊生态系统对各种人类活动和气候变化等压力的响应机制,是提出切实解决方案的前提。

生态系统的长期定位监测是认知湖泊生态演化机制、制订科学有效生态修复和保护策略的重要基础。由于东湖湖泊生态系统试验站在武汉东湖的长期观测和研究基础,目前武汉市的大东湖保护与开发方案的制定,很大程度上依赖于东湖站的科研团队。东湖站在鱼类与蓝藻水华的关系、蓝藻水华与营养盐、水草的关系等方面扎实的观测和研究成果,也支撑了我国许多湖泊的污染防治和生态修复,如洱海、滇池和武汉沙湖等。太湖湖泊生态系统研究站基于对太湖生态系统的长期监测研究,在太湖近 40 年的富营养化防控、水源地水质安全保障等方面都发挥着重要的科技咨询作用。鄱阳湖湖泊湿地观测研究站建站仅 10 年,已经在鄱阳湖的江湖交换管理方案、湿地保护策略、采砂管理等方面发挥了重要的科技咨询功能。而洞庭湖湿地生态系统观测研究站近 10 年来的长期观测研究和示范,在洞庭湖的沙洲生态系统保护、鼠害防控等方面发挥了重要的咨询作用。由于生态系统观测站在湖泊生态管理方面发挥巨大作用的示范效应,近年来各大湖泊纷纷成立类似的长期观测基地。比如,江苏省水利厅正在全省主要省管湖泊建立生态观测站,江苏省环境监测中心也在太湖设立类似的生态观测站。这些湖泊生态站的设立,必将大大增强相关湖泊生态环境长效保护方面的决策能力。

生态系统定位观测是个长期的研究计划,需要较长时间的积累和持续的科研投入。而观测技术的发展则日新月异,不断对监测方案、内容和研究产生影响。因此需要对湖泊生态系统长期监测和研究做出更加长远的发展战略探讨和谋划。

根据 CERN 湖泊站长期定位观测的研究实践,我国湖泊生态系统长期定位观测研究未来需要加强如下几个方面的工作:

(1) 高频自动监测及遥感监测的广泛应用

湖泊生态系统对环境条件变化的响应快速而多样,湖泊生态系统自身也往往存在较大的时空差异性,特别是对一些大型湖泊生态系统,而生态系统演替过程中,各时空因素又相互影响、相互耦联,因此需要对生态系统整体特征及其动态过程进行监测才能弄清驱动机制。在这方面,高频自动监测技术能够在时间频次上弥补人工监测能力的不足,而遥感生态监测则能在空间尺度上把控整个生态系统的变化特征(秦伯强等,2010)。

(2) 极端天气过程的生态效应研究

近年来由于人类活动强度的不断加大,湖泊的生态缓冲能力变小,对极端气象事件的缓冲能力也相应地减弱。而气候变化中的极端气象、气候事件呈增加的趋势。这些事件对湖泊生态系统稳定性、水质保护、生物资源等产生极大的威胁。长期定位观测可以发现正常的气候本底下生态系统过程规律,也能捕捉到极端气象或气候的影响,通过对过程和机制更清晰的认识,有助于对生态灾害进行预测和防控。

气候变化,特别是气候变暖对湖泊生态系统影响的研究仍是学术界的热点。Kosten 等(2012)对 143 个纬度跨度极大的湖泊(北至北欧的北极圈,南至阿根廷和智利的南极附近)藻类群落结构分析研究发现,蓝藻门的藻类生物量占总藻类生物量的比例随着温度升高快速增加。这意味着气候变暖等可预见的气候变化对湖泊蓝藻水华具有明显的促进作用。而对于浅水湖泊,气候变暖引发的富营养化问题将变得更加强烈(Havens et al.,2016)。

(3) 湖泊生态系统监测的联网研究

湖泊生态系统由于水体的相对封闭性,不同湖泊之间的生态过程有较大不同,这造成了不同湖泊生态系统研究站之间的联网合作研究较少。然而,随着对气候变化、人类活动对湖泊生态系统影响机制认识的深入,必须加强对宏观环境变化驱动力,如全球气候变化、流域性的水文和人类活动变化等对湖泊生态系统变化过程的影响与反馈研究,因此湖泊生态系统联网研究显得越来越必要和迫切。

以长江中下游湖群为例,这些湖泊在水系上相互连通,在生态类型上相似度高。因此,湖泊的生态过程规律也有许多类似的地方。而在湖泊的保护上则又存在功能上的同质化现象,是发挥湖泊的生态自净功能?还是保护湖泊的水质功能?二者常常会出现矛盾的方面。这就要求在整个流域的保护上有整体性的方案。而这些方案的科学制定则有赖于流域性的湖泊生态联网观测研究支撑。

(4) 湖泊生态监测技术标准和评估方法研究

随着国家对生态文明建设的需求,对生态系统质量进行科学监测、科学评估显得越来越重要。比如中国环境科学研究院吴丰昌研究员等开展的中国湖泊水环境基准研究(吴丰昌等,2008),中国科学院南京地理与湖泊研究所吴庆龙等开展的中国湖泊微生物组学研究等(吴庆龙和江和龙,2017),都在探索湖泊生态质量评估的新方法。我国湖泊生态系统定位观测站应当依托野外站长期的监测实践和联网研究优势,及时开展规范的湖泊生态监测和评估方法研究,为国家的生态文明建设提供科学支撑。

10.2 湿地生态系统研究发展展望

湿地生态系统是地球表层生态系统的重要组成部分,是由水陆相互作用而形成的自然综合体,具有涵养水源、保育物种多样性、调节气候、消减污染等生态服务功能,是重要的物种基因库和人类文明发源地,对地区乃至全球气候变化、经济发展及人类生存环境都有着重要影响。中国是世界上湿地类型齐全,数量丰富的国家之一,自然湿地总面积 3282.43 万 hm^2(含湖泊湿地),约占世界湿地面积的 10%。我国自然湿地系统类型多样,主要分为沼泽湿地、湖泊湿地、河流湿地、滨海湿地 4 大类型,且从寒温带到热带、从东部平原区到西部高原区都有多种类型湿地分布。从第二次全国湿地资源调查结果来看,我国自然湿地正面临着面积减少、功能有所退化、受环境压力持续增大、物种逐渐减少等重要问题。加强我国湿地系统的保护和科学研究工作,已刻不容缓。

湿地是地球表层系统中物质与能量交换最为活跃和复杂的生态系统,是当代地理学、生态学、环境科学等学科关注的研究热点。我国湿地生态系统研究起步较晚,20 世纪 80 年代初步进入系统研究阶段，但主要侧重于沼泽湿地和滩涂湿地等资源特征调查和单一结构属性研究，长期没有将湿地作为整体生态系统加以综合研究，加之湿地研究的目的、方法及湿地地域性差异等原因，湿地生态系统分类尺度难以统一，湿地生态系统发育过程、概念界定等基本问题仍没有形成统一意见。进入21世纪以来，我国湿地科学研究快速发展，全球变化形势影响下湿地生态系统水源涵养、碳蓄积及生物多样性维系等生态功能研究成为主要研究方向，自然湿地系统形成与演化机制、物理-化学-生物过程机理、碳源汇功能变化及退化湿地恢复等方面研究蓬勃发展，科学理论体系逐步完善，新技术方法日趋成熟，湿地系统研究各方面都取得了令人瞩目的成就。目前，我国湿地生态系统的学科体系逐渐扩展，湿地生态学理论体系雏形基本形成，生态结构—过程—功能方面的机理研究逐渐深入，并促进和带动了湿地系统恢复、管理、评价与生物多样性保育等实践工作迅速发展。我国湿地科学研究已经成为国际学术界关注的重点学科与优势发展领域。

但是，我国地理环境复杂、湿地类型和发育模式多样，社会经济活动和气候变化影响交错复杂，整体上还存在着湿地生态系统的基础理论研究薄弱、分类系统不科学、长期定位观测不足、湿地生态系统理论研究与管理实践不平衡等问题。因此，我国湿地生态系统科学研究仍需持续加强，在完善中国湿地生态研究理论体系的同时，为国家湿地保护与合理利用、退化湿地修复及区域生态环境可持续发展提供科学理论和方法。整体来看，我国湿地科学研究需要在以下几方面得到加强：

（1）湿地发育、演化机制与湿地分类

我国湿地类型多样，形成机理复杂，明确不同类型、不同地区湿地发育机制和演化过程，是制定全球变化影响下湿地生态系统保护和合理利用的重要基础，是制定符合我国情况的湿地分类系统的重要理论基础。20世纪80年代，黄锡畴先生应用自然地区分异规律的基本原理，根据自然综合体在时间和空间上统一发展的观点，提出了沼泽湿地发育多模式的理论，奠定了我国湿地发育与分类研究的基础。湿地分类应该以反映湿地本质属性的指标或通用属性为依据的观点得到比较广泛的接受，定量分类将是研究的热点和发展趋势。依据湿地发育机理，采用定量分类指标和等级单位系统，建立适合我国湿地特点的、与国际湿地分类方法和指标选取相接轨的湿地生态系统分类，以适应于经济快速发展形势下的湿地管理与合理利用的需要，目前仍需很多工作。

（2）湿地系统对全球变化的响应与影响

尽管我国湿地系统对全球变化的响应与影响研究已经取得一定成果，但是我国不同地区、不同类型湿地系统碳储量动态、温室气体排放潜力和固碳潜力的预测和估算方面仍然相对缺乏综合观测数据和关键数据，评估湿地生态系统的碳汇功能及其对气候变化的影响还存在许多的不确定性。尤其针对北方寒区冻土湿地、青藏高原冻土湿地、云贵高原湿地和长江流域湿地，气候变化和人类活动干扰强度差异及湿地类型差异导致未来时期碳“源-汇”功能变化具有很大不确定性。进一步加强我国不同类型、典型地区湿地系统对温度、水分及冻土环境变化的响应仍需大量工作。

（3）自然和人类活动耦合作用下湿地系统结构、生态过程及服务功能变化

湿地系统生态结构和功能的变化机制一直是湿地科学研究的重点内容，针对生物组成及多样性特征、物理化学循环及水文循环过程的研究工作已经初步揭示了我国主要湿地生态系统对环境变化的响应与适应机制。但我国湿地系统类型多样，地域环境差异显著，在如何维系和发挥湿地生态服务功能的问题上，尤其在目前自然和人类活动耦合影响下，针对不同类型、不同区域特征湿地系统，如何构建湿地系统结构、生态过程框架与主要生态服务功能之间的理论桥梁，如何评估和预测自然和人类活动对湿地系统的影响，如何量化湿地系统结构稳定性条件、环境阈值与生态服务能力间的关系，是目前和未来时期急需研究的重点内容。

(4) 退化湿地生态系统恢复的动力学机制与恢复策略研究

科学恢复和重建具有稳定生态结构和服务功能的湿地系统需要科学的策略和合理的生态设计，对湿地水动力过程与生物过程、物质循环过程的综合理解以及评价不同受损类型的决定性影响因素是决定恢复策略的重要基础。如何对湿地恢复过程中优化湿地生态结构、实现对重要环境变量的科学控制，监测有机体对这些要素的反应、适应及反馈过程，是进行退化湿地恢复动力学研究与实践的关键，也是未来湿地退化恢复机制与策略研究的重要方向。湿地恢复工程技术复杂、耗时、耗资巨大，如何结合生态系统结构理论和生态适应性原理，建立简单有效的湿地群落演替、生物多样性变化和生态功能变化预测模型，如何在物种和景观尺度上科学优化湿地生物空间分布格局，提高生物系统内稳定性和湿地系统自我恢复能力，最终达到降低恢复工程成本、缩短湿地恢复周期等是未来时期需要重点研究问题。

10.3　海湾生态系统研究发展展望

近海为人类社会的存在和发展提供了重要的物质资源支撑和空间环境保障。健康、可持续的近海生态系统是沿海国家经济社会持续发展的重要保障。我国近海是全球受到人类活动影响最为显著的海域，近30年来，在社会经济高速发展的驱动下，我国近海的资源与生态环境剧烈变动，生态系统的变化无论在程度上还是规模上都是空前的。陆源入海污染物持续猛增、大规模高强度围填海活动等，破坏了河口与海岸带的重要生境和渔业资源的栖息地，也降低了近海生态系统对沿海社会经济可持续发展的支撑和保障能力；大规模爆发的近海生态灾害，对许多海域的生态系统造成了毁灭性打击。过度捕捞和迅速发展的养殖活动等对沿海生态系统的负面影响也已见端倪。这一系列变化显示出我国近海生态系统健康不容乐观，由此将严重制约社会经济的可持续发展。随着人类活动的加剧和全球变化的影响，系统揭示区域海洋生态系统的变化及其资源和环境效应，十分迫切。所以，选择具有代表性的近海海域，揭示我国沿海生态环境的退化机制，提出相应的调控对策，是我们合理开发和利用海洋资源，保护海洋生态环境，确保我国沿海经济持续、健康、稳定发展的重要保障。

海湾作为近海生态系统的代表性海域，通常具有生产力高、生物和生境多样性丰富等特征，但也承受着人类活动和气候变化等诸多因素影响，生态系统相对脆弱，是全球海洋中最为敏感、最受关注的区域。由于海湾独特的生态学特性和对资源、环境、人类健康等方面的重要性，世界范围内对海湾生态系统的研究日益受到重视，针对一些典型海湾生态系统进行长期监测，对生态演变趋势和变化机理进行深入研究是维持海湾生态系统健康可持续发展并作为近海生态系统管理示范的一个重要前提。中国近海生态系统研究网络所涵盖的胶州湾、大亚湾和三亚湾三个海洋生态系统，分别代表了我国温带、亚热带和热带近海典型海域，其生态系统的长期变化规律在我国东部沿海发展的过程中具有重要的代表意义。

基于海湾生态系统的长期观测与系统研究表明,三个海湾生态系统在我国近海生态系统长期演变的研究中已经发挥了不可替代的作用。通过比较不难看出,三个区域所面临的压力及生态系统的响应既具有共性特征,又具有个性特征。主要体现在:三个海湾生态系统都受到城市化、陆源污染排放等人类活动的影响,导致海湾生态系统面临类似的压力,在生态系统的响应上也都表现出营养盐浓度升高、特别是无机氮浓度升高、浮游生物生物量升高、生物群落结构发生改变等现象。三个海湾生态系统都受到气候变化的影响,引起水体温度等关键环境因子的变化,但变化的规律在温带、亚热带和热带海域不同,如胶州湾近三十年升温主要体现在冬季,大亚湾则在2001年之前主要表现为温度升高趋势,而三亚湾温度的变化更多表现为波动状态。此外,三个海湾都受到大型工程的影响,但影响的类型不同,如胶州湾的海湾大桥建设对水动力环境的影响、大亚湾的核电站建设导致的温排水对表层水体温度的影响、三亚湾的围填海活动对珊瑚礁生态系统的影响等。

2017年,联合国教科文组织发布《全球海洋科学报告》,首次综合评估了当前全球海洋科学研究现状,列出了世界各国及国际上综合交叉研究的8个高优先级主题:海洋生态系统功能和过程、海洋和气候、海洋健康、人类健康与福祉、蓝色经济、洋壳和海洋地质灾害、海洋技术、海洋观测和海洋大数据。这些主题绝大部分都是海湾生态系统研究所关注的内容。围绕当前国际海洋科学研究热点并基于当前针对海湾生态系统的研究进展,建议未来对海湾生态系统观测、研究和示范重点关注以下方面:

(1)海湾生态系统的联网观测与比较研究

为增强海湾生态系统监测的时效性,需要在部署长期联网观测的基础上,进一步提升针对海湾生态系统的实时、原位、立体观测能力,包括针对海洋生态系统的不同要素进行原位传感器的研发,提升观测精度和实时数据传输能力,以及对实时观测数据的分析能力。通过整合多学科原位观测系统和传输系统,开展海湾生态系统的综合、立体、连续观测,从而能够实现对海湾生态系统动态变化的实时掌控,对潜在的生态风险提前做出预警。在此基础上,基于标准化的观测数据与观测手段,进一步开展不同类型海湾生态系统的比较研究,甄别长期变化与短期波动、气候变化与人类活动,为系统揭示近海生态系统的演变规律与机制提供科学依据。

(2)海湾生态系统安全与新型生态风险研究

如前所述,在人类活动和气候变化等因素影响下,近海许多重要生境丧失,海水温度上升,缺氧、酸化等问题开始显现。目前,全球50%的盐沼湿地、35%的红树林、30%的珊瑚礁和29%的海草床因破坏而丧失。受全球变暖影响,海水表层水温持续上升,加剧了水体层化现象,这会减弱营养物质交换,又可能导致中、低纬度海域初级生产力水平的下降。在近海许多海域,因富营养化导致的底层水体缺氧现象已非常普遍,对许多海洋生物,尤其是底栖经济动物造成巨大的胁迫,甚至影响到渔业资源。海洋酸化问题则会影响到初级生产者、珊瑚礁和牡蛎礁等重要生境,甚至导致食物网结构的改变。一些新型的生态风险,如海洋垃圾、微塑料对近海生态系统及经济生物的影响等已成为当前国际研究热点,这些生态风险与生态安全问题是海湾生态系统研究需要重点关注的内容。

(3)大型工程建设对海湾生态系统的影响

随着海岸带区域社会和经济的不断发展,海湾开发活动的强度日益提高,大型工程建设对海湾生态系统的影响亟待关注,包括大型工程建设对栖息地的破坏、对海湾水动力环境与水交换的影响、悬浮泥沙对海湾生态系统的影响、对生物多样性的影响、对生态安全的影响等。需要基于海洋生态系统的长期观测开展对比研究，综合评估不同类型的大型工程建设对海湾生态系统健康的潜在影响。

(4) 海湾生态系统健康评估

海洋生态系统健康是维持可持续发展的必要条件。近年来，近海生态系统健康研究已从单一的生态系统自身结构和功能特征，逐步发展成为涵盖生态、社会、经济、人类健康等诸多方面、强调海洋生态系统服务功能的多学科综合研究。这需要开展一系列的工作，包括观测数据与历史数据的同化、评估指标体系的构建、阈值的设定、评估模式的建立等。目前针对生态系统健康评估的指标体系大多是对国外已有指标体系的借鉴和引用，以及针对应用对象的适应性改造。针对我国海湾生态系统特征的本土化指标体系的建设仍在探索阶段，海洋生态系统健康评估的理论、方法和验证研究仍需要进一步完善和发展。需要进一步深入地了解人类压力、全球变化与海湾生态系统结构与功能演变之间的关系，建立更综合、全面的海洋生态系统健康评估体制，利用更有效的生态系统评估、预测模型来支持更有效的管理决策，了解恢复海湾生态结构功能的重建机制和方法，并通过有效的保护政策来保证海湾生态系统的服务功能，并进一步推广至更多海域。

(5) 基于海湾生态系统的管理示范研究

基于生态系统的海洋管理逐渐被世界各国普遍接受并得以迅速发展。国际上已有不少成功案例可以借鉴。生态系统的结构与功能相互依存、相互制约。任何特定生态系统的管理都要与特定的生态系统特点相一致，全球性的评估并不能满足国家和亚区域尺度决策者的需要，一个海域的评估结果也无法用于其他海域的决策。因此，要综合管控海湾生态系统，必须发展基于不同海湾生态系统特征的生态系统管理策略。针对当前海湾生态系统现状，需要在观测、研究、评估的基础上，开展基于海湾生态系统的管理示范研究，构建海湾生态系统管理示范工程，为近海生态系统的管理决策提供示范。

参 考 文 献

马荣华，杨桂山，段洪涛，等. 2011. 中国湖泊的数量、面积与空间分布. 中国科学：地球化学，41(3)：394-401.

秦伯强，朱广伟，张运林，等. 2010. 高频无线自动监测技术在湖泊蓝藻水华监测和预测中的应用. 科研信息化技术与应用，3：61-70.

沈吉. 2012. 末次盛冰期以来中国湖泊时空演变及驱动机制研究综述：来自湖泊沉积的证据. 科学通报，57(34)：3228-3242.

吴丰昌，孟伟，宋永会，等. 2008. 中国湖泊水环境基准的研究进展. 环境科学学报，28(12)：2385 -2393.

吴庆龙，江和龙. 2017. 中国湖泊微生物组研究。中国科学院院刊，32(3)：273-278.

杨桂山，马荣华，张路，等. 2010. 中国湖泊现状及面临的重大问题与保护策略. 湖泊科学，22(6)：799-810.

Havens K, Paerl H, Philip E, et al. 2016. Extreme weather events and climate variability provide a lens to how shallow lakes may respond to climate change. Water, 8: 229. Doi: 10.3390/w8060229.

Kosten S, Huszar V L M, Becares E, et al. 2012. Warmer climates boost cyanobacterial dominance in shallow lakes. Global Change Biology, 18(1): 118-126.

Shen J, Jones R, Yang X, et al. 2006. The Holocene vegetation history of Lake Erhai, Yunnan Province southwestern China: The role of climate and human forcings. Holocene, 16(2): 265–276.

Yang X D, Anderson N, Dong X H, et al. 2008. Surface sediment diatom assemblages and epilimnetic total phosphorus in large, shallow lakes of the Yangtze floodplain: Their relationships and implications for assessing long-term eutrophication. Freshwater Biology, 53(7): 1273–1290.

索　引

T

W

X

Y

Z

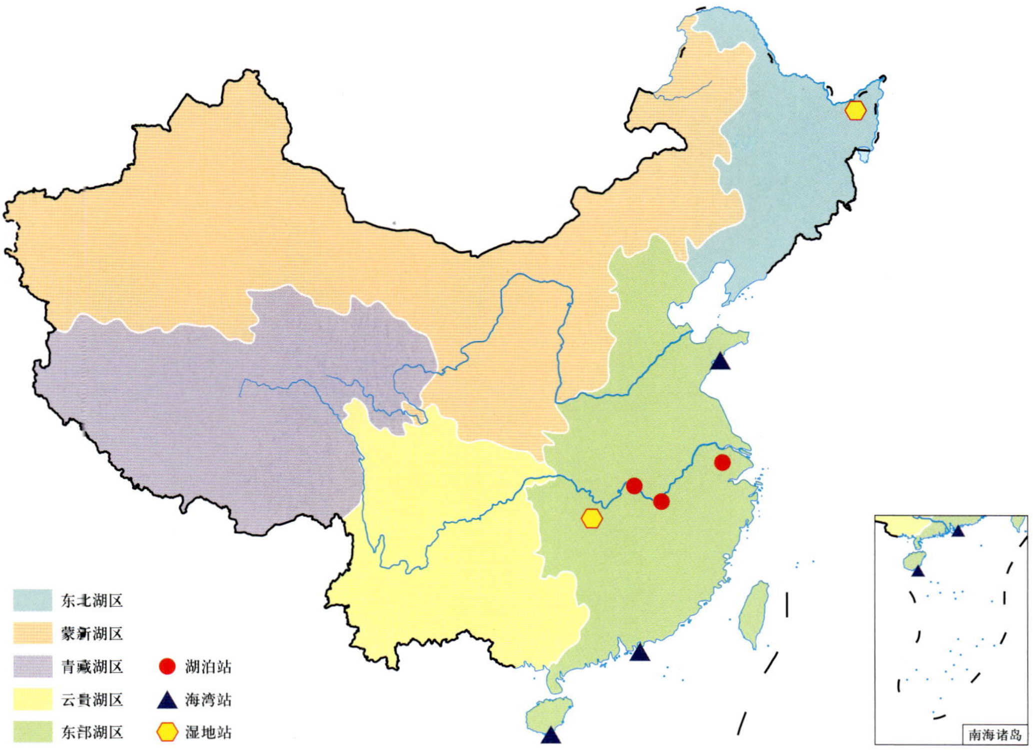

图 1.1 中国生态系统研究网络（CERN）水体站的分布

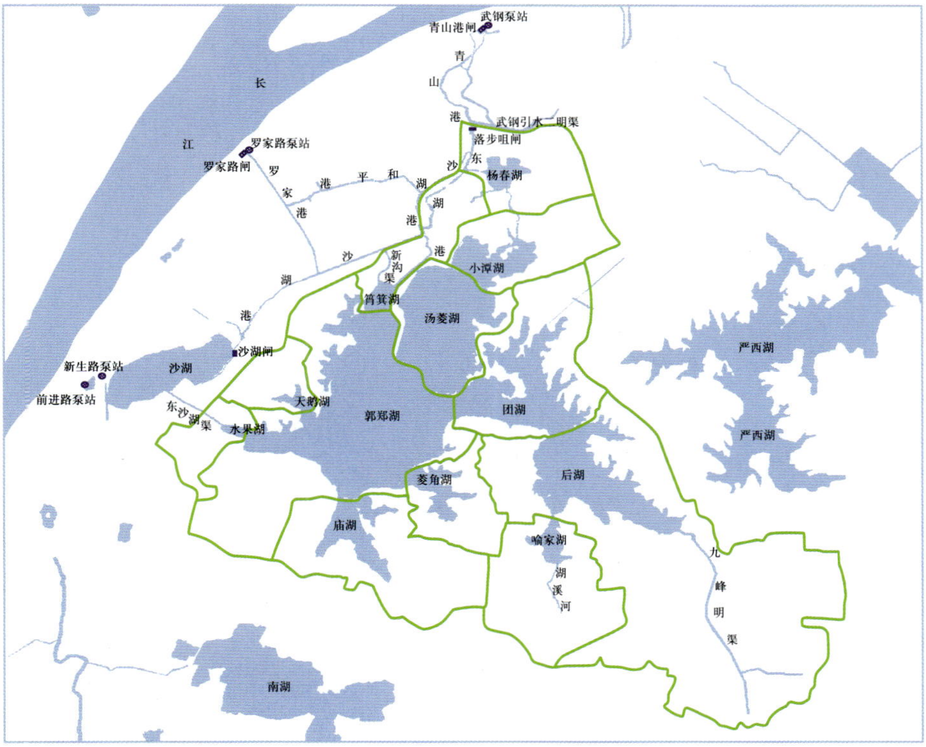

图 2.1 东湖水系现状及湖泊汇水单元（图中绿线范围）示意图

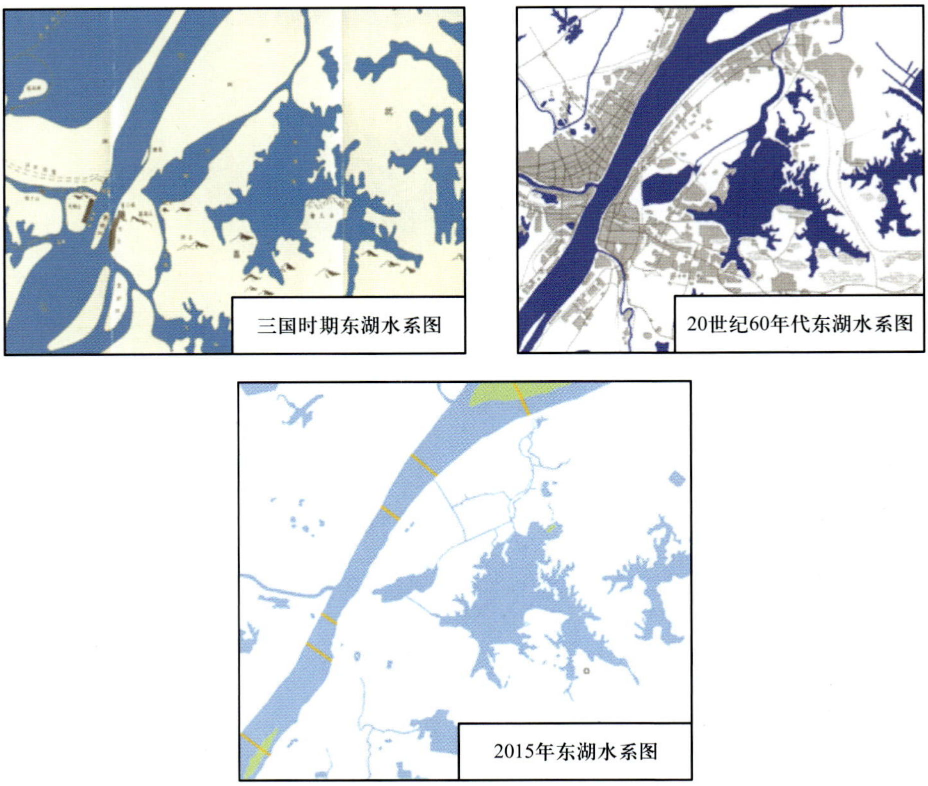

图 2.2　东湖流域水系历史演变图

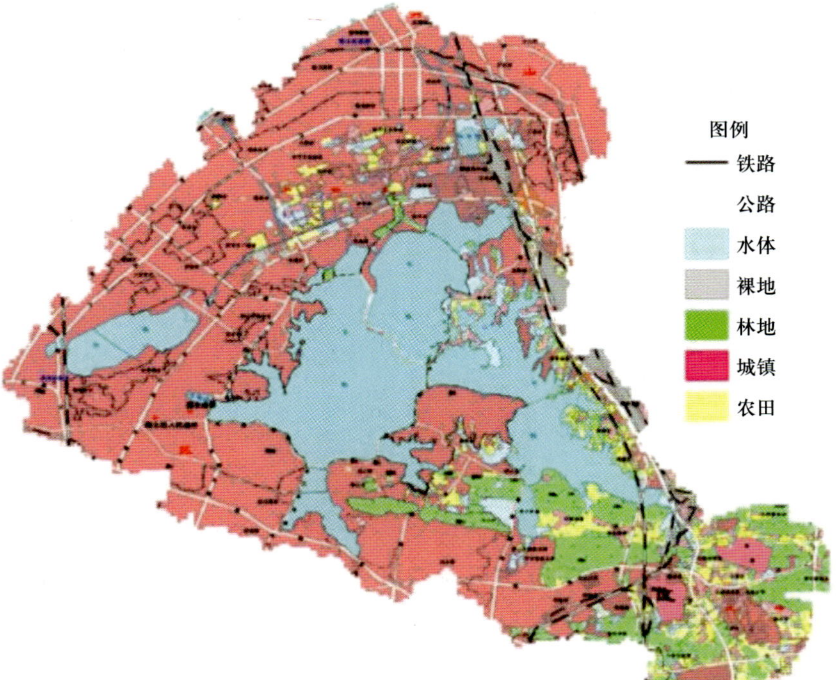

图 2.3　东湖流域土地利用现状分布图

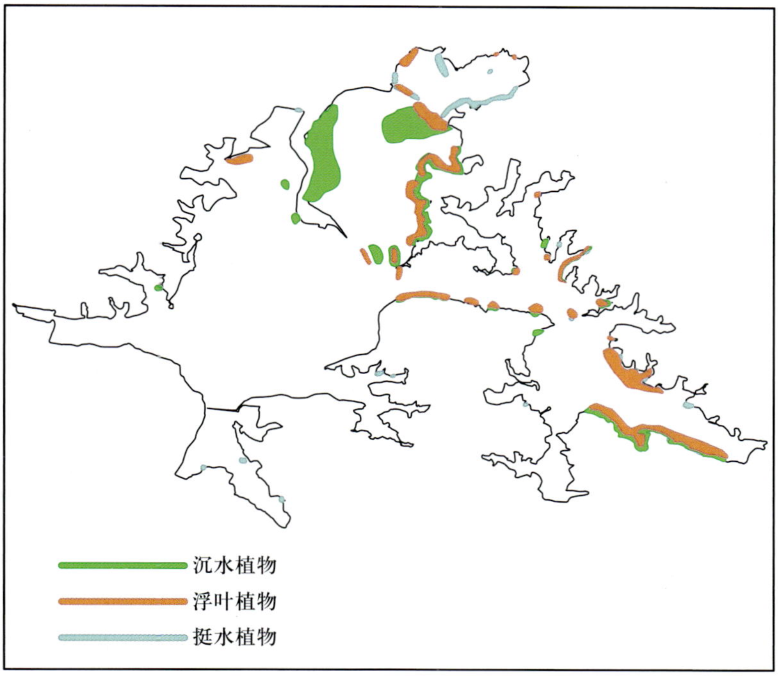

图 2.11　2016 年 5 月东湖水生植被覆盖区域

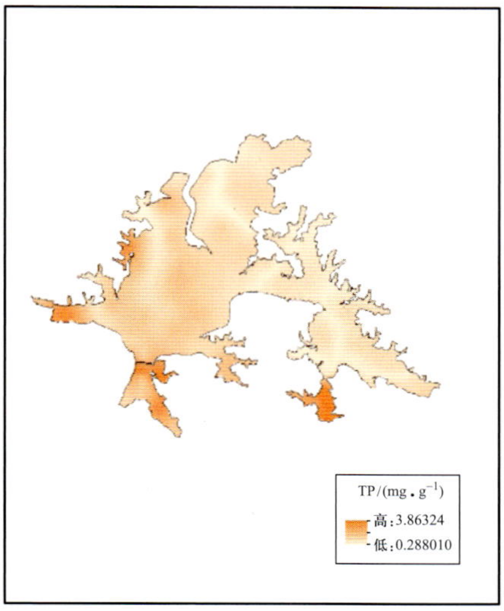

图 2.13　东湖沉积物 TP 含量分布图

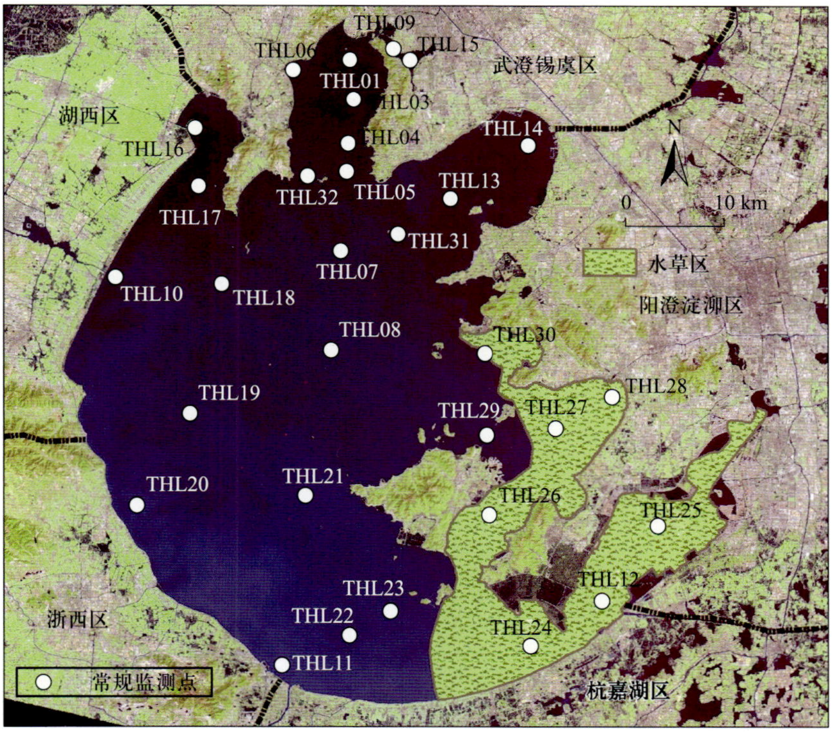

图 3.1　太湖站湖体生态系统定点监测点位图

图 3.35　蓝藻水华自动监测平台

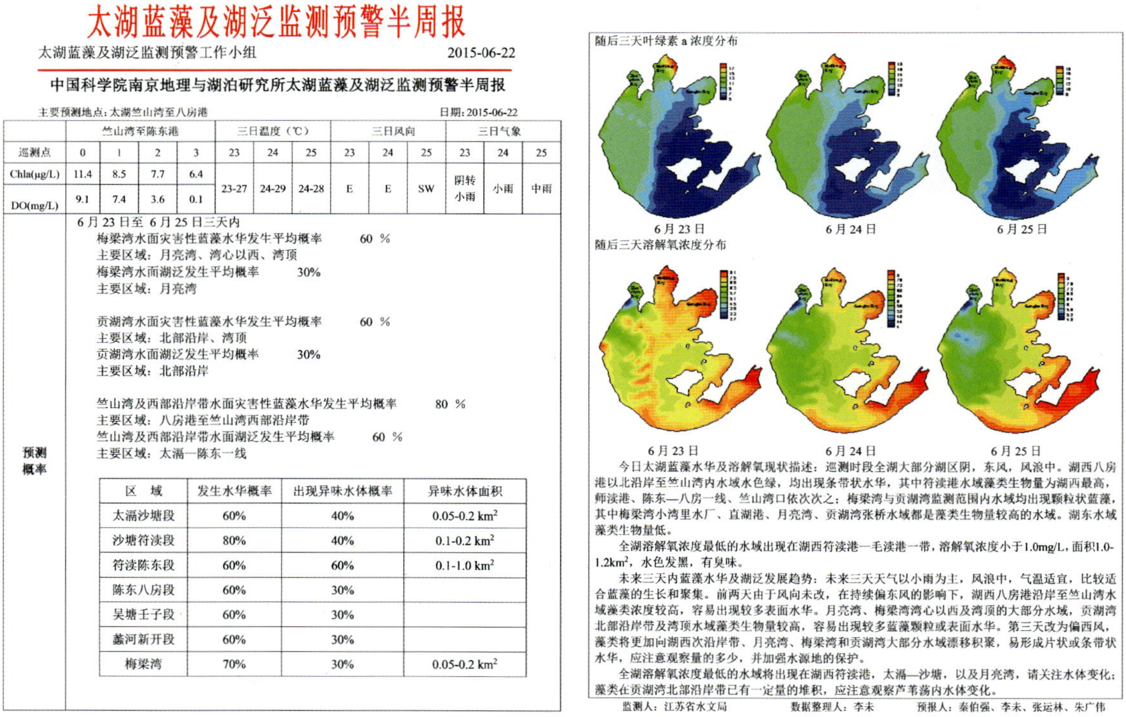

太湖蓝藻及湖泛监测预警半周报

太湖蓝藻及湖泛监测预警工作小组　　2015-06-22

中国科学院南京地理与湖泊研究所太湖蓝藻及湖泛监测预警半周报

主要预测地点：太湖竺山湾至八房港　　日期：2015-06-22

	竺山湾至陈东港				三日温度（℃）			三日风向			三日气象		
巡测点	0	1	2	3	23	24	25	23	24	25	23	24	25
Chla(μg/L)	11.4	8.5	7.7	6.4	23-27	24-29	24-28	E	E	SW	阴转小雨	小雨	中雨
DO(mg/L)	9.1	7.4	3.6	0.1									

预测概率

6 月 23 日至 6 月 25 日三天内

梅梁湾水面灾害性蓝藻水华发生平均概率　60 %

主要区域：月亮湾、湾心以西、湾顶

梅梁湾水面湖泛发生平均概率　30%

主要区域：月亮湾

贡湖湾水面灾害性蓝藻水华发生平均概率　60 %

主要区域：北部沿岸、湾顶

贡湖湾水面湖泛发生平均概率　30%

主要区域：北部沿岸

竺山湾及西部沿岸带水面灾害性蓝藻水华发生平均概率　80 %

主要区域：八房港至竺山湾西部沿岸带

竺山湾及西部沿岸带水面湖泛发生平均概率　60 %

主要区域：太滆—陈东一线

区　域	发生水华概率	出现异味水体概率	异味水体面积
太滆沙塘段	60%	40%	0.05-0.2 km^2
沙塘符渎段	80%	40%	0.1-0.2 km^2
符渎陈东段	60%	60%	0.1-1.0 km^2
陈东八房段	60%	30%	
吴塘壬子段	60%	30%	
蠡河新开段	60%	30%	
梅梁湾	70%	30%	0.05-0.2 km^2

随后三天叶绿素 a 浓度分布

6 月 23 日　　6 月 24 日　　6 月 25 日

随后三天溶解氧浓度分布

6 月 23 日　　6 月 24 日　　6 月 25 日

今日太湖蓝藻水华及溶解氧现状描述：巡测时段全湖大部分湖区阴，东风，风浪中。湖西八房港以北沿岸至竺山湾内水域水色绿，均出现条带状水华，其中符渎港水域藻类生物量为湖西最高，师渎港、陈东—八房一线、竺山湾口依次次之；梅梁湾与贡湖湾监测范围内水域均出现颗粒状蓝藻，其中梅梁湾小湾里水厂、直湖港、月亮湾、贡湖湾张桥水域都是藻类生物量较高的水域。湖东水域藻类生物量低。

全湖溶解氧浓度最低的水域出现在湖西符渎港—毛渎港一带，溶解氧浓度小于1.0mg/L，面积1.0-1.2km^2，水色发黑，有臭味。

未来三天内蓝藻水华及湖泛发展趋势：未来三天天气以小雨为主，风浪中，气温适宜，比较适合蓝藻的生长和聚集。前两天由于风向未改，在持续偏东风的影响下，湖西八房港沿岸至竺山湾水域藻类浓度较高，容易出现较多表面水华。月亮湾、梅梁湾湾心以西及湾顶的大部分水域，贡湖湾北部沿岸带及湾顶水域藻类生物量较高，容易出现较多蓝藻颗粒或表面水华。第三天改为偏西风，藻类将更加向湖西次沿岸带、月亮湾、梅梁湾和贡湖湾大部分水域漂移积聚，易形成片状或条带状水华，应注意观察量的多少，并加强水源地的保护。

全湖溶解氧浓度最低的水域将出现在湖西符渎港，太滆—沙塘，以及月亮湾，请关注水体变化；藻类在贡湖湾北部沿岸带已有一定量的堆积，应注意观察芦苇荡内水体变化。

监测人：江苏省水文局　　数据整理人：李未　　预报人：秦伯强、李未、张运林、朱广伟

图 3.38　发布蓝藻及湖泛预警半周报样稿

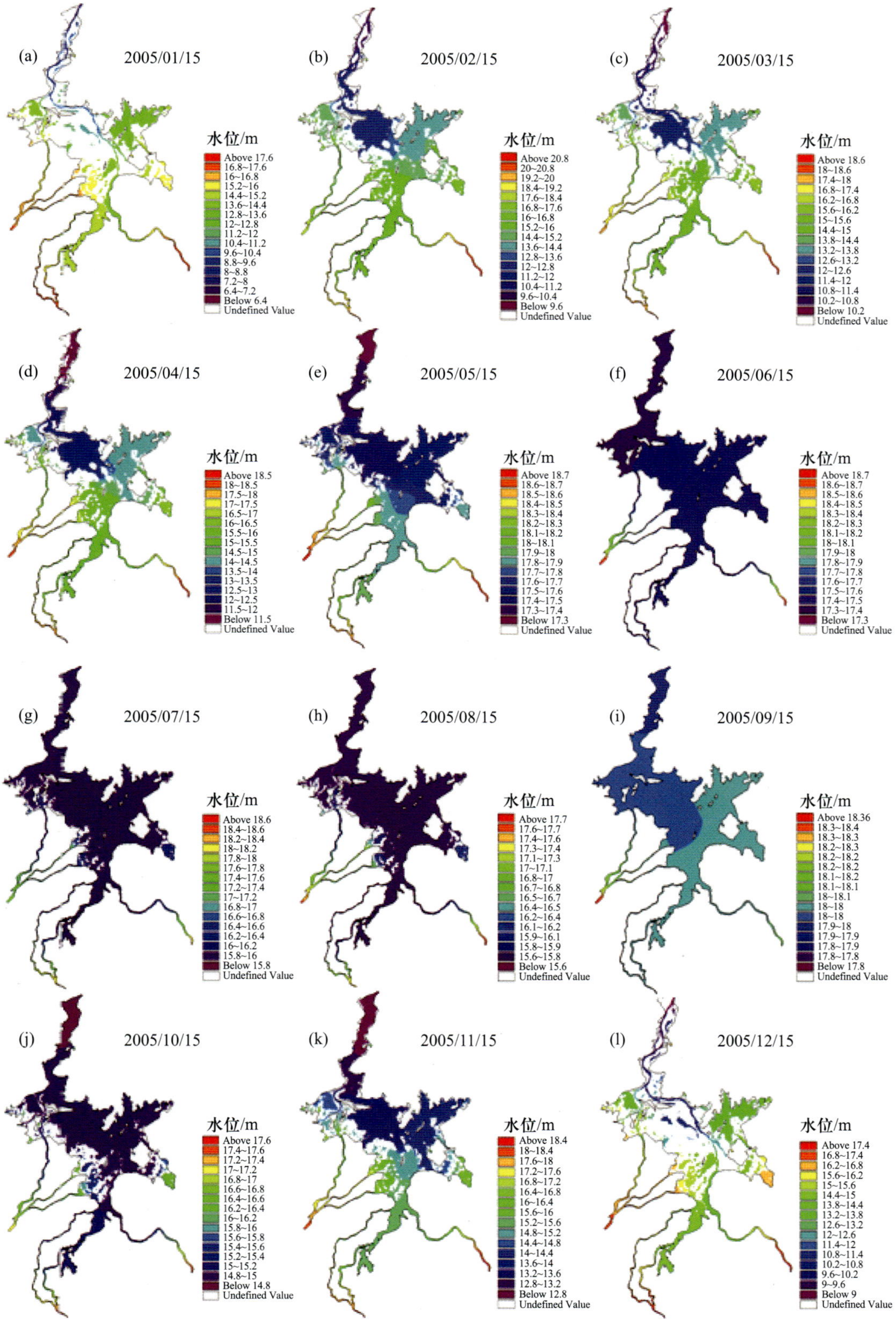

图 4.3　鄱阳湖月空间水位分布的水动力模拟结果

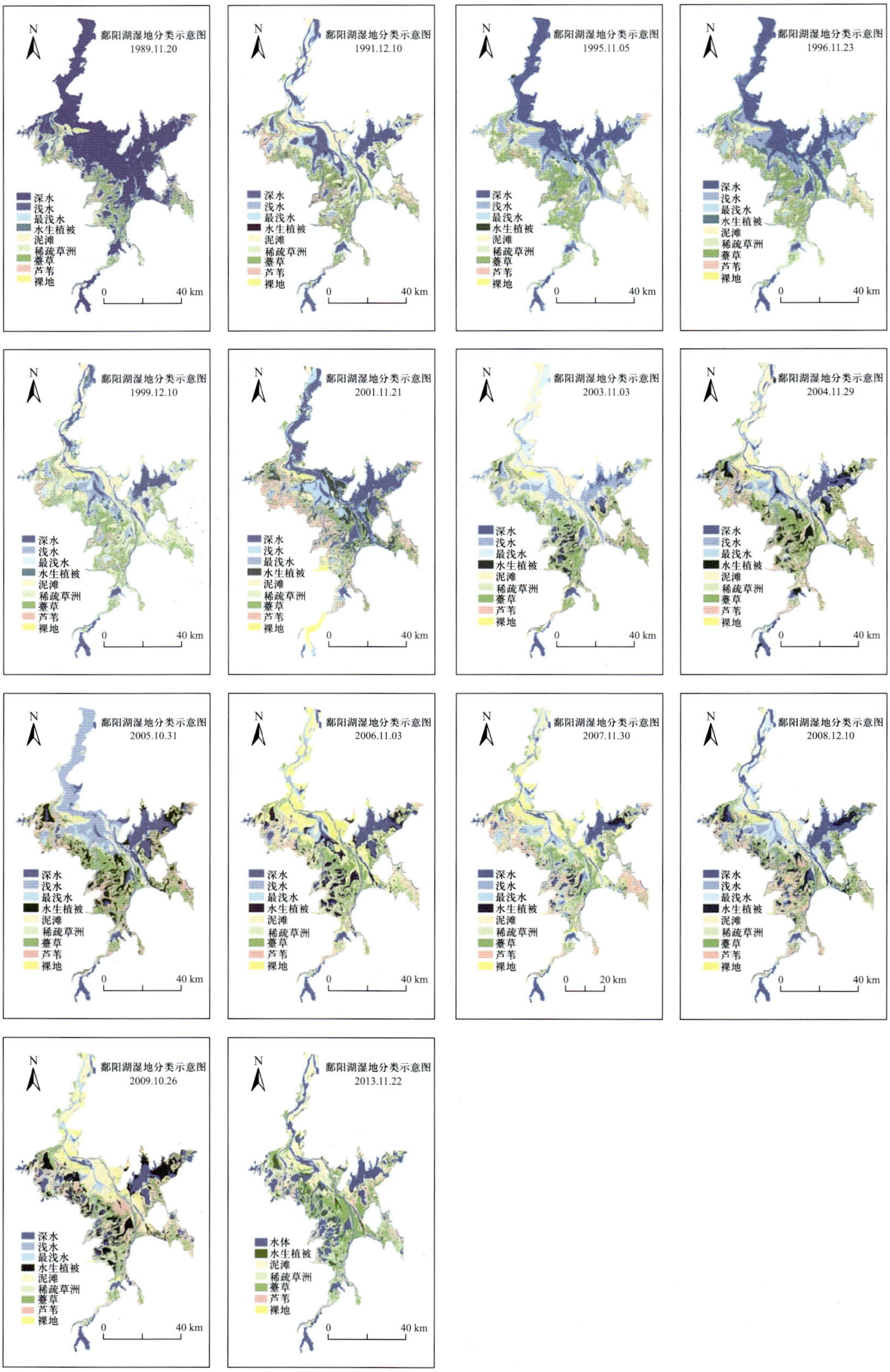

图 4.13　20 多年来鄱阳湖湿地植被分布格局演变

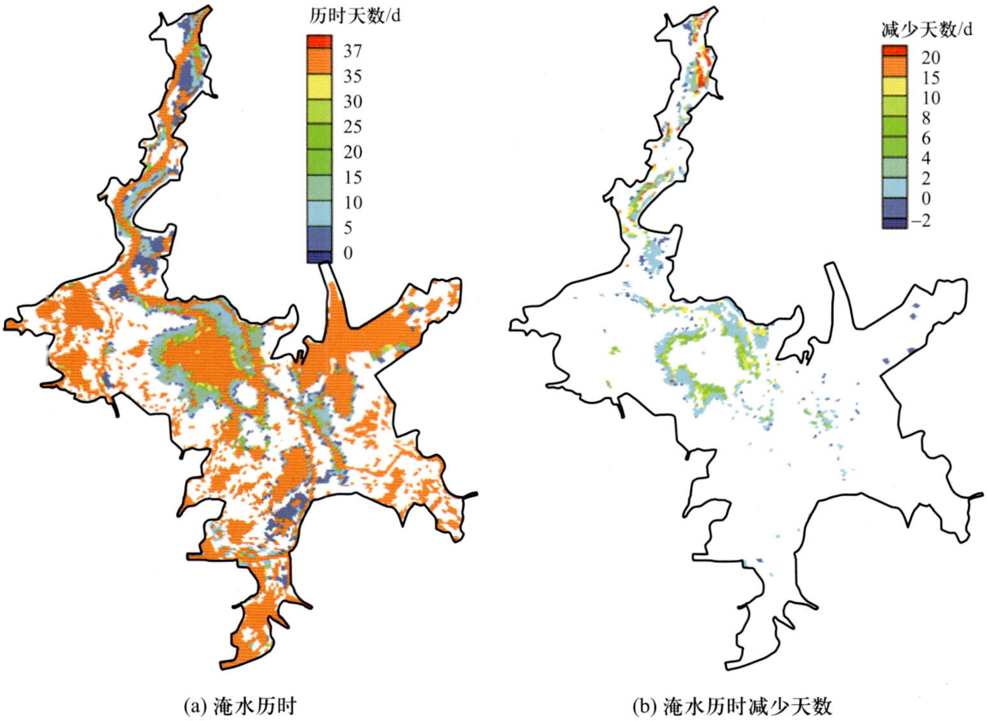

图 4.28　鄱阳湖湿地淹水历时及其减少天数等值线

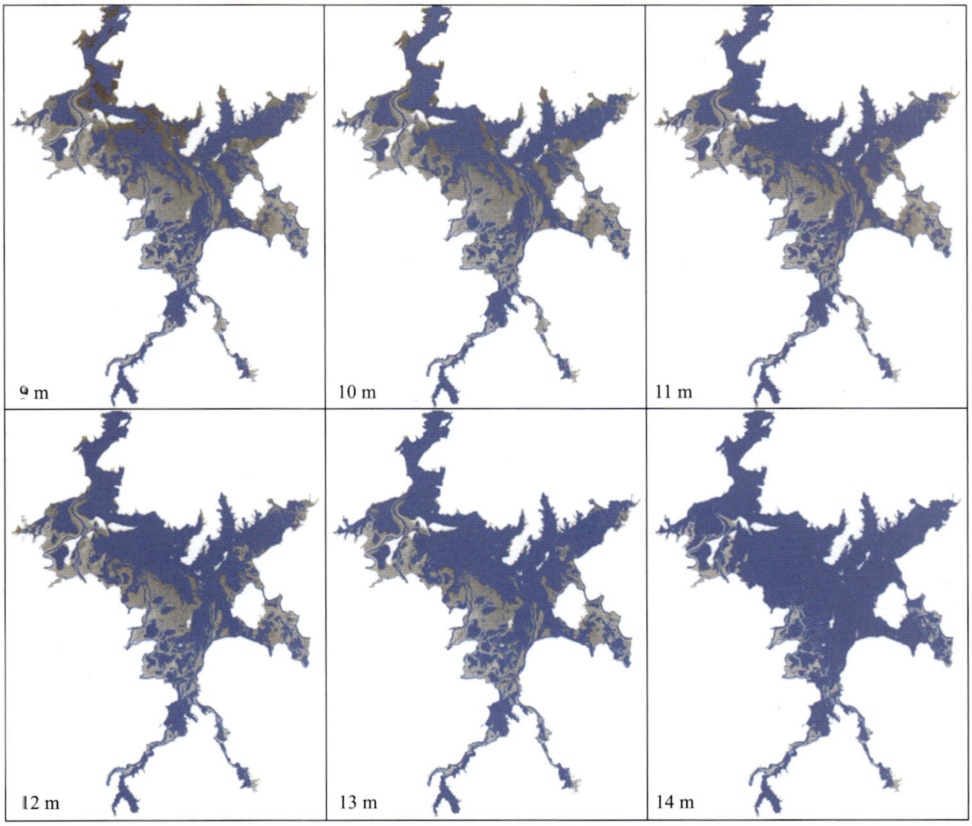

图 4.30　枢纽不同调控水位（黄海）湿地淹水范围分布

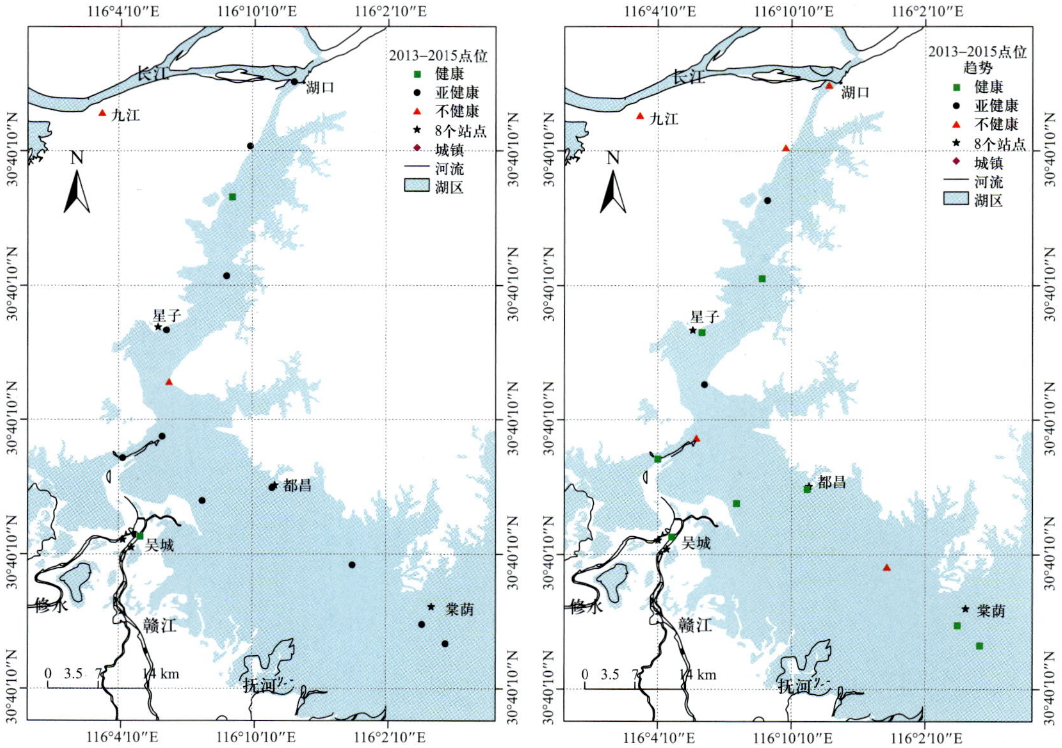

(a) (b)

图 4.31 2013 年鄱阳湖平均健康状态（a）及健康趋势（b）

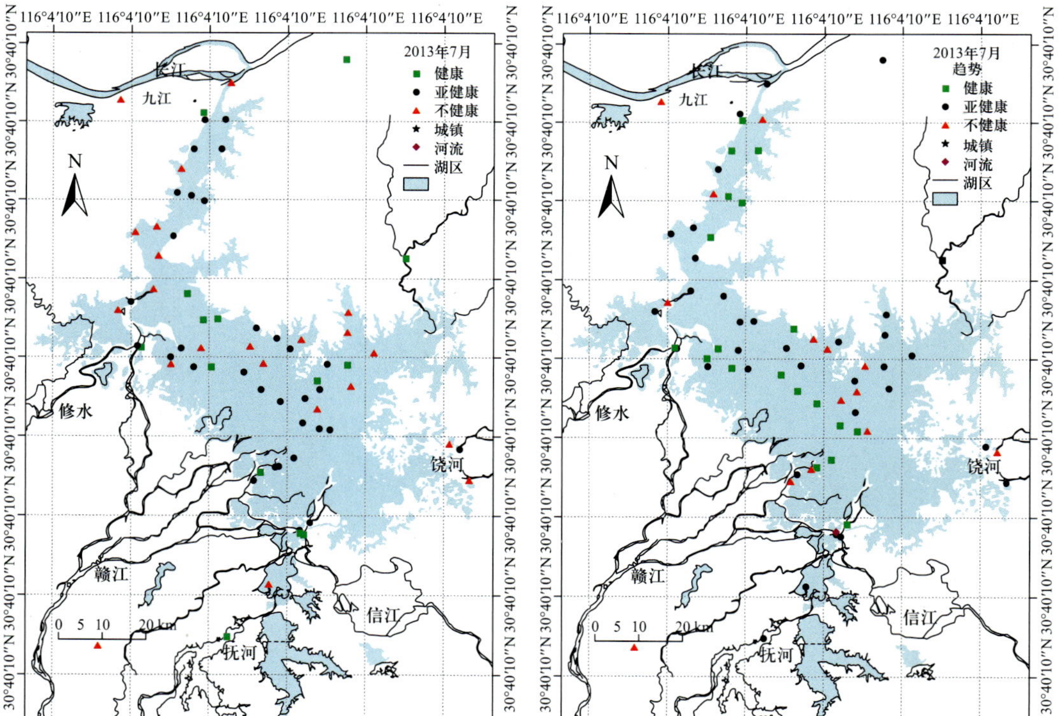

(a) (b)

图 4.32 2013 年丰水期大湖面平均健康状态（a）及健康趋势（b）

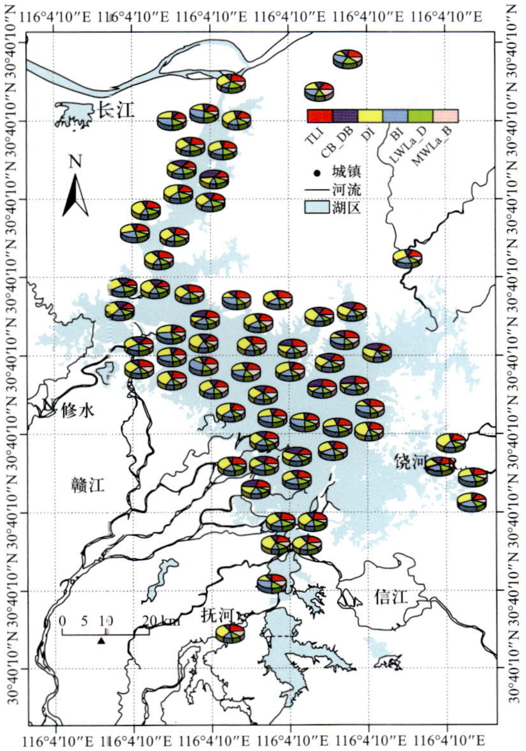

图 4.33　2013 年 7 月鄱阳湖水生态系统健康评价权重

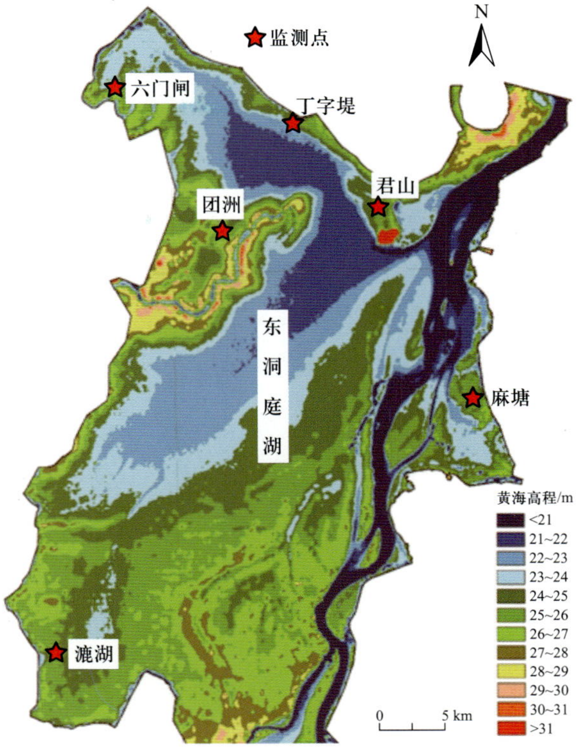

图 5.1　洞庭湖湿地观测场布置图

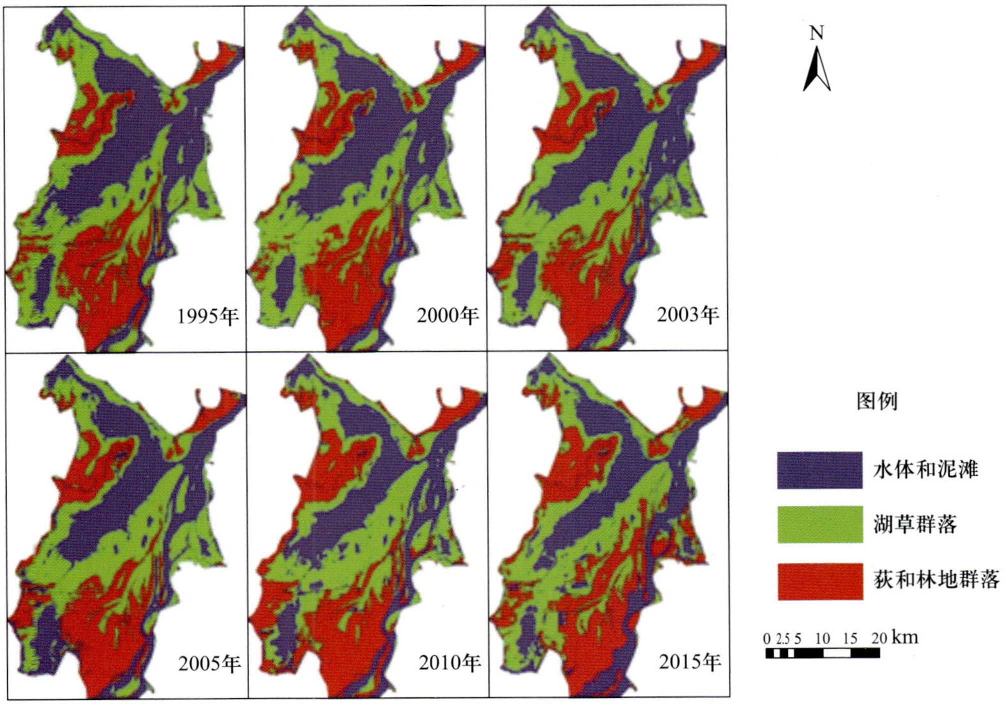

图 5.2　1995—2015 年东洞庭湖土地覆被类型分布图

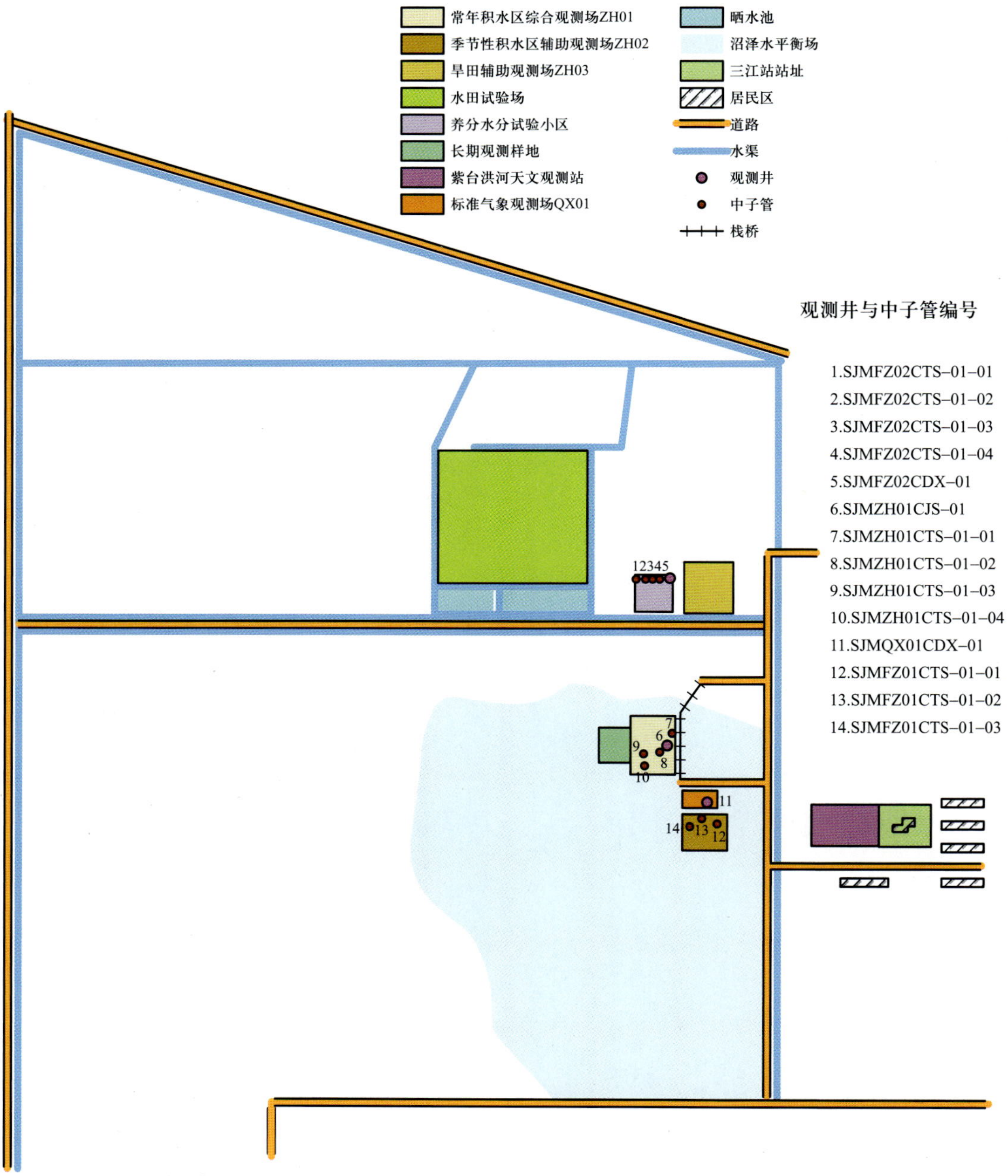

图 6.1　三江平原沼泽湿地生态试验站观测场布置图

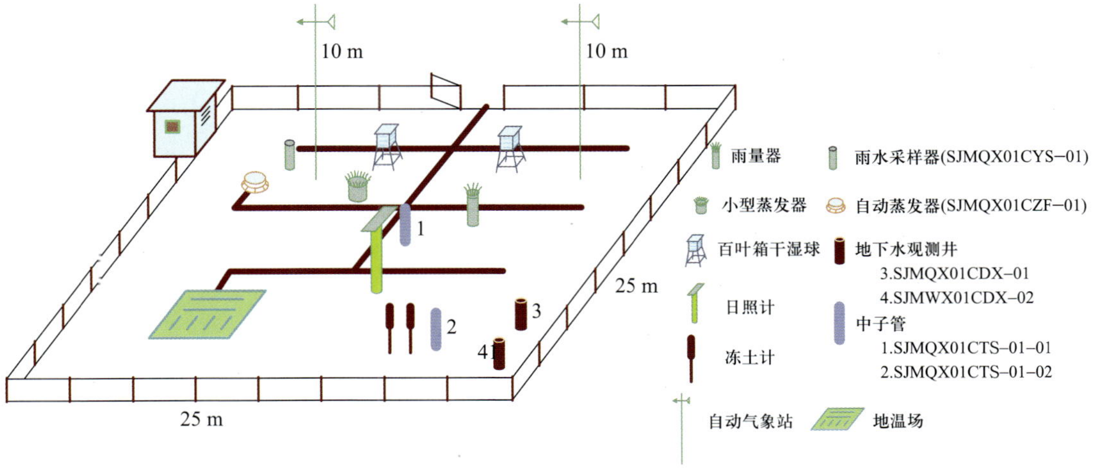

图 6.2　三江平原沼泽湿地生态试验站标准气象观测场仪器布置图

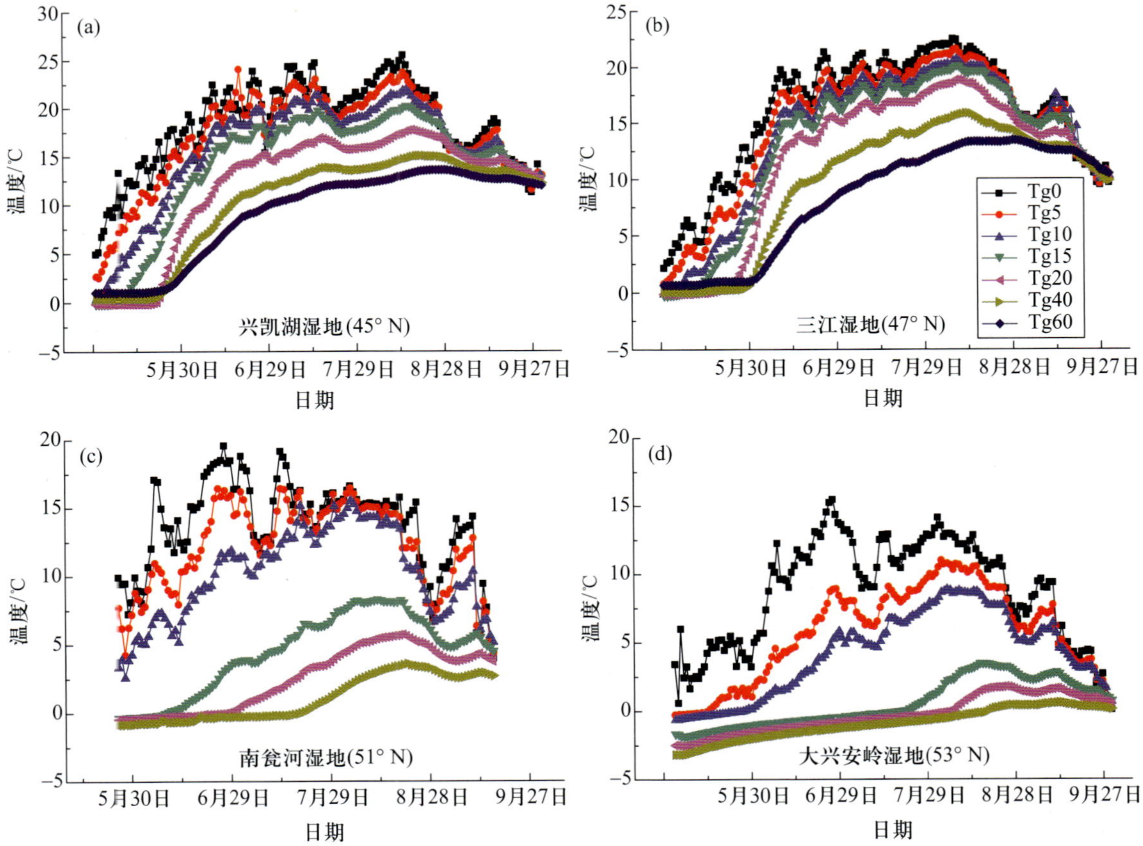

图 6.8　不同纬度带湿地系统小气候多层土壤温度变化

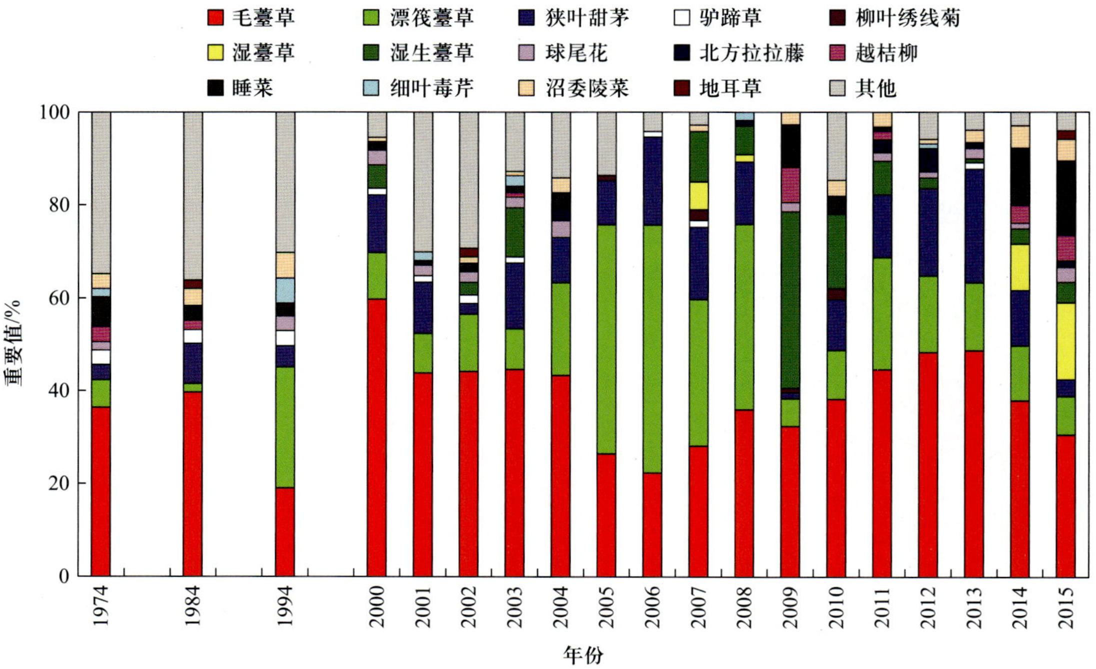

图 6.24　三江平原沼泽湿地毛薹草群落物种组成变化

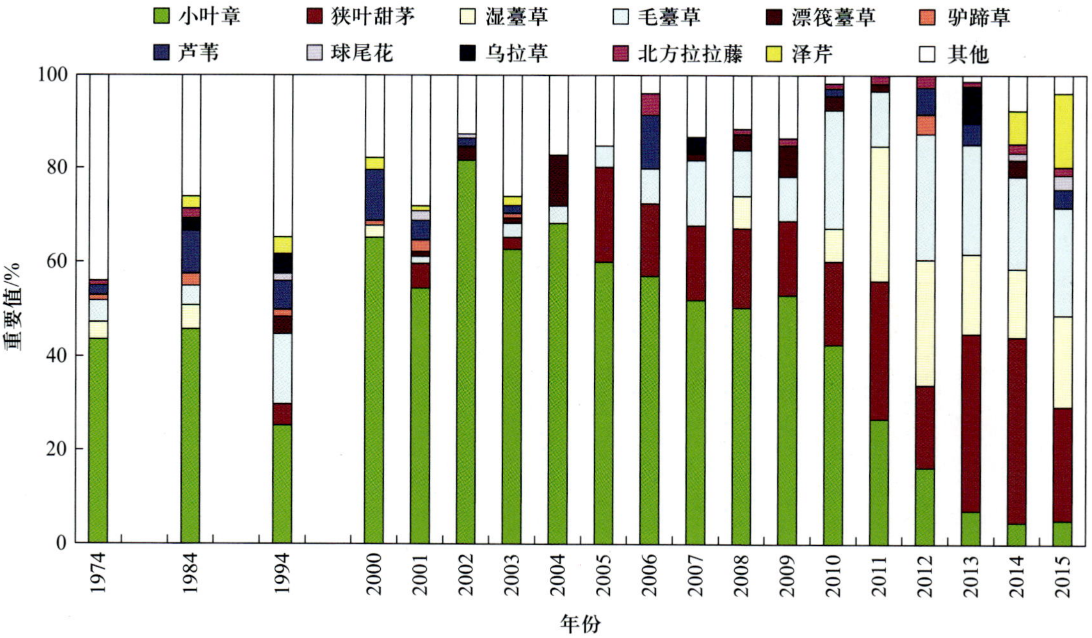

图 6.25　三江平原沼泽小叶章群落物种组成特征变化

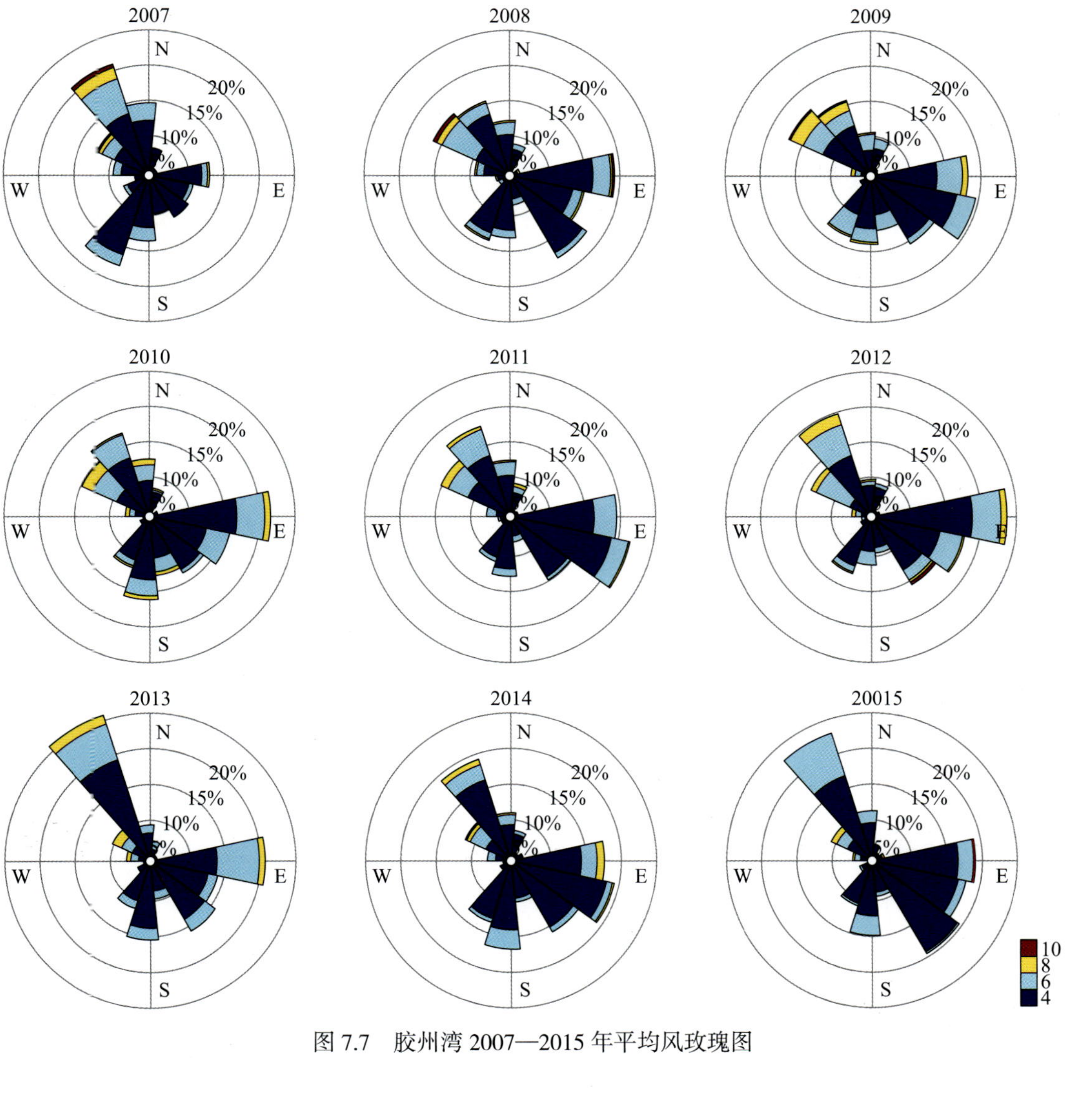

图 7.7　胶州湾 2007—2015 年平均风玫瑰图

海漆

木榄

桐花树

老鼠簕

海杧果

秋茄

红海榄

无瓣海桑

图 8.22 大亚湾周边主要红树林植物物种

图 9.61　三亚湾珊瑚礁常见珊瑚种类

图 9.65　非法的码头、鱼排及潜水活动（鹿回头）

图 9.66　凤凰岛二期建设

图 9.67　旅游活动及海底垃圾（西岛）